中国水利学会

2021 学术年会论文集

第五分册

中国水利学会 编

黄河水利出版社

· 郑州 ·

内 容 提 要

本书是以"谋篇布局'十四五'，助推新阶段水利高质量发展"为主题的中国水利学会2021学术年会论文合辑，积极围绕当年水利工作热点、难点、焦点和水利科技前沿问题，重点聚焦水资源短缺、水生态损害、水环境污染和洪涝灾害频繁等新老水问题，主要分为水资源、水生态、流域生态系统保护修复与综合治理、山洪灾害防御、地下水等板块，对促进我国水问题解决、推动水利科技创新、展示水利科技工作者才华和成果有重要意义。

本书可供广大水利科技工作者和大专院校师生交流学习和参考。

图书在版编目（CIP）数据

中国水利学会2021学术年会论文集：全五册/中国水利学会编. —郑州：黄河水利出版社，2021.12

ISBN 978-7-5509-3203-6

Ⅰ.①中… Ⅱ.①中… Ⅲ.①水利建设-学术会议-文集 Ⅳ.①TV-53

中国版本图书馆 CIP 数据核字（2021）第 268079 号

策划编辑：杨雯惠　电话：0371-66020903　E-mail：yangwenhui923@163.com

出 版 社：黄河水利出版社　　　　　　　　　　　网址：www.yrcp.com
　　　　　地址：河南省郑州市顺河路黄委会综合楼14层　邮政编码：450003
发行单位：黄河水利出版社
　　　　　发行部电话：0371-66026940、66020550、66028024、66022620（传真）
　　　　　E-mail：hhslcbs@126.com
承印单位：广东虎彩云印刷有限公司
开本：787 mm×1 092 mm　1/16
印张：158.25（总）
字数：5 013 千字（总）
版次：2021年12月第1版　　　　　　　　　印次：2021年12月第1次印刷
定价：720.00元（全五册）

《中国水利学会 2021 学术年会论文集》

编　委　会

前言 Preface

　　学术交流是学会立会之本。作为我国历史上第一个全国性水利学术团体，90年来，中国水利学会始终秉持"联络水利工程同志、研究水利学术、促进水利建设"的初心，团结广大水利科技工作者砥砺奋进、勇攀高峰，为我国治水事业发展提供了重要科技支撑。自2001年创立年会制度以来，中国水利学会认真贯彻党中央、国务院方针政策，落实水利部和中国科协决策部署，紧密围绕水利中心工作，针对当年水利工作热点、难点、焦点和水利科技前沿问题，邀请专家、代表和科技工作者展开深层次的交流研讨。中国水利学术年会已成为促进我国水问题解决、推动水利科技创新、展示水利科技工作者才华和成果的良好交流平台，为服务水利科技工作者、服务学会会员、推动水利学科建设与发展做出了积极贡献。

　　中国水利学会2021学术年会以习近平新时代中国特色社会主义思想为指导，认真贯彻落实"节水优先、空间均衡、系统治理、两手发力"的治水思路，以"谋篇布局'十四五'，助推新阶段水利高质量发展"为主题，聚焦水资源短缺、水生态损害、水环境污染等问题，共设16个分会场，分别为：山洪灾害防御分会场；水资源分会场；2021年中国水利学会流域发展战略专业委员会年会分会场；水生态分会场；智慧水利·数字孪生分会场；水利政策分会场；水利科普分会场；期刊分会场；检验检测分会场；水利工程教育专业认证分会场；地下水分会场；水力学与水利信息学分会场；粤港澳大湾区分会场；流域生态系统保护修复与综合治理暨第二届生态水工学学术论坛分会场；水平定向钻探分会场；国际分会场。

　　中国水利学会2021学术年会论文征集通知发出后，受到了广大会员和水利科技工作者的广泛关注，共收到来自有关政府部门、科研院所、大专院校、水利设计、施工、管理等单位科技工作者的论文600余篇。为保证本次学术年会入选论文的质量，各分会场积极组织相关领域的专家对稿件进行了评审，共评选出 377 篇主题相符、水平较高的论文入选论文集。本论文集共包括 5 册。

本论文集的汇总工作由中国水利学会学术交流与科普部牵头，各分会场积极协助，为论文集的出版做了大量的工作。论文集的编辑出版也得到了黄河水利出版社的大力支持和帮助，参与评审和编辑的专家和工作人员花费了大量时间，克服了时间紧、任务重等困难，付出了辛苦和汗水，在此一并表示感谢。同时，对所有应征投稿的科技工作者表示诚挚的谢意。

由于编辑出版论文集的工作量大、时间紧，且编者水平有限，不足之处，欢迎广大作者和读者批评指正。

中国水利学会

2021 年 12 月 20 日

目录 Contents

水力学与水利信息学

水利政策

期　刊

粤港澳大湾区水安全

粤港澳大湾区水环境治理的对策研究

孙加龙

（中电建生态环境集团有限公司，广东深圳 518000）

摘　要： 粤港澳大湾区作为世界第四大湾区，是国家建设世界级城市群和参与全球竞争的重要空间载体，需要世界级的生态环境质量作为支撑。本文介绍粤港澳大湾区的水环境现状，提出粤港澳大湾区水环境整治的思路和对策研究。

关键词： 粤港澳大湾区；水环境；思路；对策

1　前言

2017 年 3 月，粤港澳大湾区首次写入中央政府工作报告[1]，同年 7 月 1 日，《深化粤港澳合作推进大湾区建设框架协议》在香港正式签署，协议明确提出粤港澳三地完善创新合作机制，建立互利共赢合作关系，携手打造国际一流湾区和世界级城市群。粤港澳大湾区即广义的珠江三角洲，面积 5.65 万 km²，人口 6 771 万，当前经济总量已达 1.4 万亿美元，占全国经济总量的 13%。优良的生态环境是支撑粤港澳大湾区经济社会可持续发展的先决条件，也是最公平的公共产品和最普惠的民生福祉[2]。因此，从战略性、全局性出发，统筹谋划粤港澳大湾区生态环境保护工作的战略重点，积极推动环境保护更好地引导和服务经济社会发展，显得十分必要。本文针对粤港澳大湾区水环境现状及存在的问题，提出水环境治理策略。

2　大湾区水环境面临的形势

2.1　江河水质

2021 年 1—6 月，地级以上市在用集中式饮用水源（77 个）水质达标率为 100%，同比持平。县级集中式饮用水源（83 个）水质达标率为 100%。国控断面方面，全省"十四五"地表水国控断面调增至 149 个。2021 年 1—6 月，149 个地表水国控断面中水质优良率（Ⅰ~Ⅲ类）为 85.2%，同比下降 1.4 个百分点；劣Ⅴ类占 2.0%，同比上升 0.7 个百分点。与国家拟定的"十四五"末目标（优良率 91.3%，劣Ⅴ类比例 0%）相比，今年上半年优良率相差 6.1 个百分点，劣Ⅴ类比例相差 2 个百分点。与各断面目标相比，11 个断面未达优良，断面水质达标率 87.2%（130 个），19 个断面没有达到国家"十四五"对广东省的要求。这 19 个未达到要求的断面里，其中 3 个断面未消除劣Ⅴ类，分别为潮州市深坑断面、揭阳市青洋山桥断面、茂名市石碧断面。未达标的断面主要超标因子为氨氮、总磷、高锰酸盐指数和化学需氧量（COD$_{Cr}$）。面源污染特征明显，主要是污水处理基础设施不完善，污水处理能力尤其是管网不到位，以及农村面源污染导致的结果[3]。

2.2　湖泊、水库水质

2021 年上半年，广东省 3 个省控湖泊中，湛江湖光岩湖和惠州西湖水质为Ⅱ类，水质优；肇庆星湖水质为Ⅳ类，水质属轻度污染。3 个省控湖泊营养状态均为中营养。全省 35 个省控水库，实际

作者简介：孙加龙（1973— ），男，高级工程师（教授级），主要从事水环境治理方面的研究工作。

统计的 34 个省控水库水质良好[3]。

2.3 近岸海域

广东省调查登记入海河流 89 条，其中有 16 条未开展常规检测。全省共有 141 个入海排污口，其中 65 个属于"两类排污口"；在实施监测的 74 个入海排污口中，有 27 个入海排污口超标排放，超标率约 36.5%，主要超标因子为总磷、化学需氧量（COD_{Cr}）、氨氮、五日生化需氧量（BOD_5）[4]。珠江口、深圳湾、大亚湾、广澳湾、广海湾、镇海湾等河口海湾水质均出现不同程度的下降[5]。

综上所述，从监测数据来看，大湾区范围内江河、湖泊、近岸海域水环境污染仍然严重，粤港澳大湾区水环境质量离世界级还有不小差距。建设世界级湾区，需要世界级的生态环境质量作为支撑。

3 水环境治理原则

大湾区河涌纵横交错，数量达数千条，涉及面广、问题复杂，河道综合治理情况异常复杂。2021 年的相关数据显示，东江三角洲网河区水质较差，以劣 V 类为主。西北江三角洲河道水质过半以 IV 类及劣 V 类为主，污染项目主要为氨氮、高锰酸钾指数、溶解氧和总磷等。按照统筹规划、属地管理和分工负责，对大湾区水环境综合治理坚持"三分四治两结合"来进行，"三分"即分区、分类、分期；"四治"即治理工程、治理污染、治理环境、治理生态；"两结合"即控源与生态修复相结合、污染治理与管理相结合，在治理过程中，建议按照如下原则进行。

3.1 保护中发展，发展中保护

把握生态环境保护和经济发展的关系，以绿色发展推动粤港澳大湾区建设。坚持生态环境保护和经济发展协调统一，坚持在发展中保护，在保护中发展。

3.2 整体推进，重点突破

要从区域生态系统整体性和水系流域系统性着眼，统筹山水林田湖草等生态要素，实施好生态修复和环境保护工程。要坚持整体推进，增强各项措施的关联性和耦合性，防止畸重畸轻、单兵突进、顾此失彼。要坚持重点突破，在整体推进的基础上抓主要矛盾和矛盾的主要方面，努力做到全局和局部相配套、治本和治标相结合、渐进和突破相衔接，实现整体推进和重点突破相统一。

3.3 陆海统筹，区域联动

以建设世界级城市群为目标，大湾区的水环境治理必须综合考虑陆域、近海和海域，将三者统一起来综合施策。按照"海陆一盘棋"的理念，统筹陆域和近岸海域污染防治工作[6]，优先构建陆海生态安全格局，水污染问题"表象在水里，根源在岸上[7]"，重点强化陆海生态系统保护，统筹推进陆海水环境联防共治。近岸海域是陆地和海洋两大生态系统的交汇区域，近岸海域环境质量状况及变化趋势，综合反映了各类涉海排污行为的强度和污染防治工作的成效，必须给予高度关注。

3.4 问题导向，精准施策

抓好入河、海污染物总量削减，强化工业、农业、生活污染源协同控制，以重污染企业达标整治、产业整合入园、养殖业治理和污水处理厂提标改造为具体着力点，控源、治理、修复多措并举、分步实施。同时，要加强跨地市河流的上游治理，确保"谁排放、谁负责；谁治污、谁治理"，实现"清水往下流"。

4 水环境治理策略

珠江三角洲河涌问题伴随珠江三角洲地区经济快速发展而来，包括河涌淤积、河道被侵占、水质遭受污染、水系结构遭到破坏等。此外，因存在水利、市政、环保、环卫、城建、国土、规划等部门多头管理，缺乏统一的规划，部门之间协调难度大。应针对汇入粤港澳大湾区的河涌，结合更广域的绿色基础设施和海绵城市建设提出具体的流域治理总体框架，针对水生态修复、防洪排涝、河道整治、正本清源、联防联控等方面提出相应策略，并与滨水空间的开发建设结合。

4.1 设立统筹协调机制

打造粤港澳大湾区城市群，将粤港澳三地合作融合从以经济领域为主逐渐延展至文化、社会、生态等各个方面。挑战主要在于各地区、各部门之间缺乏高效的沟通协调机制，广东省内地市间尚且如此，遑论同港澳相关部门间的沟通协调；同时，大湾区不同类型城市之间、同一城市不同区域之间存在发展不平衡的问题，参与水环境保护的意愿和所能投入的资源存在较大差异。因此，建议从粤港澳大湾区水环境保护全局的角度，以高效沟通、有效配置为目标，设立水环境整治及保护的统筹协调机制，成立直管部门统筹大湾区内近岸海域、河道等水环境综合整治，通过全局擘画该区域长远发展，提升生态环境质量。

4.2 引入战略合作模式

整合环保企业、科研院所、高等院校等资源，形成水污染防治一揽子解决方案整体服务平台和水污染防治高端智库，能够系统把脉粤港澳大湾区水环境问题，为水污染防治工作献计献策。发挥相关联盟平台优势，开展水环境治理全过程咨询服务，进一步凸显政府智囊作用，以国内一流、国际有影响的专业化和高端化技术，统筹山水林田湖草系统治理，助力建设美丽中国。

4.3 整治近岸海域污染

推动粤港澳大湾区近岸海域环境持续改善，可实施粤港澳大湾区入海污染物总量控制。突破行政区限制，合理规划布局入海排污口；在海域水环境质量较差的地区，实施环境容量总量控制。对水环境容量不足和海洋资源超载区域实行限制性措施，大力减少陆源污染物排放，通过综合整治实现海域水环境质量持续好转。按照"陆海统筹"的原则，加强重污染河流和重点河口、海湾污染整治，切实控制陆源污染，减少陆源污染负荷。实施入海口生态湿地和生态净化工程，加快主要入海河流河口湿地恢复与建设，提升河口区域河流湿地、浅海滩涂湿地净化作用。

4.4 提高污水处理能力

城市水环境的承载能力逐年下降，生态功能丧失加剧，粤港澳大湾区要建设成世界级湾区，需要有匹配的生态环境质量作为支撑。一方面，要实现污水处理能力与湾区经济社会发展相匹配，通过新建污水处理厂等方式增加大湾区的污水处理能力，特别是现有污水处理能力不足的区域；另一方面，需要根据各地区的实际情况，分批分次实施现有污水处理厂提标改造，建议将大湾区的污水厂排放标准提高到准Ⅳ类或者更高的级别，充分减轻城市河流污染负荷。同时，要注重厂网结合，大力推进城区雨污分流和管网改造，大力推进农村生活污水的收集处理，全面提高污水收集管网覆盖率。

4.5 加强黑臭水体整治

大湾区应按照国家对黑臭水体整治的相关节点要求，大力推进区域内黑臭水体整治。要加强城镇黑臭河段、老城区、城中村、城乡结合部等薄弱区域的截污纳管工作，采取控源截污、清淤疏浚、生态修复等措施，加大黑臭水体的治理力度。通过望、闻、问、测四步骤，建立截污、控污、清污和治污的水环境综合治理体系。

4.6 增强垃圾处理能力

为有效解决垃圾围城的问题及无废城市建设的需要，建议推进生物质能多联产再生科创产业园建设，以产业园为抓手，建立垃圾分类处理示范系统和复合垃圾生物质梯级利用系统，实现"无害化、零废物、零排放、低噪声、清洁邻里、能源自给、循环利用"，高规格引领形成一种资源可循环、能源可再生的新发展模式和新生活方式，建设国内顶尖的循环型生态园。

4.7 整治农村环境面貌

要坚决避免环境保护重视城市、忽视农村的错误做法，通过有效措施推进美丽乡村建设。加大农村生活垃圾的收集和处置。以改善村容村貌和生态环境为重点，以开展村庄净化、绿化、美化、亮化为抓手，建立"户分类、村收集、镇转运、县处理"的农村垃圾收集处置体系，建设无害化垃圾处理设施，对垃圾飞灰等进行综合处理利用，建立垃圾治理长效机制，实现农村生活垃圾处理常态化。加大农村污水治理，要因地制宜推进农村污水治理，对于人口较多的村庄或者较分散的户，以村或以户为单位建设分散式污水处理设施，邻近城市管网的纳入城市管网进行处理。

4.8　打造信息公共平台

单个地区采取的治理行动由于周边污染的传输抵消其治理成果，大湾区应建立"水环境治理的管理信息云平台系统"，利用互联网、云计算、大数据等构建水、气、声、土壤和辐射等的基础环境质量数据库，并建设执法监管系统。充分利用虚拟现实技术，结合智慧环水系统建设，建立河流湖泊排污口、污染源全周期监控系统，工程建设、工程运营全过程监督系统，安全应急云系统等多元化、立体化管控的水信息智慧管理体系，全面实现水环境治理管理的在线实时监控，提升水环境监督管理的信息化水平，保障和巩固治理成果。

4.9　推广全新治理模式

水环境问题系统治理的过程中，通过河道疏浚、岸坡加固、景观绿化等一系列措施，在改善水质的同时，也可以达到增加可利用土地面积、提升周边土地价值的目的。因此，从区域综合开发、资源协调利用、以土地增值及开发收益平衡项目投资，减轻政府负担等方面考虑，建议推广"水环境治理与生态修复、土地整备开发、投融资"三位一体的流域治理新模式。

4.10　建立长效管护机制

严格落实"河（湖）长制"，对标"长制久清"目标，按照"建管并重、注重长效"的原则，加快构建具有大湾区特色的一整套水环境监测、监管、管养、考评等长效管理机制。充分发挥各级河（湖）长在河湖管理保护工作中的统筹、协调、督导作用，推动河（湖）长巡河（湖），建立问题台账，加强源头管控，严格处罚涉水违法行为，强化治管合一，落实长效治理，推动水环境治理长效管理。同时，充分发挥群众对水环境治理的监督作用，坚决杜绝"表面治污""虚假治污""运动式治污"。

4.11　健全生态补偿机制

粤东西北地区为大湾区的主要水源保护地和生态屏障区域，应利用国家启动生态补偿试点的契机，积极对接广东省南部（如惠州、东莞、深圳）、澳门、香港等用水受益区，建立切实可行的跨市、跨流域的生态补偿政策和办法，以此调动保护优质水资源的主动性和积极性，增加涉水工程资金来源，保障水质达标。各地需制订相应的"生态补偿总体方案"，明确区域生态补偿制度补偿的主体客体、考核目标和标准、资金来源、补偿渠道、补偿方式、保障体系和具体措施办法等。

4.12　构建分类治理体系

综合考虑环境污染成因、当地自然环境条件和经济发展水平，粤东西北地区当前环境治理应突出加快重点区域流域、人口快速增加的城镇以及建制镇污水处理设施建设，重点推进雨污分流管网、正本清源、污水处理厂建设，提高污水收集和处理率。珠江三角洲地区应在完成沿河截污，完善分流排水系统，防控水体污染源后，加快河流生态系统修复，包括湿地工程、水土保持及水源涵养林建设等，同时加快实现河道污泥处理厂生产进度和技术水平"双提升"，有效消除内源污染。推进分类治污、分清矛盾的主次结构和类型，实施分类和分区治污。推进总量治污，摸清底数，梳理台账，确定时间表和路线图，验收一个，销号一个。

4.13　设立治理产业基金

环境治理是公益性质的系统生态工程，涉及面广、技术要求高、资金需求大，形成环境治理的可持续发展能力必须创新投融资模式。建议设立环境治理产业基金，支持和引导社会资本、金融机构广泛参与，多元化、多渠道筹措建设资金，促进金融创新、提高投融资效率，拓宽企业融资渠道，增强区域发展活力。政府出台治理项目支付计算标准指导意见，强化市场监管，规范项目支付计算标准指导意见，强化市场监管，规范各类市场主体竞争行为，避免低价恶性竞争带来的项目质量安全风险。

5　结语

综上所述，大湾区水环境治理是一个系统工程，涉及面广，要坚持问题导向，聚焦重点难点问题，突出抓好水污染治理，重点整治严重污染河流和城市黑臭水体。综合治理水环境要考虑大湾区内陆域海域环境问题的特性及各城市水环境问题的特点，合理设计差异化、系统化防治方案，管理措施与工程措施并举。坚持系统性、前瞻性、战略性思维，坚持问题导向、系统谋划，下大力气推动大湾区治理成效。要压实责任，狠抓落实。要尊重治水规律，加强污染源头防治，狠抓控源截污治理，形成齐抓共管的工作合力。推动大湾区生态环境质量实现根本性好转。推进精准治污，通过"治真污"，有效"真治污"，达到"污真治"，为实现"美丽湾区"奠定坚实的基础。

参考文献

［1］郭楚．携手共创粤港澳大湾区，与世界超级湾区试比高［J］．环境经济，2017（5）：70-73.
［2］王伟．粤港澳大湾区建设的机遇和挑战［J］．中国经贸，2017（8）：82-83.
［3］2017年上半年广东省环境质量状况［R］．广州：广东省环境保护厅，2017.
［4］2016年广东省海洋环境状况公报［R］．广州：广东省海洋与渔业厅，2017.
［5］广东省近岸海域污染防治实施方案（征求意见稿）［R］．广州：广东省环境保护厅，2018.
［6］陈益．加强陆域污染整治保护海洋生态环境［J］．前进论坛，2013（9）：56-57.
［7］宗边．住房和城乡建设部发布排水口管道检查井治理技术指南［J］．施工技术，2016，45（19）：12.

基于大数据的节水关注度时空分布及群体特征分析

郑炎辉[1]　陈森俊[2]　何艳虎[3]

（1. 南方科技大学，广东深圳　518055；
2. 广州丰泽源水利科技有限公司，广东广州　510663；
3. 广东工业大学环境生态工程研究院，广东广州　510006）

摘　要：基于大数据的节水意识调查分析可有效避免问卷调查等传统方法样本数量小、主观性强、覆盖面小、抽样不均匀等问题，更全面、客观、高效地了解全国节水意识现状。本文通过收集群众对节水相关关键词的百度搜索大数据来分析节水意识高低，探究我国节水关注度时空分布及高节水意识群体特征。研究表明，群众对节水的关注度呈上升趋势，并且呈现典型的周期性，关注度峰值出现于每年 3 月 22 日世界水日与 3 月 22—28 日中国水周；关注度具有明显的地域差异，经济发达地区关注度更高，江苏、山东、广东位居省级行政区前三位；节水关注度最高的群体为 30~39 岁的女性，其相关需求主要与节约用水宣传语、节约用水手抄报等节水宣传教育活动相关。

关键词：大数据；节水意识；时空分布；特征分析

1　研究背景

　　水资源是社会经济发展的基础性自然资源，但是我国人多水少，水资源时空分布不均，供需矛盾突出，全社会节水意识不强、用水粗放、浪费严重，水资源利用效率与国际先进水平存在较大差距[1]，水资源短缺已经成为生态文明建设和经济社会可持续发展的制约瓶颈，因此需要坚持节水优先，提高水资源利用效率，大力推动全社会节水，形成节水型生产生活方式。自 2002 年《中华人民共和国水法》开始，明确提出建设节水型社会，要求在生产和生活中节约用水；2011 年中央一号文件强调"加快建设节水型社会，促进水利可持续发展，努力走出一条中国特色水利现代化道路"；2014 年习总书记提出"节水优先、空间均衡、系统治理、两手发力"的治水思路；2019 年《国家节水行动方案》提出大力推动全社会节水，全面提升水资源利用效率，形成节水型生产生活方式，保障国家水安全，促进高质量发展，更是把提升节水意识作为六大保障措施之一[2]。节水已贯穿到经济社会发展的全过程和各领域，实施重大节水工程，加强监督管理，增强全社会的节水意识，已成为解决我国水资源短缺问题的重要举措。

　　无论工业用水、农业用水或居民生活用水，其控制主体都是人，所以节水不仅需要通过水利工程建设、节水技术的创新和使用等途径来解决，更重要的是公众节水意识的提升，意识驱动行为，达到全民节水，是创建节水型社会的重要措施之一[3]。近年来，世界水日、中国水周、全国城市节水宣传周等形式多样的节水主题宣传活动逐渐展开，也有部分学者对相关的节水意识调查评价进行了探索与研究。王建明[4] 通过对重庆、武汉、杭州三个地级市的大样本现场调查，得出了节约意识对资源节约行为具有正向作用，其中资源节约情感和资源节约知识作用最明显。安睿智[5] 以北京市为调查对象，发现水资源低效利用和浪费现象主要原因之一是公众对资源问题缺乏足够认知和资源意识薄弱。陈岩等[2] 以河北省和福建省为例，通过问卷调查得出结论——采取有效措施加强人的节水意识

作者简介：郑炎辉（1990—），男，博士，研究方向为水文水资源方面。

和行为，是应对水资源短缺的重要措施之一。张益等[6]基于河北、山东和河南3省的小麦种植户调查数据分析了节水意识对农业用水的影响，得出节水意识对采用高效节水灌溉技术和节水品种选育技术均有显著正向影响的结论。从环境社会学的角度出发，节水意识对节水行为的正向影响也得到了一系列学者研究认可，研究均发现用水量较低的群众节水意识远高于其他群众[7-10]。

可见，随着近年来节水的宣传、推广、教育以及相关研究，节水意识已逐步融入了生产、生活与农业等方方面面。那么，当前全国节水意识现状究竟如何？我国各地节水意识水平是否一致？群众对节水的关注点到底在哪？最大的节水群体特征如何？针对以上问题，相关学者通过调查问卷分析了部分区域的数据，得到了一些区域性的结论[4-10]。但是问卷调查等传统方法存在样本数量小、主观性强、覆盖面小、抽样不均匀等问题，因此本文首次基于网络搜索大数据[11-12]，利用百度提供的搜索指数，通过节水与节约用水的关键词检索数据，基于节水关注度分析评价我国人民群众的节水意识，探究其发展趋势及区域差异，并通过分析当前节水关键词检索的群体特征与需求，为未来节水意识的提高提供新的实证数据支撑和建议。

2 研究数据与方法

2.1 研究数据

基于百度搜索引擎海量网民搜索行为大数据支持，百度提供了名为百度指数的数据分享平台。该平台提供了包括趋势研究、需求图谱、人群画像在内的三大板块。其中，趋势研究以用户百度搜索量数据为基础，分析、统计各搜索关键词在百度中的搜索频次并对其进行加权求和；需求图谱则反映了以某一关键词为核心的关键词及其关联关键词的搜索情况；人群画像则是通过人工智能对百度用户的年龄、性别与兴趣爱好等做了分析统计，可以反映用户的社会属性。

在百度指数基础上，本文以"节水"与"节约用水"关键词收集、统计了2011年1月1日至2020年5月1日间除港、澳、台以外我国所有省、市、自治区用户对"节水"与"节约用水"的每日搜索数据，有关研究通常也称其为网络关注度[11]数据，通过网络上对节水的关注度来表征节水意识高低。

2.2 研究方法

2.2.1 时间分布特征

利用python提取了2011年1月1日至2020年5月1日"节水"与"节约用水"关键词的每日百度搜索指数，基于日搜索指数及搜索峰值探究了节水关注度的趋势与周期，以揭示时间分布特征。

2.2.2 空间分布特征

空间分布特征的分析主要依托百度指数提供的地区筛选功能实现。利用该功能可以查询每个省的节水关键词搜索数据，从而支持对比不同区域的节水关键词搜索数据特征。同时，百度指数还提供了基于地图的区域搜索数据可视化功能，可直观展示节水关注度的空间分布。

2.2.3 特征分析

特征分析主要包括用户画像分析和需求图谱分析。

用户画像分析和需求图谱分析主要采用百度指数的内部计算方法实现。百度指数直接为其使用者提供了关注特定关键词的用户的年龄分布、性别分布与搜索关键词的前后的搜索行为变化中表现出来的相关检索词需求信息。同时，百度也提供了"目标群体指数"（TGI）来反映目标群体在特定研究范围内（如地理区域、人口统计领域、媒体受众、产品消费者）的强势或弱势。其计算方法如下：

$$TGI\text{指数} = （目标群体中具有某一特征体所占比例）×标准数（×100\%）$$

3 节水关注度时空分布

3.1 时间分布特征

鉴于百度指数最早开始于2006年6月1日，自2011年1月1日起有关数据可分省、市、自治区进行查询和分析,本文首先利用百度指数提取了"节水"与"节约用水"作为关键词的搜索数据,如图 1 所示,可以看出:①国内对"节水"与"节约用水"的网络搜索可查数据最早出现于 2011 年 1 月 1 日,搜索数据呈现典型的周期性,搜索低谷出现于每年春节前后,峰值出现于每年 3 月 22 日世界水日与 3 月 22—28 日中国水周;②如图 2 所示,节水关注度整体呈上升趋势,2011—2015 年期间指数平均峰值为 2 647,2016—2020 年平均峰值达到了 3 667,增加了 38%,2020 年由于新型冠状病毒肺炎疫情影响,峰值有所下降,但也达到了 3 289,高于 16 年之前的搜索峰值。

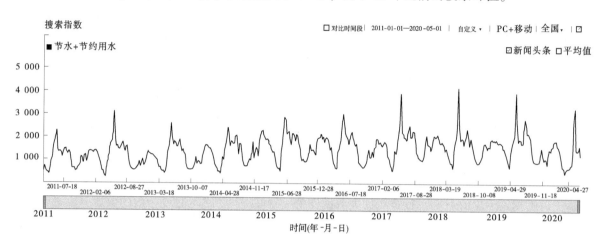

图 1   2011 年 1 月 1 日至 2020 年 5 月 1 日"节水"+"节约用水"关键词搜索指数

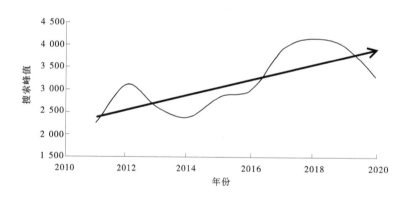

图 2   2011—2020 年节水关键词搜索峰值

3.2   空间分布特征

利用百度指数提供的用户画像及区域搜索指数查询功能,统计 2013 年 7 月 1 日至 2020 年 5 月 1 日的百度搜索数据,可知,节水关注度最高的区域为华东地区,其次为华北地区;节水关注度前三的省份为江苏省、山东省与广东省;节水关注度前十的城市几乎都为一线城市,北京与上海位居前二。综合可知,直辖市、省会城市等为代表的一线城市牢牢占据了节水关键词搜索量的前十。这也反映出,其他经济欠发达地区在节水宣传推广方面仍有巨大的空间。

4   高节水意识群体特征及其需求分析

4.1   高节水关注度群体特征分析

如前所述,利用百度指数提供的人群画像功能,可得图 3 与图 4。由图 3 可知,节水关注度最高的群体以中年人为主,30~39 岁的群体接近总数的 60%,TGI 指数也反映中年人占据主导地位。同时也可看出有相当一批 20~29 岁的人员关注着节水,而 40 岁以上的群体对节水的关注度则较低。类似的,由图 4 可知,节水关注者中女性占据主导地位,达到 70.26%。

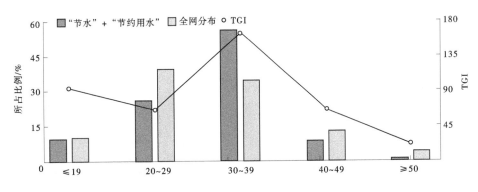

图 3　节水关键词搜索的年龄分布

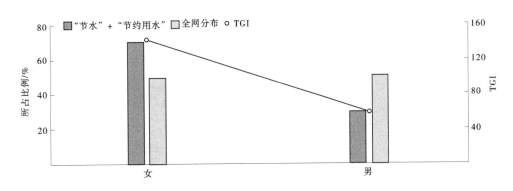

图 4　节水关键词搜索的性别分布

4.2　节水关注需求分析

百度指数提供的需求图谱功能可生成近一年来每周以特定关键词为核心的其他关键词信息。基于该功能分析"节水"与"节约用水"相关词热度，可得图 5，由此可知节水关键词搜索相关热度最高的多为节约用水的手抄报、节约用水宣传语等节水宣传活动。因此，群体对节水的关注需求主要位于节水宣传教育，"如何节约用水"与"节约用水的方法"虽然热度也排进了前十，但明显低于节水宣传相关的关注。

5　结论

本文利用百度搜索大数据形成的百度指数研究了我国各地区节水关键词搜索数据的变化及其趋势，并以此反映我国节水意识的现状群体特征及需求特点。主要结论如下：

（1）我国群众对节水的关注度呈上升趋势，并呈现明显周期性，其关注峰值位于世界水日与中国水周，表明节水相关的节日活动可有效提高节水关注度，对节水意识提高有明显作用；

（2）一线城市及沿海发达地区节水关注度高于其他地区，由节水关注需求分析可知可能是发达地区举办节水宣传教育活动较多，因而引起了较大的关注度；

（3）节水关注度最高群体为 30～39 岁的女性，关注最多的为节水教育宣传相关活动。

本文可有效避免问卷调查等传统方法存在的样本数量小、主观性强、覆盖面小、抽样不均匀等问题，为从大样本甚至全样本角度研究群众节水意识现状、科学评估我国节水型社会创建成效提供了新的方法、思路，具有重要研究、应用价值。

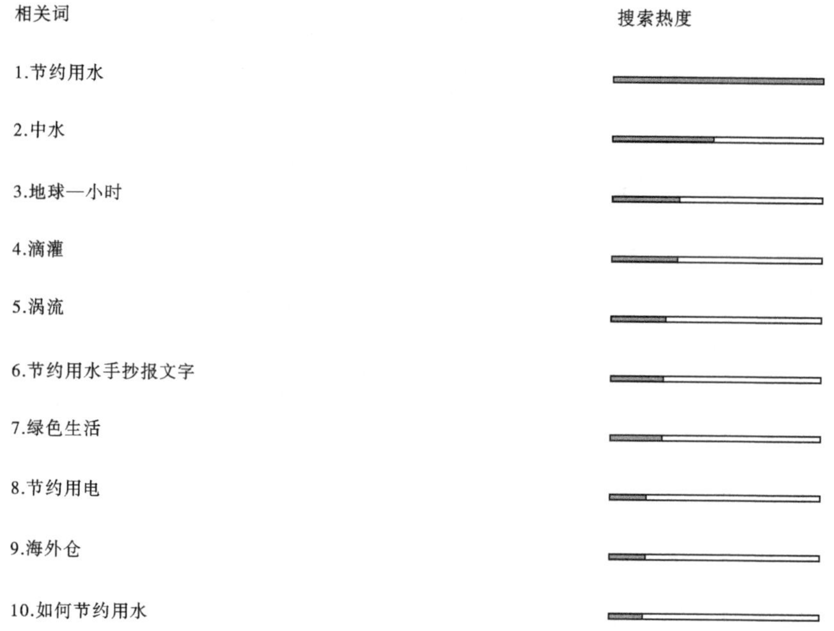

相关词　　　　　　　　　　　　　　　　　　　　搜索热度

1.节约用水

2.中水

3.地球一小时

4.滴灌

5.涡流

6.节约用水手抄报文字

7.绿色生活

8.节约用电

9.海外仓

10.如何节约用水

(a)"节水"搜索相关词热度

相关词　　　　　　　　　　　　　　　　　　　　搜索热度

1.节约用水的手抄报

2.节约用水的宣传语

3.节约用水手抄报

4.节约用水的作文

5.节约用水图片

6.节约用水的方法

7.节约用水顺口溜

8.节约用水手抄报文字

9.节约用水手抄报内容

10.节约用电

(b)"节约用水"搜索相关词热度

图 5　节水关键词搜索相关词热度

参考文献

［1］国家发展改革委，水利部．国家节水行动方案［N］．中国改革报，2019-04-19（003）．

［2］张一鸣．中国水资源利用法律制度研究［D］．重庆：西南政法大学，2015．

［3］陈岩，徐娜，王赣闽，等．中国居民节水意识和行为的典型区域调查与影响因素分析——以河北省和福建省为例［J］．资源开发与市场，2018，34（3）：335-341，438．

［4］王建明．资源节约意识对资源节约行为的影响——中国文化背景下一个交互效应和调节效应模型［J］．管理世

界，2013（8）：77-90，100.

［5］安睿智. 公众资源节约行为的影响因素研究［D］. 北京：中国地质大学（北京），2018.

［6］张益，孙小龙，韩一军. 社会网络、节水意识对小麦生产节水技术采用的影响——基于冀鲁豫的农户调查数据［J］. 农业技术经济，2019（11）：127-136.

［7］Dunlap R E，Jr W R C. Which Function（s）of the Environment Do We Study? A Comparison of Environmental and Natural Resource Sociology［J］. Society & Natural Resources，2012，15（3）：239-249.

［8］Gregory G D，Leo M D. Repeated Behavior and Environmental Psychology：The Role of Personal Involvement and Habit Formation in Explaining Water Consumption 1［J］. Journal of Applied Social Psychology，2003，33（6）：1261-1296.

［9］闫国东，康建成，谢小进，等. 中国公众环境意识的变化趋势［J］. 中国人口·资源与环境，2010，20（10）：55-60.

［10］王建明. 资源节约意识对资源节约行为的影响——中国文化背景下一个交互效应和调节效应模型［J］. 管理世界，2013（8）：77-90，100.

［11］张茜. 特色小镇网络关注度时空特征与影响因素——基于31个省市区百度指数的实证研究［J］. 广西经济管理干部学院学报，2019，31（4）：78-84.

［12］林佳瑞，陈广峰. 基于搜索大数据的 BIM 发展现状与趋势分析［J］. 施工技术，2020，49（9）：96-99.

湾区一体化深圳水资源安全保障体系构建研究

张宏图　成　洁　钟智岩

（深圳市水务规划设计院股份有限公司，广东深圳　518022）

摘　要： 深圳是一座本地水资源匮乏的城市，深圳市人口的增长、社会经济的发展、生态环境保持与修复要求的提高，促使其水资源的需求不断增加[1]。经过多年规划建设，全市已基本形成"长藤结瓜、分片调蓄、互补调剂"的原水供应格局，有效保障全市经济社会的可持续发展。未来的20年是深圳"双区驱动"的重大机遇期[2]，也是率先建设中国特设社会主义先行示范区、社会主义现代化强国的城市范例的关键时期，是深化改革开放、加快转变经济发展方式的攻坚时期。全市保持经济平稳较快发展、转变经济发展方式、保障和改善民生、促进区域协调发展、提高生态文明水平、建立健全基本公共服务体系等重大战略对水资源保障发展提出了新的更高要求，迫切需要构建适应经济社会发展新要求、符合深圳水情新特点、体现时代发展新特征、顺应人民群众新期待的水资源支撑与保障体系。

关键词： 深圳市；双水源双安全；高质量供水保障；应急备用

1　深圳市水源概况

深圳市地表径流量主要靠降雨补给，全市多年平均地表水资源量（河川径流量）为19.20亿 m^3，多年平均水资源总量为20.51亿 m^3。深圳市河流属于雨源型河流，河短流急，境内无适合修建大型水库的地形条件，供水主要依靠境外调水[3]。建市之初，全市用水主要依靠东深供水工程及少数水库供应，供水能力较弱，为了提高全市供水保障程度，1996年深圳市独立兴建东江水源工程，并陆续兴建铁石、石松等22条输配水支线工程，将东江境外水输送到全市范围，形成了以行政区域配置为"中心"，以东部供水水源工程、东深供水工程和供水网络干线、支线等输水工程为"线"，深圳水库、铁岗水库、石岩水库、松子坑水库、西丽水库等当地蓄水工程为"源"，以净水厂为"点"的跨流域、区域的"长藤结瓜、分片调蓄、互相调剂"的双水源供水体系[2]。同时通过不断新建扩建水库，截至2019年底共有蓄水工程154座，总控制集雨面积570.72 km^2，总库容9.48亿 m^3，全市供水水库32座，总控制集雨面积367.87 km^2，总库容7.56亿 m^3，现状供水水库在50%和97%保证率情况下的可供水量分别为2.4亿 m^3 和0.9亿 m^3，水库供水能力进一步增强。

2　深圳水源保障安全形势分析

深圳是一座本地水资源匮乏的城市，人口的增长、社会经济的发展、生态环境保持与修复要求的提高，促使其水资源的需求不断增加。深圳市政府高度重视，经过多年规划建设，有效保障全市经济社会的可持续发展。但与率先建设中国特色社会主义先行示范区、社会主义现代化强国的城市范例相对照，依然存在一定的问题。

2.1　近远期城市发展用水需要遭遇瓶颈

2019年深圳市总用水量20.62亿 m^3，逼近广东省政府下达的21.13亿 m^3 红线，全市用水总量已逼近红线指标，深圳市水务发展面临瓶颈。随着"双区建设"的大力推进，全市城市用水量仍在逐

作者简介： 张宏图（1970—），男，本科，主要从事水利规划设计工作。

年增长，大空港、前海深圳湾、大布吉等重点片区现有水厂规模已难以满足片区持续增长的用水需求。根据预测，2035 年全市需水量 30 亿 m³，考虑多年平均供水能力 25.23 亿 m³（现有东江 15.93 亿 m³、西江 8.47 亿 m³、本地水 0.83 亿 m³），存在 3.7 亿 m³ 水量缺口。

2.2 深圳市供水格局需进一步优化

深圳市目前的境外水源来自东江，市内现有的供水布局主要以配置东江水源工程和东深供水工程布置，从东北部向西部、西北部配置。珠三角水资源配置工程实施后，交水至深圳市西北部，现有的供水布局不能满足珠三角水资源配置工程深圳市境内配置的要求，全市的供水布局，特别是西部片区供水布局及调度需有较大的调整和优化。需要打破现有水源分布格局，用更新、更高的视野来重新审视城市水源系统和水厂布局，更合理地进行水资源分配、提高给水系统的功能和效益。

2.3 应急备用能力不足且各区域布局不均衡

深圳市境外取水量将占总供水量的 90%左右，一旦境外水源发生供水突发事件，将对城市的发展及安全造成不可估量的影响。为确保超大城市供水安全，要求全市应急备用水源能够满足 90 d 供水，目前全市的应急备用能力严重不足，仅能满足 45 d 供水。随着珠三角水资源配置工程和两大储备水库的建成和陆续发挥效益，全市的总体应急备用能力将有较大提升，但限于输配水工程供水能力，仍存在全市各片区间应急能力不均衡的现象。为此，需要结合新增境外水源与水厂整合，对全市的应急备用水源体系进行统筹规划。

2.4 水源水质和水源保护形势严峻

近年来，深圳市城市经济快速发展，深圳境内、外水源水质均受到不同程度的污染威胁。境外东江流域沿线城镇经济发展快速，东江入河污染物增加，存在部分水质指标超标，如总氮、总磷、氨氮季节性处于超地表水Ⅲ类标准状态；境内水源污染负荷逐年增加。随着城市规模的不断拓展和经济社会的发展，深圳水库、铁岗水库、石岩水库以及西丽水库等几大"水缸"上游水源保护区内的社区（城中村）逐渐发展壮大，虽采取了防范、截污、治污措施，但饮用水源地内雨污分流不到位，一旦有较大的降雨量，超量洪水将挟带污染物进入"水缸"，严重影响水库水质。

3 深圳市水源安全保障体系对策

未来的二十年是深圳"双区驱动"的重大机遇期，需要强化水源常规保障和战略储备，打造水量充沛、水质优良、安全高效水源保障体系，为"双区发展"提供优质可靠的水源保障。根据城市空间发展布局及流域水资源分布特点，提出水资源安全保障体系四大策略：多维统筹，集约高效水资源优化配置；区域协同，打造大湾区一体化高质量供水保障[3]；优化网络，构筑符合经济社会发展的现代水网；多源互济，构筑节水型水源供给体系。

3.1 多维统筹，构筑集约高效水资源配置体系

遵循"系统均衡、民生优先、经济高效、生态安全"的指导思想，以"三生统筹、内外统筹、常非统筹、远近统筹"作为水资源配置的原则。"三生统筹"以水资源承载能力为导向，统筹经济和生态用水关系，保证用水安全和基本生态用水。"内外统筹"合理平衡外调水与本地水的利用关系。"常非统筹"布局常规水源和非常规水源的合理配置关系。"远近统筹"协调近期实施计划与远期目标一致，协调相关发展布局，提高规划决策科学。

3.2 区域协同，构筑湾区一体化高质量供水保障

将解决深圳市水资源问题纳入粤港澳大湾区规划总体战略，加强粤港澳湾区合作，优化配置东西江水资源，搭建由境外单一水源向两江并举的境外引水格局，提高深圳市水资源保障的抗风险能力。通过北联、东延、南调，推进与湾区城市原水供应的互联互通。"北联"深圳与东莞，通过西江引水的罗田水库为枢纽节点与东莞水库联网系统实现串联；"东延"延长东部供水工程至新丰江水库与东江供水系统连通；"南调"利用现有东深供水工程的路由，合理调度深圳水库与香港的原水分配。新增境外水源后，形成三大调水通道，实现"多源共济、多向供水"的水资源保障格局，以及水资源

的可持续利用和与周边地区的合作共赢。

3.3 优化网络，构筑符合经济社会发展的现代水网

依托新增调水的水资源保障条件，结合城市规划发展对用水的需求，进一步优化完善城市供水格局，区域水源连通互济，优化流域水资源联合调配，提升城市水资源保障水平。加快珠三角水资源配置工程深圳境内水源配置工程体系建设，以罗田-铁岗水库连通工程、公明-清林径水库连通工程为核心，构建三纵四横，双向调配，双水源双安全供水布局，提高水源调配与调度能力，确保城市供水满足97%保证率与应急备用水源满足90 d供水安全保障。

3.4 多源互补，构筑节水型水源供给体系

绿色开发雨水、再生水、海水联合利用，非常规水源利用，探索新型水源的发展潜力，以应对紧急情况下供水链断裂带来的冲击。推进重点片区非常规水源利用，再生水替代自来水用于工业冷却和市政杂用，水质净化厂尾水用于河道生态补水。推进重点开发城区雨洪资源利用，结合海绵城市与城市排涝雨水调蓄设施建设，力求城市建设区雨水资源替代城市自来水供水的比例近期达到1.5%，远期达到3%[4]。推进海水资源化利用，沿海火核电企业要充分利用海水作为工业冷却用水、码头冲洗用水。海水淡化以技术储备和试点示范为主，储备海水淡化技术，试点工程建设布局上应兼顾东部和西部。

4 深圳市水源安全保障总体布局

根据深圳市未来人口发展规模，结合区域经济发展和功能调整，建立东江和西江引水保障民生安全和经济发展，共同助力粤港澳大湾区经济腾飞。本地水库作为生态之源，非常规水源作为城市杂用与景观补充水源系统，形成"一网互联、两江并举、三纵四横"的水资源安全保障布局。

4.1 境外水源总体布局

深圳市将形成东江水源工程、东深供水工程和珠三角水资源配置工程三大境外水源联合供水的格局[5]。其中，珠三角水资源配置工程交水至深圳市西部的罗田水库和公明水库，东部引水工程从深圳市东部进入深圳市，并进入东部的清林径水库调蓄；东深供水工程交水至深圳市中部的深圳水库。深圳市的供水系统规划分为西江供水片区和东江供水片区，两片区可通过联网水库实现互为补充和备用。其中，西江供水片区以公明水库为核心，主要水源为西江水，其供水范围为宝安区、光明区和南山区部分区域；东江供水片区以东深供水和东江水源两条干线为主线，以清林径水库为调蓄储备，主要水源为东江水，其供水范围为福田区、罗湖区、南山区部分区域、盐田区、龙岗区、龙华区和大鹏新区等其他东部区域。

4.2 境内水源总体布局

正常供水期和检修期供水水源布局：形成以东深供水、东部供水和西江引水三大境外水源为主，清林径、公明、铁岗、深圳四大调蓄供水水库为中心的供水水源系统。以供水网络干线、北线引水、北环干管、罗田-铁岗输水工程以及公明-鹅颈-石岩输水隧洞，公明水库-清林径水库连通工程为输配水干线，以东清输水、坪地支线、獭湖支线、大工业区支线、大鹏原水支线、盐田支线、笔架山支线、铁石支线、石松供支线、铁长支线、龙清输水等为主要输配水支线的全市供水网络布局系统。

4.3 应急备用水源布局

以公明水库-清林径水库连通工程为主，连通深圳市三大境外水源，以深圳市境内主要供水水库为储备水源，利用正常供水期的供水网络，满足深圳市突发应急事故时的供水需求。

未来深圳将秉承率先建设中国特色社会主义先行示范区、高质量发展、高品质生活的"一先两高"的城市发展战略定位，率先创建中国特色社会主义先行示范区和社会主义现代化强国的城市范例，必然对城市水源、供水、水质安全以及应急保障能力提出更高的要求[6]。水资源保障是深圳发展面临的瓶颈之一，安全优质的水源保障是城市发展的基础，深圳需要以前瞻眼光，高水平、高标准地打造水源保障网络，通过区域协同、多源互补、互联互通、应急储备等多种措施，打造水量充沛、

水质优良、安全高效的水源保障体系，发挥在湾区中的城市辐射带动的重要作用。

参考文献

［1］深圳市统计局，国家统计局深圳调查队．深圳统计年鉴2019［M］．北京：中国统计出版社，2019.

［2］丁晨．深圳市供水需求发展趋势及保障政策研究［D］．哈尔滨：哈尔滨工业大学，2017.

［3］崔国韬．河湖水系连通与最严格水资源管理的关系［J］．南水北调与水利科技，2012（2）：129-132.

［4］朱庆平．我国海水利用现状、问题及发展对策研究［J］．中国水利，2012（21）：30-33.

［5］周瑾．深圳水资源短缺问题及出路探讨［J］．城市建设理论研究（电子版），2013（18）.

［6］谭刚．深圳建设中国特色社会主义先行示范区发展目标研究［J］．特区实践与理论，2019（5）：68-74.

某防波堤工程建设对附近水域的影响分析

刘国珍[1,2]　刘　霞[1,2]

（1. 珠江水利委员会珠江水利科学研究院，广东广州　510610；
2. 水利部珠江河口治理与保护重点实验室，广东广州　510610）

摘　要：为保证港区条件适宜河口水情，应建设防波堤工程以减小外海波浪对港区的作用。但是，工程的建设改变附近岸线布局，对区域流场和水动力特性分布造成不利影响，改变黄茅海湾口东、西槽的潮量分布。为此，建立黄茅海水域物理模型，模拟研究工程前后附近水动力变化分布。研究成果表明，防波堤工程的建设对东槽水域潮流有明显影响，西槽动力有所增强，高栏岛南侧与工程交接水域流态变化大。工程影响较大，不利于河口稳定及滩涂自然演变，建议修改方案，研究补偿方案并与主体工程一并实施。

关键词：港口；防波堤；水动力；潮量

1　研究背景

珠海港是我国沿海主要港口之一[1-2]，是珠江口综合交通体系的重要组成枢纽，是珠海市经济发展和对外开放的重要依托，是珠江三角洲"大湾区"参与经济全球化和全球资源配置的重要基础[3]；随着港口条件的改善，逐渐成为我国华南地区重要的能源、原材料等物资运输的主要中转港。铁炉湾作业区为珠海港油品运输的主力港区，以危险品、油品、液体化工储存、分销、中转为主，位于珠海高栏港港区南端，同时在高栏港经济区建设南海天然气陆上终端、深水海洋工程装备制造基地等一系列配套项目。

铁炉湾港区面向开敞的南海，东南向的涌浪比较严重，掩护条件差，不利于船只停泊，因此需要建设铁炉湾防波堤工程，以改善港区的建港条件及作业环境。

防波堤总长 3 000 m，包括过渡段、顺岸段和突堤段。过渡段为使防波堤与现有陆域高程顺利衔接而建，其南侧与顺岸段防波堤相连，北侧与现有 13.5 m 等高线相连；顺岸段内侧为规划港区陆域，突堤段内侧为铁炉湾码头区水域。防波堤内侧水域空间满足港区内船舶进出港、调头等作业的要求。规划建设 15 万 t 级泊位 2 个、8 万 t 级泊位 2 个、5 万 t 级泊位 6 个，5 000 t 级泊位 23 个，支航道宽 235 m，开挖至 -16.5 m（珠基，下同），主航道扩宽至 300 m。

海运工业的发展，催生了一大批沿海码头、港口工程建设，栾英妮等[4]、冉小林等[5] 从结构及消波等角度对防波堤工程开展研究，曾晰等[6] 对防波堤的施工工艺进行研究探讨，金哲飞等[7] 采用数学模型模拟防波堤工程对水动力的影响，本文采用物理模型试验的方式开展研究。铁炉湾防波堤工程位于高栏岛南端，伸出现状岸线，改变现状水流运动路线，对区域水动力分布造成一定影响，为此开展物理模型试验，研究工程建设影响。

2　研究区域概况

黄茅海为喇叭状河口湾，湾顶有崖门水道和虎跳门水道汇入。崖门上游为潭江，发源于阳江市围岭山，其入海河段称为银洲湖，亦称为崖门水道，银洲湖河段还接纳了由西江分流的江门水道和虎坑

作者简介：刘国珍（1983—），男，高级工程师，主要从事河口规划、水动力控导、生态水利、城市洪涝研究工作。

水道的流量，与西江主干分出的虎跳门水道汇合注入黄茅海。拟建工程位于黄茅海下游出海口水域，东侧为鸡啼门水域，西侧为荷苞岛，南面临南海，属季风亚热带气候，常年气候温和，雨量充沛，空气湿度大，夏季热带气旋常伴随大暴雨发生，冬季温和。

港区的常、强浪向为东南东—南，防波堤外堤的方位角 70°~250°，对 4 个方向的波浪均有较好的遮挡作用。对高栏港区影响最大的波浪主要来自南东向和南向面向外海，这两个波向的年平均波高 H 为 0.56 m，$H_{1/10}$ 为 1.12 m，$H_{1/3}$ 为 0.9 m，平均波周期为 5.1 s。黄茅海水域经常受台风侵袭，近岸极值波高均由台风造成，整个海区的波浪多为涌浪和以涌浪为主的混合浪；外海的东南东、南东、南南东、南 4 个主波向的频率占全年频率的 78%，实测波高一般为 3~4 m，台风期间极值波高 10 m 以上；对应于 4~6 m 的波高，海底坡度为 1/140 左右时，其破碎水深为 5.2~7.7 m。

铁炉湾防波堤工程所在水域，水情复杂[8]，水沙作用多变[9]，自然水深 7~8 m，回淤泥沙主要为附近浅滩泥沙在波浪潮流作用下输移，以悬沙淤积为主。附近海区底质为粉细沙及淤泥，设计防波堤堤头处的水深约 9.5 m，堤头均设置于破波带外，有利于减少港内淤积。

工程水域基本情况及测点布置见图 1。

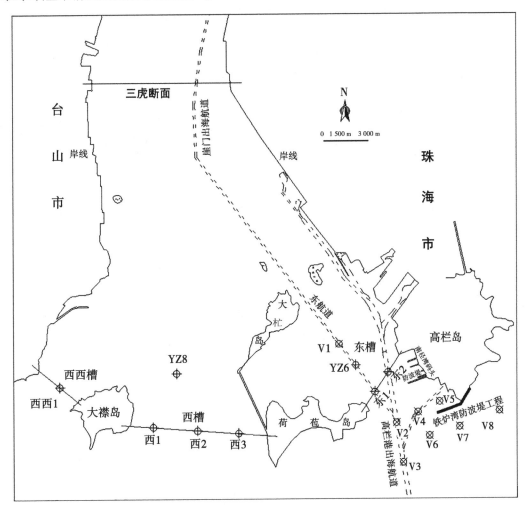

图 1　工程水域基本情况及测点布置

3　模型的建立与验证

3.1　模型的建立

模型范围包括上游网河区、黄茅海及下游近海海域。模型的上边界为：西北江上游至两江交汇处思贤滘附近，银洲湖河道上至石嘴，并分别向上游延伸 2 km 作为过渡段。上边界以上用扭曲水道相连接，用以模拟潮区界纳潮的长度和容积。模型的下边界选在高栏岛下游外海区-30 m 等高线，并延长 5 km 左右的过渡段。所有上、下边界的过渡段都模拟实测地形，以保证模型水流与原型相似。

根据试验场地面积、供水能力，选定模型的平面比尺为 700。垂直比尺根据模型水流处于紊流阻力平方区的水深比尺判据条件来确定，并参考国内大型河口模型设计，最后确定本模型的垂直比尺为 100，相应的变率为 7。

3.2 模型验证

模型验证水文条件选取 2010 年 6 月中水组合（简称"10·6"）、2010 年 1 月枯水组合（简称"10·1"）及 2005 年 6 月洪水组合（简称"05·6"）对模型进行验证。

验证成果表明，潮位过程线吻合情况较好，相位偏差一般在 0.5 h 以内，高、低潮位误差一般在 ±0.05 m 以内，最大误差一般在 ±0.10 m 以内，符合技术规程的规定，满足潮位相似的要求；流速过程验证成果与原型基本相似，满足动力相似的要求。模型验证误差在技术规程要求之内，满足潮位、流速、流向等方面的相似要求，模型水流运动达到了与原型相似，可进行水流模拟试验。

"05·6"高栏港潮位验证过程、"10·1"高栏港潮位验证过程、中水组合 YZ6 流速流向验证成果、中水组合 YZ8 流速流向验证成果、工程前枯季涨潮流态见图 2~图 5。

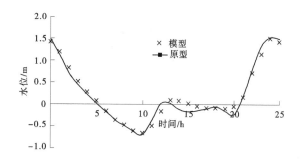

图 2 "05·6"高栏港潮位验证过程

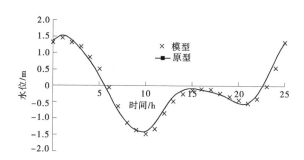

图 3 "10·1"高栏港潮位验证过程

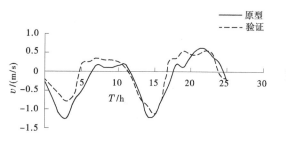

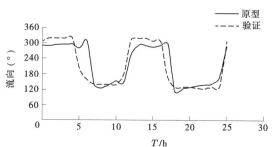

图 4 中水组合 YZ6 流速流向验证成果

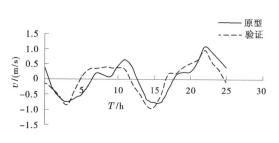

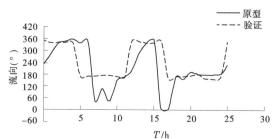

图 5 中水组合 YZ8 流速流向验证成果

4 工程影响分析

4.1 流场变化

工程上游黄茅海湾内涨、落潮流为南北向往复流动，受径流、潮流、风浪和泥沙的长期作用，逐渐形成三滩两槽的基本动力格局，工程下游的外海水域，涨落潮流表现为旋转流特性。

工程前，涨潮时，水流通过东槽（高栏岛—荷苞岛）、西槽（荷苞岛—大襟岛）、西西槽（大襟岛西）上溯进入黄茅海湾内，其中工程所在的东槽水域，涨潮流较强，外海涨潮流经过高栏岛西港口码头布置区，沿着高栏港出海航道、东航道上溯，受上游南径湾港已建防波堤压缩影响，深槽水域流势较强，涨潮流在荷苞岛—大杬岛之间水域形成逆时针回流。落潮时，东槽滩地水域，归槽水流部分进入东航道、高栏港出海航道；黄茅海湾内落潮水流主要通过西槽下泄，东槽落潮流势弱于西槽，落潮流在上游南径湾港区防波堤挑流作用下，经过拟建工程附近水域时呈射流扩散状，形成逆时针回流，见图6。

拟建防波堤工程实施后，改变了工程附近的沿岸形态，局部流态发生变化。涨潮时，受防波堤导流作用，堤外侧水域流向改变，涨潮流贴着防波堤流动，堤头位置在外海潮汐挤压下转向进入东槽水域，由于防波堤的挑流作用，水流经过防波堤后进行扩散，堤后水域来不及补给，在新建港区形成明显的顺时针回流；同时，受防波堤挤压影响，近岸水流向主槽偏转。落潮时，由于工程方案影响，落潮流受阻，流向西南偏转有所加大，客观上形成了新的归槽流势；防波堤内侧水流，初落时，港区形成逆时针回流，回流区较工程前有所增大，随着潮位的降低，港区水体通过向西流动与主流汇合，在高栏港出海航道水域归槽。同时，在防波堤下游形成较强的逆时针回流，防波堤下游航道水域流势增强，见图7。

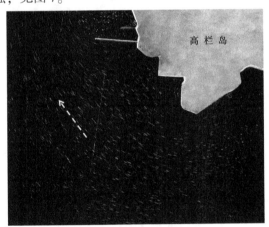 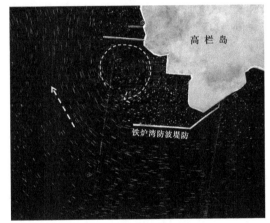

图6　工程前枯季涨潮流态　　　　　　图7　工程后枯季涨潮流态

4.2 流速变化

防波堤工程的修建改变了涨落潮通道，导致区域流场发生变化，影响附近水流特性，高栏岛—荷苞岛之间的东槽通道，水流阻力增大，靠近高栏岛侧涨落潮流速减小，深槽流速增大；荷苞岛—大襟岛之间西槽流速增大。工程附近水域4 km范围内，涨、落潮流速变化较大；越往工程上游，影响越小，距离工程13 km以外的大杬岛—三角山岛上游水域流速变化不明显；工程往外海方向，影响逐渐减弱，距工程10 km的外海水域流速无明显变化。流速变化见表1。

在防波堤内侧，V5测点水域，涨落潮流无法直接通过港区，最大流速减小0.19~0.20 m/s。堤下游外海水域V7、V8，受工程挤压影响，涨潮流速增大0.08~0.11 m/s，落潮时，受防波堤遮蔽影响，流速减小0.06~0.07 m/s。防波堤西侧水域V2~V4、V6，过流断面束窄，涨潮流速增大0.05~0.09 m/s，落潮流速增大0.03~0.10 m/s，高栏港出海主航道流速增大。东槽阻力增大，西槽、西西槽涨落潮流流速增大0.02~0.04 m/s，东槽东侧近岸水域流速有所减小。

表 1　涨落潮最大流速变化

测点	枯季涨潮最大/（m/s）		洪季落潮最大/（m/s）	
	工程前	工程后变化值	工程前	工程后变化值
东槽 1	0.64	0.03	0.76	−0.03
东槽 2	0.69	−0.04	0.81	−0.04
西槽 1	0.61	0.03	0.75	0.02
西槽 2	0.67	0.04	0.81	0.02
西槽 3	0.64	0.03	0.77	0.03
西西槽 1	0.53	0.02	0.64	0.02
V1	0.57	−0.02	0.66	−0.02
V2	0.64	0.07	0.74	0.10
V3	0.64	0.05	0.74	0.03
V4	0.53	0.09	0.67	0.10
V5	0.36	−0.20	0.33	−0.19
V6	0.70	0.06	0.81	0.07
V7	0.72	0.08	0.83	−0.07
V8	0.40	0.11	0.3	−0.06

4.3　潮量变化

工程所在水域为潮控区，洪季落潮流受径流影响较大，所以潮量分析中，统计枯季潮量变化。潮量变化见表 2。

表 2　枯水组合潮量变化统计

潮量断面	涨潮量		落潮量	
	工程前/万 m³	工程后变化/%	工程前/万 m³	工程后变化/%
东槽（高栏岛—荷苞岛）	68 075	−7.5	55 637	−2.0
西槽（荷苞岛—大襟岛）	105 624	1.4	127 873	1.5
西西槽（大襟岛西）	45 832	0.1	49 361	0.1
三虎（上游断面）	45 832	−0.7	49 361	−0.3

在黄茅海入口水域及工程上游三虎位置布置测流断面，试验结果表明，工程实施后，黄茅海水域涨落潮流呈减小趋势。工程所在的东槽水域，高栏岛—荷苞岛通道涨落潮量明显减小，涨潮量减小 7.5%，落潮量减小 2.0%，与之相反，西槽水域，荷苞岛—大襟岛之间通道涨落潮流呈增大趋势，涨潮量增大 1.4%，落潮量增大 1.5%，大襟岛西断面涨、落潮流略有增大，增大幅度不明显。工程上游，黄茅海腰部水域三虎断面，涨、落潮量减小，涨潮量减小 0.7%，落潮量减小 0.3%。

防波堤工程实施后，高栏港区所在东槽水域阻力增大，导致荷苞岛西断面涨潮动力增强。潮量变化规律自工程水域向上，变幅呈依次递减的趋势；涨落潮量变幅较大的断面均在高栏岛—荷苞岛口门水域，工程建设对区域涨潮流的影响较大。

5　结论

基于拟建工程特性，建立物理模型，通过模型试验研究流态、流速、潮量等水动力特性变化，分析工程建设对周边水域的影响，研究成果表明，工程对高栏港南侧转角水域流态有明显影响，区域水流涨落潮流向发生明显偏转，沿岸流态亦随防波堤工程发生变化，防波堤北部在涨落潮期间均出现明显的回流；落潮时，防波堤南侧外海水域形成较强的回流区；防波堤工程减小了高栏港—荷苞岛之间水域的过水面积，涨、落潮流在东槽水域内遇到较大的阻力，潮动力总体呈减弱趋势，东槽近高栏港侧水流受到挤压，向主槽集中，主航道流速增大；根据区域水流特性，工程对洪季水流的影响最大，中水、枯水次之；防波堤的修建缩窄了潮汐通道，横向分布上，东槽（高栏岛—荷苞岛）涨落潮潮量减小，西槽（荷苞岛—大襟岛）潮量增大，南北纵向分布上，黄茅海湾内整体潮量减小，上游变幅小于湾口水域。

通过水动力变化可知，防波堤工程建设后，新港区内涨落潮期间均形成明显的回流，易形成泥沙淤积，结合区域特性，港区淤积较现状会有所增大，应做好监测和清淤维护工作。

综合分析工程影响，认为工程对区域水流影响较大，建议修改、优化工程方案，结合补偿措施一并实施，建议工程建设后积极开展后评估工作。

参考文献

［1］李捷．浅析广东区域建设用海海洋环境保护对策建议——以《珠海高栏港经济区区域建设用海总体规划》为例［J］．当代经济，2016（21）：32-33.

［2］珠海高栏港经济区构建产业集群［J］．新经济，2015（1）：59-61.

［3］巴西首艘直航珠海货轮抵达高栏港 海上"丝绸之路"建设再添新通道［J］．中国储运，2017（10）：123.

［4］栾英妮，陈汉宝．浮式防波堤研究进展［J］．水运工程，2021（3）：64-69.

［5］冉小林，王彬，段文杰，等．V形柔性浮式防波堤消波特性研究［J］．武汉理工大学学报（交通科学与工程版），2021，45（1）：76-81.

［6］曾晰，李思琦．关于防波堤施工技术的探讨［J］．珠江水运，2021（3）：3-4.

［7］金哲飞，张金凤，张庆河，等．波浪作用下锚链系泊浮式防波堤动力响应的数值模型研究［J］．海洋工程，2021，39（1）：21-31.

［8］贾良文，罗军，任杰．珠江口黄茅海拦门沙演变及成因分析［J］．海洋学报（中文版），2012，34（5）：120-127.

［9］杨名名，吴加学，张乾江，等．珠江黄茅海河口洪季侧向余环流与泥沙输移［J］．海洋学报，2016，38（1）：31-45.

基于数值模拟的东江干流中下游治导线方案制定

陈　娟[1,2]　刘　晋[1,2]　胡晓张[1,2]　刘壮添[1,2]　孙倩文[1,2]

（1. 珠江水利科学研究院，广东广州　510611；
2. 水利部珠江河口治理与保护重点实验室，广东广州　510611）

摘　要： 为指导东江干流中下游合理开发利用，规范水事活动，确保防洪安全、河势稳定和生态安全，有必要开展治导线方案制定。根据东江河道特性的复杂程度分为重点和一般两类，重点河段具体可分为围外围、堤外开发利用及江心洲开发三类，并分类对其进行治导线方案拟定。采用东江中下游一维数学模型及重点河段二维数学模型相结合的方法进行数值模拟计算。结果表明，重点河段壅水范围为 0.008~0.180 m，流速变化在 0.3 m/s 内，其模拟结果可为治导线方案制定提供科学依据。东江干流中下游治导线方案的制定为东江河道管理提供强有力的抓手，其思路可为其他类似河道治导线研究提供参考。

关键词： 东江；治导线；数值模拟；重点河段；一维数学模型；二维数学模型

治导线指河道经过整治以后在设计流量下的平面轮廓线[1]。治导线可指导河道治理、合理开发和利用，规范各类水事活动，确保防洪安全、河势稳定、岸滩稳定、航运安全，促进地区经济社会可持续发展。目前，国内关于治导线的研究侧重于河口地区或河势复杂河段：陆永军等[2] 对伶仃洋茅洲河河河口进行治导线优化，黄志扬等[3] 对潮汐河口治导线放宽率进行研究，邬年华等[4] 对信江贵溪城南河段治导线进行模型试验研究。

东江是珠江流域的第三大水系，东江干流中下游水流动力既受上游径流影响，也受外海上溯潮流的影响，借助数值模拟技术可以对水流动力进行较好的模拟[5-6]。本文采用一维数学模型和二维数学模型相结合的研究方法，对东江干流水动力特征进行模拟，对治导线方案进行比选，为治导线方案的制定提供科学依据。

1　流域概况

东江流域上修建了新丰江水库、枫树坝水库、白盆珠水库三大水库，经三大水库联合调洪与中下游沿江两岸堤防修筑，东江中下游防洪标准达到了 100 年一遇。东江干流流经的行政区域主要有河源市、惠州市和东莞市。受人类活动的影响，东江干流两岸以大堤、子堤、滩地上的临江建筑、山体阶地交错分布而形成现状岸线。

东江中下游各段河道在河势、岸线开发利用、堤防建设等方面存在差异，河段特性复杂程度不一，在拟定治导线方案时，将河势复杂、人类活动突出河段作为重点河段，具体可分为三类，分布见图 1。

2　数值模拟

2.1　基本原理

一维数学模型采用圣维南方程：

基金项目： 广东省淡水资源项目；国家自然科学基金（5170929）。

作者简介： 陈娟（1983—），女，高级工程师，主要从事水资源、防洪评价、数模计算及水环境研究工作。

通讯作者： 刘晋（1984—），男，高级工程师，主要从事水资源研究工作。

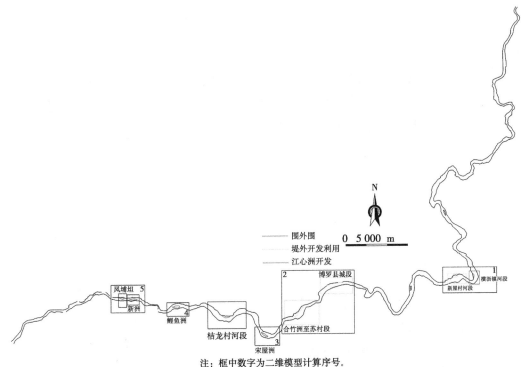

注：框中数字为二维模型计算序号。

图 1　重点河段分布示意图

水流连续方程

$$\frac{1}{B}\frac{\partial Q}{\partial x} + \frac{\partial H}{\partial t} = q_l \tag{1}$$

水流运动方程

$$\frac{\partial u}{\partial t} + \frac{\partial u}{\partial x} + g\frac{\partial H}{\partial x} + g\frac{u|u|}{C^2 R} + u_l q_l = 0 \tag{2}$$

式中：H 为断面水位，m；Q 为流量，$\mathrm{m^3/s}$；u 为流速，m/s；g 为重力加速度，$\mathrm{m/s^2}$；B 为不同高程下的过水宽度，m；q_l 为旁侧入流流量或取水流量，$\mathrm{m^3/s}$；R 为水力半径；C 为谢才系数；x、t 为位置和时间的坐标；u_l 为单位流程上的侧向出流流速在主流方向的分量。

二维数学模型采用贴体正交曲线坐标系下的二维水流控制方程：

连续方程

$$\frac{\partial h}{\partial t} + \frac{1}{C_\zeta C_\eta}\left[\frac{\partial(C_\eta H_u)}{\partial \zeta} + \frac{\partial(C_\zeta H_\nu)}{\partial \eta}\right] = 0 \tag{3}$$

动量方程

$$\frac{\partial(H_u)}{\partial t} + \frac{1}{C_\zeta C_\eta}\left[\frac{\partial}{\partial \zeta}(C_\eta H_{uu}) + \frac{\partial}{\partial \eta}(C_\zeta H_{\nu u}) + H_{\nu u}\frac{\partial C_\zeta}{\partial \eta} - H\nu^2\frac{\partial C_\eta}{\partial \zeta}\right] + \frac{gu\sqrt{u^2+\nu^2}}{C^2} + \frac{gH}{C_\zeta}\frac{\partial h}{\partial \zeta} - f\nu H$$

$$= \frac{1}{C_\zeta C_\eta}\left[\frac{\partial}{\partial \zeta}(C_\eta H\sigma_{\zeta\zeta}) + \frac{\partial}{\partial \eta}(C_\zeta H\sigma_{\zeta\eta}) + H\sigma_{\zeta\eta}\frac{\partial C_\zeta}{\partial \eta} - H\sigma_{\eta\eta}\frac{\partial C_\eta}{\partial \zeta}\right] \tag{4}$$

$$\frac{\partial(H_\nu)}{\partial t} + \frac{1}{C_\zeta C_\eta}\left[\frac{\partial}{\partial \zeta}(C_\eta H_{u\nu}) + \frac{\partial}{\partial \eta}(C_\zeta H_{\nu\nu}) + H_{u\nu}\frac{\partial C_\eta}{\partial \zeta} - Hu^2\frac{\partial C_\zeta}{\partial \eta}\right] + \frac{g\nu\sqrt{u^2+\nu^2}}{C^2} + \frac{gH}{C_\eta}\frac{\partial h}{\partial \eta} + fuH$$

$$= \frac{1}{C_\zeta C_\eta}\left[\frac{\partial}{\partial \zeta}(C_\eta H\sigma_{\zeta\eta}) + \frac{\partial}{\partial \eta}(C_\zeta H\sigma_{\eta\eta}) + H\sigma_{\zeta\eta}\frac{\partial C_\zeta}{\partial \eta} - H\sigma_{\zeta\zeta}\frac{\partial C_\zeta}{\partial \zeta}\right] \tag{5}$$

式中：u、v 分别为 ζ、η 方向流速分量；H 为水位，m；h 为水深，m；g 为重力加速度，m/s^2；f 为柯氏力系数。

2.2 模型范围

东江中下游一维数学模型模拟范围为木京坝下至东江河口，见图 2。断面布置：本模型共布设了 623 个断面，模拟河长约 420 km，模型断面距离 100~2 000 m 不等。二维数学模型根据重点河段位置确定，共选取 5 个计算河段。二维模型计算河段及重点河段位置见图 1。

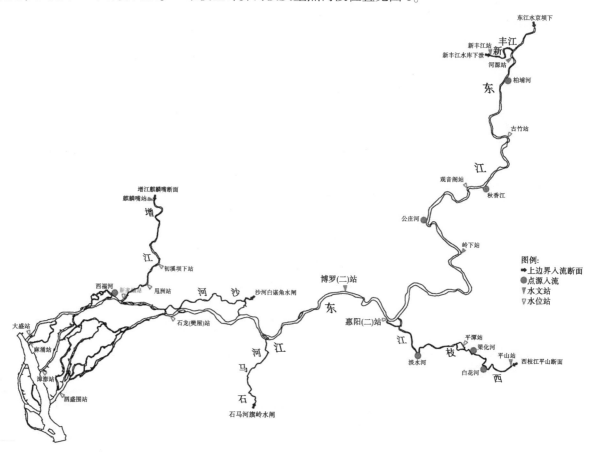

图 2　东江中下游一维数学模型范围示意图

2.3 模型率定与验证

模型率定采用 2014 年 5 月实测水文资料，验证采用 2013 年 8 月实测水文资料。一维数学模型验证成果见表 1、图 3~图 5。二维数学模型因缺实测资料，故与一维计算成果对比，见表 2。验证表明，计算水位、流量与实测值吻合良好，满足《海岸与河口潮流泥沙模拟技术规程》（JTS/T 231-2—2010）规定的精度[8-9]。

表 1　一维数学模型水位、流量验证成果

地名	流量			地名	水位		
	河源	岭下	博罗		河源	岭下	博罗
实测洪峰流量/（m^3/s）	2 120	3 920	7 900	实测洪峰水位/m	34.03	17.89	8.06
计算洪峰流量/（m^3/s）	1 933	3 691	7 162	计算洪峰水位/m	34.07	17.84	7.97
偏差/%	-8.80	-5.83	-9.33	差值/m	0.04	-0.05	-0.09

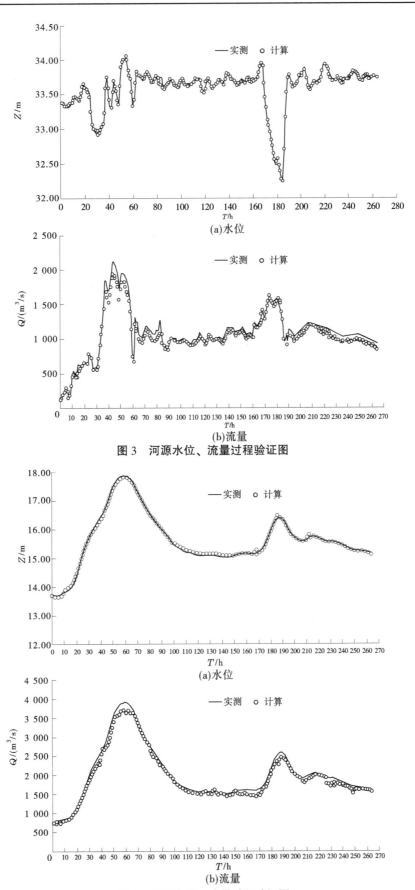

(a)水位

(b)流量

图3 河源水位、流量过程验证图

(a)水位

(b)流量

图4 岭下水位、流量过程验证图

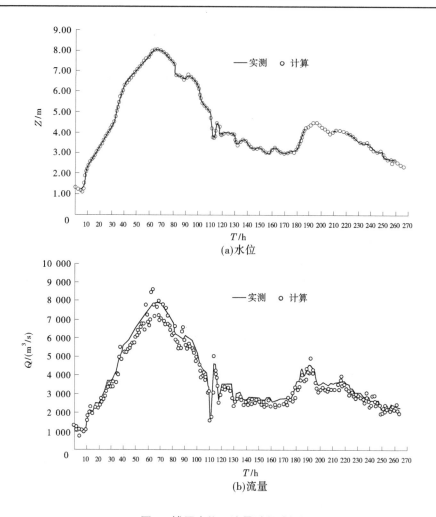

(a)水位

(b)流量

图 5　博罗水位、流量过程验证图

表 2　二维数学模型洪峰水位验证　　　　　　　　　　　　单位：m

计算河段	一维数模计算值	二维数模计算值	误差（二维-一维）
1	11.12	11.11	-0.01
2	5.46	5.43	-0.03
3	5.00	4.95	-0.05
4	3.39	3.43	0.04
5	2.75	2.79	0.04

3　结果分析

3.1　水面线成果分析

通过一维数学模型计算得到东江干流现状地形条件下 100 年一遇洪水水面线，并与 1989 年设计洪水水面线计算成果及 2004 年考虑剑潭枢纽建成后现状水面线成果比较，结果见表 3。

表3　1%频率现状洪水水面线与已有水面线成果比较　　　　单位：m

地名	本次洪水水面线	1989年设计水面线	变化值	2004年现状洪水水面线	变化值
河源水文站	41.77			41.99	-0.22
临江镇	38.75			38.96	-0.21
蓝田坝	35.31			35.48	-0.17
古竹镇	33.93			34.09	-0.16
观音阁	28.94	28.95	-0.01	29.06	-0.12
卢州镇	26.92			26.93	-0.01
岭下水文站	23.32	23.23	0.09	23.32	0
横沥	21.42			21.73	-0.31
水口圩	18.97	19.51	-0.54	19.54	-0.57
汝湖镇	18.10			18.76	-0.66
惠阳水文站	16.22	17.52	-1.30	17.27	-1.05
东江水利枢纽	14.60			15.49	-0.89
博罗水文站	13.33	15.49	-2.16	14.51	-1.18
合竹洲	11.55			12.63	-1.08
铁岗	9.95	11.69	-1.74	10.08	-0.13
赤坎村	8.79			9.01	-0.22
园洲镇	8.44			8.68	-0.24
樊屋	7.54	8.27	-0.73	7.75	-0.21
石龙纸厂	7.09			7.29	-0.20
三江水泥厂	4.99			5.13	-0.14
观海口	4.40			4.49	-0.09
白鹤洲	3.94			4.00	-0.06
新洲	3.23			3.26	-0.03
新塘镇	2.56			2.56	0
大盛水文站	1.94			1.89	0.05

从计算结果可知，东江中下游河道 100 年一遇现状洪水水面线主要发生以下变化：100 年一遇洪水条件下，东江干流中游河源—岭下河段现状洪水水面线有轻微下降，降低幅度较小，在 0~0.22 m；下游水口—樊屋河段现状洪水水面线有明显下降，下降幅度在 0.13~2.16 m，其中博罗水文站附近下降幅度最大，达 2.16 m；东江北干流河段现状洪水水面线变化较小，这是由于东江北干流受下游高潮位顶托，水面线较稳定。

3.2 行洪及河势稳定分析

一维数学模型主要分析方案对河道壅水的影响，二维数学模型通过比较流速、流向、动力轴线变化等进行河势影响分析。重点河段治导线方案比较见表 4。

表 4 重点河段治导线方案比较

类型	河段	最大壅水位/m	河势影响	推荐方案
围外围河段	横沥镇河段	0.020	河段下游为弯曲河道。大堤方案顺河势走向，流态平顺。子堤方案岸线向河道内凸出，水流行至此处向河道主槽偏移，后又偏向左岸，摆动明显，因占用一定的行洪河道，河道缩窄，主河道内流速增加	大堤动力轴线
堤外开发利用河段	新屋村河段	0.017	河段上、下游窄中间宽，上游为向右弯曲的急弯河道，弯道出口段河宽均匀，滩窄槽深。右岸堤外边滩洪水期淹没水深较大；大堤方案与建筑物前沿线方案主槽及左岸边滩流速基本一致，建筑物前沿方案右岸边滩在广惠高速路下游侧流速有所增加。与上、下游衔接关系上，建筑物前沿线方案与上游衔接交叉，拐角过大，形态不顺畅	大堤方案
	博罗县城河段左岸	0.013	大堤岸线较顺直，现状建筑物占用大片滩地，建筑物前沿线凸入河道。两方案河宽相差约 400 m，缩窄约 30.8%。建筑物前沿线方案下近岸水流流速减小，最大减少 0.3 m/s。博罗大桥下游主河道水域水流流速有所增加，最大增加值为 0.03 m/s，河道水动力轴线最大变化值为 4.9 m，对河道行洪及河势有一定的影响	大堤方案
	博罗县城河段右岸	0.008	建筑物前沿线岸线与河段上、下游岸线衔接更平顺。两方案河宽相差约 160 m，缩窄约 12.3%。建筑物前沿线方案下，近岸水流流速略有减小，最大减少 0.2 m/s；博罗大桥下游主河道局部水域及大桥上游左岸滩地水流流速有增加，最大增加值为 0.03 m/s，河道水动力轴线最大变化值为 2 m，对河道行洪及河势影响小	建筑物前沿方案
	合竹洲至苏村段	0.018	属微弯河道，合竹洲原为江心洲，随着右汊的淤废逐渐向岸靠拢。河段上下游均较窄，上游谭公庙最窄处仅 230 m。河段深泓线整体稳定，河道呈下切状态。建筑物前沿线方案占用过水面积较多，造成局部流速加大、水面比降变陡，从而导致上游水位壅高。大堤方案流态更加平顺	大堤方案

续表 4

类型	河段	最大壅水/m	河势影响	推荐方案
江心洲开发河段	宋屋洲河段	0.180	宋屋洲中下部有龙溪大桥跨过,桥址处右岸滩地伸入河道。洪水时,桥址上游部分水流直接从右侧河道穿过宋屋洲流入左侧河道。宋屋洲大洪水期大面积过水,承担行洪任务,若开发则行洪能力大大减弱,造成上游壅水达 18 cm,影响河道防洪安全	宋屋洲不开发方案
	鲤鱼洲河段	0.144	大洪水鲤鱼洲为泄洪通道,尤其鱼尾过流流速较大。若鲤鱼洲开发建堤,原顺鱼尾等下泄水流回归左、右支河槽,行洪压力增加,鱼尾略偏向右岸,建堤后鱼尾阻流,鱼尾上游水流流速减缓。若开发则造成上游壅水 14.4 cm,影响河道防洪安全	鲤鱼洲不开发方案
	新洲河段	0.053	新洲地面高程高,若开发则造成最大壅水为 5.3 cm,壅水影响较小。近岛流速略有减小,减小幅度不超过 0.3 m/s,河道内流速增加,增加幅度不超过 0.2 m/s,影响范围为岛上游 1.0 km 至岛下游 1.2 km,对河道河势、行洪影响不大。目前新洲开发程度较高,开发方案对行洪和河势影响较小,从保护洲上现有居民财产的角度,推荐新洲开发方案	新洲开发方案
	凤埔坦河段	0.096	右侧河道浅、窄,滩地发育,左侧河道宽、深。大洪水时,凤埔坦洲过水及洲尾流略向右侧河道偏移。凤埔坦洲开发后,凤埔坦洲与右侧岸线间水流流速减少,下游流速增加;凤埔坦洲与左岸主河道流速增加,可能造成河道及近岸冲刷。若将其开发,则减弱该河段的行洪能力,造成上游壅水达 9.6 cm,影响河道防洪安全	凤埔坦不开发方案

4 结论

(1)通过东江中下游一维数学模型确定设计洪水条件下淹没线,结合二维数学模型,对比分析治导线方案对行洪及河势稳定的影响。结果表明,横沥镇河段、新屋村河段、博罗县城河段左岸、合竹洲至苏村段推荐大堤方案,博罗县城河段右岸推荐建筑物前沿线方案,江心洲除新洲开发程度较高,开发方案对行洪和河势影响较小推荐新洲开发方案外,其他江心洲推荐不开发方案。数值模拟计算为治导线方案的制定提供了强有力的决策依据。

(2)治导线是保证河道行洪的控制线,对岸线开发、利用、整治具有引导作用,建议将治导线作为建设项目前沿线控制的重要依据。

(3)本次治导线制定是在满足河道泄洪的基础上更多考虑了河道的开发利用情况,河道长距离制定治导线过程中如何考虑仍需进一步研究探讨。

参考文献

[1]马良,张红武,钟德钰.基于制衡机制的治导线设计[J].水利学报,2016,47(10):1315-1321.

[2]陆永军,莫思平,王志力,等.伶仃洋茅洲河河口滩槽演变水沙模拟及治导线优化[J].水科学进展,2019,30(6):770-780.

［3］黄志扬，熊志强．潮汐河口治导线放宽率计算公式的参数取值［J］．水运工程，2017（11）：45-50，57.

［4］邬年华，黄志文，邓金运．信江贵溪城南河段治导线调整模型试验研究［J］．中国农村水利水电，2015（7）：80-84.

［5］江涛，钟鸣，邹隆建，等．石马河泄洪与东江水利枢纽调节不同情景下东江水质的模拟与分析［J］．中山大学学报（自然科学版），2016，55（2）：117-123.

［6］宋利祥，杨芳，胡晓张，等．感潮河网二维水流—输运耦合数学模型［J］．水科学进展，2014，25（4）：550-559.

［7］陈文龙，宋利祥，邢领航，等．一维–二维耦合的防洪保护区洪水演进数学模型［J］．水科学进展，2014，25（6）：848-855.

［8］胡晓张，刘壮添，孙倩雯，等．东江中下游河道近期洪水水文情势变化分析［J］．人民珠江，2016，37（11）：1-7.

［9］胡晓张，刘壮添，陈娟，等．东江干流中下游及东江北干流治导线规划报告［R］．珠江水利委员会珠江水利科学研究院，2016.

优化溃口宽度经验公式与 GIS 技术在绘制洪水风险图的结合应用

陈明辉[1] 张伟锋[1] 韦 未[1] 周学民[1] 袁嘉豪[1] 王伟锋[2]

(1. 华南农业大学，广东广州 510642；

2. 河南华北水利水电勘察设计有限公司，河南郑州 450045)

摘 要：溃口宽度是水库防洪的重要参数，本文首先运用 2 个常用的溃口宽度经验公式——铁道部科学研究院经验公式和黄河水利委员会经验公式对 7 个已溃决的土石坝溃口宽度进行对比计算，得出与实际数据相比误差较大的结果；为使计算结果更接近真实溃口宽度，使用 Allometricl 模型将 7 个溃坝案例对原有 2 个溃口宽度经验公式进行拟合，提出新的溃口宽度优化公式。然后对比 7 个案例进行验算，除水中填土坝案例外，计算的溃口宽度与实际溃口宽度误差均在 20.3% 以内，表明优化公式比经验公式精度高，可为土石坝的溃口宽度计算提供参考依据。并根据优化公式参与计算的洪水演进结果，使用 ArcGIS 软件绘制兴宁市某水库的二维卫星分级洪水风险图，可有效解决水库防洪风险分区的难题。

关键词：溃口宽度；Allometricl 模型；优化计算；ArcGIS；风险分析

水库大坝在汛期容易发生溃坝事故，从而形成灾难性的溃坝洪水，因此制定一个精度高且可靠的防洪预案对下游的安全很有必要。本文着重研究土石坝的溃坝风险问题，在大坝发生溃坝事故后，溃口最大下泄流量、洪水的时间进程以及影响范围都和溃口宽度的大小有关。从溃口计算方面来看，可以建立相对应的数学模型来进行模拟，如 Wu[1] 从溃坝的原因、溃决特征、试验和模拟这几个方面进行研究总结，共分出了 3 种溃坝数学模型，分别是参数模型[2]、简化物理模型[2] 和精细物理模型。在溃坝洪水分析方面，王雪薇等[3] 使用 MIKE11 和 MIKE21 对一、二维水动力模型进行拟合，模拟出溃坝洪水演进情况。为了简化溃口宽度计算过程，铁道部科学研究院和黄河水利委员会分别推出了 2 个不同的经验公式[4]，这两条公式也是如今运用最多的公式。

为了提高洪水影响范围的计算精度并简化应急预案中的洪水风险分析过程，本文利用实际土石坝溃坝案例[5-7]，运用 Allometricl 模型，通过数据拟合的方法，对以上 2 个常用溃口宽度经验公式进行了优化。并以兴宁市某水库为研究对象，使用 ArcGIS 软件绘制出该水库防洪应急预案的二维卫星分级洪水风险图，进一步提高了此类风险图的准确性及直观性。

1 溃坝案例及溃口宽度经验公式

1.1 溃坝案例

本文使用 7 个土石坝漫顶溃坝案例用于公式的优化，表 1 列出了 7 个案例的坝型、坝址等大坝各

基金项目：交通运输部规程编制项目《公路越岭隧道水文地质勘察规程》；广东省交通规划设计研究院集团股份有限公司科技创新项目-粤交院〔2021〕研发 YF-015、广东省级大学生科技创新项目（S202110564060）。

作者简介：陈明辉（1998—），男，硕士研究生，研究方向为水文水资源等方面。

通讯作者：张伟锋（1968—），男，教授，主要从事水文地质及特殊岩土体特性等方面的工作。

项基本参数及实际溃口宽度数据。

表 1　溃坝案例数据

案例名称	坝型	地址	总库容/万 m³	坝顶长度/m	最大坝高/m	实际溃口宽度/m
小海子水库	均质土坝	甘肃省张掖市	1 048.1	5 004	8.72	41.5
八一水库	均质土坝	新疆昌吉州米泉县	3 500	10 105	7.35	45
石灰厄水库	均质土坝	广西省桂林市	33	140	24	35
沟后坝	土石坝	青海省海南藏族自治州	300	264.5	71	137.5
罗田水库	均质土坝（水中填土坝）	广东省深圳市	149	116	26	45
匹克堡土坝	均质土坝	美国蒙大拿州	2 360 000	6 400	76	800
党河水库	均质土坝	甘肃省敦煌县	1 500	198	8	50

1.2　经验公式对比计算

利用铁道部科学研究院经验公式和黄河水利委员会经验公式，对 7 个已溃决的土石坝案例进行对比计算，通过数据的比较，分析 2 个经验公式的计算误差。以下列出上述 2 个常用的经验公式。式（1）为铁道部科学研究院经验公式，式（2）为黄河水利委员会经验公式，分别简称为铁科院公式与黄委公式。

$$b = KW^{\frac{1}{4}}B^{\frac{1}{7}}H^{\frac{1}{2}} \tag{1}$$

$$b = KW^{\frac{1}{4}}B^{\frac{1}{4}}H^{\frac{1}{2}} \tag{2}$$

式中：b 为溃坝溃口宽度，m；W 为水库总库容，万 m³；B 为坝顶长度，m；H 为最大坝高，m；K 为经验系数（土石混合坝取 1.19，文中提及案例均为土石混合坝）。

表 2 列出了表 1 中 7 个溃坝案例在使用式（1）和式（2）计算后的实际溃口宽度数据 b 及对应的误差。

表 2　两个经验公式计算结果

大坝名称	实际溃口宽度 b/m	铁科院公式 b/m	误差/%	黄委公式 b/m	误差/%
小海子水库	41.5	67.5	+63	168.2	+3
八一水库	45	92.6	+106	248.8	+453
石灰厄水库	35	28.3	-19	48.1	+37
沟后坝	137.5	92.6	-33	168.3	+22
罗田水库	45	41.8	-7	69.6	+55
匹克堡土坝	800	1 422.07	+77.76	3 636.86	+354.61
党河水库	50	44.59	-10.83	78.57	+57.15

注：误差"+"表示计算溃口宽度大于实际溃口宽度；误差"-"表示计算溃口宽度小于实际溃口宽度。

由表 2 可知，使用铁科院公式计算出的结果与实际数据相比基本偏小，而使用黄委公式计算出的结果都比实际数据偏大，最大的误差达到了+453%。在溃坝风险预测中，溃坝洪水到达下游的时间及影响范围，往往和溃口宽度的大小紧密相连，为使经验公式的计算结果与实际数据更接近，提高溃坝风险预测的准确率，有必要对经验公式进行优化。

2　经验公式的优化

从以上 2 个常用的经验公式可以看出，它们的结构基本相同，不同点在于坝顶长度 B 的幂指数不同。这是造成 2 个公式计算误差大的主要原因。因此，本文通过使用修正坝顶长度 B 的幂指数的方式，对经验公式进行优化，提出的优化公式模型如下：

$$b = KW^{\frac{1}{4}}B^{\frac{1}{\beta}}H^{\frac{1}{2}} \tag{3}$$

式（3）中的 β 是一个待定的参数，假设 β 与坝顶长度 B 存在相关关系，则可根据实际案例溃口数据，反算出 β，再运用 Origin 软件中的 Allometricl 模型，拟合出 β 与坝顶长度 B 的关系式。通过公式的变换，从而得出优化后的经验公式。

2.1 坝顶长度 B 的幂指数因子 β 的反算

利用表 1 中 7 个实际溃口案例的相关数据，由式（4）求出 β 的值，并与原坝顶长度 B 值列于表 3。

$$\beta = \frac{\ln B}{\ln\left(\dfrac{b}{KW^{\frac{1}{4}}H^{\frac{1}{2}}}\right)} \tag{4}$$

表 3　坝顶长度 B 的幂系数因子 β 的反算结果

案例名称	小海子水库	八一水库	石灰厂水库	沟后坝	罗田水库	匹克堡土坝	党河水库
实际溃口宽度 b/m	41.5	45	35	137.5	45	800	50
β 值	11.5	15	5.3	4.7	6.2	5	12.8
坝顶长度 B/m	5 004	10 105	140	264.5	116	6 400	198

2.2 β 与坝顶长度 B 的关系

通过表 3 列出的坝顶长度 B 与反算出的 β 值，使用 Allometricl 拟合模型：$\beta = \varphi B^{\omega}$（式中 φ、ω 为系数）进行拟合计算，β 与坝顶长度 B 的拟合结果如图 1 所示。经过计算后，可得系数 $R^2 = 0.93$，可见拟合程度良好。

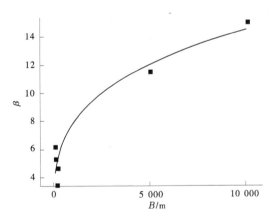

图 1　坝顶长度 B 与 β 的拟合结果

根据图 1 可知，坝顶长度 B 与 β 的关系式为：$\beta = 1.198\,33 \times B^{0.270\,64}$，将此关系式代入式（3）中，可以得到溃口宽度优化经验公式为式（5）：

$$b = KW^{\frac{1}{4}}B^{\frac{1}{1.198\,33 \times B^{0.270\,64}}}H^{\frac{1}{2}} \tag{5}$$

2.3 优化公式验算

为了验证优化后经验公式的可行性，使用上述 7 个溃坝案例代入式（5）中进行计算验证。优化公式计算结果与实际溃口宽度的误差如表 4 所示。

表 4　优化公式计算结果

案例名称	优化公式计算 β 值	优化公式溃口宽度计算结果/m	实际溃口宽度/m	误差/%
小海子水库	12.07	40.62	41.5	2.1
八一水库	14.62	46.80	45	4
石灰厄水库	4.56	41.25	35	17.8
沟后坝	5.42	116.74	137.5	−15
罗田水库	4.33	63.42	45	41
匹克堡土坝	12.84	804.51	800	0.6
党河水库	5.01	60.15	50	20.3

从表 4 的结果可以看出,优化后的公式计算误差均比原公式降低许多,且除罗田水库以外,其余案例误差均在 20.3% 以内。总体来说,误差均比铁科院公式与黄委公式的要小,说明优化公式效果良好。而罗田水库误差达 41%,经查阅有关资料,其为水中填土坝,未经充分碾压,是造成较大误差的主要原因。

3　基于 GIS 技术的优化公式应用

3.1　溃坝洪水计算

3.1.1　溃口宽度计算

土坝溃口平均宽度 b 值,使用优化后的溃口宽度经验公式 [式 (5)] 计算。

3.1.2　坝址最大流量计算

水库溃坝洪水按瞬间部分溃决进行计算,溃决流量采用肖克列奇经验公式:

$$Q_{\max} = \frac{8}{27}\sqrt{g}\left(\frac{B}{b}\right)^{\frac{1}{4}} bH_0^{\frac{3}{2}} \tag{6}$$

式中:B 为主坝长度;b 为溃口宽度;H_0 为上游水深;$Q_{\max}$ 为坝址最大流量。

3.1.3　溃坝洪水沿程演进估算

溃坝洪水在演进至距离坝址 L 时的最大流量,使用李斯特万公式进行估算:

$$Q_{LM} = \frac{W}{\dfrac{W}{Q_M} + \dfrac{L}{vK}} \tag{7}$$

式中:Q_{LM} 为当溃坝最大流量汇进至坝址为 L 处时最大流量;W 为溃坝时的库容;Q_M 为坝址处最大流量;L 为距坝址距离;v 为河道洪水期断面最大平均流速;K 为经验系数,山区取 1.1~1.5,丘陵区半山区取 1.0,平原区取 0.8~0.9。

3.1.4　最大流量到达时间计算

因为本文只需要求最大流量到达时间,因此对洪水起涨时间 (t_1) 及恢复初始流量历时 (t_3) 不作计算。最大流量到达时间 (t_2) 计算公式如下:

$$t_2 = K_2 \frac{L^{1.4}}{W^{0.2} H_0^{0.5} h_M^{0.25}} \tag{8}$$

式中:K_2 为系数,取 0.8~1.2,本文取 1.0;h_M 为最大流量时的平均水深。

3.2　计算实例

兴宁市某水库位于和山岩上游,距兴宁城 7 km。库区集雨面积 32.5 km²,最大库容 1 289 万 m³。主坝最大坝高 22.36 m,坝顶长 170 m。

通过溃口宽度优化经验公式［式（5）］及肖克列奇经验公式［式（6）］计算结果可知，水库可能溃坝的溃口宽度为 88.39 m，水库坝址处最大流量为 10 208.5 m³/s。计算溃坝洪水沿程演进成果如表 5 所示。根据溃坝洪水沿程演进计算结果可知，校核水位发生工况溃坝后，溃坝洪水 15 min 影响到下游 7.1 km 处，30 min 影响到下游 11.6 km 处，60 min 影响到下游 19.1 km 处。

表 5　溃坝最大流量沿程演进成果

控制断面距水库坝址距离/ m	演进至控制断面时最大流量/ （m³/s）	演进至控制断面的时间/ s	演进至控制断面的时间/ min
200	9 600.25	6.13	0.1
1 100	7 570.45	66.65	1.0
3 300	4 990.95	310.29	5.0
7 100	3 141.85	907	15.0
8 700	2 717.88	1 205.51	20.0
11 600	2 183.76	1 803.38	30.0
19 100	1 447.88	3 624.87	60.0

3.3　二维分级洪水风险图绘制

洪水风险图可以直观地标示出洪水的淹没范围、到达时间及其他洪水淹没信息，可以为防洪应急预案中群众转移时间及路线的安排提供一定的参考。使用 ArcMap 软件处理后的风险图如图 2 所示。

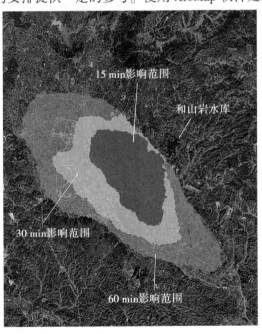

图 2　二维洪水风险图

根据图 2 可知，一旦出现大坝溃决，溃坝洪水将会影响兴宁市区、国防兴宁机场、205 国道、梅河高速公路、S225 省道及沿河两岸 2 个镇及 3 个街道办事处 30 多万人的生命财产安全，灌溉农田 1.83 万亩（1 亩＝1/15 hm²，全书同）。

从图 2 中可以看出，在结合溃口宽度优化经验公式与 GIS 绘制出的二维洪水分级风险图可以为预测洪水的扩散方向以及安排人员的撤离路线提供更好的帮助。

4 结论

（1）溃口宽度的经验公式在编制大坝的防洪预案、对大坝的溃坝研究等方面有重要的作用，在结合了实际案例分析，优化公式计算结果相比传统经验公式与实际溃口数据更接近，且除水中填土坝案例外，误差不超过 20.3%，说明优化公式效果良好，水中填土坝案例误差较大的原因与 K 值的变化有关，正常情况下 K 值一般取 1.19。

（2）优化公式中坝顶长度 B 与其幂指数呈非线性函数关系，其溃口宽度计算结果会随着坝顶长度的变化而变化，而非传统经验公式的常数关系，优化公式计算结果更为合理且准确。

（3）优化公式与 ArcGIS 技术的结合可以使洪水影响范围得以更加清晰且直观的呈现，有效地解决了水库风险评估、防洪评价、风险分区及应急预案编制等问题。

参考文献

［1］陈生水，陈祖煜，钟启明．土石坝和堰塞坝溃决机理与溃坝数学模型研究进展［J］．水利水电技术，2019，50（8）：27-36.

［2］梅世昂，陈生水，钟启明，等．土石坝溃坝参数模型研究［J］．工程科学与技术，2018，50（2）：60-66.

［3］王雪薇，董增川，付晓花，等．防洪保护区溃堤洪水模拟分析［J］．人民黄河，2017，39（8）：36-43.

［4］杨忠勇，罗铃，杨百银，等．土石坝溃决过程中溃口发展及溃坝洪水计算方法探讨［J］．水力发电，2019，45（9）：43-47.

［5］刘杰．八一水库溃坝原因分析［J］．中国水利水电科学研究院学报，2004（3）：3-8.

［6］李君纯．沟后面板坝溃决的研究［J］．水利水运科学研究，1995（4）：425-434.

［7］汝乃华，牛运光．大坝事故与安全·土石坝［M］．北京：中国水利水电出版社，2001.

基于综合物探技术的深埋隧道涌水预测

周学民[1]　张伟锋[1]　韦　未[1]　陈明辉[1]　袁嘉豪[1]　王伟锋[2]

（1. 华南农业大学，广东广州　510642；

2. 河南华北水利水电勘察设计有限公司，河南郑州　450045）

摘　要： 为进一步解决深埋隧道（洞）突涌水问题，推进粤港澳大湾区网河区水生态保护，本文针对在建的某粤东深埋隧道所面临的突涌水灾害，建立了基于综合物探技术的火成岩区隧道涌水预测，及时预估突涌水情况，避免隧道涌水威胁施工安全，影响施工进度。

关键词： 综合物探技术；隧道工程；火成岩；突涌水

1　引言

随着我国公路的大力建设，在施工过程中会出现一些复杂的施工条件，特别是越岭隧道的穿越建设破坏了原有围岩的结构，因而施工期常遇见涌水、突水（突泥）等灾害，隧道内的突涌水破坏了地下水原有的平衡状态[1]，易造成一系列恶劣后果[2-4]。而对比于其他构造岩体（安山玢岩、凝灰岩、花岗岩等），火成岩虽然拥有较高的饱和抗压强度和饱和抗剪断强度，且坚硬而稳定[5-6]，但是在富水的断层破碎带、节理裂隙发育区，断层破碎带可延绵数千米，且节理裂隙发育不规律，隧址区各水系将通过断层破碎带、节理裂隙等联系起来，使得隧道在穿越断层破碎带的时候，遇到高压涌水。持续的高压涌水使得施工无法继续，同时也会造成地下水含水层的疏干，影响当地生态环境。

因此，基于综合物探技术对隧道涌水进行预测，以便于提前运用帷幕注浆手段固结破碎的岩体和封堵节理裂隙发育区，达到止水的目的，在施工中显得尤为重要。本文以在建的某粤东深埋隧道为例，通过示踪试验、地质雷达法与超前水平钻孔的综合物探技术结合，对隧道进口段进行涌水预测。

2　综合物探技术方法

2.1　示踪试验

水文示踪试验作为施工前期的勘察手段，能够为其他物探、钻探等勘察手段提供重要的地质数据，并且在获取各断层破碎带、各含水层之间的联系方面，为查明隧道开挖阶段的涌水来源起着十分重要的作用。示踪剂的传播速度，也一定程度上反映了岩层富水断层破碎带的渗透系数。示踪剂在富水断层破碎带中的流动满足流体动力弥散方程[7]：

$$\frac{\partial c}{\partial t} = D_L \frac{\partial^2 c}{\partial y^2} + D_T \frac{\partial^2 c}{\partial y^2} - v \frac{\partial c}{\partial x} \qquad |x| > 0, |y| > 0, t > 0 \tag{1}$$

$$c(x, y, 0) = 0 \qquad (x, y) \neq (0, 0) \tag{2}$$

基金项目： 广东省级大学生创新项目（S202110564060）；交通运输部规程编制项目《公路越岭隧道水文地质勘察规程》；广东省交通规划设计研究院集团股份有限公司科技创新项目-粤交院〔2021〕研发 YF-014，YF-015。

作者简介： 周学民（1997—），男，硕士研究生，研究方向为水文地质方面。

通讯作者： 张伟锋（1968—），男，教授，主要从事水文地质及特殊岩土体特性等方面的研究工作。

$$\iint_{-\infty}^{\infty} nc(x, y, t)\mathrm{d}x\mathrm{d}y = M \qquad t \geq 0 \tag{3}$$

$$\lim c(x, y, t) = 0 \qquad t > 0; \quad \begin{vmatrix} x \\ y \end{vmatrix} \rightarrow \begin{vmatrix} \infty \\ \infty \end{vmatrix} \tag{4}$$

联立方程（1）～方程（4）可得：

$$c(x, y, t) = \frac{1}{\sqrt{4\pi D_T t}} \frac{M/n}{\sqrt{4\pi D_L t}} \exp\left[-\frac{(x-vt)^2}{4D_L t} - \frac{y^2}{4D_T t}\right] \tag{5}$$

式中：D 为扩散系数；M 为示踪剂质量，g；c 为溶质的浓度，g/mL；x、y 为维度坐标；v 为溶质扩散速度，cm/s；t 为溶质扩散时间，s。

示踪试验可以获得宏观的水文地质条件，但是在大埋深隧道建设过程中，高耸山体可孕育大量隐蔽的不良地质体，单一的示踪试验的勘察精度有限，因此为隧道开挖所提供的地质信息及涌水预报信息将有限，此时还需要其他的勘察手段进行更为详尽的地质勘察，获取更多更详尽的隧址区水文地质资料，保证施工的安全、有序进行。

2.2 地质雷达法

地质雷达法（GPR）是使用发射天线 T 往围岩内发射高频电磁波并用接收天线 R 接收反射或传输回来的电磁信号，利用完整岩体与不良地质体所反射的电磁波信号的差异，通过解析电磁波信号的差异来确定隧道掌子面前方地质情况的超前预报方法，属于电磁波探测方法。地质雷达法有效探测距离一般为掌子面前方较短的 30 m，电磁波各项参数遵循以下方程[8]：

$$t = \frac{\sqrt{4z^2 + x^2}}{v} \tag{6}$$

$$v = \frac{c}{\sqrt{\varepsilon}} \tag{7}$$

式中：t 为电磁波信号从发射到反射回来被接收天线 R 接收所需时间，s；v 为电磁波在介质中的传播速度，m/s；x 为发射天线 T 和接收天线 R 之间的距离，m；z 为不良地质体在围岩中的深度，m；c 为光速，m/s；ε 为介质的相对介电常数。

电磁波反射系数 R 可表示为：

$$R = \frac{\sqrt{\varepsilon_1} - \sqrt{\varepsilon_2}}{\sqrt{\varepsilon_1} + \sqrt{\varepsilon_2}} \tag{8}$$

式中：ε_1 和 ε_2 为两种不同介质的相对介电常数。

由方程（6）～方程（8）可知，如果两种物质的相对介电常数 ε 相差较大，地质雷达设备将捕捉到更明显的地质体反射波信号，从而完成对不良地质体的识别、定位，该原理决定了地质雷达法对含水体构造的响应灵敏度优于其他方法，在近距离探测过程中能获得较高的精度。但是地质雷达法探测距离过短，无法探测大型不良地质体的分布及走向，其运用的电磁波也容易受到施工现场的支护钢架等金属材料影响，单一运用无法获得良好的涌水预测效果。

2.3 超前水平钻探法

超前水平钻探法属于地质分析法的一种，是最直接、最直观且准确的物探技术[9]，其不仅具有探测前方不良地质体、含水体准确位置的作用，更能验证其他物探、钻探手段的勘察结果，验证掌子面前方帷幕注浆后的止水效果，同时还能作为超前地质预报的一种最直接手段使用。但是超前水平钻探费用昂贵、探测时间相对较长，且对施工影响较大，因此在施工中结合其他物探方法使用，将会获得更好的结果。

3 综合物探技术预测涌水结果

3.1 工程概况

在建的某粤东深埋隧道设计隧道底板标高 239.9~341.4 m,隧道最大埋深约为 751 m,为深埋特长隧道。区内水文地质条件复杂,隧址区整体降水多,蒸发少。隧址区域水系发达,隧址区地下水类型分为松散岩类孔隙水和基岩裂隙水两大类,松散岩类孔隙水多赋存于地表,形成潜水或上层滞水;基岩裂隙水静储量巨大(估算约 4 000 万 m³),可根据岩性分为火山岩裂隙水和花岗岩裂隙水。隧址区岩体深部裂隙发育,山顶具有较好的地表水入渗补给条件,山顶舒缓的沟槽均与断层发育密切相关,施工期间容易发生突涌水。

为及时预估突涌水情况,基于综合物探技术进行一系列综合超前预报。在隧道掌子面开挖前通过示踪试验获取隧址区宏观的岩体风化程度、渗透系数、断层破碎带之间的关联等信息;隧道开挖阶段通过地质雷达法与超前水平钻孔的物探技术结合,对掌子面前方断层破碎带的分布、走向、倾向等进行精度较高的定位,并查找对富水断层破碎带进行复核,以便于进行涌水预测。

3.2 示踪试验结果

前期通过已有地质资料确定了地下水整体埋深为 0.50~38.40 m,最大可达 221.00 m,地下水补给区存在多级分水岭,分水岭地区地下水埋深随钻孔深度增加而增加。隧道在某 60 m 长段穿越断层,且该断层位于水库下方,为探明断层、隧道与水库之间的水力关系,投入 400 g 荧光素钠粉剂进行示踪试验,4 个接收点位置关系及示踪剂浓度变化见图 1、图 2。示踪试验期间,未发现隧址区内存在地下水集中排泄或开采的现象,因此示踪剂始终在隧址区地下水内弥散。

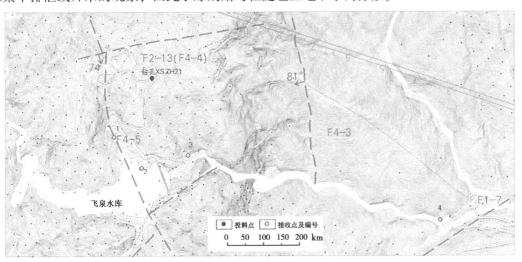

图 1 1~4 号接收点位置图

由图 2 可见,试验过程发现 4 号接收点受 1~3 号接收点影响较大,指示意义较差,因此舍弃该点数据。1 号示踪剂背景值为 0.04 g/mL,6 d 后测得示踪剂峰值浓度为 0.06 g/mL,根据弥散方程(1)~方程(5)计算出地下水平均流速约为 0.041 cm/s;同理 2、3 号接收点分别计算出地下水平均流速约为 0.145 cm/s 和 0.104 cm/s。

示踪试验表明三者间存在水力联系,三者空间关系可见图 3。断层破碎带透水通道渗透系数较大,拟建隧道穿越 F4-5 断层及其影响区时,可能出现突涌水。

3.3 地质雷达法结果

地质雷达法采用加拿大 pulseEKKO PRO 专业型地质雷达主机和 100 MHz 天线,在示踪试验区域下方选取长为 60 m 的隧道段进行试验,掌子面布置 1 条测线,以点距 0.2 m 的点测方式进行探测。

当遇到富水断层破碎带时,地质雷达回波图将呈现有规律的雷达回波带或呈现区域雷达回波杂乱

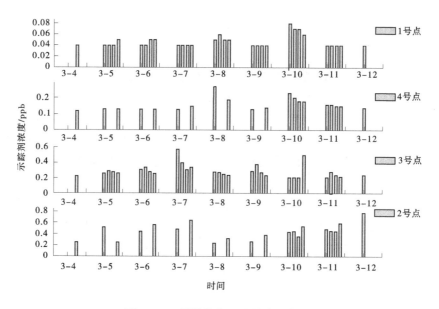

图2　1~4号接收点示踪剂浓度变化

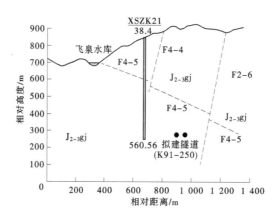

图3　飞泉水库、钻孔 XSZK21 及隧道空间关系

的现象，由此判断围岩的风化程度和节理、裂隙发育程度。0~30 m 段围岩的地质雷达回波图（见图4）呈现多区域雷达回波杂乱，部分出现有规律的雷达回波带，推断出该区域围岩以中风化和微风化为主，节理、裂隙局部较发育；43~53 m 段围岩岩体较破碎，地下水发育。

3.4　超前水平钻孔验证

通过示踪试验和地质雷达法的涌水预测成果，组织进行超前水平地质钻孔验证，采用专业的超前钻机，钻头直径 108 mm，对掌子面前方 20 m 进行探测，确定隧道掌子面前方围岩的富水性，不良地质体的发育情况，超前钻孔工艺流程如图5所示。在隧道试验段 38 m 处掌子面中部和右侧分别布设 1 个水平钻孔（见图6）。

在超前水平地质钻孔过程中，地下水持续地沿节理裂隙流入钻孔中，1、2 号钻孔在钻进前阶段速度较慢，钻进过程无明显异常，偶见卡钻夹钻现象，渣样黑色带白颗粒，回水灰白色，围岩为中风化和微风化安山岩，节理、裂隙较发育，岩体较破碎，地下水发育。

当 1 号钻孔钻进至 16 m（试验段 54 m 处），地下水满孔涌出，反映试验段 53~54 m 处为裂隙发育带；2 号钻孔钻进至 20 m（试验段 58 m 处），出现压力水，单孔水量约 1 000 m³/h。综合反映在该试验段隧道通过富水断层破碎带，结合地调成果，该部位在断层影响范围内，岩体完整性差，渗漏通道渗透系数大。

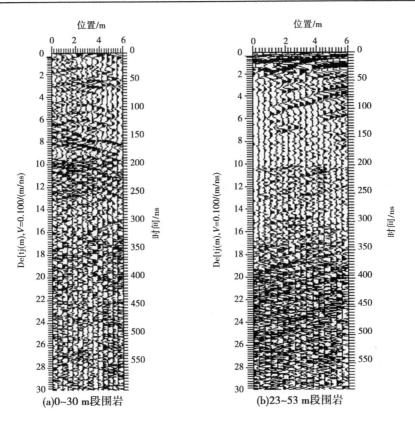

(a)0~30 m段围岩   (b)23~53 m段围岩

图4 地质雷达回波图

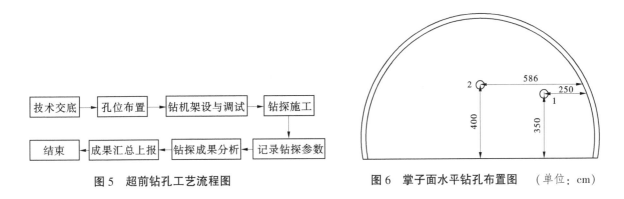

图5 超前钻孔工艺流程图   图6 掌子面水平钻孔布置图 （单位：cm）

4 结论

示踪试验、地质雷达法与超前水平钻孔验证的综合物探技术结合，获得为预测隧道穿越火成岩区富水断层破碎带提供了良好的突涌水超前预报结果，为后续的超前帷幕灌浆、隧道排水设施和掌子面开挖提供了有力的指导依据，避免了深埋隧道因水文地质勘察精确度不足而增加施工难度，有效地指导了超前水平地质钻孔的进行，节约了施工成本，加快了施工进度；同时避免了山体基岩裂隙水的疏干，对于保护隧址区地下水水资源起到了重要作用，对于保护生态环境有重要意义。

参考文献

［1］张小华，刘清文，杨其新．铁路隧道防排水现状与思考［J］．现代隧道技术，2007，44（4）：61-66，78.

［2］赵前进，李敬伟．玉磨铁路新平隧道穿越密集断裂带施工关键技术［J］．隧道建设（中英文），2019，39（12）：2058-2066.

［3］Xue Y，Li X，Li G，et al. An analytical model for assessing soft rock tunnel collapse risk and its engineering application ［J］. Geomechanics and Engineering, 2020, 23（5）：441-454.

［4］张顶立，孙振宇，宋浩然，等．海底隧道突水演化机制与过程控制方法［J］．岩石力学与工程学报，2020，39（4）：649-667.

［5］蔡俊华．穿越花岗岩蚀变带的隧道突涌机理及施工许可评价方法研究［D］．武汉：中国地质大学，2018.

［6］胡义新，陈培帅．小净距隧道富水破碎带突水灾变演化规律与防治技术［J］．公路，2016，61（7）：325-329.

［7］李海燕．大流量岩溶管道涌水封堵机理与方法研究［D］．济南：山东大学，2018.

［8］蒋建国，刘程，陈媛，等．地质雷达正演模拟及在断层富水带超前地质预报的应用研究［J］．铁道科学与工程学报，2019，16（11）：2801-2808.

［9］付伟．取芯水平钻探对川藏铁路隧道施工效率的影响研究［J］．隧道建设（中文），2021，41（7）：1091-1098.

深圳市生态美丽河湖评价指标体系研究

钱树芹 姜 宇 陈秀洪 吴 琼 严 萌

（珠江水利委员会珠江水利科学研究院，广东广州 510611）

摘 要： 深圳在全国率先实现全市域消除黑臭水体，深圳的水环境质量发生了历史性的转折，实现从"治污"向"提质"迈进，紧抓"双区"建设机遇，全面对标国内外生态美丽河湖最新理念、最高标准、最优水平，扎实推进生态美丽河湖建设。本文开展了深圳市生态美丽河湖评价指标体系研究，为开展生态美丽河湖建设提供技术标准，为大湾区、广东省乃至全国的河湖建设提供先行示范，成就美丽中国典范，打造全球标杆。

关键词： 生态美丽河湖；内涵；评价指标体系

深圳水污染治理历时 4 年的持续攻坚，水环境明显改善，159 个黑臭水体实现不黑不臭，水环境发生历史性转折，一大批河湖成为城市新的风景线，良好河湖生态环境成为最普惠的民生福祉和绿色福利。深圳市按照粤港澳大湾区和中国特色社会主义先行示范区建设要求，全面开启生态美丽河湖建设，亟须构建一套体现深圳特色、高标准的生态美丽河湖评价指标，指导河湖建设全过程，事前指导、事中控制、事后评估，最优化地实现生态美丽河湖建设效果，为管理部门提供全过程管控的技术依据和抓手，高效地指导生态美丽河湖工作。

1 国内外研究进展

河流健康评价在西方发达国家和一些发展中国家得到了广泛应用，其中尤以欧盟水框架指令、美国全国河湖健康评价、澳大利亚河流及湿地健康评价、南非河流健康计划等影响较大。

国内自 20 世纪 90 年代以来在河流管理中开始重视生态保护和恢复，河流健康评价理论逐渐成为河流生态修复的重要理论依据。为有效指导河湖健康工作，水利部、江苏省、浙江省、福建省相继印发了导则或规范，2020 年 8 月水利部河长办印发《河湖健康评价指南（试行）》，结合我国的国情、水情和河湖管理实际，基于河湖健康概念从生态系统结构完整性、生态系统抗扰动弹性、社会服务功能可持续性三个方面建立河湖健康评价指标体系与评价方法，从"盆"、"水"、生物、社会服务功能等 4 个准则层对河湖健康状态进行评价。目前，全国正按照《河湖健康评价指南（试行）》开展河湖健康评价工作。

2 生态美丽河湖内涵

2.1 已有相关内涵

党的十八大以来，以习近平同志为核心的党中央，以高度理论自觉和实践自觉，把生态文明建设纳入中国特色社会主义事业"五位一体"总体布局中，期间，众多河湖建设的内涵相继提出。具有代表性的有健康河湖、幸福河湖、示范河湖、美丽河湖、生态河湖的概念，广东省高质量推进万里碧道建设，提出了碧道的内涵，打造"水清岸绿，鱼翔浅底，水草丰美，白鹭成群"的生态廊道，成为老百姓美好生活的好去处。

作者简介： 钱树芹（1982—），女，高级工程师，主要从事宏观大生态、水动力研究工作。

2.2 深圳市生态美丽河湖内涵

综合健康河湖、幸福河、示范河湖、美丽河湖、生态河湖等内涵及目标，按照先行示范区和大湾区对深圳提出的高生态要求和标杆要求，碧道的规划理念和内涵，结合深圳河湖自身特色，提出深圳生态美丽河湖"六美六生态"的内涵："安澜静美、绿水清美、鱼草丰美、岸带秀美、人文弘美、治水慧美；防御生态，生境生态，群落生态，景观生态，文韵生态，理念生态"。

3 生态美丽河湖目标与主要任务

基于内涵，综合深圳本地河湖特征、经济文化特点，转变观念，深化改革，达到全球最高标准，提出深圳美丽河湖的目标为："安全、生态、美丽、人文、智慧、为民"。通过"水安全、水资源、水环境、水生态、水文化、水管理"六方面要素来实现。

3.1 防洪保安全，实现安澜静美

以保障人民生命财产安全、确保城市平稳有序运行为目标，立足防大灾抗大险，打造雨水全过程高质量精细化管理的立体防洪潮排涝体系，从被动响应转变为主动防御、刚性防御转变为柔性防御，实现防洪保安全目标。

3.2 优质水资源，实现绿水清美

落实最严格水资源管理，严守"三条红线"，统筹生活、生产、生态用水需求，加强水库防洪、供水、生态等多目标调度，优化水资源配置，强化雨洪资源利用，实现优质水资源目标，为经济社会高质量发展提供优质的水资源保障。

3.3 宜居水环境，实现岸带秀美

以水污染治理为基础，巩固提升水污染治理成效，改善河湖水环境质量，推动河湖从"水净"向"水美"迈进，打造干净整洁的河湖空间，让每个水务设施都成为风景，营造自然秀丽的河湖形态，建设风景如画的滨水景观，打造宜居水环境，让城市因水而美，产业因水而兴，百姓因水而乐。

3.4 健康水生态，实现鱼草丰美

以水环境质量改善为基础，提升水体自净能力，促进水生生境与生物多样性修复，逐步恢复和维持水生态系统的完整性，打造河畅水清、鱼翔浅底、鸟栖水岸的"量-质-生态"三位一体健康水生态。

3.5 先进水文化，实现人文弘美

以区域文化底蕴为依托，彰显河湖人文特色，开展各项文化物质及精神载体建设，打造具有高辨识度、知名度和美誉度的河湖人文品牌，传承传统文化，弘扬深圳多元、开放、包容、务实、创新和进取的人文精神，弘扬先进水文化，让河湖成为体验历史、展望未来的重要场所。

3.6 科学水管理，实现治水慧美

以水利现代化管理需求为导向，建设以智慧水务为核心载体的河湖管理智慧系统，不断深化创新现有机制体制，实现科学水管理，为河湖生命健康、功能永续保驾护航。积极引导全面参与治水决策和过程监督，构建共建共治共享全民治水新格局。

4 构建评价指标体系

4.1 指标体系构建原则

（1）目标明确，科学合理。建立指标体系的关键在于确定具有典型代表意义、能全面反映综合目标各方面要求的特征指标。指标的设置和结构必须科学合理，逻辑结构严密，客观、真实地反映河湖建设情况，度量其基本特征。

（2）综合全面，个性差异。生态美丽河湖评价涉及各方面因子较多，必须在充分研究目的与目标相互关系的基础上，选取信息量大、综合性强，具代表性的指标，既能够综合反映系统的主要性状，各指标又各自独立，互不干扰。

（3）定性定量，可行可达。指标体系应以定量为主，定性为辅。指标要尽可能概念明确，在与现有的管理方面的指标相协调的基础上，易于获取、统计和计算，便于各类人员和公众掌握和理解。

（4）分级分类，动态评价。基于不同河湖的功能定位及本底差异，从河湖所处区域和基础现状角度，构建分级分类的指标体系。根据河湖发展以及所处不同阶段，选取相应级别的指标体系进行动态评价，确保客观反映河湖生态美丽建设情况。

（5）彰显特色，示范先行。在尽可能选用已被国内外广泛认可和采用的一些传统指标的基础上，结合深圳已有特色工作，因地制宜地提出具有创新性的评价指标，彰显深圳生态美丽河湖特色，确保深圳在全国河湖建设中示范先行。

4.2 河湖分区分类

基于全市河湖特点，将河湖分为河流及湖库两大类。其中，河流根据本底情况、特征、功能和空间差异进行分类，按本底和功能分为 A 类、B 类、C 类，按区域差异分为郊野段、城区段、滨海段；湖库按使用功能进行分类，分为饮用型水源地湖库以及非饮用型水源地湖库两大类。

4.3 指标体系构建

结合现状基础及目标需求，根据深圳市生态美丽河湖内涵、确定建设目标。依据目标，广泛吸纳国内外已有相关指标和充分考虑深圳河湖特征与规划建设，考虑与国内外已有评价指标对标，以及河湖形象对标，将分区分类思想植入指标体系构建过程中，按照"水安全、水资源、水环境、水生态、水文化和水管理"六个要素下设指标层，构建"多层次、多维度、多目标"的体系框架，建立生态美丽河湖指标库，通过论证筛选表征指标，同时明确表征指标量化的方法和目标值，鉴于河湖时间尺度动态变化，引入动态权重，并全程注重民意，从而构建体现深圳特色的生态美丽河湖动态评价指标体系。

分河流与湖库分别设置指标体系，共有 18 个河流指标（见表 1）和 16 个湖库指标（见表 2），以

表 1　深圳市生态美丽河流评价指标体系

目标层	要素层	指标层
河流生态美丽指数	水安全	防洪工程达标率
	水资源	生态流量/水位满足程度
	水环境	水面整洁程度
		水体透明度
		水质达标率*
		底泥污染状况**
	水生态	生态岸线比例
		河岸带植被覆盖度
		物理地貌多样性
		河流纵向连通指数
		陆生生物多样性
		水生生物多样性
	水文化	多元文化展示
		亲水指数
		水务设施品质提升
	水管理	精细化管护程度
		智慧化管理程度
		群众满意度*

注：有 * 上标的为一票否决项指标，有 ＊＊ 上标的为选配指标。对于有指标缺失项的河流，将缺失指标的权重平均分给该指标所在要素层的其他指标。

表 2 深圳市生态美丽湖库评价指标体系

目标层	要素层	指标层
湖库生态美丽指数	水安全	结构安全达标程度
	水资源	生态水位满足程度
	水环境	水面整洁程度
		水体透明度
		水质优劣程度*
		营养状态指数
		底泥污染状况**
		主要入湖（库）河流水质达标率
	水生态	水体更新率
		藻类群落结构协调度**
		外来入侵物种数
	水文化	亲水指数
		水务设施品质提升
	水管理	精细化管护程度
		智慧化管理程度
		群众满意度

注：有*上标的为一票否决项指标，有**上标的为选配指标。对于有指标缺失项的河流，将缺失指标的权重平均分给该指标所在要素层的其他指标。

构建评价指标体系引领全市河湖人水和谐、万物共生、水城共融。一是考虑水、岸、城，包括生物多样性、纵向连通性等。二是涵盖水面、水中、水底，包括水体整洁程度、水体透明度、底泥清淤完成率、水质达标率指标等。三是兼顾源起山区、穿越城区、汇流入海不同区域，设置郊野型、城镇型、都市型不同类型生态美丽河湖指标。四是囊括饮用水源地湖库和非饮用水源地湖库，根据湖库功能差别设置不同指标。结合深圳河湖实际，设置否决项和选配项。

4.3.1 否决项

设置 3 个一票否决项，分别为"水质达标率""水质优劣程度""群众满意度"。

"水质达标率"指标针对河流，依据水质管理目标和 GB 3838—2002 水质类别标准进行对照，若评估河流水质连续 3 个月不达标，取消当次评选资格。

"水质优劣程度"指标针对饮用型水源地湖库，当水质低于地表水Ⅲ类水标准时，取消当次评选资格。

"群众满意度"反映公众对评估河流（湖库）水质、水量、岸带管理、水景观、亲水程度、社会服务功能等方面的满意程度，当 A 类河流或饮用型水源地湖库的群众满意度在 80 分以下，取消当次评选资格，当 B 类河流或非饮用型水源地湖库的群众满意度在 75 分以下，取消当次评选资格，当 C 类河流群众满意度在 70 分以下，取消当次评选资格。

4.3.2 选配项

设置 2 个选配指标，分别为"底泥污染状况""藻类群落结构协调度"。

"底泥污染状况"采用底泥污染指数表征。当评估河流或非饮用型水源地湖库水质达到地表水Ⅳ类标准，饮用型水源地湖库水质达到地表水Ⅱ类标准时，不必开展评估河流（湖库）底泥污染状况评价。

"藻类群落结构协调度"是衡量藻类群落内部种群之间在演替过程中彼此和谐一致的程度，是协调状况好坏程度的定量指标，揭示湖库水华发生风险。当评估湖库营养状态指数小于或等于50时，不必开展湖库藻类群落结构协调度评价。

5 结语

本文立足深圳实际，提出了深圳市生态美丽河湖内涵、目标和主要任务，构建一套评价指标体系指导河湖建设全过程。评价指标体系构建的全过程充分考虑先进性和创新性，凸显深圳先行示范区的定位，形成指导建设、管养、评估生态美丽河湖的指引文件，实现事前指导、事中控制、事后评估的全过程控制，为深圳市河湖建设工作提供技术依据。

Identification of homogeneous regions in the Pearl River Delta using a physically-based approach

Yi-han Tang[1] Xue-zhi Tan[2] Pei-yi Li[3] Cheng-jia Su[4]
Xiao-hong Chen[2]

(1. Guangdong Research Institute of Water Resources and Hydropower, Guangzhou 510610;
2. School of Civil Engineering, Sun Yat-sen University, Guangzhou 510275;
3. Guangdong Hydropower Planning and Design Institute, Guangzhou 510635;
4. The National Demonstration Center for Postdoctoral Innovation (JiangMen), Jiangmen 529000)

ABSTRACT: The increasing risk of flood in deltas calls for more reliable estimates of design flood levels. Applying a unified probability density function (PDF) for a whole delta area ignores the hydrodynamic diversity, and flood zones, where the flood level distributions in different spots are identical, need to be defined. A methodology to define flood zones, which considers the physical features of flood, has been proposed and applied in the Pearl River Delta (PRD), Southern China. Results show that the flood zones defined solely according to the statistical characteristics are inapplicable for the spots that share similar statistical features but different driving forces of flood generation, especially in spots where the river network density is high and unevenly distributed. The methodology proposed can solve this problem. Three flood zones are detected in the PRD area: Zone A is over 60 km away from the delta outlets; Zone B is between 25 km and 60 km and Zone C is within 25 km towards the delta outlets. If one unified PDF is applied in the whole PRD, the overestimation of a 100-year design flood level Zone A can reach up to 0.77 m. This research presents a sample to identify flood zones in a delta where the river network density is high, and the floods are induced by the interaction of river floods and tides.

Keywords: Flood zone; physical features; design flood level estimation; dense river network; Pearl River Delta.

1 INTRODUCTION

Rising sea-level has induced the increase in the frequency, severity, and duration of coastal floods in the last two centuries (Kew, 2013). Population and dynamic usually gather in delta areas and coastal floods projected under the upper-end sea-level rise scenario can lead to an economic loss for over one trillion dollars all over the world. More attention has thus been raised to maintain the reliability of flood protection.

Building dikes and barriers is a common mean for flood protection in delta area and it is "*essential to provide guidance on legislation for dike heights, flood barrier design and water management in general*" (Kew, 2013). Since the 1960s, the water level of a particular return period has been relied on for the design of these hydraulic facilities and the extreme value theory is widely used to calculate this design level, with either the block maxima series or the peaks-over-threshold series (Vitousek, 2017). A suitable probability density distribution function (PDF) chosen to describe the extreme flood time series is of great significance for a reliable estimate of design flood level.

作者简介：唐亦汉（1991—），女，博士/博士后已出站，研究方向为粤港澳大湾区防洪减灾。

For the convenience of setting up flood protection policies, it is common for the government to set up a u-niformed PDF for the design flood level estimation for the whole country or a delta area. For example, the Generalized Extreme Value (GEV) distribution is suggested for the estimation of 1% design flood levels in the U. S. A. , and the Pearson-Ⅲ type distribution (P3) is suggested for the estimation of 20-year design flood levels in South China (Huang, 2008). However, due to diverse physical mechanisms of coastal flood and different statistical features of recorded levels in different gauge stations, the uniformed PDF does not usually fit records in all gauge stations in the same country or a delta (Yan, 2017). For example, the Southeast At-lantic coast in the United States is characterized by GEV Type Ⅱ distribution while the Pacific and Northeast Atlantic area are characterized by GEV Type Ⅲ distribution (Huang, 2008). And in South China, except for the P3 distribution, the Generalized Logistic (GLO) or GEV can also be the optimal PDF for design level estimation (Yang, 2010). Under this circumstance, simply using the uniformed PDF in a delta and ignoring the variety of optimal PDF can lead to the misuse of PDF and can further cause the estimation error of design level (Huang, 2008). What's more, the variety of optimal PDF in a delta area also reflects the spatial di-versity in the physical mechanism of flood generation (Yan, 2017). Therefore, it is not only necessary but also meaningful to explore the difference of optimal PDFs in different flood zones within a delta area.

To detect the variety of optimal PDF within a delta, it is necessary to first detect the flood zones within which the optimal PDFs of different gauge stations are the same. The difficulty in dividing such flood zones lies in that the realm can be neither too large to contain any inner diversity, nor too small to cost the convenience for management in unifying the local PDF. The methodology of regionalization, which was first used to estimate quantiles in short-recorded or ungauged stations with neighboring sites and commonly used on hydrologic ex-tremes in closed drainage areas, provided a framework to detect regions with similar statistical features such as the mean, variance, skewness and kurtosis of records (Yang, 2010). However, this method divided the flood zones mainly according to the site records and ignored the spatially diverse physical features which could affect the generating process of flood and alter the tail feature of optimal PDF indirectly.

To make up for this shortage and to generate more reliable flood zones, it is necessary to take the spatial distribution of physical features into concern. Xiao (2018) took factors for flow generation like the Soil Con-servation Service Curve Number and Topographic Wetness Index into consideration. However, this research took place in a closed drainage area and compared to high tides and upstream peak flood volume, the factors considered in Xiao's research hardly make any direct impacts on the flood level in delta areas. What's more, the interaction of river flood and high tide, as well as the criss-cross of channels increased the complex-ity of the generating process of in-channel flood level (Tang, 2017). Bilskie (2018) studied the flood zone transition in coastal Louisiana by simulating the flooding process with a SWAN + ADCIRC hydrodynamic mod-el. However, the flood zone detection in this work is a result for recognizing the major force of flood generation in different realms, and it does not mind the connection between these zones and the selection of optimal PDF. Furthermore, the hydrodynamic model asks for abundant data and high standardized equipment, which makes it harder to be widely applied in developing countries. In addition, parameterization of a complex hydrodynam-ic model can severely increase the uncertainty of the simulation results. Therefore, a simplified approach re-flecting the physical mechanism of flood generation in delta areas needs to be developed. Also, the result of this approach should be able to help define the flood zones for PDF selection.

Under these circumstances, this research aims to build up a methodology for defining flood zones in delta areas by taking both the statistical and physical features into concern. And due to the access of data, the ap-proach is carried out in the Pearl River Delta in Southern China (the PRD), where Hong Kong and Macau are located (Alexandra, 2007). In the following content, the study area, the dataset used in this research as well as the proposed approach will be introduced in Section 2. In Section 3, the flood zones in the PRD will be defined, and the efficiency of this method is discussed. Also, the diversity among different flood zones is discussed in this section. In Section 4, conclusions will be generated. And overall, this study will not only present an approach for identifying flood zones for reliable design level estimation but also provide a theoretical reference for flood level estimation and flood protection in other delta areas.

2 MATERIALS AND METHODS

2.1 Study Area and Dataset

Pearl River Delta is located at the Pearl River Estuary and the downstream of the Pearl River Basin. Two major branches of Pearl River, *i.e.*, the West and the North River, going through this delta towards the sea. And according to the different sources of run-off, previous studies tended to divide the PRD into the West River Delta (WRD) and the North River Delta (NRD) (Luo, 2007). As the location of the Guangdong-Hong Kong-Macao Metropolis, the PRD is one of the most prosperous regions in China. Its booming economy coinciding with the subtropical monsoon climate makes it particularly vulnerable towards the coastal flood, the risk of which has been recently increased by the rising sea-level in the Pearl River Estuary (Alexandra, 2007).

Floods in this delta mainly result from the interactive impacts of upstream flood flow and the downstream high tides (Tang, 2017). Flood season in the upstream river basin concentrates in summer, lasting from June to August, while high tides in the Pearl River Estuary, sometimes amplified by storm surges, mainly occur between July and October (Chen, 2009). Flood protection facilities are built on the basis of design level with a return period of 100, 50, 20 or 10 years. And the standardized procedure for design level estimation is carried out with P3 as the PDF (Li, 2010).

In this study, monthly maximum water level records, along with the occurrence date, lasting from 1959 to 2011 in 15 stations, and hourly flood flow and water level records, simultaneously measured in 10 stations during a typical coastal flood in 1998, were also used. The distance from each station to the delta outlet, where the in-channel run-off goes into the estuary, is shown in Table 1. All data were provided by the Pearl River Water Resources Commission of the Ministry of Water Resources.

Although Pearson-Ⅲ type was traditionally taken as the best-fit model for design level estimation in the PRD and GEV model was often used in past studies for optimal PDF fitting in the PRD, neither one of these two models could be taken as the optimal model for all stations studied in this research. By comparing the model selection result and the aforementioned division of flood diverse zone, it could be deduced that the best-fit model gradually changed from GEV to P3 for stations in Zone A to C. Due to this phenomenon and the change optimal models among different zones, it could be deduced that in the flood-tide interactive process, the greater the flood was affected by the flood, the more likely it had GEV as its best-fit model, and the greater it was affected by tides, the more likely it had P3 as its optimal model.

As for all stations in Zone A, GEV was the best-fit model. This was in accordance with the results of Yang's work (2010). Compared to the other two zones, Zone A was highly affected by the fluvial process. With GEV rather than P3 as the best-fit model, skewness of samples was comparatively lower, and the tail of distribution was thicker. In Zone B, GEV was the optimal distribution for Jiangmen while P3 was the optimal model for Rongqi. In these two stations, Jiangmen was more affected by the flood impact than Rongqi (Tang, 2017). In addition, since the best-fit model (GEV) in Zone A was different than the traditionally used model (P3), the difference in estimation results was compared and discussed. By using P3 instead of GEV for design level calculation, design levels in all stations in Zone A were overestimated, whether the return period was 100, 50 or 20 years (Table 5). And the greatest overestimation of 100-year design level could reach 0.77 m. Also, 100-year level in two stations that were most affected by the upstream flood, *i. e.* Makou and Sanshou, both surpassed 0.7 m.

Table 1　Distance between station and the delta outlet and results of Akaike information criterion (AIC) test

Station	Distance/km	Akaike information criterion (AIC)				
		P3	GEV	GLO	GMB	LN2
Makou	129	209.48	202.66	205.98	230.49	221.22
Sanshui	116	211.82	208.31	211.38	240.17	230.27
Sanduo	65	183.17	181.21	186.55	188.96	187.03
Tianhe	73	144.47	140.14	145.44	169.39	157.92
Nanhua	61	155.67	154.65	158.21	163.21	159.16
Rongqi	41	81.34	83.33	86.82	83.73	86.67
Jiangmen	60	132.73	132.23	136.38	135.90	133.77
Zhuyin	25	6.29	7.37	10.12	10.96	14.42
Denglongshan	5.2	−8.40	4.59	5.85	18.08	26.50
Huangjin	12	13.51	19.19	19.30	34.41	37.48
Xipaotai	2.2	−32.26	−16.43	−15.93	8.96	18.20
Hengmen	4.8	−5.26	−0.91	0.76	5.09	13.90
Wanqinshaxi	10	−9.91	0.03	0.80	9.43	15.06
Nansha	8	−32.24	−20.43	−17.86	−2.95	7.41
Sanshakou	1.2	−2.69	−2.04	−2.11	−2.62	3.20

2.2　Methodology

As is mentioned in Section 1, a methodology for defining flood zones within which the same optimal PDF can be adopted for design flood level estimation needed to consider the spatial distribution of both the statistical and physical features of floods. In this way, the method proposed in this research is composed of three portions: (1) Flood zone detection through statistical characteristics of records; (2) Flood zone detection through physical features of flood generation; (3) Verification of the flood zone detection results.

As for the first portion, the widely applied approach for regionalization is adopted. And since this research tends to find a simple and feasible way for flood zone detection, the correlation coefficient is also used to test if the regionalization step can be replaced by this simple index. In addition, the aforementioned approach only detected the statistical features of the flood magnitude. However, the timing of flood occurrence is also an important index of a flood (Alila, 2002). Therefore, this research also detected the statistical features from the aspect of flood timing by using the directional statistics to capture the concerning indicators.

In the second portion, since flood-tide interaction and the river network density are the major impact factors for flood generation in a delta (Tang, 2017), this research first establishes indexes reflecting the features of these factors, and then detects flood zones from the spatial pattern of these indexes. Flood zones generated from the statistical and physical features are synthesized and compared. And the last but not the least, the optimal PDF in each gauge station is further calculated to verify the zoning result. The framework of the methodology is shown in Figure 1, and the detailed equations for setting up and calculating indicators are depicted in the following paragraphs.

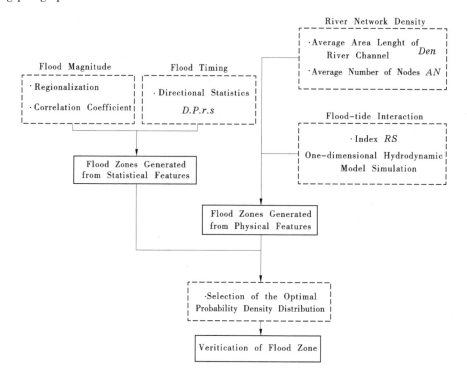

Figure 1   The framework of methodology

3   RESULTS AND DISCUSSIONS

3.1   Flood Zone Detection through Statistical Characteristics

3.1.1   Flood Zone Detected from Flood Magnitude

In this section, long-term annual maximum water level records in 15 stations were used. Results of regionalization were shown in Figure 2. Three preliminary groups of stations were achieved by fuzzy clustering method: the first group included 5 stations like Makou and Sanshui; the second group included 3 stations like Rongqi, and the third group included 7 stations like Sanshakou. Since Dcs of all stations in each group were smaller than the threshold value, stations in each group were in accordance. Meanwhile, all H s were smaller than 1, which meant that stations in all three groups were in uniform. To conclude, three groups generated in Figure 2 were reliable, and the flood magnitudes in stations of each group shared similar statistical characteristics. According to the distance between each station and the delta outlets (Table 1), it could be deduced that the first flood zone covering the area that was 60 km away from the delta outlets; the second flood zone covering the area that was 25~60 km away from the delta outlets, and the third one covering the rest area that was within 25 km towards the delta outlets.

Results of correlation coefficients between any two of these 15 stations were shown in Figure 4. According to the color displayed in Figure 3, these 15 stations could be roughly divided into two groups: stations in the first group had the most correlation coefficients between 0.5 and 1 (blue), and those in the second group had the most correlation coefficients between −1 and 0.5 (grey and cream). On the basis of the distances listed in Table 1, two major flood zones could be detected, and the boundary was 25 km away from the delta outlets. In general, flood zones generated by the regionalization method was in accordance with the ones by correlation coefficients. And both results found out a boundary for flood zoning, and it was 25 km away from the delta

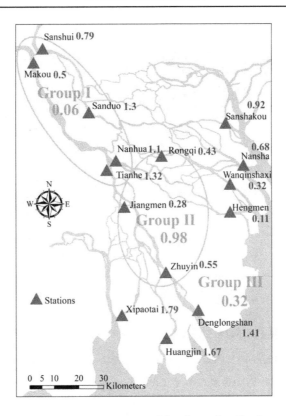

Figure 2   Three preliminary groups generated by the regionalization method

outlets. The only difference between two results was that the number of zones was three in regionalization but two in correlation coefficients. One the one hand, the number of stations in the second group detected by the regionalization method was too small for Dc and H calculation. On the other hand, Yang's work (2010), which also carried out the regional analysis in the PRD, divided stations in the second group like Jiangmen into the same group with stations like Sanshui, Makou, Sanduo, and Nanhua. In addition, within the second group of the correlation coefficient, unlike other stations, Denglongshan, Huangjin and Xipaotai Station had over 5 correlation coefficients smaller than 0. These three stations were located on the upstream of Four West Outlets, the flow-sediment characteristics of which were verified to be consistent but different from other outlets in the east of the PRD. Overall, the results of correlation coefficients were reliable to be considered as a replacement for the regionalization method.

3.1.2   Flood Zone Detected from Flood Timing

In this section, the happening time records corresponding to the annual maximum water level series in the aforementioned 15 stations were used. Before zoning from flood timing, the influence of magnitude on the calculation of directional statistics was first studied in four representative stations (Table 2).

As was shown, whether it was D or P, the gap between results calculated with and without considering the flood magnitude stayed within 3 days. Also, differences in r did not exceed 0.01, and the gap of s remained within 0.02. In a word, when calculating directional statistics, the difference caused by flood magnitude could be neglected. In addition, either D or P could indicate the occurrence time of annual flood level, and either r or s could reflect the degree of dispersion of the annual flood level occurrence date. It was not necessary to calculate all these four indexes to study the pattern of flood timing in the PRD. In this way, D and s in 15 stations were all calculated without concerning the flood magnitude, and the results were displayed in Figure 4.

	MK	SS	SD	NH	RQ	TH	JM	ZY	SSK	NS	WQSX	HM	DLS	HJ	XPT
Makou	-	0.98	0.95	0.97	0.83	0.96	0.65	0.49	0.10	0.13	0.13	0.02	-0.07	-0.25	-0.14
Sanshui	-	-	0.97	0.97	0.86	0.97	0.68	0.48	0.06	0.09	0.08	-0.05	-0.10	-0.26	-0.17
Sanduo	-	-	-	0.98	0.92	0.98	0.69	0.48	0.14	0.12	0.08	-0.01	-0.10	-0.3	-0.18
Nanhua	-	-	-	-	0.91	0.999	0.73	0.51	0.12	0.10	0.10	0.01	-0.08	-0.24	-0.13
Rongqi	-	-	-	-	-	0.92	0.68	0.65	0.32	0.29	0.29	0.22	0.11	-0.25	0.02
Tianhe	-	-	-	-	-	-	0.65	0.55	0.09	0.16	0.16	-0.02	-0.02	-0.08	-0.02
Jiangmen	-	-	-	-	-	-	-	0.46	0.24	0.14	0.22	0.15	0.06	-0.15	0.07
Zhuyin	-	-	-	-	-	-	-	-	0.65	0.71	0.78	0.69	0.73	0.24	0.56
Sanshakou	-	-	-	-	-	-	-	-	-	0.92	0.86	0.87	0.76	0.28	0.69
Nansha	-	-	-	-	-	-	-	-	-	-	0.94	0.88	0.87	0.37	0.76
Wanqinshaxi	-	-	-	-	-	-	-	-	-	-	-	0.88	0.91	0.36	0.73
Hengmen	-	-	-	-	-	-	-	-	-	-	-	-	0.87	0.42	0.80
Denglongshan	-	-	-	-	-	-	-	-	-	-	-	-	-	0.51	0.81
Huangjin	-	-	-	-	-	-	-	-	-	-	-	-	-	-	0.62
Xipaotai	-	-	-	-	-	-	-	-	-	-	-	-	-	-	-

[0.9,1)	[0.8,0.9)	[0.5,0.8)	[0,0.5)	(-1,0)

Figure 3　Correlation coefficients between 15 stations

Table 2　Directional statistics of four representative stations in the PRD

Station	With/Without Magnitude	D	P	r	s
Makou	With	Aug. 1	Jun. 29 – Sep. 3	0.85	0.56
	Without	Jul. 31	Jun. 29 – Sep. 2	0.86	0.55
Rongqi	With	Jul. 2	Jun. 3 – Jul. 29	0.9	0.47
	Without	Jul. 2	Jun. 4 – Jul. 31	0.89	0.49
Nanhua	With	Jul. 6	Jun. 4 – Aug. 8	0.86	0.55
	Without	Jul. 5	Jun. 4 – Aug. 5	0.87	0.53
Denglongshan	With	Aug. 9	Jun. 22 – Sep. 17	0.74	0.78
	Without	Aug. 8	Jun. 20 – Sep. 17	0.73	0.80

Overall, the timing of annual maximum flood level in the PRD concentrated between early July and mid-September. Stations with an early D, which was earlier than August 15th, were mainly distributed along the river channel going from the northwest to the southeast, and all but two of these stations were located in the area that was over 60 km away from the delta outlets. Meanwhile, except for Denglongshan and Hengmen, all stations with a late D, the latest of which reach mid-September, were located at the realm that was within 25 km towards delta outlets. Chen (2004) claimed that the PRD was highly developed along the direction from the northwest to the southeast, and the major amount of flood flow was allocated in channels going this direction. Also, the speed of runoff transit was faster. Affected by the volume and speed of upstream runoff, flood levels in channels going from the northwest to the southeast were more influenced by the impact of upstream flood flow (Chen, 2009). Adding to the locations of the stations with early Ds, it could be deduced that the early dates of annual flood level occurrence were a result of the greater impact of the upstream flood.

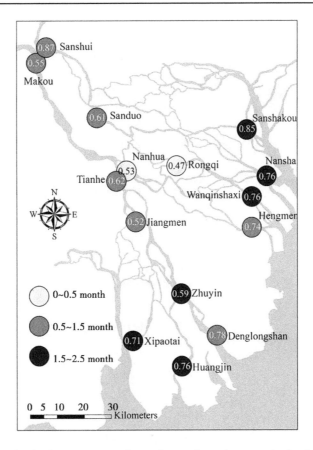

Figure 4 Diversity in the occurrence times of annual maximum water levels in 15 stations

As was shown in Figure 5, s in all stations stayed between 0. 47 and 0. 87. And it was larger than 0. 7 in the stations that were located within 12 km towards the delta outlets and smaller than 0. 65 in other stations. It depicted that the stations located within 12 km towards outlets were more inclined to have their annual flood levels happening in a more dispersed period. According to the spatial pattern of flood timing detected through D and s, three flood zones in the PRD could be divided by two boundaries: one was 60 km away from the delta outlets, and another was 12 km away from the delta outlets. In addition, in the flood zone that was 60 km away from the outlets, annual flood levels tended to happen earlier under the impact of upstream flood flow; in the flood zone that was within 12 km towards the PRD outlets, annual flood levels tended to happen late and more dispersedly.

3. 2 Flood Zone Detection through Physical Features

3. 2. 1 Flood Zone Detected from the Response of Flood Level

Twenty-two cross sections were set in the hydrodynamic model and in each section, the value of RS was calculated. Each value of RS was calculated under the change of one input in sequence, either the flood flow or the tidal level. However, whether the change was to increase or to decrease the input was not certain. This research first detected the RS difference generated with an increase and a decrease in the input. As was shown in Table 3, there was no significant difference between the RS value generated by a 20% increase in the input and that by 20% decrease in the input. In another word, the RS calculated with a decrease in the put could be represented by that calculated with the same percentage of increase in the input. Hence, RS in the following research was all simulated with increases in inputs. Furthermore, this research compared the RS values achieved with inputs increased by 10%, 20%, 30% and 50% in Nanhua. Under these four inputs, the corresponding RS values were 43, 42. 5, 41 and 42, and no significant differences existed. Therefore, this research only calculated the *RS* values with a 30% increase in the input in all 22 cross-sections.

Figure 5 Response of flood level in the PRD

Table 3 Comparison of *RS* values generated with an increase and a decrease in the input in five representative stations in PRD

Station	RS	
	An increase by 20% in CU_i and CD_j in sequence	A decrease by 20% in CU_i and CD_j in sequence
Nanhua	42.5	45
Maan	2.3	2.5
Xiaolan	11.5	11.5
Zhuzhou	2.5	2.5
Hengshan	0.6	0.6

According to the boundary drawn by the *RS* contour lines in Figure 6, stations like Makou, Sanshui and Nanhua had *RS* values greater than 30. RS in Tianhe was 28.43, which was close to 30. Rongqi and Jiangmen had *RS* values between 5 and 30, and stations like Zhuyin and Denglongshan had *RS* values smaller than 5. Referring to what was introduced in methodology, upstream river flood flow took major impact on the flood level in Makou and Sanshui, and in stations like Zhuyin and Denglongshan, tidal level took the major impact of the local flood level. This was in accordance with Tang's work (2017), which examined the flood level response towards the climate change impact in the PRD. In general, flood zones divided on this basis were the same as that generated by regionalization in Section 3.1.1. *RS* in Zhuyin was similar to Denglongshan and belonged to the zone that lying within 25 km. This was the same as the results detected by correlation coefficients in Section 3. 1. 1.

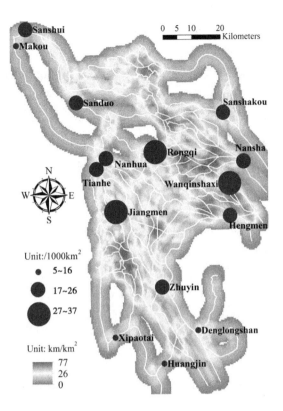

Figure 6　Spatial pattern of river network density (*Den*) and the situ average number of nodes (*AN*)

As for the spatial pattern of *RS* contour lines, it mainly decreased from the northwest to the southeast, showing that the impact of upstream flood went down along the developing direction of the PRD (Chen, 2004). Meanwhile, *RS* declined faster in the NRD than the WRD, which indicated a fast decrease in the impact of river flood flow. It was possibly due to the uneven distribution river network density since the denser river network was likely to amplify the impact of tidal level.

3. 2. 2　Flood Zone Detected from River Network Density

The spatial pattern of *Den* all over the PRD and the values of *AN* in 15 stations were displayed in Figure 6. The *Den* between Makou and Tianhe was below 26 km/km², and the *Den* between Tianhe and Zhuyin was between 26 km/km² and 77 km/km². Also, the river network was denser in the NRD than the WRD. In the WRD, the densest area concentrated in the region that was 25~60 km away from the delta outlets. By integrating the spatial distribution of river network density and flood level response, significant differences between the WRD and the NRD were proved to exist. As for the spatial distribution of *AN*, it was consistent with that of *Den*. In the PRD, *AN* reached the maximum value in Rongqi, Jiangmen, and Wanqinshaxi. Meanwhile, three groups of stations had similar values of *AN*, and values of *AN* decreased from the first to the third group: (1) stations located more than 60 km away from the outlets of the PRD like Sanshui, Sanduo, Tianhe and Nanhua; (2) stations located between 25 km and 60 km away from the delta outlets; (3) the rest part of the PRD. And the third group could be further divided into two parts. The first included Zhuyin and other stations located near the NRD outlets like Sanshakou, and the second included the stations located near the WRD outlets.

Zhuyin, which was often defined as the station in the middle PRD and supposed to have similar statistical features with stations like Makou and Sanshui, was detected in all results to belong to the same flood zone with stations like Denglongshan and Hengmen, which were closer to the delta outlets. This was probably a result composed of the poly-directional channels joining and the location of Zhuyin. In the PRD, only Nansha and Zhuyin had an average number of tributaries in each node over 3. In Nansha, which was only 8 km away from the delta outlets, the complex nodes and the scattered network was formed by the sedimentation effect at the estuary (Luo, 2007). However, in Zhuyin, the high tributary number was solely caused by the development of river channels. By taking both the high value of AN and the average number of tributaries into concern, paths of river flow were much more complex in Zhuyin than any other stations that were located in the WRD. Due to the influence of dense river network in the flood-tide interaction, Zhuyin was more affected by tidal effect despite the fact that it was 25 km away from the delta outlets and it was located on the main channel going from the northwest to the southeast, which was more affected by the impact of river flood flow (Chen, 2009). It also explained the pattern that in Section 3.1.2 Zhuyin had similar correlation coefficients features and characteristics of flood timing with other 7 stations that were located closer to delta outlets.

Overall, three flood zones in the PRD could be divided according to the pattern of Den and AN. The first zone was over 60 km away from the delta outlets. The second zone covered the area that was 25 km to 60 km away from the WRD outlets as well as the area that was 15 km to 60 km away from the NRD outlets. The third zone covered the area that was left by the other two zones.

3.3 Flood Zone Verification

By integrating the flood zones detected from both statistical and physical features, three flood zones could be achieved in the PRD. The boundary of each zone and the features of each zone were displayed in Table 4. Zone A covered the area that was more than 60 km away from the delta outlets. It was the same with the results of regionalization method, and it had a broader scope than the traditionally called "upper the PRD", which only included Makou and Sanshui. Zone B covered the area that was between 25 km and 60 km away from the delta outlets. Its only difference with the results achieved by the regionalization method was the exclusion of Zhuyin station. Zone C covered a realm that was all within 25 km towards the delta outlets. As for the seven stations except for Zhuyin in this zone, Sanshakou, Nansha, and Wanqinshaxi had similar patterns than the other four stations. Overall, the impact of flood decreased from the Zone A to C. Correlation coefficients between stations in Zone A and B were higher than that between A and C, or B and C. Zone B had the smallest deviation of concentration date as well as the densest river network (36~77 km/km^2). And Zone C had the latest concentration date.

To verify the results of flood zone division, the optimal PDF of each station within the 15 stations with long-term historical records was selected, and the results were shown in Table 1. Except for Zone B, the optimal PDFs of stations within each zone were all the same. The diversity in Zone B was mainly due to the small number of stations as well as uneven distribution of stations. According to the spatial distribution of river network density, and the discrepancy among stations that were located near the delta outlets, the area surrounded by Rongqi, Jiangmen, and Zhuyin were tended to have inner diversity. However, it could not be detected due to the lack of stations with long-term records in this area.

Table 4　Zones recognized by the methodology concerning both statistical and physical features in the PRD

Unit			Zone A	Zone B	Zone C
Stations			Makou, Sanshui, Sanduo, Nanhua, Tianhe,	Rongqi, Jiangmen	Zhuyin, Sanshakou, Nansha, Wanqinshaxi, Hengmen, Denglongshan, Huangjin, Xipaotai
Distance towards outlets		d/km	$d>60$	$25<d\leqslant 60$	$d\leqslant 25$
Homogeneous area	Clusters		1st	2nd	2nd (Zhuyin), 3rd
detection	Correlation coefficient		1st	1st	2nd
Other factors	Flood timing	Concentration date	Jul. 1st–Aug. 15th	Jul. 1st–Aug. 15th	Jul. 15st–Sep. 15th
	River network density	realm	0.53~0.87	0.47~0.52	0.59~0.85
		Deviation	0~26	26~77	0~77
		$Den/$ ($\mathrm{km/km^2}$)	5~26	27~37	5~37
	RS	AN ($/1\,000\ \mathrm{km^2}$)	$RS\geqslant 30$ (Tianhe 28.43)	$10<RS<30$	$RS\leqslant 10$

Table 5　Differences in design level estimation results in Zone A　　　　Unit: m

Stations	PDF	Return period/a		
		100	50	20
Makou	P3	10.82	10.30	9.55
	GEV	10.09	9.82	9.35
Sanshui	P3	11.22	10.68	9.88
	GEV	10.45	10.17	9.67
Sanduo	P3	8.02	7.58	6.94
	GEV	7.92	7.54	6.94
Tianhe	P3	6.53	6.21	5.74
	GEV	6.05	5.89	5.60
Nanhua	P3	6.40	6.11	5.69
	GEV	6.29	6.06	5.69

4　CONCLUSIONS

Due to the rising sea-level and accelerated hydrological cycle induced by global warming, delta areas with dense population and economy have never been so vulnerable to delta floods. Constructions of local flood protection engineering facilities like seashore projects have been based on the reliable design level achieved with the extreme value theory. Diversity existed among the features and generation of floods in different spots in a delta area, which would further affect the selection of the optimal probability functions (PDF) and the reliability of design level estimation results. Flood zones, within which the optimal PDF was unified, need to be detected for the convenience of optimal PDF selection. A methodology, which took both statistical and physical features into concern, was proposed to divide flood zones. This method was applied in the Pearl River Delta (PRD) in Southern China, a delta with complex river networks and prosperous economy. The efficiency of this method was verified by the optimal PDF selection in each station with long-term records. The features of each zone, as well as the impact of flood diversity on the flood level estimation, were discussed.

Results found that the PRD had significant spatial diversity in its flood and one PDF could not be used for extreme value analysis in all spots in this delta. Three flood zones could be divided: Zone A spread from the delta entrance to the boundary that was 60 km away from the delta outlets; Zone B covered the realm that was between 25 km to 60 km away from outlets, and Zone C was the area within 25 km away from the delta outlets. The impact of upstream flood on site flood level decreased from zone A to C. The Generalized Extreme Value distribution was the optimal model for design level estimation in Zone A, where the flood generation was dominated by the impact of upstream river flood; the Pearson-Ⅲ type distribution was the best-fit model for places dominated by tidal impact. By adopting the Pearson-Ⅲ type distribution for design level estimation in all places in the PRD as was suggested by the government, the overestimation of 100-year level in Zone A could reach up to 0.77 m.

Compared to the method of regionalization, this method took advantage of taking the physical process of flood generation into concern. By solely applying the regionalization method, areas with similar statistical features but different driving forces of flood generation could be divided into the wrong flood zone. Take the spot where Zhuyin Stations was located, although it had similar four moments of time series with stations that were mutually affected by river flood flow and tidal effect, it was actually more affected by tidal effect due to the dense river network. In the proposed method, the features of flood timing, as well as the major impact factors for flood level generation like the flood-tide interaction and river network density all, revealed the abnormity in Zhuyin Station. Also, it was discovered that although Zhuyin was located in the West River Delta, which mainly took in the water and sediment from the West River in the upstream, it shared closer physical features with the stations located near the outlets of the North River Delta, which mainly took in the water and sediment from the North River and had more complex river network.

However, because the boundary of each flood zone was set according to the distribution and selection of gauge stations, the efficiency of this proposed method for flood zoning was limited to the number and distribution of the studied stations, just like the method of regionalization. Under these circumstances, the diversity within Zone B, which only contained two gauge stations, was failed to be captured. In future studies, the minimum density for efficient flood zoning with this method in delta areas could be further discussed. Also, the final identification of flood zones in this research resulted from the comprehensive integration of the different results generated by the statistics of long-term records and the features of two major impact factors. However, among the factors considered in this research, some elements might take more impact than the others. Whether it was possible to import the concept of weight for each element and to achieve the final result by overlaying operation on maps is worth studying.

REFERENCES

［1］Alexandra T, Trumbull et Christine Loh K. The impact of climate change in Hong Kong and the Pearl River Delta ［J］. China Perspectives, 2007: 18-29.

［2］Alila Y, Mtiraoui A. Implications of heterogeneous flood-frequency distributions on traditional stream-discharge prediction techniques ［J］. Hydrological Processes, 2002 (16): 1065-1084.

［3］Bilskie M V, S C Hagen. Defining Flood Zone Transitions in Low - Gradient Coastal Regions ［J］. Geophysical Research

Letters，（2018），45（6）：2761-2770.

［4］Chen X H, Chen Y D. Human-induced hydrological changes in the river network of the Pearl River Delta, South China ［C］//In International Conference of Gis and Remote Sensing in Hydrology. Water Resources and Environment, 2004：197-205.

［5］Chen Y D, Zhang Q, Xu C Y, et al. Change-point alterations of extreme water levels and underlying causes in the Pearl River Delta, China ［J］. River Research and Applications, 2009, 25：1153-1168.

［6］Huang W R, Xu S D, Nnaji S. Evaluation of GEV model for frequency analysis of annual maximum water levels in the coast of United States ［J］. Ocean Engineering, 2008, 35：1132-1147.

［7］Luo X L, Zeng E Y, Ji R Y, et al. Effects of in-channel sand excavation on the hydrology of the Pearl River Delta, China ［J］. Journal of Hydrology, 2007, 343：230-239.

［8］Kew S, Selten F, Lenderink G, et al. The simultaneous occurrence of surge and discharge extremes for the Rhine delta ［J］. Natural Hazards & Earth System Sciences, 2013, 13：2017-2029.

［9］Tang Y H, Guo Q Z, Su C J, et al. Flooding in Delta Areas under Changing Climate：Response of Design Flood Level to Non-Stationarity in Both Inflow Floods and High Tides in South China ［J］. Water, 2017, 9：471.

［10］Vitousek S, Barnard P L, Fletcher C H, et al. Doubling of coastal flooding frequency within decades due to sea-level rise ［J］. Scientific Reports, 2017, 7：1399.

［11］Xiao Y F, Yi S Z, Tang Z Q. A Spatially Explicit Multi-Criteria Analysis Method on Solving Spatial Heterogeneity Problems for Flood Hazard Assessment ［J］. Water Resources Management, 2018, 32：3317-3335.

［12］Yan L, Xiong L H, Liu D D, et al. Frequency analysis of nonstationary annual maximum flood series using the time-varying two-component mixture distributions ［J］. Hydrological Processes, 2017, 31：69-89.

［13］Yang T, Xu C Y, Shao Q X, et al. Regional flood frequency and spatial patterns analysis in the Pearl River Delta region using L-moments approach ［J］. Stochastic Environmental Research and Risk Assessment, 2010, 24：165-182.

生态护岸技术在南沙区水域公共岸线环境专项整治中的应用

王英丽　陈升魁　陈俊昂　罗海军　赖敏华　王佳妮

（广东省水利电力勘测设计研究院有限公司，广东广州　510000）

摘　要：生态护岸是生态水利的一种技术措施，凭借其在防洪、生态、景观等方面的综合优势，得到了越来越广泛的应用。本文总结了常用的生态护岸结构及材料，以南沙区水域公共岸线环境专项整治项目为例，论述了公共岸线环境专项整治的设计原则、生态护岸设计、植物配置等，为河道岸线环境整治提供参考。

关键词：生态护岸；岸线环境整治；植物配置

1　概述

随着经济的发展和生活水平的提高，人民对优美生态环境的需求不断上升。党的十八大以来，我国生态文明建设进入"五位一体"总体布局，对生态建设的要求越来越高。生态水利[1]是在满足人类社会需求的同时维护河湖生态系统健康、发挥水利工程生态功能、融入水景观、传承水文化的水利工程。生态水利充分体现人与自然和谐共生、持续繁荣的生态文明发展理念。生态护岸[2-4]是生态水利的一种技术措施，在堤岸整治、河湖生态修复等河湖综合整治中得到广泛应用。

2　项目概况

广州市南沙区水网交错，河涌密布，居民世代依水而居，水边违法搭建、圈养鸡鸭，直排生活污水等问题非常普遍。涉水违法建设，成为污染防治攻坚的"顽疾"。2020 年 4 月，广州印发第 5 号、第 8 号总河长令，要求 2020 年全面完成涉水违法建设拆除工作，其中南沙区须治理涉水违法建设共 4 805 宗，约 90 万 m²。根据南沙区委、区政府有关拆违治水工作部署及南沙区总河长拆违治水调度联席会议纪要（穗南区河长办会记〔2020〕32 号）要求在推进拆违治水的过程中同步推进水域公共岸线环境整治工作。南沙区水域公共岸线环境专项整治项目的主要工作内容是对涉水违法建设拆除后的岸线进行整理和修复，对劣 V 类河涌清淤及小微水体综合整治等。南沙区水域公共岸线环境专项整治项目分两个标段进行，本项目为 B 标段，范围包括黄阁镇、南沙街、珠江街、横沥镇、万顷沙镇、龙穴街共 6 个镇（街）的水域公共岸线环境整治。通过水域公共岸线环境专项整治实现还岸于水、还水于民。

3　岸线环境整治的设计原则

3.1　项目特点

本项目为涉水违法建设拆除后配套的岸线环境整治工程，不同于常规的河道堤岸整治项目，项目

作者简介：王英丽（1987—），女，工程师，主要从事环境综合治理方面的工作。

特点如下：

（1）项目范围大且分散：整个项目涉及南沙区 6 个镇（街道办事处）上千宗涉水违法建设拆除后的修复，项目点分散在南沙多条河涌。

（2）项目情况多样且复杂：每个拆违点的情况不同，每个村民的整治诉求不同。

3.2 设计原则

针对本项目的特点，岸线环境整治的设计原则如下：

（1）因地制宜，一点一策：根据不同拆违点的实际情况及居民诉求，采用不同的岸线环境整治方案。

（2）安全为主，理顺岸线：岸线环境整治中以河涌管理范围线为界，清理阻水建筑物，沿河疏浚，理顺岸线。沿河存在居民的河段，采取修建栏杆、种植绿篱等措施，预防村民落水。

（3）生态为主，兼顾景观：岸线环境整治尽量采用生态措施，提升滨水环境，体现人水和谐的水乡景观。

（4）"海绵城市"的原则：设计中体现"海绵城市"理念，在巡河路和滨水环境设计中合理使用植草砖、透水砖等透水铺装。

4 生态护岸设计

生态护岸是采用植物措施或植物措施与工程措施相结合，满足防止边坡受水流、雨水、风浪的冲刷侵蚀，同时可满足植物生长、动物栖息、水土交换等要求而修筑的坡面保护设施。生态护坡作为水利工程生态设计的一项技术措施被越来越多地应用到河道治理工程中。

4.1 常用生态护岸结构及材料

生态护岸工程按结构形式主要可分为坡式护岸、墙式护岸、混合式护岸等；按照结构材料属性，可分为植物式、柔式、块体式、组合块体式、整体式。常用生态护岸类型按照结构型式及结构材料[5-6] 属性进行分类，见表 1。

表 1　生态护岸结构与材料分类

主要结构形式		结构材料属性				
		植物式	柔式	块体式	组合块体式	整体式
坡式护岸	缓坡	草皮护坡、灌草护坡、竹木护坡	土工网（三维土工网）植草护坡、抗冲植草垫护坡、土工格室植草护坡、蜂巢植草护坡、植生袋植草护坡	自然抛石护坡、干砌块石护坡、多孔植草砖护坡、瓶孔砖护坡	连锁式多孔植草砖护坡、格宾石笼护坡、雷诺护坡	生态混凝土护坡、无砂混凝土护坡
	陡坡					
墙式护岸	直立式	木桩	蜂巢植草护岸、土工管袋植草护岸、格宾土箱护岸	干砌石护岸、生态框（槽）护岸、鱼巢箱护岸	格宾石笼护岸、栅栏板护岸	生态板桩护岸、多孔透水混凝土
	陡坡式	—			加筋生态框（槽）护岸、加筋鱼巢箱护岸、加筋生态砌块	多孔透水混凝土
	折线式	—			格宾石笼	
混合式护岸	直斜	—	蜂巢植草护岸、土工管袋植草护岸、格宾土箱护岸	干砌石护岸、生态框（槽）护岸、鱼巢箱护岸	格宾石笼护岸、加筋生态框（槽）护岸、加筋鱼巢箱护岸、加筋生态砌块护岸	多孔透水混凝土、仿木桩
	多级复合式	防护林、红树林、草皮				

4.2 生态护岸断面设计

4.2.1 工况 1

现状为直立护岸，骑岸而建的房屋已拆除。房屋拆除后，河边与现状道路之间距离较宽，可对河道进行拓宽。按《广州南沙新区水系总体规划及骨干河湖管理控制线规划》成果对河段进行拓宽。对占用河道管理范围的房屋基础进行开挖，整理成 1:3 的坡面，堤脚采用抛石+生态袋护脚，堤脚处种植挺水植物，护坡采用草皮护坡。为确保行人安全，在堤顶种植 2 m 宽绿化带和绿篱。图 1 为工况 1 的河涌标准断面图。

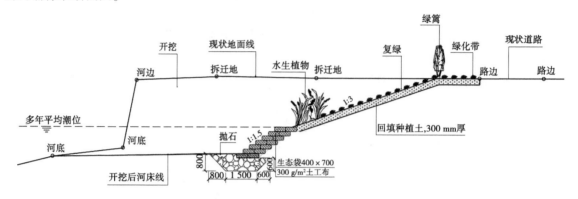

图 1　工况 1 河涌标准断面图　（单位：mm）

4.2.2 工况 2

现状直立护岸，房屋骑岸而建，现状截污管网沿河岸挂管施工，暂无条件对房屋进行拆除。针对此种断面形式，在堤脚采用松木桩构建水生植物种植平台的方式进行护岸改造，种植水生植物带对沿河截污管进行遮挡，在提升两岸景观环境的同时提高河涌的自净能力及削减入河污染量。图 2 为工况 2 的河涌标准断面图。

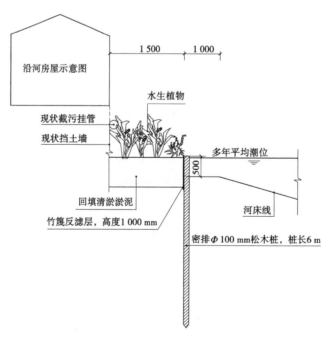

图 2　工况 2 河涌标准断面图　（单位：mm）

4.2.3 工况 3

现状为直立护岸，骑岸而建的房屋已拆除。房屋拆除后，河边与现状道路之间距离较窄，为最大限度地拓宽河道，采用陡坡式护岸，护岸材料采用生态框。墙脚采用 C25 钢筋混凝土底座，上砌生态框，采用抛石护脚，墙背铺设双向土工格栅加强筋，基础采用直径 100 mm、桩长 6 m 的松木桩，间隔 500 mm 布置。图 3 为工况 3 的河涌标准断面图。

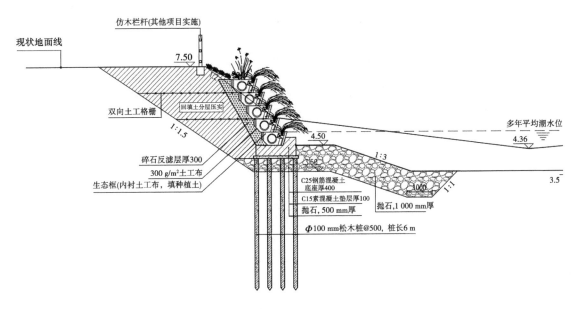

图 3　工况 3 河涌标准断面图　（单位：尺寸，mm；高程，m）

4.3　生态护岸植物配置

4.3.1　植物配置原则

（1）生态护岸植物配置结合岸坡稳定、生态修复、生长环境、自然景观、民风民俗，维护成本要求等因素综合考虑。

（2）植物配置宜按照护岸类型及环境特征，构建护岸植物缓冲区，发挥改善生境、净化面源污染、固土及景观的作用。

（3）位于城郊、乡村的护岸植物宜体现自然乡土，不宜配置名贵树种、大草坪等。

（4）植物配置应充分考虑植物的适应性和养护成本，植物品种优先采用本土物种。

4.3.2　植物配置

本项目位于南沙河网地区，水位涨落明显，在多年平均潮位至多年平均高潮位区域种植挺水植物生物带，营造水生生境。多年平均高潮位以上配置旱生的草本、灌木等植物，坡顶种植低矮灌木形成绿篱确保行人安全。本项目实施地点基本位于城郊，植物配置多以乡土植物为主，挺水植物以美人蕉、再力花、风车草等为主，草本植物以大叶油草为主，灌木以红花继木、勒杜鹃等为主。

5　结语

通过河道拓宽、堤岸加固、两岸复绿、河涌清淤等多项措施整治水域公共岸线，拉顺河道岸线，拓宽河道，加深河床，大大提升河道的防洪排涝能力，美化河道两岸环境。其中堤岸加固结合水域现状条件，采用生态护岸技术既满足了水安全要求，又兼具生态理念和景观营造，利于水土交换及植物生长，一定程度上改善了河道水环境和景观，为其他的河道岸线环境整治项目提供参考。

参考文献

［1］段青梅，陈小丹．生态护岸技术在北海仔河堤岸整治工程中的应用［J］．广东水利水电，2021（6）：21-25，35.

［2］邵伟．某航道整治项目中生态护岸技术的应用［J］．珠江水运，2021（9）：72-73.

［3］张祖贤．生态护岸在湖溪小流域综合治理中的应用［J］．河南水利与南水北调，2021，50（4）：5-6.

［4］唐超．浅谈生态理念在淡水涌整治工程中的应用［J］．广东水利水电，2020（4）：28-32，52.

［5］程耀炜．生态护坡在河道治理中的优越性分析研究［J］．陕西水利，2020（3）：146-147，150.

［6］姜翠玲，王俊．我国生态水利研究进展［J］．水利水电科技进展，2015，35（5）：168-175.

粤港澳大湾区水资源安全问题及战略思考

董延军　杨　芳　张　康　李胜华

（珠江水利委员会珠江水利科学研究院，广东广州　510611）

摘　要： 水资源是社会经济发展的基础。粤港澳大湾区作为国家重大发展战略中的重要一环，其高质量发展对水资源安全保障提出了更高的要求。通过对粤港澳大湾区水资源安全现状梳理分析，当前粤港澳大湾区存在着水资源供需矛盾紧张、开发利用效率不高、水资源保护难和极端气候频发等突出问题。针对这些问题，研究了解决粤港澳大湾区水资源安全问题解决架构和途径，提出了"量－质－效－控"四个维度的水资源管理架构以及在"四维架构"下的具体解决途径和实现方法。

关键词： 粤港澳大湾区；新时代；水资源安全；国家水网

1　引言

　　粤港澳大湾区由广州、深圳、珠海、佛山、东莞、惠州、中山、肇庆、江门和香港、澳门构成的9+2城市群，总面积5.6万km²，2020年总人口达7 801万，湾区生产总值约11.60万亿元，约占全国经济总量的1/7，是我国开放程度最高、经济活力最强的区域之一，在国家发展大局中具有重要战略地位。粤港澳大湾区发展战略进一步加剧区域人口和产业的聚集。在2020年全国第七次人口普查中广东省常住人口达1.26亿人，位列31个省（区、市）之首，其中大湾区人口占广东省总人口的61.9%，到2050年，大湾区人口将达到1.2亿~1.4亿。由此可见，大湾区未来面临着人口、资源与环境问题的巨大压力。此外，广东作为全国改革发展的排头兵，国家赋予了广东"四个走在前列"要求，大湾区作为广东发展引擎和高质量发展的示范区，充满着机遇和挑战。而目前大湾区水资源开发利用距离高质量发展要求仍有较大差距，大湾区自身水资源承载力、水资源供给条件与其生产力布局还不相适应，如何有效协调水资源开发利用与社会经济高质量发展之间的关系与矛盾仍是巨大挑战[1-2]。因此，为了高质量建设国际一流湾区和世界级城市群，开展粤港澳大湾区水资源安全保障战略研究具有重大意义。

2　粤港澳大湾区水资源安全问题剖析

2.1　本地水资源量不足，水资源供需紧张

　　粤港澳大湾区多年平均降雨量约1 800 mm，本地水资源量583亿m³，入境水量2 800多亿m³，入境水量为本地水资源量的4.8倍，正是由于当地水资源不足，所以香港、澳门长期需要内地供水保障。水资源时空分布不均，粤港澳大湾区乃至广东全省降雨与台风关系十分密切，每年台风带来的雨水都集中在汛期（4~9月），降水量占全年的8%左右，本地缺乏建造大型水库的地理条件，大部分以洪水的形式流向大海，枯水期（10月至次年3月）雨水则偏少。大湾区城市群地处珠江河口网河区域，地势平坦，供水主要从河道直接取水，占总供水量的70.4%，加之咸潮上溯的影响，大湾区供水水源单一，备用水源不足，这种供水结构应对特枯年、强咸潮及突发水污染事件能力不足。这是问题的一个方面；另一方面，粤港澳大湾区人口、产业的聚集效应，更加剧了水资源紧张的局面。譬

作者简介：董延军（1972—），男，高级工程师（教授级），研究方向为水资源与节约用水管理。

如，珠三角东部聚集了广州、深圳、东莞以及香港等经济发达地区，均为粤港澳大湾区的核心区，作为支撑这一区域经济社会发展的重要水源——东江，以占全省 18% 的水资源总量，支撑 28% 的人口和 48% 的 GDP 用水，目前水资源开发利用率已达 38.3%，逼近国际公认的 40% 的警戒线，而水资源开发利用率超过 20% 就会对水环境造成很大影响[3]。

2.2 水资源开发利用距离高质量发展要求仍有较大差距

高质量发展是新时代发展的主基调，高质量发展要求水资源开发利用节约集约利用水平要高，把水资源作为最大的刚性约束，真正落实"四定"，同时高质量发展也要求提供更多优质的生态产品，满足人民日益增长的优美生态环境需要。粤港澳大湾区作为高质量发展的引领和示范，对水资源节约水平和利用效率要求应当更高。

第一，从用水效率方面。从目前统计的数字来看，大湾区内地 9 市用水浪费现象仍较突出，耕地实际灌溉亩均用水量、城镇居民生活人均用水量明显高于全国平均水平（见表 1）；大湾区城镇居民人均生活用水量、万元工业增加值用水量分别为 163 L/d、20.6 m³，与世界先进水平（见图 1）相比尚有差距（如新加坡分别为 143 L、2.8 m³），工业、城镇生活和农业重点领域的节水还有巨大潜力。

表 1 2020 年大湾区各市用水指标与广东省、全国平均水平情况

行政分区	人均水资源量/ m³	人均综合用水量/ m³	万元 GDP 用水量/ m³	万元工业增加值用水量/m³	耕地实际灌溉亩均用水量/m³	城镇居民人均生活用水量/（L/d）
广州	398	324	24.0	48.1	767	177
深圳	127	119	7.5	4.7	688	126
珠海	698	233	16.0	11.4	569	181
佛山	306	314	27.5	23.3	465	179
惠州	1 780	332	47.2	17.4	711	149
东莞	219	187	20.3	15.0	556	170
中山	354	334	46.6	32.3	712	179
江门	2 143	534	79.7	24.9	731	176
肇庆	3 105	441	78.3	22.2	666	212
大湾区	667	276	23.9	20.6	592	163
广东省	1 296	323	36.6	20.7	730	168
全国	2 074	412	57.2	32.9	356	134

第二，落实水资源刚性约束方面。粤港澳大湾区近几年通过实施最严格水资源管理制度考核，用水效率不断提高（见图 2），水环境和水质量安全稳定，但是落实水资源最大刚性约束方面仍存在不少短板和差距[4]，譬如在硬件水平上取、用、耗、排监管水平还有待提高，在管理上落实"以水而定、量水而行"的理念还有待进一步深化和宣贯，在理念上节约用水意识依然淡薄，重开源轻节约的惯性做法尚未根本转变，节水宣传仍需进一步加强。

第三，非常水利用率方面。为了促进解决水资源短缺、水环境污染等问题，国家发改委等十部委印发《关于推进污水资源化利用的指导意见》（发改环资〔2021〕13 号），提出到 2025 年，全国地级及以上缺水城市再生水利用率达到 25% 以上，水环境敏感地区污水处理基本实现提标升级。目前

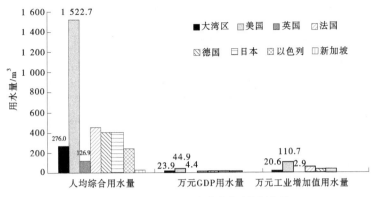

（大湾区数据来源于 2020 年广东省水资源公报；
其他发达国家数据来源世界银行数据库，数据水平年为 2014 年）

图 1　大湾区与发达国家主要用水指标对比图

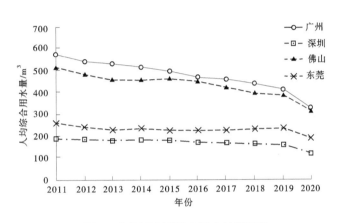

图 2　大湾区典型城市用水效率变化

北方缺水城市如北京再生水利用率很高，2021 年北京再生水利用量达 12 亿 m^3，占北京年度水资源配置总量的近 30%，再生水已成为北京不可或缺的重要水源。目前粤港澳大湾区城市再生水整体利用率不高，深圳、广州还不到 3%，其他地市比例更低，再生水主要用于生态补水，再生水利用无论从利用率上讲还是从用途上讲都还有很大利用空间。

第四，管理方面。高质量的水资源管理不仅需要政府重视和资金支持，同时也需要良好的市场激励机制，也就是"两手发力"。粤港澳大湾区经济发展水平位居全国前列，市场发育程度良好，但是水资源管理中市场的重要性还远远没发挥出来，主要体现在：一是水价偏低，水资源的稀缺性和不可替代性没有得到真正体现；二是水资源和节水相关的产业发展滞后，对比农业种植方面，涉水的产业化发展还有巨大潜力，如水资源监控、节水产品等；三是人们对水资源管理惯性化，产业化发展认识不够，依赖市场的意识不强。

2.3　新形势下水资源管理保护亟待创新发展

新形势下水资源管理保护面临新的挑战与机遇，亟待创新中寻求发展。当前水利发展进入新的阶段，水利工程不仅确保河湖安澜，也要确保河湖秀水长青，这是传统水利向现代水利转型的必然，也是水资源保护的核心要义。因此，未来水资源保护的职责就是适应新形势发展，水资源管理保护重点工作在哪里，新形势如何寻求突破，实现纲举目张，这些都需要积极谋划，在创新中寻求发展。据调查统计，2013—2020 年，珠江三角洲地区水库达富营养化比例呈现较明显的下降趋势。2019 年，珠三角地区主要水库藻华发生率为 18.9%，2020 年，珠三角地区主要水库藻华发生率为 13.0%。总体来说，珠三角地区主要水库整体水质较好，特别是饮用水源地水库极少发生藻类水华，但藻类水华事件还是时有发生，需要引起重视，见表 2。广东省近几年大旱引发的供水危机，需要调整优化供水结构，也就是从传统仅靠河流供水调整到不断重视水库供水，这个工作就是要建立在水库水源地优质供水的基础上。因此，未来水资源管理保护的重点工作就是河流和湖库水量与水质的保证，利用万里碧道与水库富营养化治理的契机，以战略性和前瞻性的思维来思考水资源管理保护工作。

表 2　2020 年粤港澳大湾区水库藻类水华情况统计

序号	水库名称	水华状况				类型
		第 1 季度	第 2 季度	第 3 季度	第 4 季度	
1	乾务水库	蓝藻水华	蓝藻水华	蓝藻水华	蓝藻水华	中型
2	百花林水库	蓝藻水华	蓝藻水华	蓝藻水华	蓝藻水华	中型
3	深步水水库	蓝藻水华	蓝藻水华	蓝藻水华	绿藻水华	中型
4	东风水库	蓝藻水华	绿藻水华	蓝藻水华	蓝藻水华	中型
5	银坑水库	蓝藻水华	蓝藻水华	蓝藻水华	无水华	小型
6	镇海水库	蓝藻水华	无水华	蓝藻水华	蓝藻水华	大型
7	那嘴水库	无水华	蓝藻水华	蓝藻水华	蓝藻水华	中型
8	宝鸭仔水库	蓝藻水华	蓝藻水华	无水华	无水华	中型
9	大镜山水库	蓝藻水华	无水华	蓝藻水华	无水华	中型
10	凤凰山水库	蓝藻水华	无水华	蓝藻水华	无水华	中型
11	公明水库	无水华	蓝藻水华	无水华	蓝藻水华	大型
12	三坑水库	无水华	无水华	蓝藻水华	蓝藻水华	中型
13	横岗水库	蓝藻水华	无水华	无水华	无水华	中型
14	西坑水库	蓝藻水华	无水华	无水华	无水华	中型
15	石岩水库	无水华	蓝藻水华	无水华	无水华	中型
16	铁岗水库	无水华	蓝藻水华	无水华	无水华	中型
17	竹银水库	无水华	无水华	蓝藻水华	无水华	中型
18	南屏水库	无水华	无水华	蓝藻水华	无水华	小型
19	洪秀全水库	无水华	无水华	蓝藻水华	无水华	小型
20	大沙河水库	无水华	无水华	蓝藻水华	无水华	大型

2.4　极端天气频发对水资源安全提出了新挑战和思考

在全球气候变暖与下垫面变化的情况下，极端暴雨和气候干旱频发。在极端暴雨方面，如深圳2019 年"4·11"短时极端强降雨和广州 2020 年的"5·20"特大暴雨[5]，给城市防洪安全带来巨大的挑战；在气候干旱方面，近几年广东持续发生干旱，枯季部分城市陆续出现供水告急的情况，咸潮影响范围越来越广，涉及广州、珠海、中山、东莞、佛山等市及澳门[6]。因此，极端天气给人们对水资源安全提出新的思考：第一，南方丰水区与北方缺水城市一样，同样存在水荒，水荒距离我们不再遥远；第二，暴露了供水结构的单一和不合理问题，需要进一步完善区域工程规划布局体系，增强工程蓄水能力，提高供水保障程度；第三，极端天气引发的洪涝与旱灾，要求我们不仅重视工程体系建设，而且要更重视应急管理与调度等非工程措施建设。

3 粤港澳大湾区水资源安全问题解决架构和途径

3.1 大湾区"四维"水资源管理架构

粤港澳大湾区水资源安全问题解决，以问题为导向，从"量-质-效-控"四个维度实施水资源全面管理，简单地说，量就是以供水保障安全为目标，实现水资源供给时空平衡和空间均衡；质就是以提供优质生态产品和健康产品为目标，保证河湖环境优美、生态健康；效就是以高质量发展为目标，通过落实水资源最大刚性约束，真正实现"四定"，倒逼产业转型升级，推动绿色发展；控就是以强化管理为目标，创新管理机制，特别要注重市场机制作用，通过"两手发力"推动水资源管理良性机制建立，详见图3。

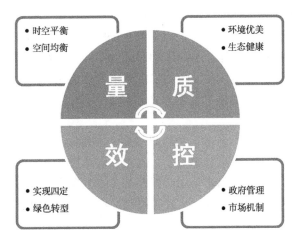

图3 大湾区"四维"水资源管理架构

3.2 大湾区水资源安全实现途径

前面3.1节里介绍了粤港澳大湾区水资源管理安全架构目标，那么为了实现这一目标，则实现途径离不开以下几个方面。

3.2.1 推动国家水网战略实施，为水资源安全提供强大工程基础

2021年5月，习近平总书记在推进南水北调后续工程高质量发展座谈会时强调，要加快构建国家水网，加快构建国家水网主骨架和大动脉，为全面建设社会主义现代化国家提供有力的水安全保障。为了落实党中央这一重大战略决策，水利部已将实施国家水网重大工程纳入"十四五"规划明确的重大任务。国家水网是以自然河湖为基础，引调排水工程为通道，调蓄工程为节点，智慧调控为手段，集水资源优化配置、流域防洪减灾、水生态系统保护等功能于一体的综合体系。它有"纲、目、结"三要素。"纲"，就是自然河道和重大引调水工程，它也是国家水网的主骨架和大动脉；"目"，就是河湖连通工程和输配水工程；"结"，是指调蓄能力比较强的水利枢纽工程。

粤港澳大湾区供水由于自身条件局限，加之区域人口经济快速发展，仅靠自身难以从根本上解决供水安全问题，粤港澳大湾区供水要主动融入广东，立足广东与大湾区整体和水资源空间均衡配置，利用"十四五"实施国家水网重大工程为契机，结合环北湾水资源配置工程等在建或规划工程，加快构建区域水网建设，推动区域供水一体化。研究"系统完备、安全可靠、集约高效、绿色智能、循环通畅、调控有序"的珠江水网工程建设布局，通过流域大型水利枢纽工程和珠江三角洲水资源配置工程联合调配西江、北江和东江流域水资源，全面增强粤港澳大湾区水资源统筹调控能力、供水保障能力、战略储备能力，为大湾区高质量发展提供水安全保障。

3.2.2 加强水资源节约集约利用，为高质量发展提供水资源安全保障

水资源既是一个区域发展的重大支撑，也是重大制约。以习近平总书记十六字治水思路为指导，

始终把节水作为解决水资源供需矛盾的根本之策,坚持节水优先,强化水资源刚性约束,真正落实"以水定人、以水定地、以水定产、以水定城"。国家节水行动是国家的节水行动,由中央深改部署的具体任务,当前要把落实国家节水行动作为贯彻节水优先的具体举措,认真贯彻落实。前面介绍了粤港澳大湾区水资源高效利用方面的短板和问题,今后将以问题为导向,着重从以下几个方面发力:

第一,强化红线约束的底线思维。水资源是基础性的自然资源与战略资源,是生态环境的重要控制要素。要严格实施水资源双控行动,进一步落实最严格水资源管理制度,促进水资源合理开发、有效利用和严格保护。粤港澳大湾区是人口众多,工业发达,未来发展空间无限,但发展一定要在总量控制下思考发展模式,从效率提升、产业优化和绿色发展的前提下谋划发展。

第二,强化用水效率提升。大湾区乃至广东省近几年水资源管理成效明显,但距离高质量发展还有巨大提升空间,工业、农业和生活节水潜力巨大。针对用水单位,水利部珠江水利委员会联合广东省水利厅开展大湾区国家级重点监控用水单位专项行动,从总体情况来看,粤港澳大湾区国家重点监控用水单位对节水工作比较重视,节水水平总体较好,内部管理规范,争创行业标杆和实施节水技改。今后,除了对重点用水单位监控外,不断推动对全行业用户节水监督监管,不断推动管理水平提升。针对用水指标,要严格按照广东省新一轮用水定额地方标准执行,严格计划用水管理和非居民用水超定额累进加价制度。此外,加强信息化监管手段普及,大力推动在"取、用、耗、排"四个环节上的计量率。

第三,强化教育和生态文明意识进步。大湾区地处我国南方地区,降水丰沛,民众节水意识不强,甚至政府领导都认识不足,对农业节水增效、工业节水减排、城镇节水降损认识不足,特别是节水对缓解水资源短缺,改善水生态环境的作用认识不足,非常规水利用量较低,重开源轻节约的惯性做法尚未根本转变。今后要围绕这一短板,从娃娃抓起,进校园、进社区、进社会,营造全社会节水的良好氛围。

3.2.3　加强水资源管理保护,为高质量发展提供优美环境和生态产品

水资源保护工作创新途径主要体现在:首先是思维方面。未来水资源保护工作重点是:一是积极谋划河湖保护布局,特别是机构改革调整后,河湖保护管理的边界和范围,以战略性和前瞻性思维开展现代水利战略和水资源保护工作;二是以广东万里碧道为牵引,以流域治理为单元,系统推进河湖保护工程建设;三是强化水量与水质双配置与调度,通过水资源调度,实现供水和生态兼顾。

其次是工作重点方面。水库是水资源管理保护的重点,水库在当下旱情严重的情况下,愈发显示出调蓄工程的重要性。当前水库暴露出许多问题:一是水质不达标问题仍然存在,如珠海的大镜山水库的富营养化问题;二是水库安全隐患多;三是工程管理现状不容乐观。因而,未来大湾区9市需积极思考"水库整治计划"方案,实施水库计划行动,提升水利行业影响力。

3.2.4　加强"两手发力",两手都要硬,为高质量发展提供管理保障与长效发展机制

粤港澳大湾区是我国经济开放高地,市场培育基础相较全国其他地方优越,因此未来解决和思考水资源问题,不能仅仅依赖政府力量,还要善于利用市场力量。

第一,价格改革。市场机制主要是体现在一方面在供、排环节上建立反映市场供求、水资源稀缺程度和供水成本的水价形成机制。

第二,加快水权、水市场化改革。在水资源刚性约束条件下,如何破解水资源供需矛盾之困,寻求水资源短缺问题解决之道,盘活用水指标则是解决跨区域、跨行业新增用水的主要措施[7]。譬如,深莞惠"3+2"都市圈,可以思考"水银行"机制,整合区域水资源,各自发挥水资源优势、经济优势,形成互补效应。

三方面加快水资源和节水产业化发展,不断培育新兴产业,以产业发展促进管理长效机制建立。《国家节水行动方案》明确指出,坚持政策引领、市场主导、创新驱动的原则,培育竞争有序的节水服务市场,引导社会投资,扶持节水服务企业,推动节水产业发展,使节水服务产业成为拉动地方就业的新途径、推动绿色发展的新支点、促进经济社会发展的新动能。

4 结语

粤港澳大湾区战略地位特殊，广东作为我国改革开放的排头兵，中央明确要求广东要"四个走在全国前列"，大湾区又是广东改革开放的引擎，因此大湾区的发展关乎广东乃至全国改革开放的成败。本文着重从水资源的角度探讨有关水资源安全保障与对策的战略问题，从"量、质、效、控"四个维度提出实现粤港澳大湾区水资源安全的解决途径。通过加快实施国家水网，解决"量"的问题；通过加快"水库计划"和"碧道工程"，改善"质"的问题；通过实施水资源刚性约束制度，促进"效"的提升；通过加强两手发力，强化"控"的作用。

参考文献

[1] 吴小明，王凌河，贺新春，等. 粤港澳大湾区融合前景下的水利思考 [J]. 水利发展研究，2018，39：11-15.

[2] 黄锋华，黄本胜，洪昌红，等. 粤港澳大湾区水资源空间环境均衡性研究 [J]. 水资源保护，2021.6（网络首发）.

[3] 姜文来. 中国 21 世纪水资源安全对策研究 [J]. 水科学进展，2001，12（1）：66-71.

[4] 董延军，王凌河，王建国，等. 新时代广东节水形势及落实国家节水行动对策探讨 [J]. 中国水利，2020（9）：18-21.

[5] 陈文龙，夏军. 广州"5·22"城市洪涝成因及对策 [J]. 中国水利，2020（13）：4-7.

[6] 杨芳，何颖清，卢陈，等. 珠江河口咸情变化形势及抑咸对策探讨 [J]. 中国水利，2021（5）：21-23.

[7] 李兴拼，陈金木，陈易偲，等. 广东省水权交易制度体系浅析 [J]. 水利发展研究，2021.9（网络首发）.

珠江流域水资源调配能力提升策略研究

李媛媛[1] 杨辉辉[1] 许景锋[1] 陈艳[1] 黄兆玮[2]

(1. 中水珠江规划勘测设计有限公司，广东广州 510610；
2. 广东省水利电力勘测设计研究院，广东广州 510610)

摘要：针对当前粤港澳大湾区城乡供水抗风险保安全能力不足的问题，从流域层面统筹考虑提高水资源调配能力，以珠江水网为依托，研究挖掘西江、北江、东江流域水资源调配潜力。结果表明，在流域现有水资源调配格局的基础上，新建龙滩二期、南盘江调水工程、北江武水向南水水库补水工程、引枫树坝余水进新丰江水库等一批水资源调配工程作为补充；遭遇特枯水年，统筹调配流域骨干水库工程择机向下游补水，能有效提高粤港澳大湾区供水安全保障能力。

关键词：粤港澳大湾区；水资源调配；骨干水库；择机补水

1 引言

粤港澳大湾区位于珠江流域下游三角洲地区，是我国开放程度最高、经济活力最强的区域之一，在国家发展大局中具有重要战略地位。水资源是粤港澳大湾区发展建设不可或缺的重要战略资源，为尽快提升自身供水安全保障水平，粤港澳大湾区从自身发展需求出发开工建设了一系列水资源配置工程，如珠江三角洲水资源配置工程，解决东部地区（深圳、东莞及广州南沙区等）的用水矛盾；广州北江引水工程是广州市通过引北江水解决花都区未来 20~50 年的用水困难；东深供水工程和东部供水工程是为保障深圳和香港的发展需水[1]。随着粤港澳大湾区进入快速发展阶段，大湾区城乡供水抗风险保安全能力仍显不足，主要是城市供水以河道取水为主，地表水水库和应急供水水源不足，存在季节性缺水风险，保供水的能力存在短板[2]。由于大湾区本地供水对流域上游入境水依赖程度十分显著，大湾区未来的发展需要从流域和区域层面上统筹配置水资源。

本文在对大湾区供水安全面临形势研判的基础上，以珠江水网水资源配置布局为基础，研究挖掘西江、北江、东江流域水资源调配潜力，提高流域水资源调配能力，为从流域层面统筹提升大湾区供水安全保障能力提供参考。

2 大湾区供水安全面临形势研判

2.1 大湾区供水现状

2018 年，粤港澳大湾区总供水量 188.1 亿 m³（不含火核电）。粤港澳大湾区以地表水供水为主，地表水源供水量占总供水量的 98.6%；地下水供水量和其他水源供水量所占比例非常小。

粤港澳大湾区现状水源地主要分布在东、西、北江干流和三角洲河网区，主要的供水方式为引提水，蓄水及引水工程所占比例相对较小。地表水源供水量中，引提水工程供水量占 71.8%，蓄水工程供水量占 19.9%，跨流域调入水量占 8.3%，见图 1。

作者简介：李媛媛（1982—），女，高级工程师，主要从事水工程调度及水利规划设计方面的研究工作。

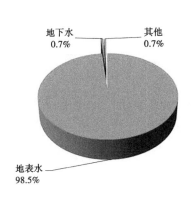
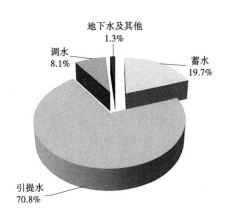

图 1　粤港澳大湾区各市供水量组成情况

2.2　大湾区供水安全存在问题研判

2.2.1　水资源时空分布与地区经济发展不协调[3-4]

大湾区经济、人口中心在东部，而水资源重心在西部，位于东部的广州、深圳、东莞三市和香港特区 4 个地区 GDP 之和占粤港澳大湾区的 73.3%；但从水资源量来看，东江流域多年平均径流总量仅占西北江流域多年平均径流总量的 8.6%，人均水资源占有量也仅为西北江的 8.5%，单位 GDP 水资源占有量更是不足西北江的 2%。

2.2.2　以引提水供水为主，应对季节性缺水能力不足[3-4]

粤港澳大湾区多年平均水资源总量 568.0 亿 m^3，多年平均入境水量 2 880.1 亿 m^3（西江高要站+北江石角站+东江河源站合计）。可见，大湾区入境水较丰富，区域用水对入境水的依赖程度高。另外，本地水资源径流调蓄能力不高，供水以引提水为主，受流域来水丰枯变化的影响较大，应对季节性水资源短缺的能力不足。

2.2.3　咸潮总体呈加剧态势，供水风险进一步加大

2000 年以来，受用水不断增长、上游来水偏枯、河道下切等因素共同作用，珠江三角洲咸潮活动有增强的趋势，如 2005—2006 年、2007—2008 年、2009—2010 年、2011—2012 年和 2019—2020 年 5 个枯水期咸潮强度、持续时间与上溯距离屡创新高。根据 2005—2011 年枯期西江干流马口站流量对比分析，磨刀门下游取水口相同取淡概率下，需要上游压咸流量大幅增加；上游相同流量下，磨刀门水道取淡概率减少，反映了近年磨刀门水道咸潮总体呈增强趋势。

可见，粤港澳大湾区水资源时空分布与地区经济发展不协调，且供水保障工程以引提水工程为主，取水水源易受上游来水水质水量的影响，加之珠江三角洲河口地区枯季咸潮上溯严重，供水保障程度不高。针对供水保障以引提水工程为主存在的问题，可从流域层面统筹提升水资源调配能力，增加大湾区供水保障能力；针对水资源时空分布与地区经济发展不协调的矛盾，可以上游骨干水库调度和大湾区跨流域调水工程（珠三角水资源配置工程等）为基础，推动西、北、东江联合调度。

2.3　珠江流域现状水资源调配格局

珠江流域基本形成了以西江流域的天生桥一级、光照、龙滩、百色、大藤峡，北江流域飞来峡，东江流域的新丰江、枫树坝、白盆珠等骨干水库为控制的流域水资源配置体系，调节水资源的时空分布，提高水资源调配能力[5]。其中，西江的天生桥一级、龙滩、百色、光照，东江的新丰江、枫树坝和白盆珠水库调节库容大，调剂性能好，但控制面积占流域面积比例小，距离下游珠江三角洲远，可作为流域配置体系中的水源性水库；大藤峡和飞来峡库容相对较小，调节能力较差，但距离下游珠江三角洲近，可根据上游来水情况以及下游水资源配置需求进行补偿调度，可作为配置体系中的控制性水库。

在西北江水资源配置格局中，西江和北江所起的作用有所不同，一般以西江骨干水库水资源调度为主，北江飞来峡水库配合调度。在西江骨干水库中，以龙滩的水资源调配能力最强，其次是天生桥一级、百色和光照[5]。

3 流域水资源调配能力提升策略

随着未来大湾区经济社会进入高质量发展阶段，水资源供需矛盾将愈发尖锐。然而，粤港澳大湾区位于珠三角平原区，受地形所限不具备新建大规模蓄水工程的条件，为此可从流域层面统筹考虑水资源调配问题[6]，研究挖掘西江、北江、东江流域水资源调配工程的供水潜力，提高流域水资源调配能力。

3.1 西江水资源调配能力提升策略

3.1.1 工程策略

3.1.1.1 龙滩二期工程

龙滩水库位于红水河上游，集水面积 98 500 km²，占红水河干流流域面积的 51.8%，水库的开发任务以发电为主，兼有防洪、航运及水资源配置等综合利用任务，为目前珠江流域重要的防洪和水资源配置工程。龙滩水库调节库容约占红水河梯级水库群调节库容的 60%，通过龙滩水库的调度运行，可有效调节西江径流年内分配，增加枯水期下泄流量，与即将建成的大藤峡水利枢纽与北江飞来峡水利枢纽联合调度，可有效提高大湾区供水安全保障程度。

龙滩水库已按正常蓄水位 375 m 方案建成。考虑大湾区远景供水需求，可考虑扩大龙滩水库规模，进一步增强其调配能力，在特枯年份，动用龙滩二期工程多年调节库容，可起到"甘露"作用，缓解干旱程度。目前研究论证表明，二期工程可能正常蓄水位方案有 390 m 和 400 m 两个方案。经长系列径流调算，龙滩二期正常蓄水位 390 m、400 m 方案分别可增加调节库容 44.1 亿 m³、93.8 亿 m³，枯水年份枯水期对下游补水量分别为 80 亿 m³、120 亿 m³，平均补水流量 600 m³/s、680 m³/s，其中 1—3 月补水流量更大。

3.1.1.2 南盘江调水工程

2019 年 8 月国家发改委印发的《西部陆海新通道总体规划》提出推进沟通广西西江至北部湾港的平陆运河，平陆运河从郁江最大引水流量为 40 m³/s。经分析，在优先保障郁江下游河道生态环境需水目标的前提下，郁江来水远无法满足平陆运河 $P=98\%$ 通航供水保证率调水需求，运河引水后将加剧郁江中下游水资源供需矛盾。同时，随着北部湾国家级城市群经济社会持续发展，为提高环北部湾城市群供水保障程度，《环北部湾水资源配置工程总体方案》提出建设沿海城市群水资源配置工程（包括北海、玉林郁江引调水工程、南钦防城市安全供水工程和南盘江调水工程）和广西凭祥重点开发开放试验区水资源配置工程。目前，平陆运河和环北部湾沿海城市群水资源配置工程均已进入前期论证阶段，可以预见，平陆运河引水、环北部湾水资源配置工程引调水将进一步加剧郁江中下游的水资源供需矛盾。为保障平陆运河航运引水和环北部湾水资源配置工程引调水，建议尽快推进南盘江向郁江调水工程缓解郁江流域水资源供需矛盾。

在优先保障下游贵港断面生态流量，即贵港断面流量小于 400 m³/s 时不考虑外调水的前提下，若不考虑从南盘江调水入郁江，规划水平年（2035 年）郁江受水范围内河道外生活生产用水基本能保障，但贵港断面生态流量、平陆运河航运流量、环北部湾广西水资源配置工程引调水量均无法保障，年均缺水量约 2.9 亿 m³，缺水率约 1.9%。

南盘江调水工程调出区为南盘江流域（初拟取水口位于南盘江八渡梯级库区），受水区为郁江流域（受水点为郁江支流乐里河），工程的开发任务为改善平陆运河航运条件、提高郁江干流生态流量保障程度，兼顾满足远期环北部湾广西水资源配置工程引调水需求。南盘江调水工程设计调水流量为100 m³/s。在南盘江天生桥一级电站按最小下泄流量 383 m³/s 配合调水的情况下（天生桥一级按调度图调度下泄流量小于 383 m³/s，则按 383 m³/s 控制下泄；按调度图调度下泄流量大于 383 m³/s，则按调度图调度），通过南盘江调水工程调水入郁江，可以满足郁江下游生产生活生态用水，平陆运河航运用水及环北部湾广西水资源配置工程引调水总量需求；在此基础上，通过优化百色、西津水库调度线，及时向下游补水原则，可满足郁江下游生产生活生态用水，平陆运河航运用水及环北部湾广西水资源配置工程引调水用水保证率的需求。

3.1.2 工程调度措施

在来水频率 $P<75\%$ 的平水、丰水来水年份，西江流域水库群天一、光照、龙滩、百色等骨干水库按各自调度规则调度基本能保障梧州控制断面枯水期压咸流量 2 100 m³/s 或 1 800 m³/s 的要求，粤港澳大湾区中山、珠海和澳门等地供水安全得以有效保障。因此，流域水库群水资源调度增加调配能力需重点关注来水特枯年份。

来水频率 $75\%\leqslant P<90\%$ 的偏枯来水年份，西江干流骨干水库以龙滩为主要补水节点，天一为辅助补水节点，其他水电站（水库）服从调度；来水频率 $90\%\leqslant P<95\%$ 的枯水年份，西江干流骨干水库以龙滩、天一、大藤峡、百色为主要补水节点，长洲水利枢纽为反调节节点，按照咸潮规律实施确保梧州 2 100 m³/s、1 800 m³/s 的动态调度，其他水电站（水库）服从调度，同时流域下游受水区加强节水措施，确保供水安全。

来水频率 $P\geqslant95\%$ 的特枯来水年份，西江流域骨干水库群以龙滩、天一、大藤峡、百色、光照、岩滩、西津等水库水电站为补水节点，长洲水利枢纽为反调节节点，充分发挥蓄丰补枯能力，调配好径流年内分配。汛期需结合来水、下游生态流量需求等减少出库，为枯水期调度尽可能预留足够水量；枯水期结合大湾区供水需求优化水库出库，以实现特枯来水年份水量的优化利用。经初步分析，在特枯来水年时，西江流域天一、光照、龙滩、百色等骨干水库汛期结合下游生态需水压减出库为枯水期预留有效蓄水，比各水库按设计调度图调度可为大湾区枯水期多储备约 90 亿 m³ 有效蓄水量，可使下游梧州断面枯水期低于 1 800 m³/s 的天数基本为 0，有效提高枯水期压咸流量保障程度。

3.2 北江水资源调配能力提升策略

为提高粤港澳大湾区供水安全保障程度，充分利用北江流域雨洪资源，兼顾促进南水水库下游地区的经济发展，在北江流域现状水资源调配格局的基础上，新建北江一级支流武水向支流南水水库补水工程。

北江一级支流武江流域中下游有乐昌峡水库，控制武江流域面积的 70%，具有季调节性能，可作为武江向南水水库补水的调节水库。乐昌峡水库汛期以防洪调度为主，4—9 月汛限水位 144.5 m，10 月初开始蓄水，最高可至正常蓄水位 154.5 m，直至枯水期末（3 月底）水库水位回落。乐昌峡水利枢纽入库径流丰枯变化较大，根据坝址 1958—2015 年长系列调度计算，最大年可调水量 19.99 亿 m³，最小年可调水量 0，多年平均可调水量 3.94 亿 m³。

武水向南水水库补水工程取水口拟位于乐昌峡下游七星墩水电站库区，受水点位于南水河南水水库，利用南水水库强大的调节能力将武水不能利用的部分洪水资源调入南水水库，并在下游及大湾区需要供水时下泄，增加北江下游的径流量。拟在武水洪水期按规模 80 m³/s 调水入南水水库，经南水水库调节后，在枯水期可增加下泄流量 10.73 m³/s，通过武水的洪水资源化利用进一步提高北江水资源调配能力。同时，可将武水向南水水库补水工程纳入大湾区的水生态调度系统，进一步提高北江中下游和大湾区生态需水目标的可达性，对保障南水水库下游地区经济社会发展也有一定的促进作用。

3.3 东江水资源调配能力提升策略

为进一步提升东江流域水资源调配能力，可引枫树坝水库的余水进新丰江水库调蓄，增加东江流域可供水量，提高东江下游三角洲的供水安全保障程度，同时为粤港澳大湾区城市的优水优用提供条件。

枫树坝水库引水至公白河大坑水库工程的取水点位于枫树坝库区，受水点位于新丰江支流公白河大坑水库。枫树坝水库水位在 147 m 以上，且当枫树坝水库入流大于下游区间需水与区间入流之差，即水库有余水时，则引余水自流至公白河。工程最大调水流量 86 m³/s，多年平均调水天数为 121 d，多年平均可引水量 6.6 亿 m^3，95%特枯年可为新丰江水库新增可供水量 4.8 亿 m^3，进一步提高东江水资源调配能力；同时，工程实施后通过新丰江水库调丰补枯，新丰江水库可在枯水期持续下泄 15 m^3/s，进一步提升下游生态流量保障程度。经分析，引水工程建成后对枫树坝发电效益没有影响，仅持续引水期间对枫树坝水库—河源区间的河道生态流量保证率有一定影响，但不影响其生活生产用水保证率。

3.4 西、北、东江水库群水资源联合调度策略

根据实测资料统计，当东江特枯年时易遭遇西、北江特枯年；当西、北江为特枯年时，除 1962 年和 1963 年外，未遭遇东江特枯年份。可利用西江、北江和东江来水丰枯不同步性，在上游骨干水库群调度的基础上，通过珠三角水资源配置工程、西江引水工程、北江引水工程以及大湾区城市群供水管网联通实现联合调度。

丰水期，充分利用珠江三角洲水资源配置工程供水量，减少从东江取水，东江上游新丰江、枫树坝、白盆珠多蓄水，充分发挥三库多年调节能力。枯水期，当西江、北江来水偏枯时，尽可能地由东江水库群供水保障下游东莞、深圳、香港，减少从西江取水对下游中山、珠海、澳门供水的影响。当新丰江水库水位低于生态环境防破坏线时，为充分发挥新丰江水库调蓄库容的调节性能，应优先利用西江水，使新丰江水库在枯水期充分发挥调蓄作用。

4 结语

粤港澳大湾区国家战略的实施对珠江流域的水资源保障能力提出了新的要求，本文以珠江水网格局为依托，研究挖掘西江、北江、东江的水资源调配潜力，为从流域层面统筹提升粤港澳大湾区水资源安全保障能力提供参考。未来，大湾区还需积极借鉴先进地区的经验，以水资源刚性约束为前提，从区域和城市层面研究与流域相配套的供水保障措施，进一步提升水资源安全保障能力，为建设富有活力和国际竞争力的一流湾区和世界级城市群保驾护航。

参考文献

[1] 吴小明，王凌河，贺新春，等. 粤港澳大湾区融合前景下的水利思考 [J]. 华北水利水电大学学报（自然科学版），2018，39（4）：11-15.

[2] 高真，黄本胜，邱静，等. 粤港澳大湾区水安全保障存在的问题及对策研究 [J]. 中国水利，2020（11）：6-9.

[3] 谭奇峰，崔福义. 粤港澳大湾区水资源研究报告（2020）[M]. 北京：社会科学文献出版社，2020.

[4] 刘喜燕，席望潮. 珠江流域水资源调配骨干体系研究 [J]. 人民珠江，2010（A01）：4-6.

[5] 刘夏，白涛，武蕴晨，等. 枯水期西江流域骨干水库群压咸补淡调度研究 [J]. 人民珠江，2020，41（5）：84-95.

[6] 赵钟楠，陈军，冯景泽，等. 关于粤港澳大湾区水安全保障若干问题的思考 [J]. 人民珠江，2018，39（12）：81-84.

惠州市水生态系统保护与修复规划布局及措施探讨

鲁志文

（广东省水文局惠州水文分局，广东惠州 516003）

摘　要： 通过对惠州市主要江河湖库的物理形态、水文情势、水污染状况、生物多样性等方面开展调查研究，评价惠州市主要江河湖库的水生态状况及变化趋势，剖析存在的主要问题。在此基础上，提出了包括绿色河流廊道体系、生态需水保障体系、水污染防治体系、生物多样性支撑体系、水生态监管体系等5大水生态系统保护与修复体系及相应措施，为各地开展水生态保护与修复、建设幸福河湖提供借鉴。

关键词： 惠州市；水生态系统；保护与修复；规划布局

1　概况

党的十九大以来，以习近平同志为核心的党中央将生态文明建设放在更加突出位置，习近平总书记强调山水林田湖草是一个生命共同体。水是生态之基，是生态系统最活跃的控制性因素，是森林、湿地、草原、荒漠等不同生态格局的决定性要素[1]。水生态文明是生态文明的核心组成部分[2]，水生态是生态系统的基础和重要组成[3]，水生态系统是人类赖以生存的生态系统的重要组成部分，水生态系统保护与修复规划是保护和治理水生态环境的总体部署，是实施区域水生态环境保护的重要依据。惠州市肩负着保障惠州、东莞、广州、深圳乃至香港等地近4 000万人用水安全的重任，推进实施惠州市水生态系统保护与修复，促进水生态系统健康发展，对实现区域水资源可持续利用具有重要意义。

1.1　基本情况

惠州市位于广东省东南部、珠江三角洲的东北端，属珠三角经济区，下辖2个市辖区（惠城区、惠阳区）、3个县（惠东县、博罗县、龙门县）、1个国家级经济技术开发区（大亚湾经济技术开发区）、1个国家级高新技术产业开发区（仲恺高新技术产业开发区）。根据《惠州市主体功能区规划》，惠州总体定位为：世界级石化产业基地、国家级电子信息产业基地、珠三角东岸都市区重要的增长极、宜居宜业宜游城乡协调发展示范市。惠州市城市发展定位为：将惠州市建成经济持续健康增长、社会发展全面进步、人与自然和谐、生态良好和环境优美、适宜人类居住的现代化区域性生态城市。

1.2　河流水系

惠州市主要河流有自东北向西南横贯全市的东江干流和支流西枝江。集雨面积超过1 000 km²的河流有东江、西枝江、淡水河、公庄河、沙河和增江等6条。根据《惠州市水资源综合规划》成果，惠州市多年平均水资源总量127.49亿m³，其中地表水资源量为127.43亿m³，地下水资源总量为32.37亿m³。

1.3　生态特征

惠州市地处沿海，区内河流、湖泊密布，以东江、西枝江等大江大河纵横交错作为城市主要脉

作者简介： 鲁志文（1979—），男，高级工程师，主要从事水文水资源监测评价、保护及规划工作。

络，构成了惠州市的自然生态格局和独特的水生态系统。惠州现有湿地生态系统 4 大类，总面积 77 955.3 hm²，其中近海和海岸湿地 25 430.3 hm²，河流湿地 37 020 hm²；湖泊湿地 9 339 hm²，库塘湿地 6 166 hm²。其中，面积 2 654 hm² 的潼湖湿地是广东省最大的淡水湿地。

1.4 水生态调查与存在问题

1.4.1 水生态系统综合评价指标体系

水生态文明体现在自然属性和社会属性两个方面，总体表现为物理形态、水文情势、水体质量、生态系统、服务功能五个方面的健康，这五个方面是有机统一的整体。因此，用于判断惠州市水生态系统健康状态的水生态系统综合评价指标体系应能从物理形态、水文情势、水体质量、生态系统、服务功能这五个不同的方面来分别反映。因此，结合惠州市水生态系统自身的特点，根据维系水生态系统健康的需要，建立水生态系统综合评价指标体系由目标层、功能层、指标层等三层组成，见图 1。水生态系统社会服务主要包括水资源开发利用程度、水功能区水质达标状况、供水水源地水质达标状况和防洪安全等 4 个方面。

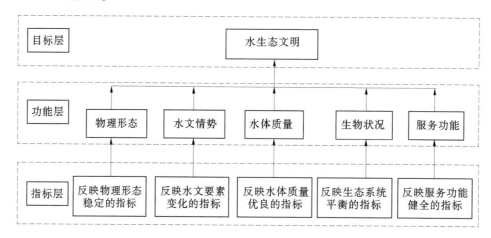

图 1 水生态系统综合评价指标体系框架

1.4.2 面临的水生态主要问题

1.4.2.1 物理形态方面

由于城市建设与河涌治理不同步，局部河道因城市开发过度而被占用，城乡结合部河涌存在违建行为，河道长期得不到有效维护管理，淤塞严重、河道狭窄、行洪受阻，防洪排涝问题日益严重。此外，受历史原因影响，部分水域还存在诸如河道裁弯取直、河湖萎缩、围湖造田、河湖阻隔、河道硬底化等现象。另外，主要河道河沙无序开采造成的河道下切、深潭浅滩分布变化等对水生生物生境多样性形成威胁。

1.4.2.2 水文情势方面

水文情势是水生态系统的主变量，在支撑水生生物多样性、生态系统完整性和稳定性方面起着决定性作用。随着经济社会的快速发展，水利工程尤其是梯级枢纽的建设，在造成河道连续性受到影响的同时，由于大坝的不科学调度，天然水文情势由于水库大坝的调蓄作用不复存在，流量均一化、咸潮上溯等现象明显加剧。

1.4.2.3 水污染方面

东江惠州段是深圳、惠州的排水通道，深圳东部区域排水通过淡水河进入东江，惠州市大部分区域排水通过西枝江等 15 条大小河涌汇入东江，水污染负荷较大。惠州市中小河流众多，但只有部分河涌进行了局部整治，缺乏全流域的统筹规划，目前仍然存在部分市区河涌、中小河流的局部严重污染问题未得到有效治理，河流综合整治与水生态修复将成为当下的工作重点之一。部分水库入库河流污染严重，主要超标项目或影响水质类别项目为总氮、总磷、高锰酸盐指数等。

1.4.2.4 生物多样性方面

（1）主要河流生态问题。

东江干流水质整体良好，呈现上游至下游逐渐递减的趋势。但受人类活动的影响，如挖砂活动、河床的固化，梯级电站的建立及污染物的无序排放导致了生物多样性的减少。西枝江水生态状况整体处于差的水平，水体富营养化严重，生物多样性低。公庄河水质状况整体相对处于良好状态。污染主要来自于工业废水和养殖废水。淡水河惠州段沿河部分城镇截污管网仍不够完善、面源污染尚未得到有效控制等因素影响，淡水河水生态状况整体较差，耐污种大量出现，生物多样性低。增江上游水质良好，下游水质污染严重。鱼类资源同20世纪80年代相比发生了较大变化，主要原因有大规模挖砂、水坝建设、不合理捕捞、外来鱼类入侵、水域污染等。

（2）湖库问题综合评价。

结合湖库综合营养状态指数评价、叶绿素 a 浓度、浮游植物密度和浮游生物群落组成，优势种环境指示意义分析出各湖库营养类型：其中菱湖处于中富营养状态；天堂山水库、南湖、显岗水库、黄沙水库、风田水库等6座湖库处于中营养状态；花树下水库、联和水库、白沙河水库、红花湖水库、沙田水库等5座湖库处于贫中营养状态；白盆珠水库贫营养状态。总体来看，此次调查的13座湖库水生态状况良好，除潼湖、菱湖处于中富营养水平，其他12座湖库处于贫营养至中营养状态。

2 规划目标与任务

水生态系统保护与修复的目标不可能是返回到某种本来不清楚的原始状态，也不是创造一个全新的生态系统，而是立足河流生态系统现状，积极创造条件，发挥生态系统自我恢复功能，使河流廊道生态系统逐步得到恢复，使其具有健康性和可持续性。

2.1 规划目标

规划总体目标是：在保证防洪饮水安全、加强水污染治理和节水型社会建设的基础上，紧密围绕生态保护和人居环境建设两个核心，通过对惠州市水生态系统全面调查评价，分析存在问题并有针对性地制订水资源保障对策和有关工程措施和非工程措施，促使惠州市主要水域岸线稳定，水土流失得到控制，生物生境及栖息地得到修复，城市水景观明显改善，水生态系统良性循环，实现人水和谐、水生态系统与经济社会协调发展，将惠州建设成生态环境良好，人居适宜，生物多样性丰富的生态型城市。

2.1.1 近期目标

到2020年，主要河道水质明显改善；河网湖泊生物多样性有所改善；河道整治、水系网络优化；完善水生态保障体系；水生态系统退化趋势得到遏制；主要水域生态用水得到基本保障；完善大坝运行方式，改善水文情势。建设重点河段的河岸林带，包括护堤林带、护岸灌木带、荒地草本植物带、岸坡生物防护带、水生植物带等，建成绿色廊道走廊。河流岸线植被化率较现状明显提高。建设湿地保护区，重点加强潼湖湿地、金山湖湿地等生态容量大、生物多样性重要性明显的湿地保护，保证基本生态水量和栖息地规模，开展人工湿地建设，形成多处集防洪、污水处理、生态景观功能为一体的生态新斑块。

2.1.2 远期目标

到2030年，主要河流绿色廊道基本形成，河岸植被覆盖率超过80%，水土流失得到全面治理，基本实现水清、岸绿、水流通畅的河流健康修复目标。以湿地系统为依托的生物多样性得到极大改善，全市乃至城市近郊多处湿地成为鸟类等物种的天堂，生物多样性得到明显提高。基本实现水资源的可持续利用，保障国民经济可持续发展，把惠州市建设成为"水清、水活、水净、水美"、江河湖泊水景观交相辉映、蓝天碧水与绿色城市相互融合、人水和谐的滨水生态城市。

2.2 规划任务

紧密结合国家发展战略，贯彻国家新时期治水思路，结合惠州市水生态环境面临的新形势，以河湖（水库）水体健康、保障水生态系统良性循环、实现水资源可持续利用为目标，坚持修复与保护并重，构筑人与自然和谐相处的水生态环境，统筹协调相关规划，进行水生态保护与修复顶层设计。以水源保护区、水库和主要城市河涌为重点，结合分区功能定位，统筹考虑水质、水量、水生态，提出规划方案整体设计和各类水生态系统保护与修复措施总体布局；建立水生态系统保护与修复工程和非工程措施体系。

3 规划布局与措施

3.1 绿色河流廊道体系

在现有淡水河、潼湖流域及惠州市中心城区小河涌综合整治的基础上，规划保护和修复东江、西枝江"两江"及其主要支流增江、沙河、公庄河、淡水河"多带"河流绿色廊道，对汇入的主要河道支流开展综合整治，重点是人口密集、穿城镇的河段，兼顾近自然的河流修复和满足城市居民亲水需求。开展以河岸缓冲植被带建设为核心，辅助以水景观、滨水区、人工湿地等工程建设，修复惠州市河流生态系统，促进河流健康，满足城市居民的亲水需求，形成功能多样的河流绿色廊道网格。

3.2 生态需水保障体系

随着经济社会的快速发展，生产、生活用水量也相应大增，水资源供需矛盾突出，特别是枯水季节水资源形势尤为严峻，导致生态环境用水时常被挤占，生态需水难以得到保证。因而，需要通过水资源的合理调配，在汛期雨量充沛时多蓄存水资源，在枯水期来水锐减时通过控制闸坝出流量等措施来调节河道流量过程，改善河道水环境生态，确保河道生态需水的需求。

2010 年水利部水利水电规划设计总院印发的《水工程规划设计生态指标体系与应用指导意见》（简称《指导意见》）建议：我国南方河流，生态基流应不小于 90% 保证率最枯月平均流量和多年平均天然径流量的 10% 两者之间的大值，也可采用 Tennant 法取多年平均天然径流量的 20%～30% 或以上。同时，考虑到东江流域属于季风性气候，汛期和枯水期河道流量变化明显，这些气候变化影响河道内生物的繁衍，生态需水量分为一般用水期（10 月至次年 3 月）和鱼类产卵育幼期（4—9 月）比较符合地区实际情况。因此，根据《指导意见》内容和 Tennant 法推荐流量，对比不同方法的生态基流计算结果，采用近 10 年最枯月流量法、Tennant 法（多年平均天然径流量 20%）两者计算结果的较大值作为惠州市河道一般用水期生态基流量，采用 Tennant 法（多年平均天然径流量 30%）计算结果作为惠州市河道鱼类产卵育幼期生态基流量，见表 1。

表 1 主要河流监控断面生态需水量

河流	断面	近十年最枯月流量法/（m^3/s）	Tennant 法/（m^3/s）		河道内生态需水量/（m^3/s）	
			20%	30%	一般用水期	鱼类产卵育幼期
东江	岭下	141	118	170	141	170
	博罗	169	144	208	169	208
西枝江	平山	11.2	15.2	22.1	15.2	22.1
淡水河	淡水	3.96	5.31	7.73	5.31	7.73
公庄河	杨村	5.64	4.73	6.82	5.64	6.82
增江	渡头	1.49	3.15	4.61	3.15	4.61
	麒麟嘴	5.98	23.4	34.1	23.4	34.1
沙河	黄家山	1.91	7.48	10.9	7.48	10.9

注：本表为 2016 年计算结果。

3.3 水污染防治体系

明确水功能区的水体纳污能力，核定分区污染物排放总量，分期实施污水处理工程、截污导流工程、人工湿地工程、入河排污口整治工程等水质安全保障工程，推进清洁生产和产业结构调整，加大节水型社会建设力度，形成全市节水减污的工程体系，结合河流绿色廊道的保护和修复，建设河流沿岸植被缓冲带，减轻面源污染物对河流的影响，逐步实现水功能区水质达标。

3.4 生物多样性支撑体系

规划建立起大、中、小型水库，湖泊星罗棋布的生物多样性支撑体系。惠州市中心城区以西湖、潼湖和金山湖等重要湿地为保护和修复的重点，加强核心区建设和污水处理及湿地生态治理，保护重要湿地的生物多样性功能，将潼湖湿地建成珠三角重要的生物多样性栖息地和候鸟中转站。以红花湖、观洞水库、黄沙水库等为支撑，加强其他中小湿地的保护，形成不同湿地相互协同配合的多层次湿地生物多样性支撑体系。东部以白盆珠水库为水生态系统重点保护对象，结合白盆珠水库水利风景区保护重点加强库区林相改造、水土流失治理力度，开展水库生态调度关键技术研究，支撑西枝江水生态的健康可持续发展。北部则以天堂山、显岗、白沙河、梅州、联和、梅树下、稿树下、黄山洞、水东陂、下宝溪、庙滩、招元、伯公坳、花树下等大中型水库为水生态系统保护与修复的重点，开展针对主要水库水生态风险的防控，形成协同作用的生态屏障。

3.5 水生态监控管理体系

水生态系统是一个动态系统，只有掌握系统的变化过程，才能把握系统的演进方向，进行适应性管理。逐步推进生物指标（包括浮游动植物、底栖动物、鱼类及其他水生生物等生物指标）、水文指标（水位、流量、流速）、水质指标、气象指标、河湖连通状态、重要湿地状态等重要生境指标在内的水生态监控体系建设。建立健全水资源综合管理制度，完善与改革体制机制，加强水资源综合管理能力。建立水生态环境保护共同参与机制，完善生态补偿机制，建立生态补偿标准的动态调整制度，逐步缓解经济发展与生态环境保护的矛盾，形成全社会保护水生态系统的激励机制。

4 结语

水生态文明是人类遵循人水和谐理念，以实现水资源可持续利用，支撑经济社会和谐发展，保障生态系统良性循环为主体的人水和谐的文化伦理形态，是生态文明的重要部分和基础内容，要把生态文明理念融入水资源开发、利用、治理、配置、节约、保护的各方面和水利规划、建设、管理的各环节。

我国幅员辽阔，南北方气候条件、生态环境差异巨大，在水生态系统的基本概念、主要过程和机制、系统的功能和价值方面，尚缺乏广泛深入的研究，水生态系统保护与修复相关技术标准和规范建设工作严重滞后，在水生态保护与修复目标确定、水生态现状综合评价指标体系等方面理论界都还存在较多争论。同时，水生态系统保护与修复工作涉及水文水资源、水生态、水环境、水土保持与水景观等多个专业领域，以及水利、生态环境、农业、林业、城建、国土、园林等多个政府部门，本身具有高度的复杂性和特殊性，加之目前惠州市在空间遥感信息收集、水域地形地貌及植被调查监测等方面尚未形成有效的监测体系，因此本文对惠州市水生态问题的分析识别存在局限性，提出保护与修复措施的科学性也有待在实践中进一步完善。

参考文献

[1] 吕彩霞，韦凤平. 科学应对气候变化 夯实水生态保护基础——访中国工程院院士张建云 [J]. 中国水利，2020 (6)：5-6.

[2] 朱党生，王晓红，张建永. 水生态系统保护与修复的方向和措施 [J]. 中国水利，2015，784 (22)：17-21.

[3] 赵璧奎，黄本胜，邱静，等. 惠州市水生态文明城市建设的实践与经验 [J]. 广东水利水电，2018 (12)：22-25.

[4] 鲁志文，戴善进，等. 惠州市水生态系统保护与修复规划 [R]. 惠州：惠州市水务局，广东省水文局惠州水文分局，2016.

[5] 王浩，唐克旺，杨爱民，等. 水生态系统保护与修复理论和实践 [M]. 北京：中国水利水电出版社，2010.

[6] 彭文启. 新时期水生态系统保护与修复的新思路 [J]. 中国水利，2019 (17)：25-30.

相关分析在水体污染成因识别中的应用

吴海斌

（广东省水文局梅州水文分局，广东梅州 514071）

摘 要：为分析造成铁、锰、铅、氨氮等污染的原因，采用韩江中游横山水文站断面 2008—2019 年水质监测数据和日均流量数据进行相关性分析，对由点源引起的氨氮污染采用多宝水库、水西桥多年水质监测数据进行相关性对比分析。认为：横山水文站断面铁、锰、铅因子与流量呈高度显著正相关，表明该类因子主要来源于降雨引起的矿山冲刷等面源污染；氨氮因子与流量呈高度显著负相关，与铜离子呈高度显著正相关，而与总磷和高锰酸盐指数相关系数都较小，结合污染源调查，表明该污染主要来源于印制电路板废水排放。

关键词：韩江；相关分析；污染成因识别；氨氮

查明污染成因是流域污染治理的基础工作，对提高治理措施的有效性、针对性有着关键作用，但在实际工作中由于缺乏完整的污染源实时排放信息，在分析过程中存在诸多困难，特别是用暗管间歇性排放的污染源，在现场调查中往往很难发现排污口，无法对排污口进行连续监测，无法掌握污染排放规律，如氨氮超标问题，生活、养殖、工业废水和农业施肥均可能造成起氨氮污染，现场调查难以确定造成污染的主要原因。

本文采用对水质水量同步数据的相关系数计算、比对分析，从长期的数据中找到与污染相关的因子，结合水污染相关知识确定主要污染源。

1 概况

1.1 基本情况

韩江流域是广东省除珠江流域外的第二大流域，发源于广东省紫金县七星洞，是下游潮汕平原近千万人的主要饮用水源地。横山水文站是韩江中游干流梅江控制性水文站，集水面积 12 954 km²，多年平均年径流量为 98.9 亿 m³。具体位置见图 1。

经现场调查，上游主要有工业和生活污染源，沿河还有不少餐饮业。

1.2 分析因子

根据韩江流域总体水质监测情况，选择铁、锰、铅和氨氮等因子。

1.3 分析方法

相关分析是研究两个或以上变量是否存在某种依存关系以及密切程度的统计学方法，主要是通过检验两随机变量的共同变化程度来了解影响变量的内在因素。

通过计算流量和水质监测因子之间的相关系数 r 来度量两两因子之间的线性关系强度，并进行显著性检验，识别与分析因子高度显著的相关因子，通过 t 检验来确定 r 的显著性，具体公式如下：

$$t = \frac{r}{\sqrt{\frac{1-r^2}{n-2}}}，则 r_\alpha = \sqrt{\frac{t_\alpha^2}{t_\alpha^2 + n + 1}}。当 |r| > r_\alpha 时，统计学意义上相关性高度显著^{[1]}。$$

作者简介：吴海斌（1980—），男，高级工程师，主要从事水资源监测、评价和保护工作。

图 1　韩江流域示意图

1.4　判别原理

结合水环境水生态相关知识，降雨所引起的河流流量增加对面源和点源造成的污染起到相反的作用：由于降雨对矿山、水土流失、农田、积滞的生活污水和养殖废水等面源污染起到冲刷作用，会造成相关污染因子迅速增加，使得流量与相关污染因子呈正相关关系；但流量增加对定点定量集中排放的生活、养殖、工业等点污染源造成的污染主要起到稀释作用，对易降解的污染因子还起到加快降解的作用，因此点源造成的污染因子与流量呈负相关。

对于点源造成的污染，通过各水质因子之间的相关性来进一步分析造成污染的原因，如养殖废水中含有大量氮、磷、有机污染物甚至包括铜、锌等金属添加剂；生活废水一般含有氮、磷和有机污染物等。

2　流量与水质同步数据相关性分析

2.1　数据来源及前处理

采用 2008—2019 年横山水文站每月水质监测数据和采样当日日平均流量，合计 24 项因子。由于数据样本量较大，因此舍弃少量缺失部分数据的月度样本。对小于检出限的监测数据按检出限的一半进行计算，如绝大部分月监测数据小于检出限，则该因子也不参与计算。

2.2　相关性分析结果

对所有因子进行相关性分析，计算因子间两两相关系数，样本数量 $n = 116$，自由度 $df = 114$，选择显著性水平 $\alpha = 0.01$，$t_{\alpha} = t_{0.01} = 2.620$，计算得 $r_{\alpha} = r_{0.01} = 0.238$，选择与所分析因子存在 $|r| > 0.238$ 的相关系数，即存在高度显著相关。计算结果如表 1 所示。

表 1　横山断面 2008—2019 年水质、流量监测数据相关性分析成果

相关系数	流量	水温	BOD$_5$	氨氮	铜	铅	氯化物	硝酸盐氮	铁
流量		0.247							
氨氮	-0.268	-0.264	0.654						
铜				0.273					
铅	0.490								
硫酸盐	-0.307			0.352	0.275				
氯化物	-0.476	-0.324	0.524	0.722	0.352				
硝酸盐氮			0.418	0.425			0.437		
铁	0.657			-0.259		0.656	-0.379	-0.293	
锰	0.531					0.850			0.550

2.3　结果分析

2.3.1　铁、锰、铅污染

这些污染因子与流量的相关系数较大，呈高度显著正相关，表明水体中铁、锰、铅主要来源于降雨引起的矿山冲刷等面源污染。

2.3.2　氨氮污染

氨氮与流量高度显著负相关，表明水体中氨氮并非由于降雨冲刷引起的面源污染，而是主要来源于点源，水量起到稀释作用。但因生活、养殖和工业废水等均有可能造成氨氮污染，具体哪类污染源是主要原因，需要进一步分析氨氮与其他因子的相关性。

3　水质因子之间相关性分析

3.1　水体中氨氮的相关机制

3.1.1　三氮转换

水中的氨氮在氧的作用下可以生成亚硝酸盐氮，并进一步形成硝酸盐氮。同时水中的亚硝酸盐氮也可以在厌氧条件下受微生物作用转化为氨氮[2]。

3.1.2　氨氮与生化需氧量（BOD）、高锰酸盐指数的关系

氨氮在氧化过程中需要消耗氧气，生化需氧量（BOD）、高锰酸盐指数是水体耗氧量的监测指标。其中 BOD 是水中微生物分解有机质、氧化还原性氮化合物以及氧化部分还原性离子所消耗水中溶解氧的总和，分为 CBOD 和 NBOD 两部分，NBOD 即包含氨氮硝化耗氧[3]，因此氨氮与 BOD 呈正相关；高锰酸盐指数是水中亚硝酸盐、亚铁盐、硫化物等还原性无机物和有机物氧化过程中消耗的高锰酸钾量[4]，由于监测方法的缘故，并不包含氨氮硝化耗氧。

3.2　分时段相关性分析

通过绘制横山断面氨氮浓度历时曲线，识别氨氮超标的主要时段，分时段进行相关性分析，分析造成与氨氮相关的因子。选择同样存在氨氮超标的参比断面：多宝水库（主要为养殖废水）和水西桥断面（主要为生活和养殖废水）进行相关性分析，以了解不同污染源造成氨氮与其他水质因子间相关性的不同。

根据横山断面 2008—2019 年逐月实测的氨氮浓度绘制历时曲线，如图 2 所示。

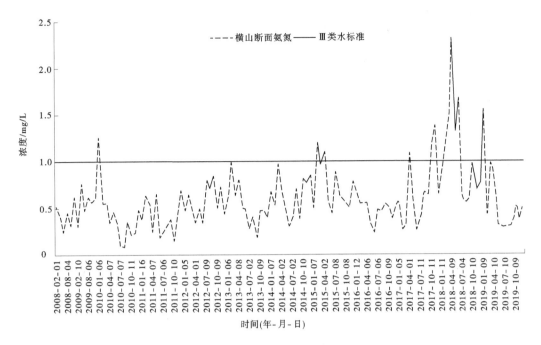

图 2　横山断面氨氮含量历时曲线

从图 2 中可知，2015 年 2—4 月，氨氮浓度已有连续超 Ⅲ 类水体现象，反映污染源已较为明显地影响水体，因此选 2008—2014 年和 2015—2019 年两个时段分别进行分析，以了解污染源产生明显影响前后因子之间的相关系数的变化情况，选择显著性水平 $\alpha = 0.01$。计算参数如表 2 所示，结果如表 3 所示（斜体加粗数字表示高度显著相关）。

表 2　氨氮相关性分析不同时段参数

时段	样本数	自由度	t_α	r_α
2008—2014 年	56	54	2.667	0.341 5
2015—2019 年	60	58	2.663	0.330 1

从表 3 结果中可知，在氨氮超标严重的 2015—2019 年时段中，氨氮因子与流量呈高度显著负相关，进一步表明氨氮来源于点源污染。高度显著正相关的因子有 BOD_5、铜、硫酸盐、氯化物、硝酸盐氮，其中 BOD_5 是由于本身包含了氨氮硝化耗氧，因此随着氨氮增大，呈现高度正相关；硝酸盐氮是由于在溶解氧较为充足的情况下氨氮会逐步氧化成硝氮。最关键的能反映污染源信息的是铜因子，其相关性从 2008—2014 年的无显著性（0.195 9）增加到高度显著（0.365 3）。另外值得注意的是，氨氮因子与总磷相关系数从 0.237 变为 -0.067，而与高锰酸盐指数相关系数则从 -0.059 变为 0.259。

3.3　多宝水库与水西桥氨氮相关性分析

多宝水库韩江支流松源河，库尾与福建省上杭县象洞乡交界，集水面积 68 km²，多年平均径流量为 0.554 亿 m³，为中型水库，总库容 2 260 万 m³，2015 年之前上游象洞乡大力发展生猪养殖业且废水直排直放，导致多宝水库水质严重恶化，常年劣 V 类，随着治理力度的加大，上游大量养殖厂被拆除，多宝水库水质在 2017 年后逐步改善。水西桥位于宁江汇入口上游 1 km 处，主要受上游兴宁市城乡生活废水影响，也受部分养殖、工业等废水影响，2012 年开始监测，水质总体在。综合相关情况，选择 2012—2017 年水质数据（两断面均无流量资料）进行相关性分析。具体计算参数如表 4 所示，显著性水平 $\alpha = 0.01$，同样选择 $|r| > r_\alpha$ 的结果，为与横山断面对比，同时列出对应因子（铜、

硫酸盐、硝酸盐氮）的相关系数，具体见表 5 和表 6。

表 3　横山断面分时段氨氮相关性分析成果

相关因子	2008—2014 年数据相关系数	2015—2019 年数据相关系数
流量	−0.177 4	**−0.416 0**
高锰酸盐指数	−0.058 8	0.258 5
五日生化需氧量	0.305 5	**0.719 8**
总磷	0.236 9	−0.067 2
铜	0.195 9	**0.365 3**
硫酸盐	0.222 8	**0.433 2**
氯化物	**0.407 9**	**0.817 1**
硝酸盐氮	0.255 4	**0.471 6**

表 4　多宝水库水西桥氨氮相关性分析参数

断面	样本数	自由度	主要污染	t_α	r_α
多宝水库	72	70	养殖	2.647 9	0.301 7
水西桥	54	52	生活废水为主、养殖、工业	2.673 7	0.347 7

表 5　多宝水库 2012—2017 年氨氮与各因子相关系数

因子	高锰酸盐指数	五日生化需氧量	总磷	总氮	铜	硫酸盐	氯化物	硝酸盐氮
相关系数	**0.743 0**	**0.623 9**	**0.915 2**	**0.968 9**	**0.426 0**	0.181 8	**0.861 3**	−0.036 1

表 6　水西桥 2012—2017 年氨氮与各因子相关系数

因子	高锰酸盐指数	五日生化需氧量	总磷	铜	硫酸盐	氯化物	硝酸盐氮	锰
相关系数	**0.700 9**	**0.620 3**	**0.457 2**	0.157 8	**0.558 5**	**0.773 6**	0.274 2	**0.505 8**

3.4　综合分析

3 个断面相关性分析比对见表 7，横山断面选氨氮超标较多的 2015—2019 年数据，从表 7 中可知，多宝水库和水西桥氨氮均与总磷和高锰酸盐指数呈高度正相关，主要是由于养殖废水和生活废水中均含有大量磷、氮和有机物，但横山断面氨氮与该两因子相关性较小，甚至与总磷因子相关系数为负，表明横山断面氨氮超标的主要污染源并非养殖废水和生活废水引起。

表 7　各断面氨氮相关性分析比对

相关因子	横山	多宝水库	水西桥
污染源		养殖废水	生活废水为主、养殖、工业
流量	−0.416 0		
高锰酸盐指数		0.743 0	0.700 9
BOD_5	0.719 8	0.623 9	0.620 3
总磷		0.915 2	0.457 2
铜	0.365 3	0.426 0	
硫酸盐	0.433 2		0.558 5
氯化物	0.817 1	0.861 3	0.773 6
硝酸盐氮	0.471 6		

多宝水库和横山氨氮均与铜因子高度相关，多宝水库铜因子同样来源于养殖废水，这是由于饲料中普遍采用高铜、高锌等作为添加剂，导致畜禽粪便中重金属元素含量急剧增加[5]。目前在国内外的养猪生产中，使用高铜做猪的促生长饲料添加剂已相当普遍。由于饲料中铜代谢后90%是从粪便中排出[6]，因此多宝水库氨氮与铜因子呈高度相关。

横山断面氨氮与流量呈高度负相关，表明氨氮来源于点源污染；与高锰酸盐指数和总磷浓度不相关，表明氨氮超标主要不是由养殖废水、生活废水和餐饮废水所引起的；而与铜浓度高度相关，结合污染源调查结果，水中氨氮来源于与铜相关的工业废水排放。结合上游主要工厂的产品和排放所造成的影响，最有可能的是印制电路板（PCB）废水排放所致。PCB氨氮废水主要来源于碱性蚀刻缸后的水洗工序，除氨氮外，还存在有络合铜、COD，其中氨氮主要以 $NH_3 \cdot H_2O$、NH_4^+、$[Cu(NH_3)_4]^{2+}$ 的形式出现[7]。

4　结论

（1）通过对长系列水质水量数据进行相关性分析，能够识别污染主要来源是点源还是面源。横山水文站断面铁、锰、铅因子与流量呈高度显著正相关，表明该等因子主要来源于降雨引起的矿山冲刷等面源污染；而氨氮因子与流量呈高度显著负相关，表明其主要来源于点源污染。

（2）通过对水质监测因子的相关性分析来确定氨氮来源：发现横山断面氨氮与高锰酸盐指数和总磷浓度均不相关，表明氨氮超标主要不是由养殖废水、生活废水和餐饮废水所引起的；与铜浓度则高度相关，结合污染源调查和污染影响分析，表明氨氮超标主要是由印制电路板废水污染所致。

参考文献

［1］庄树林.环境数据分析［M］.北京：科学出版社，2018.

［2］谢建华，刘海静，王爱武.浅析氨氮、总氮、三氮转化及氨氮在水污染评价及控制中的作用［J］.内蒙古水利，2011（5）：34-36.

［3］周怀东，彭文启，等.水污染与水环境修复［M］.北京：化学工业出版社，2005.

［4］国家环境保护总局.水和废水监测分析方法［M］.北京：中国环境科学出版社，2002.

［5］李梦云，崔锦，郭金玲，等.河南省规模化猪场饲料及粪便中氮磷、重金属元素及抗生素含量调查与分析［J］. 科学技术，2017，53（7）：103-106.

［6］田允波，曾书琴.高铜改善猪生产性能和促生长机理的研究进展［J］.黑龙江畜牧兽医，2000（11）：36-37.

［7］陈志强，谢燕蔓，陈启军.PCB 工厂氨氮废水处理技术及应用［J］.印制电路信息，2014（7）：59-60.

卫星遥感在粤港澳大湾区饮用水水源监管中的应用研究

何颖清[1,2]　　冯佑斌[1,2]　　潘洪洲[1,2]　　张嘉珊[1,2]

(1. 水利部珠江河口动力学及伴生过程调控重点实验室，广东广州　510611；
2. 珠江水利委员会珠江水利科学研究院，广东广州　510611)

摘　要：饮用水水源保护对于粤港澳大湾区水安全保障具有重要意义。卫星遥感技术具有大范围、低成本、高效率等优势，应用于饮用水水源监管时可辅助水源地保护、水质监测、现场抽查等工作明确问题导向，提升作业效率和监管水平。本文基于卫星遥感技术，以粤港澳大湾区的35处全国重要饮用水水源地为应用示范区，采用水域水质遥感动态监测与陆域风险源排查相结合的思路，快速识别水源地的水质突变区及潜在的风险源。根据遥感调查结果，大湾区饮用水水源地主要风险源类型为农业生产活动、船舶停靠点及水质较差的入河（库）支流。

关键词：饮用水源；遥感；大湾区；监管

1　前言

粤港澳大湾区是我国开放程度最高、经济活力最强的区域之一，在国家发展大局中具有重要的战略地位。在地理区位上，大湾区地处珠江流域中下游，水资源总量充沛，饮用水水源地主要分布在西江、东江、北江等江河中上游和湾区重要水库，数量众多；但从水资源供需管理的角度，大湾区存在人均水资源占有率偏低、水量时空分布不均、局部水质性缺水问题突出、水源地应急保障能力不足等问题[1]。

饮用水水源地监管一般采用"自下而上"的方式开展，即一线基层单位监测统计、逐级上报汇总[2]。这种方式应用于小尺度的水源地监管时，具有响应快、执行率高的优势；但面对大范围的水源地监管时，因地形地貌差异、空间距离延长、人力成本递增等问题，无法及时、全面、客观地开展水源地监管工作。鉴于卫星遥感监测具有大范围同步观测、信息采集成本低、监测成果客观的技术特点[3]，可"自上而下"地发现问题，指引现场调查方向和手段，提高监管效能，因此有必要开展卫星遥感在水源地监管的应用研究。

不同于常规的水资源、水环境遥感监测，遥感技术在饮用水水源地监管中需同时关注水域的水质信息和保护区范围内的水安全风险源[4]。水域水质监测方面，一般通过目标水质参数的经验模型[5-8]、半分析模型[9]或物理模型[10]获取水质的时空分布信息，进而开展研究区的水质安全评价，例如，丹江口水库总氮、氨氮遥感反演及时空变化研究[11]，基于遥感估算水质参数的南京夹江饮用水源地水质安全评价[12]，苏州太湖饮用水源地蓝藻水华预警研究[13]，辽宁清河水库水源地水质遥感模型研究[14]，黑龙江大庆水库、红旗泡水库水体富营养化遥感监测[15]，广东鹤地水库悬浮物遥感模型及其时空动态评价[16]等。水源地保护区风险源监测方面，一般根据地物在高空间分辨率遥感影像的光谱或纹理特征，开展各级保护区的风险源调查与评估，例如，贵州阿哈水库水源地的风险源遥感监测[17]，福建东牙溪饮用水水源保护区违法违规活动遥感动态监测[18]，基于高分系列卫星影像的黄

作者简介：何颖清（1985—），女，高级工程师，主要从事水环境遥感、水利遥感应用工作。

河包头水源地的渔业网箱提取[19]，基于单景和多时相遥感影像的天津于桥水库饮用水水源地风险源调查与分析[20]，针对全国 25 个湖库型饮用水水源地的非点源风险源遥感监测及评估[21] 等。

可以看出，卫星遥感技术在饮用水水源地监管方面已开展了较多的应用。但上述案例大多以湖库型饮用水水源地为主，涉及的河道型较少；同时，试点的空间范围较小，关注的内容以遥感技术的方法剖析为主，尚未形成支撑流域尺度的饮用水水源地遥感监管技术体系，业务推广能力有限。本文基于卫星遥感技术，以粤港澳大湾区的 35 处全国重要饮用水水源地为应用示范区，采用水域水质遥感动态监测与陆域风险源排查相结合的思路，快速识别水源地的水质突变区及潜在的风险源，可辅助水源地保护、水质监测、现场抽查等工作明确问题导向，提升作业效率和监管水平。

2　研究方法

2.1　技术路线

基于卫星遥感技术开展粤港澳大湾区饮用水水源地监管的技术流程如图 1 所示。主要工作流程包括：①保护区范围上图，即保护区范围矢量化并重投影至目标影像；②水质遥感动态监测，即基于水质遥感反演技术，利用多时相遥感数据获取各水源地保护区范围的水质空间分布情况；③风险源排查，即结合水质突变区和 Google Earth 高空间分辨率遥感影像，采用目视解译的方式，排查水源地保护区内可能影响供水安全的风险源。

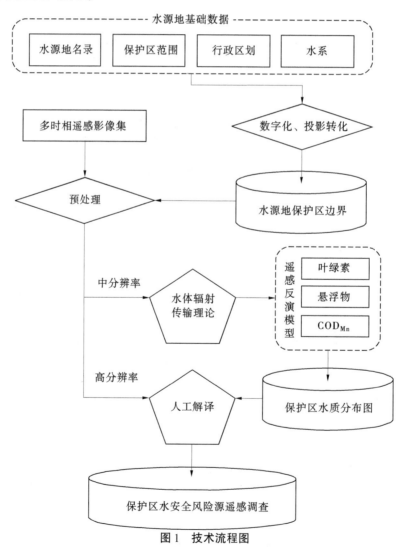

图 1　技术流程图

2.2 数据简介

2.2.1 水源地名录

根据《水利部关于印发全国重要饮用水水源地名录（2016年）》（水资源函〔2016〕383号），列入名录的水源地共108处，位于粤港澳大湾区的共35处。各水源地的空间分布如图2所示，基本信息见表1。

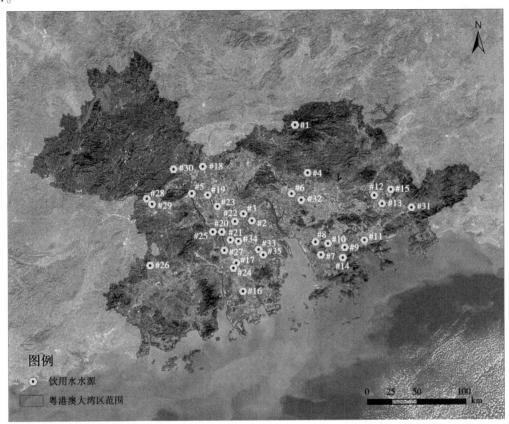

图2　粤港澳大湾区的全国重要饮用水水源地分布示意图

表1　粤港澳大湾区的全国重要饮用水水源地基本信息

序号	名称	所在城市	类型	供水目标城市（地级市）
1	广州市流溪河水源地	广州市	河道	广州市
2	广州市沙湾水道水源地	广州市	河道	广州市
3	广州市陈村水道水源地	广州市	河道	广州市
4	广州市增江水源地	广州市	河道	广州市
5	广州-佛山市西江水源地	佛山市	河道	广州市、佛山市
6	广州-东莞-惠州东江北干流水源地	广州市、东莞市	河道	广州市、惠州市、东莞市
7	西丽水库水源地	深圳市	水库	深圳市
8	铁岗-石岩水库水源地	深圳市	水库	深圳市
9	深圳市东深供水渠水源地	深圳市	河道	深圳市
10	茜坑水库水源地	深圳市	水库	深圳市
11	松子坑水库水源地	深圳市	水库	深圳市
12	惠州—深圳东江干流水源地	惠州市	河道	深圳市、惠州市
13	惠州—深圳西枝江马安水源地	惠州市	河道	深圳市、惠州市

续表1

序号	名称	所在城市	类型	供水目标城市（地级市）
14	深圳水库水源地	深圳市	水库	深圳市、香港特别行政区
15	东莞-深圳-惠州东江水源地	惠州市	河道	深圳市、惠州市、东莞市、香港特别行政区
16	珠海市黄杨河水源地	珠海市	河道	珠海市
17	珠海-中山磨刀门水道水源地	珠海市、中山市	河道	珠海市、中山市、澳门特别行政区
18	佛山市北江干流水源地	广州市	河道	佛山市
19	佛山市北江干流水源地	佛山市	河道	佛山市
20	佛山市东平水道水源地	佛山市	河道	佛山市
21	佛山市容桂水道水源地	佛山市	河道	佛山市
22	佛山市东海水道水源地	佛山市	河道	佛山市
23	佛山市顺德水道水源地	佛山市	河道	佛山市
24	佛山市潭州水道水源地	佛山市	河道	江门市
25	江门市石板沙水道水源地	江门市	河道	江门市
26	江门市西江干流水道水源地	江门市	河道	江门市
27	大沙河水库水源地	江门市	水库	江门市、中山市
28	江门-中山西海水道水源地	江门市、中山市	河道	肇庆市
29	肇庆市西江端州区 1 号水源地	肇庆市	河道	肇庆市
30	肇庆市西江端州区 3 号水源地	肇庆市	河道	肇庆市
31	肇庆市绥江四会水源地	肇庆市	河道	惠州市
32	惠州西枝江惠东水源地	惠州市	河道	东莞市
33	东莞东江南支流水源地	东莞市	河道	中山市
34	中山市鸡鸦水道水源地	中山市	河道	中山市
35	中山市东海水道水源地	中山市	河道	中山市

2.2.2 水源地保护区范围

根据水源地所在地市，在政府门户网站搜集饮用水水源保护区区划规范优化方案、保护区调整方案、供水规划等文档资料。对于仅包含保护区范围文字描述的水源地，结合各级行政区划、水系和GIS 平台的测量工具，确定饮用水水源地一级、二级保护区范围，形成矢量数据；对于包含保护区范围栅格图片的水源地，结合已完成正射校正的卫星遥感影像和 GIS 平台的地理配准工具，勾绘饮用水水源地一级、二级保护区范围，形成矢量数据。所有矢量数据均采用当地投影带的 CGCS2000 投影坐标。

2.2.3 遥感影像

根据应用方向的不同，本文采用了中分辨率和高分辨率两套遥感影像。其中，中分辨率遥感影像为欧空局哨兵二号 MSI 影像，空间分辨率 10 m，用于饮用水水源保护区内的水质反演，主要处理步骤包括大气校正[22]、水域提取[23] 和基于水体辐射传输模型的叶绿素、悬浮物、COD 反演[24]；高分辨率遥感影像采用 Google Earth，空间分辨率约 0.5 m，用于开展保护区水域、陆域范围内的水安全风险源排查。

2.2.4 其他基础资料

主要包括行政区划、水系、水源地保护的政策文件等。其中，进行风险源排查的政策文件主要参考《饮用水水源保护区污染防治管理规定》（下文简称《规定》）（环管字第 201 号）第十二条中禁止出现的人类活动。

3　结果与分析

3.1　水质遥感动态监测

受南方洪季多云、多雨天气影响，可完整覆盖粤港澳大湾区的光学卫星遥感影像较少。剔除因水面波纹较大影响水质反演结果的影像后，这里基于 2020 年 1 月 30 日、10 月 26 日两期的欧空局哨兵二号遥感影像开展水质反演工作，得到叶绿素、悬浮颗粒物、COD 的相对空间分布情况，如图 3~图 5 所示。

(a)2020年1月30日

(b)2020年10月26日

图 3　粤港澳大湾区水源地 Chla 浓度遥感反演多期分布对比图

(a)2020年1月30日

(b)2020年10月26日

图 4　粤港澳大湾区水源地 COD 遥感反演多期分布对比图

整体来看，相较于 1 月 30 日的水质遥感反演结果，10 月 26 日的各水质参数浓度整体略有降低，局部有机污染较为严重的区域，例如广州市区航道、深圳交椅湾、西枝江惠城区段，出现了一定程度的改善。但仍有部分区域水质出现一定程度的下降。结合原始影像的真彩色图像，部分饮用水水源保护区水质下降的原因主要分为以下 3 类：

（1）保护区所在河段或上游河段水位下降，流量减少，降低了地表水体的自净能力。例如增江荔城段饮用水水源保护区，如图 6 所示，该河段 10 月 26 日的 COD 反演结果较 1 月 30 日明显提高。结合上游河段真彩色影像（见图 7），第二个时段的江心洲及沿岸出露大片滩地，水位明显下降，河道自净能力被削弱，在排污总量不变的情况下，地表水质存在变差的风险。

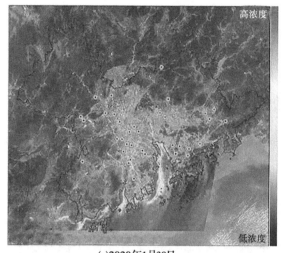

(a)2020年1月30日　　　　　　　　　(b)2020年10月26日

图 5　粤港澳大湾区水源地悬浮物浓度遥感反演多期分布对比图

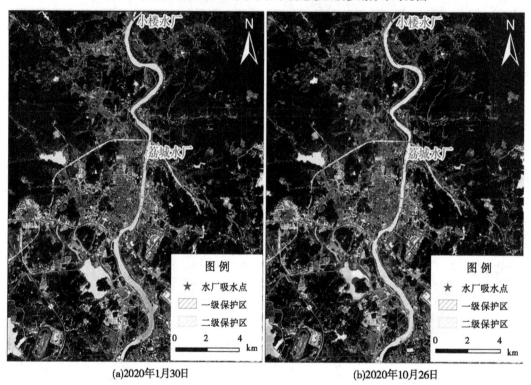

(a)2020年1月30日　　　　　　　　　(b)2020年10月26日

图 6　增江荔城段饮用水水源保护区 COD 反演结果对比图

（2）保护区水域内人类活动频繁，导致入河（库）的排污总量增加。例如，佛山市东平水道水源地南海第二水厂饮用水保护区，如图 8 所示，该河段 10 月 26 日的 COD 反演结果较 1 月 30 日明显提高。结合该河段真彩色影像（见图 9），第二个时段的河道东岸水体出现明显黑色条带且水表存在大量船只活动。其中，水表黑色条带疑为沿岸直接排污或船只航行泄漏的机油、燃油所致；同时，大量的船只活动会加强局部水体和底泥扰动，增加了有机悬浮颗粒物浓度或附着在悬浮颗粒物上的有机质，导致水体 COD 浓度升高。

（3）农业活动（水产养殖或农耕种植）用水排入保护区范围，导致水体出现一定程度的污染。例如，大沙河水库水源地，如图 10、图 11 所示，水库水质整体保持稳定，但西侧湾口局部水质变差。结合真彩色影像，10 月影像显示此时水位下降，且出现侵占水面的农业养殖活动，增加了入库

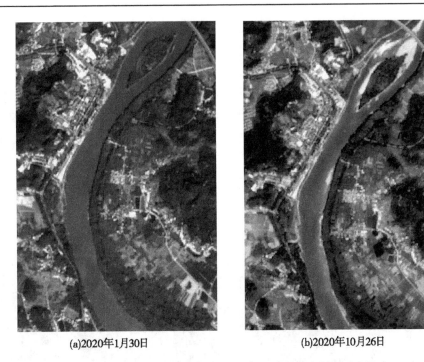

(a)2020年1月30日   (b)2020年10月26日

图7 增江荔城段饮用水水源保护区上游遥感影像对比图

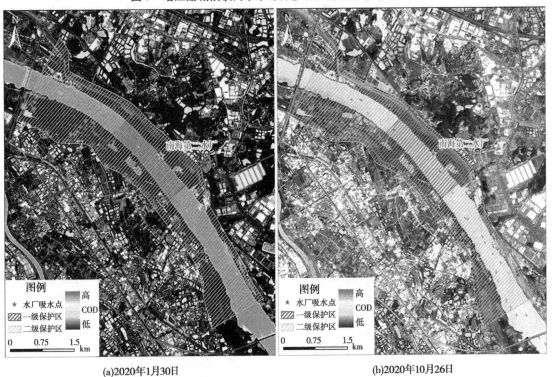

(a)2020年1月30日   (b)2020年10月26日

图8 佛山市东平水道水源地南海第二水厂饮用水保护区COD反演结果对比图

水体面源污染的风险。

3.2　风险源排查

　　根据《规定》明确的水源地一级、二级保护区内禁止出现的人类活动类型，将风险源分为建设项目、入河（库）支流、船舶停靠点、垃圾堆放、农业活动、文旅活动共6种类型。其中，①建设项目指新建、扩建与供水设施和保护水源无关的建设项目，包括采砂场；②入河（库）支流指参考水质反演结果，可能对保护区产生水质污染的入河（库）支流或水渠；③船舶停靠点指与供水需要

(a)2020年1月30日　　　　　　　　　　　　(b)2020年10月26日

图 9　佛山市东平水道水源地南海第二水厂饮用水保护区河道遥感影像对比图

(a)2020年1月30日　　　　　　　　　　　　(b)2020年10月26日

图 10　大沙河水库水源地饮用水保护区 COD 反演结果对比图

(a)2020年1月30日　　　　　　　　　　　　(b)2020年10月26日

图 11　大沙河水库水源地饮用水保护区局部遥感影像对比图

无关的临时停靠点，包括趸船、与供水无关的码头、船舶聚集区；④垃圾堆放指堆置和存放工业废渣、城市垃圾、粪便和其他废弃物；⑤农业生产活动指种植、放养畜禽的围占养殖或网箱养殖活动；⑥文旅活动指可能污染水源的旅游活动或其他活动。

　　结合保护区内的水质突变区和 Google Earth 高空间分辨率遥感影像，采用目视解译的方式，排查水源地保护区内影响供水安全的风险源。结果共计 197 处，如图 12 所示，主要风险源类型包括农业生产活动、船舶停靠点及水质较差的入河（库）支流。其中，一级保护区内的风险源以农业生产活动为主，主要包括农田（园地）、围占养殖；二级保护区内的风险源以建设项目为主，主要包括采砂场。饮用水保护区的典型风险源示例如表 2 所示。

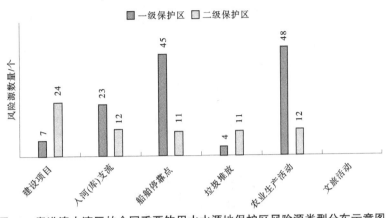

图 12 粤港澳大湾区的全国重要饮用水水源地保护区风险源类型分布示意图

表 2 饮用水保护区的典型风险源示例

序号	风险源类型	所在保护区	影像示意图	
			哨兵二号水质反演结果	Google Earth 真彩色图片
1	建设项目——采砂场	中山市小榄水道水源地东升水厂饮用水水源二级保护区	TSM，成像日期：2020-10-26	成像日期：2019-11-18
2	入河（库）支流	广州-东莞-惠州东江北干流水源地东江北干流饮用水源二级保护区	COD，成像日期：2020-01-30	成像日期：2019-06-15
3	船舶停靠点——趸船	佛山市容桂水道水源地右滩水厂二级水源保护区	COD，成像日期：2020-01-30	成像日期：2018-12-22

续表 2

序号	风险源类型	所在保护区	影像示意图	
			哨兵二号水质反演结果	Google Earth 真彩色图片
4	船舶停靠点—与供水无关码头	江门-中山西海水道水源地西江篁边一级水源保护区	COD，成像日期：2020-01-30 	成像日期：2018-12-22
5	船舶停靠点—船舶聚集区	广州市增江水源地正果段饮用水水源一级保护区	COD，成像日期：2020-01-30 	成像日期：2019-09-28
6	垃圾堆放	东莞-深圳-惠州东江水源地深圳东部供水工程东江饮用水源二级保护区	COD，成像日期：2020-01-30 康福地泵站 	成像日期：2020-12-27
7	农业生产活动—种植	惠州-深圳东江干流水源地水口-汝湖镇东江饮用水源一级保护区	COD，成像日期：2020-01-30 	成像日期：2020-12-27
8	农业生产活动—网箱养殖	肇庆市西江端州区 1 号水源地西江三榕水厂饮用水源一级保护区	Chla，成像日期：2020-01-30 	成像日期：2018-12-16

续表2

序号	风险源类型	所在保护区	影像示意图	
			哨兵二号水质反演结果	Google Earth 真彩色图片
9	农业生产活动—围占养殖	西丽水库水源地饮用水一级保护区	COD，成像日期：2020-01-30 	成像日期：2020-11-24

4 结论

本文以粤港澳大湾区的35个全国重要饮用水水源地为研究对象，采用水域水质遥感动态监测与陆域风险源排查相结合的思路，快速识别水源地保护区范围内的水质突变区和水安全风险源。根据遥感调查结果，水源地的一级、二级保护区内均存在风险源，共197处，主要类型为农业生产活动、船舶停靠点及水质较差的入河（库）支流。

本文以大范围摸查、发现问题为导向，虽然取得了一定成果，但在实际应用中仍存在较多可改进的方面：①需拓展卫星遥感可反演的水质参数种类（总磷、总氮、溶解氧等），推动水质遥感在地表水环境监管中的应用；②需构建卫星影像成像时间与现场同步的水质监测样本数据集，提升区域水质遥感模型的精度；③可进一步搜集土地利用、植被覆盖度、径流等信息，开展更加定量化的水安全评价研究，形成粤港澳大湾区的饮用水水源地综合评价体系。

2018年7月，中共中央、国务院印发了《粤港澳大湾区发展规划纲要》，明确提出"强化水资源安全保障"的要求。相较于传统的地面采样监测，卫星遥感技术在监测范围、单次作业周期、动态监测频率等方面具有不可比拟的优势。加强卫星遥感的水源地监管应用研究，可为粤港澳大湾区水源地的风险预警提供数据支撑，提升日常防控管理工作效率。

致谢

感谢珠江水利委员会水资源节约与保护处对遥感技术在粤港澳大湾区水源地监管应用工作中的推动与支持；感谢珠江水利委员会水资源节约与保护处、珠江水利委员会水文局在水源地保护区相关资料搜集过程中的帮助。

参考文献

[1] 龙颖贤，刘蕴芳，杨昆，等. 粤港澳大湾区饮用水水源安全保障对策研究 [J]. 环境保护，2019，47（23）：24-28.

[2] 朱旭东. 饮用水水源地及周边风险排查研究 [J]. 黑龙江环境通报，2017，41（4）：85-87.

[3] 张智涛，曹茜，谢涛. 饮用水水源地水质监测预警系统设计探讨 [J]. 环境保护科学，2013，39（1）：61-64.

[4] 孟令奎，杨淼，杨之江. 全国饮用水水源地遥感监测技术与系统 [J]. 水利信息化，2017（5）：12-17.

[5] 马荣华，戴锦芳. 应用实测光谱估测太湖梅梁湾附近水体叶绿素浓度 [J]. 遥感学报，2005（1）：78-86.

［6］陈晓玲，吴忠宜，田礼乔，等．水体悬浮泥沙动态监测的遥感反演模型对比分析——以鄱阳湖为例［J］．科技导报，2007（6）：19-22.

［7］吕恒，黄家柱，江南．太湖水质参数 MODIS 的遥感定量提取方法［J］．地球信息科学学报，2009，11（1）：104-110.

［8］Feng L, Hu C, Han X, et al. Long-Term Distribution Patterns of Chlorophyll-a Concentration in China's Largest Freshwater Lake: MERIS Full-Resolution Observations with a Practical Approach［J］. Remote Sensing, 2015.

［9］Lee Z, Carder K L, Arnone R A. Deriving inherent optical properties from water color: a multiband quasi-analytical algorithm for optically deep waters［J］. Appl Opt, 2002, 41（27）: 5755-5772.

［10］李云梅，黄家柱，韦玉春，等．用分析模型方法反演水体叶绿素的浓度［J］．遥感学报，2006（2）：169-175.

［11］刘轩，赵同谦，蔡太义，等．丹江口水库总氮、氨氮遥感反演及时空变化研究［J/OL］．农业资源与环境学报，2021：1-13.

［12］王永波．基于 GF-1 数据的南京夹江饮用水源地安全评价研究［D］．南京：南京师范大学，2015.

［13］薛天一．苏州太湖饮用水源地蓝藻水华预警研究［D］．苏州：苏州科技大学，2019.

［14］殷飞．基于光谱特征的清河水库水质遥感反演模型研究［D］．沈阳：沈阳农业大学，2019.

［15］苏豪．基于高光谱数据的水体富营养化遥感监测技术研究［D］．哈尔滨：黑龙江大学，2020.

［16］赵晶．水库悬浮物遥感模型及其时空动态 Markov 评价［D］．昆明：昆明理工大学，2020.

［17］姚延娟，吴传庆，吴迪，等．饮用水源地生态环境现场监察技术研究［J］．生态与农村环境学报，2013，29（05）：657-661.

［18］余任重，罗建平．三明市饮用水源保护区综合信息监管体系探索与构建［J］．海峡科学，2020（6）：47-49.

［19］任润东．基于高分系列影像的水源地保护区水域及渔业网箱提取［D］．武汉：武汉大学，2017.

［20］苏轶君，李利伟，刘吉平，等．GF-5 卫星监测饮用水源地风险源潜力研究［J］．人民黄河，2017，39（4）：71-77.

［21］姚延娟，王雪蕾，吴传庆，等．饮用水源地非点源风险遥感提取及定量评估［J］．环境科学研究，2013，26（12）：1349-1355.

［22］何颖清，冯佑斌，扶卿华，等．一种城市河网区水体大气校正方法：CN109325973A［P］．2019.

［23］何颖清，冯佑斌，刘超群，等．一种城市河网区水体提取方法：CN109300133A［P］．2019.

［24］邓孺孺，秦雁，梁业恒，等．同时反演内陆水体混浊度，COD 和叶绿素浓度的方法：CN105092476A［P］．2015.

铁路站点建设对洪涝灾害的影响及防控措施研究——以广州市新塘动车所为例

王艺浩[1, 2, 3]　刘树锋[1, 2, 3]　陈记臣[1, 2, 3]

(1. 广东省水利水电科学研究院，广东广州　510635；
2. 河口水利技术国家地方联合工程实验室，广东广州　510635；
3. 广东省水动力学应用研究重点实验室，广东广州　510635)

摘　要：珠江三角洲的铁路站点等建筑物经常面临复杂严峻的洪涝灾害威胁。本文以广州市新塘动车所为例，利用高精度的数字高程模型，绘制蓄涝容积曲线并通过"平湖法"进行防洪涝水位分析；并通过构建 MIKE11 一维网河模型，研究出可行的区域排涝方案。结果表明：①新塘动车所区域的防洪涝设防水位为 5.31 m（1985 年国家高程基准，下同），低于新塘动车所建成后的路基高程 6.90 m，因此新塘动车所的建设标高能满足防洪排涝要求；②通过在新塘动车所区域北侧设置排水明渠并改造官道村道穿广深铁路的交通涵，可有效解决区域的排涝问题。研究成果对新塘动车所以及其他沿海区域的防洪排涝具有一定的参考价值和指导意义。

关键词：铁路站点；防洪排涝；珠江三角洲；新塘动车所

1　前言

珠江三角洲位于亚热带湿润季风气候区，降水充沛，多年平均降水量达 1 841 mm，同时受季风气候、锋面系统、台风和热带云团等影响[1]，容易产生不同类型暴雨，且易受风暴潮和外江洪水侵袭，洪涝问题突出。同时，珠江三角洲地区经济发达，人口高度集聚，铁路的建设对区域的发展将有着极其重要的推动作用。因此，为确保铁路站点的安全运行，协调好铁路建设与区域防洪排涝的关系显得尤为重要。本文采用"平湖法"计算区域防洪涝水位，并构建 MIKE11 一维网河模型，研究区域涝水的排出方案，以期为铁路站点等城市建设的防洪排涝提供参考借鉴。

广州至汕尾铁路（简称广汕铁路）位于广东省中东部，线路自广州市向东经惠州市至汕尾市。广汕铁路新塘动车所位于既有线广深铁路北侧，总用地面积 2.43 万 hm²，所处位置为低洼地，降雨时周边雨水大量汇集于此，新塘动车所建成后，路基高程在 6.90 m 左右，比现有的地面高 4.50 m，将对周边道路、农田、村镇房屋等的防洪排涝产生很大的影响。区域地势北高南低，其西侧为雅瑶河，涝水经过既有广深铁路后经田心南涌和仙村运河后最终流向东江北干流（见图 1）。研究区域的排涝标准为 20 年一遇 24 h 暴雨 1 d 排干不成灾；雅瑶河和田心南涌等河涌的防洪标准为 20 年一遇，下游仙村运河的防洪标准为 50 年一遇；根据广汕铁路设计文件，新塘动车所的设计防洪标准为 100 年一遇。

项目基金：广东省水利科技创新项目（2020-19）。

作者简介：王艺浩（1994—），男，助理工程师，主要从事防洪排涝研究工作。

图 1 新塘动车所地理位置图

2 研究方法

2.1 "平湖法"

"平湖法"以水量平衡为原则，具有严格水量平衡的优点，能充分考虑涝区的蓄滞作用，对于平原地区的防洪涝水位计算较为实用。

"平湖法"将河网与低洼区域概化为等容积的湖泊进行蓄排演算，其水量平衡公式[2] 为

$$V_2 = V_1 + \frac{q_1 + q_2}{2}T - \frac{Q_1 + Q_2}{2}T \tag{1}$$

式中：V_1、V_2 分别为时段初、时段末滞蓄水量，m^3；q_1、q_2 分别为时段初、时段末涝水流量，m^3/s；Q_1、Q_2 分别为时段初、时段末排水流量，m^3/s。

2.2 一维河网非恒定流水动力模型

一维河网非恒定流水力计算是一种先进的基于对一维河网水流物理运动的数学方法描述，并利用数值计算方法求解微积分方程组，进而通过方程组数值解动态反映河网水流运动状态的方法，计算结果包括各断面实时水位、流量等，是解决平原网河地区水利分析计算的有效方法。本文在丹麦水力学研究所研制的 MIKE11 软件平台上进行建模。

描述水流在明渠中运动的一维非恒定流基本方程是 Saint Venant 方程组，包括质量方程与动量方程[3]：

质量方程
$$\frac{\partial Q}{\partial x} + \frac{\partial A}{\partial t} = q \tag{2}$$

动量方程
$$\frac{\partial Q}{\partial t} + \frac{\partial (Q^2/A)}{\partial x} + gA\frac{\partial Z}{\partial x} + \frac{gn^2|U|Q}{R^{4/3}} = 0 \tag{3}$$

式中：t、x 分别为时、空变量；Z、Q、U 分别为各断面的水位、流量和流速；A、R 分别为各断面的过水断面面积、水力半径；q 为单位河长的均匀旁侧入流（包括降雨产汇流）；n 为河道糙率系

数；g 为重力加速度。

由于 Saint Venant 方程组是一个二元一阶拟线性双曲型偏微分方程组，求得精确解非常困难，计算采用 Abbott 六点隐式差分格式求解方程组。

3 结果与分析

3.1 水文分析

当无实测降雨资料时，设计暴雨可由地区水文图集查算[4]。本文采用《广东省暴雨参数等值线图》中的各历时暴雨参数，计算不同频率的设计点暴雨值，成果见表 1 和表 2。

表 1 设计暴雨参数

历时	均值/mm	C_v	C_s/C_v
10 min	24	0.35	3.5
1 h	60	0.45	3.5
6 h	100	0.55	3.5
24 h	140	0.50	3.5
3 d	190	0.50	3.5

表 2 各频率设计面雨量

历时	不同频率的设计暴雨/mm					
	$P=1\%$	$P=2\%$	$P=5\%$	$P=10\%$	$P=20\%$	$P=50\%$
10 min	50.59	46.15	40.08	35.26	30.12	22.32
1 h	151.08	134.82	112.92	95.94	78.36	53.22
6 h	296.10	258.90	209.50	172.00	134.20	83.60
24 h	383.04	338.24	278.32	232.40	185.64	120.82
3 d	519.84	459.04	377.72	315.40	251.94	163.97

何艳虎等[5] 对东江的径流系数研究表明，东江下游的径流系数为 0.587。由于本区域的集雨面积较小，从偏安全的角度考虑并结合区域的规划土地利用情况，新塘动车所建成前取综合径流系数 0.60；新塘动车所建成后，新塘动车所占据的地块的径流系数取 0.90，而非动车所区域地块的综合径流系数仍取 0.60。

3.2 设防水位计算结果

由于新塘动车所南侧的既有广深铁路的阻隔，根据 30 m×30 m 的数字高程模型（Digital Elevation Model，DEM）并结合区域地形以及河道、河涌走向，对广深铁路以北的研究区域进行排涝分区划分，见表 3 和图 2。

表 3 新塘动车所建成前后各涝区基本情况

序号	排涝分区名称	动车所占据面积/m²	非动车所占据面积/m²	排涝分区总面积/m²
1	田心南涌片区	49 607	293 468	343 075
2	水门头涌片区	309 963	1 307 407	1 617 370
3	仙村运河支涌片区	449 858	240 238	690 096
4	崩坑水片区	45 366	1 177 274	1 222 640
合计	新塘动车所集雨区域	854 794	3 018 387	3 873 181

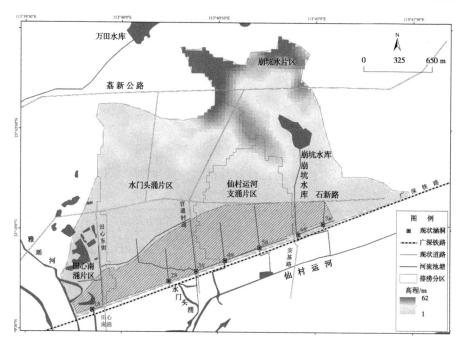

图 2　排涝分区划分

本研究基于 ArcGIS 平台,建立数字地形模型并计算蓄涝容积曲线。各排涝区的蓄涝容积曲线见图 3。

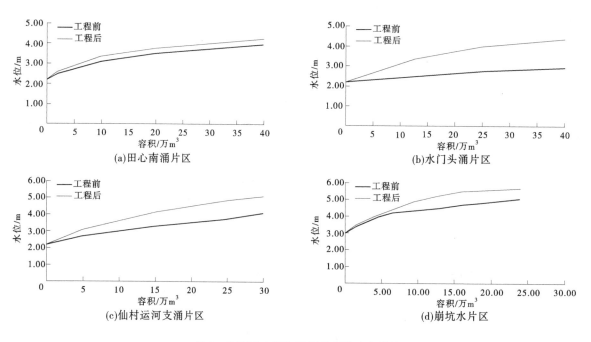

图 3　新塘动车所各涝区的蓄涝容积曲线

各排涝片区的暴雨特征经查《广东省暴雨参数等值线图》和《广东省暴雨径流查算图表使用手册》获得,新塘动车所建成前后各排涝片区 100 年一遇最大 24 h 情形下的涝水量见表 4。

根据表 4,并依据图 3 的蓄涝容积曲线,得到建成前后各排涝片区 100 年一遇最大 24 h 情形下的防洪涝设防水位,见表 5。

表4 建成前后各排滞片区100年一遇最大24 h涝水量　　　　　单位：万 m³

序号	涝区名称	前	后	增大值
1	田心南涌片区	2.68	8.45	5.77
2	水门头涌片区	36.32	40.73	4.41
3	仙村运河支涌片区	17.29	21.03	3.74
4	崩坑水片区	15.26	28.62	13.36

表5 建成前后各排滞片区100年一遇最大24 h防洪涝设防水位　　　　　单位：m

序号	涝区名称	前	后	增大值
1	田心南涌片区	2.42	2.52	0.10
2	水门头涌片区	4.36	5.61	1.25
3	仙村运河支涌片区	8.33	9.03	0.70
4	崩坑水片区	4.63	5.38	0.75

以上田心南涌片区、水门头涌片区、仙村运河支涌片区和崩坑水片区这4个排涝分区均位于区域的十字海排涝区内，因此新塘动车所防洪涝亦可将该4个排涝片区作为一个整体考虑。新塘动车所建成后，这4个片区在100年一遇24 h最大降雨时对应的防洪涝设防水位分别为2.52 m、5.61 m、9.03 m和5.38 m，根据该4个排涝片区计算得到的防洪涝设防水位为5.31 m，低于新塘动车所建成后的路基高程6.90 m。因此，新塘动车所的建设标高能满足防洪排涝要求。

3.3 防洪排涝研究

3.3.1 排涝方案

因崩坑水片区的涝水主要是向东外流，且该片区地势较高，不存在洪涝风险问题，因此本文重点研究田心南涌片区、水门头涌片区和仙村运河支涌片区这3个片区的防洪排涝。为将这3个片区的涝水有效排出，本文根据"导、疏、蓄、排"的防洪排涝规划布局，最终拟订的推荐排涝方案为：①将既有广深铁路的涵洞（1#~5#）均对孔在新塘动车所下设立排水箱涵；②在新塘动车所北侧修排水明渠，进行分洪；③改造官道村道穿广深线的交通涵（3′#），增加新塘动车所底下的箱涵过水能力，详见图4。

3.3.2 排涝效果

本文的河道数学模型范围包括研究区内各主河道，其中：①1#田心南涌：总长约1 500 m，共布设21个断面；②2#~5#河涌：总长约4 960 m，共布设17个断面。模型模拟网格图见图5。

河涌断面测绘数据根据实际测量而得。河道糙率参考已有成果，并结合河道实际情况取值，取0.030[6]。

因为区域的排涝标准为20年一遇降雨24 h排干，所以模型的上边界取各排水片区20年一遇的洪水过程；对于下边界，因为新塘动车所影响区域下游的仙村大围的防洪标准为50年一遇，所以下边界取仙村大围50年一遇洪水位，田心南涌和仙村运河干流的下边界分别为1.16 m和3.80 m。

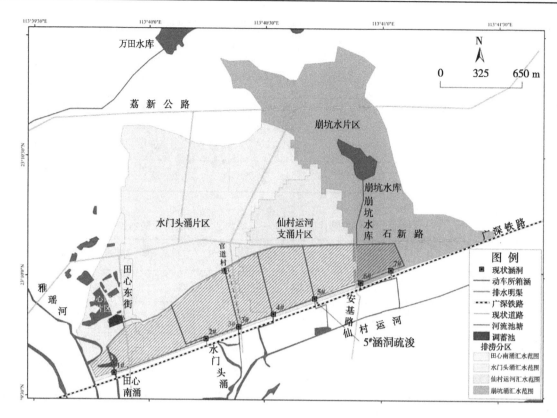

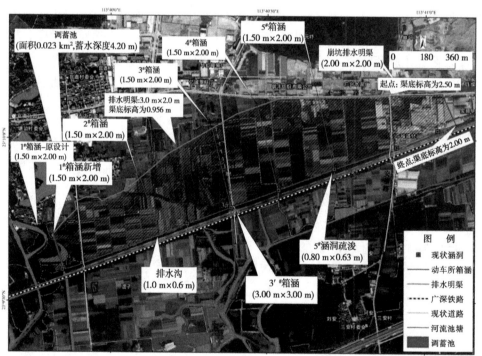

图 4 排涝方案

河道数学模型起始条件对模型稳定性影响主要在模拟开始的 2 h 内，2 h 后模型较为稳定，本次模型起始条件设置为 0.1 m 水深[3]。

最终得到的水面线计算结果见图 6。可知，此方案下各河涌的水面线较为平顺，能有效地将区域涝水排出，各涵洞基本无水量拥堵现象，因此新塘动车所区域北侧设置排水明渠并改造官道村道穿广深铁路的交通涵可有效地解决新塘动车所区域的排涝问题。

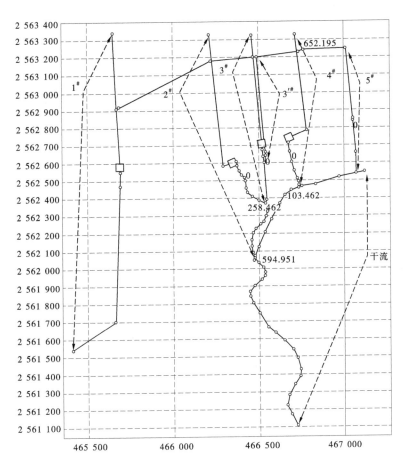

图5 模型模拟网格

4 结论

（1）本文采用"平湖法"，根据 DEM 并结合区域地形以及河道、河涌走向，将广深铁路以北的研究区域划分为4个排涝片区。新塘动车所建成后，这4个片区在100年一遇24 h 最大降雨时对应的防洪涝设防水位分别为2.52 m、5.61 m、9.03 m 和5.38 m，根据该4个排涝片区计算得到的防洪涝设防水位为5.31 m，低于新塘动车所建成后的路基高程6.90 m，因此新塘动车所的建设标高能满足防洪排涝要求。

（2）本文根据"导、疏、蓄、排"的防洪排涝规划布局，推荐的排涝方案为在新塘动车所北侧设置排水明渠并改造官道村道穿广深铁路的交通涵。根据一维河网非恒定流水动力模型的计算结果，此方案下各河涌的水面线较为平顺，能有效地将区域涝水排出，各涵洞基本无水量拥堵现象，可有效地解决区域的防洪排涝问题。

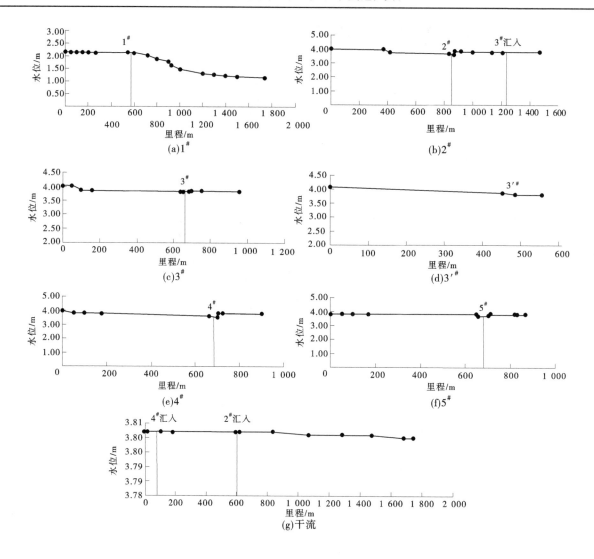

图 6　各河涌的水面线图

参考文献

[1] 邹贤菊, 宋晓猛, 刘翠善, 等. 珠江三角洲地区汛期降水时空演变特征 [J]. 水利水电技术 (中英文), 2021, 52 (6): 21-32.

[2] 郭晓萌, 罗强, 邵东国, 等. 改进平湖法的时间步长对排涝模数的影响探讨 [J]. 灌溉排水学报, 2008, 27 (6): 45-47.

[3] 诸葛绪霞, 吕军, 任锦亮. 基于 MIKE11 模型与 GIS 的平原感潮城市洪涝灾害研究 [J]. 水利技术监督, 2018 (5): 62-67.

[4] 朱乾, 陈静, 刁洪全. 基于 ArcMap 的光伏发电站设计内涝水位计算 [J]. 电力勘测设计, 2019 (S1): 105-108.

[5] 何艳虎, 陈晓宏, 林凯荣, 等. 东江流域近 50 年径流系数时空变化特征 [J]. 地理研究, 2014, 33 (6): 1049-1058.

[6] 玛哈沙提·哈孜哈力, 努尔夏西·曼斯尔. 天然河道的糙率确定方法分析 [J]. 能源与节能, 2017 (4): 94-95.

环北部湾水资源配置工程总体方案研究

杨　健　韩　羽　王保华

（中水珠江规划勘测设计有限公司，广东广州　510610）

摘　要：环北部湾地区的沿海诸河多为中小河流，源短流急，自然调蓄能力弱，丰枯变化大，资源性缺水、工程性缺水、水质性缺水并存，特别是苦旱的湛江市雷州半岛以及分水岭地带的玉林市均为珠江区的重度缺水地区，已成为制约当地经济社会发展的重要因素。分析了环北部湾水资源现状及其开发利用中存在的主要问题，论述了实施环北部湾水资源配置工程的必要性，总体布局为"东调、中联、西蓄"。总体方案论证以技术经济比较为基础，从工程可实施性、利于管理运行等角度，采用分省（自治区）的调水工程，即由环北部湾广西水资源配置工程和环北部湾广东水资源配置工程两大部分组成，工程实施后可有效缓解环北部湾水资源危机。

关键词：环北部湾；水资源配置；调水工程；总体方案

环北部湾指广西中南部、广东西南部地区，地处黔江、浔江、西江、郁江以及桂南和粤西沿海诸河，地势总体北部多为丘陵，南部沿海为台地和平原。对广西的南宁、北海、钦州、防城港、玉林、崇左及广东的湛江、茂名、阳江9市，以及调水沿线经过的云浮市进行了研究。环北部湾地区是否缺水、缺水性质、缺水量、引水必要性、引水来源，是环北部湾水资源配置工程总体方案研究的主要内容。本工程已纳入了国务院批复的《全国水资源综合规划》《珠江流域综合规划（2012—2030年）》等规划中。

1　工程建设的必要性

（1）环北部湾地区是全国"两横三纵"城市化战略格局中沿海通道纵轴的南端，是中国-东盟自由贸易区的前沿地带和桥头堡，面向东盟、服务"三南"（西南、中南、华南）、宜居宜业的蓝色海湾城市群。环北部湾地区多处于沿海或流域分水岭地带，受独特地形和气候条件的影响，水资源时空分布不均，降雨多集中在汛期，丰枯变化大，以独流入海河流为主，源短流急，蓄集水资源条件较差，加重了水资源的供需矛盾。

从表1中可以看出，环北部湾区域人口较多，经济发展活跃，但区域内，尤其是湛江、玉林、北海、茂名的水资源条件与人口、耕地分布不匹配，水资源承载能力不高，长期存在缺水问题，特别是苦旱的湛江市雷州半岛以及分水岭地带的玉林市均为珠江区的重度缺水地区。湛江全市人均水资源量为1 325 m³（远低于国际标准人均水资源紧张指标1 700 m³），尤其人口集中的主城区均为独流入海河流，人均水资源量仅为635 m³，接近极度缺水线，是全国有名的苦旱地区。玉林市辖区位于南流江源头地区，水资源量较少，城区人口密度大，人均水资源量仅为949 m³。地区耕地面积占广西、广东两省（区）总面积的39.0%，水资源量仅为25.4%，特别是湛江市耕地面积占广东省的17.9%，亩均水资源量1 376 m³，远低于广东省平均水平（4 692 m³/亩）。环北部湾主要经济区存在资源性缺水。

作者简介：杨健（1984—），男，高级工程师，主要从事水利水电工程水工设计工作。

表 1　环北部湾水资源配置工程受水区基本情况

省 （自治区）	耕地面积/ 万亩	人口/ 万人	地区生产总值/ 亿元	水资源量/ 亿 m³	人均水资源量/ （m³/人）	耕地亩均水资源量/ （m³/亩）
研究范围	4 104 （39.0%）	3 910 （24.7%）	16 120 （16.5%）	947 （25.4%）	2 421	2 484
广东	1 360 （24.9%）	1 840 （16.7%）	7 270 （9.2%）	380 （20.8%）	2 064	3 091
广西	2 743 （41.5%）	2 070 （42.8%）	8 850 （48.5%）	567 （29.9%）	2 737	2 183

注：括号内百分比为占各省（自治区）的比例。

（2）本区水资源开发利用程度高，水资源承载能力有限。现状九洲江、鉴江、南流江水资源开发利用率分别为 49%、28%、24%，超过珠江片平均水资源开发利用率为 17.7%，尤其湛江、茂名、北海、玉林分别为 29%、24%、34%、22%。

由于缺乏修建大型水库所必需的库容条件和来水条件，除高州、鹤地、合浦、洪潮江等大型水库外，其余均为中小型水库。在节水优先、本地工程充分挖潜后，中西部的南宁、钦州、防城港、崇左 4 市缺水问题以那铜、扩容派连等本地新建工程、加强已建工程优化调度，满足供水需求；东部的北海、玉林、湛江、茂名等 7 市地处桂南、粤西沿海，多为呈放射状独流入海的河流，源短流急，河川径流绝大部分直流入海，为不可支配利用水资源，规划水源工程均为中小水库工程，远不能满足长远发展的需要，迫切需要从区外水资源丰富的河流引水，建设骨干水利工程。综上，环北部湾存在工程性缺水。

（3）缺水给环北部湾经济社会环境造成严重影响，存在水质性缺水。随着环北部湾地区工业化和城镇化的推进，生活和工业用水增长迅速，带来河道生态用水和农业用水被挤占、地下水超采、局部水污染等突出问题。多年平均生态挤占量 10.14 亿 m³，尤其以南流江、九洲江等河流河道内生态用水被挤占情况最为严重；区内挤占农业灌溉水量 6.86 亿 m³；北海、湛江两市长期超采地下水，深层和水质不达标的地下水供水量为 7.27 亿 m³，已导致海水入侵等生态问题，其中湛江 2016 年海水入侵面积达 15.3 km²，且地下水水源地水质不达标，大部分为Ⅳ~Ⅴ类，人饮供水安全难以保障。

（4）环北部湾地区实施区外调水是十分必要的。水资源供需分析表明，10 市设计水平年 2035 年需水量 213.10 亿 m³，供水量 186.11 亿 m³，缺水量 26.99 亿 m³。其中，环北部湾广西 2035 年需水量 122.84 亿 m³，供水量 110.37 亿 m³，缺水量 12.47 亿 m³；环北部湾广东 2035 年需水量 90.26 亿 m³，供水量 75.74 亿 m³，缺水量 14.52 亿 m³。结合区域经济社会发展需求，在强化节约用水和保护生态环境的前提下，合理安排生活、生产、生态用水，按照珠江流域的综合规划，统筹考虑西江流域、粤西桂南沿海诸河的水资源开发利用，统一调配本地水与外调水、地表水与地下水，规划环北部湾水资源配置工程。国内外许多工程实践证明，跨流域引调水工程是缓解缺水地区水资源供需矛盾、支撑缺水地区可持续发展的有效途径[1-2]。工程实施后，2035 年多年平均供水量 24.08 亿 m³，可解决现状和未来所面临的资源性、工程性、水质性缺水问题，可支撑地区经济社会高质量发展和生态文明建设。

2　水资源配置与调水量分析

2.1　水资源供需分析

本工程现状基准年 2016 年，设计水平年 2035 年，远景展望 2050 年。按照最严格水资源管理的要求，并考虑区内规划的各项水利工程的供水能力，进行区内 60 a 长系列的供需平衡计算。分析表明，现状受水区多年平均总需水量 189.37 m³，现状供水系统总可供水量 172.22 亿 m³，缺水量达 17.15 亿 m³，其中生活和工业缺水量 9.04 亿 m³，农业缺水量 8.11 亿 m³。预测 2035 年（设计水平年）总缺水量 26.99 亿 m³，2050 年（远景展望年）总缺水量 33.41 亿 m³，供需矛盾突出。通过新建环北部湾水资源配置工程，与当地现状、规划工程组成新的供水系统后，本工程 2035 年供水量为 24.08 亿 m³，远景 2050 年供水量为 30.97 亿 m³，可满足缺水区域生活、工业用水及设计保证率要求。

2.2 受水区选择

考虑环北部湾区域范围广、引水线路长、供水成本较高，同时地形起伏较大，受水区确定原则为：①在本地建设规划的调水工程基础上再确定受水区范围；②规划水平年缺水且缺水量较大；③以城镇生活、工业缺水为主；④小区域经济社会地位重要；⑤经济技术合理，配套工程相对较易实施。

根据上述 5 项原则，确定本工程受水区分布在广西的南宁、北海、钦州、防城港、玉林、崇左及广东的湛江、茂名、阳江、云浮共 10 个市的 45 个县，总面积 11.38 万 km²，占两省（自治区）总面积的 27.3%。

2.3 水资源配置

环北部湾地区经济增速近年持续保持在全国平均水平以上，海洋经济、休闲旅游等特色产业和临港工业集群正逐步形成，开放合作不断深化，经济综合实力不断增强，交通便利。2016 年地区生产总值（GDP）16 120 亿元，占两广的 16.4%，常住人口 3 910 万，占两广的 24.7%。

综合分析确定的水资源配置原则为：环北部湾水资源配置工程与当地各种水源合理配置、共同供水，优先供给城镇生活与工业用水，为农业灌溉和改善水生态环境创造条件。

通过 60 a 长系列调节计算，2035 年环北部湾工程多年平均总供水量 24.08 亿 m³，其中生活、工业和农业供水量分别为 12.78 亿 m³、10.57 亿 m³、0.73 亿 m³，占比依次为 53.1%、43.9%、3.0%。

在当地水资源和本工程的联合调度下，2035 年生活、工业供水保证率为 97%，农业灌溉保证率为 75%~90%。环北部湾水资源配置工程实施后，受水区的需水基本可得到满足，还可置换出一部分被城市挤占的农业和生态环境用水返还于农业、生态环境。

3 工程总体布局研究

以水资源供需分析为基础结合配置方案，环北部湾水资源配置工程综合考虑水系河网结构、水资源特点、缺水地区分布、水源解决方案、本地工程布局以及行政区划的空间位置等进行总体布局。玉林、北海、湛江、茂名、阳江 5 市位于环北部湾东部，为桂南、粤西沿海地区或分水岭地带，河流源短流急，自然调蓄能力弱，本地水资源进一步开发利用难度大、成本高，考虑从邻近的西江水系向环北部湾缺水地区调水解决缺水问题。南宁、钦州、防城港、崇左 4 市地处环北部湾地区中西部，西部的崇左等为广西边境地带，具有明显沿边特点，区内有左江、右江等，开发利用程度不高，可由本地已建、规划水源工程或局部引调水工程解决缺水问题。因此，确定环北部湾水资源配置工程总体布局为"东调、中联、西蓄"。

东调以强化节水、充分挖潜、适度引调水工程为重点，形成以西江水系引调水为骨干，当地水、外调水、非常规水联合调配的供水体系，保障环北部湾玉林、北海、湛江、茂名、阳江和云浮市的城乡居民生活用水安全，玉林机械制造基地、湛江钢铁基地、茂名石化基地等用水安全；退还挤占农业用水，保障北海、玉林、湛江等国家粮食基地用水安全；退减超采地下水、退还挤占生态用水，保障生态用水安全，达到水资源与经济社会发展的空间适度均衡。

结合受水区分布，按照"从内到外，由近及远"的顺序，首先拟订各受水区周边分散引调水方案，经多方案比选提出分散代表方案采用广西北海、玉林郁江引调水方案+广东西江地心引调水方案；再逐步外延，分析西江干流及其支流郁江集中引调水方案，经多方比选提出集中代表方案采用黔江大藤峡引调水方案。从工程技术经济角度，集中方案较优，分散方案投资比集中方案略大，但从工程可实施性、利于管理运行等角度，更具可操作性，故东调推荐采用分散引调水方案。

广西北海、玉林郁江引调水工程包括引郁入北一、二期工程、引郁入玉二期工程。其中，引郁入北一期工程为北海河湖水资源配置工程，新建输水管道将合浦水库等库群水量输送至北海市受水区；引郁入北二期工程自郁江西津水库取水，交水至合浦水库。引郁入玉二期工程自郁江瓦塘取水，经武思江、江口水库调蓄后，交水至马坡、鸡冠、石铲等水库水源地供水至玉林各受水区。

广东西江地心引调水工程自西江干流云浮地心取水口取水，经金银河水库调蓄供水至云浮市；经高州水库调蓄，交水至名湖水库供水至茂名市，经河角、茅垌水库供水至阳江市；经鹤地水库调蓄后，交水至合流、龙门、三阳桥等水库供水至湛江市。

中联以加强水资源优化配置和高效利用为重点，积极挖潜，盘活存量。规划南钦防城市安全供水工程（南宁、钦州、防城港市第二水源工程），采取"多库串联，河库联调"的供水方式，充分利用本地已建的大王滩、风亭河、屯六、那板等大中型蓄水工程，优化水库群调度，增加大型水库群供水量，开辟城区多水源供水格局。结合西部陆海新通道——平陆运河建设需求，新建南盘江调水工程。

南钦防城市安全供水工程包括南宁市第二水源工程（那板向风亭河水库引水工程、风亭河向大王滩水库补水工程、大王滩输水工程）、钦州市第二水源工程（屯六至大马鞍水库输水工程加高加固大马鞍水库大坝）、防城港第二水源工程（新建黄淡水库引水工程、江平江提水工程等）。南盘江调水工程初拟自南盘江八渡水电站库区取水，通过隧洞输水至百色水利枢纽调蓄后下泄，改善郁江干流取水条件。

西蓄以合理开源、积极挖潜、增加调蓄能力为重点，新建凭祥水库，扩容派连水库等大中型蓄水工程，提高供水量、保证率及应急备用能力，保障崇左市等广西边境地区供水安全。

新建崇左市第二水源工程（由客兰水库向崇左市供水线路）、凭祥中型水库（总库容 0.13 亿 m^3，向凭祥城区供水）、扩容派连水库（总库容增至 1.7 亿 m^3，向凭祥、宁明、龙州等县区供水）。

环北部湾水资源配置工程总体方案见表2。

表 2　环北部湾水资源配置工程总体方案

项目			工程	设计流量/（m^3/s）	2035 年多年平均供水量/亿 m^3	线路长/m	投资/亿元
环北部湾水资源配置工程	环北部湾广西水资源配置工程	沿海城市群水资源配置工程	引郁入玉二期工程	27	2.21	110.64	92.57
			引郁入北一期工程	11.22	1.18	158.97	31.04
			引郁入北二期工程	25	1.38	68.7	47.69
			南钦防城市安全供水工程	23.82	2.2	148.88	68.57
			南盘江调水工程	100	3	44	60.8
		广西凭祥重点开发开放试验区水资源配置工程	崇左市第二水源工程	3.22	0.42	39.15	4.12
			凭祥水库工程（总库容 0.13 亿 m^3）	0.38	0.08	20	8.0
			派连水库扩容工程（总库容 1.7 亿 m^3）	2.76	0.58	118	49.2
	环北部湾广东水资源配置工程		广东西江地心引调水工程	92.5	13.03	477.41	499.83

4 工程总体方案

根据环北部湾水资源配置总体格局,综合考虑东、中、西各片区规划工程地理位置、工程管理便利程度、立项实施便捷性,采用分省(自治区)的调水工程,即环北部湾水资源配置工程可分为环北部湾广西水资源配置工程和环北部湾广东水资源配置工程,其中广西水资源配置工程包括沿海城市群水资源配置工程(南钦防城市安全供水工程,南盘江调水工程,北海、玉林郁江引调水工程)、广西凭祥重点开发开放实验区水资源配置工程,广东水资源配置工程即广东西江地心引调水工程。工程总投资861.82亿元,其中广西工程投资361.99亿元,广东工程投资499.83亿元;2035年设计水平年总供水量24.08亿 m³,其中广西11.05亿 m³,广东13.03亿 m³;单方供水量投资35.79元。工程建成后可满足环北部湾南宁、钦州、防城港、崇左、玉林、北海、湛江、茂名、阳江及云浮各市的用水要求,提高区域水安全保障能力,并补充平陆运河航运用水。

5 结论

(1)环北部湾地区资源性缺水、工程性缺水与水质性缺水并存,旱灾频繁、生态用水和农业用水被挤占、地下水超采、局部水污染等问题突出,是制约广西中南部、广东西南部地区经济社会发展的关键因素。环北部湾水资源配置工程保障区域城市生活和工业用水需求,为农业灌溉和改善水生态环境创造条件,支撑环北部湾区域经济社会高质量发展,实施本工程十分必要且十分紧迫。

(2)研究确定环北部湾地区10市45县约11.38万 km² 区域作为环北部湾水资源配置工程的受水区,可基本解决环北部湾主要经济区的缺水问题,设计水平年2035年、远景展望年2050年多年平均供水量分别为24.08亿 m³、30.97亿 m³。

(3)综合考虑水系河网结构、水资源特点、缺水地区分布、水源解决方案、工程布局以及行政区划的空间位置等因素,环北部湾水资源配置总体布局为东调、中联、西蓄。本工程由环北部湾广西水资源配置工程和环北部湾广东水资源配置工程2大部分组成。

参考文献

[1] 唐景云,杨晴. 浅谈调水工程对实现区域水资源优化配置的必要性 [J]. 中国水利,2015 (16):13-15.
[2] 王忠静,王学凤. 南水北调工程重大意义及技术关键 [C] //第十三届全国结构工程学术会议. 2004.
[3] 水利部珠江水利委员会. 环北部湾水资源配置工程总体方案 [Z]. 2020.

粤港澳大湾区水生态空间管控研究

李胜华[1,2]　吴　琼[1,2]　郭星星[1,2]　罗　欢[1,2]　黄伟杰[1,2]

(1. 珠江水利委员会珠江水利科学研究院，广东广州　510610；
2. 广东省河湖生命健康工程技术研究中心，广东广州　510610)

摘　要："十四五"期间，粤港澳大湾区将会迎来新一轮大建设和大发展，同时水资源、水生态、水环境综合治理等工作将面临更大挑战。水生态空间管控工作作为国土空间管控基础的前提和关键支撑，在维系流域、区域生态平衡、保障生态安全方面具有重要作用，可为完善粤港澳大湾区水生态治理体系提供参考。本文综合考虑粤港澳大湾区珠江河口范围的水环境特点，开展水资源承载状况评价，划定水生态空间和保护红线，研究提出差别化的分类管控指标和目标，构建水生态空间管控指标体系，提出水生态空间管控的制度措施。

关键词：水生态空间，水生态空间管控，粤港澳大湾区

1　引言

水生态空间是生态文明建设的载体，是国土空间的核心构成要素，是生态空间的关键组成部分，对其他类型空间起到重要的支撑和保障作用。严格水生态空间管控，建立并严守水生态保护红线，是推动生态文明建设和建立"多规合一"空间规划体系的重要内容，也是提高水生态产品供给能力和水生态系统服务功能，从而构建国家生态安全格局的有效手段[1-2]。加快推进水生态空间管控工作，强化水资源、水环境、水生态保护红线刚性约束，有利于协调优化水生态空间的开发保护格局，在维系流域、区域生态平衡、保障生态安全方面具有重要作用[3]。

粤港澳大湾区世界级城市群建设，既是粤港澳区域经济社会文化自身发展的内在需要，也是国家区域发展战略的重要构成与动力支撑点，承载着辐射带动泛珠三角区域合作发展的战略功能；同时，也是国家借助港澳国际窗口构建开放型经济新体制的重要探索，是建设"一带一路"战略枢纽、构建"走出去""引进来"双向平台的重要区域支点；此外，也是构建港澳经济长远发展的动力，成功实践"一国两制"、达致港澳长远繁荣稳定和凝聚港澳向心力的重要措施[4]。随着经济社会的快速发展和水生态保护措施的滞后，粤港澳大湾区的水生态新老问题交织，河湖湿地空间萎缩、水源涵养能力不高、水资源开发利用过度、水污染问题严重、海水入侵、水生物种受到威胁等问题日益凸显，水生态问题逐渐从局部向全局演变，日益成为区域可持续发展的重要制约因素。因此，开展粤港澳大湾区水生态红线划定及水生态空间管控措施研究势在必行[5-6]。

2　研究内容

2.1　具体研究内容

鉴于珠江河口湾所处的地理位置是串联粤港澳大湾区的重要载体，本文以粤港澳大湾区珠江河口范围为典型研究区域[7]，开展以下研究内容：

作者简介：李胜华（1982—），男，高级工程师，主要从事水环境治理与水生态修复、水利规划相关研究工作。

（1）研究区域水资源、水环境、水生态基础信息台账建立。

收集和整理相关调查数据及有关规划成果中与河湖空间范围、水资源环境本底条件、开发利用现状、治理保护要求等有关的数据和底图，开展必要的实地调研，摸清研究区域涉水生态空间总体格局和河流、湖库、湿地等空间范围；结合水资源调查评价、水资源承载能力监测预警评价等相关工作，开展研究区域水资源承载状况现状调查及分析评价；归纳总结研究区域水资源、水环境、水生态现状态势及存在的主要问题；形成研究区域水资源水环境水生态的基础台账，为划定水生态空间和保护红线、提出管控措施提供基础信息[8]。

（2）研究区域水生态空间范围划分及功能定位。

根据基础信息台账，梳理研究区域水域岸线（河流、湖库、人工水道）、洪水调蓄区（行洪区、洪泛区）、饮用水源保护区、水源涵养区（饮用水源保护区陆域范围、河口湿地、重要水源补给区）、水土流失重点防治区等各类水生态空间的范围、位置、长度（面积）等基础信息；结合河流水系、地理地貌、经济布局、行政分区等，统筹考虑水生态空间范围的自然属性和生态服务功能，合理开展研究区域的水生态空间范围划分，绘制研究区域水生态空间范围底图；根据资源环境禀赋条件、主体功能定位和开发利用现状，结合水生态系统的完整性、系统性特点，从防洪功能、河流岸线功能、河流水域的水功能、水土保持功能、其他涉水功能等不同水功能需求类型明确水生态空间的功能定位和保护要求[9]。

（3）研究区域水生态空间管控分区及保护红线划定。

根据主体功能定位，综合考虑经济社会发展趋势、人口产业集聚态势、涉水管理范围要求等因素，按照水生态空间范围划分及功能定位成果，结合水流产权确权试点等工作，采取上下结合、部门协调的方式，从水生态空间保护红线区、水生态空间限制开发区和水安全保障引导区3个方面开展研究区域水生态空间管控分区划定；针对水生态空间保护红线区，按照《生态保护红线划定指南》的要求，从水域岸线保护、洪水调蓄、饮用水源保护、水源涵养及水土保持5大主要类型出发，划定水生态空间保护红线范围；与国土、农业、林业、环保、海洋等部门划定的红线范围进行叠加与衔接分析，开展跨区域水生态空间保护红线协调性分析，确保水生态空间保护红线的空间连续性，从功能协调、空间衔接、区域协调等各个层面复核红线划定的合理性，最终形成研究区域水生态空间管控分区与保护红线划定成果，并绘制成果图[10]。

（4）研究区域水生态空间管控指标体系构建。

立足粤港澳大湾区水资源、水环境、水生态及经济社会发展的区域特征，结合研究区域水资源、水环境、水生态保护红线管控的实际需求，研究提出差别化的分类管控指标和目标，从水量保障（水资源开发利用控制和生态用水保障）、水质保护（水环境质量改善和限制排污总量控制）、水生态空间修复（水生态空间优化和水生态功能维护）及管控能力建设（监测预警能力和管控制度体系）4个方面，构建研究区域水生态空间管控指标体系。

（5）研究区域水生态空间管控制度措施制定。

按照国家生态文明建设的总体要求，结合最严格水资源管理制度和全面推进河长制工作的有关要求，以强化水资源承载能力刚性约束为导向，以水生态空间和保护红线为重点，在分析研究区域水生态空间管控制度存在问题的基础上，从水资源利用管控制度、水环境质量管控制度、水生态空间格局优化和功能维护制度、水生态空间管控能力建设制度等方面，制定研究区域水生态空间管控综合性制度措施[11-12]。

2.2 研究方法

通过基础资料收集与调查分析，建立水生态空间基础信息台账；应用 ArcGIS 技术对研究区域进行空间网格概化，建立空间属性数据库，开展水生态空间范围划分及功能定位；通过对生态功能重要性、生态环境敏感脆弱性、环境灾害危险性进行单项要素评估，运用 ArcGIS 叠加分析、空间分析等技术手段，开展水生态空间管控分区及保护红线划定，并从功能协调、空间衔接、区域协调等各个层面复核红线划定的合理性；根据"层次分析法"，将水生态空间管控指标体系分为要素层、目标层和指标层，从水量保障、水质保护、水生态空间修复及管控能力建设 4 个层面，选取适合珠江河口特色的管控指标，分类提出差别化的管控目标，构建水生态空间管控指标体系；在分析研究区域水生态空间管控制度存在问题的基础上，从水资源利用管控制度、水环境质量管控制度、水生态空间格局优化和功能维护制度、水生态空间管控能力建设制度等方面，制定水生态空间管控综合性制度措施。

3 预期目标

3.1 建立水生态空间基础信息台账

（1）基础资料收集与整理。收集第一次全国水利普查、第一次全国地理国情普查、第二次全国土地调查、第二次全国湿地资源调查等基础数据；收集主体功能区规划、生态功能区划、水土保持区划、水资源综合规划、水资源保护规划、流域综合规划、岸线利用规划等有关规划成果中与河湖空间范围、水资源环境本底条件、开发利用现状、治理保护要求等有关的数据和底图，建立规划数据库。

（2）水资源承载状况现状调查分析与评价。结合水资源调查评价、水资源承载能力监测预警评价等相关工作，开展研究区域水资源承载状况现状调查及分析评价。

（3）水资源水环境水生态现状态势分析。充分利用各类调查、规划、公报，辅之以遥感影像、航片、卫片解析等手段，按照水生态空间类型分区，对近年来的水资源开发利用情况进行分区评价，掌握河湖萎缩、功能退化、健康受损、水土流失等水生态状况，以及对河湖等生态空间侵占的规模、分布等情况。

3.2 水生态空间范围划分与功能定位

（1）水域岸线空间范围划分。河道：根据河道岸线规划、治导线规划、行洪控制线等有关规划成果，按临水控制线和外缘控制线来划定河流水域空间和河流岸线空间。水库：根据水库设计资料，按照正常蓄水位、防洪高水位、移民迁建线来划定水库水域空间和水库岸线空间。湖泊：根据湖泊有关资料，按照正常蓄水位、多年平均湖水位、消落最低水位来划定湖泊水域空间和湖泊岸线空间。洪水调蓄区：按行洪区、蓄滞洪区分别划分水生态空间范围，行洪区包括河湖水域岸线及未包含在水域岸线内的一般洲滩、民垸及行洪通道等；蓄滞洪区包括分洪口在内的河堤背水面以外临时贮存异常洪水的低洼地区、湿地及湖泊等。

（2）陆域水生态空间范围划分。水源涵养空间：林地、草地、沼泽、湿地等划为水源涵养区。可分为江河源头区、重要地表水源补给区、重要地下水源补给区等。水土保持空间：水土流失重点预防保护区和治理区。

（3）功能定位。防洪功能：重点是洪水调蓄区。河流岸线功能：根据岸线管理功能区分为岸线保护区、保留区、控制利用区、开发利用区。河流水域功能：按照水功能区划分为水功能一级区（保护区、缓冲区、开发利用区、保留区）、水功能二级区（开发利用区：饮用水源区、工业用水区、农业用水区、渔业用水区、景观娱乐用水区、过渡区和排污控制区）。水土保持功能：水土流失重点预防保护区和治理区。其他涉水功能：水源涵养区和水生生境保护区（具有重要水生生境保护、生物多样性维护功能的重要湿地、水生生物栖息地及渔业水域等）。

3.3 水生态空间管控分区及红线划定

对生态功能重要性、生态环境敏感脆弱性、环境灾害危险性进行单项要素评估，运用 ArcGIS 叠加分析、空间分析等技术手段，开展水生态空间管控分区及保护红线划定，并从功能协调、空间衔接、区域协调等各个层面复核红线划定的合理性。

3.4 水生态空间管控指标体系构建

将水生态空间管控指标体系分为要素层、目标层和指标层，从水量保障、水质保护、水生态空间修复及管控能力建设 4 个层面，选取适合珠江河口特色的管控指标，分类提出差别化的管控目标，构建研究区域水生态空间管控指标体系。

3.5　水生态空间管控制度措施制定

在分析研究区域水生态空间管控制度存在问题的基础上，从水资源利用管控制度、水环境质量管控制度、水生态空间格局优化和功能维护制度、水生态空间管控能力建设制度等方面，制定研究区域水生态空间管控综合性制度措施。

4　结语

本文以粤港澳大湾区珠江河口范围为典型研究区域，开展奥港澳大湾区水生态空间管控研究工作，为推进粤港澳大湾区水生态空间精细化管理提供有力的技术支撑，助力形成"人水和谐"的新时代生态文明格局。粤港澳大湾区珠江河口范围水生态空间管控研究和水生态保护红线跨境管理的实施，既是对"一国两制"实践的丰富，从某种意义上来说，也是中国探索参与全球水生态治理的一个"试验田"。如果形成可以复制和推广的协调机制和制度创新，将有助于国家推进新一轮开放，其模式甚至可应用到"一带一路"沿线不同经济体的合作，为全球跨境合作与生态环境治理贡献新方案与新示范。

参考文献

[1] 张培培，石岩，吕红迪，等．城市水环境空间规划体系与方法研究［J］．环境保护科学，2016，42（3）：8-12.

[2] 邓伟，严登华，何岩，等．流域水生态空间研究［J］．水科学进展，2004（3）：341-345.

[3] 程永辉，刘科伟，赵丹，等．"多规合一"下城市开发边界划定的若干问题探讨［J］．城市发展研究，2015，22（7）：52-57.

[4] 赵玲玲，夏军，杨芳，等．粤港澳大湾区水生态修复及展望［J］．生态学报，2021，41（12）：5054-5065.

[5] 高真，黄本胜，邱静，等．粤港澳大湾区水安全保障存在的问题及对策研究［J］．中国水利，2020（11）：6-9.

[6] 赵钟楠，陈军，冯景泽，等．关于粤港澳大湾区水安全保障若干问题的思考［J］．人民珠江，2018，39（12）：81-84，91.

[7] 李胜华，罗欢，吴琼，等．珠江河口水生态空间管控研究意义及研究进展［J］．华北水利水电大学学报（自然科学版），2018，39（4）：56-60.

[8] 兰利花，田毅．资源环境承载力理论方法研究综述［J］．资源与产业，2020，22（4）：87-96.

[9] 匡跃辉．水生态系统及其保护修复［J］．中国国土资源经济，2015，28（8）：17-21.

[10] 俞孔坚，王春连，李迪华，等．水生态空间红线概念、划定方法及实证研究［J］．生态学报，2019，39（16）：5911-5921.

[11] 邱冰，刘伟，张建永，等．水生态空间管控制度建设探索［J］．中国水利，2017（16）：16-20.

[12] 朱党生，张建永，王晓红，等．推进我国水生态空间管控工作思路［J］．中国水利，2017（16）：1-5.

珠江河口河湖生态文明建设研究

黄伟杰[1,2]　李胜华[1,2]　王　珂[1,2]　罗　欢[1,2]　董延军[1]

（1. 珠江水利委员会珠江水利科学研究院，广东广州　510610；
2. 广东省河湖生命健康工程技术研究中心，广东广州　510610）

摘　要：加强河湖生态文明建设，是科学配置、节约利用和有效保护水资源，以实现水资源的永续利用，有效保护和综合治理水环境以提升水环境质量，有效保护和系统修复水生态以增强水生态服务功能的一项系统工程。珠江河口所处的地理位置是粤港澳大湾区的重要载体，河口地区水资源的流动性、水生态系统的整体性、水环境的关联性、水灾害防治的协同性决定了粤港澳大湾区的建设与发展，必将对珠江口地区的水资源利用、水生态保护、水环境改善、水灾害防治等方面提出更高要求。加快推进珠江河口地区河湖生态文明建设思路研究和建设途径研究工作，对于大力推进水生态文明建设、践行十六字治水思路具有重要意义。本文在简析珠江河口水系特点及存在问题的背景下，着重分析了珠江河口河湖生态建设思路及建设途径。

关键词：珠江河口；河湖生态文明；思路；途径

1　区域河湖水系特点

1.1　河湖水系特点

2017 年政府工作报告、党的十九大将粤港澳大湾区建设作为国家战略举措，以推动内地与港澳深化互利合作。国家发展改革委、广东省人民政府、香港特别行政区政府、澳门特别行政区政府共同签署了《深化粤港澳合作推进大湾区建设框架协议》，提出将粤港澳大湾区建设成为更具活力的经济区、宜居宜业宜游的优质生活圈和内地与港澳深度合作的示范区，打造国际一流湾区和世界级城市群[1]。

粤港澳大湾区是指由广州、佛山、肇庆（市区和四会）、深圳、东莞、惠州（不含龙门）、珠海、中山、江门 9 市和香港、澳门两个特别行政区形成的世界级城市群[1]。珠江河口地区包括广州、深圳、珠海、东莞、中山、江门 6 市和香港、澳门特别行政区，是粤港澳大湾区的核心区域。

珠江河口地区处于海洋、淡水、陆地间的过渡区域，河道逐级分叉，形成"三江汇流，八口出海"的河网特色，是典型的生态环境脆弱区域，在自然因素和人为因素的干扰影响下，生态系统的不稳定性和脆弱性表现极为突出。

1.2　存在问题

珠江河口地区作为粤港澳大湾区的重要组成部分，随着经济的发展，经济和社会活动正成为一个强大的外来动力，改变着河口的地形、地貌及水文环境条件，并进而影响到河口湿地生态系统。此外，由于工农业及生活造成的水环境污染、水产品的集中养殖和过度捕捞、水资源过度开发、河湖湿地空间萎缩、水源涵养能力不高、河口滩涂的无序围垦、海水入侵、水生物种受到威胁，以及各种海岸工程的建设，导致区域水生态新老问题交织，成为区域可持续发展的重要制约因素[2-5]。

作者简介：黄伟杰（1978—），男，硕士，主要从事水利工程咨询工作。

珠江河口地区是西江、北江和东江入海时冲击沉淀而成的一个三角洲，面积不到广东的一半，却贡献了全省80%以上的国内生产总值，众多具有全球影响力的先进制造业基地和现代化服务业基地云集于此，是我国人口集聚最多、创新能力最强、综合实力最强的三大区域之一，是中国的"南大门"。珠江河口地区水系及充沛的水量，在为三角洲经济区生活、工农业提供丰富水资源的同时，又接纳了大量的工农业废水及生活污水，成为污水的主要输送通道和承载体。长期以来，由于对污水的处理能力有限，珠江河口地区水质环境逐渐恶化，水生态环境遭到严重破坏。不断加剧的资源和环境压力，不仅制约了珠三角地区的经济社会可持续发展，也加大了珠江河口地区河湖生态文明建设的难度，形势十分严峻。

2 建设思路

珠江河口地区岭南文化特色鲜明，采取控源、截污、改善水质等举措，因地制宜，齐抓共管破解水污染治理难题，构建"河畅、水清、岸绿、景美"的岭南水乡风貌，实现通过大环境改善促进城市转型升级，提升城市综合竞争力。

（1）加强源头管理和过程管控，践行绿色发展。

经济发展方式直接关系到污染源的类型和排放方式，结合岭南河口水网区经济发展转型契机，大力推行产业结构调整，控制污染源。通过区域经济转型，推动产业结构调整，用新兴产业、科技产业、高端产业置换"两高一低"产业，控制污染源类型。以大环境提升综合竞争力，促进经济社会协同发展。

（2）加强末端治理，打造感潮河网区绿色生态水网。

大力推行水环境综合整治和水生态修复行动，深入推进水环境综合治理和岸线整治，使河涌水质明显好转、岸线顺畅通达、水网联汇贯通，河网水环境质量得到全面改善；通过多目标闸泵群联合调度技术，在城市中心地带建设大型综合湿地公园，构建城市中央"绿肺"，可以打造独具特色的感潮河网区绿色生态水网[6]。

（3）落实最严格水资源管理制度与河湖长制[7]。

全面推行最严格水资源管理制度，提倡节水减排，提高用水效率，实现水资源经济内涵式发展，水资源监控管理水平大幅度提高。全面落实河长制、湖长制，建立市、区、镇（街）、村（居）四级河长体系，强化管理手段，切实提高保护河湖生态环境。

（4）将特色文化与水文化有机融合，弘扬水生态文明意识。

着力彰显水生态、水文化，建设具有岭南特色水文化特点的各种生态园、湿地公园以及农村水系综合整治工程和美丽乡村等工程，打造一批具有岭南特色的水文化和水环境教育基地等景观点，开展水环境摄影、水景观展览、赛龙舟等涉水活动，深化河湖生态文明的宣传教育，形成全民亲水、爱水、惜水、护水的社会氛围。

（5）建设城市"绿肺"[8]，提高水域面积。

重视人水争地矛盾，科学合理看待人水争地问题，充分考虑水的空间需求、人对水的心里需求等，在城市中心地带建设大型综合湿地公园，构建城市中央"绿肺"，打造独具特色的绿色生态水网。

（6）重视体制机制建设，探索长效机制。

河湖生态文明建设不是一时之事，而是长远之事，是文明发展的必然需求。结合全面推进河长制、湖长制要求，完善河湖生态文明建设长效机制，确保试点期结束后水生态文明建设能得到延续，将水生态文明理念融入经济社会发展的各方面。

3 实现途径

3.1 优化河湖生态空间开发格局

河湖生态空间是河湖生态文明建设的载体，在维系流域、区域生态平衡、保障生态安全方面具有重要作用。根据国家优化国土空间开发格局的总体要求，按照功能界定、红线划定、保护修复和强化管控四大步骤，逐步规范经济社会发展用地，保障健康充裕的河湖生态空间，维护河湖生态系统服务功能，促进人水空间格局均衡协调。

以主体功能区规划为依据，在生态功能分区等的基础上，合理界定河湖生态空间用途；结合河湖生态空间功能定位，明晰水源涵养空间、饮用水水源地、河湖空间、沼泽湿地、蓄洪滞涝空间等各类功能水生态空间的边界，划定河湖生态空间红线；对水生态空间超载区域进行发展布局调整，合理调整蓄滞洪区建设，恢复和保护河湖生态空间；制定水生态空间控制指标体系，将开发强度指标分解到各县级行政区，作为约束性指标控制建设用地总量，加强河湖生态空间管控。

3.2 全面促进水资源节约利用

水资源节约利用是缓解我国水资源供需矛盾问题，实现生态良好、经济社会可持续发展的首要之策。坚持节水优先的方针，大力推进节水型社会建设，加强需水管理，构建节水型生产方式和消费模式，控制区域水资源开发利用强度，降低水资源承载负荷，形成以水资源条件约束经济社会发展的倒逼机制。

3.2.1 完善最严格水资源管理制度[9-10]

完善覆盖流域和省（市）、县三级行政区域的取用水总量控制指标体系；强化用水定额管理，编制节水规划；强化水资源承载能力刚性约束；强化水资源安全风险监测预警。

3.2.2 大力推进重点领域节水

根据区域水资源承载状况，合理确定灌溉规模和模式，建立与水资源条件相适应的农业发展方式，加大农业节水；深入开展工业节水，实施重大节水示范工程；大力推广工业水循环利用、高效冷却、热力系统节水、洗涤节水等通用节水工艺和技术，创建节水型企业；加强用水计量监控，强化重点用水单位监督巡查；加快城镇公共供水管网改造，加强服务业和城镇生活节水。

3.2.3 鼓励非常规水源利用

新建宾馆、学校、居民区、公共建筑等建设项目，配套建设雨水集蓄和再生水利用设施，工业生产、城市绿化、道路清扫、车辆冲洗、建筑施工以及生态景观等，优先使用再生水。依托"海绵城市"建设，因地制宜建设城市雨水综合利用工程和海水、微咸水直接利用和淡化工程，推行电力、石化等行业直接利用海水作为循环冷却等工业用水。

3.2.4 建立健全节水激励监督机制

建立节水领域财政奖补和贴息政策，积极发挥银行、保险等金融机构作用，优先支持节水工程建设、节水技术改造、非常规水源利用等项目。推行合同节水管理，扶持培育一批专业化节水管理服务企业，开展合同节水试点；培育发展节水产业，规范节水产品市场，提高节水产品质量；强化节水监督管理和节水产品认证，严格市场准入。

3.3 加大水生态环境保护与修复力度

良好的水生态环境是经济社会可持续发展的根本基础，是惠及子孙后代的民生福祉[11]，是中华民族伟大复兴的中国梦的重要组成部分，也是维持河湖生态文明的关键所在。

3.3.1 保障生态需水量

加强水资源保护，完善水资源保护考核评价体系，加强江河湖库水量调度管理，提升河湖水环境容量。科学核定重要江河湖泊生态流量和生态水位，将生态用水纳入流域水资源配置和管理。通过调水引流、生态调度等措施，保障重要河湖湿地及河口生态需水。

3.3.2　加强生态清洁型小流域建设

以小流域为单元，建设标准化、规模化、设施配套化的生态清洁型流域，因地制宜加强面源污染防治。开展农村水系综合整治工程，完善农业灌溉排水体系，改善农村生活环境和河流生态。

3.3.3　推进绿色河流廊道建设

构建布局合理、生态良好，引排得当、循环通畅，蓄泄兼筹、丰枯调剂，多源互补、调控自如的河湖水系连通体系，恢复河湖生态系统及其功能。实施农村河道堰塘整治和水系连通，建设生态河塘，建设美丽宜居乡村。

3.3.4　积极推进绿色水利工程建设与管理

在满足防洪安全的条件下，尽量维护河流天然形态，建设生态护坡，建设生态化堤防。拆除或置换使用率低、生态环境损害大的水工程，对使用率高、不可替代的工程进行生态化改造，不能改造的，提出水工程生态调度、生境重建等生态修复方案。

3.4　健全河湖生态文明制度

按照《生态文明体制改革总体方案》的总体部署，围绕源头严防、过程严管、恶果严惩的总体思路，加快推进水资源、水生态管控的五大关键制度建设，引导、规范和约束水资源开发利用、节约、保护及水生态保护与修复，以制度维护水生态环境的系统性、多样性和可持续性。

3.4.1　健全法律法规与标准体系

清理现行法律法规中与河湖生态文明建设不相适应的内容，强化法律法规间的协调衔接。加快流域和区域水资源保护和管理法律法规制定，推动河道管理、水库大坝安全管理、水利工程建设征地补偿和移民安置等法规修订工作。加强地方立法，突出重点，超前立法。加强节水强制性标准的制定工作，完善水资源水生态保护标准规范体系，加快推进水生态空间管控、河湖生态水量保障与调控、河湖健康评价、水生态监测等标准研究。

3.4.2　建立健全水流产权制度

实施水资源用途管制制度，加快推进江河水量分配，健全区域用水总量控制指标体系，明确不同层级政府行使水资源所有权的职责。明确水域、岸线等河湖生态空间的边界及功能区划，依法划定管理范围；明确水域、岸线等河湖生态空间的所有权，划定不同层级政府分级行使的所有权边界；进一步明确水域、岸线等河湖生态空间的使用权。研究制定水权交易管理办法，探索多种形式的水权流转方式，积极培育水市场，逐步建立水权交易平台，加强水权交易监管。

3.4.3　完善水资源有偿使用制度

建立健全反映市场供求、资源稀缺程度、生态环境损害成本和修复效益的水价形成机制。逐步推进水利工程供水两部制水价。着力推进农业水价综合改革，合理核定农业用水价格，建立农业用水精准补贴制度和节水激励机制。落实城镇居民用水阶梯价格，非居民用水超计划、超定额累进加价制度，缺水城市实行高额累进加价，适当拉开高用水行业与其他行业用水的差价。合理制定再生水价格，制定鼓励再生水利用的政策，提高水资源循环利用水平。

3.4.4　健全水流生态保护补偿机制

通过财政转移支付、项目投入、设立生态补偿基金以及推动区域内横向补偿等方式，加快建立敏感河流或重要生态功能的湖泊等水流生态保护补偿机制。建立建设项目占用水域补偿制度，研究制定超计划超定额用水和挤占生态用水的相关补偿政策。搭建协商平台，引导和鼓励开发地区、受益地区与生态保护地区、流域上游与下游通过自愿协商建立横向补偿关系。继续推进跨地区水生态补偿试点。

健全绩效考核和责任追究制度。研究制定可操作、可视化的绿色发展指标体系。建立河湖生态文明建设目标体系、考核办法与奖惩机制，强化指标约束。加快建立水资源督察制度，加快水资源资产负债表编制试点工作，定期评估水资源资产变化状况。积极探索领导干部水资源资产离任审计的目标、内容、方法和评价指标体系，建立领导干部水资源资产离任审计制度。严格责任追究，推行水资源、水生态环境损害责任终身追究制。

3.5 提升河湖生态文明建设能力

针对河湖生态文明建设的薄弱环节，以监测体系建设、关键技术创新、人才队伍建设和强化执法监督四大重点任务为抓手，系统提升河湖生态文明建设能力，为河湖生态文明建设提供坚实的保障。

3.5.1 加强监测统计体系建设

加快推进对水情雨情、水生态空间、水资源开发利用、江河湖泊水环境质量、水土流失、饮用水水源地、湿地沼泽、水源涵养区等的监测统计能力建设，加快工业用水户、灌区等取用水在线监测体系建设，因地制宜建设量水设施。对水资源、水生态、水环境状况开展全天候监测，构建天、地、空一体化基础信息采集与传输系统，健全水生态环境健康调查、监测与风险评估制度，提高风险防控与突发事件的应急能力。

3.5.2 推进水生态文明重大技术创新

加大河湖生态文明建设领域科研工作的资金投入，建立产学研协同创新机制。加快推进河湖水系连通、水源地安全保障、水源涵养、面源污染防治、重要河湖水生态保护与修复、地下水保护与修复、次生盐渍化治理、水生生物多样性保护等关键技术研究。开展河湖生态空间管控技术与示范、重点流域良性水循环维持机制与技术等重大专题研究，加快技术创新示范基地建设，建立有效推进新技术应用与推广的机制。

3.5.3 加强水生态保护人才队伍建设

建立聚集人才的体制机制，吸引高素质、专业型人才参与水生态保护与建设工作，健全激励机制。创新人才培养开发、考核评价、选拔使用、激励保障和引进等工作机制，加强水生态保护专业人才培养，强化国情水情教育，提高人才队伍素养。

3.5.4 强化执法监督

加强法律监督、行政督察，加强水资源无序开发、侵占河湖水域岸线、人为水土流失、河道非法采砂、河湖水环境污染、水生态破坏等重点领域执法，严厉惩处违法违规行为。强化对水资源浪费、违法违规排污、违法违规破坏水生态等行为的执法监察与专项督察。逐步形成政府负责、部门配合、社会协同的水事纠纷预防调处工作格局。健全行政执法与刑事司法的衔接机制，推动重大水事违法案件入刑。

3.6 加强水文化建设

水文化是中华文化和民族精神的重要组成部分，加强传统水文化遗产的传承与保护，大力营造现代水文化，从文化角度认识人与自然和人与水的关系，树立人水和谐的理念[12]，积极培育水生态文明意识，着力提升全社会的水资源意识、水生态意识、水危机意识、爱水节水护水意识，充分发挥公众参与的作用，引导全社会建立人水和谐的生产生活方式。

3.6.1 强化水文化保护和传承

加强对记录水利发展的诗文、碑记以及神话传说等非物质水文化遗产的收集、整理、宣传、展示、保护与利用，努力寻找优秀传统水利遗产与现实水利实践相联系的结合点，加大对水文化物质、非物质文化遗产的保护和传承力度。

3.6.2 推动河湖生态文明主流价值观培育

积极培育水生态文化、水生态道德和水生态行为，开展河湖生态文化创新，促进全社会水生态环境保护价值取向的形成。倡导节水、洁水的消费观，培育绿色生活方式，不断提高全民河湖生态文明素养。

3.6.3 完善公众参与制度

建立健全水生态环境信息公开制度体系，建立水生态环境信息的发布平台，保障公众对水生态文明建设信息的知情权。健全举报、听证、舆论和公众监督等制度，构建全民参与的社会行动体系。

3.7 水生态文明体制建设策略

加强法制建设，完善法规体系。加强节水制度建设，加强对污染源的控制和管理；加快水务法规配套管理制度建设；深化水资源有偿使用和生态补偿制度改革，建立流域、区域水生态补偿制度，明确规定流域生态补偿制度的一般性原则、规定；逐步推进排污权有偿使用、排污权交易、水权交易等制度建设；建立有利于推进水生态文明建设的法规制度体系。

3.7.1 完善管理体制，推进水务一体化

继续深化市级水务一体化改革的，实施基层水务管理体制改革，对供水、排水、节水、污水处理回用、水资源综合利用、水资源保护、防洪排涝等事务实行统一管理，建立健全基层水务管理和服务体系。

3.7.2 健全执法体制，增强执法能力

明确各级水务部门的执法职能，形成执法合力；加强水行政执法力度，提高执法能力；建立健全水生态执法、司法保护的组织体系；深入贯彻"水十条"精神，加强对突出水环境问题的专项整治；深化水环境信访积案专项整治。

4 结语

习近平总书记指出：走向生态文明新时代，建设美丽中国，是实现中华民族伟大复兴中国梦的重要内容。对于社会主义新时代背景下的生态文明建设提出了更高的要求，而河湖生态文明建设是生态文明建设最重要、最基础的内容。在粤港澳大湾区上升为国家战略以后，对于珠江河口地区河湖生态文明建设的要求更严格、紧迫性更凸显、意义更重大。因此，在当前我国社会全面建成小康社会、实现第一个百年奋斗目标的伟大历史时刻，迫切需要大力开展珠江河口地区河湖生态文明建设，并将之作为生态文明建设的先行领域、重点领域和基础领域不断推进。

参考文献

[1] 蔡赤萌. 粤港澳大湾区城市群建设的战略意义和现实挑战 [J]. 广东社会科学，2017 (4)：5-14，254.

[2] 崔伟中. 珠江河口水环境时空变异对河口生态系统的影响 [J]. 水科学进展，2004，15 (4)：472-478.

[3] 李碧，黄光庆. 城市化对珠江河口的生态影响及对策 [J]. 海洋环境科学，2008，27 (5)：543-546.

[4] 王晓蕾，周勤. 关于珠江流域水环境与生态安全问题的探讨 [J]. 水利规划与设计，2005 (4)：5-7.

[5] 李胜华，罗欢，吴琼，等. 珠江河口水生态空间管控研究意义及研究进展 [J]. 华北水利水电大学学报（自然科学版），2018，39 (4)：56-60.

[6] 吴灵，游奕来，王新，等. 构建珠海湿地生态保护体系加快绿色生态水网建设对策研究 [J]. 环境生态学，2020，2 (Z1)：93-97.

[7] 鞠茂森，吴宸晖. 河（湖）长制助推生态文明建设的思考 [J]. 江苏水利，2021 (S1)：54-59.

[8] 李迅. 让城市拥有更多"绿肺" [N]. 黄河报，2017-04-22.

[9] 黄本胜，谭超，邱静，等. 广东省水生态文明建设的规划思路 [C]//周明波，么振东，宋晓. 注重绿色发展 加强生态文明建设——2016年中国水生态文明城市建设高峰论坛. 北京：中国水利水电出版社，2016：30-34.

[10] 封光寅，黄朝生. 汉江流域水生态文明建设进展与思考 [C]//周明波，么振东，宋晓. 注重绿色发展 加强生态文明建设——2016年中国水生态文明城市建设高峰论坛. 北京：中国水利水电出版社，2016：124-128.

[11] 左其亭，罗增良，马军霞. 水生态文明建设理论体系研究 [J]. 人民长江，2015，46 (8)：1-6.

[12] 王越芬，李国庆. 习近平水生态文明理念培育研究的逻辑索隐 [J]. 改革与战略，2019，35 (1)：1-9.

基于水文学法的广东省主要流域生态流量分析

崔静思[1,2,3]　刘树锋[1,2,3]　关　帅[1,2,3]

(1. 广东省水利水电科学研究院，广东广州　510635；

2. 河口水利技术国家地方联合工程实验室，广东广州　510635；

3. 广东省水动力学应用研究重点实验室，广东广州　510635)

摘　要：广东省水资源丰富，但由于水资源开发程度高、水质污染严重等问题，区域水环境、水生态和水安全等成为亟须解决的重要科学问题。开展生态流量研究对保障河流生态环境具有重要的理论意义，并能为广东省水资源优化配置和可持续发展提供科学依据。为此，运用 3 种水文学法（包括 Tennant 法、Q_P 法和最枯月平均流量法）对广东省主要流域共 32 个水文控制站的逐月流量数据做了全面而系统的研究，探讨不同流域主要水文控制站近 60 a 的径流变化规律，并分析不同计算方法下各流域生态流量的差异和影响因素。除个别站外，大部分站点 90% 最枯月平均流量法计算的生态流量占多年平均流量比例均大于 10%，多集中在 10% ~ 20%，且比例在各流域中无明显差异。近 10 a 最枯月平均流量法计算的结果因水文周期会有较大的区别，容易受流域丰、平、枯变化的影响。本文推荐 Tennant 法的 10% 和 90% 最枯月平均流量法配合推求生态流量，取两种方法的大值为河流最小生态流量下泄值。

关键词：生态流量；径流；水文学法；广东省

1　前言

随着社会经济的发展，人类对水资源的开发利用不断增加，同时在用水过程中对生态需水重视程度不足，容易造成河流下游径流减少、河流断流及生态环境恶化等问题[1-2]。研究显示，水资源不合理开发利用已导致全世界范围内近 1/3 河流生态系统的退化[3]。

近年来，为保护河流的生态健康及促进水资源的合理开发利用，对水生态修复和生态流量的研究显得尤为重要。河流生态流量估算的方法很多，主要包括水文学法、水力学法、生态水位法及生态需求法等。目前，国内外学者的研究热点聚焦在生态流量的确定上，对各种计算方法的特点、适用范围和存在的问题进行了探讨[4]。

对于某一特定河流，理想的生态流量计算方法应该能量化所有参数，反映参数之间的相互影响。但目前，这样的方法尚未探讨出来，任何一种已有方法都是基于特定的河流或区域提出的，都具有一定的局限性。水力学法需基于河道断面等各种现场数据，数据获取需耗费大量的人力、物力，应用较为困难；同时，我国目前缺乏生态资料，生态需求法也较难开展。水文学法是适用于国内且最简单、高效的方法，可通过历史流量数据推求生态流量。

水文学法是基于河流天然径流数据确定生态流量的一种方法，又可分为 Tennant 法[5]、Q_P 法（$P=95%$ 或 90%）[6]、NGPRP 法[7]、7Q10 法[8]、Texas 法[9]、最枯月平均流量法[10]、典型水文频率年法[11]、流量历时曲线法[12] 等。国内以 Tennant 法和 Q_P 法推求生态流量居多，且已有不少学者基

基金项目：广东省水利科技创新项目：广东省小水电清理整改退出补充标准研究（2020-19）。

作者简介：崔静思（1994—），女，硕士研究生，研究方向为水文水资源方面。

通讯作者：刘树锋（1978—），男，高级工程师，主要从事水文水资源方面的工作。

于多种方法开展对比研究[13-14]。本文参照已有研究基础，基于水文控制站多年天然径流数据采用Tennant 法、Q_P 法和最枯月平均流量法来推求生态流量。

当前，生态流量的研究多见于干旱半干旱流域，针对广东省主要流域的相关工作尚未开展。张强等[15] 利用珠江流域 11 个主要水文站径流数据，分析各种生态流量计算方法在珠江流域的适用性，但涉及广东省的站点较少，分析较为简单；邵东国等[16] 采用水域面积法研究北江流域内罗坝水的生态流量，该方法的参数物理意义基于种库假说，其合理性需要更多验证和考究，计算方法尚未推广。

综上所述，基于水文学法对广东省主要流域生态流量进行计算和分析，分析各种方法在广东省主要流域生态流量计算方面的差异，并对各控制断面的生态流量月均满足程度进行评估，以期为运用月径流数据来确定生态流量的研究提供新的思路和研究途径，也为广东省水资源的优化配置和粤港澳大湾区发展提供科学指导。

2 数据与方法

2.1 研究区域

广东省地处中国大陆最南部，位于北纬 20°13′~25°31′和东经 109°39′~117°19′之间。全省大部分地区属于亚热带地区，雨量充沛，多年平均降水量 1 750 mm，但年内分布不均匀，多集中在汛期。降水在空间上分布也不均匀，由于地形错综复杂，一般表现为沿海多于内陆。省内主要水系为西江、北江、东江、韩江及粤东诸河、粤西沿海诸河及珠江三角洲水系。研究区域概况图见图 1。

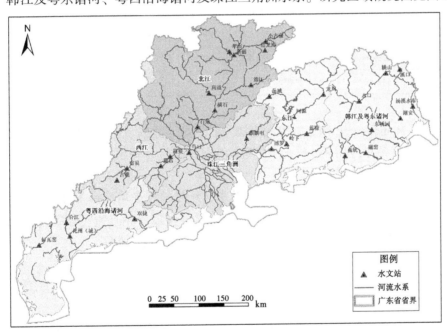

图 1　研究区域概况图

2.2 数据资料

本文所用的数据为广东省内 32 个主要水文控制站的长序列逐月的天然流量数据，主要分布在西江、北江、东江、韩江及粤东诸河、粤西沿海诸河及珠江三角洲主要流域。各流域内水文控制站的分布情况和序列长度见表 1。

2.3 生态流量计算方法

本文基于水文控制站多年天然径流数据主要采用 Tennant 法、Q_P 法和最枯月流量法来推求广东省主要流域的生态流量。

表 1 本研究主要水文控制站基本情况

序号	水文控制站	集雨面积/km²	所处流域	序列长度	序号	水文控制站	集雨面积/km²	所处流域	序列长度
1	缸瓦窑	3 086	粤西沿海诸河	1970~2016 年	17	石角	38 363	北江	1956~2016 年
2	合江	1 901		1956~2016 年	18	横石	34 013		1956~2016 年
3	化州（城）	6 151		1956~2016 年	19	高道	9 007		1956~2016 年
4	双捷	4 345		1970~2016 年	20	新韶	6 794		1956~2016 年
5	高要	351 535	西江	1956~2016 年	21	滃江	2 000		1956~2013 年
6	官良	3 164		1956~2016 年	22	犁市	6 976		1956~2012 年
7	腰古	1 776		1958~2016 年	23	小古菉	1 881		1959~2013 年
8	古榄	8 273		1956~2016 年	24	结龙湾	281		1962~2013 年
9	麒麟嘴	2 866	珠江三角洲	1956~2016 年	25	水口	6 480	韩江及粤东诸河	1956~2016 年
10	马口	—		1959~2016 年	26	横山	12 624		1956~2016 年
11	博罗	25 325	东江	1956~2016 年	27	溪口	9 228		1956~2016 年
12	岭下	20 557		1963~2016 年	28	潮安	29 077		1956~2016 年
13	蓝塘	1 080		1956~2016 年	29	汤溪水库	667		1964~2016 年
14	河源	15 750		1956~2016 年	30	东桥园	2 016		1956~2016 年
15	龙川	7 699		1956~2016 年	31	磁窑	820		1956~2016 年
16	岳城	531		1960~2013 年	32	蕉坑	1 104		1959~2016 年

2.3.1 Tennant 法

Tennant 法也称 Montana 法，属于标准测定法，流量推荐值以预先确定的多年平均流量百分比作为基础。在美国多条河流中应用后，提出将年平均流量的 10% 作为水生生物生长低限。

2.3.2 Q_P 法（$P=95\%$ 或 90%）

Q_P 法也称保证率法，本文采用 90% 保证率的水文年最枯月平均流量为标准确定河流生态流量，将长时间序列（$n \geq 30$ a）最枯月天然流量资料进行排频，绘制最枯月流量频率曲线，根据最枯月流量频率曲线，以 90% 来水频率下的最枯月平均流量作为河流的生态流量。

2.3.3 最枯月平均流量法

以最枯月平均流量的多年平均值作为河流的生态流量，一般采用近 10 a 最枯月流量数据推求。

2.4 生态流量满足程度分析

本文采用月均满足程度来评价水文控制站断面的生态流量满足状况，即月均流量大于等于生态流量的月数占长系列总月数的比值。

3 结果与分析

3.1 径流特征

图 2~图 6 为广东省主要流域共 32 个水文控制站流量及径流变化特征。粤西沿海诸河流域中化州（城）站的年径流量随时间变化呈略微增加趋势；西江流域除腰古站外，其余 3 个站年径流量随时间变化呈增加趋势，以高要站的增加趋势最为明显；珠江三角洲流域中马口站的年径流量随时间变化呈明显减少的趋势；东江流域内各站年径流量随时间变化趋势不明显；北江流域中横石站、石角站和高道站的年径流量随时间变化呈略微增加趋势；韩江及粤东诸河流域中溪口站和潮安站的年径流量随时间变化呈略微增加趋势，其余站点的变化趋势不明显。

近 60 a 来，东江流域的径流年际变化趋势最为平稳，其次为粤西沿海诸河流域、韩江及粤东诸河流域，最后为西江流域、北江流域和珠江三角洲流域。

流域降水量、植被覆盖率、距离海洋远近及海拔等自然因素和修建大坝、影响流域植被覆盖率等人为因素均会影响流域的径流年际变化[17-18]。值得注意的是，马口站的年径流量随时间变化呈明显减少的趋势，其位于珠江三角洲的顶端，对珠江三角洲未来水资源配置和区域发展可能会存在不利的影响。

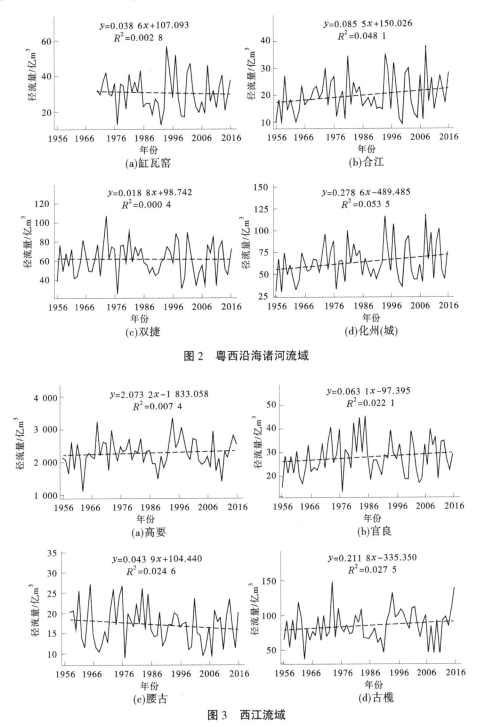

图 2　粤西沿海诸河流域

图 3　西江流域

3.2　基于不同方法的生态流量计算

基于 32 个水文控制站长序列逐月的天然流量数据，本文采用 Tennant 法（取 10%）、90% 最枯月平均流量法和近 10 a 最枯月平均流量法对广东省各流域水文控制站的生态流量进行计算，计算结果

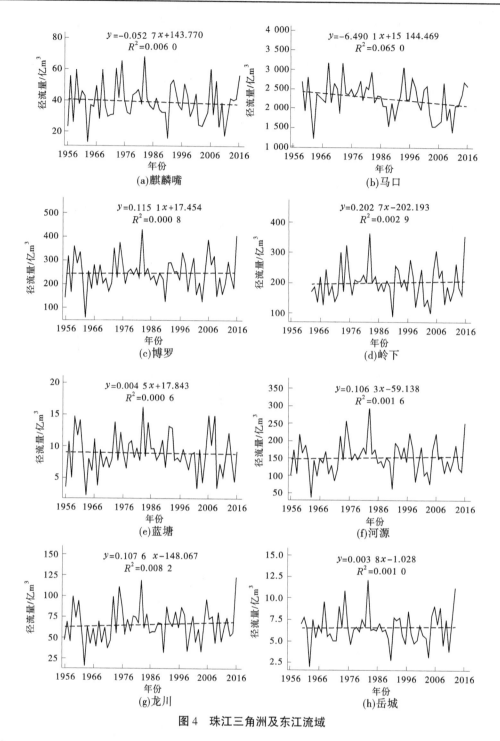

图 4　珠江三角洲及东江流域

可见表 2。

　　90%最枯月平均流量法计算的生态流量占多年平均流量比例相对集中在 10%～20%，且在各流域无明显差异。除个别站外，其余站点生态流量计算结果均大于多年平均流量的 10%。推测可能是由广东省大部分地区均位于亚热带季风区，地表径流受降雨因素的影响比较大，且其影响程度与所处流域无明显联系引起的。双捷站、河源站和小古菉站 90%最枯月平均流量法计算的生态流量略小于多年平均流量的 10%，推测可能是由于以上 3 个站点的地势起伏较大，河流的季节性明显、枯水期的径流变幅明显大于其他河流。

　　广东省各流域内水文控制站的近 10 a 最枯月平均流量法计算的生态流量占多年平均流量比例多

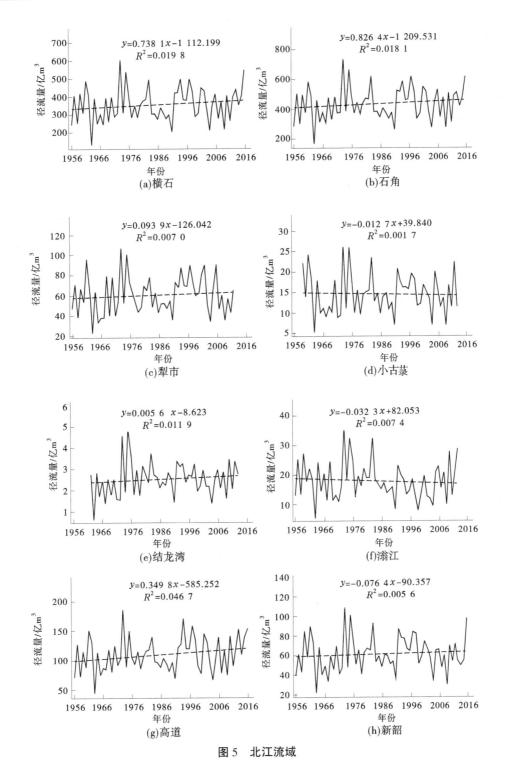

图5　北江流域

集中在 20%~40%。东江流域内部分水文控制站（博罗、岭下、河源和龙川站）的近 10 a 最枯月平均流量法计算的生态流量占多年平均流量比例高达 50%~60%，结合图 4 的各控制站径流变化情况推测，可能是由于以上站点在 2007—2016 年属于丰水年，其年径流量和最枯月径流量相对较大造成的。同时，结合图 2~图 6 分析可知，大部分站点在 2007—2016 年期间年径流量和最枯月径流量均明显大于其他时期，由此计算出的生态流量值占多年平均流量比例均相对较高。

　　综上，90% 最枯月平均流量法计算的生态流量占多年平均流量比例在广东省各流域无明显差异，是三种计算方法中适用性最高的方法；近 10 a 最枯月平均流量法计算的结果因水文周期会有较大的

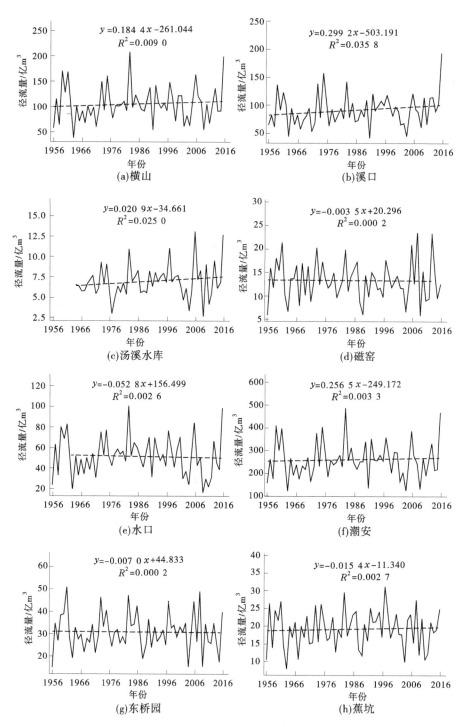

图 6　韩江及粤东诸河流域

区别，容易受流域丰、平、枯变化的影响，适用性相对较低。

3.3　基于不同方法的生态流量满足程度分析

根据水文控制站长序列月均流量数据，分析各控制断面月均生态流量满足情况，见表 3。经分析可知：Tennant 法的 10%计算的生态流量月均满足程度最高，均高于 95%，且超过一半水文站点的生态流量月均满足程度达到 100%。90%最枯月平均流量法计算的生态流量月均满足程度略低于 Tennant 法的 10%的，但也均高于 95%。

近 10 a 最枯月平均流量法计算的生态流量月均满足程度多在 70%～90%，满足程度较低。粤西沿海诸河流域的化州（城）站、东江流域的龙川站、韩江及粤东诸河流域的溪口生态流量月均满足程度低于75%，推测可能是受上游用水和水利工程运行的影响[19]。

表2　广东省主要流域生态流量计算结果　　　　　　　　　　单位：m³/s

序号	水文控制站	集雨面积/km²	多年平均流量	Tennant法（取10%）	90%最枯月平均流量法	近10 a最枯月平均流量法	所处流域
1	缸瓦窑	3 086	96.0	9.60	13.61	32.52	粤西沿海诸河
2	合江	1 901	63.0	6.30	8.40	19.59	
3	化州（城）	6 151	202.1	20.21	31.19	83.70	
4	双捷	4 345	194.5	19.45	**17.72**	52.58	
5	高要	351 535	7 243.3	724.33	1 389.96	2 161.58	西江
6	官良	3 164	88.6	8.86	20.43	36.79	
7	腰古	1 776	54.5	5.45	9.62	20.77	
8	古榄	8 273	270.3	27.03	35.98	63.20	
9	麒麟嘴	2 866	123.8	12.38	14.19	25.36	珠江三角洲
10	马口	—	7 120.0	712.00	1 475.03	2 397.57	
11	博罗	25 325	780.0	78.00	109.99	**400.94**	东江
12	岭下	20 557	637.3	63.73	184.27	**356.64**	
13	蓝塘	1 080	28.2	2.82	3.70	6.53	
14	河源	15 750	482.1	48.21	**39.44**	**298.01**	
15	龙川	7 699	208.1	20.81	35.26	**111.28**	
16	岳城	531	20.9	2.09	3.84	6.19	北江
17	石角	38 363	1 368.9	136.89	215.64	424.74	
18	横石	34 013	1 121.8	112.18	182.79	346.46	
19	高道	9 007	347.3	34.73	36.82	89.28	
20	新韶	6 794	194.4	19.44	35.24	68.87	
21	滃江	2 000	56.8	5.68	8.28	18.32	
22	犁市	6 976	191.2	19.12	22.57	57.12	
23	小古菉	1 881	46.3	4.63	**4.00**	7.83	
24	结龙湾	281	8.0	0.80	1.44	2.26	
25	水口	6 480	163.6	16.36	23.78	46.07	韩江及粤东诸河
26	横山	12 624	333.6	33.36	58.27	127.00	
27	溪口	9 228	288.5	28.85	42.90	127.00	
28	潮安	29 077	825.0	82.50	153.21	322.50	
29	汤溪水库	667	22.1	2.21	4.77	10.98	
30	东桥园	2 016	97.9	9.79	13.46	24.24	
31	磁窑	820	42.1	4.21	5.45	10.91	
32	蕉坑	1 104	60.8	6.08	7.23	18.51	

注： 表格中加粗为占比偏小或偏大值。

有关部门进行水资源优化配置和合理利用可根据需求进行不同生态流量计算方法和结果的选取。

本文推荐 Tennant 法的 10%和 90%最枯月平均流量法配合推求生态流量，取两种方法的大值为河流最小生态流量下泄值。

表 3　广东省主要流域生态流量满足程度分析　　　　　　　　　%

序号	水文控制站	Tennant 法（取 10%）	90%最枯月平均流量法	近 10 a 最枯月平均流量法	所处流域
1	缸瓦窑	99.2	98.9	80.0	粤西沿海诸河
2	合江	99.9	99.0	81.0	
3	化州（城）	100.0	99.1	**71.4**	
4	双捷	98.1	98.1	79.9	
5	高要	100.0	99.0	83.9	西江
6	官良	100.0	99.2	86.1	
7	腰古	100.0	99.0	82.9	
8	古榄	99.5	99.2	95.2	
9	麒麟嘴	99.5	99.0	91.0	珠江三角洲
10	马口	99.3	97.6	81.5	
11	博罗	98.8	98.0	68.0	东江
12	岭下	100.0	98.3	79.4	
13	蓝塘	99.6	99.0	91.0	
14	河源	98.0	98.4	66.3	
15	龙川	100.0	99.2	**74.5**	
16	岳城	100.0	99.2	88.4	
17	石角	100.0	98.9	81.3	北江
18	横石	100.0	98.9	82.2	
19	高道	99.3	99.0	81.1	
20	新韶	100.0	99.2	81.0	
21	濛江	99.6	98.4	80.1	
22	犁市	99.9	99.6	83.7	
23	小古菉	97.9	98.2	92.6	
24	结龙湾	99.1	97.9	86.6	
25	水口	100.0	99.3	87.8	韩江及粤东诸河
26	横山	100.0	98.5	80.3	
27	溪口	99.7	99.2	**72.8**	
28	潮安	100.0	98.8	78.7	
29	汤溪水库	99.2	98.4	84.9	
30	东桥园	99.7	99.3	90.4	
31	磁窑	99.5	98.9	87.3	
32	蕉坑	99.5	98.9	76.6	

注：表格中加粗为占比偏小值。

4 结语

本文运用三种水文学法对广东省主要流域共 32 个水文控制站的逐月流量数据做了全面而系统的研究，探讨不同流域主要水文控制站近 60 a 径流变化规律及影响因素，分析不同计算方法下各流域生态流量的差异和影响因素。

除个别站外，90% 最枯月平均流量法计算的生态流量占多年平均流量比例均大于 10%，多集中在 10%~20%，且比例在各流域无明显差异。近 10 a 最枯月平均流量法计算的结果因水文周期会有较大的区别，容易受流域丰、平、枯变化的影响。Tennant 法的 10% 和 90% 最枯月平均流量法计算生态流量的月均满足程度均高于 95%，而近 10 a 最枯月平均流量法计算的生态流量月均满足程度多在 70%~90%，满足程度较低。

有关部门进行水资源优化配置和合理利用可根据需求进行不同生态流量计算方法和结果的选取。本文推荐 Tennant 法的 10% 跟 90% 最枯月平均流量法配合推求生态流量，取两种方法的大值为河流最小生态流量下泄值。

参考文献

［1］Douglas A J, Harpman D A. Estimating Recreation Employment Effects with IMPLAN for the Glen Canyon Dam Region ［J］. Journal of Environmental Management, 1995, 44（3）：233-247.

［2］卢小波，吕生玺. 黑河中游张掖城区段水生态治理方案研究 ［J］. 水资源与水工程学报，2020, 31（2）：95-102.

［3］WU Miao, CHEN Ang. Practice on ecological flow and adaptive management of hydropower engineering projects in China from 2001 to 2015 ［J］. Water Policy, 2018, 20（2）：336-354.

［4］钟华平，刘恒，耿雷华，等. 河道内生态需水估算方法及其评述 ［J］. 水科学进展，2006（3）：430-434.

［5］Tennant D L. Instream Flow Regimens for Fish, Wildlife, Recreation and Related Environmental Resources ［J］. Fisheries, 1976, 1（4）：6-10.

［6］石永强，左其亭. 基于多种水文学法的襄阳市主要河流生态基流估算 ［J］. 中国农村水利水电，2017（2）：50-54.

［7］Dunbar M J, Gustard A, Acreman M C, et al. Review of Overseas Approaches to Setting River Flow Objectives ［J］. 1997.

［8］Ames D. Estimating 7Q10 Confidence Limits from Data：A Bootstrap Approach ［J］. Journal of Water Resources Planning & Management, 2006, 132（3）：204-208.

［9］Jr R C M, Bao Y. The Texas method of preliminary instream flow assessment ［J］. Rivers, 1991, 2（4）：295-310.

［10］Li L, Zheng H. Environmental and Ecological Water Consumption of River Systems in Haihe-Luanhe Basins ［J］. Acta Geographica Sinca, 2000, 5（4）：495-500.

［11］魏雯瑜，刘志辉，冯娟，等. 天山北坡呼图壁河生态基流量估算研究 ［J］. 中国农村水利水电，2017（6）：92-96.

［12］刘静，郑红星，戴向前. 随机流量历时曲线及其在生态流量计算中的应用 ［J］. 南水北调与水利科技，2011, 9（3）：118-123.

［13］杨裕恒，曹升乐，刘阳，等. 基于改进 Tennant 法的小清河生态基流计算 ［J］. 水资源与水工程学报，2016, 27（5）：97-101.

［14］陈凯霖，冯民权，王丹丹. 基于径流还原的桑干河生态基流及其盈缺分析研究 ［J］. 水资源与水工程学报，2018, 29（2）：90-96.

［15］张强，崔瑛，陈永勤. 基于水文学方法的珠江流域生态流量研究 ［J］. 生态环境学报，2010, 19（8）：1828-1837.

［16］邵东国，穆贵玲，易淑珍，等. 基于水域面积法的山区河流水电站下游生态流量定值研究 ［J］. 环境科学学报，2015, 35（9）：2982-2988.

［17］宋晓猛，张建云，占车生，等．气候变化和人类活动对水文循环影响研究进展［J］．水利学报，2013，44（7）：779-790.

［18］郑炎辉，陈晓宏，何艳虎，等．珠江流域降水集中度时空变化特征及成因分析［J］．水文，2016，36（5）：22-28.

［19］邓志民，李斐，邓瑞，等．长江流域生态流量满足程度及其保障措施研究［J］．人民长江，2021，52（7）：71-75.

粤港澳大湾区年最高潮位时空变化特征分析研究

黄华平　尹开霞　靳高阳　刘昭辰　程　聪　刘惠敏　林焕新

(中水珠江规划勘测设计有限公司，广东广州　510610)

摘　要： 依据粤港澳大湾区八大口门对应潮位站 1975—2018 年实测潮位资料，采用 Mann-Kendall 法、Pettitt 法及 Morlet 小波分析法对各站逐年最高潮位系列的趋势性、突变性及周期性进行了系统分析。结果表明：①八大口门对应潮位站逐年最高潮位呈现不同程度的上升趋势，仅南沙、横门、灯笼山、黄金及西炮台站上升趋势显著；②各潮位站逐年最高潮位系列突变点整体处于 1986—1991 年及 2001—2008 年两个时间区间内，仅横门站在 1989 年的突变点通过 90% 置信度对应的显著性检验；③横门、灯笼山及西炮台站逐年最高潮位系列第一主周期均大于 15 年，仅存在 2~3 个振荡周期，其余潮位站虽在研究期内振荡频繁，但振荡幅度不大。

关键词： 粤港澳大湾区；最高潮位；Mann-Kendall 法；Pettitt 法；小波分析法

1　引言

气候变化影响下，粤港澳大湾区邻近海域海平面显著上升，极端风暴潮事件频繁发生，2008 年"黑格比"、2017 年"天鸽"和 2018 年"山竹"接连刷新八大口门最高潮位历史记录。在海平面上升及极端风暴潮事件的耦合作用下，珠江河口潮汐动力明显增强，最高潮位不断上升，地区水安全脆弱性与风险性持续恶化[1-2]。

面临日益严峻的防潮形势，有必要充分认识大湾区潮汐演变特性，为制订合理的防潮对策措施提供有力依据。目前，关于粤港澳大湾区潮汐特性已有大量研究，如张杰采用 Mann-Kendall 方法对珠江河口中大站和黄埔站近 50 a 高潮位数据趋势性及突变性进行了相关检验[3]；欧素英等通过建立径流-潮汐调和分析模型，对珠江河口径流量与潮汐变化间的相互作用进行了相关研究[4]；罗志发等建立风暴潮数值模型，分析了大湾区风暴潮的时空分布特征，并在其基础上探讨了重点区域风暴潮增水机制[5]；王久鑫通过建立三维数值模型对珠江河口水动力环境进行模拟，并揭示了海平面上升影响下水动力环境的变化机制[6]；张先毅等采用数理统计法分析了磨刀门河口典型潮位站与水文站受强人类活动影响下径潮动力变量的季节性异变特性[7]。

在上述研究基础上，本文搜集了珠江河口八大口门控制潮位站 1975—2018 年（大虎站仅为 1985—2018 年）逐年最高潮位数据，分别采用 Mann-Kendall 法、Pettitt 法和 Morlet 小波分析法对各站逐年最高潮位系列的趋势性、突变性及周期性进行了相关分析，其成果可为合理构建粤港澳大湾区水安全保障体系提供一定理论依据。

基金项目： 国家重点研发计划（2018YFC1508200）。

作者简介： 黄华平（1993—），男，工程师，主要从事水利规划、水文水资源研究工作。

2 资料与方法

2.1 资料情况

本文主要搜集了粤港澳大湾区八大口门控制潮位站的逐年最高潮位数据，包括了大虎、南沙、万顷沙西、横门、灯笼山、黄金、西炮台及黄冲等站，各潮位站资料年限及所处口门名称如表 1 所示。

表 1   主要潮位站资料年限及所处位置

潮位站	口门名称	资料年限	潮位站	口门名称	资料年限
大虎	虎门	1985—2018 年	南沙	蕉门	1975—2018 年
万顷沙西	洪奇门	1975—2018 年	横门	横门	1975—2018 年
灯笼山	磨刀门	1975—2018 年	黄金	鸡啼门	1975—2018 年
西炮台	虎跳门	1975—2018 年	黄冲	崖门	1975—2018 年

2.2 Mann-Kendall 法

Mann-Kendall 法作为一种非参数统计方法，具有无须事先对检测数据的分布进行假定且结果定量化程度较高的特点，被广泛应用于水文及气象数据系列的趋势性诊断研究[8]，具体原理可以表示如下：

假定存在一组平稳时间序列$\{x_i\}$（$i=1$，2，…，n），则可定义统计量 S：

$$S = \sum_{i=1}^{n-1} \sum_{j=i+1}^{n} \text{Sgn}(x_j - x_i) \tag{1}$$

式中：$\text{Sgn}(x_j - x_i) = \begin{cases} 1 & x_j - x_i > 0 \\ 0 & x_j - x_i = 0 \\ -1 & x_j - x_i < 0 \end{cases}$，$x_i$ 和 x_j 分别为平稳序列中第 i、j 个值。

记存在统计量 Z：

$$Z_{Mk} = \begin{cases} (S-1)/\sqrt{\text{Var}(S)} \\ (S+1)/\sqrt{\text{Var}(S)} \end{cases} \tag{2}$$

式中：$\text{Var}(S)$ 为 S 方差，若 $Z \in [-Z_{1-\alpha/2}, Z_{1-\alpha/2}]$，则表明该数据系列变化趋势并不显著；反之，则存在显著变化趋势。

本文 $Z_{1-\alpha/2}$ 取值为 1.64，即对应置信度为 90% 的显著性检验。

2.3 Pettitt 法

Pettitt 法是一种诊断数据序列突变点的非参数统计方法，该方法采用 Mann-Whitney 统计量来检测平稳序列 $\{x_i\}$ 内某一突变点 t 前后两组系列是否存在显著差异[9]，原理如下：

记存在统计量 $U_{t,n}$ 如式（3）所示：

$$U_{t,n} = U_{t-1,n} + \sum_{i=1}^{n} \text{Sgn}(x_t - x_i) \tag{3}$$

基于式（3）可计算：

$$K_t = \max |U_t| \quad (1 < t \leqslant n) \tag{4}$$

$$P = 2\exp\{-6K_t^2/(n^3 + n^2)\} \tag{5}$$

式中：x_t 与 x_i 分别为第 t 个与第 i 个样本，Sgn 函数与 Mann-kendall 法中一致，本文假定 $P \leqslant 0.1$，t 点为该数据系列内的显著突变点。

2.4 Morlet 小波分析法

Morlet 小波分析是起源于 20 世纪 80 年代的一种时频联合分析方法，克服了傅立叶变换分析的不足，具有自适应时频窗口，常用于水文气象要素的周期性分析[10]。该方法的关键在于选取合理的小波函数与时间尺度，通过对小波基函数 ψ 进行尺度伸缩和空间平移，将数据序列转化为对应的小波变换形式，如公式（6）所示。

$$W_f(a,\ b) = |a|^{-1/2} \int f(t) \times \psi\left(\frac{t-b}{a}\right) \tag{6}$$

式中：$W_f(a,\ b)$ 为小波系数；$f(t)$ 为数据序列；ψ 为小波基函数；a 为尺度因子，反映小波的周期长度；b 为时间因子，反映序列的时间平移。

对小波系数的平方进行积分求和，可以获取对应的小波方差，如公式（7）所示。

$$\text{Var}(a) = \frac{1}{n} \sum_{b=1}^{n} |W_f(a,\ b)|^2 \tag{7}$$

式中：Var（a）为小波方差，其随尺度因子 a 的变化过程称为小波方差图，反映了波动能量随时间尺度的分布特性，其中较大值对应的时间尺度即为序列主要周期。

3 结果与分析

本文首先对八大口门对应潮位站的逐年最高潮位系列进行简要分析，以横门的横门站和崖门的黄冲站为例，两者 1975—2018 年的逐年最高潮位过程如图 1 所示。其中，横门站呈现明显上升趋势，上升速率为 0.013 5 m/a，而黄冲站上升趋势并不显著，对应上升速率仅为 0.006 m/a。为进一步准确分析各站逐年最高潮位系列的趋势性，研究采用 Mann-Kendall 法对各站数据进行相关检验，具体结果如表 2 所示，其中横门站与黄冲站对应 Mann-Kendall 检测结果如图 2 所示。上述结果表明，所有潮位站对应 M-K 统计量均大于 0，说明各站逐年最高潮位系列均呈现不同程度的上升趋势，但通过对统计量进行 90% 置信度的显著性检验后，发现东四口门仅蕉门的南沙站和横门的横门站上升趋势显著，而西四口门除崖门的黄冲站外，其余潮位站逐年最高潮位系列均显著上升。

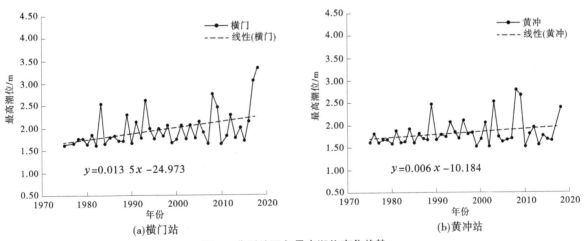

图 1 典型站逐年最高潮位变化趋势

表 2 各潮位站逐年最高潮位系列趋势性检验结果

潮位站	M-K 统计量	显著性	潮位站	M-K 统计量	显著性
大虎	1.48	不显著	南沙	1.99	显著
万顷沙西	1.45	不显著	横门	2.76	显著
灯笼山	2.13	显著	黄金	2.09	显著
西炮台	1.95	显著	黄冲	1.49	不显著

注：本次置信度取 90%，对应 M-K 统计量阈值为 1.64。

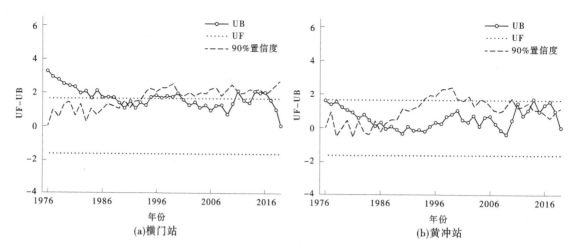

图 2　典型站逐年最高潮位 Mann-Kendall 检验结果

采用 Pettitt 法对各站逐年最高潮位系列的突变特性进行了相关分析，基于 90%置信度的显著性检验结果，并结合 M-K 成果，最终确定了各站逐年最高潮位系列的突变点，具体如表 3 所示。由表 3 不难看出，八大口门潮位站逐年最高潮位系列突变点分布较为集中，主要出现在两个时间区间内，即 1986—1991 年及 2001—2008 年，其原因考虑主要是受 20 世纪 80—90 年代的珠江河口整治工程及 2000 年后频发的极端风暴潮事件影响。然而，所有潮位站中仅东四口门的横门站逐年最高潮位系列突变点（1989 年）通过了 90%置信度的显著性检验，其他站点对应突变点均不显著。

表 3　各潮位站逐年最高潮位系列突变性检验结果

潮位站	突变点	统计量/P	显著性	潮位站	突变点	统计量/P	显著性
大虎	2008	108/0.35	不显著	南沙	1991	181/0.21	不显著
万顷沙西	1989	149/0.43	不显著	横门	1989	230/0.05	显著
灯笼山	1989	164/0.31	不显著	黄金	2001	167/0.29	不显著
西炮台	2003	184/0.19	不显著	黄冲	1986	150/0.42	不显著

除趋势性与突变性外，本文还采用 Morlet 小波分析法对各站逐年最高潮位系列的周期性进行了相关分析，各潮位站对应主周期结果如表 4 所示，其中横门站与黄冲站的小波分析成果图如图 3 所示。上述结果表明，各站逐年最高潮位系列对应主周期无明显规律。其中，东四口门中仅横门站第一主周期为 21 a，其余潮位站均小于 10 a，西四口门黄金站与黄冲站第一主周期均为 4 a，灯笼山站与西炮台站第一主周期分别为 20 a 和 15 a。整体来看，横门站、灯笼山站及西炮台站在 1975—2018 年数据系列振荡周期较大，仅存在 2~3 个高—低水位转换周期，其他站点最高潮位系列振荡明显，尤其是西四口门的黄金站与黄冲站，逐年最高潮位在均值附近反复浮动，但对应振幅不大。

表 4　各潮位站逐年最高潮位系列周期性检验结果

潮位站	第一主周期/a	第二主周期/a	潮位站	第一主周期/a	第二主周期/a
大虎	7	4	南沙	7	21
万顷沙西	10	21	横门	21	9
灯笼山	20	—	黄金	4	18
西炮台	15	3	黄冲	4	15

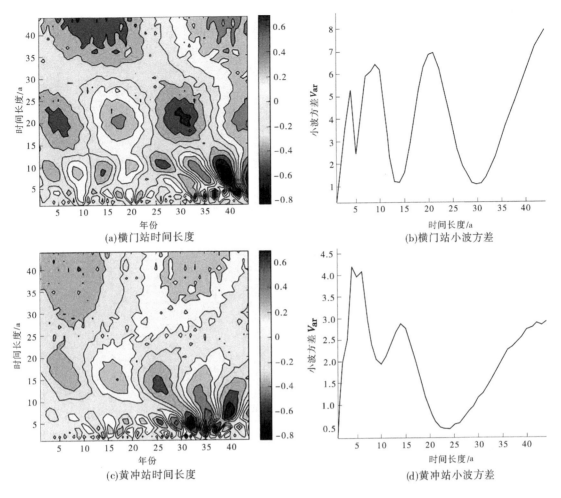

图3 典型站逐年最高潮位系列小波分析图

4 结论

（1）粤港澳大湾区八大口门主要潮位站逐年最高潮位系列虽均呈现上升趋势，但东四口门中仅南沙站和横门站逐年最高潮位上升趋势显著，而西四口门除黄冲站外，其余潮位站逐年最高潮位均显著上升。

（2）各站逐年最高潮位系列对应突变点较为集中，均处于1986—1991年以及2001—2008年两个时间区间内，但所有潮位站中仅横门站突变点（1989年）通过了90%置信度对应的显著性检验。

（3）Morlet小波分析结果表明，横门站、灯笼山站及西炮台站逐年最高潮位系列对应的第一主周期均大于15 a，整个系列中仅存在2~3个高—低水位转换周期，其余各站虽均在研究期内振荡次数较为频繁，但震荡幅度不大。

参考文献

［1］赵钟楠，陈军，冯景泽，等. 关于粤港澳大湾区水安全保障若干问题的思考［J］. 人民珠江，2018，39（12）：81-84，91.

［2］高真，黄本胜，邱静，等. 粤港澳大湾区水安全保障存在的问题及对策研究［J］. 中国水利，2020，893（11）：22-25.

［3］张杰. 广州市珠江河口高潮位变化特征分析［J］. 人民珠江，2019，040（9）：23-27.

［4］欧素英，杨清书，杨昊，等. 河口三角洲径流和潮汐相互作用模型及应用［J］. 热带海洋学报，2017，36（5）：

1-8.

［5］罗志发，黄本胜，谭超，等．粤港澳大湾区风暴潮数值模型的建立与应用［J］．广东水利水电，2020，297（11）：62-67.

［6］王久鑫．海平面上升对珠江口水动力影响数值模拟研究［D］．大连：大连理工大学，2020.

［7］张先毅，杨昊，黄竞争，等．强人类活动驱动下珠江磨刀门河口径潮动力的季节性异变特征［J］．海洋与湖沼，2020，51（5）：81-92.

［8］王栋，吴栋栋，解效白，等．黄河源区水文气象要素时空变化特征分析［J］．人民珠江，2020，41（3）：66-72，84.

［9］胡义明，梁忠民，赵卫民，等．基于跳跃性诊断的非一致性水文频率分析［J］．人民黄河，2014，36（6）：51-53，57.

［10］张愿章，段永康，郭春梅，等．河南省 1951—2012 年降水量的 Morlet 小波分析［J］．人民黄河，2015，37（10）：25-28.

粤港澳大湾区水资源承载力分析及调控策略研究

王　菲[1,2]　王丽影[1,2]　施　晔[1,2]

(1. 中水珠江规划勘测设计有限公司，广东广州　510610；

2. 水利部珠江水利委员会水生态工程中心，广东广州　510610)

摘　要：基于国家试行的水资源承载力评价方法，综合考虑水资源禀赋和开发利用程度，对粤港澳大湾区的水资源承载力进行了评价，并对临界和超载结果成因进行了分析，以此提出了水资源承载力的调控策略建议，以期对粤港澳大湾区战略规划的实施提供水资源支撑。

关键词：承载能力；水资源；粤港澳大湾区；调控策略

1　引言

水资源作为重要的基础性资源，是影响区域可持续发展的重要因素。水资源承载力是指一定条件下，区域水资源能够支撑经济社会发展的最大规模，是衡量区域经济发展受水资源制约的重要指标[1]。因此，水资源承载力的评估对重大发展战略的制定和实施具有重要意义。

粤港澳大湾区包括香港特别行政区、澳门特别行政区和广东省广州市、深圳市、珠海市、佛山市、惠州市、东莞市、中山市、江门市、肇庆市，总面积 5.6 万 km^2。水是粤港澳大湾区建设的核心要素之一，特别是在战略规划的推动下，人口、经济将会进一步聚焦湾区，则满足生态、生活、生产的水资源承载力问题将愈发凸显。因此，正确评价粤港澳大湾区的水资源状况，针对性地采取相应的调控措施，是有效保障水资源可持续利用与经济高质量发展相协调的基础。

2　评价方法和指标

2.1　评价方法

目前，水资源承载力评价方法按照实用程度，大致可以分为理论探索和工作应用两大类方法。其中理论探索类方法主要有综合指标法、常规趋势法、投影寻踪法、模糊综合评价法、主成分分析法、系统动力学法等，金菊良[2]、张礼兵[3]、刘夏[4]、赵自阳[5] 等分别运用此类方法对不同流域水资源承载力进行了深入研究。工作应用类方法以水利部 2016 年印发的《全国水资源承载能力监测预警技术大纲（修订稿）》的计算方法为典型，李云玲等用该方法对河北省水资源承载状况进行了评价[6]，验证了方法的可行性。综合比较各种评价方法，从数据的可获得性、评价方法的可靠性和可操作性、计算方法的简便直观程度等方面考虑，本文采用国家试行的水资源承载力评价方法，构建了水资源承载力评价的指标体系，并结合区域水资源禀赋条件和开发利用程度，对评价结果进行复核，最终确定水资源状况评价结果。

2.2　评价指标

采用水量和水质两项指标作为水资源承载力评价指标。根据用水总量、地下水开采量等进行水量要素评价；根据水功能区水质达标率和污染物入河量进行水质要素评价。其中，用水总量、地下水开采量、水功能区水质达标率控制目标采用最严格水资源管理制度"三条红线"、地区的地下水利用与

作者简介：王菲（1989—），女，工程师，主要从事水利规划及水生态环境研究工作。

保护规划等成果，污染物入河量控制目标采用地区的水功能区纳污能力核定及限制排污总量控制方案的成果。而香港、澳门水量要素采用规划供水量为控制指标，水质要素参考香港环境保护署水质年报和澳门环境状况公报等确定。

水量和水质要素的判别标准为严重超载、超载、临界状态、不超载。具体执行标准见表 1。在水量和水质要素单项评价的基础上，采用"短板法"进行综合评价，综合评价结果与其中的"短板"指标评价结果一致。由于粤港澳大湾区属于南方水资源丰沛地区，结合区域的实际情况，在用水总量评价时，先以《全国水资源承载能力监测预警技术大纲（修订稿）》的评价标准进行现状年各地区水资源承载能力的评价，对于评判结果为超载或临界超载的地区，再结合当地水资源自然禀赋条件、水资源开发利用率进行符合性分析，最终确定评价结果。

表 1 水资源承载状况分析评价标准

要素	评价指标	承载能力基线	承载状况评价			
			严重超载	超载	临界状态	不超载
水量	用水总量 W	用水总量指标 W_0	$W \geq 1.2W_0$	$W_0 \leq W < 1.2W_0$	$0.9W_0 \leq W < W_0$	$W < 0.9W_0$
	地下水开采量 G	地下水开采量指标 G_0	$G \geq 1.2G_0$ 或超采区浅层地下水超采系数 ≥ 0.3 或存在深层承压水开采量或存在山丘区地下水过度开采	$G_0 \leq G < 1.2G_0$ 或超采区浅层地下水超采系数介于（0，0.3］或存在山丘区地下水过度开采	$0.9G_0 \leq G < G_0$	$G < 0.9G_0$
水质	水功能区水质达标率 Q	水功能区水质达标要求 Q_0	$Q \leq 0.4Q_0$	$0.4Q_0 < Q \leq 0.6Q_0$	$0.6Q_0 < Q \leq 0.8Q_0$	$Q > 0.8Q_0$
	污染物入河量 P	污染物限排量 P_0	$P \geq 3P_0$	$1.2P_0 \leq P < 3P_0$	$1.1P_0 \leq P < 1.2P_0$	$P < 1.1P_0$

3 评价结果与分析

3.1 水量要素评价结果

以用水总量因素进行水资源承载状况评价，评价口径用水总量采用扣除火核电和非常规水折减量后的量，再与用水总量控制指标的比值来判断水资源承载状况，结果见表 2。粤港澳大湾区 2018 年评价口径用水总量为用水总量控制指标的 84.3%，小于 90%，因此粤港澳大湾区现状总体处于不超载状态。对各地区分别进行评价，香港、江门、惠州评价为临界状态，澳门、广州、深圳、珠海、佛山、东莞、中山、肇庆评价为不超载状态。

综合考虑过境水量，粤港澳大湾区地处珠江下游，拥有大量的入境水资源，多年平均本地水资源量 568 亿 m^3，入境水量 2 378 亿 m^3，如果加上入境水量则多年平均人均水资源达 4 789 m^3，是全国人均水资源量的 2 倍以上。江门、惠州处于流域较上游，开发程度相对较低，人均本地水资源量分别为 2 636 m^3、2 590 m^3，过境水量极其丰富，水资源量完全可以满足当地的用水需求。评价结果为临界状态的原因在于分配的用水总量指标限制，综合当地水资源禀赋条件分析，江门、惠州不存在临界问题。而香港本地水资源有限，57%的供水量由东深供水工程提供，现状用水量确实已经逼近东深供水工程和本地集雨工程的供水总量，处于临界状态。

粤港澳大湾区 9 市地下水可开采量指标为 5.06 亿 m^3，实际开采量是可开采量指标的 27%，评价为不超载。大湾区 9 市均不存在深层承压水开采和地下水过度开采的情况，9 市地下水开采量指标评价均为不超载。香港、澳门无地下水利用。

表 2　粤港澳大湾区水资源承载状况水量要素综合评价

行政区	用水总量指标评价				地下水开采量指标评价				水资源禀赋评价	总体评价
	用水总量指标 W_0/亿 m^3	评价口径的现状用水量 W/亿 m^3	W/W_0	评价结果	开采量指标 G_0	实际开采量 G	G/G_0	评价结果		
广州	49.52	43.76	0.884	不超载	1.57	0.46	0.295	不超载	—	不超载
深圳	23.67	19.53	0.825	不超载	0.06	0.03	0.530	不超载	—	不超载
珠海	6.84	5.61	0.820	不超载	0.03	0	0.150	不超载	—	不超载
佛山	30.52	22.62	0.741	不超载	0.25	0	0.019	不超载	—	不超载
惠州	21.94	19.75	0.900	临界	0.89	0.33	0.373	不超载	不超载	不超载
东莞	22.48	18.78	0.836	不超载	0.15	0	0.015	不超载	—	不超载
中山	16.53	11.32	0.685	不超载	0	0	—	不超载	—	不超载
江门	28.73	26.95	0.938	临界	0.91	0.32	0.352	不超载	不超载	不超载
肇庆	21	18.54	0.883	不超载	1.2	0.15	0.121	不超载	—	不超载
香港	11.0	10.1	0.918	临界	—	—	—	不超载	临界	临界状态
澳门	2.6	1.0	0.385	不超载	—	—	—	不超载	—	不超载
粤港澳大湾区	234.83	197.97	0.843	不超载	5.06	1.31	0.258	不超载	不超载	不超载

综合用水总量指标评价、地下水开采量指标评价和水资源禀赋条件，从水量要素评价，粤港澳大湾区水资源承载力评价为不超载。

3.2　水质要素评价结果

综合考虑各市水功能区达标率与水质达标目标要求的比值，COD 和氨氮现状入河总量与其限排总量的比值，对粤港澳大湾区 9 市水质承载状况进行评价，总体评价结果为临界状态，见表 3。其中深圳、东莞为超载状态，广州、佛山、惠州、江门为临界状态，珠海、中山、肇庆为不超载状态。

根据香港环境保护署的水质统计资料，香港水质达标率自 2002 年以来一直维持在 80% 以上，2018 年水质达标率为 88%，呈长期改善趋势；根据澳门 2018 年环境状况报告，澳门沿岸水质整体状况有所改善，无水污染事件发生。而香港和澳门的污水收集系统的处理能力分别为 280 万 m^3/d、35.6 万 m^3/d，日均用水量分别为 276.7 万 m^3/d、27.4 万 m^3/d，可见两地的污水处理能力能够满足现状污水排放需求，且香港、澳门实行的是全域污水收集策略。综合考量，香港和澳门的水质要素评价结果为不超载。

3.3　综合承载状况评价

综合水量、水质要素评价结果，粤港澳大湾区 2018 年水资源承载状况总体为临界状态，其中深圳、东莞为超载，广州、佛山、惠州、江门为临界状态，香港、澳门、珠海、中山、肇庆为不超载。

表 3　粤港澳大湾区水资源承载状况水质要素综合评价

行政区	水功能区			COD 限排量（t/a）	氨氮限排量（t/a）	COD 超排程度 P/P_0	氨氮超排程度 P/P_0	评价等级
	水质达标率 $Q/\%$	水质达标控制指标 $Q_0/\%$	Q/Q_0					
广州	67%	75%	0.89	132 239	8 214	0.59	1.17	临界
深圳	66%	80%	0.83	3 347	194	1.09	1.53	超载
珠海	82%	85%	0.97	17 580	2 120	1.08	1.08	不超载
佛山	83%	85%	0.98	32 337	3 444	1.06	1.18	临界
惠州	85%	85%	1.00	13 391	1 129	1.15	1.18	临界
东莞	67%	75%	0.89	30 633	2 025	1.25	1.46	超载
中山	78%	85%	0.92	10 951	1 155	1.00	1.08	不超载
江门	86%	85%	1.01	28 319	2 449	1.15	1.16	临界
肇庆	86%	90%	0.96	8 407	725	1.09	0.90	不超载
香港	—	—	—	—	—	—	—	不超载
澳门	—	—	—	—	—	—	—	不超载
粤港澳大湾区	—	—	—	277 203	21 454	0.87	1.18	临界

3.4　结果分析

从超载情况来看，深圳市经济发达，地区生产总值位列大湾区第一，境内无大江大河流过，水功能区多为有饮用功能的水库水功能区，污染物限排总量较小，因此尽管深圳市废污水排放总量不大，但排入评价水功能区的氨氮污染物量仍大于这些水功能的限排总量，从而导致水质承载能力指标为超载状态。东莞市地区生产总值位列大湾区第五，在人口快速增长和经济高速发展过程中，污水处理设施建设相对滞后，导致东莞市污染物排放总量较大，排入评价水功能区的 COD、氨氮污染物量均大于这些水功能的限排总量，从而导致水质承载能力指标为超载状态。从临界状态来看，广州市、佛山市由于用水总量大，废污水排放量也相应较大，尽管建设了大量的污水处理厂，排入评价水功能区氨氮污染物量仍略大于水功能区的限排总量，从而导致水质承载能力指标为临界超载状态。惠州、江门用水总量相对较大，污水处理能力不足，评价水功能区的污染物排放总量大于限排总量，从而导致水质承载能力指标为临界超载状态。而香港是由于水资源量不足导致承载力趋于临界状态。

总体看来，水环境污染状况对粤港澳大湾区各地市水资源承载能力有着重大而直接的影响，是大湾区水资源承载能力的主要影响因素。

4　调控策略

根据现状的评价结果，考虑到未来经济社会的进一步发展，水资源承载力不足的问题将日益凸显，需要从节水、产业结构、供水、水资源保护和水资源承载能力监控预警等方面进行调控，重点加强江河湖库的水环境治理，健全水资源管理制度。

（1）推进节水型社会建设。坚持节水优先方针，严格落实水资源开发利用总量和用水效率红线，实施水资源消耗总量和强度双控行动。深入推进节水型社会建设，提升全社会的节水意识，把节水贯穿于经济社会发展和生态文明建设的全过程，以水资源可持续利用促进经济社会的可持续发展。

（2）优化经济社会发展布局。按照《粤港澳大湾区发展规划纲要》要求，结合各地水资源禀赋条件，优化城市空间格局，规划优势互补的经济和产业分工体系，进一步提高区域发展协调性。充分发挥香港—深圳、广州—佛山、澳门—珠海的引领带动作用，以香港、澳门、广州、深圳四大中心城市作为区域发展的核心引擎，增强对周边区域发展的辐射带动作用。

（3）完善供水网络格局。一是推进区域供水网络建设。以广佛肇、深莞惠（港）、珠中江（澳）为区域体系，通过实施珠江三角洲配置工程、珠中江供水东、西部干线等工程，构建区域互济的供水网络，对西江、北江和东江等流域水资源实施统一调配，构建广州、深圳、东莞及香港多水源供水格局。二是提升城镇联网供水能力。充分考虑城镇集中供水需求，建设水源与水源、水源与水厂、水厂与水厂互联互通工程，逐步实现市内供水一张网。三是加强应急备用水源地建设，构建多类型、多水源供水保障体系。以江河引提水为主水源的城市，如东莞市、珠海市、佛山市、中山市，以建设多类型水源保障体系为重点，构建以江库联网和蓄水工程联调为应急备用的水源体系。以调水工程为主要水源的城市，如深圳市，加强水源调蓄能力建设，增加应急可供水量。多水源供水的城市，如广州市，以水源联网为主，增强区域水量调配能力，实现应急备用。以蓄水工程为主要水源的城市，如惠州市、江门市、肇庆市，在挖潜蓄水工程潜力的基础上，考虑多个水源地间互为备用。

（4）强化水资源保护。水质是粤港澳大湾区水资源承载能力的主要制约因素，因此加强水资源保护、控源截污、减少污染物入河量是增强大湾区水资源承载能力的主要手段。对水资源承载能力评价为超载或临界超载的各地市，一方面应加强点源、面源污染的治理；另一方面应加强入河排污口整治与监测，同时加强城镇污水处理厂、分散式污水处理设施、排污管网的建设，提高污水收集处理率，有效减少污染物排放量。

（5）建设承载能力监测预警机制。充分利用国家水资源监控能力等信息平台，推进大湾区水资源监控能力建设。建立大湾区取用水户水量监测体系、大湾区水功能区在线监测、饮用水源地监测，配套建立基础台账管理系统，构建大湾区水资源承载能力在线监测系统。在水资源承载能力评价成果的基础上，根据水资源监控系统，动态的获取水资源量、水资源质量等监控数据，及时复核计算区域的水资源承载能力、水资源承载负荷，及时评估其水资源承载状况，形成大湾区水资源承载力动态滚动评价机制，实行对水资源超载地区的重点监测预警制度，逐步实现监测预警机制规范化、制度化、常态化。

5 结语

粤港澳大湾区水资源整体压力较大，在制定与水密切相关的经济发展规模与标准时，要充分考虑到各地市的水资源条件特点，水资源承载力高的地区可考虑承接发达地区的产业转移，水资源承载力较低的地区需严控高耗水产业发展、严限污染物排放量，通过合理规划产业布局，加强水资源保护，并从流域层面进行水资源统筹调配，逐步提升水资源承载能力，实现水资源与经济发展匹配，以大湾区的协同发展带动周边区域经济的共同发展。

参考文献

[1] 范嘉炜，黄锦林，袁明道，等. 基于子系统熵权模型的珠三角水资源承载力评价 [J]. 水资源与水工程学报，2019，30（3）：100-105.

[2] 金菊良，刘东平，周戎星，等. 基于投影寻踪权重优化的水资源承载力评价模型 [J]. 水资源保护，2021，37（3）：1-6.

［3］张礼兵，胡亚南，金菊良，等. 基于系统动力学的巢湖流域水资源承载力动态预测与调控［J］. 湖泊科学，2021，33（1）：242-254.

［4］刘夏，张曼，徐建华，等. 基于系统动力学模型的塔里木河流域水资源承载力研究［J］. 干旱区地理，2021，44（5）：1407-1416.

［5］赵自阳，李王成，王霞，等. 基于主成分分析和因子分析的宁夏水资源承载力研究［J］. 水文，2017，37（2）：64-72.

［6］李云玲，郭旭宁，郭东阳，等. 水资源承载能力评价、研究及应用［J］. 地理科学进展，2017，36（3）：342-349.

多种主干网络下 DeepLabv3+的混凝土梁裂缝语义分割研究

袁嘉豪　张伟锋　岳学军　韦　未　周学民　陈明辉　李婉素

(华南农业大学，广东广州　510640)

摘　要： 图像处理中混凝土裂缝的智能化检测与参数计算对各项工程具有重大实际意义。目前混凝土裂缝像素级检测的常用算法是基于深度学习的语义分割，不同主干网络下的语义分割模型在不同数据集上的性能有所差异。本文提出一种不同主干网络下的语义分割模型性能分析方法，以自制的混凝土梁裂缝图像数据集为例，基于 DeepLabv3+语义分割模型，选择多种主干网络在相同训练条件下进行对比实验，分析模型在测试集上的裂缝分割结果与评估指标，最终得出各个主干网络模型在各项性能上的优劣。

关键词： 图像处理；裂缝检测；语义分割；主干网络

1　引言

裂缝作为建筑物的主要早期病害，给水工建筑、道路建筑等工程带来了重大安全隐患。当建筑裂缝宽度、长度等参数超过一定阈值时，易引发建筑物结构破坏，发生重大安全事故，造成人员伤亡等严重后果。因此，及时对建筑物裂缝监测识别对其日常安全运行与维护具有重大的实际意义。

近年来，随着人工智能与图像处理技术的高速发展，大量国内外学者在深度学习语义分割领域的裂缝识别算法研究上有了新的突破。Yang 等[1] 使用全卷积神经网络实现了对裂缝端到端的语义分割，准确率达到了 97.96%，但对裂缝的参数计算误差较大，鲁棒性不足，仍有改进的潜力。Chen 等[2] 人为改善模型在大分辨率图像时耗时长以及多次下采样预测精度降低的缺点提出了 DeepLabv3+，在公共数据集上 MIoU 达到了 82.1。语义分割模型中根据不同的数据集与需求选取主干网络能提高模型在该数据集上的性能。目前已有许多优秀的主干网络：He 等[3] 为减轻深层网络训练的难度，提出了 ResNet，并使用 ResNet152 实现了 96.25% 的精确率；Sandler 等[4] 基于倒置残差提出了 Mobile-Netv2，改善了多个任务的性能水平；Zhang 等[5] 提出了 ResNet 的变体 ResNeSt，其与复杂度相同的网络相比实现了超过 1% 精度提升。

本文基于 DeepLabv3+基础网络结构，运用多种主干网络，在自建的裂缝数据集上对模型性能进行研究，通过对比分析充分验证了各个主干网络下的 DeepLabv3+在各项性能上的优劣。

2　不同主干网络下的性能分析方法

2.1　主干网络

DeepLabv3+的主干网络选择以深度卷积神经网络（DCNN）为主，AlexNet、VGG 网络等都是经

基金项目： 广东省级大学生创新项目（S202110564060）；交通运输部规程编制项目《公路越岭隧道水文地质勘察规程》；广东省交通规划设计研究院集团股份有限公司科技创新项目－粤交院〔2021〕研发 YF-014，YF-015。

作者简介： 袁嘉豪（1997—），男，硕士研究生，研究方向为裂缝识别方面。

通讯作者： 张伟锋（1968—），男，教授，主要从事水文地质及特殊岩土体特性等方面的工作。

典的 DCNN。一般来说，增加网络的深度会提高网络的性能，但增加到一定程度，误差反而会增大，引起模型退化，也会引发梯度消失的问题。所以，根据数据集以及需求选择一个合适的主干网络，对提高模型的各项实用性能有着重要意义。根据各项性能多样性原则，本文所选取研究的主干网络如表 1 所示（括号内为简称）。

表 1　主干网络

主干网络	训练参数
ResNet50（r50）	26 M
ResNet101（r101）	45 M
ResNeSt101（rs101）	48 M
HRNet（hr48）	64 M
MobileNetv2（mv2）	4 M
MobileNetv3-small（mv3）	3 M

2.2　语义分割评价指标

本文分别从运算速度以及准确度两个方面来分析不同主干网络下模型的性能。运算速度方面，主要使用每秒处理裂缝图像的数目衡量，准确度方面主要使用像素准确率（PA）、类像素准确率（CPA）、平均像素准确率（MPA）作为综合性评价指标，交并比（IoU）则是语义分割领域的经典评价指标，与平均交并比（MIoU）共同作为本次实验的分类性能评价指标。

假设共有 $k+1$ 类（k 个目标类，1 个背景类），则上述指标分别按下列公式计算：

$$PA = \frac{\sum_{i=0}^{k} p_{ii}}{\sum_{i=0}^{k} \sum_{j=0}^{k} p_{ij}} \tag{1}$$

$$CPA_i = \frac{p_{ii}}{\sum_{j=0}^{k} p_{ij}} \tag{2}$$

$$MPA = \frac{1}{k+1} \sum_{i=0}^{k} CPA_i \tag{3}$$

$$IoU_i = \frac{p_{ii}}{\sum_{j=0}^{k} p_{ij} + \sum_{j=0}^{k} p_{ji} - p_{ii}} \tag{4}$$

$$MIoU = \frac{1}{k+1} \sum_{i=0}^{k} IoU_i \tag{5}$$

式中：p_{ii} 为表示真实为 i 类预测为 i 类的像素点总数；p_{ij} 为表示真实为 i 类预测为 j 类的像素点总数；p_{ji} 为真实为 i 类却被预测成 j 类的像素点总数。

3　试验与验证

3.1　裂缝图像数据集构建

本文选择荷载试验后开裂的混凝土梁试件作为拍摄对象，为了提高网络模型的鲁棒性，在拍摄时选择了包含不同光照条件、笔迹、杂物等的场景，最终获得了 48 张分辨率为 3 648×2 736 的裂缝图像。使用滑动窗口分割法，将原图像切割成分辨率为 152×152 的子图像，共 20 736 张，经过数据清洗去除畸变、失真的图像后共 13 194 张，其中含有裂缝图像 4 568 张，按 8∶1∶1的比例随机划分成训练集、验证集、测试集，最后使用 labelme 对裂缝图像进行标注。

3.2 模型训练参数

为提高模型的泛化能力，本文采用随机裁剪、随机旋转等数据增强手段对图像进行预处理。为了防止训练过程中模型陷入局部最优点，本试验优化器选择 SGD，优化策略选择随机梯度下降法，学习率设定为 0.01，动量参数设定为 0.9，学习率衰减值设定为 0.000 5。网络设置 450 个 epoch，批处理大小设定为 8 与 16。训练过程选择 Poly 学习策略，幂指数设定为 0.9，学习率下限设定为 0.000 1。模型选用交叉熵损失函数，并引入正则化项防止过拟合，权重衰减系数为 1。

从图 1 可以看出，在不同批处理大小下，除 mv3 外，其他模型整体收敛较快，各模型损失值最终均下降到 0.05 以下，批处理大小增加到 16 时，最终损失值有所上升，mv3 在训练结束期间损失仍有下降迹象。

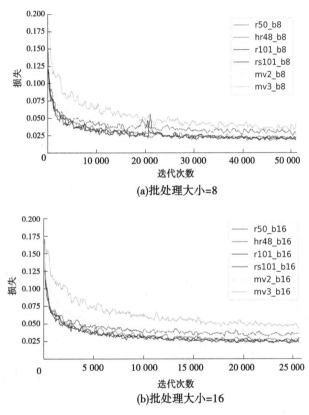

(a)批处理大小=8

(b)批处理大小=16

图 1　训练损失图

3.3 不同主干网络下分割性能对比分析

在相同的数据集与训练条件下，将不同主干网络模型在测试集上测试得到如表 2 所示的评估结果。试验显示，r101 在批处理大小为 8 时各项指标明显高于其他模型，其中 MPA 与 MIoU 分别达到 86.89、79.57，但其处理速度仅有 26.1 task/s；mv2 在批处理大小为 8 时处理速度最快，达到 40.3 task/s，但其分割性能略有降低；以 ResNet 来说，增加其深度可以提高 MPA、MIoU 等各项指标，但处理速度会有所降低，其变体 rs101 则在分割性能与处理速度之间能达到更好的均衡；mv3 分割性能较差，但提升批处理大小时能够损失较少分割性能而显著增加处理速度；各模型均未发生过拟合。

各个模型在测试集上的预测掩码如图 2 所示。可以看出，对于粗裂缝［见图 2（a）］，不同主干网络下的模型均能准确地识别出其外轮廓，预测掩码与标注形态接近，可视化效果与原图像裂缝边缘重合度较高，能够达到像素级检测。而对于细长的裂缝［见图 2（b）］，各模型均能检测出裂缝主体部分，与原裂缝边缘重合度较高，对于裂缝的分支细节，各模型均有漏检情况。

表 2　不同主干网络的评估结果

主干网络	批处理大小	crack		PA	MPA	MIoU	每秒处理 128×128 裂缝图像的数目/（task/s）
		CPA	IoU				
r50	8	70.74	58.42	98.12	84.96	78.24	30.9
	16	70.26	58.13	98.11	84.73	78.09	31.5
r101	8	74.65	60.98	98.22	86.89	79.57	26.1
	16	72.07	59.14	98.14	85.61	78.62	26.0
rs101	8	72.87	60.09	98.19	86.02	79.11	27.2
	16	71.40	58.80	98.13	85.28	78.44	27.7
hr48	8	71.80	58.31	98.08	85.45	78.17	19.2
	16	71.27	58.54	98.11	85.21	78.30	19.3
mv2	8	66.10	53.87	97.89	82.61	75.85	40.3
	16	65.64	54.02	97.91	82.40	75.94	39.3
mv3	8	56.05	46.42	97.58	77.62	71.98	35.4
	16	56.22	46.37	97.57	77.70	71.94	38.8

由图 3 可以看出在各情况下各主干网络模型的分割表现。对于具有复杂形态的裂缝［见图 3（a）］，rs101 对于裂缝的分支结构分割较为完整，值得一提的是，mv2 在保持高处理速度下对复杂裂缝的分割仍具有较好性能；对于表面具有较多的坑洞的情况下［见图 3（b）］，mv3 误检率反而较低，其他模型均对坑洞有不同程度的误检；对于含有字迹噪声图像［见图 3（c）］，各模型对字迹的抗干扰能力较强；对于字迹与裂缝大部分重合的图像［见图 3（d）］，hr48 较其他模型分割性能更好，能准确在字迹中表达裂缝的边界信息，其他模型均有对字迹误检的情况。

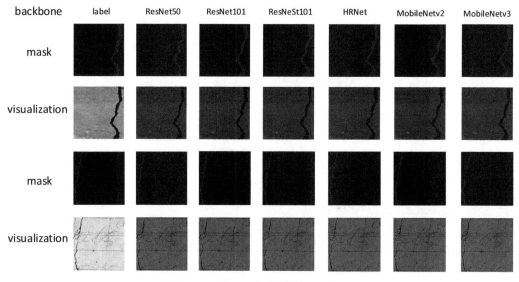

图 2　不同主干网络的模型预测结果

4　结论

本文根据试验对比分析，得出以下结论：

（1）对于混凝土裂缝数据集，在所选取的 6 个主干网络中，以 r101 为主干网络的 DeepLabv3+的综合分割性能最优，mv2 的处理速度最快，rs101 则表现较为均衡。

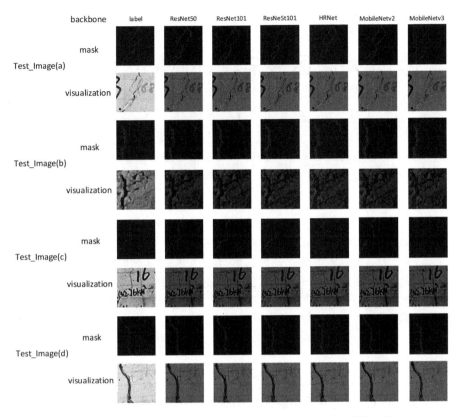

图 3　不同主干网络的模型在各种裂缝下的预测结果及可视化对比

（2）本文中 mv3 的分割性能较不理想，模型训练收敛较慢，与 mv2 相比处理速度较慢。由于在批处理大小为 16 时训练结束前损失仍有下降的趋势，且提升批处理大小可在损失较少性能的前提下提升处理速度，后续研究应使用更大批次进行训练。

（3）对于复杂裂缝的检测，r101 分割较为完整，各模型在含坑洞图像上均有误检的原因可能是含坑洞样本不足，hr48 虽然处理速度较慢，但在精度以及鲁棒性等方面表现较好，对字迹有较强的抗干扰性，且对于裂缝的宽度细节表现较为完整，若有参数计算的需求，可考虑以其为基础进行优化。

参考文献

［1］Yang X，Li H，Yu Y，et al. Automatic pixel - level crack detection and measurement using fully convolutional network［J］. Computer - Aided Civil and Infrastructure Engineering，2018，33（12）：1090-1109.

［2］Chen L C，Zhu Y，Papandreou G，et al. Encoder−decoder with atrous separable convolution for semantic image segmentation［C］//Proceedings of the European conference on computer vision（ECCV）. 2018：801-818.

［3］He K，Zhang X，Ren S，et al. Deep residual learning for image recognition［C］//Proceedings of the IEEE conference on computer vision and pattern recognition. 2016：770-778.

［4］Sandler M，Howard A，Zhu M，et al. Mobilenetv2：Inverted residuals and linear bottlenecks［C］//Proceedings of the IEEE conference on computer vision and pattern recognition. 2018：4510-4520.

［5］Zhang H，Wu C，Zhang Z，et al. Resnest：Split−attention networks［J］. arXiv preprint arXiv：2004. 08955，2020.

粤港澳大湾区生态水网建设策略研究

施 晔[1,2] 王 菲[1,2] 蒋任飞[1,2] 祝 银[1,2]

(1. 中水珠江规划勘测设计有限公司，广东广州 510610；
2. 水利部珠江水利委员会水生态工程中心，广东广州 510610)

摘 要：随着粤港澳大湾区战略的不断推进，在当前国家水网体系下，建设大湾区生态水网以有效构筑生态基础，是大湾区生态保护优先考虑的基础内容，也是未来一段时间构建美丽湾区、推动大湾区水利高质量发展的重要路径。在提出生态水网概念的基础上，剖析其内涵，给出生态水网建设原则，并提出了新形势下大湾区生态水网建设策略，以有效支撑美丽湾区建设。

关键词：粤港澳大湾区；生态水网；策略

1 引言

河川之危、水源之危是生存环境之危、民族存续之危。在国家水安全战略中，建设水网工程体系作为基础性、战略性的内容至关重要。水利部部长李国英在"三对标、一规划"专项行动总结大会上，提出要"复苏河湖生态环境"，要求强化河湖生态保护治理，维护河湖健康生命，实现河湖功能永续利用。生态环境部在持续推进污染防治攻坚战中也提出要增加好水、增加生态水，改善水生态，做好水资源、水生态、水环境"三水"统筹。粤港澳大湾区作为我国开放程度最高、经济活力最强的区域之一，近年来生态环境保护工作成效显著，但对标美丽湾区发展愿景，其生态环境保护工作仍任重道远[1]。

在当前"国家水网+区域水网"框架体系下，如何建设大湾区生态水网既是大湾区生态保护的基础内容，也是从当前人水关系角度出发以满足人民对美好生态环境的迫切需要，更是未来一段时间构建幸福河湖、推动水利高质量发展的重要路径。因此，本文从生态水网内涵出发，阐述生态水网建设的基本原则，并以粤港澳大湾区为对象，初步提出生态水网建设策略框架，以期为大湾区生态水网建设工作提供思路。

2 生态水网内涵

目前，国内外对水网一词还没有十分明确的定义，但从其构成要素、功能作用等方面，并结合国家水网、复苏河湖生态环境等具体要求来看，区域生态水网可被定义为：以区域河流水系连通结构为物理基础，在统筹考虑水资源、水生态、水环境框架下，以提升水生态系统质量和稳定性为核心，以区域水生态环境修复和改善为具体目标，以水生态统一管理为手段，与水相关的法律法规为保障的区域生态水系网络系统[2]。

从体系上看，区域生态水网包括省级、市级、县（区）级等生态水网，构成逐级隶属的体系。从结构上看，区域水网一般按照"干网+支网"的梯次结构组成，也可按照区域实际要求，分为一级生态水网、二级生态水网、三级生态水网等。从层次上看，区域生态水网包括物理层（含水源、水

作者简介：施晔（1986—），男，高级工程师，主要从事水利规划及水生态环境研究工作。

生态工程等）、方案层（水生态保护及修复方案、水污染防治方案、生态流量保障方案等）、管理层（涉水法规体系、生态水网管理能力、水生态宣教行为等）等三层架构[3]。

3 生态水网建设原则

3.1 保护为主、防治结合原则

遵循山水林田湖草是一个生命共同体的理念，树立保护优先意识，依托大湾区水生态本底，并统筹考虑各区域内的工业和农业、城市和乡村、生产和生活、经济发展与环境保护各方面的关系，高位编制区域生态水网建设规划，合理布局区域生态水网，并与区域国土空间规划及环境保护规划等相衔接。同时，规范各类涉水生产建设活动，落实各项监管措施，着力实现从事后治理向事前保护转变。在维护河湖生态系统的自然属性、满足居民基本水生态水环境需求的基础上，突出生态水网建设重点[4]。

3.2 三水统筹、支撑发展原则

在进行大湾区生态水网建设时，要以"节水优先、空间均衡、系统治理、两手发力"治水思路为指导，紧扣区域水系、水资源、水生态等分布特点，统筹水资源、水生态、水环境，增加好水、增加生态用水。同时，生态水网建设要立足普惠共享，大力发展民生水利，重点开展水生态保护与修复、水污染防治等工程，以补足区域生态水网短板，提升区域水生态系统功能质量，造福人民群众，并助力区域经济社会高质量发展。

3.3 统筹城乡、协调推进原则

要根据区域实际，统筹城乡生态水网建设内容，推动区域经济社会发展与水资源和水生态环境承载力相协调，以进一步发挥区域生态水网在"空间均衡"上的功效。同时，面向区域水生态问题，科学谋划生态水网建设布局，统筹好自然与人工、城市与农村、流域与区域等关系。在生态水网建设过程中，要按照"水利工程强监管"要求，严格过程管理，强化考核，大力推进水生态工程建设管理制度化、规范化和现代化。

3.4 因地制宜、彰显特色原则

在大湾区生态水网建设的全过程中，要针对各地区最关心、最迫切需要解决的民生水利问题，以解决水问题为导向，体现出区域的水生态特色和水生态优势，并依据当地的水资源条件、生态环境特点和经济社会发展阶段，总结出不同的生态水网建设模式，避免区域生态水网建设同质化。

3.5 政府主导、经济高效原则

区域生态水网建设是规模宏大的系统工程，也是公益性为主的基础设施建设项目。要充分发挥政府在政策、规划、资源配置等方面的主导作用，确立"政府主导、部门协作、市场推动、社会参与"的区域生态水网建设模式。同时，按照生态水网建设体系的主要内容，从经济高效的角度出发，统筹任务的建设步骤，最大限度地实现水网效能。

4 大湾区生态水网建设策略

4.1 完善法规体系，提升管控保障能力

系统研究分析大湾区"三生"空间合理布局，明晰生产空间挤占生态空间、经济产业布局和生态空间格局错位、国土空间资源环境超载等现状分布。以问题为导向，重点从以下几个方面提升生态空间管控保障能力：一是从大湾区角度，完善生态环境保护类法律法规，重点建立健全大湾区生态空间管控区域管理的法规或规章，研究出台重大线性基础设施工程和重大产业项目环境管理办法，并完善大湾区内跨区域生态保护顶层设计内容指引，统筹各区域空间规划和修复标准体系。二是强化生态空间控制力度，实行分级、分类管理，规范调整程序，以有效发挥空间控制在规划发展中的前置性作用，并通过生态空间管控区域规划的实施，能确保"功能不降低、面积不减少、性质不改变"。三是逐步建立全过程监测监管体系，应对中长期生态保护和恢复规划提出的控制引导要求。四是建立健全

管控机制，制定和完善生态空间管控区相关监督管理考核办法，优化生态补偿政策，创新激励约束机制、常态化执法机制等。

4.2 划定涉水空间，强化河湖湿地保护

划定水生态空间，严守生态保护红线。结合生态保护红线划定工作，科学确定并分步划定大湾区水生态空间范围，包括水源涵养区、水土流失重点预防区和治理区、饮用水水源地保护区、重要河口（湾）岸线、重要河湖水库水域岸线、滩涂资源等。重点推进大湾区 66 条重要河道，广州海珠湖等重要湖泊，128 个大中型水库，以及重要河湖岸线，增江、绥江等重要河道源头水保护区、已批复的县级以上饮用水源保护区、国家级水土流失重点预防区和水土流失重点治理区。同时，建立水生态空间台账，明确各类空间功能定位、主要用途和管控要求，强化自然生态空间用途管制。

加强河湖湿地生境保护。建立大湾区重要湖泊湿地名录，建档并开展定期监测评估工作。实施西江、北江、东江等重要江河水生态调查评价，制订生态流量及水位保障方案。加强对重要江河水生生物资源的保护，推进流溪河、增江等重要产卵场及洲滩天然生境的保护，对区域内具备条件的涉水工程实施生态化改造。

4.3 注重水源涵养，打造绿色生态屏障

在大湾区西北部，加强罗浮山、莲花山等周边山地丘陵区的水土流失防治，加快生态公益林培育，增强森林生态功能，并开展崩岗治理，维护水土资源，强化水源涵养屏障功能。同时，加强西江、北江、东江等源头区水土保持，提升流域源头区水源涵养能力。在城镇周边及饮用水源水库库区周边小流域，综合实施水土流失治理、人居环境整治、沟道整治、林草生物缓冲带建设等措施，建设生态清洁小流域，提升流域的生态功能。

结合大湾区内各级国土空间规划，分析和预测珠江河口演变趋势，编制珠江河口滩涂湿地保护规划，并综合建立完善岸线滩涂管理体系。在河口生态保护修复方面，提出以河流生境稳定性、生物多样性、生物完整性为目标的水生态保护与修复工程治理方案，并重点开展重要物种生境保护与修复及河口湿地恢复工作。此外，开展河口红树林宜林滩地的调查，加快实施宜林滩地红树林恢复与构建工程，并加强伶仃洋、黄茅海生境保护，进一步巩固重要物种生境。

4.4 确保生态流量，构建梯次生态廊道

根据水利部关于做好河湖生态流量确定和保障工作的具体指导要求，结合大湾区实际，据水资源条件和生态环境特点，按照河流生态保护目标，统筹生活、生产和生态用水，确定明确生态流量目标确定事权、河湖生态保护对象、河湖生态流量控制断面及生态流量目标，并做好已建水工程生态流量复核工作。常规化开展西江、北江、东江等重要江河水生生物监测评估和河湖健康评价工作，并研究确定鱼类繁殖期的生态流量。同时，协调好上下游、干支流关系，制订重要河流生态流量调度方案，因河施策保障河流生态流量。大湾区内其他河流在满足防洪安全和生活、生产合理用水的前提下，适度增加河道内生态流量[5]，确保梯次河流生态廊道能发挥基础功能。此外，推动已建涉水工程生态化改造，增设必要的生态流量设施，加强河湖重要控制断面监测站点建设，建立重要河湖生态流量监测预警预报和信息发布机制。

4.5 实施生态治理，强化生态系统功能

加快推进大湾区点源、面源、内源污染治理工作。对大湾区重点城镇实施污水收集管网和污水处理厂建设，补齐基础设施短板，逐步提高污水处理标准，并因地制宜实施截污和雨污分流改造。强化对大湾区内农业、畜禽业、养殖业的统一规划，合理确定规模及布局，采用先进的农业灌溉技术和耕作方式，大力推行生态水产养殖。调查评估大湾区河涌水体水质和底泥污染状况，合理制订并实施清淤疏浚方案，推广污染底泥无害化、减量化和资源化处理处置。

加快实施大湾区"主干网+次支网"生态水网工程，以西江、北江、东江主干网为骨干，以主要内河涌、重要湖库湿地为生态水网的毛细血管及重要节点，构建以大江大河为主、内河涌为辅、重要湖库湿地为结的生态水系格局。通过实施水系连通工程，实施思贤滘与天河南华生态控导工程，并优

化三角洲河网区闸泵群联合调度方式，进一步改善大湾区河网水动力条件，以增强江河自净能力[1]。

对大湾区生态水网实施水生态修复，一是丰富水网的多样化生境，因地制宜对河湖岸线进行生态化改造，营造自然深潭、浅滩和洪泛漫滩等生物生存环境，重塑健康自然的河湖岸线。二是适时推进人工湖泊湿地建设与修复，有条件的地方拓宽河道，增加城市水面率。三是对重点水网区域的生态系统、重点生物物种及重要生物遗传资源进行调研，加快恢复物种栖息地，提升生态系统的稳定性和复原力。四是持续推进大湾区万里碧道工作，优化滨水区域，为人民提供优质的生产、生活空间，打造幸福河湖。

5　结语

粤港澳大湾区生态水网建设是美丽湾区建设的基础内容，也是提升大湾区生态承载力及保持生态系统健康稳定的重要路径。本文初步提出了生态水网内涵、建设原则及建设主要思路，可以为大湾区实施生态水网建设工作提供框架思路。随着粤港澳大湾区战略的稳步实施，下阶段亟须对生态水网建设基础理论、体系框架及建设内容开展深入研究，为大湾区高质量发展提供生态支撑。

参考文献

［1］胥加仕．粤港澳大湾区水安全保障策略研究［C］//适应新时代水利发展要求 推进幸福河湖建设论文集．2021：191-196.

［2］李树文，龙亚会，马宁，等．生态–水网系统关键影响因子识别研究［J］．河北工程大学学报（自然科学版），2015，32（2）：73-76.

［3］蒋任飞，施晔，等．现代水网规划理论与实践［M］．北京：中国水利水电出版社，2018.

［4］王树荣．现代水网建设研究［D］．济南：山东大学，2013.

［5］王菲，施晔，蒋任飞．基于空间均衡的粤港澳大湾区水资源优化配置策略探讨［C］//中国水利学会．中国水利学会2020学术年会论文集（第二分册）．北京：中国水利水电出版社，2020：21-25.

垂直入汇的河涌上游水位修正研究

张金明

(珠江水利科学研究院，广东广州　510610)

摘　要： 本文通过宽水槽概化物理模型，对不同来流组合的垂直入汇河涌进口断面水位壅高值进行测量，结果表明，主支汊的流速大小是影响入汇口处水位壅高的主要因素，研究依此绘制了主支汊不同来流条件下的支汊入汇断面的水位壅高等值线图，此图可为相关垂直入汇河涌（箱涵）进口起算水位的修正提供参考。

关键词： 垂直入汇；水位修正；模型试验

1　引言

珠江三角洲地区河流（河涌）纵横交错，水系发达，随着城市的快速发展，在热岛效应和下垫面变化的情况下，现有河道（河涌）的防洪排涝能力已不满足实际运行要求，目前各市正在加紧开展新一轮的河道（河涌）防洪排涝规划、河道（河涌）整治雨污分流等工作。通常一条河道上有多个以河涌或箱涵形式汇入，在河道（河涌）规划、达标整治或加固时，整治工程的建设规模以过流能力即沿程水面线进行控制，水面线计算通常采用一维数学模型或者水力学计算公式进行推算，起始水面线则基于支汊出口处的主河道水位。然而，在汇入口处主支汊水流的相互作用，往往受主河道的水流压迫，支汊出水不畅，水位局部明显壅高尤其是垂直入汇的河流，支汊沿程水面线推算采用的水位与实际情况发生了较大变化，可能导致支汊整治后达不到预期的防洪排涝要求。

刘同宦等[1-2]通过水槽试验研究入汇角为90°时不同汇流比水流条件下交汇区域的三维水流结构、脉动特性及流速分布；赵伟升[3]利用数学模型模拟了直角明渠水流交流流动特性；兰波等[4]开展了干支流交汇在交汇角为30°、60°、90°时水面形态特征试验研究；周翠英等[5]对近70年的干支流交汇河段水流泥沙特性进行总结；李世荣等[6]利用水槽开展垂直入汇河段流速分布特性试验研究。综上可见，前人主要利用物理模型或者数学模型等研究手段，对主支汊交汇区的水流结构及水流特性研究较多，而对主支汊水面线的相互影响研究涉及较少，本文拟利用物理模型对垂直入汇的支汊上游水面线变化开展研究，提出以主支汊断面流量（流速）为参数的主支汊水位修正方法，为支汊水面线推算起始值的选取提供计算依据。

2　模型概化

2.1　模型设计

本文通过宽水槽概化模型对支汊垂直入汇出口断面的水位壅高值进行测试。模型按照重力相似进行设计，采用比尺为 1：20 的正态模型。为确保支汊出流能够充分扩散，主汊水槽宽 1.5 m、长 20.0 m、高 0.3 m，支汊水槽宽度 0.3 m、长 5.0 m、高 0.3 m，宽度比为 5：1，主支汊的底高程相同。试验通过电磁流量计控制主支上游来流量即断面流速，固定测针控制汇入断面（H2）的水位及量测支汊出口断面（H3）的水位变化。模型布置如图 1 所示。

作者简介： 张金明（1978—），男，高级工程师，主要从事水力学物理模型试验研究工作。

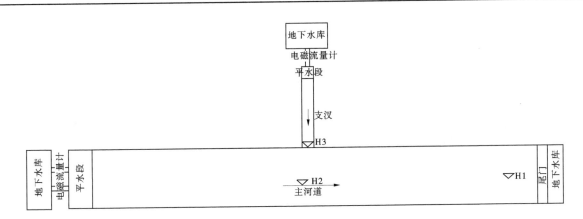

图 1   模型布置图

2.2   试验工况

珠江三角洲地区河道（河涌）处于感潮河段，河道水深不仅与来流量有关，还受外海潮位变化影响，即在不同来流条件时，下游水位相同，因此试验以模型水深 0.2 m（相当于原型 4.0 m）作为控制条件，分析主支汊不同来流遭遇情况下的支汊出口断面水位变化。试验工况如表 1 所示。

表 1   试验工况

主河道流速/（m/s）	支汊流速/（m/s）	水深/m
0.5/1.0/1.5	0.5/1.0/1.5/2.0	4.0

3   试验成果分析

3.1   支汊流速对出口断面水位壅高的影响

图 2 为支汊流速与出口断面水位壅高值的关系曲线。在主河道来流条件一定时，支汊出口水位壅高值随其流速的增加而增大，水位壅高值与支汊流速近似成二次曲线关系，曲线"上翘"，曲线斜率随流速增大而逐渐增大，支汊流速增加对水位壅高的影响速率加快。如主河道流速为 1.5 m/s，支汊流速 0.5 m/s 和 2.0 m/s 引起的汇入口断面水位抬升值分别为 4 cm 和 10.0 cm，而对于水面比降较小的珠江三角洲地区河道而言，河涌（箱涵）起始水位推算断面处的水位明显抬升，将直接影响整治工程的规模和标准。

3.2   主河道流速变化对出口断面水位壅高的影响

图 3 为主河道流速与支汊出口断面水位壅高关系。在支汊来流条件一定时，随着主河道流速增加，支汊出口断面阻力将会逐渐增大，入汇区域水流流线逐渐向岸边折转，过流宽度被主流压缩，导致支汊出口水位壅高值随主河道流速的增加而增大，水位壅高与主河道流速近似成二次曲线关系，主河道流速越大，曲线"上翘"得越快，曲线斜率随流速增大的越快，支汊出口断面水位壅高值对流速越敏感。

3.3   阻水比控制指标的确定

根据试验测得的支汊出口断面水位壅高值与主河道流速、支汊流速的关系，绘制以支汊流速和主河道流速为坐标的支汊出口水位等壅高线图，见图 4。在主河道设计流量已知情况下，通过估算支汊出口断面流速，再根据这两个参数查图 4 便可得到相应的支汊出口水位壅高值，依此来修正支汊出口段断面的起始水位。

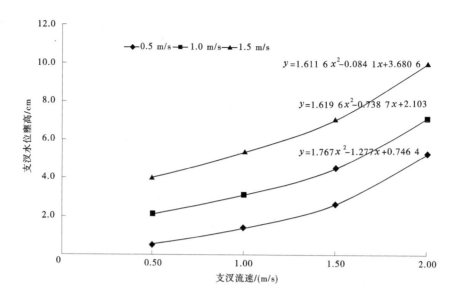

图 2　不同主河道流速引起的出口断面水位变化曲线

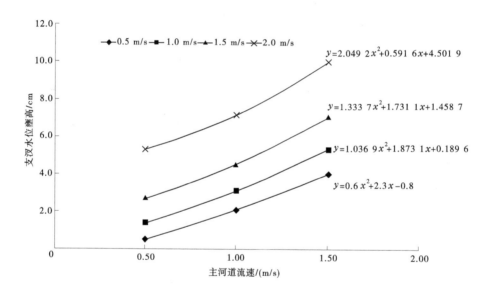

图 3　不同支汊流速引起的出口断面水位变化曲线

4　结语

本文通过概化物理模型试验的方法对垂直入汇河道出口断面的水位壅高值进行量测，试验发现，主支汊的流速大小是影响入汇口处水位壅高的主要因素，以主河道流速 1.5 m/s，支汊流速 0.5 m/s 和 2.0 m/s 为例，汇入口断面水位抬升值分别为 4.0 cm 和 10.0 cm，作为河涌（箱涵）水面线起始推算水位的抬升将直接影响整治工程的规模和标准，试验给出的水位修正值可在一定程度上降低工程因标准降低引起的风险。

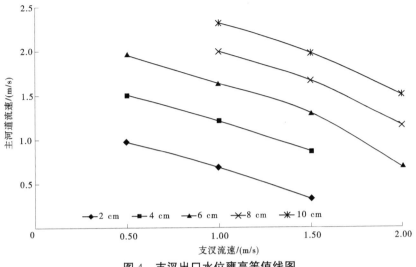

图4　支汊出口水位壅高等值线图

参考文献

［1］刘同宦，郭炜，詹磊，等．主支汇流比对交汇区域水流脉动特性影响试验［J］．水利水电科技进展，2009，29（3）：6-8，40.

［2］刘同宦，郭炜，詹磊，等．90°支流入汇区域时均流速分布特征试验研究［J］．水科学进展，2009，20（4）：485-489.

［3］赵升伟．直角明渠水流交汇流动特性的数值模拟研究［D］．北京：清华大学，2005.

［4］兰波，汪勇．干支流交汇水面形态特征分析［J］．重庆交通学院学报，1997，16（4）：109-114.

［5］周翠英，邓金运．干支流交汇河段水流泥沙特性研究综述［J］．水利科技与经济，2012，18（8）：42-45.

［6］李世荣，马腾飞，詹磊，等．垂直入汇河段流速分布特性试验研究［C］//第二十五届全国水动力学研讨会暨第十二界水动力学学术会议论文集．青岛：海洋出版社，2013：608-613.

水力学与水利信息学

抽水蓄能电站卜型岔管水力优化

于 航 章晋雄 张宏伟 任炜辰

（中国水利水电科学研究院，北京 100038）

摘 要：结合阳江抽水蓄能电站卜型岔管的体型，对高压卜型岔管的水力特性进行了深入研究，从岔管水头损失等角度研究如何优化岔管体型。本文选定 Reynolds 应力湍流模型，分析了不同分岔角、锥角对岔管水力特性的影响，计算结果表明分岔角 60°、锥角 4°3° 时的卜型岔管水力特性较优，水头损失系数最小。

关键词：岔管；水头损失；抽水蓄能电站；水力特性；数值模拟

1 引言

抽水蓄能电站采用一管多机布置时，需要岔管衔接。抽水蓄能电站岔管承受的压力大，体形结构及水流形态均复杂多变，影响岔管水力特性的体形因素及运行条件众多，体形设计不合理时容易影响抽水蓄能电站的工作效率和运行效益。近年来，一些学者们对抽水蓄能电站引水岔管进行了大量研究。夏庆福等[1] 系统地研究了月牙肋岔管水力损失系数与分岔角、肋宽比、分流比的关系，并给出了它们之间的关系曲线。冯艳、胡旺兴[2] 对非对称 Y 形和对称 Y 形两种体形水力特性进行对比分析，为岔管的体形选择提供了可靠依据。李玉梁等[3] 结合江苏宜兴抽水蓄能电站对含弯道的渐扩形衔接对称岔管进行了研究，指出不同运行工况下水流进入阻力平方区的临界雷诺数不同，并给出了相应系数。高学平等[4] 也对对称引水岔管进行了研究，分析岔管的压强和流速分布、压强与流速沿轴线变化以及水头损失，并对岔管体形和运行方式提出了建议。陈文创等[5] 则从另外的角度出发，探究了湍流模型对复杂非对称岔管水力特性仿真的结果准确度和计算时间成本的影响，得出了基于 RSM 的结果与试验值偏差较小的结论。

总的来说，目前研究中关于 Y 形岔管的成果较为丰富[6-11]，针对卜型岔管水力特性的研究相对较少，更缺乏对岔管体形与水力损失等影响关系的系统研究。本文结合阳江抽水蓄能电站卜型岔管体型，采用三维数值模拟的方法，对卜型岔管不同分岔角、不同锥角的水流形态、水头损失系数等水力特性进行了系统的分析，为以后的工程应用提供参考。

2 数学模型及数值求解

2.1 湍流模型选用

目前工程问题的湍流模拟多采用 $k-\varepsilon$ 模型，这些模型计算量适中，适用性也较好，但难以考虑流体的应力急变带来的影响。抽水蓄能电站卜型岔管内水流变化剧烈，采用 Reynolds 应力湍流模型（RSM）进行计算。

岔管稳态流动可用不可压缩的雷诺时均方程来描述，其控制方程为[12]：

基金项目：中国水科院基本科研业务费专项项目（HY110145B0022021）资助。
作者简介：于航（1997—），女，硕士研究生，研究方向为水力学及河流动力学。

连续方程：
$$\frac{\partial(\rho U_j)}{\partial x_j} = 0 \tag{1}$$

动量方程：
$$\frac{\partial(\rho U_i U_j)}{\partial x_j} = \frac{\partial p}{\partial x_j} + \frac{\partial}{\partial x_j}\left[\mu\left(\frac{\partial U_i}{\partial x_j} + \frac{\partial U_j}{\partial x_i}\right) - \rho\overline{u_i'u_j'}\right] \tag{2}$$

式中：U_i、U_j（i，$j=1$，2，3）为各时均速度分量；x_i（$i=1$，2，3）代表各坐标分量；p 为流体的时均压力；μ 为流体的动力黏度；ρ 为流体密度；$\rho\overline{u_i'u_j'}$ 为 Reynolds 应力，其输运方程如下：

$$\frac{\partial}{\partial x_j}(U_j\rho\overline{u_i'u_j'}) = D_{ij} + p_{ij} + \Pi_{ij} - \varepsilon_{ij} \tag{3}$$

式中：D_{ij} 为雷诺应力扩散项；p_{ij} 为雷诺应力产生项；Π_{ij} 为压力作用项；ε_{ij} 为黏性耗散项。

2.2 离散格式及数值计算方法

在三维笛卡儿坐标系中建立阳蓄高压岔管计算模型，为减小上下游边界对计算区域的影响，计算域包括了主管的直管段 150 m（20 倍管道直径），各引水分岔管道直管段 90 m（30 倍管道直径），体形布置见图 1。采用六面体结构化网格划分岔管模型，并采用不同的网格密度划分计算区域模型，网格总量约为 1 600 万。

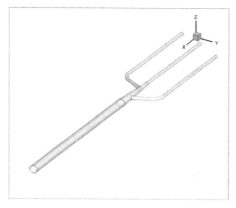

图 1 体形布置图

计算考虑三机发电和三机抽水两种运行方式。发电工况时，入口边界位于主管端，给定压力边界，出口边界位于 1#、2# 和 3# 岔管末端，根据机组运行流量分别给出各岔管出口的速度边界；抽水工况时，入口边界分别为 1#、2# 和 3# 岔管的速度边界，出口边界为主管端的压力边界。固壁处为无滑移边界。采用经验公式估算出入口边界处的紊流强度 $I = 0.16Re^{-1/8}$。

控制方程的离散采用有限体积法，动量方程采用二阶迎风格式，速度场与压力的耦合计算采用 SIMPLE 算法。

2.3 模型验证

本文选取已经进行过模型试验的阳江抽水蓄能电站卜型岔管进行计算，并与试验结果进行比较，进行模型验证。表 1 中给出了三机发电和三机抽水工况时阳江岔管各支管的水头损失系数，计算结果与试验结果误差基本在 20% 以内，可以认为两者基本吻合，验证了本文数值计算方法的可靠性。

表 1 阳江岔管水头损失系数

岔管	三机发电		三机抽水	
	计算值	试验值	计算值	试验值
1#	0.319	0.393	0.516	0.557
2#	0.163	0.181	0.514	0.666
3#	0.670	0.653	1.074	0.900

3 计算结果分析

为了能比较全面地反映岔管的水力特性和水头损失情况，以下对两种运行模式（发电和抽水）、不同体形的岔管流速分布及水头损失系数进行了分析和计算，计算工况见表2。

表 2　计算工况

计算工况		流量	运行方式
发电工况	分岔角：50°、55°、60°、65°、70°、80°	单机发电流量 70.64 m³/s	1#、2#、3#三台机组同时运行
	锥角：0°0°、2°2°、4°3°、6°3°、9°3°		
抽水工况	分岔角：50°、55°、60°、65°、70°、80°	单机抽水流量 59.34 m³/s	1#、2#、3#三台机组同时运行
	锥角：0°0°、2°2°、4°3°、6°3°、9°3°		

3.1　不同分岔角计算

3.1.1　流场分布

图 2 为发电工况下不同分岔角的引水岔管处中心截面的流速矢量图，图 3 为抽水工况下不同分岔角的引水岔管处中心截面的流速矢量图。计算结果表明：

三机联合发电运行时，1#主岔管分岔处右侧和3#主岔管分岔处左右两侧水流均出现分离，并且3#主岔管分岔处右侧水流分离区比左侧大。随着分岔角的增大，水流分离区范围增大。

三机联合抽水运行时，1#岔管水流进入主流前水流断面收缩，在分岔处岔管右侧出现分离，进入主流后，在主管左侧出现分离区，3#岔管水流在进入主流前右侧流速大于左侧流速，位于两个岔管之间的主管水流集中在左侧。与发电工况相同，随着分岔角的增大，水流分离区范围增大。

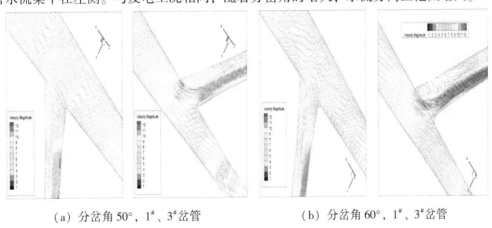

　　（a）分岔角 50°，1#、3#岔管　　　　　　（b）分岔角 60°，1#、3#岔管

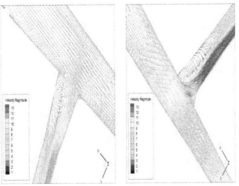

（c）分岔角 80°，1#、3#岔管

图 2　三机发电，不同分岔角，引水岔管局部流速矢量图

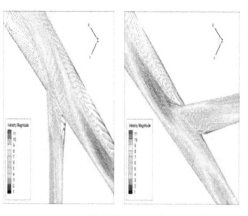

（a）分岔角 50°，1#、3#岔管　　　　　　（b）分岔角 60°，1#、3#岔管

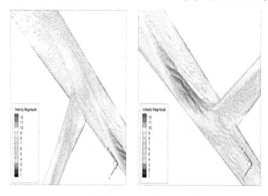

（c）分岔角 80°，1#、3#岔管

图 3　三机抽水，不同分岔角，引水岔管局部流速矢量图

3.1.2　水头损失系数分析

岔管段的水头损失与水头损失系数，可遵从恒定不可压缩流体的伯努利（Bernoulli）方程计算得到。两个断面间伯努利方程可由如下表达[9,12]：

$$z_i + \frac{p_i}{\gamma} + \frac{v_i^2}{2g} = z_j + \frac{p_j}{\gamma} + \frac{v_j^2}{2g} + h_w \tag{4}$$

i、j 断面之间的水头损失 h_w 可用下式表示：

$$h_w = (z_i - z_j) + \left(\frac{p_i}{\gamma} - \frac{p_j}{\gamma}\right) + \left(\frac{v_i^2}{2g} - \frac{v_j^2}{2g}\right) \tag{5}$$

选取支管断面为参考断面，i、j 断面间的水头损失系数 δ 按以下公式计算：

$$\delta = h_w \Big/ \left(\frac{v_0^2}{2g}\right) \tag{6}$$

表 3 列出了发电工况和抽水工况下不同分岔角的引水岔管的水头损失系数的计算结果。其中，主管断面取在渐扩管段前 5 倍管径位置，支管断面取在各岔支管弯管段后 5 倍管径位置。三机发电、三机抽水工况下，水头损失系数随分岔角的变化情况见图 4、图 5。

表 3　水头损失系数值

运行工况	岔支管	分岔角 50°	分岔角 55°	分岔角 60°	分岔角 65°	分岔角 70°	分岔角 80°
1#、2#、3#三机发电	1#	0.359	0.412	0.421	0.448	0.484	0.584
	2#	0.164	0.182	0.162	0.160	0.160	0.159
	3#	0.569	0.639	0.670	0.726	0.792	0.970

续表3

运行工况	岔支管	分岔角 50°	分岔角 55°	分岔角 60°	分岔角 65°	分岔角 70°	分岔角 80°
1#、2#、3#三机抽水	1#	0.544	0.626	0.657	0.697	0.742	0.863
	2#	0.633	0.746	0.809	0.908	0.995	1.166
	3#	0.834	0.957	1.009	1.104	1.196	1.396

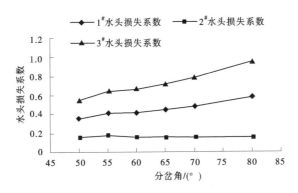

图4　三机发电时,水头损失系数随分岔角的变化情况

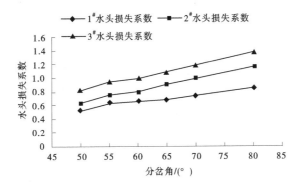

图5　三机抽水时,水头损失系数随分岔角的变化情况

三机发电时,随着分岔角的增大,2#岔支管的水头损失系数值变化幅度较小,1#岔支管和3#岔支管的水头损失系数值逐渐增大,分岔角由50°增大到60°时变化幅度较小,在分岔角由60°增大到80°期间,水头损失系数迅速增大。

三机抽水时,随着分岔角的增大,1#岔支管、2#岔支管和3#岔支管的水头损失系数均增大,同样是分岔角由50°增大到60°时变化幅度较小,在分岔角由60°增大到80°期间,变化幅度增大。

计算结果表明,岔口分岔角的变化对岔口分/汇流形态和岔管的水头损失影响很大,综合发电和抽水工况来看,分岔角不宜大于60°。

3.2　不同锥角计算

3.2.1　流场分布

图6为发电工况不同锥角的引水岔管处中心截面的流速矢量图,图7为抽水工况不同锥角的引水岔管处中心截面的流速矢量图。计算结果表明:

三机联合发电时,1#主岔管分岔处右侧和3#主岔管分岔处左侧水流均出现分离。随着锥角增大,该分离趋势逐渐减小,水流过度逐渐平稳。

水流由支管流入主管,相应的流速也由高变低,水流相互间存在一定的掺混,流场分布相对发电工况有明显的紊乱。

三机联合抽水运行时，从锥角 0°0° 到锥角 4°3°，1#岔管分离区范围缓慢减弱，3#岔管左右侧水流流速逐渐相当；从锥角 4°3° 到锥角 9°3°，1#岔管分离区范围逐渐增强，3#岔管水流在进入主流前右侧流速逐渐大于左侧流速。

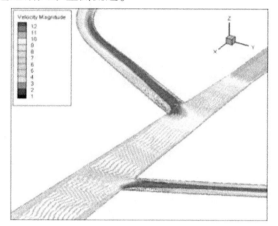
（a）锥角 0°0°

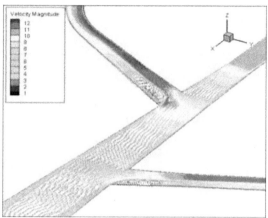
（b）锥角 4°3°

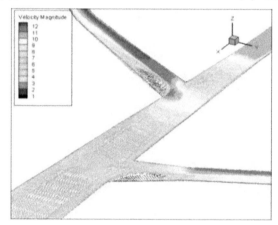
（c）锥角 9°3°

图 6　三机发电，不同锥角，引水岔管中心剖面流速云图

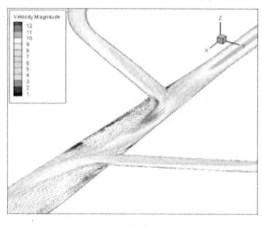
（a）锥角 0°0°

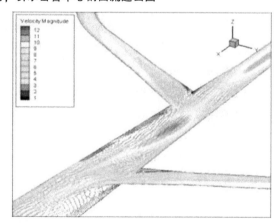
（b）锥角 4°3°

图 7　三机抽水，不同锥角，引水岔管中心剖面流速矢量图

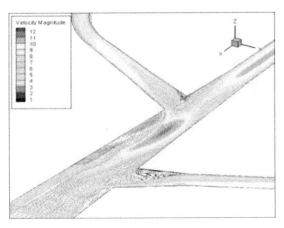

（c）锥角9°3°

续图7

3.2.2　水头损失系数分析

三机发电和抽水运行工况下，不同锥角的岔管水头损失系数见表4。图8和图9分别给出了三机发电和三机抽水运行工况下各岔支管水头损失系数随锥角的变化情况。

表4　水头损失系数值

运行工况	岔支管	锥角 0°0°	锥角 2°2°	锥角 4°3°	锥角 6°3°	锥角 9°3°
1#、2#、3#三机发电	1#	0.893	0.679	0.578	0.578	0.603
	2#	0.250	0.287	0.233	0.258	0.238
	3#	1.011	0.813	0.644	0.666	0.663
1#、2#、3#三机抽水	1#	0.862	0.520	0.384	0.332	0.417
	2#	0.391	0.444	0.443	0.413	0.379
	3#	0.865	0.537	0.443	0.414	0.380

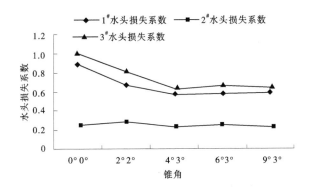

图8　三机发电时，水头损失系数随锥角的变化情况

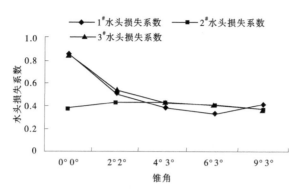

图9　三机抽水时，水头损失系数随锥角的变化情况

从图8可以看出：三机发电时，随着锥角的增大，2#岔支管的水头损失系数值变化幅度较小。1#岔支管#和3#岔支管在锥角0°0°增大到锥角4°3°期间水头损失系数值明显减小，1#岔支管从0.893降到0.578（相对降低比例达35.3%），3#岔支管从1.011降到0.644（相对降低比例达36.3%）。锥角4°3°增大到锥角9°3°时，1#和3#岔支管变化不大，水头损失系数轻微增大。

由图9可知：三机抽水时，随着锥角的增大，2#岔支管的水头损失系数值变化幅度较小。1#和3#岔支管在锥角0°0°增大到锥角4°3°期间水头损失系数值明显减小，1#岔支管从0.862降到0.384（相对降低比例达55.5%），3#岔支管从0.865降到0.433（相对降低比例达48.8%）。锥角4°3°增大到锥角9°3°时，1#岔支管水头损失系数先降低后增大，变化幅度不大；3#岔支管则持续减小，降低幅度也很小。

计算结果表明，岔口锥角变化对岔口分/汇流形态和岔管的水头损失有一定影响，从综合发电和抽水工况来看，当1#岔支管锥角为4°、3#岔支管锥角为3°时，各岔支管水头损失相对较小。当锥角继续增大后，各岔支管水头损失系数开始趋于稳定，相对降低幅度不再有明显变化，甚至有岔支管水头损失系数增大。

4　结论

（1）岔管流场的数值计算表明，发电工况下岔支管段水流较为平顺稳定，抽水工况下岔管段水流流态相对紊乱。岔口分流/汇流处易出现典型的水流分离现象，局部流态较为复杂。

（2）三机发电和三机抽水工况下，随着分岔角增大，水流分离区范围呈增大趋势，水头损失系数总体增大，其中分岔角变化对三机发电时2#直岔管水头损失系数影响不大。

（3）三机发电工况下，1#、3#岔支管随着锥角从0°0°增大到4°3°，水流分离区范围呈缩小趋势，水头损失系数减小，锥角从4°3°增大到9°3°，水流分离区范围几乎不变，水头损失系数变化不大；锥角增大对2#直岔管水头损失系数影响很小。三机抽水工况下，随着锥角增大，1#岔支管先减小后增大，2#岔支管先增大后减小，总体变化不大，3#岔支管先减小后维持稳定。

（4）综合考虑发电抽水工况下流场和水头损失系数计算结果，阳江抽水蓄能高压卜型岔管分岔角为60°，锥角为4°3°时水力特性相对较优。

参考文献

［1］夏庆福，孙双科，王晓松，等.抽水蓄能电站月牙肋岔管局部水力损失系数的试验研究［J］.水利水电技术，2004（2）：81-85.

［2］冯艳，胡旺兴.溧阳抽水蓄能电站引水钢岔管水力特性研究［J］.水利水电技术，2014，45（2）：119-122，125.

［3］李玉梁，李玲，陈嘉范，等.抽水蓄能电站渐扩形衔接对称岔管水流阻力特性试验研究［J］.水力发电学报，

2002（4）：81-85.

[4] 高学平，张尚华，韩延成，等．引水岔管水力特性三维数值计算［J］．中国农村水利水电，2005（12）：93-97.

[5] 陈文创，张蕊，张文远，等．复杂非对称岔管数值模拟中湍流模型的影响［J］．清华大学学报（自然科学版），2018，58（8）：752-760.

[6] 梁春光，程永光．基于 CFD 的抽水蓄能电站岔管水力优化［J］．水力发电学报，2010，29（3）：84-91.

[7] 刘沛清，屈秋林，王志国，等．内加强月牙肋三岔管水力特性数值模拟［J］．水利学报，2004（3）：42-46.

[8] 王槐，邱树先，伍鹤皋．蟠龙抽水蓄能电站月牙肋钢岔管结构与水力特性研究［J］．水力发电，2015，41（1）：35-38.

[9] 高学平，李妍，王建华，等．抽水蓄能电站岔管水力特性数值模拟［J］．水利水电技术，2012，43（4）：41-44.

[10] 黄立才，陈世玉，李海道，等．惠州抽水蓄能电站压力岔管体形优化研究［C］//第六届全国水电站压力管道学术论文集．贵州：中国水利水电出版社，2006.

[11] 顾欣欣，万五一，张博然，等．大变径卜型岔管的水力特性及优化研究［J］．水力发电学报，2018，31（7）：59-62.

[12] 毛根海，章军军，程伟平，等．卜型岔管水力模型试验及三维数值计算研［J］．水力发电学报，2005（2）：16-20，51.

横门东出海航道疏浚工程对咸潮上溯的影响分析

刘国珍[1,2]　刘　霞[1,2]　王　华[1,2]

（1. 珠江水利委员会珠江水利科学研究院，广东广州　510610；
2. 水利部珠江河口治理与保护重点实验室，广东广州　510610）

摘　要： 珠江河口径潮交汇水域受径流、潮汐共同作用，枯季受潮汐动力影响大，沿海城市取水受咸潮上溯影响较大。本次研究通过分析横门东出海航道疏浚方案，对可能引发的咸潮上溯加剧的问题进行模拟，采用珠江三角洲网河及口门区潮流、含氯度耦合数学模型，计算分析疏浚工程对咸潮上溯的影响，结果表明，疏浚方案使得横门水道、洪奇沥水道涨落潮量增加，增大了横门水道咸潮上溯距离，总体咸界变化较小。

关键词： 航道；含氯度；咸潮上溯

1　研究背景

横门东出海航道是中山市重要的海运通道，由于海运造价低、运量大，在远距离贸易运输中占主导地位，中山市作为粤港澳大湾区的重要组成，提升航运能力对区域发展有重要的意义。横门东水道出海航道途径珠江口拦门沙所在水域，回淤严重，现有航道通航条件无法满足大吨位船舶通行，为了提高出海航道等级，使之适应船舶大型化发展趋势，提升中山港服务水平以及整个中山市的竞争力，分析横门东出海航道疏浚工程的可行性。航道疏浚开挖会引发河道潮动力变化，主要表现在河道的下泄能力和潮水的上溯动力两个方面，航道开挖有利于洪水的下泄，同时，也会增强海水的上溯能力。随着，咸潮的上溯动力变强，原有水动力条件发生变化，河道纳潮量改变，可能引发枯季咸潮上溯入侵加剧。为此，针对疏浚可能引起的咸潮上溯影响，采用数学模型展开研究，分析疏浚对咸潮上溯及咸界变化的影响。

随着城市人口的聚集增长以及产业发展，城市需水量不断增大，沿海城市取水口多位于径潮交汇区的河道内，外海咸潮入侵导致河道无法取到淡水，水库蓄水又受降雨影响，导致取水问题突显。珠三角[1-2]、长江口[3]、钱塘江[4]，咸潮入侵均已成为重要研究课题。珠三角地区咸潮影响尤为明显，尤其是磨刀门[5]及珠海[6]、澳门[7]，各界学者对咸潮的成因及其运动机制展开广泛研究，分析咸潮入侵与海平面[4,8-9]、风暴潮[10]、径流等水力因子的相关关系，研究手段以数学模型、物理模型为主，珠江水利科学研究院的学者在磨刀门水域开展了多项物理模型试验，深入研究咸潮入侵机制。

2　疏浚方案及水文泥沙概况

2.1　航道疏浚方案

横门东出海航道自横门口外起至伶仃国际航道 3#、4# 标止，全长 38 km。省航道局于 1999 年底至 2002 年 6 月对整条横门出海航道（中山港—伶仃国际航道 3#、4# 标）进行整治。整治工程按双向

基金项目： 多汊型河口冲淤演变对河床采砂的响应机制研究（IWHR-SEDI-202105）。

作者简介： 刘国珍（1983—），男，高级工程师，主要从事河口规划、水动力控导、生态水利、城市洪涝研究工作。

通航 3 000 t 级海轮的通航要求进行建设，经整治后达到了水深 6 m、航宽 120 m 和半径 580 m 的通航尺度，具备了双向通航 3 000 t 级海轮的能力。

航道疏浚提标，在现有航道的基础上进行浚深拓宽，建设规模为：南起珠江口伶仃洋航道，北至马鞍联围岛东一围，航道有效宽度 150 m、底标高 -9.6 m（珠海基准，下同），航道开挖边坡 1∶8，可以满足 10 000 t 级集装箱船不乘潮单向通航、3 000 t 级船舶不乘潮双向通航，航道全长 29.6 km，需疏浚开挖段长度为 28.8 km。

2.2 水文泥沙概况

本地区常风向为 ENE 向，频率为 15.9%；次常风向为 E 向及 NE 向，频率分别为 13.6% 和 12.4%。强风向为 ESE，实测最大风速为 33 m/s；次强风向是 ENE 向及 E 向，实测最大风速为 27 m/s 和 25 m/s。风向频率有季节变化，春季以 ENE 向风为主，其次是 E 向；夏季以 S 向风为主，其次是 SSW 向；秋季以 E 向风为主；冬季 N 向风占优势，E 向及 SE 向次之。

航道所在水域，水情复杂，径流、潮汐、波浪、台风暴潮等多因子作用，均对该区域的水沙运动造成较大影响，横门东出海航道位于珠江口东四口门的西滩水域，上游横门、洪奇沥来沙在出海口水域逐渐沉积，属于沿岸输沙带，周边滩面大，平均水深浅，水体含沙量大，附近浅滩泥沙在波浪潮流作用下搬运淤积，主要以悬沙淤积为主，西滩高含沙量水体不利于航道的维护。

3 潮流–含氯度数学模型

3.1 模型的建立

咸潮运动研究以水动力模型为基础，本次研究采用珠江水利科学研究院已建立的珠江三角洲网河及河口区潮流、含氯度耦合数学模型，该模型得到水利部鉴定。

3.2 模型验证

模型选取多组水文组合进行验证，潮位、流速、含氯度验证成果见图 1~图 4。验证成果表明，潮位过程线吻合情况较好，相位偏差小，高、低潮位误差在 ±0.05 m 以内，最大误差一般在 ±0.10 m 以内，符合技术规程的规定，满足潮位相似的要求；流速过程验证成果与原型基本相似，流向过程线与各测站的实测流向过程线吻合较好，相位基本一致，水流流向误差均在 ±10° 以内，满足动力相似的要求。模型验证误差在技术规程要求之内，满足潮位、流速、流向等方面的相似要求，模型水流运动达到了与原型相似，可进行水流模拟试验。

通过对冯马庙和横门站含氯度过程线进行模拟验证，结果表明含氯度整体周期、趋势和过程线较为吻合。

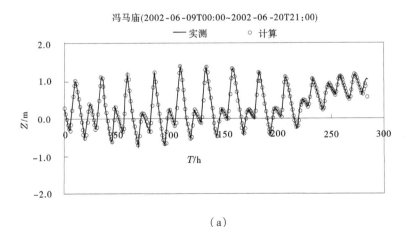

冯马庙(2002-06-09T00:00~2002-06-20T21:00)

（a）

图 1 潮位验证成果

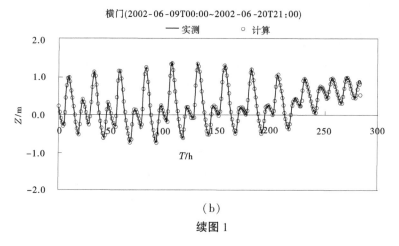

（b）

续图 1

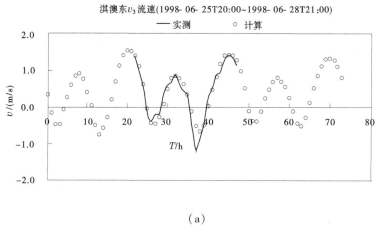

（a）

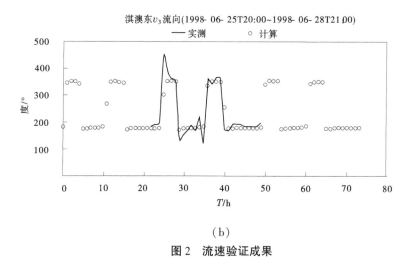

（b）

图 2 流速验证成果

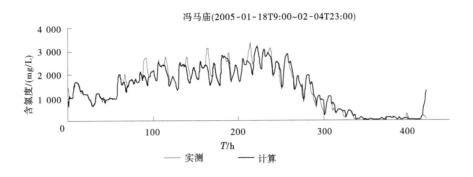

图 3　冯马庙含氯度验证

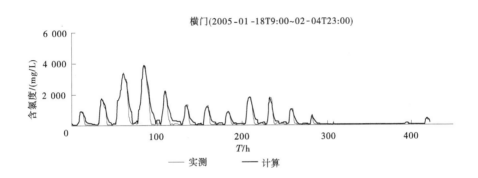

图 4　横门含氯度验证

4　成果分析

4.1　潮量变化

在洪奇沥水道、横门水道、横门水道南北支分别布设潮量统计断面, 成果见表 1, 测量断面分布位置见图 5。

表 1　典型水文条件下各断面潮量变化计算成果　　　　　　　　　　　　%

断面	"2003·7" 中水组合		"2001·2" 枯水组合	
	落潮量	涨潮量	落潮量	涨潮量
洪奇沥	0.21	0.51	0.28	0.54
横门	0.24	0.32	0.28	0.48
横门北支汊	0.90	1.36	1.15	1.44
横门南支汊	-1.71	-1.39	-2.03	-1.72

注: 表中数值 = $\dfrac{工程后-工程前}{工程前} \times 100\%$。

模拟结果表明, 疏浚实施后, 上游的横门、洪奇沥涨落潮量有所增加, 洪奇沥落潮量增幅在 0.21%~0.28%, 涨潮量增幅在 0.51%~0.54% 以内; 横门落潮量增幅在 0.24%~0.28%, 涨潮量增幅在 0.32%~0.48%。横门南北支汊变化相反, 横门北汊落潮量增幅在 0.90%~1.15%, 涨潮量增幅在 1.36%~1.44%; 横门南支汊落潮量减小 1.71%~2.03%, 涨潮量减小 1.39%~1.72%。横门北与横门南的分流比也有所改变, 横门北汊的分流比有所增加, 横门南的分流比有所减小。

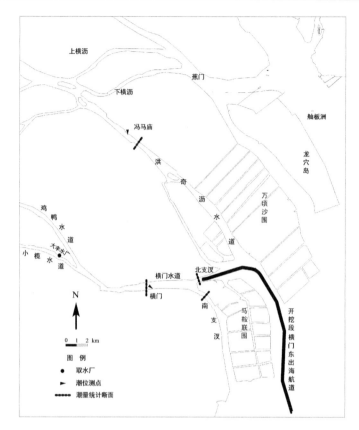

图 5　疏浚航道位置示意图

上述数据结果反映出，航道的浚深和拓宽增大了过水面积，减小了水流阻力，从而引起上游纳潮能力增加，航道附近水域潮汐动力增强，有利于保持航槽的稳定。

4.2　咸潮变化

南海大陆架高盐水团随着海洋潮汐涨潮流沿着珠江河口的主要潮汐通道向上推进，即形成咸潮上溯。当水体含氯度超过 250 mg/L 时，即超过生活饮用水标准，无法满足饮用水取水需求。枯水季，上游径流来水量小，潮汐作用上溯距离最大，一般在每年 1 月、12 月最为明显，以枯季水文组合为模拟边界，分析疏浚的影响。

根据我国生活饮用水水质标准，水体中氯化物的含量为不超过 250 mg/L，以此标准统计 250 mg/L 含氯度咸潮上溯距离变化，模拟成果见表 2。航道疏浚后，咸潮上边界上溯距离较现状增加，其中，横门水道上游的两条主河道小榄水道、鸡鸭水道上溯距离分别增加 116 m 和 108 m，洪奇沥水道上溯距离增加约 75 m。

表 2　250 mg/L 含氯度咸界距离变化（"2005·1"枯水）　　单位：m

横门水道		洪奇沥水道
小榄水道（右支）	鸡鸭水道（左支）	
116	108	75

咸潮上溯对饮水水源地的影响是社会比较关注的重点，选择疏浚航道上游小榄水道上规模较大的取水厂，进行含氯度变化对比分析。上游较近的大水厂为大丰水厂和东升水厂，均位于小榄水道，疏浚前后含氯度变化结算成果见表 3。

表3　水厂含氯度特征值变化统计（"2005·1"枯水）　　　　单位：mg/L

水厂名称	最高氯度		最低氯度		平均氯度	
	工程前	工程后	工程前	工程后	工程前	工程后
大丰水厂	563.0	695.8	11	11	115	123
东升水厂	22.2	23.9	8	8	10.1	10.3

据表3分析，大丰水厂位于疏浚航道上游约14 km，咸潮最高含氯度由563 mg/L增加到695.8 mg/L，平均含氯度由115 mg/L增大到123 mg/L。东升水厂距离航道疏浚段约29 km，距离相对较远，所受的影响较小，最大含氯度值均未超过250 mg/L。

5　结论

结合航道疏浚的特性，采用数学模型模拟研究的方法，研究上游河道涨落潮潮量变化，分析最含氯度变化以及250 mg/L含氯度边界的变化，探讨航道疏浚对上游河道取水口的影响。研究成果表明，横门东出海航道疏浚，使得航道所在水域水动力增强，上游横门水道、洪奇沥水道涨落潮量均增大，但横门口的南北支汊潮量变化相反，由于疏浚航道位于北支汊，横门北支汊涨落潮量增大，南支汊涨落潮量减小；250 mg/L含氯度上溯距离在洪奇沥水道、横门水道上溯距离均增大，咸界上移，横门水道变化较大，其中横门上游的大丰水厂最高含氯度有明显增大。航道疏浚引起区域水动力特性发生调整，横门南北支汊水动力变化相反，上游横门水道，总体呈现动力增强，咸潮上溯距离增大，距离较近的取水厂，取水受到一定影响，对洪奇沥水道影响相对小。

通过模拟研究，认为疏浚对上游咸潮入侵有一定影响，总体影响不大，鉴于咸潮上溯边界变化受多因子综合作用，建议加强咸潮观测，做好预报预警；同时，建议开展航道回淤研究，指定清淤计划，维护航槽稳定。

参考文献

［1］杨芳，何颖清，卢陈，等．珠江河口咸情变化形势及抑咸对策探讨［J］．中国水利，2021（5）：21-23．

［2］周荣香，季小梅，张蔚，等．珠江河口河网咸潮上溯机制的数值模拟［J］．水运工程，2021（6）：33-41．

［3］朱宜平．长江口青草沙水域外海正面盐水入侵特点分析［J］．华东师范大学学报（自然科学版），2021（2）：21-29．

［4］左常圣，王慧，李文善，等．海平面变化背景下三大河口咸潮入侵特征及变化浅析［J］．海洋通报，2021，40（1）：37-43．

［5］高时友，陈子燊．珠江口磨刀门水道枯季咸潮上溯与盐度输运机理分析［J］．海洋通报，2016，35（6）：625-631．

［6］邱远生．珠海市"十四五"供水安全研究［J］．中国工程咨询，2021（3）：59-63．

［7］谢旭和．珠江委全力保障春节期间澳门供水安全［J］．人民珠江，2021，42（2）：2．

［8］Wei He，Jian Zhang，Xiaodong Yu，et al. Effect of Runoff Variability and Sea Level on Saltwater Intrusion：A Case Study of Nandu River Estuary，China［J］．Water Resources Research，2018（12）．

［9］黄光玮，匡翠萍，顾杰，等．海平面上升对珠江口咸潮入侵的影响［J］．水动力学研究与进展（A辑），2021，36（3）：370-379．

［10］潘明婕，杨芳，荆立，等．台风"纳沙"过境期间磨刀门水道咸潮上溯的动力机制［J］．水资源保护，2019，35（4）：42-48．

洪泽湖周边滞洪区分区运用条件下的洪水演进分析

季益柱　何夕龙　张　鹏

（中水淮河规划设计研究有限公司，安徽合肥　230601）

摘　要： 洪泽湖周边滞洪区存在进退洪难以控制、运用难度大且可靠性差等突出问题，一次性分洪运用将面临较大的经济损失和社会压力。结合周边滞洪区的特点进行分类，建立了淮河干流浮山至洪泽湖出口段一、二维耦合水动力模型，利用实测资料对模型参数进行率定和验证，模型计算值与实测值吻合较好，计算精度较高。对规划工况洪泽湖 100 年一遇洪水条件下的 3 组周边滞洪区分区方案进行模拟计算。当蒋坝水位达 14.31 m 时，洪泽湖周边滞洪区启用滞洪，计算得到区内各类洪水风险要素的情况，可为洪泽湖周边滞洪区调度运用及调整研究提供重要的技术支撑。

关键词： 洪泽湖周边滞洪区；分区运用；数学模型；洪水演进

1　概况

洪泽湖周边滞洪区位于洪泽湖大堤以西，废黄河以南，泗洪县西南高地以东，以及盱眙县的沿湖、沿淮地区。范围为沿湖周边高程 12.31 m 左右蓄洪垦殖工程所筑迎湖堤圈至洪泽湖设计洪水位 15.81 m 高程之间圩区和坡地。淮河干流浮山以下段行洪区调整和建设工程结合开辟冯铁营引河，将潘村洼调整为一般堤防保护区，鲍集圩调整为洪泽湖周边滞洪区的一部分。调整后的洪泽湖周边滞洪区面积 1 629.5 km²，滞洪库容 33.5 亿 m³，人口 96.3 万。

洪泽湖周边滞洪区是淮河流域防洪体系重要的组成部分，是洪泽湖 100 年一遇防洪标准内启用的滞洪区。滞洪区面积大，人口多，现有大小不一、分散独立的圩区 389 个，区内工矿企业等基础设施众多，运用难度大，一旦分洪，经济损失和社会影响大。为加强滞洪区运用与管理，促进滞洪区防洪工程和安全建设，根据国务院批复的《淮河流域综合规划（2012—2030 年）》，开展洪泽湖周边滞洪区分区运用研究是十分必要的。

本文结合洪泽湖周边滞洪区的特点进行分类，建立了淮河干流浮山至洪泽湖出口段一、二维耦合水动力模型，利用实测资料对模型参数进行率定和验证，开展了不同分区方案的洪水演进分析，可为研究洪泽湖周边滞洪区分区运用的滞洪影响提供重要技术支撑。

2　周边滞洪区分类

根据滞洪圩区分布、地形、人口、行政区划、通湖河道堤防分隔状况、现有水利设施和经济发展要求等情况，将洪泽湖周边滞洪区分为四类，见表 1。将迎湖地势低洼、进洪快、滞洪效果明显、人口及重要设施较少且集中连片的圩区划为一类区，将迎湖零星分布、位置较散的圩区和利用通湖河道进洪、地势低洼的圩区划为二类区，将离湖较远、地势较高、人口、集镇、重要设施多的圩区及岗地划为三类区，将人口密集、重要设施集中、人员撤退转移困难的安全区和保庄圩划为四类区，各片区分布见图 1。

基金项目： 国家重点研发计划（2017YFC0405603）。

作者简介： 季益柱（1988—），男，工程师，主要从事水利规划与设计工作。

表1　洪泽湖周边滞洪区分类情况

分类	片区名称	片区数量	面积/km²	蒋坝水位14.31 m时的库容/亿 m³
一类区	溧东区、洪泽农场区、三河一区、陡湖区、大莲湖区	5	279.11	5.04
二类区	溧西一区、明陵区、官古区、三河二区、半城区、龙成区、成子河区、淮泗区	8	289.48	4.06
三类区	溧西二区、汴河区、徐洪区、泗阳区、淮阴区、三河三区、鲍集区	7	935.33	5.77
四类区	安全区和保庄圩		125.58	0.37

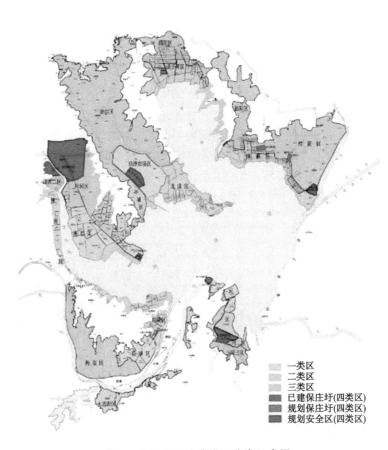

一类区
二类区
三类区
已建保庄圩(四类区)
规划保庄圩(四类区)
规划安全区(四类区)

图1　洪泽湖周边滞洪区分类示意图

3　洪水演进数学模型

为分析洪泽湖周边滞洪区分区运用条件下的滞洪影响,采用MIKE系列软件建立洪泽湖地区一、二维耦合水动力模型,包含淮河干流浮山以下段、洪泽湖湖区及周边滞洪区、潘村洼和鲍集圩行洪区等。

3.1　模型建立

计算范围包括浮山至洪泽湖出口段的淮河干流及南北区间六条支流,研究区域水系概化见图2。淮河干流浮山至A254断面采用一维数学模型进行计算,淮河干流A254至洪泽湖出口河段及潘村洼、鲍集圩行洪区和洪泽湖周边滞洪区采用平面二维模型进行计算。一、二维模型的耦合计算通过在

A254 断面处采用 MIKEFLOOD 标准连接实现。南北区间的 6 条支流以集中旁侧入流方式作为耦合模型的源项参与计算。

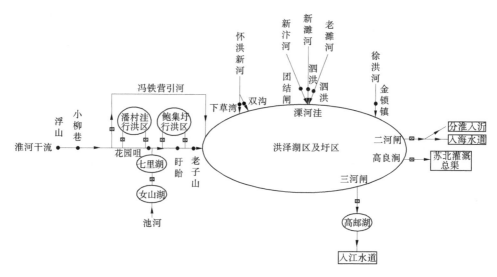

图 2　研究区域水系概化图

一维模型中淮河干流浮山至 A254 断面河道全长 65 km，采用不等间距的节点布置断面，实测河道断面间距为 200~400 m，共布设 280 个断面。

二维模型采用非结构三角形网格，洪泽湖湖区地势平坦，网格空间步长取 200~500 m；淮河干流入湖河口段及三河闸、二河闸、高良涧闸附近地形复杂，高程变化大，网格空间步长取 30~200 m；潘村洼行洪区、鲍集圩行洪区以及洪泽湖周边滞洪区的各片区单独划分网格，网格空间步长取 500~900 m，行洪区及周边滞洪各片区口门处网格局部加密。二维模型包括网格节点 55 660 个，计算单元 101 208 个，网格剖分见图 3。

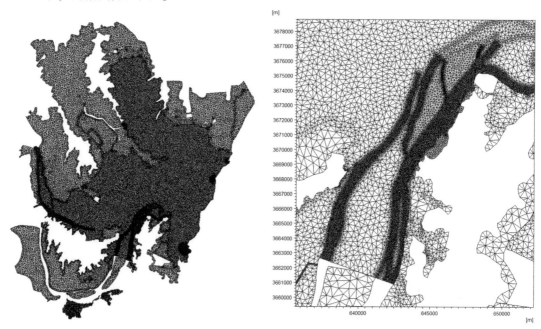

图 3　二维模型网格剖分图

一、二维模型时间步长受克朗条件的限制，为满足稳定性和精度要求，最大时间步长均取 30 s。

模型以淮河、池河、怀洪新河、新汴河、濉河、老濉河、徐洪河等主要通湖河道的入湖流量作为上边界，以三河闸、二河闸和高良涧的水位或水位-流量关系作为下边界。

3.2 模型参数率定及验证

3.2.1 参数率定

选取 2003 年作为参数率定年份，计算时段取 7 月 1 日至 8 月 31 日。模型需要率定的主要参数是糙率系数，是反映水流运动受阻程度的综合系数。参数率定时结合已有的规划参数成果作为初值，在此基础上不断进行试算。经率定，淮河主槽糙率取 0.020~0.023，滩地取 0.03~0.04，洪泽湖湖区取 0.020~0.022，周边滞洪区糙率根据土地利用，参照相关资料选取。

将模型计算结果与典型测站的实测资料进行比较，计算的小柳巷、盱眙、蒋坝水位过程及三河闸流量过程与 2003 年实测洪水过程基本一致，见图 4。

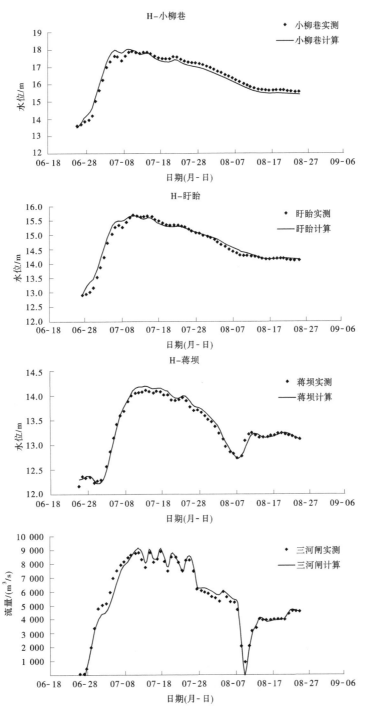

图 4　2003 年部分测站水位及流量对比

3.2.2 参数验证

为了检验洪水演进模型的准确性及合理性，选取 2007 年实测洪水资料对率定的模型参数进行验证。模型计算值与实测值对比见图 5。计算的小柳巷、盱眙、蒋坝水位过程及三河闸流量过程与 2007 年实测洪水过程基本一致。所建数学模型较好重现了 2003 年及 2007 年洪水过程。

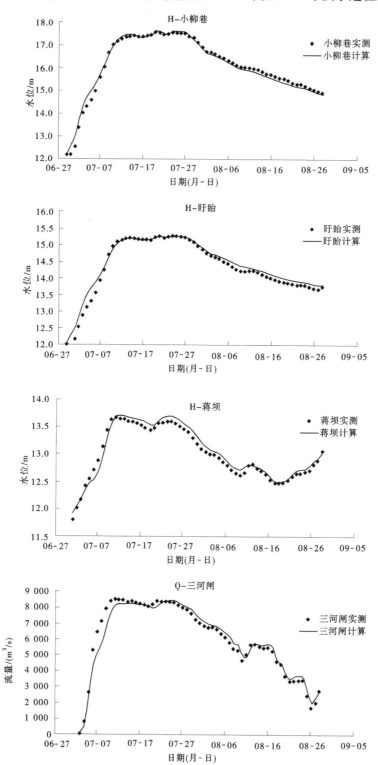

图 5　2007 年部分测站水位及流量对比

4 洪水演进计算分析

4.1 计算方案

为研究洪泽湖周边滞洪区分区运用条件下的滞洪影响，拟订 3 组分区方案进行模拟计算，见表 2。模型上边界为洪泽湖 100 年一遇设计入湖洪水过程，下边界为三河闸、二河闸、高良涧闸出湖口水位-流量关系。计算采用规划的淮河干流浮山以下段行洪区调整和建设工程、入海水道二期工程实施完成后的工况。

表 2 计算方案设置情况

方案	分区办法	滞洪片区数量	蒋坝水位 14.31 m 时的库容/亿 m³	洪水	工况
方案 1（大分区滞洪）	四类区不滞洪，其他各片区滞洪	20	14.87	100 年一遇	浮山以下段行洪区调整、入海水道二期实施完成
方案 2（中分区滞洪）	仅一类区和二类区滞洪	13	9.1		
方案 3（小分区滞洪）	仅一类区滞洪	5	5.04		

冯铁营引河采用一维模型进行模拟计算，通过 MIKEFLOOD 标准连接与洪泽湖湖区二维模型进行耦合，见图 6。冯铁营引河按控泄 $Q = 6\,000$ m³/s 方式运行，即冯铁营引河分走淮河干流流量超过 $6\,000$ m³/s 以上的多余流量。

当蒋坝水位达 12.31 m 时，三河闸、高良涧闸开启泄洪；当蒋坝水位达到 13.31 m，淮、沂洪水不遭遇时，利用分淮入沂分洪；当蒋坝水位达 13.31 m 时，入海水道二期工程开启泄洪，设计流量 $7\,000$ m³/s；当蒋坝水位达 14.31 m 时，洪泽湖周边滞洪区启用滞洪。周边滞洪区各分区口门位置见图 7。

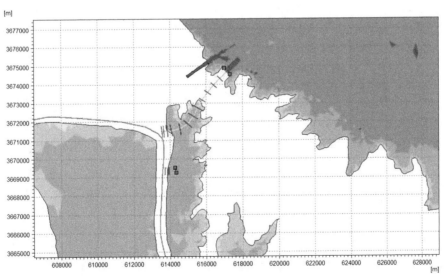

图 6 一、二维模型耦合示意图

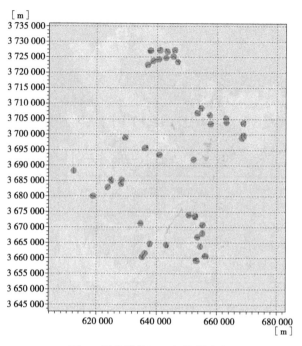

图 7 周边滞洪区口门位置分布

4.2 洪水演进计算结果

4.2.1 方案 1

遇 100 年一遇洪水，方案 1 计算淮河干流浮山洪峰水位为 18.39 m，入湖河段盱眙洪峰水位为 15.69 m；洪泽湖蒋坝洪峰水位为 14.56 m，周边滞洪区最大淹没面积 946 km²。三河闸最大下泄流量为 10 847 m³/s，分洪总量为 410.97 亿 m³；二河闸最大下泄流量为 7 325 m³/s，分洪总量为 181.25 亿 m³；高良涧闸最大下泄流量为 1 000 m³/s，分洪总量为 47.68 亿 m³。洪泽湖出流总量为 639.9 亿 m³。

100 年一遇洪水条件下，方案 1 模拟计算的洪泽湖湖区及周边滞洪区水位分布见图 8。7 月 17 日 9 时浮山水位达 17.93 m，蒋坝水位达 14.31 m，洪泽湖周边滞洪区即将启用滞洪；7 月 18 日 9 时洪泽湖周边陡湖区、三河一区、洪泽农场区、大莲湖区、溧东区等 5 片一类区均开启滞洪；至 7 月 22 日 9 时洪泽湖周边滞洪区中的二类区、三类区全部开启滞洪。

水动力模型能模拟周边滞洪区各片区口门实时进洪过程，以一类区中的溧东片区为例，图 9 为该片区进洪时的流速分布图。4 个时段溧东区口门处的流速大小分别为 2.0 m/s、1.5 m/s、1.2 m/s 和 0.7 m/s，各时段的流速分布图基本反映出溧东区的进洪过程。

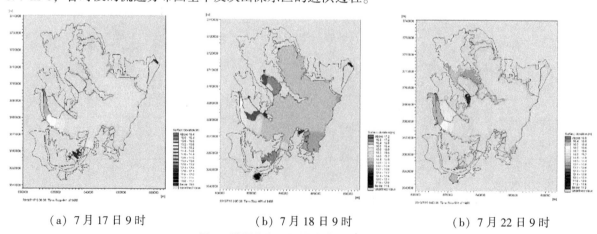

（a）7 月 17 日 9 时　　　　　（b）7 月 18 日 9 时　　　　　（b）7 月 22 日 9 时

图 8 洪泽湖湖区及周边滞洪区水位分布

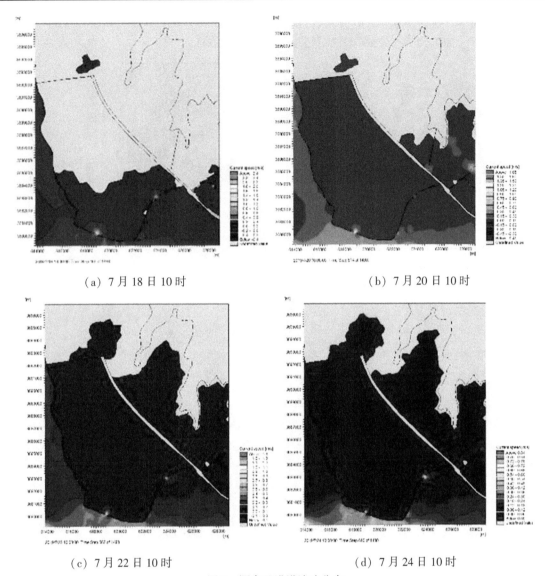

(a) 7月18日10时   (b) 7月20日10时

(c) 7月22日10时   (d) 7月24日10时

图9 溧东区进洪流速分布

4.2.2 方案2与方案1对比

方案2在洪泽湖蒋坝水位达14.31 m时，周边滞洪区一类区、二类区各片区相继开启，蒋坝洪峰水位较方案1增加0.09 m，周边滞洪区最大淹没面积减少378 km²。淮河干流浮山洪峰水位增加0.03 m，入湖河段盱眙洪峰水位增加0.08 m。

4.2.3 方案3与方案1对比

方案3在洪泽湖蒋坝水位达14.31 m时，周边滞洪区中陡湖区、三河一区、洪泽农场区、大莲湖区、溧东区等5片一类区相继开启，蒋坝洪峰水位较方案1增加0.14 m，周边滞洪区最大淹没面积减少667 km²。淮河干流浮山洪峰水位增加0.05 m，入湖河段盱眙洪峰水位增加0.13 m。

4.3 分区方案滞洪影响分析

3组分区方案遇100年一遇洪水洪泽湖湖区及周边滞洪区最大淹没水深分布见图10，洪泽湖最高水位、周边滞洪区滞洪面积及影响人口对比见图11。遇100年一遇洪水，3组方案计算得到的蒋坝最高水位分别为14.56 m、14.65 m、14.70 m，其中方案2和方案3较方案1分别增加0.09 m、0.14 m。从淹没面积和影响人口方面分析，方案1到方案3淹没面积和影响人口呈逐渐减少的趋势。方案3仅启用迎湖地势低洼、区内进洪快、滞洪效果明显、人口及重要设施较少且集中连片的一类区，淹没面积和影响人口最小。同时结合调洪演算分析，方案3除满足规划淮干浮山以下段行洪区调整和入海水道二期工程建成后周边滞洪区滞洪需要，还能满足现状 1954 年洪水滞洪需要以及远期规划建设三河越闸遇 100 年一遇洪水控制蒋坝水位不超过 14.31 m 的目标。

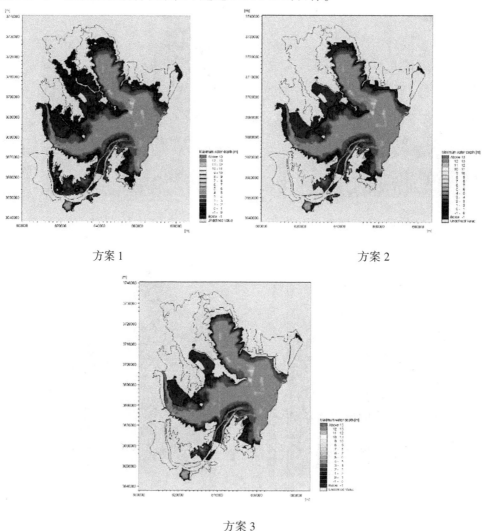

方案 1   方案 2

方案 3

图 10　各分区方案洪泽湖湖区及周边滞洪区最大淹没水深分布

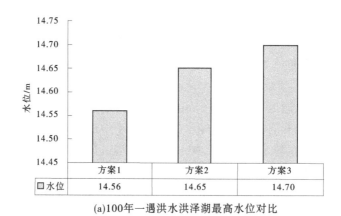

	方案1	方案2	方案3
□ 水位	14.56	14.65	14.70

(a)100年一遇洪水洪泽湖最高水位对比

图 11　洪泽湖最高水位、周边滞洪区滞洪面积及影响人口对比

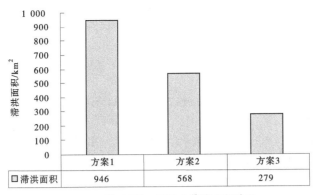

(b)100年一遇洪水滞洪面积对比

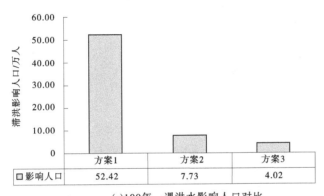

(c)100年一遇洪水影响人口对比

续图11

5 结语

（1）根据洪泽湖周边河道、湖泊、行洪区及滞洪区的特点，采用一、二维耦合的水力学方法，建立洪水演进数学模型。采用2003年、2007年的实测洪水资料对模型糙率系数进行率定和验证，计算值和实测值吻合较好，模型计算精度较高，可为研究洪泽湖周边滞洪区分区运用方案的滞洪影响提供分析计算平台。

（2）对规划工况洪泽湖100年一遇洪水条件下的3组周边滞洪区分区方案进行模拟计算，得到不同分区运用条件下区内的水位、水深、流速、淹没面积等洪水要素情况。100年一遇洪水条件下仅启用迎湖地势低洼，区内进洪快、滞洪效果明显、人口及重要设施较少且集中连片的一类区，洪泽湖最高水位有所增加，但周边滞洪区淹没面积和影响人口最小。本次研究可为今后洪泽湖周边滞洪区调度运用及调整的研究提供有益的参考，为周边滞洪区的防洪保安以及经济社会有序健康发展提供重要技术支撑。

参考文献

［1］何孝光，苏长城，贾健.洪泽湖周边滞洪区分级运用研究［J］.江苏水利，2007（4）：38-39.

［2］赵一晗，陈长奇，宋轩.洪泽湖周边滞洪区分区运用研究［J］.人民长江，2017，48（21）：15-17.

［3］Danish Hydraulic Institute（DHI）.MIKE11：A Modeling System for Rivers and Channels Reference Manual［R］.DHI.2014.

［4］虞邦义，倪晋，等.淮河干流浮山至洪泽湖出口段水动力数学模型研究［J］.水利水电技术，2011，42（8）：

38-42.

［5］杨万红，王凯，曹命凯．基于 MIKE FLOOD 的洪泽湖周边滞洪区滞洪方案研究［J］．水利规划与设计，2019（7）：130-134.

［6］周洁，董增川，朱振业，等．基于 MIKE FLOOD 的洪泽湖周边滞洪区洪水演进模拟［J］．南水北调与水利科技，2017，15（5）：56-62.

［7］何夕龙，陈婷，许慧泽，等．入海水道二期工程河道开挖规模与洪泽湖周边滞洪区运用关系研究［J］．水利规划与设计，2020（7）：10-13.

［8］季益柱，何夕龙，赵潜宜，等．基于二维水流数学模型的洪泽湖周边滞洪区分区运用调度方案研究［C］//沈凤生．节水供水重大水利工程规划设计技术．郑州：黄河水利出版社，2018.

波浪对温差异重流影响试验研究

刘　彦

（中国水利水电科学研究院，北京　100038）

摘　要：本文采用物理模型试验方法对波浪作用下明渠排口下游温差异重流的掺混、扩散特性进行研究。设置热水排放与环境冷水同向流动两套系统。试验测得波浪作用下，排口下游 4 个断面的温升、流速等脉动物理量，并与无波浪作用工况相对比，揭示了排口下游温度场分布规律。结果表明，波浪运动产生强烈紊动效应，破坏温差异重流分层结构，增大温度垂向扩散系数，使上层水体温度混合均匀；波陡的增大，可加强排口下游温度场垂、纵向扩散水平。

关键词：温差异重流；波浪；明渠；垂向热扩散；试验

1　引言

目前，不少火、核电厂都选址在濒海、港湾、河口地区，利用邻近水域作为冷却水的供应和受纳水域。电厂温排水与自然水体间存在着温差，在浮力驱动作用下，排水区域将形成具有明显冷、热水分层的温差异重流[1]。温排水域温度场预报是电厂取排水口设计、布置及其优化的关键。近岸海域长期受到波浪影响，电厂温排水不可避免地要受到它的影响。因此，波浪对温差异重流的水力、热力特性的研究显得尤为重要。

贺益英等[2-3]在之前学者研究的基础上，对明渠弯道温差异重流水力结构及掺混特性进行了初步研究。褚克坚等[4]通过物理模型试验，揭示了温差剪切分层流的紊动掺混机制，分析了直道分层流时均特性和紊动特性。陈惠泉提出处理电厂冷却水问题时，需考虑波浪效应的水力热力模拟[5]。在沿海潮流、沿岸流及大型污染物（热污染）扩散的数值模拟中，一般都应考虑波浪和水流的共同作用。波浪对温差异重流的作用可以理解为波浪与水流共同作用时，排水口热水传播规律。本文借助波浪水槽试验方法，对温差异重流在有、无波浪作用下的流速、紊动强度与温升场特性进行了测试与分析，以期为进一步系统研究温排水的输运扩散规律及开展相关数值模拟工作提供技术支持与依据。

2　试验布置及量测

2.1　试验布置

试验设备主要包括造波机、环境冷水流与热水流三部分，具体布置情况如图 1 所示。试验在中国水利水电科学研究院的环境波、流试验水槽中进行，水槽长 79.0 m、宽 1.0 m、深 1.5 m。推板式造波机置于水槽一端，可调试出本试验所需的波浪要素。采用流量-水位控制方法在试验水槽中获得恒定水深条件下稳定流动的环境冷水流。从水库抽取环境冷水经加热箱加热，输送到带有消能段的有机玻璃排水口，排口顶层与环境冷水流静水面持平。在水槽末端出水口布置尾门，试验尾水经回水系统降温后排入水库，实现水体的循环利用。

2.2　测量仪器

采用挪威 Nortek 公司生产的声学多普勒点式流速仪进行环境水流的湍流强度和三维流速测量。

作者简介：刘彦（1983—），男，高级工程师，主要从事波浪对建筑物的作用、温排水模拟方面的研究工作。

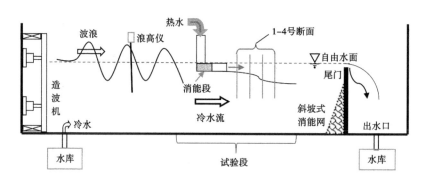

图 1　温差异重流波浪试验水槽立面示意图

波浪要素的采集使用分辨率为 0.3 mm，误差小于 0.6 mm 的 DS30 型 64 通道水位仪。借助多通道温度采集系统，结合数字温度计对分层水体各测点温度进行测试。

2.3　测量断面及测点

热水排口沿水槽中轴线对称布置，只对水槽中轴线上及右侧水域相关参数进行采集即可。试验共布设 4 道测量断面，分别距离排口 0.5 m、1.0 m、1.5 m 和 2.0 m。温度场测点从静水面开始，向下每隔 0.01 m 布置一个测点，直至 0.40 m 水深处；槽宽方向，从中轴线开始，间隔为 0.05 m，共设 10 列垂向测线。速度场测点从静水面开始，向下每隔 0.05 m 布置一个测点，直至 0.70 m 处；槽宽向，距离中轴线分别为 0.00 m、0.15 m、0.35 m，共 3 列垂向测线。

3　试验影响因子与参数

3.1　试验影响因子量纲分析

波浪作用下，表征温差异重流掺混的特征量 K 受以下参量影响，可表示为：

$$K = f(v_1, \rho_2 - \rho_1, \upsilon_1, h_1, v_2, \rho_2, \upsilon_2, h_2, \Delta v, h, B, g, H, L) \tag{1}$$

式中：v_1、v_2 为排口热水、环境冷水流平均流速；ρ_1、ρ_2 为热、冷水体密度；υ_1、υ_2 为热、冷水体运动黏性系数；h_1、h_2 为热、冷水体水深；Δv 为冷、热水平均流速差 $\Delta v = v_2 - v_1$；h 为全水深；B 为水槽宽度；H 为波高；L 为波长；g 为重力加速度。

由于试验热、冷水体温差控制在 8 ℃，其黏性系数可以近似地认为 $\upsilon_1 \approx \upsilon_2$。取 Δv、h 和 ρ_2 作为基本变量，引入断面平均流速 v_m，对式（1）进行量纲分析与简化，可得：

$$K = f\left(v_1/v_2,\ \nu/v_m h,\ v_1 \bigg/ \sqrt{\frac{\rho_2 - \rho_1}{\rho_2} gh},\ H/L,\ h/L\right) \tag{2}$$

式中：$v_1 \bigg/ \sqrt{\dfrac{\rho_2 - \rho_1}{\rho_2} gh}$ 为热水出口初始密度 Froude 数，记作 $F_{\Delta 0}$；$(v_m h)/\nu$ 为平均 Reynolds 数，记作 R_{em}；h/L 为水深条件；H/L 为波陡。因此，影响冷、热水流掺混的主要波浪因素是波陡。

3.2　试验参数设置

中国水利水电科学研究院提出温差异重流产生的判别式[6]：

$$F_{\Delta 0} < (F_{\Delta 0})_{cr} \tag{3}$$

式中：$(F_{\Delta 0})_{cr} = 0.54(h/h_0)^{4/3}$；$F_{\Delta 0} = u_0/(\Delta \rho g h_0/\rho_\infty)^{1/2}$；$h$ 为水深；h_0 为热水排口高度；$\Delta \rho$ 为排口热水与环境冷水密度差；ρ_∞ 为环境冷水密度；u_0 为排口热水出流速度；$F_{\Delta 0}$ 为热水出口密度弗劳德数；$(F_{\Delta 0})_{cr}$ 为临界弗劳德数。

参照判别式（3）选取相关试验参数可保证水槽中水体具有明显的分层。一般火、核电厂冷却水与环境水体温差为 8 ~ 12 ℃，本试验冷、热水温差取值 8 ℃。热水排口长 0.50 m、宽 0.15 m、高 0.05 m，出流速度 $v_1 = 0.1$ m/s。环境冷水流速 $v_2 = 0.15$ m/s。经调研滨海火、核电厂排水口工程区域波浪要素资料，选取原型水深为 8.0 m，周期为 5.7 s，波陡值分别为 1/24、1/22 和 1/20 的线性规则波浪。依循重力相似准则，本试验采用模型长度比尺为 1/10 的正态模型，试验水深 h 为 0.8 m。

4 试验结果及分析

水流脉动流速均方根定义为紊动强度[7]。本试验中，各测点的流速、温度值均为采集时间段内的时均值。相对时均温升与相对时均流速分别为 $(T-T_2)/(T_1-T_2)$（T 为测点温度，T_1 为排口热水温度，T_2 为环境冷水温度）与 v/v_2（v 为测点时均流速，v_2 为环境冷水初始流速）。试验中，流速、温度数据采集时长均为 120 s，约 67 个波浪周期，采集频率为 10。

4.1 无波浪作用下温度、流速变化规律

无波浪作用各断面测点相对时均温升和相对时均流速如图 2、图 3 所示。静水面附近冷、热水的垂向掺混作用强，距离排口 20 倍排口高度（断面 2），静水面下 0.15 m 深度内，水流速度梯度较大。约 30 倍排口高度（断面 3）后各测点水流速度接近冷水初始速度。随着水深的增加，相对时均温升逐渐减小。冷、热水交界面通常位于垂向温度明显且稳定处，冷、热水反向流动时比较明显，同向流动时则不很突出。本试验中距离排口 0.5 m 处，该交界面约位于静水面下 0.08 m，其他位置分别约为 0.06 m、0.04 m、0.03 m，之后水流进入混合流态，交界面模糊。

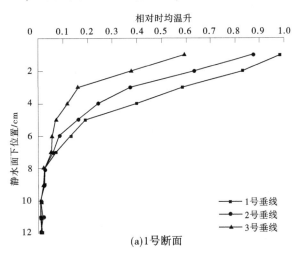

(a)1号断面

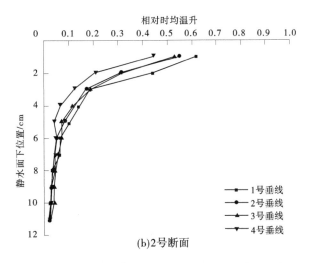

(b)2号断面

图 2　无波浪作用断面 1~4 各测点相对时均温升

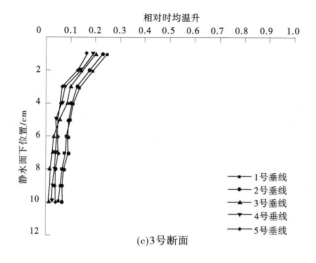

(c)3号断面

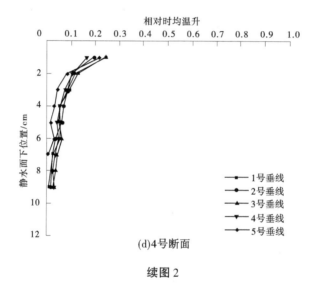

(d)4号断面

续图 2

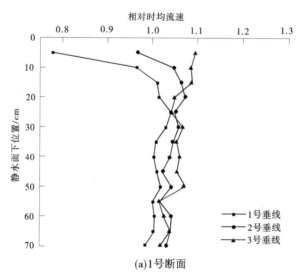

(a)1号断面

图 3　无波浪作用断面 1~4 相对时均流速

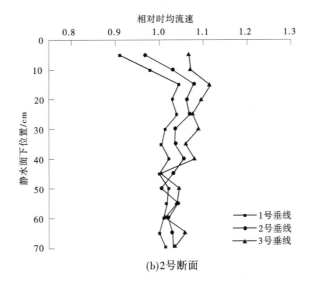

(b)2号断面

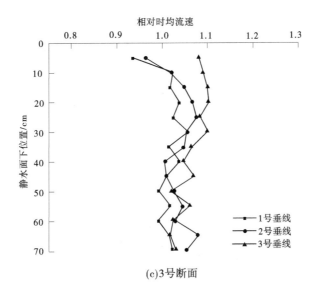

(c)3号断面

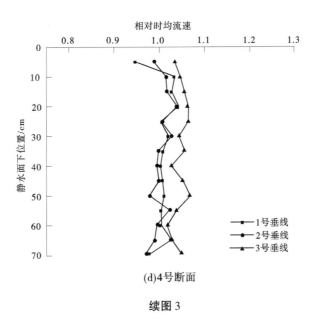

(d)4号断面

续图3

图 4、图 5 分别展示无波浪作用排口下游各断面纵向与垂向紊动强度。由图可知，各测点的纵向紊动强度明显大于垂向，表明浮力作用抑制了水流的垂向掺混，各项异性特征明显。水流往下游及深水处的紊动强度呈减小趋势，原因是冷、热水经过一段时间、距离（纵向和垂向）混合后，流速、温度梯度逐步降低，垂向掺混强度减弱，水流结构趋于稳定。

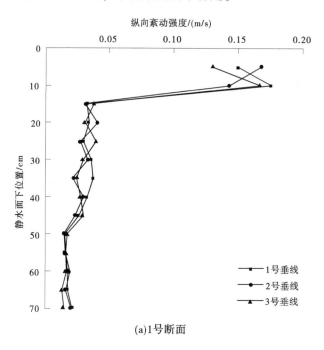

(a)1号断面

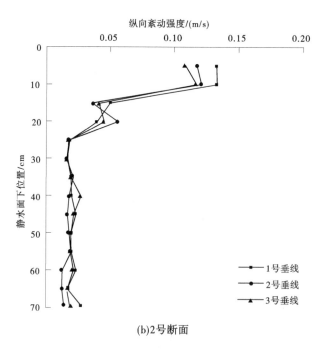

(b)2号断面

图 4 无波浪作用断面 1~4 测点纵向紊动强度

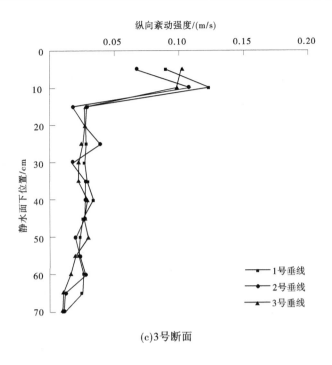

(c)3号断面

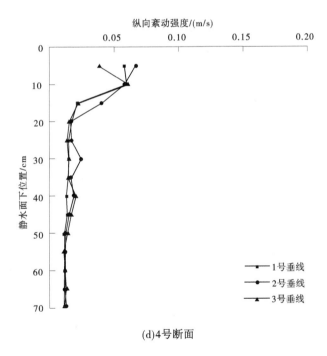

(d)4号断面

续图4

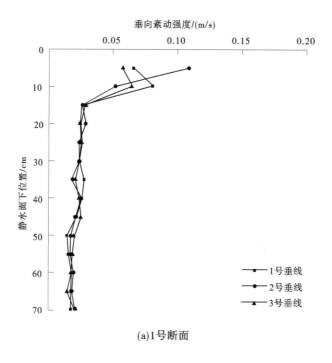

(a)1号断面

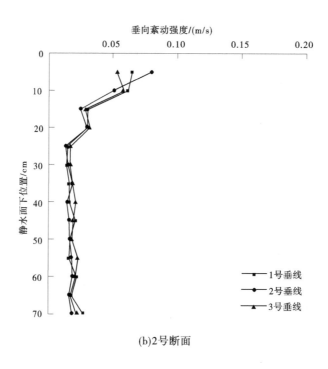

(b)2号断面

图 5　无波浪作用断面 1~4 测点垂向紊动强度

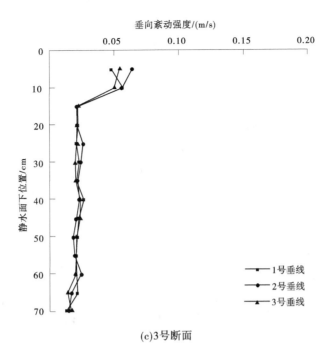

(c)3号断面

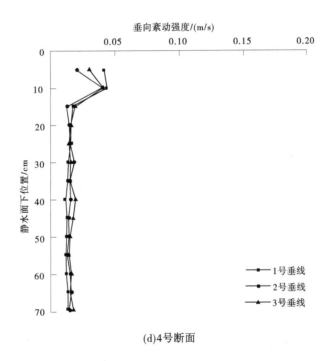

(d)4号断面

续图5

4.2 波浪作用下温度场变化规律

波浪和水流联合作用场中，水流紊动扩散系数多采用半经验计算公式[8]，$D_{cw} = D_c + D_w$（D_{cw}、D_c、D_w 分别为波流、纯水流、波浪紊动扩散系数）。Van Rijn[9] 提出，波浪作用下，$z > 0.5h$ 区域内扩散系数计算公式：

$$D_w = D_{max, w}, \quad z > 0.5h \tag{4}$$

式中：$D_{max, w} = 0.035\alpha_{br}hH/T$；$\alpha_{br}$ 为波浪破碎修正因子，$\alpha_{br} = \max[3(H/h) - 0.8, 1.0]$；$h$ 为水深。

由公式（4）可得增加波浪后，垂向扩散系数增加幅度为 3.3×10^{-3} m²/s。

波浪作用下排水口下游温升情况见图6~图8。波浪运动产生的强烈扰动，将上层热水的热量经掺混作用传至下层，该位置水体温升值比无波浪时有所增加。同一波陡波浪作用时，排口下游随着距离的增加，相对时均温升值衰减梯度较大。排口下游 1.0 m 内（包含断面1、2），沿槽宽方向距离排口中心 0.15 m，即一倍排口宽度范围内分层流垂向温度变化较为明显，之后越靠近水槽边壁，相对时均温升值变化幅度越小。1.0 m 后水域（包含断面3、4），从排口中心到水槽边壁各垂线上垂向温度变化均比较平缓，热水掺混均匀。随着波陡的增大，断面1上相对时均温升值位于 0.06~0.08 区间内的测点数目分别为 19 个（$H/L = 1/24$）、13 个（$H/L = 1/22$）、11 个（$H/L = 1/20$），其他断面的相对时均温升也呈现类似变化规律。随着波浪波陡的增大，同一断面上最大相对时均温升呈减小趋势。

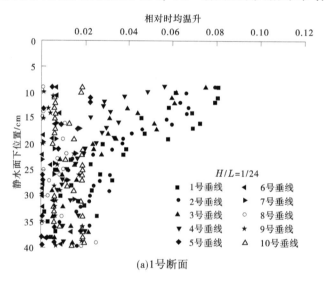

(a)1号断面

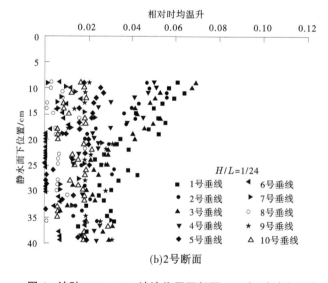

(b)2号断面

图6　波陡 $H/L = 1/24$ 波浪作用下断面 1~4 相对时均温升

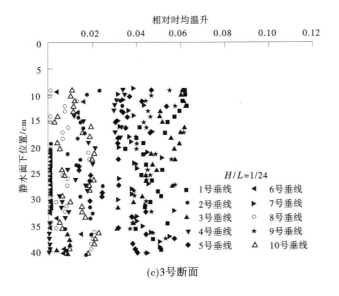

(c)3号断面

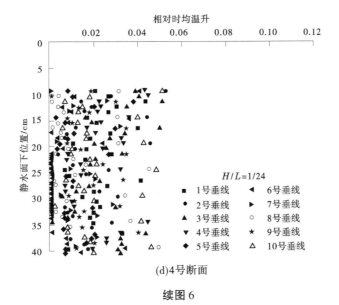

(d)4号断面

续图6

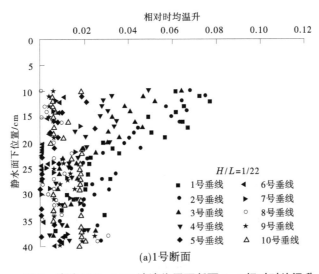

(a)1号断面

图7 波陡 $H/L=1/22$ 波浪作用下断面 1~4 相对时均温升

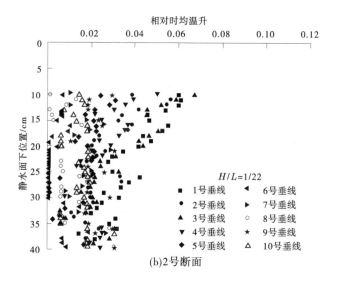

(b)2 号断面

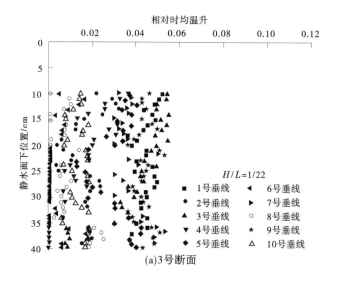

(a)3 号断面

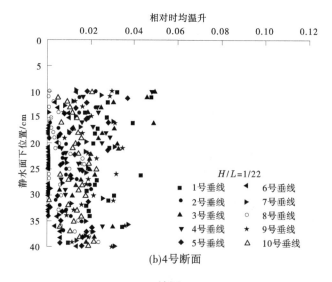

(b)4 号断面

续图 7

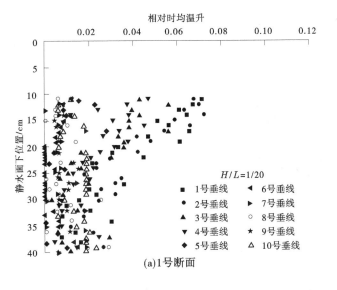

(a)1号断面

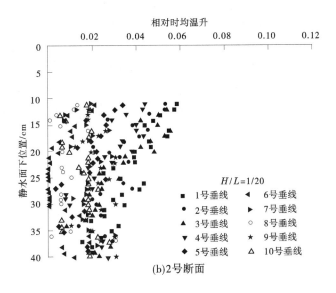

(b)2号断面

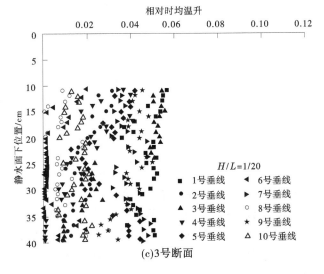

(c)3号断面

图8 波陡 $H/L=1/20$ 波浪作用下断面 1~4 相对时均温升

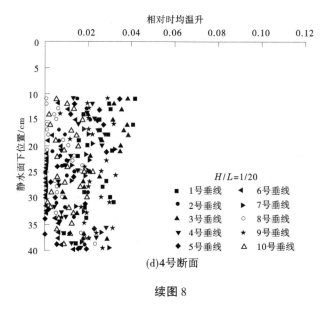

(d)4号断面

续图 8

4.3 有、无波浪作用下温度场对比分析

无波浪时，各断面上具有明显温升的测点主要位于静水面下 0.1 m 范围，约 2 倍排口高度。图 9 给出有、无波浪时，四组断面中轴线静水面下 0.1 m 范围内各测点的平均时均温升。增加波浪扰动后，温差异重流的垂向紊动强度加强，热量沿水深向下急剧扩散，下层冷水迅速向上掺混。断面 1~4 中轴线表层各测点温升值在三种波陡波浪作用下的平均值分别为 0.72 ℃、0.59 ℃、0.63 ℃、0.40 ℃，其值分别约为无波浪作用时温升值的 33%、46%、66%、65%。

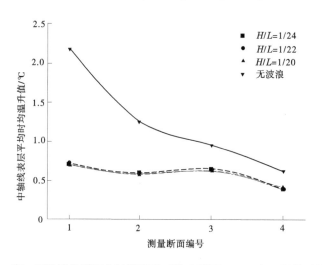

图 9　有、无波浪各断面中轴线表层（静水面下 0.1 m 内）平均时均温升

5　结语

本文通过物理模型试验，得到无波浪作用排口下游形成的温差异重流流速、温度、紊动强度等参数沿程分布状况，为进一步研究分层流在波浪作用下的水流水力、热力特性奠定基础。波浪有助于温排水热量的输运、扩散，热扩散效应增强。波浪运动破坏排口温差异重流分层结构，增大温度场垂向扩散系数（增大量级 10^{-3}），使水体上层温度混合更加均匀，断面各测点温升值与无波浪时相比骤减。随着波陡的增大，垂、纵向热扩散水平加强，各断面温升分布规律相似，数值接近。

参考文献

［1］岳钧堂. 差位式理论及工程应用—感潮水域冷却水运动及工程布置研究［J］. 水利学报，1993，12：10-17.

［2］贺益英. 风对二元温差异重流影响的试验研究［C］// 水利水电科学研究院科学研究论文集17. 北京：水利出版社，1984.

［3］贺益英，傅云飞，李福田，等. 明渠弯道温差异重流特性研究初探［J］. 水利学报，1994（5）：9-18.

［4］褚克坚，华祖林，王惠民，等. 明渠剪切分层流垂向扩散特性试验研究［J］. 水科学进展，2005，16（1）：13-17.

［5］陈惠泉，陈燕茹. 二元温差出流的局部掺混［C］//水利水电科学研究院科学研究论文集17. 北京：水利出版社，1984.

［6］陈惠泉，岳钧堂，陈燕茹. 我国电厂排取水口规划特色及其水力热力特性［J］. 水利学报，1993（10）：1-11.

［7］刘艾明，徐海涛，卢金友. 矩形水槽水流紊动特性分析［J］. 长江科学院院报，2006，23（1）：12-15.

［8］丁雷. 波流共同作用下水流垂直结构及污染物扩散、离散系数研究［D］. 大连：大连理工大学，2004.

［9］Van Rijn L C. sediment transpoR，Part Ⅱ：suspended load transport［M］. Journal of hydraulic engineering，1984.

鄱阳湖地区河湖与含水层的水交换应用研究

刘　昕　贾建伟　王　栋

（长江水利委员会水文局，湖北武汉　430000）

摘　要：地下水是自然水循环的重要组成部分，也是人类生活生产不可替代的资源。为保障地下水合理开发利用，全国各省市均在进行地下水水位管控指标的确定工作。确认受地表水域影响的地下水观测井在区域地下水水位确定工作中具有重要的现实意义。本文以鄱阳湖地区几个典型地下水观测井为例，通过地下水对洪水的响应模型，使用水位观测数据反演河床与含水层的水力传导特性。由此研究地表水水位对毗邻河湖的含水层地下水水位的影响幅度和范围，为河湖丰富的平原地区区域地下水水位确定工作提供参考。

关键词：鄱阳湖；地下水与地表水相互作用；洪水波动响应模型；数值反演

1　研究背景

地表水、土壤水、地下水等三种水体普遍存在于陆地上，且广泛分布于河湖、土壤以及含水层中，在地球圈的水文循环中相互关联、相互转化。地下水作为水资源的重要组成部分，占我国水资源总量的1/3，不仅是保障我国城乡居民生活用水、支持社会经济发展的重要战略资源，而且在维持生态系统安全和生态环境建设等方面发挥着重要作用。因此长期以来，建立科学合理的地下水水位、水量控制体系，保障地下水的合理开发利用，一直是中国现代水资源管理工作的重要一环。

随着生态文明建设对地下水开采和管理要求的提高，我国地下水管理和监测体系在不断的发展与强化，2017年我国建立了国家地下水监测工程，在此基础上2020年我国展开了全国范围内地下水管控指标的确定工作，计划从各方面对地下水水位、水量、管理指标进行明确的管控。在地表水资源相对充沛的湿润区，地下水取用量较少、观测井较少、河湖与含水层水交换关系复杂，在某些区域地下水观测井受河湖水位影响显著，无法代表性地反映所在区域的地下水水位变化特征。如何在基础资料相对不足的条件下充分合理利用现有的观测数据，把握区域地下水循环的规律，进而确认相对准确的地下水管控指标，是现阶段地下水工作的重要一环。

鄱阳湖作为我国最大的淡水湖泊，河湖水位及其季节性动态变化与鄱阳湖地区含水层的交互在鄱阳湖湿地水循环和生态环境中影响变化显著，在地下水循环系统中具有很强的代表性。本文以鄱阳湖地区几个典型地下水观测井为例，通过分析现有的日水位变化数据，讨论观测井至河湖不同距离情况下地下的水水位对河湖水位波动的响应，为河湖丰富的平原地区区域地下水水位确定工作提供一些思考。

在河流及湖泊等地表水资源相对充沛的湿润区，人类活动主要以利用地表水资源为主，地下水开采量占比较小，地下水水位埋深较浅。河湖水位随季节性的波动造成河湖岸边非饱和带存在大面积干湿交替的循环过程，由于地下岩层、岩性分布不均一，该循环过程对河岸带地下水水位影响的研究对资料的需求量大，经济成本高。现有的研究者主要是从水量平衡、理想化模型及统计分析等角度研究

基金项目：第二次青藏高原综合科学考察研究资助（2019QZKK0203）；长江水利委员会长江科学院开发研究基金（课题编号：CKWV2019766/KY）。

作者简介：刘昕（1988—），男，工程师，主要从事水文与水资源工程、地下水理论研究工作。

影响河湖与地下水关系的关键因子。例如，Cooper 和 Rorabaugh[1]、Hunt[2]、Barlow 和 Moench[3] 等研究洪水过程中地下水运动与河床贮水量的关系；Boufadel 和 Peridier[4] 推导了一个不规则的河流变化条件下承压含水层和河流的水量交换的解析解。

从国内外研究现状来看，由于地层在人类活动的时间尺度上相对稳定，影响河湖与含水层水交换的关键性变化因素为河床，不管是河床冲淤变化，还是河床上的微生物发育、化学物质的沉淀和溶解，都在不停的影响河岸带水循环的过程。这个过程的关键变化因素从根本上来看，是河床水力传导特性的变化。很多研究者在考虑如何解决河床水力传导特性问题时，采用实验取样、同位素示踪等办法较为精确的直接或间接反映河床的水文地质特性。其中相对简便一点的方法是使用洪水波动响应来反演河床的水文地质参数（Jha 和 Singh、Gianni[5]、Jerbi[6]），该方法首先构建相对理想的河湖-含水层的水交换模型，通过连续的河湖水位和毗邻河湖的观测井水位来反演参数，通过约束模拟的观测井水头和实际水头的误差来排除有误值，最后得到能反映不同时间段的河床的水文地质特性参数。

2 数据与方法

2.1 研究区域概况

鄱阳湖地处长江中下游右岸，位于东经 113°30′~118°31′、北纬 24°29′~30°02′，流域面积 16.22 万 km²，约占长江流域面积的 9%。鄱阳湖水系是以鄱阳湖为汇集中心的辐聚水系，由赣江、抚河、信江、饶河、修水和环湖直接入湖河流共同组成。各河来水汇聚鄱阳湖后，经调蓄于江西省湖口注入长江。鄱阳湖水位涨落受五河及长江来水的双重影响，是过水性、吞吐型、季节性的湖泊，高水湖相，低水河相，每年 4~6 月随流域洪水入湖而上涨，7~9 月因长江洪水顶托或倒灌而壅高，10 月稳定退水，逐渐进入枯水期。

2.2 研究方法

本次研究使用 Gianni[5] 2016 年提出的洪水响应模型（Flood Wave Response Technique）来反演河床及毗邻河湖的含水层的水文地质参数，根据反演得到的结果计算河湖波动对含水层的影响范围。

洪水响应模型基于滨湖（河）地下水对河湖水位瞬时变化的响应机制，需要的数据主要有：连续的河湖水位以及相应时间尺度的滨湖（河）地下水水位，地下水观测井至最近的河湖水边距离，以及地下水观测井至河床之间的含水层扩散系数。

3 结果与分析

本文选用环鄱阳湖地区 4 个典型地下水监测站点九江滨江站、星子站、吴城站和龙津站 2018—2019 年地下水日平均水位，以及观测值毗邻的河湖相应的日水位进行参数反演，并根据参数计算观测站位置及距离河湖 500 m、1 000 m、2 000 m 位置的地下水日水位。

九江滨江站距离长江干流河岸 397 m，地下水埋深 8~20 m。图 1 显示九江滨江站地下水变化基本与长江干流水位消落规律相同，该规律表明该井位置含水层与长江干流的连通性较好。长江干流水位较高时地下水水位变化波形与长江水位波形较相似，长江干流水位较低时地下水水位变化趋势与长江水位变化相似，该规律表明含水层上部水力传导性大于含水层下部，水位较低时长江与含水层水交换相对较小。图 1 模拟的距离长江 500 m、1 000 m、2 000 m 的地下水水位变化曲线表明，长江在高水位条件下补给地下水影响地下水较为显著，在低水位含水层的侧向基流补给长江水量较少。

星子站位于鄱阳湖西部，距离鄱阳湖湖岸 370 m。图 2 显示含水层与鄱阳湖之间的水力连通性极差，水位变化与鄱阳湖水位基本不相关。鄱阳湖水位高于地下水水位且高于星子站地面高程时，星子站观测的地下水水位均无明显波动。该规律表明该区域无论是降雨入渗还是侧向补给速度均较慢。该现象表明星子站最上层第四纪全新世的粉质黏土透水性差，可以归类为隔水层，湖水消落对地下水水位影响不大。

吴城站位于修水与赣江的交汇区域，距离修水河岸 368 m。图 3 显示含水层与修水之间的水力连通性较好，修水水位较高时地下水变化趋势与修水相似，修水水位较低时地下水水位较平稳。该现象表明吴城站地下含水层在 14 m 以下的渗透性较小，外江水位主要影响 14 m 以上的地下水水位波动。14 m 以上含水层透水性仍然较弱，修水较小的水位波动对地下水影响不大。

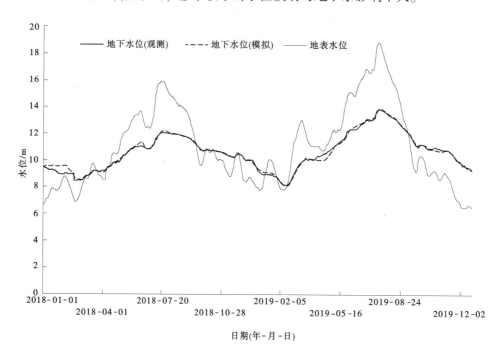

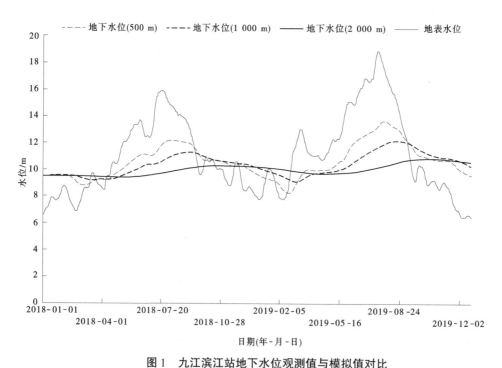

图 1　九江滨江站地下水位观测值与模拟值对比

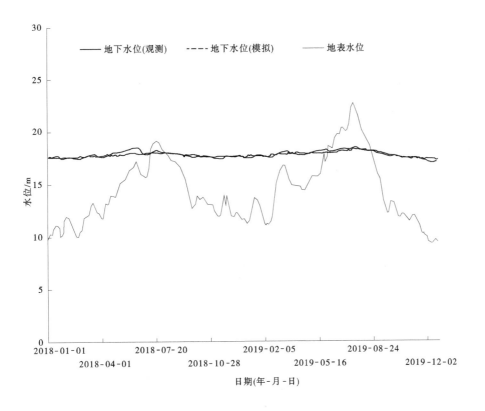

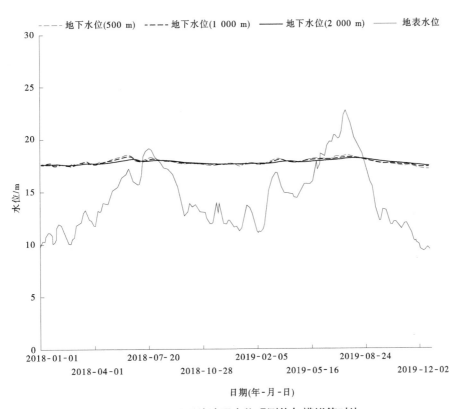

图 2　星子站地下水位观测值与模拟值对比

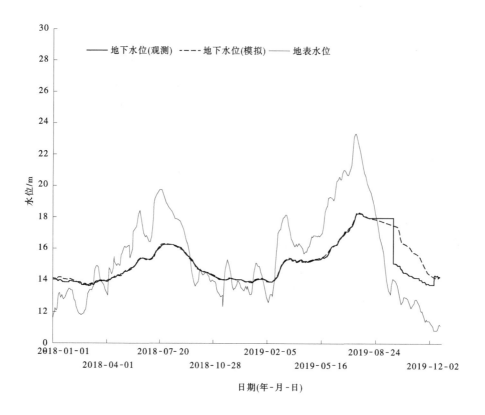

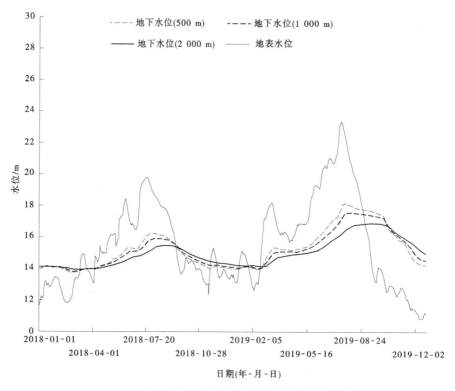

图 3 吴城站地下水位观测值与模拟值对比

　　龙津站距离信江河岸 603 m，位于信江左岸。图 4 显示洪水响应模型模拟的水位与观测值拟合较好，且地下水水位与信江水位变化规律基本一致，含水层与信江的连通性较好。2018 年、2019 年第四季度信江水位与含水层落差相对较大，表明高程在 14 m 以下，含水层或河床的渗透性相对较低。信江水位消落对该区域含水层水位影响范围大于 2 000 m。

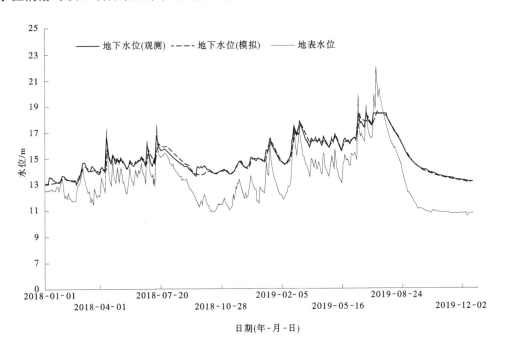

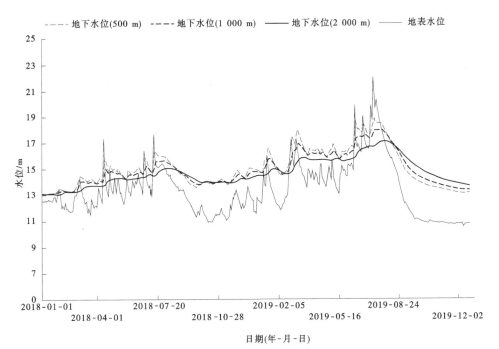

图 4　龙津站地下水位观测值与模拟值对比

4　结论

　　（1）距离河湖水位涨落对相邻含水层地下水水位的影响既与相对距离有关，也与含水层水文地质特性有关。河湖与含水层水力连通性较好，观测站距离河岸带 2 000 m，河湖水位与地下水水位仍有非常规律的相关性；河湖与含水层水力连通性较差，观测站距离河岸带 500 m，河湖涨落对地下水水位基本无影响；水力连通性较好的含水层，距离河岸带越近，水位受河湖涨落影响越剧烈。

（2）观测井水位与河湖水位变化极为接近的区域，河床和含水层的渗透性均较大，该区域地下水受影响的区域也更大，选取地下水观测数据作为区域地下水水位控制指标应更多考虑河湖水位的影响。

（3）由于垂向地层岩性变化，对于同一个含水层在不同的河湖水位条件下，含水层与河湖的水力连通性可能大不相同。

（4）在含水层与河湖连通性较差、其他因素（如降雨入渗、地下水开采）对地下水水位影响较大的区域洪水响应模型并不适用。

参考文献

［1］Cooper，H H Jr，M I. Rorabaugh. Ground-watermovements and bank storage due to flood stages in surfacestreams ［J］. USGS Water-Supply Paper，1963，1536-J.

［2］Hunt，B. An approximation for the bank storage effect ［J］. Water Resources Research，1990，26（11）：2769-2775.

［3］Barlow P，A F Moench. Aquifer response to streamstage and recharge variations. 1. Analytical step－response functions ［J］. Journal of Hydrology，2000，230（3-4）：192-210.

［4］Boufadel，M C，V Peridier. Exact analytical expressions for the piezometric profile and water exchange between stream and groundwater during and after a uniformrise of the stream level ［J］. Water Resources Research，2002，38，（7）.

［5］Gianni G，Richon J，Perrochet P，et al. P. Rapid identification of transience in streambed conductance by inversion of floodwave responses ［J］. Water Resour. Res.，2016，52，2647-2658.

［6］Jerbi H. Consideration of the use of direct recharge in analytical models of floodwave response：a case study of the Merguellil alluvial aquifer，central Tunisia ［J］. Hydrogeol. J.，2018，26（7）：2395-2409.

［7］Doble R，Brunner P，McCallum J，et al. An analysis of river bank slope and unsaturated flow effects on bank storage ［J］. Ground Water，2012，50.

使用不等边三角形近似表述输移时间示踪试验数据

孙照东[1]   焦瑞峰[1]   孙一公[2]

（1. 黄河水资源保护科学研究院，河南郑州   450004；

2. 河南省清河志环保科技有限公司，河南郑州   450052）

摘 要：2017 年 5 月底在黄河干流包头王大汉浮桥至呼和浩特市麻地壕扬水站约 170 km 长的河段开展了
大规模的输移时间示踪试验。数据分析表明各采样点时间-浓度曲线符合三参数对数正态分布。
前人研究表明采用不等边三角形可以近似描述输移时间示踪试验数据。本文依据三参数对数正态
分布特性和单位面积不等边三角形性质推求了三角形三个顶点的坐标（时间，浓度）的计算公
式。该方法使突发性水污染事件模拟大为简化，精度能够满足应急处理需求：污染何时达到？峰
值浓度多高？污染何时结束？

关键词：黄河；输移时间；示踪试验；浓度曲线；三角形

1 引言

黄河流域有上千个排污口排污入河[1]、数百座桥梁横跨河道[2-3]、大量沿河大道通车运行使得突
发性水污染事件概率升高。突发性水污染事件发生后，管理部门为了制订应急措施，往往需要知道在
取水口处污染到达的时间、浓度峰值及其到达的时间、污染结束的时间。虽然许多水质模型在参数率
定后可以得出这样的预测结果，但是水动力学模型以及水质模型，需要的参数多，不容易取得，且模
型运行时间长，时效性较差。泰勒等推导了单位峰值浓度计算的新方法，使单位峰值浓度可以用染料
或污染云团的长度（历时）来表述[4]。本文基于前人研究成果及 2017 年 5 月底在内蒙古河段开展的
输移时间示踪试验数据使用不等边三角形近似表述时间-浓度曲线，探索方便快捷的水质预测方法。

2 2017 年 5 月底内蒙古河段开展的输移时间示踪试验概况

2017 年 5 月 26 日 6：50 在包头附近黄河干流王大汉浮桥中部设 39 个投放点瞬时倾倒酸性红 52
原粉 48.75 kg（纯度 85%）水溶液，在下游 3.21 km（田家营子）、31.50 km（磴口）、68.47 km（大
成西公路桥）、86.67 km（五犋牛浮桥）、110.43 km（二道壕浮桥）、131.38 km（邬二格梁浮桥）和
170.61 km（麻地壕扬水站）等 7 个采样点分别间隔 5~30 min 采集水样，试验数据使用三参数对数
正态公式（3PLN）拟合，发布在科学数据银行（http：//www. en. scidb. cn/）[5]。试验期间黄河上游
来水流量 233 m³/s，包头水文站至磴口净水厂取水口区间废污水加入量 3.7 m³/s。本文在使用上述已
发布的试验数据时，调整了三参数对数正态分布曲线参数，使曲线后沿在浓度峰值的 10%附近数据
拟合更好。三参数对数正态分布公式[6-9]见式（1）。

作者简介：孙照东（1964—），男，教授级高级工程师，主要从事水资源保护、水资源论证、入河排污口设置论证
工作。

$$C(i, t) = \frac{A}{\sqrt{2\pi}\sigma(t - t_0)}\exp\left[-\frac{1}{2}\frac{[\ln(t - t_0) - \mu]^2}{\sigma^2}\right] = 277.78\frac{M}{Q_i} \cdot f(i, t) \quad (1)$$

式中：$C(i, t)$ 为断面 i 在 t 时刻的示踪剂浓度，$\mu g/L$；A 为时间-浓度响应曲线下的面积，$\mu g/(L \cdot h)$；$f(i, t)$ 为断面 i 的三参数对数正态分布概率密度函数；t 为示踪剂投放后消失的时间，h；t_0、σ、μ 为三参数对数正态分布公式参数，其中，t_0 为位置阈值参数，h；M 为瞬时投放的示踪剂质量，kg；Q_i 为采样断面 i 的流量，m^3/s；277.28 为单位换算常数。

图 1 为投放点下游 68.5 km 处大城西公路桥采样断面的时间-浓度曲线。拟合曲线下面积为 49.05 $\mu g/L \cdot h$，t_0 为 24.45 h，σ 为 0.529 21，μ 为 1.516 9。点据拟合程度良好，调整后的决定系数达到 0.996 ❶。

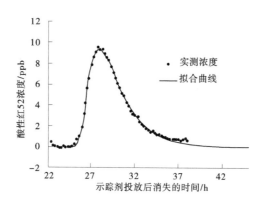

图 1　大城西公路桥投放点下游 68.5 km 处时间-浓度曲线

3　输移时间定义以及时间-浓度曲线的三角形近似

根据基尔帕特里克定义[10]，某采样点与输移时间测量有关的染料浓度与运动特征包括：T_L 为示踪剂投放后染料羽流前沿的消失时间，h；T_p 为示踪剂投放后染料羽流浓度峰值的消失时间，h；T_c 为示踪剂投放后染料羽流重心的消失时间，h；T_d 为整个响应曲线持续的时间，h；T_{10p} 为示踪剂投放后染料羽流浓度降落到峰值的 10% 的消失时间，h；T_t 为示踪剂投放后整个响应曲线的后沿的消失时间，h。

三参数对数正态分布概率密度函数有如下性质[7-8,11]：

$$T_c = t_0 + \exp\left(\mu + \frac{\sigma^2}{2}\right) \quad (2)$$

$$T_p = t_0 + \exp(\mu - \sigma^2) \quad (3)$$

不等边三角形可以近似表述瞬时源投放示踪试验产生的时间-浓度曲线[4-10]。

作为近似，设三角形面积为 1，以三参数对数正态分布密度函数的峰值为高，则三角形的底即为响应曲线持续的时间 T_d，用式（4）计算。

---

❶　Sun, Zhao-dong and Song, Zhang-yang and Wei, Hao and Sun, Yi-gong and Li, Hong-liang. A Large Scale Dye Tracing Experiment Measuring Times of Travel in the upper Yellow River, Baotou, Inner Mongolia, China［J］. Earth and Space Science Open Archive：2020. https：//doi. org/10. 1002/essoar. 10505505. 1（预印本，未正式发表）。

$$T_d = \frac{2}{f(i, T_p)} = 2 \times \sqrt{2\pi} \times \sigma \times \exp(\mu - \frac{\sigma^2}{2}) \tag{4}$$

相应地，三参数对数正态分布密度函数的近似三角形的三个顶点分别为 $(T_L, 0)$、$\left[T_p, f(i, T_p)\right]$ 和 $\left[T_L + 2 \times \sqrt{2\pi} \times \sigma \times \exp\left(\mu - \frac{\sigma^2}{2}\right), 0\right]$。图2为2017年5月底示踪试验大城西公路桥采样断面概率密度曲线。

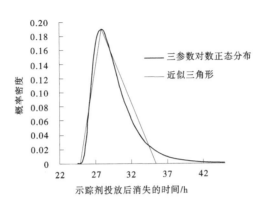

图2　大城西公路桥采样断面概率密度曲线（投放点下游68.5 km处）

与之对应，三参数对数正态分布水质模型的近似三角形的三个顶点分别为 $(T_L, 0)$、$\left[T_p, 277.78\frac{M}{Q_i} \cdot f(i, T_p)\right]$ 和 $\left[T_L + 2 \times \sqrt{2\pi} \times \sigma \times \exp\left(\mu - \frac{\sigma^2}{2}\right), 0\right]$。

4　时间–浓度曲线的近似三角形的应用实例

4.1　建立距离–输移时间关系式

拟合曲线中，输移时间 t_0、T_L、T_p、T_c 用于求算三参数对数正态分布概率密度函数中的三个参数，即位置阈值 t_0、可转化为位置参数的参数 μ 和可转化为形状参数的参数 σ。2017年5月底示踪试验，距离与输移时间关系式 L-t_0、L-T_L、L-T_p、L-T_c 见式（5）~式（8），相关性良好，调整后的决定系数均大于0.998。

$$t_0 = 0.000\,523\,5L^2 + 0.303\,9L + 0.322\,1 \tag{5}$$

$$T_L = 0.000\,532\,5L^2 + 0.312\,1L + 0.288\,5 \tag{6}$$

$$T_p = 0.000\,459\,3L^2 + 0.363\,2L + 0.287\,9 \tag{7}$$

$$T_c = 0.000\,492\,6L^2 + 0.378\,1L + 0.494\,0 \tag{8}$$

4.2　计算污染物瞬时注入点到取水口的输移时间差

以研究河段的包头钢铁（集团）有限责任公司入河排污为例，包头钢铁（集团）有限责任公司经由包头市尾闾工程排污入河，王大汉浮桥距离磴口净水厂30.26 km，其中尾闾工程排污明渠（二道沙河）与黄河水体交汇处上距王大汉浮桥9.95 km，下距磴口净水厂20.31 km。用式（5）~式（8）计算得到在两断面处的时间–浓度曲线的各特征输移时间 t_0、T_L、T_p、T_c 见表1。

表 1　王大汉浮桥—磴口净水厂取水口河段输移时间计算结果

项目	二道沙河与黄河水体混合处	磴口净水厂取水口	差值
与王大汉浮桥的距离/km	9.95	30.26	20.31
位置阈值参数输移时间 t_0/h	3.40	10.00	6.60
前沿输移时间 T_L/h	3.45	10.22	6.77
峰值输移时间 T_p/h	3.95	11.70	7.75
重心输移时间 T_c/h	4.30	12.39	8.08

4.3　根据输移时间差计算三参数对数正态分布水质模型的相关参数

由式（2）、式（3）可以推导出

$$\sigma^2 = \frac{2}{3}\ln\frac{T_c - t_0}{T_p - t_0} \tag{9}$$

$$\mu = \ln(T_p - t_0) + \sigma^2 \tag{10}$$

根据表 1 数据及式（9）、式（10）计算二道沙河与黄河水体交汇处——磴口净水厂取水口断面河段在磴口净水厂取水口处的瞬时源水质预测模型参数 μ、σ 分别为 0.307 9、0.410 1。其三参数对数正态分布水质模型为：

$$C(t) = 277.78 \frac{M}{Q} \frac{1}{\sqrt{2\pi} \times 0.410\ 1 \times (t - 6.6)} \exp\left\{-\frac{1}{2}\frac{[\ln(t - 6.6) - 0.307\ 9]^2}{0.410\ 1^2}\right\} \tag{11}$$

式（11）可以给出二道沙河污染物瞬时源投放进入黄河后磴口净水厂取水口处的污染响应曲线，应用叠加原理可以给出污染物连续投放情况下的磴口净水厂取水口处的污染响应曲线。

4.4　计算时间-浓度响应曲线的近似三角形的三个顶点坐标

4.4.1　三参数对数正态分布概率密度曲线近似三角形顶点

根据本文第三部分概率密度曲线三角形顶点计算公式可以计算得到近似三角形三个顶点坐标分别为 (6.77，0)，(7.75，0.778)，(9.34，0)。

4.4.2　时间-浓度响应曲线的近似三角形的三个顶点坐标

假定瞬时投放焦化厂生产排放的苯并芘 0.003 68 kg，黄河上游来水流量 233 m³/s，区间入流 3.7 m³/s，根据本文第三部分三角形顶点计算公式三参数对数正态分布水质模型的近似三角形的高为

$$C_p = 277.78 \frac{M}{Q_i}f(i,T_p) = 277.78 \times \frac{0.003\ 68}{233 + 3.7} \times 0.778 = 0.003\ 36\text{ppb} \tag{12}$$

时间-浓度响应曲线的近似三角形的三个顶点坐标分别为 (6.77，0)，(7.75，0.003 36)，(9.34，0)。其中，时间-浓度曲线的部分区域苯并芘浓度超过《地表水质量标准》（GB 3838—2002）规定的水质标准 (2.8×10⁻⁶ mg/L)[12]。见图 3。

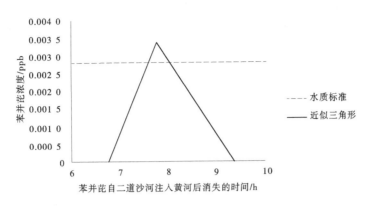

图 3   自二道沙河注入黄河后磴口净水厂取水断面苯并芘响应曲线近似三角形

5   结论

2017 年 5 月底在黄河干流包头王大汉浮桥至呼和浩特麻地壕扬水站河段开展的输移时间示踪试验，取得了高质量的试验数据。三参数对数正态分布公式对于试验数据拟合程度良好，与 Soká 等[13] 的分析结果一致。基于此，形成了三参数对数正态分布水质模型。

根据不同采样断面的时间–浓度曲线，统计各部分特征输移时间，并与输移距离建立多项式关系。在试验河段中选取感兴趣的子河段，由上述关系式计算子河段两端（上游断面、下游断面）的特征输移时间，并计算两者差值。再依据三参数对数正态分布概率密度函数特性，由特征输移时间差值计算该分布的相应参数，结合单位换算常数、河流流量和（瞬时）投放的持久性污染物质量，建立子河段下游处的三参数对数正态分布水质模型。

依据上述概率密度函数峰值计算污染物浓度峰值。设定概率密度曲线近似三角形的面积为 1，计算近似三角形的底。从而形成三参数对数正态分布水质模型的近似三角形的三个顶点。使用近似三角形，将简化水质预测过程，能够回答三个问题：污染何时到达？持续时间多长？浓度峰值多少？

上述方法同样适用于分段进行的输移时间示踪试验的数据处理，即用若干相邻河段的特征输移时间之和建立三参数对数正态分布水质模型及其近似三角形。

参考文献

[1] 张世坤，黄锦辉，杨艳春，等. 黄河流域污染源调查分析 [J]. 人民黄河，2011，33（12）：45-47. DOI：10. 3969/j. issn. 1000-1379. 2011. 12. 016.

[2] 刘栓明，侯全亮，刘新华，等. 黄河桥梁 [M]. 郑州：黄河水利出版社，2006.

[3] 黄河大桥全集 [2021-03-08]. http：//www. china-qiao. com/ql36/zj10. htm.

[4] Taylor K R, James Jr. R W, Helinsky B M. Traveltime and dispersion in the Potomac River, Cumberland, Maryland, to Washington, D. C. [R]. Water Supply Paper 2257, WASHINGTON：UNITED STATES GOVERNMENT PRINTING OFFICE, 1985. https：//doi. org/10. 3133/wsp2257.

[5] 孙照东，宋张杨，韦昊，等. 2017 年 5 月黄河上游内蒙古河段示踪实验. V1.（2020-04-22）. Science Data Bank. http：//www. dx. doi. org/10. 11922/sciencedb. 00057.

[6] Whiteman A. Travel times, streamow velocities, and dispersion rates in the missouri river upstream from canyon ferry lake, montana. Scientific Investigations Report 2012-5044, Reston, VA：U. S. Geological Survey, 2012. https：//doi. org/10. 3133/sir20125044.

［7］Basak P, Basak I, Balakrishnan N. Estimation for the three-parameter lognormal distribution based on progressively censored data. Computational Statistics & Data Analysis, 2009, 53（10）：3580-3592. https：//doi. org/10. 1016/j. csda. 2009. 03. 015.

［8］Bílková D. Lognormal distribution and using l-moment method for estimating its parameters. ［2020-12-04］. International Journal of Mathematical Models and Methods in Applied Sciences , 2012, 6（1）：30-44. https：//naun. org/cms. action? id=2821.

［9］孙照东, 焦瑞峰. 河流示踪试验技术在入河排污口设置论证中的应用［C］//中国水利学会. 中国水利学会 2020 学术年会论文集第二分册. 北京：中国水利水电出版社, 2021：305-309.

［10］Kilpatrick F A. Simulation of soluble waste transport and buildup in surface waters using tracers［R］. Techniques of Water-Resources Investigations 03-A20, U. S. G. P. O., 1993. https：//doi. org/10. 3133/twri03A20.

［11］Aristizabal R J. Estimating the Parameters of the Three-Parameter Lognormal Distribution［D/OL］. Miami：FIU Electronic Theses and Dissertations. 575. 2012［2020-3-23］. https：//digitalcommons. fiu. edu/etd/575.

［12］国家环境保护局科技标准司. 地表水环境质量标准：GB 3838—2002［S］. 北京：中国环境科学出版社, 2002.

［13］Sokáč M, Velísková Y, Gualtieri C. Application of Asymmetrical Statistical Distributions for 1D Simulation of Solute Transport in Streams［J］. Water, 2019, 11（10）：2145. https：//doi. org/10. 3390/w11102145.

弯道水流特性三维紊流数值模拟

沙海飞　　范丽丽　　徐佳怡　　李子祥

（水利部交通运输部国家能源局南京水利科学研究院，江苏南京　210029）

摘　要：弯道水流条件复杂，各项异性明显，往往会产生二次环流，这里采用标准 k-ε 双方程紊流模型和 Reynolds 应力模型（RSM），以 S 形强弯渠道和有压弯道为对象进行数值模拟，根据模拟结果发现，两个紊流模型都基本模拟出了弯道的三维水流特性，RSM 紊流模型精度略微好些。

关键词：弯道；水力特性；k-ε 双方程紊流模型；Reynolds 应力模型

弯道水流是工程实际中常见的水流形式，弯道不仅压力、流速、紊动结构、切应力等分布不均，而且由于在弯道的凹凸弧侧均存在涡流和弯道全弧段的二次环流，使水流条件更加复杂，水损更大。由于弯道水流具有重要的工程价值，不少学者通过物理试验对其进行研究，取得了大量成果[1-2]。因物理模型费时费力，需要投入较大的人力、物力，需要的周期也较长。而数值模拟近年来备受研究者喜爱，弯道水流数值模拟研究也取得了较大的进展[3]。但受模型精度，特别是紊流模型等影响较大，本文采用标准 k-ε 双方程紊流模型和 Reynolds 应力模型（RSM）以 S 形强弯渠道为对象进行三维紊流数值模拟，并用试验数据进行比对，评选出弯道水流模拟精度较高的紊流模型，为后续弯道水流数值模拟研究打下基础。

1　模型试验

S 形强弯渠道水流条件复杂，I. W. Seo[2] 等对 S 形强弯渠道进行了系统的试验，试验布置如图 1 所示，由供水设施、试验水槽和回水设施等组成，渠道宽 1.0 m，两个弯道的角度为 120°，其流速测量采用微型 ADV 三维流速测量系统，在第一个弯道前布置一个测速断面，每个弯道布置 5 个测流速断面，总计 11 个测速断面。

2　数学模型

2.1　控制方程

采用标准 k-ε 双方程紊流模型和 RSM 紊流模型来封闭基本方程，其基本方程如下：

连续方程
$$\frac{\partial \rho}{\partial t} + \frac{\partial}{\partial x_i}\rho u_i = 0 \tag{1}$$

动量方程
$$\frac{\partial \rho u_i}{\partial t} + \frac{\partial \rho u_i u_j}{\partial x_j} = f_i - \frac{\partial p}{\partial x_i} + \frac{\partial}{\partial x_j}\left[\mu\left(\frac{\partial u_i}{\partial x_j} + \frac{\partial u_j}{\partial x_i}\right) - \rho\overline{u'_i u'_j}\right] \tag{2}$$

作者简介：沙海飞（1979—），男，高级工程师，主要从事水工水力学、环境水力学研究。

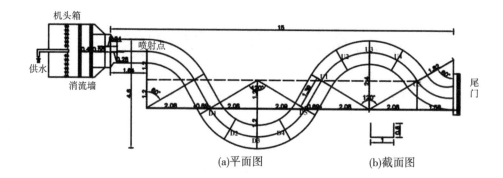

(a)平面图　　　(b)截面图

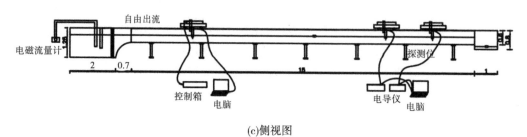

(c)侧视图

图 1　S 形强弯渠道试验布置图 （单位：m）

$k\text{-}\varepsilon$ 双方程紊流模型

$$\frac{Dk}{Dt} = \frac{\partial}{\partial x_i}\left[\left(\nu + \frac{\nu_t}{\sigma_k}\right)\frac{\partial k}{\partial x_i}\right] + G_k - \varepsilon \tag{3}$$

$$\frac{D\varepsilon}{Dt} = \frac{\partial}{\partial x_i}\left[\left(\nu + \frac{\nu_t}{\sigma_\varepsilon}\right)\frac{\partial \varepsilon}{\partial x_i}\right] + C_{1\varepsilon}\frac{\varepsilon}{k}G_k - C_{2\varepsilon}\frac{\varepsilon^2}{k} \tag{4}$$

RSM 紊流模型

$$\frac{\partial}{\partial t}(\rho\overline{u_i'u_j'}) + \frac{\partial}{\partial x_j}(u_k\rho\overline{u_i'u_j'}) = P_{ij} + D_{ij} + \pi_{ij} - \varepsilon_{ij} + G_{ij} \tag{5}$$

式中：t 为时间；ρ 为密度；u_i、u_j 和 x_i、x_j 分别为速度分量和坐标分量；f_i 为质量力；p 为修正压力；μ 为运动黏性系数；ν 为运动黏性系数；ν_t 为紊动黏性系数，$\nu_t = c_u k^2 / \varepsilon$；$G_k$ 为平均速度梯度引起的紊动能产生项；方程中的经验常数 $c_u = 0.09$，$\sigma_k = 1.0$，$\sigma_\varepsilon = 1.33$，$C_{1\varepsilon} = 1.44$，$C_{2\varepsilon} = 1.42$；$P_{ij}$ 是生成项，不需要模化；耗散项 ε_{ij}、扩散项 D_{ij}、压强应变相关项 π_{ij} 和浮力相关项 G_{ij} 都需要相应的模型化。

2.2　方程的离散及数值方法

各方程写成式（6）的通用形式：

$$\frac{\partial \rho\varphi}{\partial t} + \frac{\partial}{\partial x_j}(\rho u_j \varphi) = \frac{\partial}{\partial x_j}\left(\rho\Gamma_\varphi \frac{\partial \varphi}{\partial x_j}\right) + S_\varphi \tag{6}$$

式中：φ 为通用变量，如速度、紊动能等；Γ_φ 为变量 φ 的扩散系数；S_φ 为方程的源项。采用有限体积法进行离散，速度压力耦合采用 PISO 算法。

自由表面采用了 VOF 方法，考虑毛细作用，计表面张力。

2.3　计算区域及边界条件

为了和试验数据进行对比，计算区域基本和试验保持一致，计算区域和网格划分见图 2。为了保持进水稳定性，进口前加了 5.0 m 的直段。横断面网格数为 20×27，纵向网格尺寸为 0.1 m，近壁面网格进行了加密。进口采用流速边界条件，出口采用水位边界条件。为了更好地反映弯道水流特性，采用了标准 $k\text{-}\varepsilon$ 双方程紊流模型和 RSM 紊流模型，分别对水深 10 cm 和 30 cm 两种情况进行数值模拟，比较紊流模型的精度计算工况见表 1。

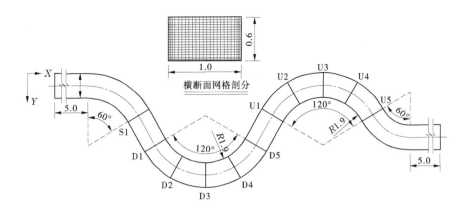

图 2　计算区域和网格划分

表 1　S 形强弯渠道计算工况

工况	水深 H/cm	流速 v/（cm/s）	流量 Q/（L/s）	雷诺数 Re/×10⁴
1	10	30.0	30	2.50
2	30	10.0	30	1.88

3　S 形强弯渠道计算结果分析

图 3 是工况 1 各断面水深方向平均流速计算值和试验值比较，由图可见，从水深方向的断面平均流速来看，稍微有点差异，主要原因是在大曲率流道变化过程中，受黏性和流场内压力梯度的影响，横断面上产生二次环流，导致内侧和外侧之间流体紊动能的强烈交换，因此在该区域的流场呈现出强烈的各向异性特征。另外，试验采用 ADV 测量，为接触式逐个测点进行测量，对流速流程有一定干扰，每个测点取时间平均值，试验也会有一定误差。两种紊流模型模拟结果和试验值总体符合较好，能够模拟出弯道断面二次环流，能较好地计算强弯道水流问题，RSM 紊流模型略微好些。

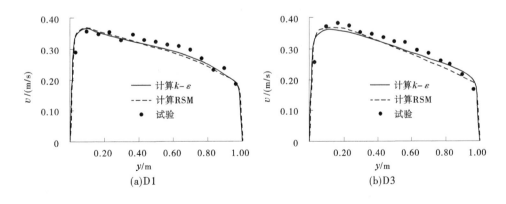

图 3　断面流速和流场计算和试验对比

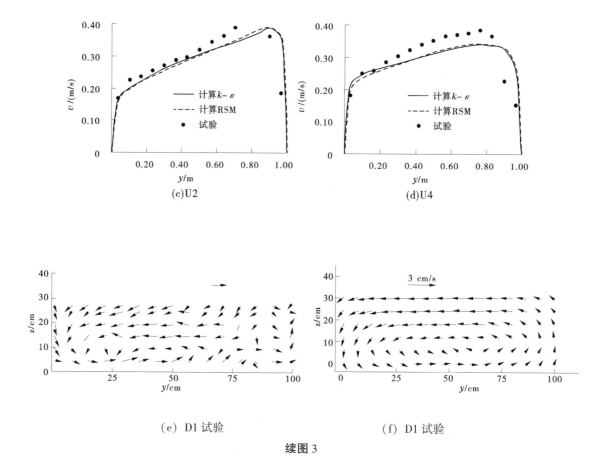

(e) D1 试验   (f) D1 试验

续图 3

4 90°有压弯道计算结果分析

泄洪洞是水利水电枢纽工程中一种十分重要的岸边泄水建筑物。高流速的有压隧洞弯道不仅使弯道压力分布不均，而且由于在弯道的凹凸弧侧均存在涡流和弯道全弧段的二次环流，使水流条件更加复杂，水损更大。这里对某大型泄洪洞有压弯道进行了模拟，采用 RSM 紊流模型，流速为 20 m/s，弯道为 90°。图 4 为弯道各断面的二次流场分布图，从中可以看到二次涡流的产生和发展，这与目前国内外的研究成果基本吻合[4-5]。各断面的最大二次流流速分别为来流流速的 0.05、0.09、0.10 和 0.11，二次环流在 45°处就发展比较充分了，之后的二次环流强度增强并不是很明显。

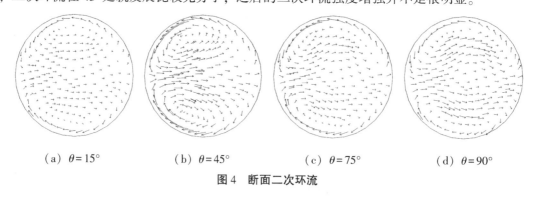

(a) $\theta = 15°$ (b) $\theta = 45°$ (c) $\theta = 75°$ (d) $\theta = 90°$

图 4 断面二次环流

5 结论

采用标准 $k\text{-}\varepsilon$ 双方程紊流模型和 Reynolds 应力模型（RSM）对弯道水流进行了数值模拟，对比分析了流速、流场等水力特性，基本都能准确模拟出弯道水流特点，相比较而言 RSM 紊流模型能更好地再现弯道中复杂的三维紊流特征，二次流结构特性明显，具有较高的精度。建立的弯道三维紊流数学模型可以为泄洪洞的有压弯道的转角和半径的比选提供有力的支撑，比物理模型节省时间和物力财力。

参考文献

［1］ SUDO K. Experimental investigation on turbulent flow in a circular-sectioned 90-degree bend ［J］. Experiments in Fluids, 1998, 45：42-49.

［2］ Seo I W , Baek K O, Sung K H . EXPERIMENTAL STUDY OF FLOW AND MIXING CHARACTERISTICS IN THE S-CURVED CHANNEL ［C］// Inland Waters：Research, Engineering and Management v. 1. School of Civil, Urban, and Geosystem Engineering, Seoul National Univ. San 56-1, Shinlim-dong, Kwanak-Gu, Seoul, 151-742, Korea, 2003.

［3］ 沙海飞，吴时强，周辉. 大型泄洪洞有压弯道水力特性 ［J］. 水科学进展，2009，20 （6）：824-829.

［4］ DEARDIFF J W. The use of subgrid transport equation in a three-dimensional model of atmospheric turbulent ［J］. J Fluid Eng, 1973, 95 （2）：429-438.

［5］ 樊洪明，张达明，赵耀华，等. 90°弯曲圆管内流动数值模拟 ［J］. 北京工业大学学报，2007，33 （2）：174-177.

引汉济渭工程初期运行的水力仿真

李甲振[1]　郭新蕾[1]　殷峻暹[1]　苏　岩[2]　党康宁[2]　王竞敏[2]

(1. 中国水利水电科学研究院流域水循环模拟与调控国家重点实验室，北京　100038；
2. 陕西省引汉济渭工程建设有限公司，陕西西安　710010)

摘　要： 针对引汉济渭工程初期运行涉及的水力过渡过程，建立了数值仿真的理论模型，给出了首次充水、明满流特殊工况的求解算法。对引汉济渭工程首次充水和流量调节的水力过渡过程进行了仿真分析，给出了设计流量、保证供水区流量首次充水及两个流量切换的控制策略及典型位置的流量和水位特性，确保隧洞不出现明满流交替现象，并量化了水量到达黄池沟的时间，为工程安全、高效的调度运行提供了技术支撑。

关键词： 引汉济渭；首次充水；明满流；过渡过程；数值仿真

1　引言

引汉济渭工程是陕西省境内的一项大型跨流域调水工程，通过穿越秦岭的超长输水隧洞将汉江水调至关中地区渭河流域。工程初期运行的任务是将三河口水利枢纽的水输送至黄池沟，继而向南干线和北干线满足条件的受水点供水[1-2]。引汉济渭工程设计流量为 70 m³/s，越岭隧洞长 81.78 km，具有输水线路长、输水流量大的特点。工程沿线无调蓄性建筑物，水力滞后现象十分严重；控制不当，可能出现明满流交替、水量不能适时满足生产需求的情况。

针对引调水工程充水、调节等水力过渡过程，国内外专家进行了大量研究，给出了工程典型工况的控制策略和水力特性，保证了工程的安全运行。黄会勇等[3]、李娟等[4]、杨开林等[5] 分别针对南水北调中线一期工程充水、三个泉倒虹吸、万家寨引黄入晋输水工程的首次充水过程进行了研究，给出了阀、闸的控制策略和虚拟流动的分析方法。针对引汉济渭工程，杜小洲[1] 分析了秦岭输水隧洞施工过程中遇到的高地应力、岩爆、通风、涌水等问题，总结了已有研究成果和亟待解决的技术问题。石亚龙等[6] 开展了引汉济渭工程运行调度顶层设计，建立了工程运行调度业务应用模式。张忠东等[2] 分析了水库、电站、泵站群联合调度和水资源调度存在的问题及技术难点。蒋建军等[7]、杨宁[8]、张晓[9] 也研究了工程在水资源优化配置领域的技术问题和解决方案。针对输配水工程，焦小琦[10] 详细介绍了工程规划与布置。王刚等[11] 对比分析了黄池沟和马岔沟场址方案的工程布置、占地、管理、投资等差异，阐述了黄池沟场址方案的建筑物选型和设计。李宏伟等[12] 分析了输配水工程涉河建筑物对河道行洪、防汛抢险的影响，提出了防治补救措施和建议。目前，尚未针对工程调度过程中的水力安全问题进行相关研究。

本文的目的是：针对引汉济渭工程初期运行的水力学问题进行研究，给出输水系统的控制策略和水力过渡过程特性，为工程初期运行的调度提供技术支撑。

2　数学模型

引汉济渭一期工程为无压输水系统，控制方程包括连续性方程和动量方程：

基金项目： 陕西省水利科技项目（2017slkj-27）；国家重点研发计划课题（2016YFC0401808）。
作者简介： 李甲振（1989—），男，高级工程师，主要从事水力学及河流动力学研究工作。

$$\frac{\partial A}{\partial t} + \frac{\partial Q}{\partial x} = q \tag{1}$$

$$\frac{\partial}{\partial t}\left(\frac{Q}{A}\right) + \frac{\partial}{\partial x}\left(\frac{\beta Q^2}{2A^2}\right) + g\frac{\partial h}{\partial x} + g(S_f - S_0) = 0 \tag{2}$$

式中：A 为过流面积，m^2；t 为时间变量，s；Q 为流量，m^3/s；x 为空间变量，m；q 为单位渠道长度的侧向流量，m^3/s；β 为断面流速分布不均引入的修正系数；g 为重力加速度，m/s^2；h 为水深，m；S_0 为河床底坡；S_f 为摩阻比降，计算公式为

$$S_f = \frac{Q|Q|}{K^2} \tag{3}$$

式中：K 为流量模数，$K = AC\sqrt{R}$。

式（1）、式（2）通常采用 Preissmann 四点隐式差分算法进行求解，文献［13］~文献［15］等均对离散方法、求解算法和边界条件进行了详细介绍，此处不再赘述。

针对首次充水工况，当隧洞中没有水时，过流面积 A 和水力半径 R 的数值为 0，摩阻比降 S_f 无意义。由此可见，无压输水系统非恒定流方程只适用于有水的情况。对于初始无水的情况，也就是隧洞首次运行工况，采用虚拟流动法进行模拟，即假设在首次运行前，隧洞中有一初始流量，为额定流量的 1% 或 1‰；在需要考虑水体体积的情况下，扣除该虚拟流量所产生的水量值即可。对于圆形和马蹄形断面隧洞，可以选取较小的虚拟流量；对于矩形、城门洞形和梯形断面隧洞，需要选取较大的虚拟流量[5]。

针对明流隧洞调度过程中可能出现的明满流工况，采用窄缝法进行求解。窄缝法的思想是假定隧洞顶端有一个非常窄的细缝，既不增加管道的截面面积，也不增加管道的水力半径，窄缝的宽度一般为 $B = \dfrac{gA}{a^2}$ [14]。

3　工程概况

引汉济渭工程初期运行是将三河口水利枢纽的水输送至黄池沟，进而配送给南干线和北干线，如图 1 所示。三河口水利枢纽的水，经过水轮机发电、水泵水轮机发电或调流调压阀下泄进入连接洞，经三河口控制闸、越岭隧洞进入黄池沟，设计流量为 70 m^3/s。连接洞长 200 m，平底，高程为542.65 m；断面形式为马蹄形，尺寸为 6.94 m×6.94 m，糙率为 0.014。引汉济渭工程初期运行过程中，三河口控制闸处于全开或全闭状态，不参与调度。越岭隧洞长 81 780 m，底坡为 1/2 500，进、出口高程分别为 542.65 m 和 510.00 m；断面形式以马蹄形、平底马蹄形和圆形为主，尺寸为 6.76 m×6.76 m、6.92 m，糙率为 0.014。

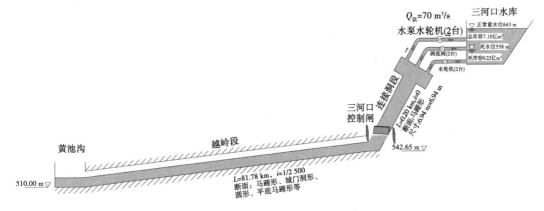

图 1　引汉济渭工程初期运行示意图

4 结果与讨论

工程初期运行时，上游边界为三河口水利枢纽，为流量边界；下游边界为黄池沟配水枢纽，为水位边界，采用设计水位 514.88 m。

工程调度运行过程中，最为关心的问题有两个：① 隧洞不出现明满流等不利水流现象，保证工程安全；② 确定调度后流量到达黄池沟的时间，保证能适时、适量地满足用户需求。为此，对系统启动和流量调节两个水力过渡过程进行了研究，给出了相应的控制策略和水力过渡过程特性。其中，三河口水利枢纽单库供水时，供水调度分为加大供水区和保证供水区，供水流量分别为 70 m³/s 和 18 m³/s。

4.1 系统启动

供水流量为设计流量 70 m³/s 时，2 台水泵水轮机和 2 台水轮机间隔 10 min 依次开启，供水流量分别为 11.67 m³/s、11.67 m³/s、23.33 m³/s 和 23.33 m³/s，典型位置的流量过程和水深过程如图 2 所示。越岭段首端（0+000）、1/4 里程（20+450）、中点（40+900）、3/4 里程（61+350）和黄池沟流量平稳地增加；黄池沟流量在 751 min 达到保证供水区流量的 80%，799 min 达到保证供水区流量的 90%，839 min 达到保证供水区流量的 95%，932 min 达到保证供水区流量的 99%。越岭段首端（0+000）、1/4 里程（20+450）、中点（40+900）和 3/4 里程（61+350）的水深平稳增加，沿程不会出现明满流或隧洞脱空现象。

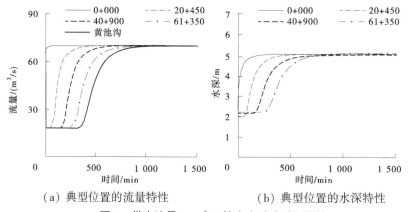

（a）典型位置的流量特性　　　　　　　（b）典型位置的水深特性

图 2　供水流量 70 m³/s 的水力过渡过程特性

供水流量为保证供水区流量 18 m³/s 时，采用水轮机或调流调压阀向黄池沟供水，典型位置的流量过程和水深过程如图 3 所示。越岭段首端（0+000）、1/4 里程（20+450）、中点（40+900）、3/4 里程（61+350）和黄池沟流量平稳地增加；黄池沟流量在 751 min 达到保证供水区流量的 80%，799 min 达到保证供水区流量的 90%，839 min 达到保证供水区流量的 95%，932 min 达到保证供水区流量的 99%。越岭段首端（0+000）、1/4 里程（20+450）、中点（40+900）和 3/4 里程（61+350）的水深平稳增加，沿程不会出现明满流或隧洞脱空现象。

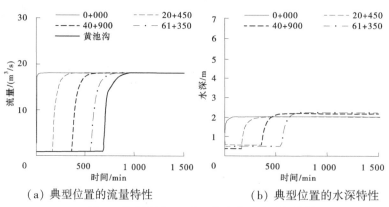

（a）典型位置的流量特性　　　　　　　（b）典型位置的水深特性

图 3　供水流量 18 m³/s 的水力过渡过程特性

4.2 流量调节

由设计流量 70 m³/s 减小为保证供水区流量 18 m³/s 时，三河口水利枢纽供水流量在 90 s 内减小，典型位置的流量过程和水深过程如图 4 所示。越岭段首端（0+000）、1/4 里程（20+450）、中点（40+900）、3/4 里程（61+350）和黄池沟流量平稳地减小；黄池沟流量在 747 min 减小为保证供水区流量的 120%，805 min 减小为保证供水区流量的 110%，858 min 减小为保证供水区流量的 105%，967 min 减小为保证供水区流量的 101%。越岭段首端（0+000）、1/4 里程（20+450）、中点（40+900）和 3/4 里程（61+350）的水深平稳减小，沿程不会出现明满流或隧洞脱空现象。

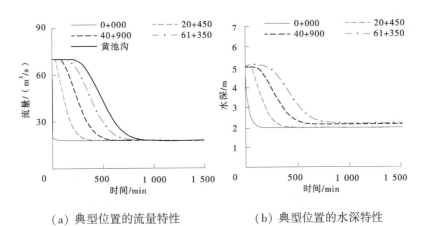

（a）典型位置的流量特性　　　　　　（b）典型位置的水深特性

图 4　设计流量减小为保证供水区流量的水力过渡过程特性

由保证供水区流量 18 m³/s 增加为设计流量 70 m³/s 时，三河口水利枢纽供水流量在 90 s 内增加，典型位置的流量过程和水深过程如图 5 所示。越岭段首端（0+000）、1/4 里程（20+450）、中点（40+900）、3/4 里程（61+350）和黄池沟流量平稳地增加；黄池沟流量在 553 min 增大为设计流量的 80%，641 min 增大为设计流量的 90%，731 min 增大为设计流量的 95%，946 min 增大为设计流量的 99%。越岭段首端（0+000）、1/4 里程（20+450）、中点（40+900）和 3/4 里程（61+350）的水深平稳增加，沿程不会出现明满流或隧洞脱空现象。

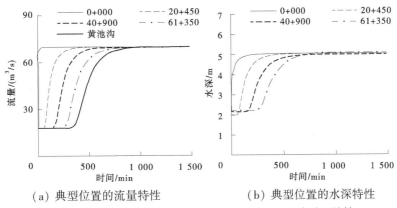

（a）典型位置的流量特性　　　　　　（b）典型位置的水深特性

图 5　保证供水区流量增加为设计流量的水力过渡过程特性

5　结论

针对引汉济渭工程初期运行涉及的水力过渡过程进行了研究，建立了数值计算的理论模型，并给出了特殊工况的求解算法；对典型工况的调度过程进行了水力仿真，给出了控制策略及典型位置的流量过程和水深过程。

（1）对于明流隧洞水力过渡过程的数值求解，首次充水工况可采用虚拟流量法解决无水情况下摩阻比降无意义的问题，明满流工况可采用窄缝法耦合求解有压流和无压流。

（2）供水流量为设计流量 70 m³/s 时，2 台水泵水轮机和 2 台水轮机可间隔 10 min 依次开启；供水流量为保证供水区流量 18 m³/s 时，采用水轮机或调流调压阀向黄池沟供水；工程供水流量在设计流量 70 m³/s 和保证供水区流量 18 m³/s 之间切换时，设备的总调节时间可设置为 90 s。

参考文献

[1] 杜小洲．引汉济渭秦岭输水隧洞关键技术问题及其研究进展［J］．人民黄河，2020，42（11）：138-142.

[2] 张忠东，宋晓峰，肖瑜，等．引汉济渭（一期）调水工程关键技术研究［J］．中国水利，2015（14）：63-66.

[3] 黄会勇，毛文耀，范杰，等．南水北调中线一期工程输水调度方案研究［J］．人民长江，2010，41（16）：8-13.

[4] 李娟，牧振伟，祁世磊，等．三个泉倒虹吸充水过程水力特性的数值模拟［J］．水电能源科学，2014，32（6）：86-89.

[5] 杨开林，时启燧，董兴林．引黄入晋输水工程充水过程的数值模拟及泵站充水泵的选择［J］．水利学报，2000（5）：76-80.

[6] 石亚龙，罗军刚，解建仓，等．引汉济渭工程运行调度模式研究［J］．水利水电技术，2017，48（8）：8-12.

[7] 蒋建军，刘家宏，严伏朝，等．浅议引汉济渭几个关键技术问题［J］．南水北调与水利科技，2010，8（5）：133-136.

[8] 杨宁．引汉济渭工程运行与调度关键技术研究［J］．陕西水利，2013（1）：55-56.

[9] 张晓．引汉济渭跨流域调水工程运行调度模式研究及实现［Z］．罗军刚．西安理工大学，N1- 解建仓，2018.

[10] 焦小琦．引汉济渭受水区输配水工程规划布局［J］．中国水利，2015（14）：89-92.

[11] 王刚，周伟，陆丽，等．引汉济渭二期工程配水枢纽工程设计［J］．陕西水利，2019（12）：81-83.

[12] 李宏伟，宋晓峰，王飞，等．引汉济渭输配水工程涉河防洪评价研究［J］．水利规划与设计，2019（2）：73-75.

[13] 杨建东．实用流体瞬变流［M］．北京：科学出版社，2018.

[14] 杨开林．电站与泵站中的水力瞬变及调节［M］．北京：中国水利水电出版社，2000.

[15] 郑源，张健．水力机组过渡过程［M］．北京：北京大学出版社，2008.

滞留气团体积变化对管道瞬变流影响的数值模拟研究

郭利豪 李国栋 郝敏霞 史 蝶 郭 英

(西安理工大学西北旱区生态水利国家重点实验室，陕西西安 710048)

摘 要： 滞留气团的存在使得管道内的流动变得更为复杂，这影响着管道系统的稳定运行。本文采用数值模拟的方法，应用 FLUENT 进行计算研究含滞留气团的竖直–水平弯管中的瞬变流特征，探究了滞留气团体积对瞬变流的影响，并且分析了该种情形下的瞬变流过程及其与冲击压力的响应特性。研究发现，管道内含滞留气团的体积越大，其峰值压力越小，压力波动周期越大。

关键词： 竖直–水平弯管；数值模拟；滞留气团；瞬变流特性；压力波动

1 引言

在我国大型水电站、火电站、核电站、城市供排水等重大民生工程中，管道系统起着至关重要的作用。管道系统的理想运行状态为有压流动与无压流动，但是在实际运行中管道的流动更为复杂，威胁着管道系统的安全运行。这其中就包括管道中含滞留气团的复杂流动，有研究[1]证实管道中含有滞留气团的瞬变流现象可导致爆管。因此，本文将使用数值模拟研究的方法探究竖直–水平管道内含滞留气团体积对管道瞬变流特性的影响，为减少管道系统出现问题提供理论支持。

关于封闭管端无排气的滞留气团瞬变流的探索研究，国内外学者均有进行研究。Zhou[2-3]以水平管道为试验研究对象，研究了高气团含量情况下不同气团含量与最大气团压力的关系，发现其含气量越小，气团压力越大。Lee and Martin[4-5]仍采用的是试验研究的方法对无排气滞留气团这种特殊的瞬变流进行研究，这两位学者主要研究的是对系统最大压力影响的另一个因素即进口压力水头加入试验中去，以探究滞留气团体积与最大压力值更全面更科学的规律。仍然得到滞留气团体积越小系统压力峰值越大，气团体积越大系统压力峰值越小，同时将滞留气团体积减小到很小的体积，得到当滞留气团体积很小时，系统压力峰值将大于管道内无气体时的压力。Muller[6]、Jonsson[7]、Burrows 和 Qui[8-9]、Lee 等[10-14]、Pozos 等[15]这几位学者通过试验以及数值模拟等各种研究方法对泵站系统管道内含滞留气团的瞬变流特性进行了研究，研究结果得出与以上学者相同的结论，认为含滞留气团的泵站管道系统，滞留气团会引起系统内压力的波动，在泵开启时系统最大压力由于大体积气团的存在，会由于气团的缓冲作用，小于管道内不含气团时的压力。

目前，关于管道中滞留气团体积对管道瞬变流特性的研究，多数针对水平管道，对于管道的铺设形式未过多的考虑。本文拟针对含有弯管的管道中含滞留气团的瞬变流现象进行研究。

2 数值模拟理论与模型验证

2.1 数学模型与计算方法

雷诺时均方程法是在工程应用中运用最广泛的一种湍流计算方法。雷诺时均方程法就是将 Navi-

基金项目： 国家自然科学基金面上项目（52079107），长距离输水管涵明满流交替的水动力学特性及数值模型构建。

作者简介： 郭利豪（1995—），男，博士研究生，研究方向为水力学及河流动力学。

er-Stokes 方程对时间做平均，从而得出工程中需要的物理量的时均量，在湍流模拟中常用是两方程模型，代表性的两方程模型有：Standard $k-\varepsilon$ 模型、RNG$k-\varepsilon$ 模型和 Realizable $k-\varepsilon$ 模型，考虑到稳定性、时效性及精确度，本文选择 Standard $k-\varepsilon$ 模型进行计算。所选用的离散方法为有限体积法。在本文中，所研究的内容为含滞留气团的管道的瞬变流特性，会涉及气体也液体交交界的液面，需要对自由液面进行捕捉，本文采用 VOF 法来对水气交界面进行捕捉。

2.2 验证试验

本文研究内容为含滞留气团的管道系统的瞬变流特性，所用方法为数值模拟，本文拟引用试验来进行验证，以确认数值模拟方法的准确性。本文所用试验为 Zhou[16] 研究中所进行，与本文研究内容相近，其试验装置如图 1 所示。

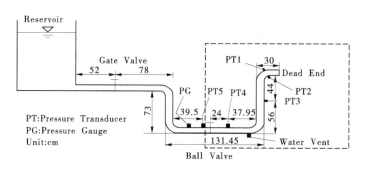

图 1　试验示意图

该试验系统由上游水库、阀门、四分之一球阀、排水孔、压力表、五个压力传感器和一个长 444.5 cm 的管道（内径为 9 cm，管壁厚度为 0.5 cm）组成。管道系统包括五部分，一段 130 cm 长的水平管道、一段 73 cm 长的垂直管道、一段长 131.45 cm 的水平管道、一段长 100 cm 的垂直管道和一段 30 cm 长的水平管道。带阀门的水平管段为 PVC 材质，后边的波形管道为透明的有机玻璃。在所有的试验中，滞留气团存在于管道末端，底部水平管端的出水口用于调节滞留气团的位置。

2.3 几何模型与网格划分

已验证试验为原型，进行几何模型建立，在进行模拟计算时，参与计算的部分仅为图中虚线框部分，即试验装置末端竖直-水平管道，且在管道末端无排气孔为封闭端。几何模型建立的范围如图 1 虚线框内所示区域。几何模型起于球阀处，终于封闭末端，管径为 9 cm，下端水平管道为 61.95 cm，上端水平管道为 30 cm，竖直管道为 100 cm。考虑到时效性与准确性的因素，网格划分方案采取六面体结构网格，网格尺寸为 4 mm，网格数为 20.6 万。几何模型如图 2、图 3 所示。

图 2　几何模型正面示意图　　　　**图 3　几何模型侧面示意图**

2.4 数值模型验证

为确定数值模型可以反映真实的物理现象，需要对数值模型进行验证。与周领老师的试验进行对比[16]，选取的工况为驱动压力 7 m，管道末端水平段为气体，阀门认为瞬间开闭。模拟计算时入口边界为压力速口，其他为墙，管道末端为可压缩的理想气体。计算选择 Standard $k-\varepsilon$ 湍流模型，时间步长为 0.001，模型计算中压力监测点取试验中 PT1 位置靠近管壁处。下面将试验值与模拟值进行对比。

图 4 为试验与模拟的压力波动图，从图中可以看出在压力波动的整体趋势上试验值与模拟值是一致的，都是呈现波峰波谷交替出现，且管道摩擦的存在使压力衰减，使得波峰压力逐渐减小。可发现试验值与模拟值有较高的拟合度，所以认为该数值模型可以很好地模拟该物理现象。

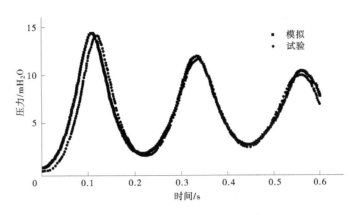

图 4 试验与模拟压力波动图

2.5 边界条件设置

边界条件设置入口为压力入口，管道末端水平段为滞留气团存在位置，末端以下为水体，末端为气体，气体设置为理想可压缩气体，其他管壁为墙，边界条件设置如图 5 所示。

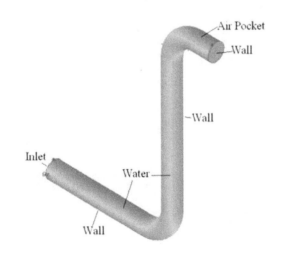

图 5 边界条件示意图

2.6 计算工况

根据对影响管道系统的压力因素分析，本文拟对含滞留气团体积即通过改变含气末端长度改变气团体积进行分析，具体工况见表 1。

表 1 计算工况

序号	1	2	3	4	5
含气末端长度/mm	300	400	500	600	700

3 计算结果分析

3.1 不同含气量末端长度模型构建

含气末端长度主要为管道平上端部分，其范围为管道末端到管道拐弯处直管外壁的垂直距离。不同含气末端长度模型如图 6 所示。在进行模拟计算时，入口边界条件为压力入口为 7 m 水头，管道末端为理想气体。

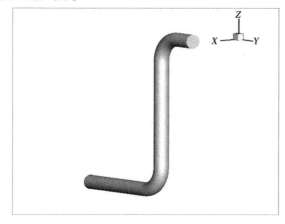 

（a）含气末端长度 300 mm　　　　　　　　（b）含气末端长度 700 mm

图 6　不同含气末端长度模型示意图

3.2　瞬变流过程

本节以含气末端长度为 500 mm 的情况为例进行流态分析。

如图 7 所示为压力上升第一阶段流态图，该图展示了阀门开启后水流第一次压缩气体的过程，该阶段水流与气团并未发生猛烈的冲击与对抗。该阶段是由于驱动压力的存在使管道内原有的液体缓缓上升，认为此时的水流方向为正向，水流沿着管道方向前进并且水流在管道顶壁上方先行冲击到管道末端，水气交界面还是比较平滑规整的，可以看到完整的交界面。与此同时，水流在向管道末端流动的同时水流充分压缩气体，并且随着驱动压力不断地持续输入，管道末端的理想可压缩气体不断被压缩，气体体积越来越小，压缩至不可压缩为后续的气体膨胀做准备，此时系统达到第一压力波峰，同时驱动压力与气团压力相同时达到暂时的平衡状态。

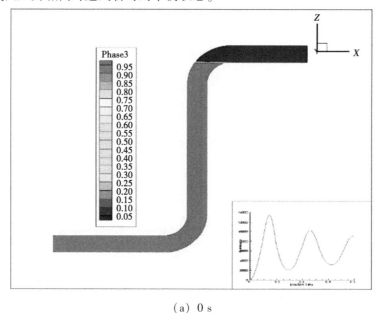

（a）0 s

图 7　压力上升第一阶段流态图

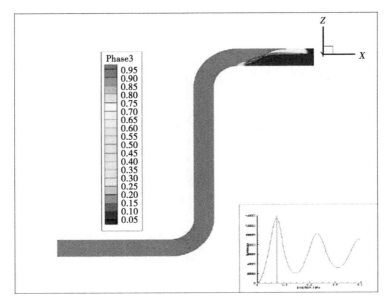

（b）0.15 s

续图 7

如图 8 所示，该阶段为第一次压力下降阶段的流态图，可以看出，水流在管道顶部撞击到末端后，沿着管道末端开始流向管道底端，同时在水流到达底部后，水流继续逆着管道向前流动，推动着气体也在逆向扩张，此时可以看到气体体积由上一个阶段的压缩状态逐渐变大。当压力到达第一个压力波谷处时，此时气体体积为该阶段情况下最大的时刻，同时该情况也由于气体膨胀压力与水体压力处于平衡状态。

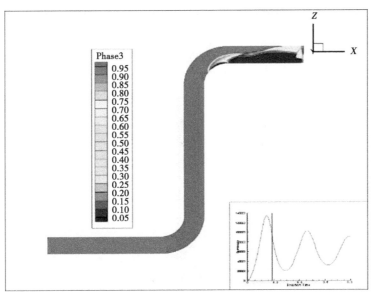

（a）0.19 s

图 8　压力下降第一阶段流态图

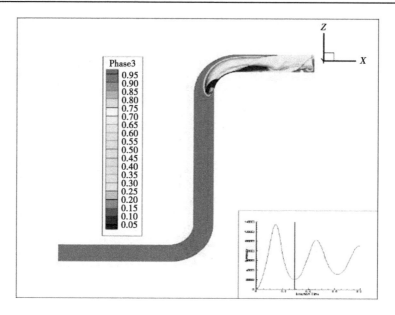

（b）0.30 s

续图 8

如图 9 所为示为第二次压力上升阶段的流态图，该阶段是在上个阶段达到平衡后由上游来的水流的压力会大于气团压力，这就使得气团迎来了又一次的被压缩。与第一次压力上升阶段比较，可以看出此刻的流态比较复杂，水流开始落到管道底部，水气混合比较严重，主要表现为管道末端的水流还在以原来的方向逆向运动，同时压力作用下管道正向水流在正向前进，水流撞击与气体复杂作用导致流态复杂，水花四溅。从图中可以看出，红色的水体由上一阶段的向后移动变成了向前移动，气体在一步步的被压缩，同时由于能量耗散可以得出此时气体的压缩程度并不如上一次的气体压缩程度，可以根据压缩的气体的体积反映出来这一现象。

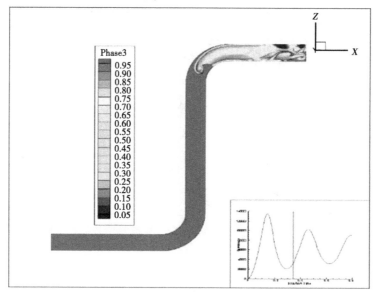

（a）0.35 s

图 9　压力上升第二阶段流态图

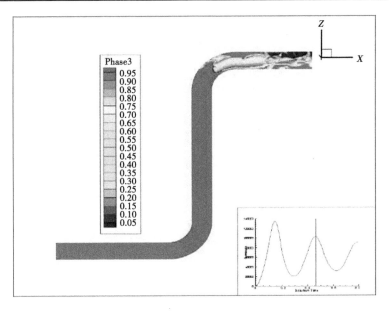

（b）0.47 s

续图 9

　　如图 10 所示为第二次压力下降阶段的流态图，此阶段由图中可以看出水气混合较为剧烈，水气交界面较为混乱，没有一点规则。但是从总体的水气占比情况来看，由 0.51 s 到 0.63 s 可以看出，气体的体积呈现一个变大的趋势，是在水气强烈混合的情况下，气体膨胀，使水体逆向运动，气体体积变大。与第一次压力下降阶段时对比可以看出，气体体积相比上一次压力下降时有所变小。

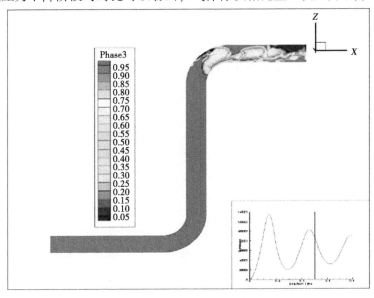

（a）0.51 s

图 10　压力下降第二阶段流态图

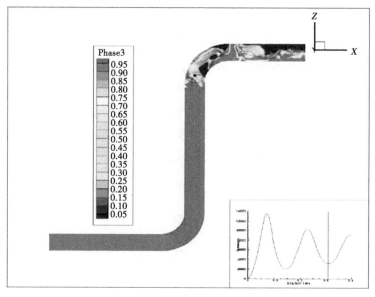

（b）0.63 s

续图 10

3.3 压力特性

如图 11 所示为不同含气末端长度系统压力随时间变化规律，从图中可以看出，压力波动图中压力波动形式仍然为波峰波谷交替出现，并且随着周期的推移，每个波峰压力值都在减小，即第一波峰压力值最大，第二波峰值次之，并且依次减小。相反波谷处的压力值是随着周期的推移其值是在增加的。在同一条压力波动曲线上还可以看出，周期会呈现一个越来越大的趋势，即在同一根压力曲线上，第一周期最短，波动周期越往后越大。其主要原因在于，随着能量的耗散，其压力变小，导致其压缩气体的速度逐渐变慢，从而引起周期逐渐变大。从不同曲线间的关系可以看到，关于压力值的不同含气末端长度峰值压力及波谷压力都是不一样的，其变化趋势是随着含气管段长度的增加其压力值减小，其主要原因在于滞留气团的缓冲作用，即含气量越多缓冲作用越强，含气量越少缓冲作用越弱。在周期方面，不同的含气管段长度同样是不一样的，其规律为含气管段长度越长其周期越大，主要原因在于气团的缓冲作用使得压力较小，同时再加上能量耗散，使得水流速度减慢，也使得水流压缩气体的动力减弱，多重效果导致了含气管段长度越长压力波动周期越长的效果。

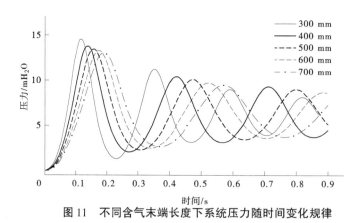

图 11　不同含气末端长度下系统压力随时间变化规律

图 12 为五种工况下波峰压力值点线图，通过点线图可以很明显地看出，含气末端长度越小，其峰值压力越大，此规律在每个波峰处均有体现，并且可以发现其含气末端长度与峰值压力呈近似线性相关的关系。在图中同一横坐标所对应的三个点为同种驱动压力下的波峰压力值，可以看到含气末端长度越大时，其压力衰减效果越明显，在第一波峰到第二波峰体现较明显，第二波峰到第三波峰相比

之下衰减效果会差一点。

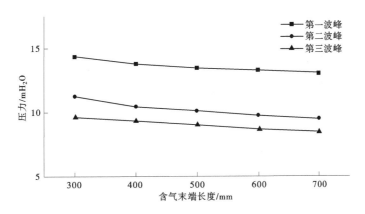

图 12　五种工况下波峰压力值点线图

表 2 为压力曲线波峰波谷压力值统计表，从表中可以看出与压力波动图同样的趋势，即随着含气末端长度的增加，压力值在减小。可以看出由 300 mm 增加到 400 mm 时，压力值减少 0.550 7 mH₂O，压力衰减率为 3.8%；由 400 mm 增加到 500 mm 时，压力值减少 0.318 2 mH₂O，压力衰减率为 2.31%；由 500 mm 增加到 600 mm 时，压力值减少 0.196 6 mH₂O，压力衰减率为 1.46%；由 600 mm 增加，到 700 mm 时，压力值减少 0.219 4 mH₂O；压力衰减率为 1.65%。可以看出，随着末端含气长度的增加其衰减率会越来越小。在含气末端长度为 300 mm 时，第一波峰到第二波峰压力减小 3.086 3 mH₂O，其衰减率为 17.1%，在含气末端长度为 400 mm 时，第一波峰到第二波峰压力减小 3.377 6 mH₂O，其衰减率为 24.5%，在含气末端长度为 500 mm 时，第一波峰到第二波峰压力减小 3.374 0 mH₂O，其衰减率为 25.0%，在含气末端长度为 600 mm 时，第一波峰到第二波峰压力减小 3.541 5 mH₂O，其衰减率为 26.6%，在含气末端长度为 700 mm 时，第一波峰到第二波峰压力减小 3.573 4 mH₂O，其衰减率为 27.3%，由不同含气末端的压力衰减率来看，末端气团长度越长其对压力的衰减作用越强。

表 2　压力曲线波峰波谷压力值统计　　　　　　　　　　单位：mH₂O

项目	第一波峰压力	第二波峰压力	第三波峰压力	第一波谷压力	第二波谷压力	第三波谷压力
300 mm	14.351 1	11.264 8	9.595 4	1.321 3	3.153 9	3.935 6
400 mm	13.800 4	10.422 8	9.338 1	2.053 5	3.120 8	3.730 0
500 mm	13.487 5	10.113 5	9.010 5	2.284 3	3.467 0	—
600 mm	13.290 9	9.749 4	8.692 5	2.490 5	3.606 8	—
700 mm	13.071 5	9.498 1	8.501 0	2.643 2	3.738 0	—

图 13 为五种工况下的周期点线图，从图上可以看出含气末端长度越短周期越小，含气末端长度越大，周期越长，其原因主要是含气末端的增加导致了气团压缩的时间变长，同时气团含量的增加会使得能量耗散变大，使得气团被压缩的时间过程变长。无论是第一周期还是第二周期，都有着同样的规律，都是随着含气末端长度的增大周期在变大。与此同时，第二周期的时间总是大于第一周期的，其原因为能量耗散。

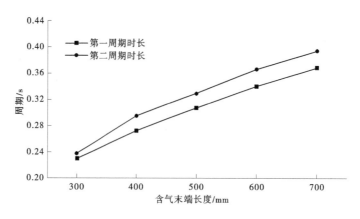

图 13　五种工况下周期点线图

表 3 为不同含气末端长度下压力波动周期的时间统计，首先，从表中可以发现，在同一种含气末端长度下，第一周期的时间是短于第二周期的，在后续的周期中也是这样的规律。即第一周期为整个压力波动过程中周期最小的一个周期。其次，在不同含气末端长度下，含气末端长度越小，其压力波动周期时间越短，从表中可以看到，随着含气末端长度的增加其周期也在增加。除第一周期有此规律外，第二周期同样有此规律。所以，我们认为含气末端长度与周期的关系为，含气末端长度越长，其压力波动周期时间越长。

表 3　周期时间统计　　　　　　　　　　　　　　　　单位：s

项目	300 mm	400 mm	500 mm	600 mm	700 mm
第一周期时间	0.230	0.272	0.307	0.340	0.368
第二周期时间	0.238	0.295	0.329	0.366	0.394

4　结论

本文就含滞留气团体积对其瞬变流特性的影响进行数值模拟研究，通过对五种工况的模拟研究，可以得出以下主要结论：

（1）其瞬变流过程主要为气团的压缩与膨胀过程，由于气团的膨胀导致水流正向逆向交替运动。气体压缩状态与压力上升区间对应，膨胀则与压力下降区间对应。

（2）含气末端长度越长，对系统压力的缓冲作用越强，体现在随着含气末端长度的增加其峰值压力也在逐渐变小。

（3）含气末端长度每增加 100 mm，压力衰减不超过 5%，可见其压力减小幅度并不大。

（4）在周期方面，同样也是随着含气末端长度的增加周期也在增加。

参考文献

［1］ Zhou F, Hicks F, Steffler P J. Transient flow in a rapidly filling horizontal pipe containing trapped air ［J］. Journal of Hydraulic Engineering, 2002, 128（6）：625-634.

［2］ Zhou F. Effects of trapped air on flow transients in rapidly filling sewers ［D］. University of Alberta（Canada）, 2000.

［3］ Zhou F, Hicks F E. Transient Flow in a Rapidly Filling Horizontal Pipe Containing Trapped Air ［J］. Journal of Hydraulic Engineering, 2002, 128（6）：625-634.

［4］ Lee N. H. M C S. Experimental and analytical investigation of entrapped air in a horizontal pipe ［C］. Proceedings of the 3rd ASME/JSME Joint Fluids Engineering Conference, 1999.

［5］ Lee N. Effect of pressurization and expulsion of entrapped air in pipelines ［D］. Georgia Institute of Technology, Georgia, United States, 2005.

［6］ Muller, Michael. Experimental study of fluid transients in a large scale parallel pumping system ［J］. International Journal of Engineering fluid mechanics, 1991, 4: 57-70.

［7］ Jonsson L. Maximum transient pressures in a conduit with check valve and air entrainment ［C］. Proceeding of International Conference on Hydraulic of Pumping Stations, 1985: 55-76.

［8］ Burrows R, Qiu D Q. Effect of air pockets on pipeline surge pressure ［J］. Proceedings of the Institution of Civil Engineers Water Maritime, 1995, 112 (4): 349-361.

［9］ Qiu D, Burrows R. Prediction of pressure transients with entrapped air in a pipeline ［C］. Proceedings of the seventh International Conference on Pressure Surges, 1996: 251-263.

［10］ Lee T S, Leow L C. Numerical study on effects of check valve closure flow conditions on pressure surges in pumping station with air entrainment ［J］. International Journal for Numerical Methods in Fluids, 2001, 35 (1): 117-124.

［11］ Lee T S, Low H T, Huang W D. Numerical Study of Fluid Transient in Pipes with Air Entrainment ［J］. International Journal of Computational Fluid Dynamics, 2006.

［12］ Lee T S, Low H T, Weidong H. The Influence of Air Entrainment on the Fluid Pressure Transients in a Pumping Installation ［J］. International Journal of Computational Fluid Dynamics, 2003, 17 (5): 387-403.

［13］ Lee T S, Ngoh K L. Air Entrainment Effects on the Pressure Transients of Pumping Systems With Weir Discharge Chamber ［J］. JOURNAL OF FLUIDS ENGINEERING-TRANSACTIONS OF THE ASME, 2002, 124 (4): 1034-1043.

［14］ Tong L. H, See L T, Tam N D. Effects of Air Entrainment on Fluid Transients in Pumping Systems ［J］. Journal of Applied Fluid Mechanics, 2008, 1 (1): 55-61.

［15］ Pozos O, Sanchez A, Rodal E A, et al. Effects of water-air mixtures on hydraulic transients ［J］. Canadian Journal of Civil Engineering, 2010, 37 (9): 1189-1200.

［16］ Zhou L, Liu D-Y, Ou C-Q. Simulation of flow transients in a water filling pipe containing entrapped air pocket with VOF model ［J］. Engineering Applications of Computational Fluid Mechanics, 2011, 5 (1): 127-140.

沙市河段河道演变趋势的预测研究

汪 飞 贾建伟 邴建平

（长江水利委员会水文局，湖北武汉 430010）

摘 要： 三峡水库蓄水运用以来，下泄水沙过程重新分配，荆江河段面临长期冲刷，局部河段滩槽冲淤变化显著。本文选择沙市河段作为研究对象，利用三峡水库蓄水后河道地形资料对本河段近期演变特性进行了分析，同时建立了平面二维水沙数学模型，利用近期水沙资料和河道地形资料，预测了本河段未来 30 年内的河床冲淤变化趋势。预测结果表明：①沙市河段未来演变趋势与蓄水后近期演变特性基本保持一致；②沙市河段未来仍将保持冲刷态势，且以枯水河槽冲刷为主，冲刷强度随时间有所减缓，并逐步朝下游发展；③三八滩左汊淤积，右汊冲刷，保持左支右主分汊格局，金城洲位置基本稳定，左汊稳定为主汊。

关键词： 沙市河段；演变趋势；数学模型

1 引言

"万里长江，险在荆江"。荆江河段作为长江中下游河势最复杂的河段，一直是防洪及航道治理的重点。三峡水库蓄水运用以来，坝下水沙过程重新分配，荆江河段进入剧烈冲刷状态，表现出深泓冲刷下切、滩槽格局调整、断面形态调整及河床沿程粗化等演变特性。沙市河段作为坝下第一个以沙质河床为主的河段，河床冲淤调整受水库拦沙影响尤其明显，因此沙市河段演变特性和趋势发展备受关注。相关的研究成果较为丰富，主要包括：①利用实测资料进行河势演变特性及机制分析，比如滩槽格局变化[1-2]、滩槽联动效应[3-4]、断面形态调整[5-6]、水沙特性输移特性[7-8] 等；②利用平面二维水沙数学模型、河工模型试验进行趋势预测，包括河床冲淤调整[9-10]、岸坡横向调整[11-13]、航道条件变化[14-15] 等；③在河道演变分析或模型预测分析基础上，提出河道和航道的治理思路或整治方案[16-19]。总体而言，上述研究工作对本河段后续研究工作提供了扎实的工作基础。随着上游梯级水库建设，长江中下游来沙将进一步减少，因此有必要结合近期实测河道地形及水沙资料对本河段未来演变趋势情况进行预测研究，为本河段河道治理、航道整治及涉水工程建设等提供科学依据和技术支撑。

2 河段概况及近期演变特性

2.1 河段概况

沙市河段位于长江中游上荆江段，上起陈家湾，下至观音寺，长约 31 km，属弯曲分汊河型，由太平口过渡段、三八滩分汊段及金城洲分汊段组成。

河道平面形态呈藕节状，进、出口及中间较窄处宽度不足 1 km，放宽段最宽处超过 2.5 km。本河段以主流摆动频繁、洲滩冲淤交替、汊道兴衰交替为主要变化特征，伴随着主航槽的交替。为维持航道稳定，有关部门围绕腊林洲边滩、三八滩及金城洲实施了大量航道整治工程，主要包括腊林洲边滩、三八滩及金城洲守护工程。工程河段近期河势见图 1。

作者简介： 汪飞（1985—），男，高级工程师，主要从事河流数值模拟、河床演变及水文分析计算工作。

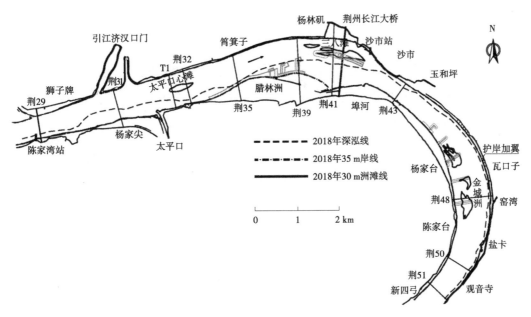

图1 沙市河段河势

2.2 近期演变特性

2.2.1 深泓平面变化

三峡水库蓄水后，沙市河段深泓在进口段靠右岸；在太平口过渡段分为南北槽，在三八滩分汊段河宽放宽，深泓摆动较频繁，随着三八滩左汊不断冲深展宽，近期深泓走向基本稳定为南槽至南汊；金城洲分汊段，深泓基本靠左侧下行（见图2）。

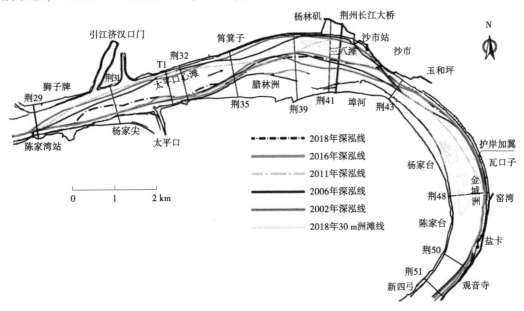

图2 沙市河段近期深泓变化

2.2.2 洲滩变化

太平口心滩位于荆31~荆35，1980年前为右岸腊林洲头部边滩，1980年后腊林洲头部冲刷切割，分离形成太平口心滩。三峡水库蓄水后，太平口心滩处于"冲刷切割、淤长合并、冲刷切割"的过程中，30 m滩体先淤长发育，在2008年滩体面积增大至2.13 km²，之后不断冲刷萎缩并整体下移，在2018年面积削减至0.24 km²（见图3）。

三峡蓄水后，右岸腊林洲边滩30 m滩体中上部总体冲刷后退，尾部总体淤积展宽，尾部出现窜沟，在实施腊林洲守护工程后，窜沟发展受到抑制。

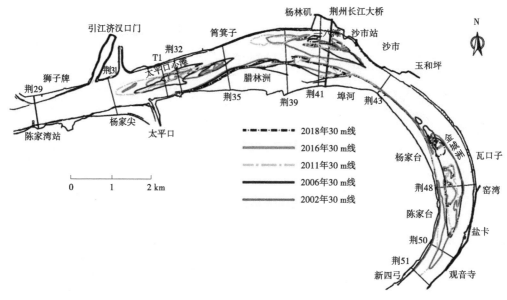

图 3　沙市河段近期洲滩变化

三峡蓄水后三八滩 30 m 滩体总体冲刷，洲体萎缩、解体、移位，冲淤变化显著。在平面变化上，2002—2006 年，洲体头部及右缘大幅冲刷，面积由 2.05 km² 削减至 0.86 km²，为增强三八滩稳定性，2004—2005 年在洲头实施了守护工程，之后洲头相对稳定，洲体中下部持续冲刷萎缩；至 2011 年，三八滩解体、移位，滩头上游淤出一处心滩；至 2018 年，滩体面积又进一步萎缩至 0.60 km²。

金城洲位于沙市河段下段，1980 年前为右岸边滩，1980 年后被切割成为心滩，之后右汊淤积又重新并入边滩。三峡蓄水后边滩又被切割形成心滩，之后洲体右缘冲刷崩退，右汊冲刷发展，至 2016 年，金城洲被冲散，面积由 2002 年 4.32 km² 萎缩至 0.61 km²，之后至 2018 年，滩体略有淤积。

2.2.3　深槽变化

三峡蓄水后，沙市河段 20 m 深槽总体冲刷发展。2002—2006 年，除埠河—杨家台深槽右摆显著外，其余位置深槽变化不大；至 2011 年，上段 20 m 深槽仅在太平口处断开，太平口以下南槽至三八滩北汊冲刷贯通，下段金城洲右汊内冲刷形成两处零散深槽；至 2016 年，太平口过渡段北槽冲刷出多处零散深槽，三八滩南汊大幅冲刷并与南槽贯通、左汊则淤积断开，金城洲左汊冲刷，右汊深槽淤积消失；至 2018 年，深槽进一步冲刷，全线接近贯通（见图 4）。

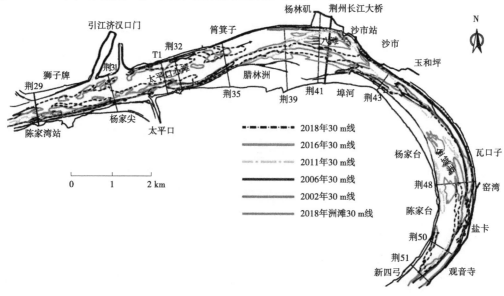

图 4　沙市河段近期深槽变化

2.2.4 断面变化

选取沙市河段 4 个断面进行河床冲淤变化分析（见图 5）。

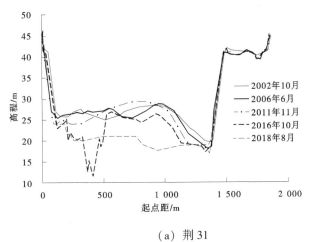

（a）荆 31

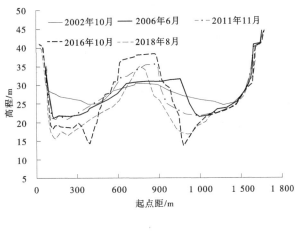

（b）T1

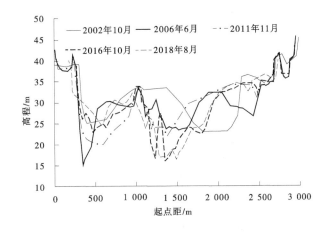

（c）荆 41

图 5 沙市河段典型断面变化

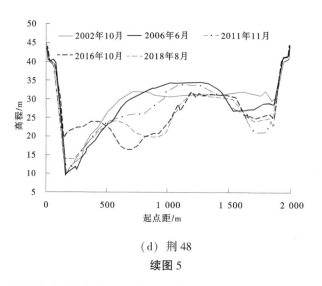

（d）荆 48

续图 5

荆 31 位于太平口心滩头部杨家尖附近，断面形态偏 W 型。2002—2011 年，断面形态变化不大，深槽稳定在右侧；至 2016 年，右侧大幅冲深，可能与引江济汉进口段河道疏浚有关；至 2018 年，河床中部大幅冲深，最大冲刷约 9 m，左侧深槽大幅淤积，断面形态朝 U 型转化。

T1 断面位于太平口心滩中部，形态呈 W 型。三峡蓄水后总体呈现心滩先淤高后冲刷、南北槽持续冲刷下切的态势。2002—2011 年滩体总体淤高，南北槽冲刷下切，槽底高程相当，南槽相对较宽；至 2016 年，南北槽继续冲深，滩体淤高，滩地高程超过 38 m；至 2018 年，滩体大幅冲刷萎缩，滩顶高程及宽度均明显减小。

荆 41 断面位于三八滩中部，断面形态呈 W 型，断面变化剧烈，与主流频繁摆动、三八滩和腊林洲冲淤交替密切相关。三峡水库蓄水至 2011 年，三八滩滩体萎缩，左汊总体冲刷展宽，腊林洲淤积展宽，迫使右汊深槽左移；至 2018 年，三八滩持续冲刷萎缩，左汊淤积，右汊则明显冲深并展宽。

荆 48 位于金城洲中部，断面形态呈 W 型。三峡蓄水后至 2011 年，左汊冲深展宽，金城洲左缘冲退，右缘淤积，右汊不断冲深；至 2016 年，左汊冲淤交替，深槽右移，洲体进一步冲刷萎缩，右汊淤积抬高；至 2018 年，左汊深槽冲淤交替，深槽回摆至贴左岸，洲体及右汊变化不大。

从近期演变特性来看，三峡工程蓄水运用后，作为坝下最近的沙质河段，沙市河段处于剧烈冲刷调整期，20 m 深槽总体冲刷展宽并接近贯通；太平口过渡段主泓基本稳定在南槽，三八滩分汊段主泓摆动频繁，2016 年后主泓大体稳定为南槽至右汊；河道内主要心滩持续冲刷萎缩，并解体移位。

3 平面二维水沙数学模型

在沙市河段近期演变特性分析的基础上，下文建立了平面二维水沙数学模型，并利用近期河道地形及水沙系列资料作为计算初始条件及边界条件，预测了未来 30 年沙市河段的冲淤变化特性。

3.1 基本方程

为拟合本河段曲折的河道边界，控制方程采用贴体坐标系（ξ，η）下水沙运动及河床变形方程：

$$J\frac{\partial z}{\partial t} + \frac{\partial(Uh)}{\partial \xi} + \frac{\partial(Vh)}{\partial \eta} = 0 \tag{1}$$

$$J\frac{\partial(hu)}{\partial t} + \frac{\partial(Uhu)}{\partial \xi} + \frac{\partial(Vhu)}{\partial \eta} = -gh\left(y_\eta\frac{\partial z}{\partial \xi} - y_\xi\frac{\partial z}{\partial \eta}\right) + S_{\mu\xi} - J\frac{gn^2u\sqrt{u^2+v^2}}{h^{\frac{1}{3}}} \tag{2}$$

$$J\frac{\partial(hv)}{\partial t} + \frac{\partial(Uhv)}{\partial \xi} + \frac{\partial(Vhv)}{\partial \eta} = -gh\left(-x_\eta\frac{\partial z}{\partial \xi} + x_\xi\frac{\partial z}{\partial \eta}\right) + S_{\mu\eta} - J\frac{gn^2v\sqrt{u^2+v^2}}{h^{\frac{1}{3}}} \tag{3}$$

$$J \frac{\partial (hS_K)}{\partial t} + \frac{\partial (UhS_K)}{\partial \xi} + \frac{\partial (VhS_K)}{\partial \eta} = S_{sk} - J\alpha_K \omega (S_K - S_{K^*}) \quad (4)$$

$$\gamma' \frac{\partial z_b}{\partial t} = \sum_K \alpha_K \omega (S_K - S_{K^*}) \quad (5)$$

$$J = x_\xi y_\eta - x_\eta y_\xi, \quad U = y_\eta u - x_\eta v, \quad V = -y_\xi u + x_\xi v$$

式中：x、y 为笛卡儿坐标系，m；t 为时间，s；z、h、z_b 为水位、水深、河床高程，m；u、v 为 x、y 方向流速，m/s；g 为重力加速度，m/s^2；n 为曼宁系数；$S_{\mu\xi}$、$S_{\mu\eta}$、S_{sk} 为 x、y 方向运动方程及悬移组输运方程的扩散源项；ω 为泥沙沉速，m/s；γ' 为泥沙干密度，kg/m^3；S_K、S_{K^*}、α_K 为第 K 组悬移质泥沙的分组含沙量、挟沙力和恢复饱和系数。

模型中挟沙力采用张瑞瑾公式计算，挟沙力系数通过实测资料率定；分组挟沙力和床沙级配采用韦直林模式进行处理[20]。模型离散方式为基于同位网格的有限体积法，离散方程采用 SIMPLE 算法进行求解，为保证水位与流速之间的耦合，界面流速计算采用动量插值方法。

3.2 计算区域及模型率定

考虑到进口水流的平顺及上下游河段的衔接，数模计算范围上起杨家脑，下至观音寺，总长约 45 km。计算网格顺水流方向共划分 641 个、沿河宽方向 121 个。计算地形采用 2018 年 8 月实测地形。

清水数模率定计算采用 2018 年 8 月（$Q = 27\,200$ m^3/s）实测水文资料，断面流速分布率定结果见图 6。考虑到三峡水库 2010 年后按 175 m 进行蓄水运用，本次选取近期河道地形资料进行水沙数模率定和验证，具体包括 2013 年 6 月、2016 年 10 月及 2018 年 8 月三个测次，水沙资料采用同期沙市站和郝穴站水沙资料。模型率定验证计算与实测断面地形对比见图 7、图 8。

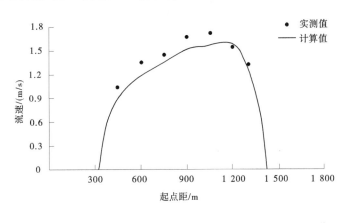

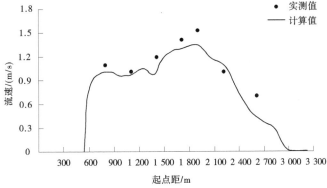

图 6 计算与实测断面流速分布对比（左荆 29、右荆 41）

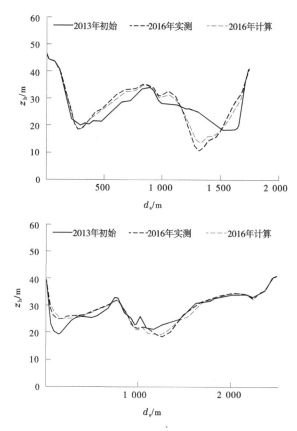

图7 计算与实测断面地形对比（2013 年 6 月至 2016 年 10 月，左荆 32、右荆 41）

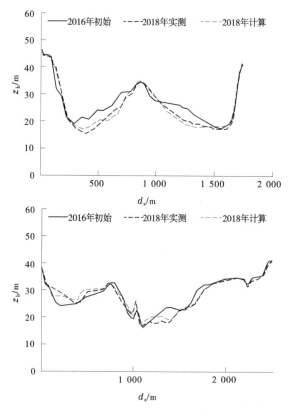

图8 计算与实测断面地形对比（2016 年 10 月至 2018 年 8 月，左荆 32、右荆 41）

计算河段实测及计算冲淤量对比见表1，两个时段内实测和计算冲淤量的相对误差分别为 -11.1%、2.5%。总体而言，计算值与实测值基本吻合，能较好地模拟本河段的水沙运动特性，主槽糙率取0.019~0.023，边滩取0.021~0.034，挟沙力系数 k 取0.10~0.15，指数 m 取0.92，悬沙恢复饱和系数 α 冲刷时取1.0，淤积时取0.25。

表1　计算河段实测和计算冲淤量对比

河段	间距/km	2013年6月至2016年10月			2016年10月至2018年8月		
		计算冲淤量/万 m³	实测冲淤量/万 m³	相对误差/%	计算冲淤量/万 m³	实测冲淤量/万 m³	相对误差/%
进口—荆29	15.0	-3 427	-3 265	-4.7	-1 596	-1 737	8.8
荆29—荆32	6.7	-1 898	-1 625	-14.4	-1 188	-1 070	-9.9
荆32—荆41	7.0	-1 210	-1 018	-15.9	-1 333	-1 523	14.3
荆41—荆46	6.6	-475	-395	-16.8	-314	-221	-29.6
荆46—荆51	9.3	-1 165	-963	-17.3	-35	-25	-28.6
计算河段（进口—荆51）	44.6	-8 175	-7 266	-11.1	-4 466	-4 576	2.5

4　河道演变趋势预测

4.1　水沙系列选取

三峡水库蓄水后，坝下来沙大幅减少，随着长江上游干支流梯级水库的逐渐建成运行，长江中游来沙将进一步减少。本次计算起始地形为2018年实测地形，初拟选择2008—2017年的水沙资料作为计算水沙系列，由于上述系列中缺乏典型大水年，同时为研究计算河段在大水年下的冲淤变化，因此考虑加入1998年洪水作为典型大水年。综上，本次选用沙市站2009—2017年水沙过程作为计算河段进口边界，同时在系列年中加入减沙处理后的1998年水沙过程（置于系列年第6年），处理方式为根据沙市站2013—2017年水沙过程拟合流量-输沙率关系，再结合1998年来水过程确定来沙过程。模拟时长为30年，即水沙系列年滚动计算3次。计算中考虑了本河段航道整治工程的影响，计算起始地形选用2018年10月实测地形，床沙级配选取2018年10月实测床沙级配资料。

4.2　河床冲淤分布

系列水沙年第10年末、第20年末、第30年末计算河床冲淤厚度分布见图9。第10年末，太平口过渡段南北槽、三八滩右汊、金城洲左汊均冲刷发展，腊林洲边滩中上部、三八滩左汊及下游区、金城洲整治工程下游均淤积；第20年末、30年末，主槽进一步冲刷下切，三八滩左汊则持续淤积。

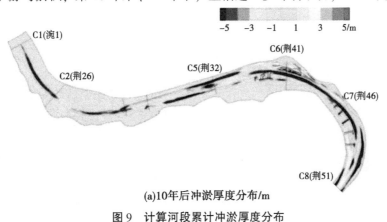

(a)10年后冲淤厚度分布/m

图9　计算河段累计冲淤厚度分布

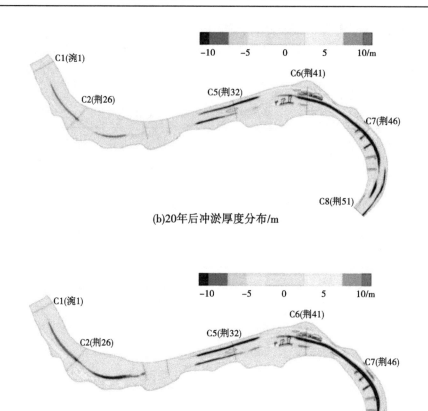

(b)20年后冲淤厚度分布/m

(c)30年后冲淤厚度分布/m

续图 9

计算河段枯水河槽（流量 5 000 m³/s）冲淤量及平均冲淤厚度统计见表 2。第 10、20、30 年末，沙市河段累计冲刷 4 993 万 m³、7 840 万 m³、9 199 万 m³，河床平均冲刷 1. 36 m、2. 16 m、2. 59 m。总体而言，沙市河段未来演变趋势与蓄水后近期演变特性基本保持一致，即沙市河段未来总体仍将保持冲刷态势，且以枯水河槽冲刷为主，冲刷强度随时间有所减缓，并逐步朝下游发展。

表 2　冲淤量及冲淤厚度统计

河段	间距/km	10 年后		20 年后		30 年后	
		冲淤量/万 m³	冲刷厚度/m	冲淤量/万 m³	冲刷厚度/m	冲淤量/万 m³	冲刷厚度/m
进口—荆 29	15. 0	-1 555	-0. 86	-2 116	-1. 13	-2 540	-1. 31
荆 29—荆 32	6. 7	-1 395	-1. 55	-1 782	-2. 04	-1 859	-2. 18
荆 32—荆 41	7. 0	-936	-0. 98	-1 650	-1. 67	-1 956	-1. 99
荆 41—荆 46	6. 6	-1 071	-1. 47	-1 574	-2. 22	-1 776	-2. 51
荆 46—荆 51	9. 3	-1 591	-1. 45	-2 834	-2. 59	-3 608	-3. 40
计算河段 （进口—荆 51）	44. 6	-6 549	-1. 19	-9 955	-1. 81	-11 738	-2. 14
沙市河段 （荆 29—荆 51）	29. 6	-4 993	-1. 36	-7 840	-2. 16	-9 199	-2. 59

4.3 洲滩变化

系列水沙年下，沙市河段主要洲滩（30 m 滩体）变化见图 10。

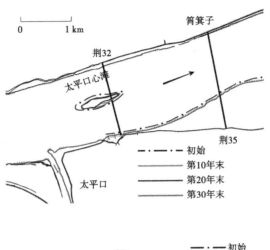

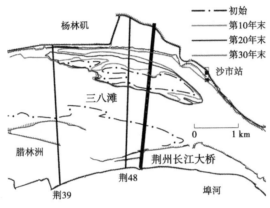

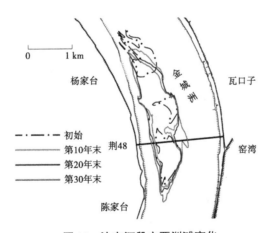

图 10 沙市河段主要洲滩变化

太平口心滩未来平面位置基本稳定，受南北槽冲刷发展影响，滩体规模较小。与初始地形相比，第 10 年末太平口心滩 30 m 滩体有所冲刷，头部下移、尾部上移，面积有所减小，至第 30 年末，30 m 滩体变化较小，位置基本稳定。

三八滩左汊持续淤积萎缩，在航道整治工程的守护下，三八滩位置大体稳定，滩体将有所淤长，头部淤积上移、左缘淤积左移，具体表现为：第 10 年末零散滩体淤积合为一体，面积由 0.60 km² 增大到 1.12 km²，第 20 年末滩体头部淤积上移，左缘淤积左移，面积淤长至 1.62 km²，第 30 年末滩体左缘继续淤积左移，并与左岸连为一体。

金城洲在航道整治工程守护下，平面位置基本稳定，滩体规模有所淤长。与初始地形相比，第10 年末金城洲淤积，零散滩体合并，此后金城洲头部有所蚀退、尾部则淤积下延。

4.4 典型断面变化

图 11 给出了分析河段 3 个典型断面的横断面变化情况。

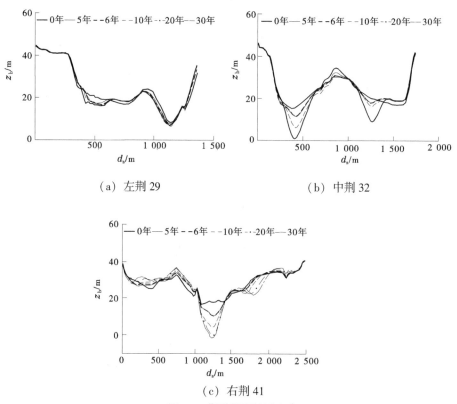

（a）左荆 29　　　　　　　　　（b）中荆 32

（c）右荆 41

图 11　典型断面地形变化

荆 29 位于河段进口，断面总体变化不大，深槽靠右、基本稳定，左侧冲淤交替，冲淤幅度在 3 m 以内。荆 32 位于太平口心滩中部，断面变化表现为南北槽冲深，心滩冲刷降低。第 10 年末，北槽冲刷约 9.8 m，滩面冲刷约 4.2 m，南槽冲刷约 3.9 m；第 30 年末北槽冲刷约 15.2 m，滩面冲刷约 3.7 m，南槽冲刷约 11.8 m。荆 41 位于三八滩中部，断面变化表现为右汉深槽冲刷，左汉淤积抬高。第 30 年末，右汉深槽冲深约 20.5 m，左汉淤高约 4.7 m。

5　结论

本文对沙市河段近期演变特性进行了分析，并建立平面二维水沙数学模型，结合近期水沙资料及河道地形，预测了本河段未来 30 年河道演变趋势，得出如下主要结论：①沙市河段未来演变趋势与蓄水后近期演变特性基本保持一致；②沙市河段未来仍将保持冲刷态势，且以枯水河槽冲刷为主，至系列年第 30 年末，沙市河段累计冲刷 9 199 万 m³，河床平均冲深 2.59 m；③太平口过渡段南北槽持续冲深，三八滩分汉段左汉淤积、右汉冲刷，维持左支右主格局，金城洲平面位置基本稳定，左汉稳定为主汉。

参考文献

［1］黄勇，袁晶，高宇，等 . 长江沙市河段近期河道演变分析［J］. 人民长江，2019，50（1）：18-23.

［2］李溢汶，夏军强，邓珊珊，等 . 三峡工程运用前后沙市段河床形态调整特点［J］. 长江科学院院报，2019，36

（2）：13-19.

[3] 汪飞，李义天，刘亚，等. 三峡水库蓄水前后沙市河段滩群演变特性分析 [J]. 泥沙研究，2015（4）：1-6.

[4] 赵维阳，杨云平，张华庆，等. 三峡大坝下游近坝段沙质河床形态调整及洲滩联动演变关系 [J]. 水科学进展，2020，31（6）：862-874.

[5] 渠庚，许辉，唐文坚，等. 三峡水库运用后荆江河道断面形态变化及对航道条件的影响 [J]. 水运工程，2011（12）：117-122.

[6] 余蕾，王加虎，邹志科，等. 上荆江沙市河段河床横断面形态的调整规律 [J]. 河海大学学报（自然科学报），2016，44（6）：544-549.

[7] 朱玲玲，许全喜，陈子寒. 新水沙条件下荆江河段强冲刷相应研究 [J]. 应用基础与工程科学学报，2018，26（1）：85-97.

[8] 韩建桥，孙昭华，黄颖，等. 三峡水库蓄水后荆江沙质河段冲淤分布特征及成因 [J]. 水利学报，2014，45（3）：277-285，295.

[9] 黄莉，孙贵洲，李发政. 三峡工程运用初期上荆江杨家脑至郝穴河床冲淤变化试验研究 [J]. 长江科学院院报，2011，28（2）：74-78.

[10] 朱玲玲，葛华. 三峡水库175 m蓄水后荆江典型分汊河段演变趋势预测 [J]. 泥沙研究，2016（2）：33-39.

[11] 假冬冬，邵学军，张幸农，等. 水沙调节后荆江典型河道横向调整过程的响应——Ⅰ. 二、三维耦合模型的建立 [J]. 水科学进展，2013，24（1）：82-87.

[12] 假冬冬，邵学军，蒋海峰，等. 水沙调节后荆江典型河道横向调整过程的响应——Ⅱ. 上、下荆江调整差异初探 [J]. 水科学进展，2013，24（2）：205-211.

[13] 夏军强，邓珊珊，周美蓉，等. 长江中游河道床面冲淤及河岸崩退数学模型研究及其应用 [J]. 科学通报，2019，64（7）：725-740.

[14] 江陵，李义天，孙昭华，等. 三峡工程蓄水后荆江沙质河段河床演变及对航道的影响 [J]. 应用基础与工程科学学报，2010，18（1）：1-10.

[15] 李文全，邓晓丽，雷家利，等. 长江中游太平口水道河床演变趋势与模型预测成果对比分析 [J]. 水运工程，2012（10）：52-56.

[16] 朱勇辉，黄莉，郭小虎，等. 三峡工程运用后长江中游沙市河段演变与治理思路 [J]. 泥沙研究，2016，（3）：31-37.

[17] 张晓红，汪红英. 三峡工程建设后上荆江河道演变趋势及治理 [J]. 人民长江，2009，40（22）：9-10，29，94.

[18] 汪红英，何广水，谢作涛. 三峡工程蓄水后荆江河势变化及整治方案研究 [J]. 人民长江，2010，41（9）：26-28，63.

[19] 邓晓丽，李文全，雷家利，等. 基于对长江中游沙市河段近期河势分析的航道总体治理方案的优化建议 [J]. 泥沙研究，2013（6）：75-80.

[20] 韦直林，赵良奎，付小平. 黄河泥沙数学模型研究 [J]. 武汉水利电力大学学报，1997，30（5）：21-25.

复式断面冰下流速估算方法优化研究

路锦枝[1,2] 郭新蕾[1] 王 涛[1]

(1. 流域水循环模拟与调控国家重点实验室 中国水利水电科学研究院，北京 100038；
2. 水沙科学与水利水电工程国家重点实验室 清华大学水利工程系，北京 100084)

摘 要： 冰情发展过程与冰下流速密切相关，而冰下流速数据当前仍需通过打孔测量获得，盲目以测线上多个测点推求垂向平均流速费时费力。故建立复式断面渠道类比天然河道，以实测流速数据为基础，比较单点法、两点法等多种方法所估算的垂向平均流速误差，确定最优流速估算方法，以减小工作量、提高精度。进一步选择效果较好的 0.5H 单点法和 0.2H、0.8H 两点法，对浅滩和主槽不同测点选取方法所得的流速精度进行比较，给出推荐的测点选择方案。

关键词： 多点法测速；冰下流速；复式断面；水槽试验

1 引言

在北半球几乎 60% 的河流遭受河冰的季节性影响[1]，我国北纬 30° 以北占国土 3/4 的流域都有出现流凌和冰盖覆盖的可能。冰盖的出现影响了冰下流速的分布，改变了水流流动结构[2-4]，增加了过水断面的湿周和水流阻力[5]，导致河渠过水能力发生变化。研究发现，冰下水流流速直接影响输水工程在冬季冰期的输水能力和输水效率[6]，及时、准确地预报出冰情发生和发展的情况，是减少冰凌灾害的重要非工程措施之一[7]。研究冰情发展规律必须从明晰冰盖下水流流速分布特性着手。

目前，尚未有应用较好的直接获取冰下流速的方法，当前仍需要通过打孔直接测量。冬季气候恶劣加上冰面作业难度大，测量人员长时间进行现场测速效率低且危险大，直接影响到对冰下流速规律的掌握。考虑通过选取部分代表性测点来估算整条垂线上的平均流速[8]，我国《河流流量测验规范》（GB 50179—2015）[9] 全面介绍了计算冬季结冰期垂线平均流速的方法：一点法、两点法、三点法、六点法。但是具体各方法的选取依据仅水深一条，在实际中难以直接运用。

天然河道大多为包含主槽和浅滩两部分的复式断面，本文以复式断面多种不同工况下实测流速为基础，旨在对冰盖下垂向平均流速估算方法提出更优的方案。

2 复式断面明渠冰下流速研究的试验设计

试验在中国水利水电科学研究院低温冰水动力学综合试验平台进行。模型包括浅滩和主槽部分，整个渠道长 20 m、宽 1.2 m，其中主槽高 7.5 cm、宽 30 cm，浅滩高 18 cm、宽 45 cm。模型每隔 4 m设置一个水位测针，在模型的中间断面处用 ADV 测流速。模型装置和横断面测点布置分别如图 1 和图 2 所示。

试验工况水位通过调整上游流量和下游泄水量达到。模拟冬季稳封期水面全部封冻后水流流动特性时，将两种不同糙率的连续粗糙冰盖（有机玻璃板和聚乙烯泡沫板，其曼宁系数分别为 0.009 和0.025，分别代表不同封冻期的冰盖糙率）覆盖于水面上，光滑衔接以模拟连续冰盖。宽度方向模型冰盖宽度比渠道横断面稍窄，模型冰盖不至于太宽卡在渠道内，也不至于太窄在宽度方向左右摆动。

基金项目： 中国水科院科研专项（HY0145B062021）。

作者简介： 路锦枝（1995—），女，博士研究生，研究方向为河冰水力学。

测量不同模型冰盖在不同水深下的垂线流速分布，控制流态为恒定均匀流并与对应明流工况做对比，工况设置如表1所示。

图 1　模型装置

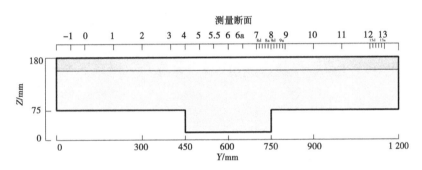

图 2　横断面测点布置

表 1　试验工况设置

工况编号		模型布置形式	浅滩以上水深 H/cm
工况一	1.1	无冰盖	6
	1.2		8
	1.3		10
工况二	2.1	泡沫板冰盖	6
	2.2		8
	2.3		10
工况三	3.1	玻璃板冰盖	6
	3.2		8
	3.3		10

3　理论分析

3.1　数学模型建立

冰盖下平均流速估算的方法中，最常用的测点选取法有单点法、两点法和三点法。测点示意位置如图 3 所示，深度方向以冰盖朝下计。

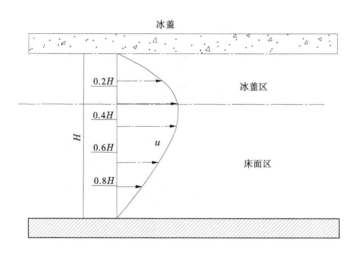

图 3　冰盖下水流的垂向流动结构

以 Tsai[10] 提出的冰盖下流速垂向的双幂指数分布公式［式（1）］为基础，推演出断面垂向平均流速。

$$u = \eta (z/H)^{\frac{1}{m_b}} (1 - z/H)^{\frac{1}{m_i}} \tag{1}$$

式中：η 为给定流量下的常数；m_b 和 m_i 分别为与河床及冰盖剪切应力相关的常数；H 为水深；在 $z = 0$（渠底）和 $z = H$（冰盖位置）处，流速 $u = 0$。

忽略边界层对流量的影响，可得到单宽流量为：

$$q = \int_0^H u \mathrm{d}y = \int_0^H \eta (z/H)^{\frac{1}{m_b}} (1 - z/H)^{\frac{1}{m_i}} \mathrm{d}y = \eta H \frac{\Gamma\left(\frac{1}{m_b} + 1\right) \Gamma\left(\frac{1}{m_i} + 1\right)}{\Gamma\left(\frac{1}{m_b} + \frac{1}{m_i} + 2\right)} \tag{2}$$

式中：Γ 为伽马函数。

平均流速为：

$$v = \eta \frac{\Gamma\left(\frac{1}{m_b} + 1\right) \Gamma\left(\frac{1}{m_i} + 1\right)}{\Gamma\left(\frac{1}{m_b} + \frac{1}{m_i} + 2\right)} \tag{3}$$

3.2　关键参数率定

以泡沫板模型冰盖下水深 10 cm 实测流速值率定垂向流速分布公式中的参数为例，验证此方法的正确性。使用断面 0-12 的实测数据，代入式（1），分别率定三个系数，以下是使用中轴线断面垂向流速的率定结果：

$$\frac{1}{m_b} = 0.142, \quad \frac{1}{m_i} = 0.238, \quad \ln\eta = -0.1233$$

将上述参数代入公式（1），得到垂向流速分布关系式，垂向计算流速与实测流速的对比，如图 4 所示。

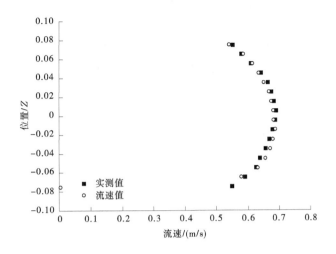

图 4　断面 6 流速计算值与实测值对比

可以看出，率定后的流速分布和实测流速分布吻合较好。继续率定出 10 cm 水深工况下其余全部测量断面的 m_i、m_b 与 η 值，将浅滩和主槽内参数分别求取平均值。同理，率定出 8 cm 和 6 cm 水深工况下浅滩区和主槽区内各自的参数值，与玻璃板模型冰盖实测流速值率定结果一并列于表 2。

表 2　不同冰盖、水深下参数率定

冰盖类型	水深/cm	主槽 m_b	主槽 m_i	主槽 η	浅滩 m_b	浅滩 m_i	浅滩 η
泡沫板	6	6.10	2.09	0.89	7.48	2.43	0.71
	8	9.93	5.09	0.76	6.41	1.30	0.93
	10	6.84	6.37	0.83	7.96	4.24	0.85
玻璃板	6	6.82	2.31	0.98	6.21	1.93	0.85
	8	8.53	3.72	0.84	8.97	1.54	0.88
	10	9.40	6.40	0.68	12.07	5.08	0.61

3.3　最优测流方法的确定

将流速测量相对误差 ε 定义如下，得到各种计算方法下误差表达式：

$$\varepsilon = \frac{U_g - U}{U} \tag{4}$$

式中：U_g 为由以上方法估计的平均流速；U 为实际流速。

沿用 Teal 等[11] 用双幂律分布式对各种测速方法的分析及误差表达，将各方法的误差表达式列于表 3。并基于表 2 所列三项参数 m_i、m_b、η，对算出的误差求平均，比较不同平均流速估算方法的精度，结果如表 4 所示。

表 3　各流速估算方法及误差

测量方法	选取点位置	调整系数	误差 ε
单点法	$0.5H$	0.88	$\dfrac{0.88 \times 0.5^{1/m_b}0.5^{1/m_i}}{\beta(1+1/m_b,\ 1+1/m_i)} - 1$
两点法	$0.6H$	0.92	$\dfrac{0.92 \times 0.4^{1/m_b}0.6^{1/m_i}}{\beta(1+1/m_b,\ 1+1/m_i)} - 1$
两点法	$0.2H$ 和 $0.8H$		$\dfrac{0.8^{1/m_b}0.2^{1/m_i} + 0.2^{1/m_b}0.8^{1/m_i}}{2\beta\left(1+\dfrac{1}{m_b},\ 1+\dfrac{1}{m_i}\right)} - 1$
两点法	$0.4H$ 和 $0.8H$	0.32 0.68	$\dfrac{0.68 \times 0.8^{1/m_b}0.2^{1/m_i} + 0.32 \times 0.4^{1/m_i}0.6^{1/m_b}}{\beta\left(1+\dfrac{1}{m_b},\ 1+\dfrac{1}{m_i}\right)} - 1$
三点法	$0.2H$、$0.6H$ 和 $0.8H$		$\dfrac{\dfrac{0.8^{1/m_b}0.2^{1/m_i} + 0.2^{1/m_b}0.8^{1/m_i}}{2} + 0.4^{1/m_b}0.6^{1/m_i}}{2\beta\left(1+\dfrac{1}{m_b},\ 1+\dfrac{1}{m_i}\right)} - 1$

表 4　各测量方法对平均流速估算的精度比较

测量方法	浅滩部分误差/%	主槽部分误差/%
主槽浅滩全部单点（$0.5H$）	1.96	3.04
主槽浅滩全部单点（$0.6H$）	9.23	4.43
全部取两点法（$0.2H$ 和 $0.8H$）	1.76	1.82
全部取两点法（$0.4H$ 和 $0.8H$）	17.85	10.50
浅滩单点（$0.5H$） 主槽两点（$0.2H$ 和 $0.8H$）	1.96	1.81
浅滩两点（$0.2H$ 和 $0.8H$） 主槽单点（$0.5H$）	1.76	3.04
主槽浅滩三点法	7.09	6.26

注：$0.5H$ 点法使用系数 0.88；$0.6H$ 点法使用系数 0.92；$0.4H$ 和 $0.8H$ 两点法使用系数 0.32 和 0.68。

比较得出：两种单点法中 $0.5H$ 单点法估算精度较高，两种两点法中 $0.2H$ 和 $0.8H$ 两点法估算精度较高，由此所计算的误差符合 Lau[12] 的研究结果，他认为使用两点法（$0.2H$ 和 $0.8H$）估算冰封水流的平均速度可能会导致 2%~3% 的偏差。

进一步对浅滩和主槽分别使用 $0.5H$ 单点法、$0.2H$ 和 $0.8H$ 两点法以及三点法综合比较，得出结论：①对垂向平均流速的估算精度并非随选取点数量的增加而增加，体现在两点法所得精度高于三点法；②优选主槽和浅滩全部使用两点法或者浅滩部分应用单点法，主槽部分应用两点法。

4 结论

建立复式明渠物理模型，以冰盖下不同流量和水深、冰盖糙率及明流与冰盖流工况下的实测垂向流速分布为基础，率定冰盖下双幂指数形式流速分布公式（Tasi 公式）中的关键参数，比较多种测量方法下平均流速估算的精度，提出复式河道冰盖下垂向平均流速测点选择方法如下：

确定的最优单点法、两点法分别为 $0.5H$ 法和 $0.2H$、$0.8H$ 两点法，以实测数据率定 $0.2H$ 和 $0.8H$ 两点法所得的误差在 2%以内。比较浅滩和主槽部分的相对流速平均误差，认为复式断面河道内测流，应优选主槽和浅滩全部使用两点法或浅滩用单点法、主槽用两点法。通过选择最优测流方法，可提高测速效率，便捷地获取到天然河道流速分布，对研究冰情的发展和演变过程、针对性防治或缓解凌灾的发生具有重要意义。

参考文献

［1］ Prabin R, Sujata B, Karl-Erich L. Ice-jam flood research：a scoping review ［J］. Natural Hazards, 2018, 94：1439-1457.

［2］ Ambtman K D, Hicks F. Field estimates of discharge associated with ice jam formation and release events ［J］. Canadian Water Resources Journal, 2012, 37（1）：47-56.

［3］ 王军. 冰冻河道下流速分布和阻力问题探讨 ［J］. 水科学进展, 2005, 16（1）：28-31.

［4］ Smith B T, Ettema R. Flow resistance in ice-covered alluvial channels ［J］. Journal of Hydraulic Engineering, 1997, 123（7）：592-599.

［5］ 杨开林, 王军, 郭新蕾, 等. 调水工程冰期输水数值模拟及冰情预报关键技术 ［M］. 北京：中国水利水电出版社, 2015.

［6］ 付辉, 郭新蕾, 杨开林, 等. 南水北调中线工程典型倒虹吸进口上游垂向流速分布 ［J］. 水科学进展, 2017, 28（6）：922-929.

［7］ 王涛, 杨开林, 郭新蕾, 等. 基于网络的自适应模糊推理系统在冰情预报中的应用 ［J］. 水利学报, 2012, 43（1）：112-117.

［8］ 郭新蕾, 王涛, 付辉, 等. 河渠冰水力学研究进展和趋势 ［J］. 力学学报, 2021, 53（3）：655-671.

［9］ 水利部. 河流流量测验规范：GB 50179—93 ［S］. 北京：计划出版社, 1994.

［10］ Tsai, Whey F, Ettema R. Ice cover influence on transverse bed slopes in a curved alluvial channel ［J］. Journal of Hydraulic Research, 1994, 32（4）：561-581.

［11］ Teal M J, Ettema R, Walker J F. Estimation of mean flow velocity in ice-covered channels ［J］. Journal of Hydraulic Engineering, 1994, 120（12）：1385-1400.

［12］ Lau Y L. Velocity distributions under floating covers ［J］. Canadian Journal of Civil Engineering, 1936, 9（1）：76-83.

深隧系统涌波的数值模拟方法研究

冷乾坤　张宏伟　任炜辰

（中国水利水电科学研究院，北京　100038）

摘　要：本文主要对城市深层排水系统的涌波进行模拟。首先，对水击方程求解方法进行概括，并对方程中波速的取值情况进行统计。其次，建立竖井连续方程、深隧的连续方程和动量方程来进行联立求解。尝试一种新的数值离散方法——整体离散法来对深隧的连续方程和动量方程进行离散处理，引入水位权重参数 α_1、流量权重参数 α_2，运用四阶龙格-库塔法，对构建数值模型方程进行求解。然后，通过最小残差法比选出最优的水位权重参数 α_1、流量权重参数 α_2。最后，对深隧不同波速情况下的涌波进行模拟计算，将结果与特征线法求解的结果进行对比，结果表明当压力波波速大于 50 m/s 时，整体离散法模拟结果与特征线法结果非常吻合。

关键词：深隧系统；涌波；四阶龙格-库塔法；权重参数；特征线法

1　研究概述

近年来，随着城市化进程的加快，城市硬化面积逐年变大，城市热岛效应越来越显著，雨水下渗受阻，国内城市多次发生严重的水涝灾害，严重威胁城市居民的日常出行和城市交通。另外，我国城市排水系统普遍存在排水标准偏低、排水能力不足、排水体制不完善、雨污溢流严重等问题。因此，对城市排水系统做出改造势在必行，但有些浅层排水系统改造难以实现。在这种情况下，利用城市的地下空间建设深层排水系统，成了缓解城市内涝问题和提高城市排水系统标准的有效途径。我国深层排水系统工程的建设刚刚起步，广州、上海、武汉、苏州、镇江等城市逐步进行规划研究。

在深层隧道设计和运行中，涌波是深隧系统的关键水力学问题之一，但国内对深隧系统中涌波研究很少。当发生大型暴雨时，短时间的大量雨水入流可能会超过隧道设计排洪能力，隧道被大量的水流迅速充满，可能在竖井处引发间歇喷泉，不但对地面造成影响，也会对隧道结构造成破坏。大量的雨水被浅层排水系统收集，通过竖井和管道把多余的雨水过渡到深隧排水系统中。在此过程中，或空气会被挟带进入深隧系统，或深隧中的空气因雨水快速填充而不能及时排出，均能形成深隧含气水流。水流含气后其可压缩性发生很大变化，在标准状态下，空气中的声速约为 340 m/s，静水中的声速约为 1 450 m/s，而水气混合物中实测声速最低可达 20 m/s[1]。含气水流可压缩性导致的声速变化，影响深隧中压力波的传播，传统涌波计算忽略流体可压缩性的处理方法不再适合。深隧涌波计算，尤其在深隧喷泉的机制分析中，必须考虑掺气对可压缩性的影响。

考虑含气水流可压缩性的深隧系统涌波计算，属管道瞬变流问题，一般运用管道水击方程来进行模拟，而对水击方程最经典的求解方法是特征线法[2-5]。特征线法从 20 世纪 60 年代发展至今，求解的网格从最初的特征线交叉网格转变成多元的网格处理技术[6-10]，求解的流体从求解单一水流发展成

基金项目：中国水科院基本科研业务费专项项目（HY110145B0022021）资助。

作者简介：冷乾坤（1995—），男，硕士研究生，研究方向为城市水力学。

多种介质流体[7-10]。水击方程除了用特征线法求解以外，还有波特性法[11-13]、波追踪法[14]、TVD 格式[15-17]、ENO 格式[18]、Godunov 格式[19-21] 等求解方法。

在对水击方程的数值模拟研究中，众多学者对波速取值差异很大。Leon 等[21] 研究发现：在对水击方程求解时，若波速取值不合理，会造成求解的模型质量不守恒，可见准确预测波速是很重要的。波速取值来源主要有两种途径，一是根据经验或者理论计算得出；二是从物模中实测出来。一些研究者[22-24] 在求解水击计算中直接取波速 $a = 1\ 000$ m/s；林红玉[25] 在计算实例中取波速 $a = 1\ 000$ m/s、950 m/s、800 m/s、500 m/s，研究了不同波速对输水管线的影响。肖汉[26] 根据试验量测管道中的压力波的波速为 $152.4 \sim 182.9$ m/s，在计算时取 $a = 160$ m/s。任东芮[27] 通过理论推导出波速计算式，认为发生水击过程中，波速是变化的，对不同水击类型中波速规律进行了研究，计算出波速的值为 $500 \sim 700$ m/s。董瑜[15] 用调波速法[6] 选取波速 $1\ 142.9$ m/s 和 $1\ 200$ m/s，对不同管径的串联和分岔管道中水击进行了数值求解。范晓丹等[17] 对四通管水击过程数值模拟时，取理论计算波速值 $a = 333.64$ m/s，但在对水击衰减研究中[16]，通过物模实测波速为 $1\ 319$ m/s，取值相差很大。樊书刚[18] 在不考虑阻力项，波速计算得 967.5 m/s，考虑阻力项时直接取值 $1\ 000$ m/s。Zhou 等[28] 采用特征法研究填充管道的压力变化，实测波速为 400 m/s。Lee[29] 在自己博士论文中开发了一个水弹性模型，波速取值 $a = 600$ m/s。Fuamba[30] 在瞬态流动涌波的研究中取波速为 575 m/s 和 628 m/s 两种情况。Guo 等[31] 对水击方程重新离散，取波速 335FPs（约 102 m/s）进行了竖井涌波研究。虽说学者对波速取值差异很大，但波速取值都是在 100 m/s 以上。

在对水击方程的研究中，许多学者对波速取值都很大，可以很好地模拟水击现象。但是对于深隧系统中的涌波不适合，深隧系统中的含气水流不能当作低压缩性的流体来模拟。另外，若用特征线法来求解水击方程，波速取值应很小，根据 $a = \mathrm{d}x/\mathrm{d}t$，时间步长和空间步长都要取得很小，才能保证足够的精度，这样会占用大量计算机内存，导致计算效率很低。基于此，本文重新离散水击方程，便于可以更好地模拟波速低于 100 m/s 的情况。

2 控制方程推导

如图 1 所示，构建深隧数值模拟简化模型图，构建方程时以地面为参考系。

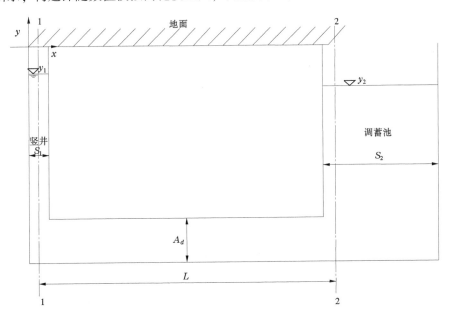

图 1　深隧数值模拟简化模型

对于深隧两端的竖井或调蓄池，不考虑水的可压缩性，都可以概化为如图 2 所示，图中所示的流量方向为正方向。

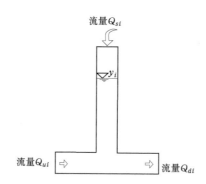

图 2　竖井或调蓄池概化图

对于竖井，有连续方程：

$$\frac{\mathrm{d}y_1}{\mathrm{d}t} = \frac{Q_{u1} + Q_{s1} - Q_{d1}}{S_1} \tag{1}$$

对于调蓄池，有连续方程：

$$\frac{\mathrm{d}y_2}{\mathrm{d}t} = \frac{Q_{u2} + Q_{s2} - Q_{d2}}{S_2} \tag{2}$$

式中：y_1、y_2 为竖井或调蓄池中的水位；Q_{u1}、Q_{u2} 为竖井或调蓄池上游侧来水流量；Q_{d1}、Q_{d2} 为竖井或调蓄池下游侧流出流量；Q_{s1}、Q_{s2} 为竖井或调蓄池入流量；S_1、S_2 为竖井或调蓄池的横截面面积。

对于深隧，用传统的水击方程[2] 来描述：

$$\frac{\partial y}{\partial t} + v\frac{\partial y}{\partial x} + \frac{a^2}{g}\frac{\partial v}{\partial x} = 0 \tag{3}$$

$$\frac{\partial v}{\partial t} + v\frac{\partial v}{\partial x} + g\frac{\partial y}{\partial x} + f\frac{v|v|}{2D} = 0 \tag{4}$$

式中：y 为深隧中的测压管水头；v 为深隧中水流的平均速度；a 为深隧中压力波波速；g 为重力加速度；f 为深隧中沿程水头损失系数；D 为深隧中隧道直径；t 为时间；x 为沿水流流动方向的距离。

将整个深隧长度 L 作为单元，将偏微分方程式（3）、式（4）改写为

$$\frac{\mathrm{d}[\alpha_1 y_2 + (1 - \alpha_1)y_1]}{\mathrm{d}t} + \frac{a^2}{gLA_d}(Q_{u2} - Q_{d1}) = 0 \tag{5}$$

$$\frac{1}{A_d}\frac{\mathrm{d}[\alpha_2 Q_{u2} + (1 - \alpha_2)Q_{d1}]}{\mathrm{d}t} + g\frac{y_2 - y_1}{L} + \frac{f}{4DA_d}(Q_{d1}|Q_{d1}| + Q_{u2}|Q_{u2}|) = 0 \tag{6}$$

式中：α_1 为水位权重参数；α_2 为流量权重参数；L 为整个深隧长度；A_d 为深隧的横截面面积；$\mathrm{d}t$ 为时间步长。

此种离散格式方法叫整体离散格式法。将式（1）、式（2）作为边界条件，联立式（5）、式（6）进行求解。

3　权重参数取值研究

3.1　权重参数比选原理

在可压缩瞬变流中，整体离散需引入权重参数 α_1 和 α_2，其值都介于 0 和 1，具体取值需要研究。本文提出通过最小残差法（质量残差 EM 和动量残差 EP）进行 α_1 和 α_2 值优化。具体原理如下：

设 t 时刻整个系统质量为 M_1，深隧中动量为 P_1，断面进口处与出口处动量差值为 ΔP_1；$t+\Delta t$ 时刻整个系统质量为 M_2，深隧中动量为 P_2，断面进口处与出口处动量差值为 ΔP_2，深隧在 Δt 时间间隔内所受的合外力为 $F_合$。

根据质量守恒定律，则 Δt 时间间隔内整个系统质量残差

$$EM = M_2 - M_1 \tag{7}$$

根据动量定理，Δt 时间间隔内深隧中动量残差

$$EP = P_2 - P_1 - \Delta t \cdot F_合 + \Delta P_1 - \Delta P_2 \tag{8}$$

在数值模拟求解时，考虑压力波波速 $a = 25$ m/s、50 m/s、250 m/s、500 m/s 四种情况，统计 α_1 和 α_2 取不同值的质量残差平均值和标准差、动量残差平均值和标准差。残差平均值反映了每次时间迭代步的残差总体大小，残差标准差反映了每次时间迭代步的残差偏离残差平均值的程度。质量残差的平均值和标准差越小，表明方程离散越满足质量守恒定律；同理，动量残差的平均值和标准差越小，则越满足动量定理。残差平均值和标准差可作为评估离散误差的重要指标，残差平均值和标准差越小，可认为误差越小。计算中时间步长 $dt = 0.001$ s，总计计算 1 000 s，统计结果见 3.2。

3.2 权重参数比选结果

从图 3（a）可以看到质量残差平均值在 -13.86×10^{-9} 到 5.20×10^{-9} 之间波动。总体呈现出随着 α_1 取值增大而增大的趋势。α_1 取 0.68 时，质量残差平均值无限接近于 0 值。α_2 取值对质量残差均值的影响随 α_1 取值不同而变化，当 α_1 取 0.68 时，可以看到不同 α_2 取值的质量残差线都会汇于一点，此时 α_2 取值对质量残差均值几乎无影响。当 α_1 取值逐渐偏离 0.68 时，质量残差均值随 α_2 取值不同而分化且波动性逐渐增大。

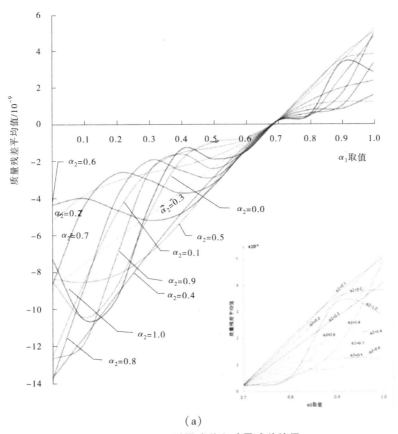

（a）

图 3　$a = 25$ m/s 质量残差和动量残差结果

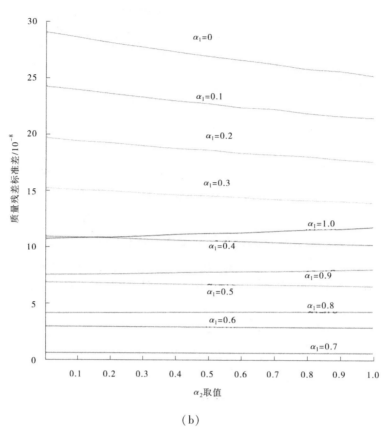

（b）

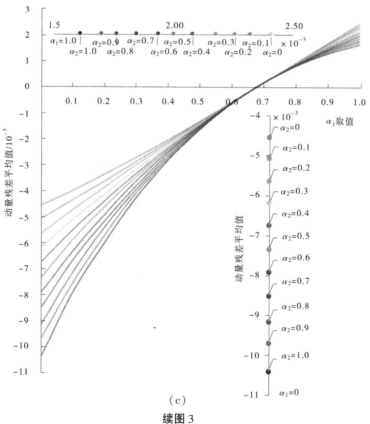

（c）

续图 3

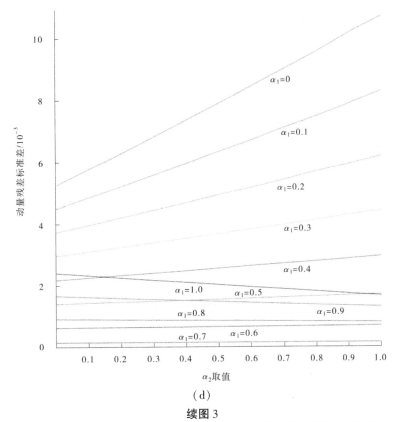

（d）

续图 3

从图 3（b）可以看到质量残差标准差在 0 到 29.08×10^{-8} 之间。当 α_1 取值 0~0.6，质量残差标准差随着 α_2 增大而变小；当 α_1 取值 0.6~0.7，α_2 取值对质量残差标准差几乎无影响；当 α_1 取值 0.7~1.0，质量残差标准差随 α_2 取值增大而变大。当 α_2 取值固定时，随着 α_1 取值增大，质量残差标准差先逐渐减小，在 α_1 取值在 0.68 附近时质量残差标准差达到最小值，后又逐渐增大。无论 α_2 取何值，质量残差标准差最大值都在 $\alpha_1 = 0$ 处。

从图 3（c）可以看到不管 α_2 取 0~1 之间任何值，动量残差均值随 α_1 取值增大而增大，即从 -10.4×10^{-3} 逐渐增大到 2.2×10^{-3}。α_1 取值 0.68 时，动量残差均值无限接近于 0 值。当 α_1 取值小于 0.68 时，$\alpha_2 = 0$ 使动量残差平均值的绝对值最小；α_1 取值大于 0.68 时，$\alpha_2 = 1.0$ 使动量残差平均值的绝对值最小；当 α_1 取值 0.68 时，不管 α_2 取 0~1 之间任何值，动量残差均值线都会汇于一处，此时 α_2 取值对动量残差均值几乎无影响。

从图 3（d）可以看到动量残差标准差在 $0 \sim 10.77 \times 10^{-3}$。当 α_1 取值 0~0.6，随着 α_2 取值逐渐增大，动量残差标准差都逐渐变大；当 α_1 取值 0.6~0.7，随着 α_2 取值逐渐增大，动量残差标准差都几乎没有变化；当 α_1 取值 0.7~1.0，随着 α_2 取值逐渐增大，动量残差标准差都逐渐变小。当 α_2 取值固定时，随着 α_1 取值增大，动量残差标准差先逐渐减小，在 α_1 取值 0.68 左右动量残差标准差达到最小值，后又逐渐增大。无论 α_2 取何值，动量残差标准差最大值都在 $\alpha_1 = 0$ 处。

从图 4 与图 3 对比可以看出，两者总体规律是一样的。对比图 3 和图 4 的（a）、（b）、（c）、（d）这四组图，可以看出：在 $a = 50$ m/s 情况下，残差平均值和标准差值更小，随着 α_1 和 α_2 取不同值，残差平均值和标准差变化幅度也更小。另外，都从图（a）来对比可以看出，质量残差平均值绝对值的最小值取值更有规律：当 α_1 取值固定，在质量残差平均值取值小于 0 时，$\alpha_2 = 0$ 使质量残差平均值的绝对值最小；在质量残差平均值取值大于 0 时，$\alpha_2 = 1.0$ 使质量残差平均值的绝对值最小。

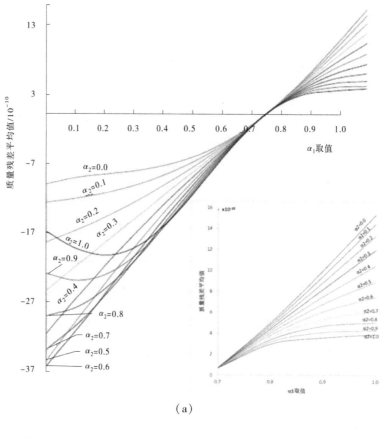

（a）

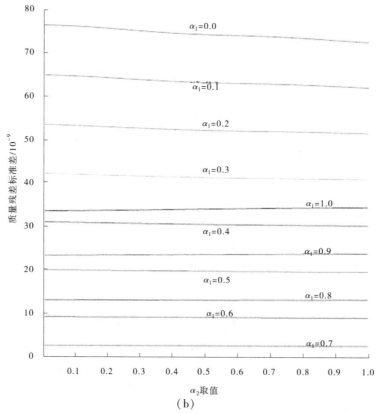

（b）

图 4 $a=50$ m/s 质量残差和动量残差结果

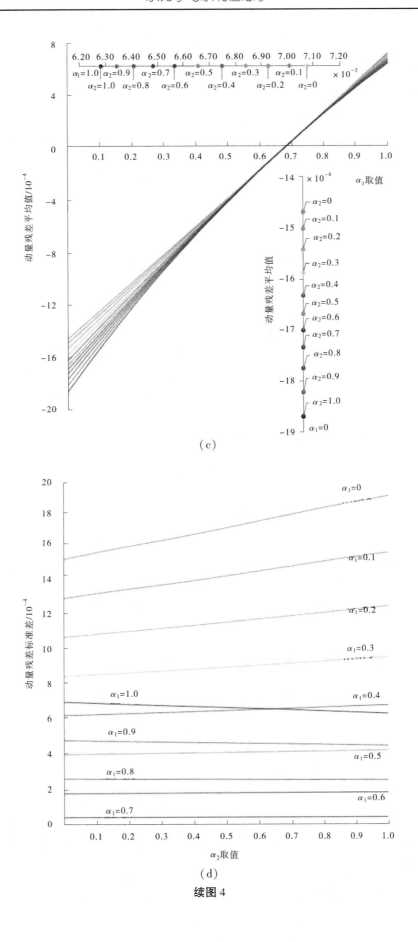

（c）

（d）

续图4

对于 $a=250$ m/s 和 $a=500$ m/s 的情况，统计结果见表 1，总体规律不变，与 $a=50$ m/s 的结论几乎一样。但 $a=250$ m/s 和 $a=500$ m/s 相比于 $a=50$ m/s，残差平均值和残差标准差要小一个量级。另外，当 α_1 取值固定时，随着压力波波速增大，残差平均值随不同 α_2 取值的变化幅度越来越小，侧面反映 α_2 取值对残差平均值的影响越来越小。

表 1 $a=250$ m/s 和 500 m/s 情况统计

项目		取值范围	最小残差时 α_1 取值
$a=250$ m/s	质量残差平均值	$-11.54\times10^{-11} \sim 5.11\times10^{-11}$	0.68
	动量残差平均值	$-6.39\times10^{-5} \sim 2.99\times10^{-5}$	0.68
	质量残差标准差	$0 \sim 30.79\times10^{-10}$	0.68
	动量残差标准差	$0 \sim 6.60\times10^{-5}$	0.68
$a=500$ m/s	质量残差平均值	$-2.74\times10^{-11} \sim 1.26\times10^{-11}$	0.68
	动量残差平均值	$-1.57\times10^{-5} \sim 0.76\times10^{-5}$	0.68
	质量残差标准差	$0 \sim 7.70\times10^{-10}$	0.68
	动量残差标准差	$0 \sim 1.96\times10^{-5}$	0.68

从以上结果来看，质量残差平均值和动量残差平均值在规律上具有高度相似性。不管 α_2 如何取值，随着 α_1 取值逐渐增大，质量残差平均值和动量残差平均值都逐渐增大。α_1 取值对质量残差和动量残差的影响占主导地位，α_2 取值占次要地位，且压力波波速越大，α_1 占主导地位越强。当 α_1 取值 0.68 时，质量残差和动量残差都无限接近于 0，可见合理的取值可以显著提高整体离散法的计算精度，保证四阶龙格-库塔法计算结果满足质量守恒定律和动量定理。计算中推荐 α_1 取值 0.68，α_2 取值 0.5。以下计算均采用此推荐值。

4 数值解对比

4.1 数值解基本参数取值

假设深隧系统初始以稳态运行，即竖井入流流量和排水流量稳定，且总入流量与排水流量相等，系统中竖井及调蓄池水位稳定无波动。假设突然总入流流量和总排水流量都变为 0，模拟此条件下深隧系统的涌波现象。初始条件及计算参数给定见表 2。

表 2 初始条件及基本参数取值

y_1—竖井中的水位	-3.7 m	y_2—调蓄池中的水位	-3.773 m
Q_{u1}—竖井上游侧来水流量	0 m³/s	Q_{u2}—调蓄池上游侧来水流量	25.0 m³/s
Q_{d1}—竖井下游侧流出流量	25.0 m³/s	Q_{d2}—调蓄池下游侧流出流量	0 m³/s
Q_{s1}—竖井天然来水流量	0 m³/s	Q_{s2}—调蓄池天然来水流量	0 m³/s
S_1—竖井的横截面面积	$\pi\times8.0^2$ m²	S_2—调蓄池的横截面面积	33.0×13.0 m²
D—深隧管道直径	5.3 m	L—整个深隧长度	425.0 m
A_d—深隧的横截面面积	$\pi\times2.65^2$ m²	f—深隧中沿程水头损失系数	$f=8g/C^2$
C—谢才系数	$C=R^{1/6}/n$	R—水力半径	1.325 m
n—深隧管道糙率，一般为混凝土管道	0.014	a—深隧中压力波波速，假设深隧中压力波波速是一个定值	25 m/s、50 m/s、250 m/s、500 m/s

4.2 两种数值方法求解结果对比

对本文的整体离散法与特征线法进行比较。模拟针对四个不同压力波波速值开展，不同波速时竖井和调蓄池的水位波动过程对比分别见图5~图8。

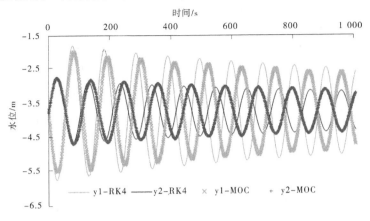

图5 波速 a = 25 m/s 竖井和调蓄池的水位对比

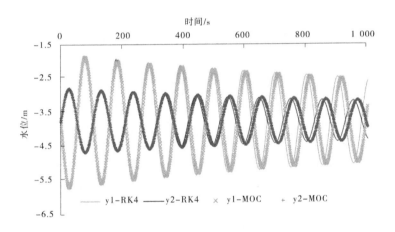

图6 波速 a = 50 m/s 竖井和调蓄池的水位对比

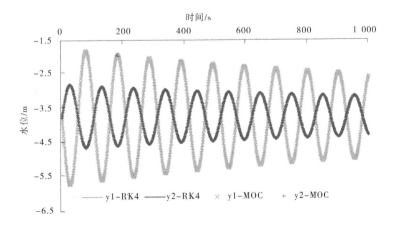

图7 波速 a = 250 m/s 竖井和调蓄池的水位对比

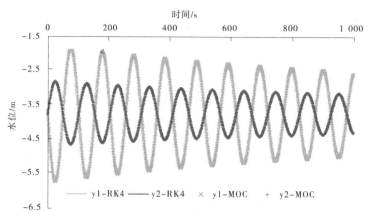

图 8 波速 $a = 500$ m/s 竖井和调蓄池的水位对比

从图 6~图 8 可以看出，四阶龙格-库塔法（RK4）与特征线法（MOC）求解结果高度吻合。对于 $a = 250$ m/s 和 $a = 500$ m/s 的情况，两种算法得到的竖井中和调蓄池中的水位的波动周期、振幅随着时间推移都保持一致性，说明整体离散法在数值求解上的可行性，尤其是权重参数的合理选择。对于 $a = 50$ m/s 的情况，竖井和调蓄池中的水位的波动振幅可以很好地拟合，但波动周期有一点差距，随着时间的推移，相位逐渐发生偏移。模型中还考虑了系统的阻尼作用（本文只考虑了深隧管道的壁面摩阻），水位波动逐渐趋缓。从图 5 结果来看，对于 $a = 25$ m/s 的情况，波动周期和振幅都有一定差异。对于压力波速较小的情况，需进一步研究改进。总的来说，与特征线法求解结果对比，在压力波波速大于 50 m/s 时，可以得到和特征线法同样精度的解，并使计算效率大大提高。

5 结语

本文对深隧中涌波进行数值模拟，主要有以下几个结论：一是本文尝试用整体离散法来求解深隧涌波问题，是瞬变流数值求解的一种新思路。与特征线法求解结果对比，在压力波波速大于 50 m/s 时，可以得到和特征线法同样精度的解，并使计算效率大大提高。二是运用整体离散法时，引入了权重参数 α_1 和 α_2，本文提出通过最小残差法（质量残差 EM 和动量残差 EP）对 α_1 和 α_2 取值进行优化，发现当水位权重参数 α_1 取值 0.68，流量权重参数 α_2 取值 0.5 时，质量残差和动量残差都无限接近于 0，保证了四阶龙格-库塔法计算结果满足质量守恒定律和动量定理。三是传统涌波计算要么忽略流体可压缩性，要么考虑流体压缩性不足，多模拟波速较大的情况。本文针对现有研究现状，提出了整体离散新方法，可模拟含气水流低波速（波速值小于 100 m/s）的情况。

参考文献

［1］时启燧. 高速水气两相流［M］. 北京：中国水利水电出版社，2007.

［2］E. B. 怀利，V. L. 斯特里特. 瞬变流［M］. 清华大学流体传动与控制教研组译. 北京：北京水利电力出版社，1987.

［3］Steeter V L. Transient cavitating pipe flow［J］. Journal of Hydraulic Engineering, 1983, 109（11）：1408-1423.

［4］Wylie E B., Goldberg D E. Characteristics method using the time-line interpolations［J］. Journal of Hydraulic Engineering, 1983, 109（5）：670-683.

［5］Sreeter V L. Water hammer analysis［J］. Journal of the Hydraulics Division, 1969, 95（6）：1959-1972.

［6］王超，杨建东. 管道非恒定流特征线法计算中短管问题的处理［J］. 水电能源科学，2013，31（7）：77-80.

［7］邓松圣，蒲家宁，廖振方. 分析介质顺序输送管流水力瞬变的特征线法［J］. 水动力学研究与进展 A 辑，2003，18（1）：81-85.

［8］李江云，王乐勤. 两介质段瞬变流的修正特征线法［J］. 工程热物理学报，2003，24（2）：244-246.

［9］陈明，蒲家宁．分析管道顺序输送水力瞬变的动态网格特征线计算法［J］．油气储运，2008，27（12）：36-42.

［10］马飞，曲世琳，吴一民．给水管网非恒定流动数值计算方法［J］．北京科技大学学报，2009（4）：423-427.

［11］Wood D J, Lingireddy S, Boulos P F, et al. Numerical methods for modeling transient flow in distribution systems［J］. American Water Works Association，2005，97（7）：104-115.

［12］Wood D J. Waterhammer analysis—Essential and easy（and efficient）［J］. Journal of Environmental Engineering，2005，131（8）：1123-1131.

［13］Jung B S, Boulos P F, Wood D J, et al. A Lagrangian wave characteristic method for simulating transient water column separation［J］. American Water Works Association，2009，101（6）：64-73.

［14］张润强，董加新，等．泵站水锤的波追踪计算方法［J］．水力发电学报，2021，40（8）：73-83.

［15］董瑜．数值模拟水击问题 TVD 格式的研究［D］．杨凌：西北农林科技大学，2015.

［16］范晓丹，刘韩生．非恒定摩阻的 TVD 格式数值模拟水击衰减研究［J］．水力发电学报，2017，36（3）：55-62.

［17］范晓丹．TVD 格式数值模拟四通管水击过程研究［D］．杨凌：西北农林科技大学，2017.

［18］樊书刚．ENO 格式数值模拟水击过程研究［D］．杨凌：西北农林科技大学，2010.

［19］Zhao M, Ghidaoui M S. Godunov-type solutions for water hammer flows［J］. Journal of Hydraulic Engineering，2004，130（4）：341-348.

［20］Zhou L, Wang H, Liu D, et al. A second-order finite volume method for pipe flow with water column separation［J］. Journal of Hydro-environment Research，2016，17：47-55.

［21］Leon A S, Ghidaoui M S, Schmidt A R, et al. Godunov-type solutions for transient flows in sewers［J］. Journal of Hydraulic Engineering，2006，132（8）：800-813.

［22］杨玲霞，李树慧，侯咏梅，等．水击基本方程的改进［J］．水利学报，2007，38（8）：948-952.

［23］叶达忠，唐新发．特征线法速算有压管道的水击强度及其曲线绘制［J］．大众科技，2008，112：125-126，128.

［24］仇军．基于改进的水击方程的计算程序编制与应用［J］．河南科学，2013，11（31）：1929-1932.

［25］林红玉．水锤波速对长距离泵站输水管路中断流水锤的影响与研究［D］．西安：长安大学，2010.

［26］肖汉．排水管道中混合流动的研究与数值模拟［D］．北京：清华大学，2010.

［27］任东芮．水击理论及水击波速研究［D］．郑州：郑州大学，2016.

［28］Zhou L, Liu D, Karney B, et al. Influence of entrapped air pockets on hydraulic transients in water pipelines［J］. Journal of Hydraulic Engineering，2011，137（12）：1686-1692.

［29］Lee N H. Effect of pressurization and expulsion of entrapped air in pipelines［D］. Atlanta：Doctoral dissertation, Georgia Institute of Technology，2005.

［30］Fuamba M. Contribution on transient flow modelling in storm sewers［J］. Journal of Hydraulic Research，2002，40（6）：685-693.

［31］Guo Q Z, Song C C S. Dropshaft hydrodynamics under transient conditions［J］. Journal of Hydraulic Engineering，1991，117（8）：1042-1055.

基于冰面自动检测算法的北极夏季
冰面特征分布研究

周嘉儒　卢　鹏　王庆凯　李志军　张　航

（大连理工大学海岸和近海工程国家重点实验室，辽宁大连　116024）

摘　要：基于移动或者固定平台对海冰进行数字摄影从而获取冰面特征是目前常用的冰情观测技术，其技术难点在于如何自动化地批量处理图像从而高效提取冰面特征。本文以从船基拍摄图像中提取北极冰面特征为例，介绍了一种基于随机森林分类并可实现海冰数字图像的冰面特征自动化提取的新算法。将其应用在中国第九次北极科学考察船基倾斜摄影海冰图像处理，自动化提取冰雪、开阔水道与冰面融池等不同冰面特征。利用所提取数据获得了该航次北极夏季冰面特征空间分布，与传统人工处理方法得到的结果吻合良好。

关键词：随机森林分类；海冰；数字图像；融池覆盖率；北极

1　引言

冰冻圈是全球气候系统的重要组成部分，既包括极地和亚极地区域的淡水冰和海冰，也包括中纬度地区高海拔冰川。在全球气候变化的大背景下，对气温敏感的冰冻圈是气候系统所有圈层中变化最为显著的[1]。因此，对冰冻圈变化的连续监测是气候变化及其工程应对研究中的重要内容。目前，基于被动微波遥感技术监测极地冰冻圈冰情及其变化的海冰密集度产品已被广泛使用，但考虑到卫星遥感获取的大尺度海冰密集度受到冰情和水汽影响存在一定差异[2]，因此仍需要现场观测数据对其补充和修正。

利用船基或航空拍摄图像对卫星遥感海冰密集度进行补充和验证是目前常用的手段。基于图像识别获取极地冰情信息或提取冰面特征的研究众多，如，梅浩等根据颜色相似度对海冰图像进行人工处理得到海冰密集度和海冰厚度[3]；张蕊等利用全局阈值法和局部阈值法分别对北极海冰清晰和模糊的航拍图像进行融池区域的分割[4]。然而，随着现场观测技术的发展，观测数据量增大，研究高效算法代替人工或一般算法对大批量数据实施自动处理的需求日益迫切。

因此，目前制约数字摄影冰冻圈监测技术发展的主要瓶颈，在于如何自动化处理海量图像，并高效地提取冰面特征。本研究引入开源海冰处理算法[5]，并以中国第九次北极科学考察为例利用船基图像对算法进行改良，提取出图像中的不同冰面特征；与传统方法得到的空间分布结果进行对比分

基金项目：国家自然科学基金项目（41876213，41922045，41906198），中央高校基本科研业务费（DUT21RC（3）086）。

作者简介：周嘉儒（1997—），男，硕士研究生，研究方向为海冰图像处理。

通讯作者：卢鹏（1981—），男，教授。

析，为极地船基图像的自动处理和冰面特征提取提供新参考。

2 研究方法

从数字图像提取冰面特征一般先对图像进行有效分割，将具有不同表面特征的区域区分开来；再将分割后的区域作为单独的对象进行分类和合并，对感兴趣的某一类对象进行统计分析。本文选用分水岭变换分割图像，并利用随机森林算法对分割出的对象区域进行分类。该算法细节在文献［6］中已经详细论述，此处给出简介。

如图1所示，冰面特征自动提取算法主要包括四步。第一步，先对海冰图像做预处理。首先需要进行大致的图像筛选分类，然后通过索贝尔过滤等，转换后得到梯度图像。第二步，经过分水岭变换，将梯度图像中高梯度线包围的低谷区域分割出来，即分割出每一个完整且单独的对象。第三步，基于分类训练创建的训练集中的特征信息，利用随机森林分类器对分割出的对象逐个进行分类，然后将毗邻的相同类型的对象合并后统一择色表示，分别用 RGB 颜色中的白（255，255，255）、红（255，0，0）和蓝（0，0，255），实现冰雪、开阔水道和融池的区分。第四步，对三色图进行倾斜校正[7]，最后计算不同类型表面特征的面积占比。

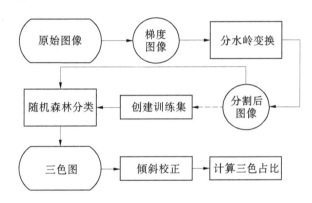

图1 冰面特征自动提取算法

其中，图像分割方法选择分水岭变换算法。分水岭变换已经被证明是一种非常有用和强大的形态学图像分割工具[8-9]，也应用在海冰图像分割中[10-12]。分水岭变换可以有效分割出海冰图像中感兴趣的海冰类型区域。然后，利用随机森林分类器对分割出的众多对象进行分类和合并。随机森林分类方法与冰面特征分类契合度高，分类结果不受分类个数的影响，包容性强。不同拍摄环境和特征类型的图像均可以囊括在训练集的创建当中，通过极少的训练数据即可分类大量的原始数据。

创建训练集是随机森林算法中的重要步骤，也是海冰图像自动处理的关键。本文在筛选后的中国第九次北极科学考察船基拍摄海冰图像中，随机挑选了84张图片进行冰面特征分类训练，创建训练集[6]。训练集由多位资深专家根据从业经验对每个对象进行分类，分类的依据首要是 RGB 颜色，其次是目标对象与其他区域，尤其是毗邻区域的位置关系。冰雪多呈亮白色，少数阴影覆盖的呈暗白色；开阔水道多呈暗深蓝色，通常在图像中大面积出现；而融池较其他冰面特征类型更复杂，呈浅蓝色的融池深度较浅，呈深蓝色的融池则深度较深，且一般四周被海冰包围。

3 结果

中国第九次北极科学考察走航期间对沿航线船侧冰情进行了倾斜拍摄，以 1 min 间隔采集大量冰情图像；经预筛选剔除模糊与无光照分量等无效图像后，剩余有效图像共计 27 750 张。利用冰面特征自动提取算法对上述图像集进行处理，图2给出典型的原始图像与三色图处理结果。

（a）较为典型的 A 类原始图像：开阔水道和冰雪居多　　（b）典型 A 类图像处理结果三色图

（c）较为典型的 B 类原始图像：冰雪和融池居多　　（d）典型 B 类图像处理结果三色图

图 2　夏季融冰期北极走航船基图像及算法处理结果三色图示例

通常将 120°E~120°W，70°N~88°N 区域定义为北极太平洋扇区[14]，并将其划分为五个海域，分别为北冰洋中央海域、拉普捷夫海、东西伯利亚海、楚科奇海和波弗特海[2]。从空间分布上看，中国第九次北极科学考察船基拍摄图像在楚科奇海、波弗特海和北冰洋中央海域三个海域均有分布，分别占 40.9%、15.1% 和 44%。从时间分布上看图像主要拍摄于 8 月，三旬分别占 36.1%、27% 和 32.9%；此外剩余 7 月与 9 月的数据点共占 4%。

如果把密集冰区看作海冰主要覆盖范围，以 60% 海冰密集度作为密集冰区和边缘冰区的界限[15]。根据本文算法自动处理得到的走航数据，大于 60% 海冰密集度的数据中纬度高于 76°N 占比达到 95.5%，因此可将 76°N 看作中国第九次北极科学考察密集冰区和边缘冰区的界限 [见图 3（a）]。而对走航数据中融池信息统计分析后发现，不同于海冰密集度，融池覆盖率整体随航线空间分布较均匀，没有明显的分界线 [见图 3（b）]。此外，可以看到在 72.6°N 附近海冰密集度和融池覆盖率均出现极大值，且是融池覆盖率分布唯一极大值，高于 35%。这说明，该航次期间 72.6°N 附近区域较其他海冰密集度极大值区域融池分布较多，可能原因是此区域纬度相对较低，表面融化开始较早，或者融化速率较快。

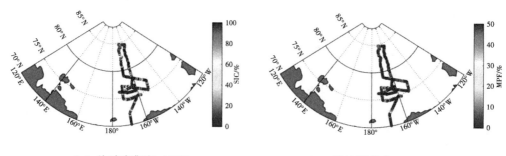

（a）海冰密集度（SIC）　　　　　　（b）融池覆盖率（MPF）

图 3　第九次北极考察冰情空间分布

图 4 为对比本文算法自动处理得到和人工处理得到的走航船基海冰密集度的分布频率[3]。在北极夏季融冰期,算法处理和人工处理海冰密集度均主要分布在 0~10% 和 90%~100%,频率分别为 0.43 和 0.4,0.40 和 0.35。整体上看,算法处理和人工处理结果基本一致。

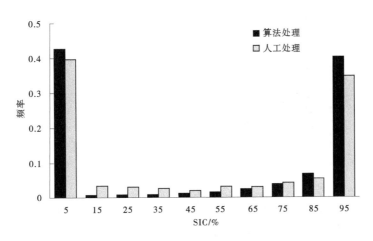

图 4　海冰密集度(SIC)分布频率统计结果:本文算法处理和人工处理对比

图 5 给出了本文算法自动处理得到的走航船基海冰密集度的分布频率(包括密集冰区和边缘冰区)及融池覆盖率的分布频率统计结果。从图 5(a)中可以看到,密集冰区与整体区域分布相似,海冰密集度在 0~10% 和 90%~100% 两个区间的分布频率居多。0~10% 区间分布频率为 0.32,在整体区域中为 0.24。90%~100% 区间分布频率为 0.51,在整体区域中为 0.39。在边缘冰区,海冰密集度主要集中在 0~10% 区间,分布频率为 0.81,在整体区域中为 0.18。从图 5(b)中可以看到,融池覆盖率规律分布与海冰密集度分布有异有同。不同之处是融池覆盖率在 90%~100% 区间分布频率为零。事实上,融池覆盖率在 40%~100% 区间的分布频率之和近乎于零。相同之处是融池覆盖率在 0~10% 区间也有相当高的分布频率。融池覆盖率大都在 0~15% 以内,分布频率近 0.98。其中 0~5%、5%~10% 和 10%~15% 三个区间分布频率分别为 0.71、0.2 和 0.06。由此可见,在北极夏季融冰期,融池覆盖率主要集中在 0~5% 以内。

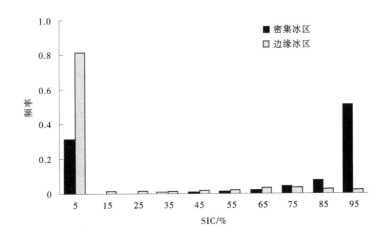

(a)密集冰区和边缘冰区海冰密集度(SIC)

图 5　分布频率统计结果

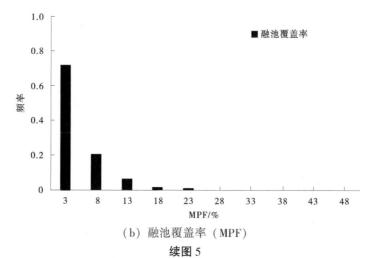

（b）融池覆盖率（MPF）

续图 5

不同纬度区域吸收太阳能辐射能量的差异会对北极不同纬度海冰密集度和融池分数分布情况产生影响。通过在纬度上以 2°为间隔对走航数据进行统计对比分析，可以得到夏季融冰期太平洋扇区不同纬度区间海冰密集度和融池覆盖率的分布情况。在图 6 中分别给出了各纬度区间的海冰平均密集度和融池平均覆盖率以及各自的标准差。对应于 0~10%和 90%~100%区间存在最高的分布频率，70°~72°N 和 86°~88°N 区间的海冰密集度分别是各纬度区间中的最小值和最大值。同时，海冰密集度表现出了显著的随纬度升高而线性增加的趋势，与纬度之间的相关系数为 0.940，显著性检验置信度为 99%，增加的梯度为 6.33%·deg⁻¹。从标准差来看，70°~72°N 和 86°~88°N 区间海冰密集度分布的集中程度明显高于其他各纬度区间，标准差分别为 16.27%、6.13%。

此外，对应于 0~5%区间存在最高的分布频率，84°~86°N 区间的融池覆盖率是各纬度区间中的最大值。与海冰密集度分布规律不同的是，融池覆盖率随纬度升高而线性增加的趋势存在但较为平缓，与纬度之间的相关系数仅为 0.710，显著性检验置信度为 99%，增加的梯度为 0.23%·deg⁻¹。从标准差来看，各纬度区间融池覆盖率分布的集中程度差异不大，覆盖率最集中的是 70°~72°N，标准差为 2.56%。

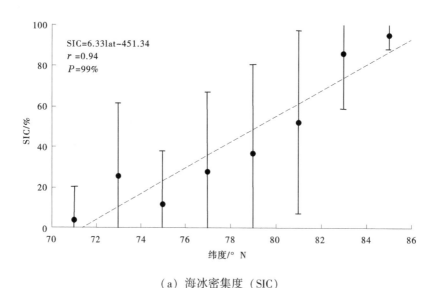

（a）海冰密集度（SIC）

图 6 冰情随纬度变化情况（lat 为纬度，误差线代表标准差，虚线为线性拟合结果）

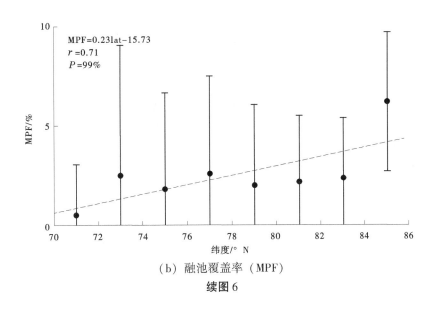

（b）融池覆盖率（MPF）

续图6

4 结论

本文以中国第九次北极科学考察期间走航船基观测海冰图像为例，利用冰面特征自动提取算法对有效图像进行处理，成功提取了海冰密集度和融池覆盖率等冰面特征信息。本文算法分析得到的海冰密集度空间分布与传统人工处理方法得到的海冰密集度空间分布一致。

此外，本文冰面特征自动提取算法还能够得到现场观测沿航线融池覆盖率的变化和分布情况，这是低分辨率的卫星遥感数据难以获取的。本文算法可以极大地提高传统人工处理船基拍摄图像的利用率和处理效率。未来从现场视频图像和遥感提取冰面特征信息，利用算法自动处理取代费时费力的人工处理将成为必要的技术手段，使开发船载自动化系统，在走航途中实时提取冰面特征、密集度、融池和浮冰的尺寸分布和形态变化等信息成为可能。

参考文献

［1］ Hall R J, Hughes N, Wadhams P. A systematic method of obtaining ice concentration measurements from ship-based observations［J］. Cold Regions Science and Technology, 2002, 34（2）: 97-102.

［2］ Wang Q, Lu P, Zu Y, et al. Comparison of passive microwave data with shipborne photographic observations of summer sea ice concentration along an Arctic cruise path［J］. Remote Sensing, 2019, 11（17）: 2009.

［3］ 梅浩. 基于船基图像分析的北极夏季海冰分布的时空变化研究［D］. 大连: 大连理工大学, 2020.

［4］ 张蕊, 卢鹏, 李志军. 海冰航拍图像分析技术［C］//第2届寒区水资源及其可持续利用学术研讨会论文集. 2009.

［5］ Wright N C, Polashenski C M. Open-source algorithm for detecting sea ice surface features in high-resolution optical imagery［J］. The Cryosphere Discussions, 2018, 12（4）: 1-37.

［6］ 周嘉儒, 卢鹏, 王庆凯, 等. 基于视频图像获取冰面特征的自动检测算法研究［J］. 水利科学与寒区工程, 2021, 4（5）: 60-65.

［7］ 卢鹏, 李志军, 哈斯·克里斯蒂安. 从船侧倾斜拍摄图像中提取海冰密集度的方法［J］. 大连海事大学学报, 2009, 35（2）: 15-18.

［8］ Meyer F. Topographic distance and watershed lines［J］. Signal Processing, 1994, 38（1）: 113-125.

［9］ Najman L, Schmitt M. Watershed of a continuous function［J］. Signal Processing, 2014, 38（1）: 99-112.

［10］ 沈晶, 杨学志. 基于边缘保持分水岭算法的SAR海冰图像分割［C］//全国第18届计算机技术与应用（CACIS）学术会议论文集. 2007.

［11］杨学志, 范良欢, 郎文辉. 基于结构保持区域模型和 MRF 的 SAR 海冰图像分割［C］//第 8 届全国信息获取与处理学术会议论文集. 2010.

［12］刘灿俊. 结合相干斑抑制和区域生长的 SAR 海冰图像 MRF 分割方法研究［D］. 合肥: 合肥工业大学, 2014.

［13］Wei Z, Chen H, Lei Ruibo, et al. Overview of the 9th Chinese national Arctic research expedition［J］. Atmospheric and Oceanic Science Letters, 2020, 13: 1-7.

［14］隋翠娟, 张占海, 吴辉碇, 等. 1979—2012 年北极海冰范围年际和年代际变化分析［J］. 极地研究, 2015, 27 (2): 174-182.

［15］Xie H, Lei R, Ke C, et al. Summer sea ice characteristics and morphology in the Pacific Arctic sector as observed during the CHINARE 2010 cruise［J］. The Cryosphere, 2010 (4): 1057.

基于深度学习模型的水面污染物扩散图像
分辨率提升：以滨海电厂温排水为例

段亚飞[1,2]　刘昭伟[1]　赵懿珺[2]　韩　瑞[2]　康占山[2]

（1. 清华大学水利水电工程系，北京　100084；

2. 中国水利水电科学研究院，北京　100038）

摘　要： 遥感影像是地表水环境监测的重要数据来源，但空间分辨率低限制了其应用。研究开展了某滨海电厂温排水物理试验，构建了潮汐水域温排水热输运扩散图像数据集 HY_ Model_ IRS，基于该数据集训练了 ESPCN 和 ESRGAN 两种基于深度学习算法的图像超分辨率（SR）模型，测试表明两种深度学习模型可以较好地提升温排水表层扩散图像的空间分辨率，图像峰值信噪比 PSNR 平均提升 8.3%。训练后的两种模型成功用于 Landsat 8 热红外遥感海温影像的分辨率提升，表明基于深度学习的 SR 模型在污染物扩散遥感影像分辨率提升领域有较好的效果和重要的应用前景。

关键词： 温排水；扩散场；热红外遥感；超分辨率；深度学习

1 引言

遥感影像是地表水环境监测的重要数据来源。由于传感器与观测目标距离较远，或相机感光元件技术限制等因素，遥感影像空间分辨率普遍较低。如目前主要在轨卫星的热红外波段遥感数据及相应的地表、海表温度产品，其空间分辨率只能达到 100~1 000 m 量级[1]，见表 1。卫星遥感影像数据为全球或区域尺度的科学研究提供了重要数据支撑，但由于空间分辨率较低，很难满足工程尺度或局部地区的研究需求。如在滨海电厂温排水温升影响监测领域，卫星遥感因空间分辨率较低而无法用于精准确定温排水影响区域和温升面积。此外，在水环境现场监测或室内试验中，常利用工业热红外相机拍摄温排水扩散形态。但因非制冷热红外成像仪的镜头成像单元尺寸较大，相机成像像素较低（目前主要工业热红外相机横向像素不超过 640），为了捕获全场形态，常需把相机搭载于距离试验对象较远的平台（如低空无人机），导致此类红外遥感影像也难以捕捉温度场细节和局部清晰度。

为提升图像分辨率，自 20 世纪 60 年代学者开始图像超分辨率重建（Super-resolution Reconstruction，SR）研究。图像超分辨率是指从同一场景中已有的一张或多张低分辨率（Low-Resolution，LR）图像构建高分辨率（High-Resolution，HR）图像的技术。SR 技术可按原理划分为重构法、样例学习法和深度学习法三大类[2-3]。2014 年以来，基于数据深度学习的图像超分辨率算法研究不断精进，成功应用于计算机视觉和图像处理领域，现已成为 SR 的主流发展方向。第一个 SR 深度学习模型是基于纯卷积神经网络的 SRCNN 模型（Super-Resolution CNN，Dong[4]，2014）；2016 年 Shi 等[5] 通过引

基金项目： 国家自然科学基金面上项目"滨海核电冷源取水系统中毛虾聚集堵塞的水动力机制研究"（52079149）；滨海后处理厂含氚废水排放海域稀释扩散规律研究。

作者简介： 段亚飞（1990—），男，高级工程师，硕士生导师，主要从事环境水力学及大数据研究工作。

入亚像素卷积层对 SRCNN 进行改进，提出了 ESPCN 模型；随后综合残差网络和对抗生成网络（GAN）的 SRGAN 模型表现出更优效果，2018 年 Wang 等[6] 在 SRGAN 基础上提出了增强型 ESR-GAN 模型。总体而言，ESPCN 模型和 ESRGAN 模型是目前最先进、应用最广泛的 SR 模型代表。

表 1　目前主要热红外遥感影像来源及空间分辨率

传感器	卫星平台	热红外波段数	幅宽/km	空间分辨率/m
ASTER	EOS（美国）	5	60	90
TEM+/TM/LDCM TIRS	Landsat（美国）	1/1/2	185	60/120/100
IRMSS	CBERS-1/02（中国）	1	120	156
IRS	HJ-1A/B（中国）	2	720	150/300
AVHRR	NOAA（美国）	3	2 800	1 100
MODIS	EOS（美国）	16	2 330	1 000
VIRR/MERSI	FY-3（中国）	2	2 800/2 800	1 100/250

水中污染物扩散分布形态主要由流场动力载体（移流和紊流扩散）变化特性塑造，其分布形态及边界有特定规律。而目前的 ESPCN 和 ESRGAN 的 SR 模型过于追求普世化，训练样本类别多样，故已有模型无法有针对性地对水中污染物扩散图像进行 SR 研究。近些年，有学者开始利用深度学习对遥感影像开展 SR 研究[7-11]，但模型训练过程中普遍使用原本低分辨率的卫星图像，训练过程中对污染物扩散浓度场图像细节（如大小尺度涡流塑造的紊动扩散）的捕捉不足。

故此，本文以滨海电厂温排水为例，建立室内温排水试验的表层热红外测温影像数据集，建立并训练 ESPCN 和 ESRGAN 模型，开展水中污染物扩散图像的 SR 研究，最后将模型用于滨海电厂温排水卫星遥感影像的超分辨率，测评深度学习模型对电厂温排水影像质量提升效果。

2　温排水热红外影像数据集

本研究数据集来自某滨海电厂温排水试验及遥感观测。电厂以附近海域作为冷却水源地，通过厂区东南侧的明渠取水，西侧明渠排水，电厂温排水物理模型尺寸及参数见表 2，电厂取排水方案见图 1。工程海域为典型不规则半日潮海域，涨落潮历时分别为 5 h 46 min、6 h 37 min。

表 2　某滨海电厂温排水物理模型尺寸及参数

流量比尺 Q_r	水平比尺 L_r	垂向比尺 H_r	时间比尺
4.732×10^5	360	120	32.863
原型流量	原型长宽	原型最大水深	排水温升
134/268 m³/s	21.6 km×14.5 km	12 m	8.1 ℃
模型流量	模型长宽	模型最大水深	
0.283/0.566 L/s	40.4 m×60 m	10 cm	

研究针对该滨海电厂开展过多工况温排水物理模型试验。试验工况覆盖 2 种排热量、6 种潮型（冬、夏季典型大、中、小潮）和 2 类明渠排水方案。试验按重力和浮力相似设计，详细设计参数见

表 2。温排水表层热扩散场影响通过 TVS-500EX 热红外测温相机拍摄获得，试验期间厅内环境温度为 4.1 ℃，水体发射率 0.97，相机测温分辨率 0.1 ℃，相机镜头成像像素为 320×240，相机架设高度在水面以上 7 m，拍摄间隔 3 s，对应原型 1.64 min。

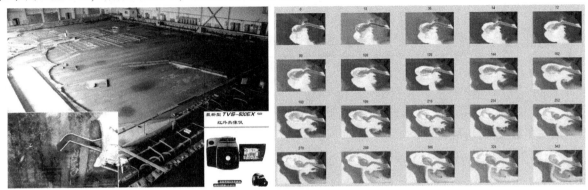

图 1　某滨海电厂温排水物理模型试验图及水面热红外影像图

HY_Model_IRS 数据集：整理不同工况的温排水试验热红外影像总计 10 736 张，转化为 320×240 分辨率灰度图像，并随机划分训练集、验证集和测试集分别为 8 500 张、1 236 张、500 张。模型训练集的样本生成通过 4 倍粗化因子降分辨率，即 $r=4$。

同时，在 2020 年夏季电厂运行期间，利用卫星遥感、水面船测和无人机开展了电厂排水海域温度场监测。其中卫星影像资料来自 Landsat8 卫星，共获取电厂投运后无云、少云有效卫片 17 景。选取 TIRS 传感器的热红外波段 10 和 11 的 C1 Level1 数据产品。基于辐射传输方程的大气校正法和 NOAA 的大气校正参数计算器[12] 进行 TIRS 数据的海表温场（SST）反演，空间分辨率 100 m。

3　模型和训练技巧

基于 ESPCN 和 ESRGAN 网络框架优化改进，建立电厂温排水扩散图像 SR 模型。

3.1　ESPCN 模型

ESPCN 模型结构见图 2。输入层后，在文献［5］基础上增加 1 个卷积层，三层常规二维卷积层通道数分别为 64、64、32，其中卷积核大小分别为 5、3、3，最后为 r^2 个通道的二维卷积层，卷积核尺寸为 3×3。按（320/4）×（240/4）的训练图像作为输入训练网络，总计网络参数为 61 680 个。

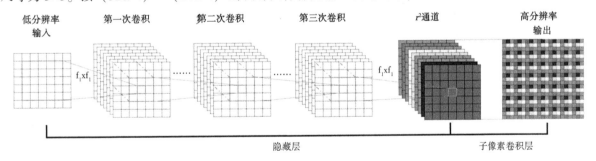

图 2　ESPCN 模型结构图（基于文献［5］绘制）

3.2　ESRGAN 模型

ESRGAN 选择基于 DIV2K 数据集训练的最优参数模型[13]，其网络结构见图 3。相比于传统的 SR-GAN，本网络去除所有的 BN 层，并用残差密集块（RRDB）代替原始基础块，其结合了多层残差网络和密集连接，引入残差缩放系数 β。

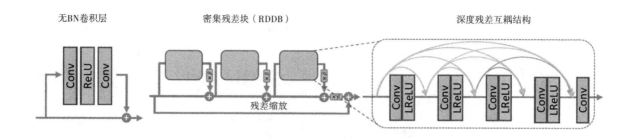

无BN卷积层　　　　　　密集残差块（RDDB）　　　　　　深度残差互耦结构

残差缩放

图 3　ESRGAN 模型结构

3.3　损失函数设计及评价指标

损失函数设计中，在标准 ESPCN 模型和 ESRGAN 模型中组合了如下三项图像训练效果评价指标：

（1）图像插值的均方根误差 MSE。

（2）峰值信噪比（Peak signal-to-noise ratio，PSNR）：

$$PSNR = 10 \times \log_{10}\left[(2^n - 1)^2/MSE\right] \tag{1}$$

式中：n 为图像表示每个像素点所用的二进制位数，即位深，取值为 8。

PSNR 相比于肉眼在评价图像信号处理效果上更具客观性。人眼视觉品质对低空间频率的敏感程度更高，对亮度的敏感度远高于对色度的敏感度，且肉眼判断容易受到邻域像素干扰。一般而言，PSNR>40 dB 代表质量佳，30～40 dB 代表质量好，20～30 dB 代表质量差，PSNR<20 代表难接受。

（3）图像哈希指纹 Hash 对比。哈希指纹 Hash 分别采用均值哈希算法、差值哈希算法进行计算。主要流程为：先将图像转灰度，均值算法中，先求全图灰度均值，随后遍历每个像素灰度值，大于均值则设为 1，小于均值则设为 0，形成指纹，最后对比两个图片各对应像素点的异同，统计相同数占总像素数的比例；插值算法中，分别按行和列顺序，比较像素值与后一个像素值的大小，大于记作 1，小于记作 0，形成指纹，最后对比两图片各对应像素点的异同，统计相同数的均值占总像素数的比例。

3.4　模型训练

通过深度学习框架 TensorFlow 2.3.0 搭建模型。使用 HP Z4G4 的 GPU 图形工作站进行模型训练和测评。GPU 参数为 NVIDIA Quadro RTX 4000，Cudnn 7.6.5 cuda10.1＿0，RAM：32.0GB，Python 3.8.10。

模型训练过程中设置 Batch Size 为 8~64，采用 EarlyStopping 进行正则化。测试训练 20~100 个批次（epoch），根据训练效果最后固化 100 批次中测试效果最优的模型。结果表明，训练 20 批次后，损失变化逐渐平稳，PSNR 逐渐增加至 37 以上，见图 4（a）。

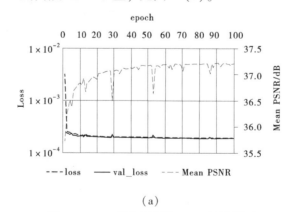

（a）

图 4　ESPCN 训练过程及 PSNR 结果测评

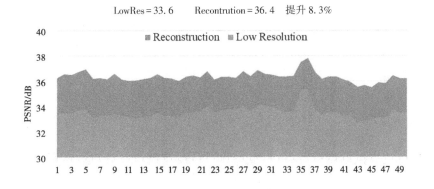

LowRes = 33.6   Recontrution = 36.4   提升 8.3%

（b）

续图 4

从 500 张温排水试验红外图片中选择 50 张不同潮态温度场热红外影像，利用 ESPCN 模型测试 SR 效果，并以传统的双三次插值（Bicubic）法作为对比基准，分模型预测的图像效果，见图 5。结果表明利用 Bicubic 获得的低分辨率图像（LowRes）的 PSNR 平均值为 33.6，而 ESPCN 模型重构的图像 PSNR 提升到 36.4，图像分辨率提升效果为 8.3%，见图 4（b）。

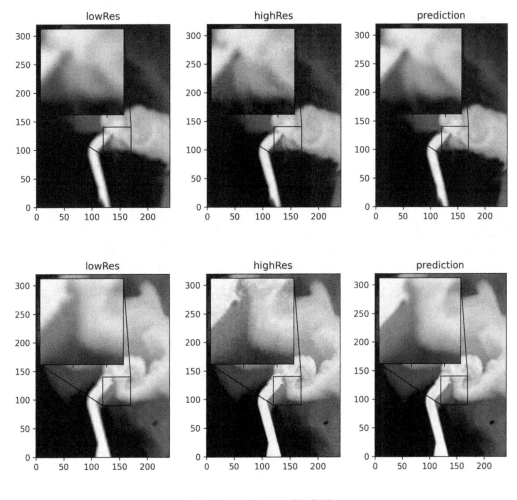

图 5   ESPCN 结果测评举例

4   基于 ESPCN 和 ESRGAN 进行热红外卫星遥感影像分辨率提升

分别采用 HY_Model_IRS 数据集训练的 ESPCN 最优模型、DIV2K 数据集训练的 ESRGAN 模型，对 17 景 Landsat 8 反演 SST 图像进行 4 倍超分辨率重构。由于卫星遥感影像无原始高分辨率图像，故采用双三次插值（Bicubic）法的图像作为对比基准，ESPCN 预测图像的峰值信噪比 PSNR 平均值为 33.96，ESRGAN 预测图像的峰值信噪比 PSNR 平均值为 28.96。图 6 给出了 2018 年 12 月 24 日和 2019 年 12 月 11 日北京时间 10：30 的遥感影像 SR 效果，可以看出，两种深度学习模型在提升遥感影像空间分辨率的同时，也能保证与原始图像及 Bicubic 法重构高分辨率图像的协调性。

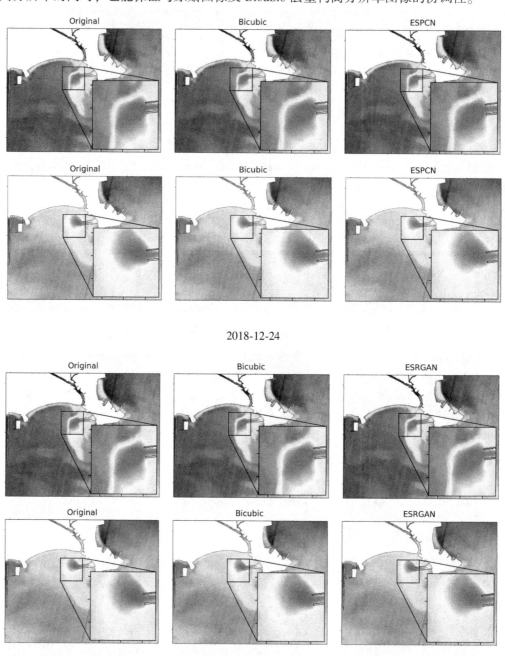

2018-12-24

2019-12-11

图 6　基于 ESPCN 和 ESRGAN 进行 Landsat 8 TIRS 热红外卫星遥感影像 SR

5　结论

温排水试验热红外影像可有针对性地训练基于深度学习的图像超分辨模型，模型可有效捕捉潮汐水域的温排水输移扩散分布形态，较好地对此类物质扩散场图像实现空间分辨率提升，图像空间分辨率提升效果平均达到了 8.3%。基于温排水试验热红外影像训练的深度学习模型，可以用于卫星热红外遥感地表温度场影像的空间分辨率提升工作。

参考文献

［1］ 胡德勇，乔琨，王兴玲，等．利用单窗算法反演 Landsat 8 TIRS 数据地表温度［J］．武汉大学学报（信息科学版），2017，42（7）：869-876.

［2］ 唐艳秋，潘泓，朱亚平，等．图像超分辨率重建研究综述［J］．电子学报，2020，48（7）：1407-1420.

［3］ 夏皓，吕宏峰，罗军，等．图像超分辨率深度学习研究及应用进展［J/OL］．计算机工程与应用：1-15［2021-11-08］．http：//kns. cnki. net/kcms/detail/11. 2127. TP. 20211011. 1711. 006. html.

［4］ Dong C, Loy C C, He K, et al. Learning a deep convolutional network for image super-resolution［C］//European conference on computer vision. Springer, Cham, 2014：184-199

［5］ Shi W, Caballero J, Huszár F, et al. Real-time single image and video super-resolution using an efficient sub-pixel convolutional neural network［C］//Proceedings of the IEEE conference on computer vision and pattern recognition. 2016：1874-1883.

［6］ Wang X, Yu K, Wu S, et al. Esrgan：Enhanced superresolution generative adversarial networks［C］// Proceedings of the European Conference on Computer Vision（ECCV）. 2018, vol. 11133：63-79.

［7］ Shen H, Lin L, Li J, et al. A residual convolutional neural network for polarimetric SAR image super-resolution［J］. ISPRS Journal of Photogrammetry and Remote Sensing, 2020, 161：90-108.

［8］ Zhang D , Shao J , Li X , et al. Remote Sensing Image Super-Resolution via Mixed High-Order Attention Network［J］. IEEE Transactions on Geoscience and Remote Sensing, 2020, PP（99）：1-14.

［9］ Dong X , Sun X , Jia X , et al. Remote Sensing Image Super-Resolution Using Novel Dense-Sampling Networks［J］. IEEE Transactions on Geoscience and Remote Sensing, 2020, PP（99）：1-16.

［10］ Li J, Cui R, Li B, et al. Hyperspectral image super-resolution by band attention through adversarial learning［J］. IEEE Transactions on Geoscience and Remote Sensing, 2020, 58（6）：4304-4318.

［11］ Guo D, Xia Y, Xu L et al. Remote sensing image super-resolution using cascade generative adversarial nets［J］. Neurocomputing, 2021, 443：117-130.

［12］ Barsi, J. A. , J. L. Barker, J. R. Schott. An Atmospheric Correction Parameter Calculator for a Single Thermal Band Earth-Sensing Instrument［J］. IGARSS03, 21-25 July 2003, Centre de Congres Pierre Baudis, Toulouse, France.

［13］ ESRGAN：Enhanced Super-Resolution Generative Adversarial Networks［2］TF 2. 0 Implementation of ESRGAN. https：//tfhub. dev/captain-pool/esrgan-tf2/1

基于声学探测方法的沉积物气泡释放通量研究：
一种新型的水下气泡产生装置

魏辰宇　　杨正健　　王从锋　　陈思祥

（三峡大学三峡水库生态系统湖北省野外科学观测研究站，湖北宜昌　443002）

摘　要： 量化水体沉积物中排放气泡的量，对研究水体的温室气体排放量以及脱氮过程均具有重要意义。由于声波信号在水体中传播范围广的特性，使用回声探测仪器是监测水体气泡排放的常用方法。针对气泡声学目标强度信号难以转化为气泡体积这一问题，本文提出了一种新型水下气泡产生装置，该装置能在水下产生已知体积的单个气泡，实现气泡的目标强度-体积（*TS-V*）关系曲线的制作，从而对监测到的气泡信号进行体积量化。同时，该装置兼具结构简单、低成本与高精确度的特点，可有效提高量化探测到气泡体积的准确程度。

关键词： 气泡；声学探测；新型气泡产生装置；量化方法

1　引言

　　水库又称"人工湖泊"或"人工湿地"，因水电一直被认为是一种清洁能源而使水库在世界范围内得到大规模的修建，我国目前已建成水库近10万座。水库的运行在提供大量清洁可再生能源的同时，其对生态环境造成的影响是当今国际社会普遍关注的问题[1]。水库首先被关注的环境问题是温室气体的排放问题，Rudd 等[2] 在1993年发表评论称水库的建设运行可能导致CH_4和CO_2的排放通量增加，引发了各国学者对水库温室气体排放的关注[3-5]。近年来，与水库水环境相关的另一热点课题是水体脱氮过程。氮、磷污染严重是我国水体广泛存在的问题，其诱发的水华问题严重威胁了饮用水安全和河湖生态安全。脱氮是指流域内的有机或无机氮被转化为气体（N_2）并释放进入空气的过程[6-7]，水体脱氮过程的存在代表了水体具有自净能力，对治理水体污染和研究水库生态环境效益具有重要意义。因此，持续监测并准确地量化沉积物中释放的气泡体积是研究水体温室气体释放和脱氮速率等科学问题的重要基础。目前，常用的气泡监测方法有气泡捕获器、水下摄像及声学仪器探测等方法[8-10]。气泡捕获器和水下摄像方法可以准确的量化捕捉到某一固定区域气泡体积，然而许多学者经过对气泡产生规律的研究后发现，气泡的产生具有较大的时空特异性[11]，仅针对某一固定区域的监测难以准确反映大范围水体的气泡释放情况。因此，考虑到声波信号传播范围广的特性，使用回声探测仪器进行走航式探测，是目前在大流域尺度上进行气泡监测的主要方法。

　　水体中的气泡由于其特殊回声以及运动特性，使用回声探测仪器可以轻易地对气泡信号进行辨识[12]。回声探测仪器输出的是气泡的目标强度（*TS*）信号，因此建立单个气泡的目标强度（*TS*）与体积（*V*）的关系曲线成为量化探测到的气泡体积的关键。然而，由于水下高压且黑暗的环境，如何

基金项目： 国家自然科学基金（51879099，52079075，U2040220，52079074），湖北省杰出青年基金项目（2021CFA097）资助。

作者简介： 魏辰宇（1993—），男，硕士研究生，研究方向为生态水利及河湖生态修复。

在水下制造一个体积已知的单个气泡成为难题。Ostrovsky 等[13] 在 2008 年制作了一套 "BMCS" 水下气泡产生平台，该平台通过电气系统控制高压气瓶的开关在水下产生气泡，并配备带照明的水下照相机实时拍摄产生的气泡，通过拍摄的照片估算产生气泡的体积，最终实现了在深水中释放单个已知体积的气泡，从而制作了 $TS-V$ 关系曲线。考虑到 BMCS 平台的制作成本及水下产生单个已知体积气泡的困难性，直到今天，各国学者量化回声仪器探测到的气泡体积，仍旧是将目标强度直接代入 Ostrovsky 的 $TS-V$ 关系曲线所得。例如 Liu 等[14] 在 2020 年探测了澜沧江的气泡释放通量，DelSontro 等[15] 在 2016 年研究了 Québec 三个湖的甲烷释放情况，Tuser 等[16] 在捷克的 Malse 河进行了为期两年的走航式气泡监测，Michaud 等[17] 在厄瓜多尔海岸线附近研究了海底羽流气体释放情况。这些研究中均使用 Ostrovsky 得出的 $TS-V$ 关系曲线对探测到的气泡进行量化。然而，Ostrovsky 的 $TS-V$ 关系曲线是在以色列的 Kinneret 淡水湖中进行的试验，世界各地的不同水体，如河流、湖泊、水库和大海等，在水体温度、盐度、泥沙含量及浮游植物状况不尽相同，这些参数均会影响到声波信号在水体中的传播[18]，直接将目标强度代入该关系曲线得出的气泡体积将不可避免地与实际情况产生差异。

本文提出了一种新型的水下气泡产生装置（简称产泡装置），该装置结构简单、成本低廉，同时可以在水下产生精确体积的单个气泡。利用此装置，在三峡水库上游香溪河库湾进行了香溪河沉积物中释放气泡的 $TS-V$ 关系曲线制作，并进行了气泡沉积物释放的连续监测，以验证此装置的可靠性。

2 材料与方法

2.1 装置介绍

水下气泡产生装置如图 1 所示，该装置主要由直流水泵、PE 管、T 形玻璃管、进样器和胶塞组成。使用时先用进样器抽取一定量的气体注射到 T 形玻璃管中形成单个气泡，然后打开水泵，气泡在水流的推动下在 PE 管内部运动，通过调整 PE 管出口位置来控制气泡在水体中产生的深度。

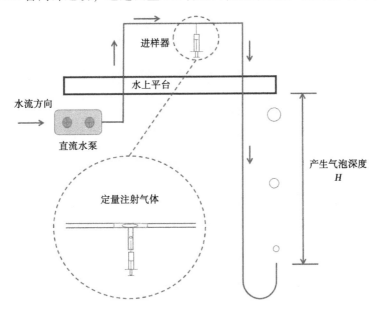

图 1 新型气泡产生装置示意图

产泡装置与 BMCS 平台相比，装置大幅简化的最根本原因是源于设计思路的不同，BMCS 的设计思路是先在深水中产生一个单个气泡，由于水下的幽暗环境，所以需要配备照明和拍摄手段记录这个气泡，最后根据气泡的照片去估算气泡的体积。气泡在水体中上浮的过程中受到水的阻力作用，会发生形变呈不规则的 "蘑菇帽" 形状[19]，但摄像机拍摄角度是固定的，因此只能根据一张二维照片去估算三维立体气泡的体积，进一步加大了气泡体积估算的不准确性。产泡装置则是考虑到水下的复杂环境，进而改变设计思路。为在水面上先将气泡产生，再将气泡送入到深水中释放，设计思路的改变极大地简化了装置、降低了成本，同时在水面上便于操作，可以通过进样器精确控制想要产生气泡的体积，而不需要对气泡的体积进行估算。

2.2 试验设计

试验在三峡水库上游香溪河库湾的水上试验平台（见图 2）开展，首先制作香溪河的 $TS-V$ 关系曲线，使用产泡装置在水面下 11 m 深处产生单个气泡，工况设置为 0.01 mL，0.02 mL，…，0.09 mL，0.1 mL，0.2 mL，…，0.9 mL，1.0 mL 共计 19 组不同气泡体积大小，每个体积的气泡重复产生 20 次。使用分裂波束回声探测仪器 EY60（Simrad，挪威）在产泡装置正上方对产生的气泡进行回声探测。后将 EY60 固定在水上试验平台上，对平台正下方的沉积物进行连续 14 天的气泡释放监测。

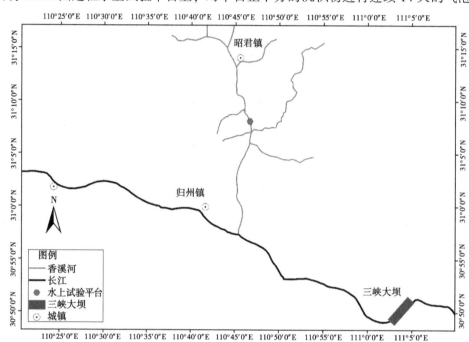

图 2　香溪河试验及监测位置平面图

2.3 分析方法

首先将回声仪器探测到气泡的目标强度代入到构建的 $TS-V$ 关系曲线中，得到气泡在 H_0 深度时的体积 V_0，然后根据理想气体状态方程：

$$pV = nRT \tag{1}$$

式中：p 为压强，Pa；V 为气体体积，m³；T 为温度，K；n 为气体物质的量，mol；R 为摩尔气体常数，J／（mol·K）。

将探测到 H_0 深度处的体积 V_0 等效换算成气泡运动到水体表面时的体积 V_1：

$$\frac{V_1}{V_0} = \frac{p_1 + p_0}{p_0} \tag{2}$$

式中：p_0 为当地大气压强，Pa；p_1 为水下 H_1 深度处压强，Pa。

最后将所有探测到的气泡体积累加，计算监测时间内总的气泡释放量 V_t：

$$V_t = V_1 + V_2 + \cdots + V_n \tag{3}$$

式中：V_1，V_2，…，V_n 为依次监测到的单个气泡体积，mL；V_t 为监测到的气泡总体积，mL。

3 结果与分析

3.1 香溪河 TS-V 关系曲线制作结果

使用产泡装置制作的香溪河 TS-V 关系曲线如图 3 所示,拟合曲线呈对数关系,$y = 3.987\ 7\ln x - 45.386$,与 Ostrovsky 使用 BMCS 制作的 Kinneret 湖 TS-V 关系曲线 $y = 7.45\lg x - 44.67$ 相比,两者的变化趋势基本一致,但仍存在一定差异。值得注意的是,Kinneret 湖与香溪河的地理位置处于同一纬度,水深与其他水文特征相近。考虑到制作香溪河 TS-V 关系曲线的时间为 7 月,水华爆发频繁,水体透明度较低,水中对声波信号造成影响的颗粒物较多。当气泡体积较小(小于 1 mL)时,与 Ostrovsky 的 TS-V 关系曲线相比,相同体积的气泡在香溪河的目标强度更小,且气泡体积越小时差别越明显。由此可见,即使是针对基本概况相近的淡水湖泊或水库,也可能由于水体理化性质的差异而引起 TS-V 曲线的改变。根据图 4 可以得出,香溪河与 Kinneret 湖相同体积气泡的目标强度对应关系之间存在良好的线性相关性($R^2 = 0.968\ 5$)。而且,香溪河由于处于水华爆发期,造成回声探测仪接收到的声波强度比在 Kinneret 湖中减少了约 20%。

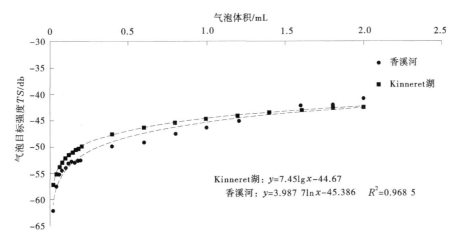

图 3 产泡装置制作香溪河的 TS-V 关系曲线

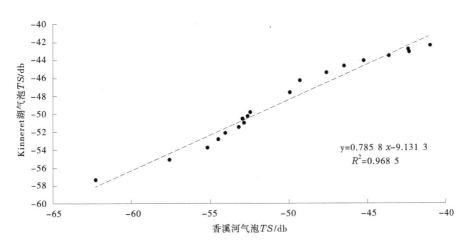

图 4 香溪河与 Kinneret 湖相同体积气泡的目标强度对应关系

3.2 香溪河持续监测结果

使用 EY60 在水上试验平台进行了连续 14 d 的定点沉积物气泡释放监测,结果如图 5 所示,一共监测到 268 个气泡,气泡的体积主要分布在 0~0.1 mL,95% 以上的气泡体积小于 0.4 mL,气泡的平均体积为 0.111 9 mL。与 Ostrovsky 在 Kinneret 探测到的气泡 90% 体积在 0~0.38 mL 的结果基本一致[13]。Delwiche 等[20] 使用气泡捕获装置在浅水湖泊监测到的气泡大小也主要分布在 0~0.4 mL，由此可见，在水深 10~40 m 区间的水体，沉积物中释放的气泡特征基本一致，以小于 0.4 mL 的小气泡为主，同时 0~0.1 mL 是气泡体积分布最多的区间。

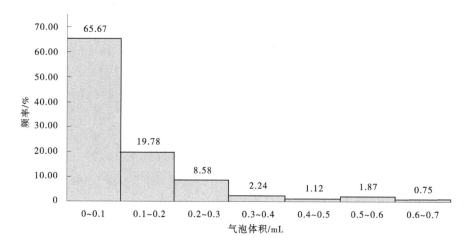

图 5　香溪河定点连续 14 d 监测结果

本次连续监测共探测到 268 个气泡，将探测到气泡的目标强度，对应到在香溪河原位使用产泡装置制作的 TS-V 关系曲线，得到气泡的总体积为 30.14 mL。如果直接使用 Ostrovsky 的 TS-V 关系曲线对此次监测到的气泡目标强度信号进行量化，则总体积为 18.83 mL，相比之下总量减少了 37.52%。由此可见，虽然气泡的释放规律在水深相近时相差不大，但进行气泡体积量化时，气泡总体积受对应的 TS-V 关系曲线影响较大。考虑到香溪河与 Kinneret 湖的水深、水文特征相近，二者的 TS-V 关系曲线相差不大的情况下，气泡总量的计算结果依然有 40% 的差距。当在高寒地区河流或是高盐度的海水中进行气泡监测时，所在地的 TS-V 关系曲线与淡水湖相比可能将会有更大的差距，导致使用淡水湖中制作的 TS-V 关系曲线无法准确量化当地监测到的气泡体积。同时，本次监测仅为定点小范围持续监测，当在流域内进行走航式大范围气泡探测时，对气泡释放量的估算与实际释放量之间差距的影响将进一步加大。因此，对拟进行气泡监测及释放通量估算的水域，首先应在目标水域构建符合当地水体实际情况的 TS-V 关系曲线，这对于准确量化沉积物的气泡释放量尤为重要。

4　结论与展望

各国学者开展使用回声仪器探测沉积物中释放气泡的研究已有 10 余年的时间，但受限于水下产生已知体积的单个气泡的困难性，一直以来都缺少一种简单有效的对拟探测目标水域原位进行水体气泡 TS-V 关系曲线制作的方法。本文提出的新型的水下气泡产生装置具备低成本和结构简单、易于制造的特点，不仅实现了上述目标，而且适合进行大规模的推广使用。该装置的应用将极大地提高在不同水域中利用声学仪器探测及量化气泡体积的精确度，这对于准确估计自然水体的温室气体排放量及水体脱氮速率等方面的研究均具有重要的实际应用价值。

参考文献

[1] 彭文启，刘晓波，王雨春，等．流域水环境与生态学研究回顾与展望 [J]．水利学报，2018，49（9）：1055-1067．

[2] Rudd J W M, Harris R, Kelly C A, et al. Are hydroelectric reservoirs significant sources of greenhouse gases [J], Ambio, 1993, 22 (4): 246-248

[3] Kelly C A, Rudd J W M, Louis V L S, et al. Turning attention to reservoir surfaces, a neglected area in greenhouse stud-

ies［J］，EOS Transactions，1994，75（29）：332-332.

［4］Wadham J L，Arndt S，Tulaczyk S，et al. Potential methane reservoirs beneath Antarctica［J］．Nature，2012，488（7413）：633-637.

［5］Li S，Zhang Q，Bush R T，et al. Methane and CO_2 emissions from China's hydroelectric reservoirs：a new quantitative synthesis［J］．Environmental Science and Pollution Research，2015，22（7）：5325-5339.

［6］Dalsgaard T，Canfield D E，Petersen J，et al. N_2 production by the anammox reaction in the anoxic water column of Golfo Dulce，Costa Rica［J］．Nature，2003，422：608-611.

［7］Naqvi S W A，Lam P，Narvenkar G，et al. Methane stimulates massive nitrogen loss from freshwater reservoirs in India［J］．Nature Communications，2018，9（1265）：1-10

［8］Gao Y，Liu X，Yi N，et al. Estimation of N_2 and N_{20} ebullition from eutrophic water using an improved bubble trap device［J］．Ecological engineering，2013，57：403-412.

［9］Bussmann I，Damm E，Schlüter M，et al. Fate of methane bubbles released by pockmarks in Lake Constance［J］．Biogeochemistry，2013，112（1）：613-623.

［10］Bayrakci G，Scalabrin C，Dupré S，et al. Acoustic monitoring of gas emissions from the seafloor. Part II：a case study from the Sea of Marmara［J］．Marine Geophysical Research，2014，35（3）：211-229.

［11］DelSontro，T.，M. J. Kunz，T. Kempter，A. W€uest，B. Wehrli，and D. B. Senn. Spatial heterogeneity of methane ebullition in a large tropical reservoir［J］．Environ. Sci. Tech-nol. 2011，45：9866-9873.

［12］Leblond I，Scalabrin C，Berger L. Acoustic monitoring of gas emissions from the seafloor. Part I：quantifying the volumetric flow of bubbles［J］．Marine Geophysical Research，2014，35（3）：191-210.

［13］Ostrovsky，I.，McGinnis，D. F.，Lapidus，L.，Eckert，W. Quantifying gas ebullition with echosounder：the role of methane transport by bubbles in a medium-sized lake［J］．Limnol Oceanogr. Methods，2008，6：105-e118.

［14］Liu L，Yang Z J，Delwiche K，et al. Spatial and temporal variability of methane emissions from cascading reservoirs in the Upper Mekong River［J］．Water Research，2020，186：116319.

［15］DelSontro T，Boutet L，St‐Pierre A，et al. Methane ebullition and diffusion from northern ponds and lakes regulated by the interaction between temperature and system productivity［J］．Limnology and Oceanography，2016，61（S1）：S62-S77.

［16］Tušer M，Picek T，Sajdlová Z，et al. Seasonal and spatial dynamics of gas ebullition in a temperate water-storage reservoir［J］．Water Resources Research，2017，53（10）：8266-8276.

［17］Michaud F，Proust J N，Dano A，et al. Flare-Shaped Acoustic Anomalies in the Water Column Along the Ecuadorian Margin：Relationship with Active Tectonics and Gas Hydrates［J］．Pure and Applied Geophysics，2016，173（10）：3291-3303.

［18］刘伯胜.水声学原理［M］.2版.哈尔滨：哈尔滨工程大学出版社，2010.

［19］Tripathi M K，Sahu K C，Govindarajan R. Dynamics of an initially spherical bubble rising in quiescent liquid［J］．Nature communications，2015，6（1）：1-9.

［20］Delwiche K，Senft‐Grupp S，Hemond H. A novel optical sensor designed to measure methane bubble sizes in situ［J］．Limnology and Oceanography：Methods，2015，13（12）：712-721.

水沙剧变对三峡库区碳氮循环的影响

孙延鑫[1,2]　李镇旗[1,2]　刘彩琼[1]　岳　遥[1]

（1. 武汉大学水利水电学院，湖北武汉　430072；

2. 北京大学环境科学与工程学院，北京　100871）

摘　要： 为研究三峡入库水沙变化及其对水体碳循环和硝化-反硝化过程的影响，本文基于2007—2016年清溪场和万县的水位、流量、氨氮、总氮及营养物浓度等数据，采用动态谐波回归方法并构建一维水沙模型及氮循环模型、零维生态动力学模型等，结果表明：径流均化情景下，氨氮浓度在非汛期有较大增幅，总氮浓度和N_2释放过程在年内的分配均化；含沙量的锐减抑制硝化和反硝化速率，导致氨氮浓度增加，N_2释放量降低，但总氮浓度变化不大。在生物碳合成方面，水流均化带来的温度滞后效应以及悬浮物浓度的降低都会使三峡库区叶绿素a浓度迅速升高。

关键词： 三峡库区；水沙变化；碳氮循环；动态谐波回归；数值模拟

1　研究背景及意义

气候变化及人类活动引发了全球水沙变化。全球河流中63%出现径流均化趋势[1]，34%出现输沙量锐减趋势[2]。其中，长江在径流均化和沙量减少方面均为典型代表。碳氮循环作为生物地球化学循环中的重要组成部分，是水库水环境研究的焦点之一。位于长江流域的三峡水利枢纽工程作为世界上最大的水利发电工程，其水环境问题广受瞩目。三峡库区水沙变化主要表现在两方面：一方面，气候变化及长江上游梯级水库的调节使得长江径流在丰、平、枯水期的分布更为均匀；另一方面，流域内的降雨在年内的分配也出现了均化现象，这一因素与流域内的水土保持及水库拦沙共同减少了三峡水库的入库泥沙[3]。由于水沙条件的变化可以改变水体透光性并改变泥沙上附着的微生物群落结构和功能，水体生物碳合成过程[4]及水体硝化、反硝化等碳氮循环过程[5]必将受到影响。然而，这一过程在三峡库区尚缺乏充分研究。

本文利用三峡库区干流清溪场及万县2007—2016年测得的逐月流量、悬浮物浓度、水温、水质等数据，结合时间序列分析方法、水沙模型、水质模型、生态动力学模型等，研究水沙条件的年际和年内变化趋势，及其对三峡库区碳氮循环的综合影响，为水沙剧变条件下的水库综合治理提供理论基础，为库区运行和管理提供参考，同时对其他水沙条件变化剧烈的江河湖库治理提供重要的借鉴依据。

2　研究方法

本文采用的时间序列数据分析方法为动态谐波回归（Dynamic Harmonic Regression，DHR）；数学模型为一维明渠非恒定流模型、非耦合解下的恒定饱和输沙模型、一维氮循环水质模型和零维生态动

基金项目： 国家自然科学基金面上项目泥沙运动对土壤氮通量的影响及机制研究（52079094）；国家自然科学基金青年项目水土流失引发的CO_2通量控制方法研究（41601275）。

作者简介： 孙延鑫（1997—），男，博士研究生，研究方向为水环境规划与管理。

力学模型。

2.1 DHR 数据分析

动态谐波回归方法[6] 计算公式如式（1），将观测时间序列数据分解为趋势项和周期项。该方法可同时分析水沙序列的趋势变化和周期特征。

$$y_t = T_t + C_t + S_t + e_t \tag{1}$$

式中：y_t 为水质观测数据；T_t 为趋势项；C_t 为高频率周期项；S_t 为季节项；e_t 为预测的残差项。

趋势项 T_t 由综合随机漫步模型（IRW）确定，确定方法参见 Taylor 的研究[6]。高频率周期项和季节项按式（2）计算：

$$C_t + S_t = \sum_{i=1}^{N/2} \left[a_{i,t}\cos(\omega_i t) + b_{i,t}\sin(\omega_i t) \right] \tag{2}$$

其中：ω_i 为谐波频率，按式（3）计算：

$$\omega_i = \frac{2\pi i}{N} \quad i = 1,\ 2,\ \cdots,\ \left[\frac{N}{2} \right] \tag{3}$$

式中：N 为观测数据中最长周期的数量。决定系数采用观测数据和总体拟合数据的 R^2 值[7]。

2.2 数学模型的建立

2.2.1 一维明渠非恒定水流–输沙模型

在水体中含沙量较低时，一维明渠非恒定流计算可采用圣维南方程组；泥沙模型采用非耦合解非恒定非饱和输沙模型进行求解，将泥沙连续方程和河床变形方程联立得到非恒定泥沙输移方程，按式（4）、式（5）计算：

$$\begin{cases} B\dfrac{\partial Z}{\partial t} + \dfrac{\partial Q}{\partial x} = 0 \\[2mm] \dfrac{\partial Q}{\partial t} + \left(gA - \dfrac{BQ^2}{A^2} \right)\dfrac{\partial Z}{\partial x} + 2\dfrac{Q}{A}\dfrac{\partial Q}{\partial x} = \dfrac{Q^2}{A^2}\dfrac{\partial A}{\partial x}\Big|_Z - gn^2\dfrac{|Q|Q}{AR^{4/3}} \end{cases} \tag{4}$$

$$\frac{\partial}{\partial t}(AS) + \frac{\partial}{\partial x}(QS) = -\alpha B\omega(S - S_*) \tag{5}$$

式中：B 为水面宽度，m；A 为过水断面面积，m^2；Z 为水位，m；Q 为流量，m^3/s；R 为水力半径，m；n 为糙率；g 为重力加速度，$\mathrm{m/s}^2$；S 为含沙量，$\mathrm{kg/m}^3$；α 为恢复饱和系数；S_* 为挟沙力，$\mathrm{kg/m}^3$；ω 为泥沙沉速，m/s。

对于圣维南方程组采用有限差分法进行求解，对于非恒定泥沙输移方程，对于时变项采用向前差分，对流项采用迎风格式进行差分。

2.2.2 一维氮循环水质模型

基于质量守恒原理，推导出一维水质模型的基本方程，可按式（6）计算：

$$\frac{\partial}{\partial t}(AC) = \frac{\partial}{\partial x}\left(AE\frac{\partial C}{\partial x} \right) - \frac{\partial}{\partial x}(QC) + AF(C) + S \tag{6}$$

式中：C 为河流断面水质指标平均浓度，mg/L；E 为河流纵向离散系数，m^2/s；$F(C)$ 为模拟指标的生化反应项；S 为模拟指标的源汇项。

本文中总氮只考虑无机氮[8]，对于无机氮循环中的生化反应项，由于成库初期底泥含量少[9]、藻类生产叶绿素 a 含量很低，故认为影响氨氮和总氮浓度的只有氨氮的硝化和硝氮的反硝化反应。同时，由于三峡库区水体含氧量较高，认为反硝化过程主要产生 N_2[10-11]，并从宏观上考虑含沙量变化对 N_2 排放量的影响：氨氮降解系数 K 在谷尘勇[9] 公式 K_0 的基础上根据 Xia[5] 的研究考虑含沙量的影响，引入待定参数 p_1、p_2 进行修正：

$$K = p_1 S^{p_2} K_0 \tag{7}$$

Xia[5] 提出了 N_2 释放速率 R_{N_2} 与含沙量关系的公式。在此基础上考虑实际水环境中硝氮含量对反硝化速率的影响，引入待定参数 p_3、p_4 对公式进行修正：

$$R_{N_2} = p_3 S^{0.0535} C_{NO_3^- - N}^{p_4} \qquad (8)$$

2.2.3 零维生态动力学模型

在本文中考虑零维叶绿素模型，其中考虑浮游藻类的生长、衰减和降解[12]，其基本方程为：

$$\frac{\partial}{\partial t}(AC) = AS \qquad (9)$$

在探究水沙变化对库区水体生物碳合成的影响时，利用水库调节使水温出现周期性变化的特征，用余弦函数对水温变化过程 ΔT（℃）进行概化，得到入流温度最大振幅 ΔT_0（℃）与三峡大坝蓄水位 Z 的关系表达式，计算公式见式（10）、式（11）：

$$\Delta T = \Delta T_0 \cos\left(\frac{2\pi}{12}T\right) \qquad (10)$$

$$\Delta T_0 = 0.3299 e^{0.0157Z} \qquad (11)$$

式中：T 为模拟时段的月份。

张佳磊等[4] 在三峡库区研究表明库区水体的真光层深度 D_{eu} 与悬浮物浓度 ρ（SS）有较好的相关关系，利用这一关系，结合生态动力学模型，设计相应的水沙变化情景探究悬浮物浓度变化对水体叶绿素 a 浓度的影响。

在清溪场和万县两站点水位、流量、悬沙、氨氮、总氮和叶绿素的模型验证结果中，流量和悬沙过程模拟较好，对于水质指标，可以反映数据年内变化趋势。

3 结果与讨论

3.1 三峡入库水沙序列变化特征

两站点流量和含沙量的 DHR 拟合效果均较优。定义趋势系数 δ_T 含义为趋势项的变化率，按式（12）计算：

$$\delta_T = \frac{\Delta T_t}{\Delta t} \cdot \frac{1}{\overline{\hat{y}}} \qquad (12)$$

式中：ΔT_t 为趋势项随时间变化而变化的增量；$\overline{\hat{y}}$ 为拟合值研究时段的多年平均值；Δt 为时段长度，本研究取 1 个月。

从图 1 可以看出，2007—2016 年间，清溪场、万县的流量 Q 的趋势系数大多时为负，但绝对值不大，表明流量小幅减小，但总体变化不大；而两站的含沙量 S 均大幅减小，其中，清溪场减幅逐渐增大，万县由于得到床沙补充，减幅逐渐减小。图 2 表明，2007—2016 年间，清溪场、万县的流量和含沙量的季节项周期性震荡幅度均呈减弱趋势，表明年内分配更加均化。这可能是上游梯级水库调蓄的结果。

3.2 水沙变化对三峡库区氮循环的影响

3.2.1 水流均化对氨氮、总氮浓度和氮气释放速率的影响

对比 2010 年和 2016 年清溪场站流量发现，2016 年清溪场年平均流量与 2010 年相比没有显著变化，但丰水期流量占比较 2010 年下降了 11.44%，发生了显著的均化。故将 2010 年流量及水位数据作为原情景，2016 年作为均化情景。结果表明：均化情景下，氨氮浓度在非汛期增加 17.67%，汛期变化不大；总氮和氮气浓度总量变化不大，但年内分配呈现明显的均化趋势。其中，总氮浓度在非汛期较原情景的最大减幅达 5.37%，在汛期增幅达 9.46%（见图 3）；氮气释放速率在非汛期增加 4.53%，汛期减少 4.03%（见图 4）。

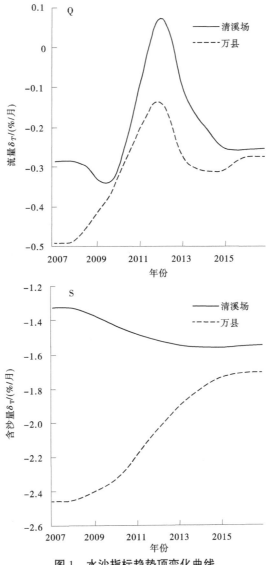

图 1 水沙指标趋势项变化曲线

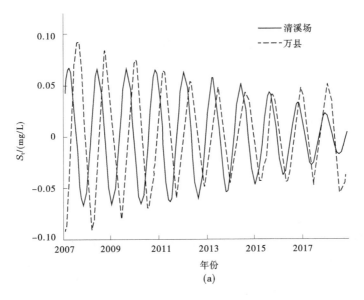

(a)

图 2 水沙指标季节项变化曲线

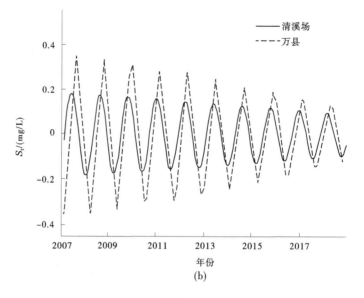

(b)

续图 2

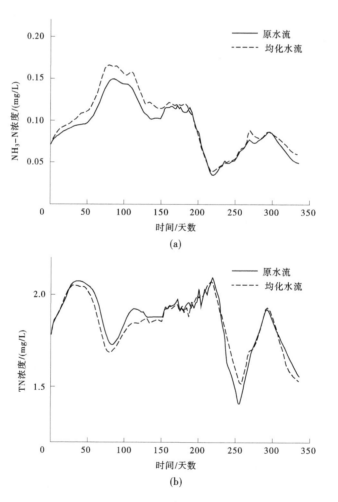

(a)

(b)

图 3　2010 年氨氮（a）、总氮（b）水流情景分析

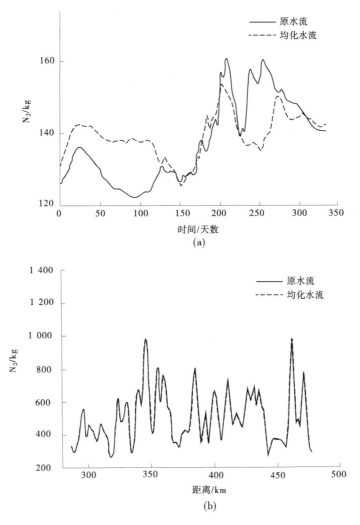

图 4　2010 年 N_2 释放量时间、空间分布水流情景分析

3.2.2　泥沙锐减对氨氮、总氮和氮气的影响

对比 2010 年和 2016 年清溪场站含沙量发现，2016 年的含沙量约为 2010 年的 25%。以 2010 年含沙量过程为原情景，以 2016 年为泥沙锐减情景。结果表明：含沙量锐减会显著影响水体中的氨氮浓度和 N_2 释放量，但对总氮影响不大。在含沙量锐减情景下，氨氮浓度比原情景最大增幅达 5.02%；N_2 释放速率下降了 6.99%，表明水体脱氮能力下降。

3.3　水沙变化对库区生物碳合成的影响

生态动力学的模拟结果表明：三峡水体出现的水库水位变化导致河流水温出现滞后效应。其中三峡水库蓄水位越高，水体温度的滞后效应越明显，模拟的叶绿素 a 浓度越大，即生物碳的合成过程越活跃。悬浮物浓度降低导致水体消光系数降低，同样会导致叶绿素 a 浓度上升。当悬浮物浓度下降 5% 和 10% 时，年均叶绿素浓度 a 分别变化为原来的 176.92% 和 190.44%。

3.4　水沙变化对碳氮循环的影响因子分析

含沙量的锐减影响导致氨氮的积累和水体脱氮能力的下降，是由于其对硝化和反硝化速率的抑制作用。由式（7）、式（8）计算得：K 在泥沙锐减情景下下降了 6.28%，R_{N2} 下降了 7.04%。对于含沙量变幅较大的水体，这一影响将更显著。此外，考察生态动力学模型中各参数的敏感性，发现敏感性较强的参数，如藻类生长最适宜温度 T_{opt}、水体消光系数 K_e 等均与水温和悬沙浓度密切相关，故生物碳合成过程对水沙变化的敏感性更强，叶绿素 a 的变化幅度更大。

4 结论与展望

本文基于 DHR 方法分析 2007—2016 年清溪场、万县径流、泥沙过程的年际、年内趋势，发现径流的年际变化不大，但含沙量却大幅减小，减幅分别达 1.48%/月、2.07%/月；在年内季节性变化特征上，清溪场流量的周期性变幅明显减小，减幅达 43.5%，表明年内分配更加均匀。

水沙及氮循环模型的模拟结果表明：水流均化的情景下，氨氮浓度在非汛期有较大升高；总氮浓度和 N_2 释放的年内分配过程显著均化；含沙量减少 75% 时，硝化速率受到抑制，氨氮浓度升高 5.02%，N_2 释放量全年下降 6.99%，表明水体脱氮能力下降。

生态动力学模型模拟结果表明：库区蓄水位升高引起的水温滞后效应使水体中叶绿素 a 浓度出现较明显升高；悬浮物浓度下降使得水体消光系数减小，水体中叶绿素 a 浓度也明显的上升。

本文中假设 N_2 是唯一的反硝化产物，忽略了 N_2O 的释放。近来的观测表明：在含氧量较高的水体中，N_2O 也会产生。作为一种主要的温室气体，N_2O 释放对水沙变化的响应应当作为未来研究的重点。

参考文献

[1] Chai Y, Yue Y, Zhang L, et al. Homogenization and polarization of the seasonal water discharge of global rivers in response to climatic and anthropogenic effects [J]. Science of the Total Environment, 2020, 709: 136062.

[2] Li L, Ni J R, Chang F, et al. Global trends in water and sediment fluxes of the world's large rivers [J]. Science Bulletin, 2019, 65: 62-69.

[3] 李海彬, 张小峰, 胡春宏, 等. 三峡入库沙量变化趋势及上游建库影响 [J]. 水力发电学报, 2011, 30 (1): 94-100.

[4] 张佳磊, 郑丙辉, 熊超军, 等. 三峡大宁河水体光学特征及其对藻类生物量的影响 [J]. 环境科学研究, 2014, 27 (5): 492-497.

[5] Xia X, Liu T, Yang Z, et al. Enhanced nitrogen loss from rivers through coupled nitrification-denitrification caused by suspended sediment [J]. Science of the Total Environment, 2017, 579: 47-59.

[6] Taylor C J, Pedregal D J, Young P C, et al. Environmental time series analysis and forecasting with the Captain toolbox [J]. Environmental Modelling and Software, 2007, 22 (6): 797-814.

[7] Duan W, He B, Chen Y, et al. Identification of long-term trends and seasonality in high-frequency water quality data from the Yangtze River basin, China [J]. PLoS One, 2018, 13 (2): e188889.

[8] Ran X, Bouwman L, Yu Z, et al. Nitrogen transport, transformation, and retention in the Three Gorges Reservoir: A mass balance approach [J]. Limnology and Oceanography, 2017, 62 (5): 2323-2337.

[9] 谷尘勇. 三峡库区重庆段稳态水质模型研究 [D]. 重庆：重庆大学, 2005.

[10] Zhao Y, Wu B F, Zeng Y. Spatial and temporal patterns of greenhouse gas emissions from Three Gorges Reservoir of China [J]. Biogeosciences, 2013, 10 (2): 1219-1230.

[11] Zhu D, Chen H, Yuan X, et al. Nitrous oxide emissions from the surface of the Three Gorges Reservoir [J]. Ecological Engineering, 2013, 60: 150-154.

[12] 熊倩, 黄立成, 叶少文, 等. 三峡水库浮游植物初级生产力的季节变化与空间分布 [J]. 水生生物学报, 2015, 39 (5): 853-860.

水利政策

加强政府网站建设 提升水利治理能力

杨　非[1]　黄鸿发[2]　陈志涛[2]

（1. 水利部信息中心，北京　100053；

2. 拓尔思信息技术股份有限公司，北京　100101）

摘　要：水利行业各级政府网站是水利部门在网上的存在，依据《政府网站集约化试点工作方案》制定的目标和原则，探讨利用大数据、云服务、微服务及容器技术，以服务化、运营化的模式，覆盖部委网站和公共服务各项业务，开展部委网站集约化，构建部委政务服务总门户，实现整体联动、高效惠民的数字政府，为国家治理体系和治理能力现代化做出更大的贡献。

关键词：云服务；平台化；云架构；微服务；统一资源库；政府网站集约化

1　引言

《中华人民共和国国民经济和社会发展第十四个五年规划和 2035 年远景目标纲要》中指出[1]，要广泛应用数字技术进行政府管理服务，推动政府治理流程再造和模式优化，不断提高决策科学性和服务效率。作为各级政府在网上的存在，政府网站必然承担着政府运行方式改造、业务流程重塑和服务模式创新等任务。

在《政府网站集约化试点工作方案》（国办函〔2018〕71 号）的引领下，全国省市级政府网站集约化快速展开[2]，效果明显，涌现出众多创新模式和亮点应用，社会反响很好。作为中央政府组成部门的部委，在职能、服务对象、服务类型及信息化基础和期望等方面与省市级政府不同，必然带来部委对网站集约化的不同需求[3]。

本文基于水利部政府网站集约化改造的项目实践，总结分析部委信息公开及公共服务的需求，结合省市政府网站集约化的实践经验[2]，从全面推进政府运行方式、业务流程和服务模式数字化、智能化的宏观角度，注重加强政务信息化建设快速迭代，增强政务信息系统快速部署能力和弹性扩展能力提升，提出以云服务运营模式为特点的部委网站集约化建设方案，期望通过政府网站建设，提升水利治理能力和现代化、数字化。

2　现状与问题

部委网站起步早，网站群体系完善，软、硬件条件好。随着移动互联网、云服务和大数据技术的快速发展、放管服改革的深入推展，公众对政府网站服务的要求日益提高，国办的监管要求也不断提升。

在需求推动下，基于传统网站群平台，部委网站功能不断增加、规模日益扩大，数据类型越来越多，数据量快速提升，网站群的运营管理压力越来越大，运营成本和风险不断提高，管理难问题突出。

如何跳出传统网站群的框架，跳出传统的信息化建设模式，站在部委信息化总体高度，提出政府网站集约化前瞻性方案，消除信息孤岛和数据烟囱，进一步加强服务整合和数据整合，已经是水利部

作者简介：杨非（1982—），男，高级工程师，主要从事水利信息化工作。

及众多部委构建数字政府的思考内容之一。

3 需求分析

3.1 建设目标

根据《政府网站集约化试点工作方案》，结合《智慧水利总体方案》[4]，从解决水利部门户网站公共服务部分的业务难点、痛点出发，充分利用云计算、微服务、大数据技术的优势，以"集约化、平台化"为抓手[5]，进行本项目的需求规划和建设工作。建成更加全面的政务公开平台、更加及时的互动交流平台和更加利企便民的水利政务服务总门户[6]。

3.2 需求分析

部委政府网站集约化，要以构建数字政府的占位，以大平台、大运营、大迭代、大服务和大安全的集约化理念[2]，解决部委互联网端业务的痛点和难点。在完成政府网站（群）集约化管理的基础上，从根本上解决政务服务、政民互动、互联网+监管、监督举报等众多面向社会和下级政府的信息化孤岛问题，妥善解决既有业务系统的利旧改造，快速迭代开发满足新需求、新功能，避免产生新的数据壁垒。

3.2.1 政府网站全业务管理统一平台

与传统的网站群不同，集约化平台包括了国办信息公开办职权范围内的所有业务，其服务对象并非只对网站编辑，还包括网站的开通及关停并转申报审批、错别字监测、更新情况、用户访问统计、工作量统计、国办采集信息上报等，政民互动的一体化管理和督察，政府数据开放服务门户，政府信息公开目录服务，统一安全防护和统一内容安全[7]，政府信息的传播分析、影响力评估等政府信息公开办的管理和监督业务。

3.2.2 部委面向互联网的统一资源库

统一资源库可以实现部委面向互联网服务数据的汇集、统一管理和标准化输出。在"先入库，后使用"的共享原则下，归集整合发布报送的互联网业务数据及新闻、图片、视频等传统的公开类文档数据，部长信箱、意见建议、政府热线等政民互动数据，行政审批、依申请公开等政务数据，业务数据（来自各类业务系统），系统数据、元数据、产品数据、GIS 数据、接口数据等业务数据，前台用户行为等用户数据，共计六大类数据。

3.2.3 政府网站集约化运营数据综合分析能力

根据国办政府网站监测指标，结合部委网站运营管理需求，集约化平台需要汇集用户访问统计数据，国办网站健康度监测指标数据，一票否决指标，内部绩效考核数据，系统运维管理数据（关键进程、服务器状态等），内容安全数据（错别字、敏感词），政民互动监控数据（收件数、办结数、延误等），政务服务数据（收件数、办结数、延误等），并对这些数据进行汇集、统计和可视化展示，通过大屏开展运营决策指挥，结合平台工单系统，开展提醒、警告、催办、督办等操作。

3.2.4 强大的云服务公共组件功能

集约化平台要能够为专业业务系统功能提供用户认证、咨询服务、报送、受理等云服务组件，支撑功能实现和业务运营管理，做好数据融合、服务融通，运营一体。

4 建设方案

部委的政府网站集约化需要在省部级政府网站集约化平台的基础上扩展，解决部委信息化中深层次的难点和痛点问题，单纯着眼于政府网站部分的集约化，不从根本上解决现有或新建系统的数据整合、服务融合和管理一体化问题，集约化的意义乏善可陈。

云架构、云服务、大数据和微服务技术日益普及和成熟[8]，云服务迭代开发模式逐步在软件公司普及，并开始进入政府信息化领域使用（如浙江省），为部委网站集约化提供了良好的环境和基础。

云服务运营平台项目,不同于传统的信息化(硬件+软件+运维)模式,将对目前部委信息化项目管理模式、信息化运维模式带来根本改变,而这些改变往往是项目成败的关键。本方案不在此展开,仅聚焦在技术实现层面和部委公共服务部分信息化支撑平台层面。

4.1 总体设计

水利部政府网站集约化平台采用开放式云架构,具有松耦合、资源池化、高可扩展等特性,可支持未来第三方新应用扩展,并支持微服务技术架构,可以实现已建平台(含第三方平台)进行标准化数据接入及应用接入,最大限度保护原有投资;平台具有强大的云服务公共组件,为信息公开、公共服务和政民互动提供丰富的功能支持;同时管理平台支持不断升级迭代,可快速满足用户新的需求。

4.1.1 云架构

构建在云计算架构体系基础之上的水利部集约化平台,从服务方式上分为 IaaS 层、DaaS 层、PaaS 层和 SaaS 层[5],技术架构见图 1。

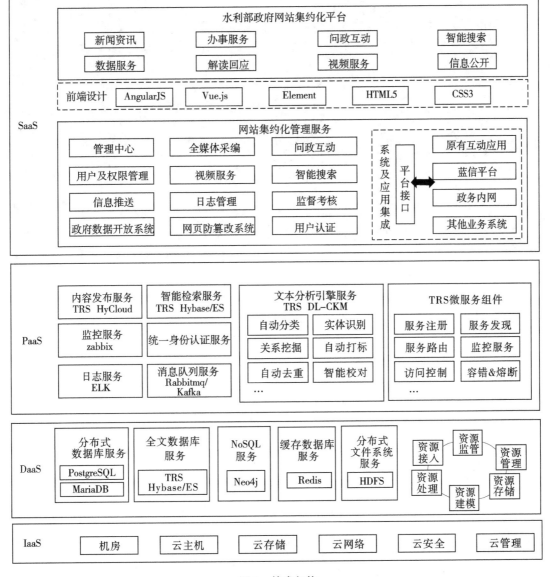

图 1　技术架构

4.1.2　微服务中心

集约化平台的技术架构采用了基于容器技术的微服务架构[8]，该架构保证了平台内各服务应用都独立运行于各自的程序内，通过异步消息中心和具备负载均衡、熔断机制的 API 接口集成于平台之上。一方面当各服务应用有功能修改需求时，仅在自己的程序中进行修改完善即可，不会影响其他服务应用在正常运行；另一方面当有新的服务应用接入时，通过增加"容器"即可完成接入，不会对整个平台产生影响，由此保证了平台的敏捷开发与高效扩展。

微服务可以在"自己的程序"中运行，并通过"轻量级设备与 HTTP 型 API 进行沟通"。关键在于该服务可以在自己的程序中运行。通过这一点就可以将服务公开与微服务架构（在现有系统中分布一个 API）区分开来。在服务公开中，许多服务都可以被内部独立进程所限制。如果其中任何一个服务需要增加某种功能，那么就必须缩小进程范围。在微服务架构中，只需要在特定的某种服务中增加所需功能，而不影响整体进程。微服务集成架构见图 2。

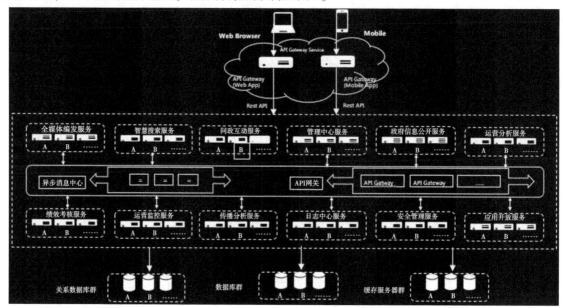

图 2　微服务集成架构

4.1.3　平台基础

集约化平台是以"互联网+政务"模式为驱动，以跨部门、跨层级、跨区域的资源融合和集中管控为核心，以政务服务和公共服务为着力点[6]，采用自顶向下的构建方法，从集约化视角出发，运用云计算、大数据、移动互联等技术，建成包括全媒体编发、问政互动、智慧搜索、绩效考核、认证中心、运营中心、管控中心等各类 SaaS 层云服务应用，实现"统一标准规范、统一基础设施、统一技术架构、统一公共认证、统一采编发布、统一服务应用、统一运营管理"的新一代政务平台构建，帮助政府实现政务门户、政务及公共服务[9]的集约建设、资源共享、业务融合、服务创新和安全管控。

4.1.4　业务模块分类

水利部政府网站集约化平台按功能可分为平台基础类、云服务组件、应用功能类、业务工作类等四大类，详见图 3。针对本项目的难点和痛点，重点开发扩展云服务基础组件和业务工作类的集成或开发。

4.1.5　平台扩展

在集约化平台的基础上，通过扩展云服务组件的模式，支持新需求、新功能及业务司局业务系统的建立，新需求、新功能和业务系统的开发，将转化为仅关注业务工作门户开发和业务处理本身，无需关注互联网用户交互、用户注册登录、互动、报送、受理、查询等功能的实现，或者说，通常的业务系统开发，转化为集约化平台组件的扩展。

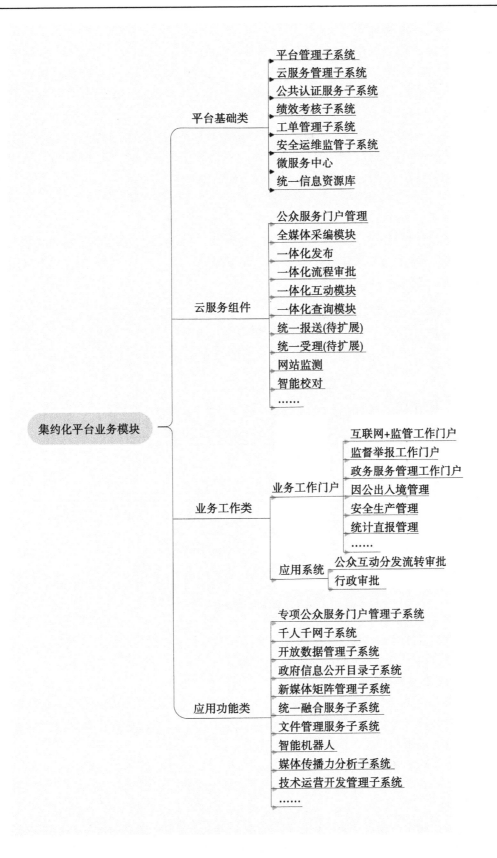

图 3　集约化平台业务模块分类

4.2 基于微服务中心平台集成

通过集约化平台的微服务中心，构建一个统一化、标准化、服务化、安全可靠的接口服务平台[7]，盘活水利部内部资源，实现各种接口的开发以及与内外部业务系统的快速轻量级对接，提供完善的 API 接口服务和数据服务，最大限度保留现有应用系统功能的同时，充分利用以往信息化的投资和成果。

相比"点对点"对接方式紧耦合的特点，接口平台可以适用于水利部原有互动系统、蓝信、行政审批系统等多个政务应用系统以松耦合的方式进行对接和调用[10]，各个政务应用系统按照平台的接口规范，提供相关接口进行注册，由平台进行统一的管理。

平台按照数据共享交换的实际业务需求场景，对接口进行统一封装，并以服务的方式对外提供，需要进行数据共享交换的政务应用系统可直接通过服务调用，完成与其他政务应用系统的交互请求。

接口平台通过接口和服务管理实现多个政务应用系统的灵活接入，在保障平台开放性的同时，也具备相应的运行监测能力，确保数据共享交换的过程可靠和可控。

接口平台架构设计如图 4 所示。

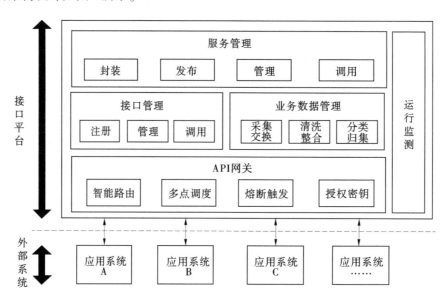

图 4 接口平台架构设计

整个平台包含核心的几大部分：API 网关、接口管理、业务数据管理、服务管理、运行检测。系统设计核心还是在接口使用方面，集中体现在 API 网关。

4.3 基于统一资源库的服务集成

基于集约化平台的统一受理模块（云服务）可以为水利部众多业务系统提供实质性前端受理和反馈，业务系统不直接对外，增加了系统的安全性和稳定性[7]，通过集约化平台强大的客户服务能力，可以提高专业业务系统的用户体验，如图 5 所示。

通过微服务方式将服务集成到门户页面，可根据业务需要对接各类业务系统（业务系统可能需要改造，如对接 OA 实现依申请公开，需要 OA 能够开放流程节点状态数据接口），实现所有业务系统不直接对外。

此时，系统的访问压力将集中到门户应用（如统一受理平台），可通过扩展相关节点承接大规模访问压力，同时，业务系统、业务工作门户可以采用集约化平台的用户、流程、统计等公用组件，降低了业务系统的开发难度和工作量，提升了开发速度，快速应对需求。

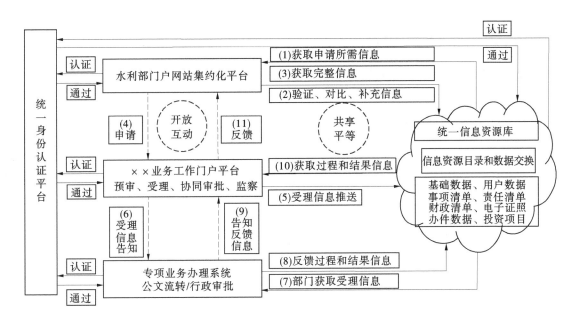

图5 集约化平台与业务系统整合关系

5 结语

如上所述，基于集约化平台云服务组件、微服务中心和平台运营管理功能，在水利部私有云框架下，可以通过相应技术手段，实现以下几方面。

（1）利用微服务中心，整合现有公共服务系统[9]（如政务服务、互联网+监管等）进入集约化平台，成为平台的一部分，实现数据整合、服务融合和一体化运营管理，彻底消除现有信息化孤岛和烟囱，大幅度提升部委数字服务能力。

（2）利用平台微服务中心，借用平台云服务组件功能，可基于平台开发新功能，满足新需求，避免产生新的孤岛和烟囱。

（3）开发统一报送、统一受理等云服务模块，基于集约化平台，通过改造或新建，迭代开发新的业务系统，快速应对新需求。该模式将改变部委传统业务系统的开发和建设模式，值得进一步尝试。

（4）基于本方案微服务架构的集约化、平台化改造后，信息公开、互动、政务服务及通过互联网开展的业务系统等，理论上都属于集约化平台的一部分，可以实现运营管理一体化、智能化，将实质性地改变部委信息化的建设模式，降低成本，加快迭代，快速应对变化和需求，推进整体联动、高效惠民的数字政府建设，为国家治理体系和治理能力现代化做出更大的贡献。

参考文献

［1］中华人民共和国国民经济和社会发展第十四个五年规划和 2035 年远景目标纲要 . 第十七章 . http：//cpc. people. com. cn/n1/2021/0313/c64387-32050500. html.

［2］朱次平，周燕 . 政府网站集约化建设和运维研究 ［J］. 信息技术与信息化，2020，240（3）：36-37.

［3］黄芬根，雷桂莲，余建华 . 公共气象服务集约化业务研究与平台设计 ［J］. 气象与减灾研究，2020（1）：73-79.

［4］蔡阳 . 智慧水利建设现状分析与发展思考 ［J］. 水利信息化，2018（4）：1-6.

［5］顾炯炯 . 云计算架构技术与实践 ［M］. 2 版 . 北京：清华大学出版社，2016.

［6］杨非，杨柳，姚葳 . 互联网+水利政务服务平台研究与应用 ［G］//中国水利学会 2018 学术年会论文集 . 北京：中国水利水电出版社，2018：365-372.

［7］付静，姚葳，杨非．水利行业网站安全管理研究［J］．水利信息化，2017（3）：24-28.

［8］克里斯·理查森．微服务架构设计模式［M］．喻勇，译．北京：机械工业出版社，2019.

［9］付静，杨非．智慧水利公共服务研究［J］．水利信息化，2020（1）：15-20.

［10］杨非，钱峰．水利部门户网站页面设计与应用［J］．水利信息化，2019（1）：60-64.

新形势下水利标准化体制机制建设的重点任务初探

宋小艳　霍炜洁　于爱华　齐　莹　徐　红　刘　彧

（中国水利水电科学研究院，北京　100038）

摘　要： 本文通过归纳水利标准化体制机制现状，梳理水利标准化法律法规体系，统计水利行业团体标准相关制度，分析了现有体制机制的不足之处。在此基础上，提出水利行业在标准化体制机制建设方面的重点任务，即通过水利职能转变、标准化体制改革、精简强制性标准建立水利标准化管理新体制和通过创新管理手段、完善经费管理模式、加大人才扶持力度建立水利标准化运行新机制。

关键词： 水利行业；标准化；管理体制；运行机制

新中国成立 70 多年来，我国对标准化的管理工作主要分为 3 个阶段，分别是以 1988 年发布的《中华人民共和国标准化法》（简称《标准化法》）和 2001 年加入 WTO（世界贸易组织）（同年成立国家标准化管理委员会）为阶段划分的。标准化管理已经完成了从"完全政府管理"到"政府授权、国标委管理"的重大转变，从"行政管理"到"社会公益性"的重大转变，从"行政行为"到"技术行为"的重大转变[1-4]。随着国家标准化战略的实施和深化标准化改革的开展（2015 年 3 月，国务院印发《深化标准化工作改革方案》），我国标准化发展的主要方向是建立"政府与市场共治的标准化管理体制"，形成政府主导制定标准与市场自主制定标准协同发展、协调配套的机制[5]。

1　水利标准化体制机制现状

水利国家标准分为工程建设和非工程建设两类，其中水利工程建设国家标准由住房和城乡建设部（简称住建部）主管，水利非工程建设国家标准由国家标准化管理委员会（简称国标委）具体实施管理。国务院授权水利部分管水利行业的标准化工作。水利行业标准化工作构建了基本完善的"以行政管理为主线、技术支撑为辅线"的管理体制[6]，明确了主管机构、主持机构、主编单位、水利部标准化工作领导小组和标准化工作专家委员会的协调机制。

水利行业主管机构是水利部国际合作与科技司（简称国科司），主持机构是水利部的 20 个业务司局，主编单位是水利技术标准编制的第一起草单位。领导小组由水利部主管标准化的副部长、总工程师、总规划师、总经济师和每个司局一位分管标准的副司长组成。专家委员会由国科司管理，是标准编制全过程的技术咨询组织。水利部共发布 1988 版、1994 版、2001 版、2008 版、2014 和 2021 版共 6 版《水利技术标准体系表》，稳步推动标准的编制工作。

通过查找相关部委网站，并对相关资料进行梳理，统计了水利行业常用的法律法规体系，目前主要由 1 项法律、4 项法规、49 项上级部门规章制度组成。上级部门规章制度中财政部有 1 项、国家市场监督管理总局有 33 项（其中，国家技术监督局 7 项、国家质量技术监督局 3 项、国家质检总局 5

基金项目： 水利部水利重大科技问题研究项目（201921）。

作者简介： 宋小艳（1989—），女，工程师，主要从事标准化、资质认定和质量管理工作。

项、国家市场监督管理总局 3 项，国标委 15 项）、住建部有 10 项（其中，建设部 8 项）、水利部有 5 项。

与此同时，新《标准化法》赋予团体标准合法地位，水利行业团体先后发布了相关规定，如中国水利学会、中国大坝工程学会、中国电机工程学会、中国工程建设协会、中国灌区协会、中国农业节水和农村供水技术协会、中国水利工程协会、中国水利企业协会、中国水利水电勘测设计协会均发布 1 项规定，中国电力企业联合会发布 2 项规定，共计 11 项制度。

水利标准化管理严格执行《水利标准化工作管理办法》，其管理过程和管理模式可用 PDCA 循环图表示（如图 1 所示）。突出了水利标准化工作的政府主导地位，综合考虑各方利益和需求，融入了风险管理理念，强化标准编制和实施的过程控制，充分发挥调控作用，体现了质量管理体系管理理念，与国际管理模式接轨。

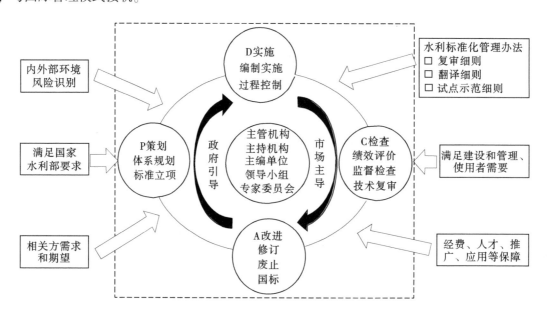

图 1 水利标准化管理 PDCA 循环图

目前，我国水利标准化体制存在的问题主要包括：一是政府主导的标准化体制。水利行业标准主要由国标委、住建部和水利部制定，不能发挥其他主体的作用，同时也抑制了企业参与标准化工作的积极性。二是技术标准管理不协调。水利工程建设国标由住建部负责，同时，除水利部国科司统一管理水利行业标准化外，各专业又有各自的主持机构，管理层次繁多。三是标准结构和体系不够完善。2021 版《水利技术标准体系表》尚未将团体标准纳入。而且，目前江河湖泊管理、水利资金与政务监管、区域水资源协同管理等领域标准略显不足。四是标准化的市场意识不强。企业一般被动执行标准编制，且在立项时，没有针对性地分析企业和市场的需要，因此很难保证标准适应市场需要。

水利标准化机制存在的问题：一是标准化协调机制不畅通。行政管理和技术管理层次太多，标准编制受到各级行政人员的干预，有些技术标准带有明显的行业倾向和局部利益。二是标准化工作机制还没有健全。标准的计划立项会导致标准重复立项，造成管理和经费困难。标准化运行环节多，制定周期长，平均周期需要 2~3 年，有些标准甚至长达 4~5 年，无法满足科技创新引领的作用。三是标准制（修）订过程开放性差。企业制（修）订标准的参与度不高，标准编制过程透明度不高，使得标准不能全面地反映各相关方的利益。

因此，在新的阶段，水利标准化体制机制建设面临了新的形式和挑战，需要尽快建立水利标准化管理新体制和水利标准化运行新机制，来满足标准各方主体的实际需求。

2　建立水利标准化管理新体制

水利标准化管理体制是指规定水利行业标准管理领域、权限和职责、利益及其关联的准则。新形势下水利标准化管理体制建设的重点任务如下。

2.1　水利职能转变

第一是机构改革。随着标准化改革，水利部职能定位也应有所调整：在强制性国标制定中，体现政府的监管作用；在推荐性国标和团标制定中，以利益相关方的角色参与标准制定，反映标准利益诉求。同时，探索在水利行业引入技术委员会机制，负责标准编制—实施—监督全过程的管理等。水利部仅负责标准立项审批和批准发布，以及技术委员会的日常管理等工作。

第二是构建与完善政策法规。从收集到的水利行业法律法规可以发现，水利部独立制定的规定较少，标准化工作主要还是依据法律法规及其他部门规章等。随着深化标准化改革的发展，水利行业应及时构建新时期水利行业特色的水利标准化法律法规体系，适时修订《水利技术标准制修订作业指导书》《水利工程建设标准强制性条文管理办法（试行）》等。

2.2　标准化体制改革

第一是构建与市场经济相协调的标准化体制。水利技术标准应该积极向国家标准体制改革的方向靠拢，构建适应水利行业的标准体制，重点解决技术标准管理工作中各层面（如政府、行业、用户）的职责和权利，使标准制（修）订的主体多元化。通过政府标准做"减法"和团体标准做"加法"的渐进式改革，解决好标准数量、速度、质量、效益的问题，积极稳妥地达到预期的改革目标。

第二是全面提升标准的核心竞争力。一是加快将成熟的科技成果转化为技术标准，使标准能够满足科技支撑的要求；二是研究分析水利行业发展现状，要在水利行业的优势专业、重点领域有针对性地打造具有国际影响力的标准；三是积极推进水利标准关键技术研究，以科技创新带动标准化创新，早期介入，促进标准与科研的超前融合。

2.3　精简强制性标准

第一是明确法律法规与强制性标准的关系。水利行业应分析研究法律法规对标准的需求，通过制定强制性标准，主动补齐行业内的需求，支撑法律法规实施。从长远看，也可借鉴国外的普遍做法，通过在涉及技术规范的法律法规中引用相关标准，使标准成为法律的构成部分，进而明确其强制性的法律地位。

第二是完善强制性条文。目前，《水利工程建设标准强制性条文》（2020年版）是从水利工程建设现行强制性标准中将涉及安全、卫生、环保等条文摘录出来汇编成册，并非从《中华人民共和国水法》《建设工程质量管理条例》等有关规定延伸的条款，致使其不可能完全成为法律法规的技术支撑。因此，通过不断完善强制性条文，水利行业法律法规体系也将会更适应行业的发展。

3　建立水利标准化运行新机制

水利标准化运行机制主要是指与标准化运行全过程有关的各项活动的准则和制度。水利标准化运行机制建设的重点任务如下。

3.1　创新管理手段

第一是引入立项论证制度。目前水利部国科司组织的标准立项环节主要沿用以往年度计划的形式，并未对标准编制和使用相关方的需求进行细致的调研分析。按照新《标准化法》，立项工作开展前应对标准立项进行论证评估。

第二是采用征求意见机制。加大标准立项、编制、实施后信息的公开力度，实现标准全过程的信息化管理，使征求意见工作更全面、更专业、更客观。

第三是完善标准复审制度。标准复审周期也比较长，个别标准甚至达 30 年还未修订，不能很好地反映科技快速发展进程，应及时组织专业技术人员对标准进行评估和复审。

3.2 完善经费管理模式

第一是加大标准化经费投入。标准化活动的经费主要来源于政府补助。2019 年水利建设投资 7 260 亿元，水利标准投资 2 241.88 万元，不足 0.4‰，无法满足水利标准化改革发展需求。另外，企业在实施标准化的初期，成本一般会有所增加，所以对标准化工作多存在畏难情绪。因此，水利行业还应在标准的制（修）订及推广实施上增加投入。

第二是改变经费使用方式。水利部国科司在安排行业科技研究项目的同时，还应适度安排一定数量标准化重大课题的研究。同时，团体标准经费可要求来源于需要制定标准的企业，企业参与标准化活动的经费由企业负担，标准出版物销售、咨询、认证等收入可反馈在标准制（修）订工作。

3.3 加大人才扶持力度

第一是加强水利标准化队伍建设。编制课程，对标准化人员进行专项培训，增强标准化意识；选派标准化人员去高等院校、标准化研究机构进修或培训；探索建立标准化从业资格制度，通过考核，取得专业标准化职业资格。

第二是创新标准化人才培养模式。建立标准化的专项培训基地，邀请国际和国内知名标准化专家开展主题培训。探索在水利院校中增加标准化硕士、博士学位，设置博士后工作站。增设标准化人才的经费补助渠道，资助标准化人才的国外培训[7]。

第三是培养国际型标准化人才。截至 2020 年 6 月底，通过国标委平台检索到，我国承担了 610 个 ISO/IEC TC/SC 秘书处，水利相关行业（如住建、自然资源等）中承担最多的是电力行业，有 10 个，而水利行业目前只有 1 个。相比之下，水利行业在国际标准化组织中承担的工作比较少。要着重在大型企业、科研院所、知名高校中培养具有丰富的国内外标准化专业知识，能独立提出国际标准提案、负责国际标准起草、组织国际标准讨论的人才来参与国际标准化工作。

4 结语

通过研究我国标准化管理工作 70 多年来的进展，归纳总结水利标准化体制机制现状，梳理水利行业标准化法律法规体系（1 项法律、4 项法规、49 项上级部门规章制度和 11 项水利行业团体标准相关制度），可以发现水利标准化工作构建的"以行政管理为主线、技术支撑为辅线"的管理体制，以及主管机构、主持机构、主编单位、水利部标准化工作领导小组和标准化工作专家委员会相互协调的机制基本完善。但水利标准化体制机制在适应标准化改革新形势方面依然有一些不足之处，需要在体制和机制建设中不断完善。为了建立水利标准化管理新体制，其重点任务包括：一是要通过机构改革和构建与完善政策法规实现水利职能转变，二是要通过构建与市场经济相协调的标准化体制和全面提升标准竞争力完成标准化体制改革，三是要通过明确法律法规与强制性标准的关系和完善强制性条文达到精简强制性标准的目的。为了建立水利标准化运行新机制，其重点任务包括：一是通过引入立项论证制度、采用征求意见机制、完善标准复审制度、创新标准制修订的管理手段，二是通过加大标准化经费投入和改变经费使用方式完善经费管理模式，三是在加强水利标准化队伍建设、创新标准化人才培养模式、培养国际型标准化人才等方面加大人才扶持力度。

参考文献

［1］李学京.标准化综论［M］.北京：中国标准出版社，2008.

［2］沈同，刑造宇，张雨虹.标准化理论与实践［M］.北京：中国计量出版社，2010.

［3］王平.中国标准化管理体制：问题及对策［J］.世界标准化与质量管理，2003（3）：8-10.

［4］李爱仙.我国标准化工作的现状、成就及展望［J］.工程建设标准化，2019（12）：20-27.

［5］人民网.以标准助力高质量发展［EB/OL］.（2019-09-12）［2021-08-20］.https：//baijiahao.baidu.com/s？id ＝1644416968221718263.

［6］胡四一.加快水利技术监督发展步伐保障水资源可持续利用——在全国水利技术监督工作会议上的讲话［J］.水利技术监督，2010（6）：1-5.

［7］李鑫，蔡彬，刘光哲，等.我国标准化人才培养模式研究［J］.标准科学，2016（5）：6-9.

深挖水生态产品价值 建设美丽幸福乡村

吴浓娣[1] 刘定湘[1] 宣伟丽[2] 金天琼[3] 陈孝形[3]

(1. 水利部发展研究中心，北京 100038；
2. 浙江省水利厅，浙江杭州 310009；
3. 浙江省天台县赤城街道，浙江台州 317699)

摘 要：2021 年 2 月，中央全面深化改革委员会第十八次会议审议通过了《关于建立健全生态产品价值实现机制的意见》，强调建立生态产品价值实现机制关键是要构建绿水青山转化为金山银山的政策制度体系。加快实现生态产品价值，已成为各地经济社会发展的主旋律之一。浙江省天台县塔后村作为"两山理论"的探索者和先行者，坚持新发展理念，塔后村坚持以水系构建、水岸资源联动开发为主线，整合山林、田园、旧宅等要素，深挖水生态产品价值，大力发展民宿、康养、文旅产业，逐渐形成"水岸资源统领，以水养村、以水育人、以水兴业"的水生态价值实现路径。

关键词：水系连通；水美乡村；新发展理念；水生态产品价值

2005 年，时任浙江省委书记的习近平在浙江安吉考察时指出，如果能够把生态环境优势转化为生态农业、生态工业、生态旅游等生态经济的优势，那么绿水青山也就变成了金山银山。今天，"两山理论"已成为引领我国走向绿色发展之路的重要指南。2021 年 2 月，中央全面深化改革委员会第十八次会议审议通过了《关于建立健全生态产品价值实现机制的意见》，强调要探索政府主导、企业和社会参与、市场化运作、可持续的生态产品价值实现路径。浙江省天台县塔后村作为"两山理论"的探索者和先行者，坚持新发展理念，以"水系连通及水美乡村"为依托、以"强村富民"为目标，深挖水生态产品价值，走出了一条让乡村留住"形"、守住"魂"、吸引"人"的美丽幸福之路。

1 基本概况

浙江天台县塔后行政村，下辖 4 个自然村，共 419 户 1 196 人，耕地 553 亩，山林 1 123 亩，辖区内拥有坡塘溪、三茅溪两条自然溪流，水塘 25 口。坡塘溪自村后坡塘山汇流而下，流经三茅溪后汇入天台母亲河始丰溪。村边的赤城山脚现存五口连环塘，似一串珍珠挂在赤城山脖子上。历史上塔后人引坡塘溪水源聚流至五口塘，用于灌溉，滋养村民生产、生活，每个自然村内均有几处门口塘，用于村民生活用水和防火备水。20 世纪末开始，随着农田少种、用水方式的改变，水系的原有功能日渐消退，村民门前屋后杂草丛生，柴火随意堆放，猪圈遍地污水横流。可以说，20 年前的塔后村是一个异常偏寂、堪称天台最贫穷的小山村，以致于当地曾经流行过一句俗语：嫁女不嫁塔后岙。在"绿水青山就是金山银山"理念的指引下，自 2005 年起，塔后村以水系治理为切入点，结合"千村示范、万村整治"工程，对村庄整体规划和乡村产业发展进行全方位提升，切实解决了环境差、增收难、致富难的问题，打破"千村一面"的建设模式，建设宜居塔后、人文塔后、共富塔后。

2 主要做法

2.1 以水养村，建设宜居塔后

一是构建水系。以坡塘溪为源头，在近村山坡聚流成潭，分三股入村：一股导入村北面农田，再

作者简介：吴浓娣（1972—），女，副主任/译审，主要从事水利战略政策研究与国际水利研究工作。

在北村口汇入坡塘溪，解决农业用水问题；一股流入坡塘溪穿村而过，"九曲十八弯"绕人居而行，串起每口村内塘，营造碧水绕村的水乡风情；一股通过引水沟环赤城山入五口连环塘，再在村东汇入村中坡塘溪，恢复连环塘的蓄水功能。三股水系最后全部汇流至坡塘溪，形成"高山坡塘溪—引水沟—连环塘—农田—村落（村口塘）—村中坡塘溪"的水系连通格局。

二是沿水布局。在解决水系问题之后，塔后村自 2012 年开始启动水岸同治，着手梳理空间布局，委托中国美术学院编制美丽乡村建设规划，统筹村内山、水、林、田、路、房等资源，沿坡塘溪按照不同的区位功能划分为台岳南门区、民宿集聚区、大地艺术区、诗路驿站区、梁妃之恋区、春暖花开区、田园风光区，形成"一溪带七区"的发展格局，为可持续发展打好空间基础。

三是治水洁村。以农房改造为契机，坚持两手抓：一手抓整合建设，全面盘活"沉睡"资产资源，推进闲置土地、闲置农房的流转，腾出空间建设民宿，打造水岸人家，开发开心农场，开辟创意菜园；一手抓整治建设，开展全域环境革命，从庭院这个最小"细胞"入手，精准打出治水拆违、污水革命、垃圾革命、厕所革命等系列组合拳，完善供水、排污系统，解决长达 10 年的污水臭气问题，建成游客中心、便民中心、生态停车场、星级旅游厕所和文化大礼堂、乡村大食堂，整个塔后村面貌焕然一新。

四是以水美景。深化"人人是园丁、处处成花园"行动，以水系为基础，把流经村中心区域河段设计成"曲水流觞"的形态，立足村内一草一木开发景观（均选自《本草纲目》170 多种能开花的中草药），把每一户民宿作为一个景观小品来落地，把每一处公共休闲区域作为禅修养生节点打造，把每一片农田山地作为旅游观光和乡村产业来开发。呵护生态、修复肌理、传承记忆、呈现韵味，还乡村以自然秀美、凸显神秀山水的天生丽质。

精心换倾心，塔后村先后入选全国乡村治理示范村、2020 年中国美丽休闲乡村、第二批全国乡村旅游重点村、第二批国家森林乡村、国家首批绿色村庄；获得"美丽宜居，浙江样版"双百村、浙江省休闲旅游示范村、浙江省农村引领型社区等荣誉称号。

2.2 以水育人，建设人文塔后

一是以水感化人。2018 年，"曲水流觞"环绕中的村文化礼堂建成投入使用。村里的人文故事、乡土风情等文化元素以多种形式在礼堂集中展示，文化礼堂成为村里最热闹、最具底蕴的地方。通过举办各种文化活动，不仅深化人文交流，更悄然改变村风村情。搓麻将、玩扑克的人少了，听讲座、学才艺、排节目的人多了。同时，在新的村口（两自然村交会处）修建大河塘，取名"和塘"，意寓和通融合，辅以沟、路，把自然村从居住空间上连在一起，使"我们村"成为各村共识。

二是以水引进人。以水美乡村建设为契机，塔后村大力实施"两进两回"，招引 18 名青年回乡参与村庄建设和经营，形成资金进村、科技进村、乡贤回归、青年回归的新局面。浙江天皇药业有限公司董事长陈立钻，曾在村后坡塘山临水源处花 8 年时间破解铁皮石斛大面积人工栽培的世界性难题，离村创业成功后，选择回归参与家乡规划与建设；国家"万人计划"哲学社会科学领军人才陈立旭回归为家乡梳理文化资源、帮助引进人才；"2019 年度浙江省乡村旅游带头人"、国家文化和旅游部"2019 年度乡村文化和旅游能人支持项目"获得者陈孝形，回归任村党总支书记推动乡村治理与发展。

三是以水吸引人。塔后村先后与中国美术学院、浙江传媒学院、台州学院、台湾智创团队开展驻地乡村传统文化挖掘、中草药文创产品开发、乡村影像采集调查、农副产品提升开发。在水田上、荷花池中设置田园大舞台，联合举办各类研学、音乐节、艺术展、时尚秀等活动，推动审美理念转变，共同打造艺术时尚乡村。2018 年开始，连续 3 年举办塔后音乐节，吸引上万游客，省、市、县各级媒体广泛关注、争相报道，直接带动民宿入住率增长 15%以上。

深厚的文化底蕴推动塔后村入选中华诗词之村，获得浙江省生态文化基地、浙江省善治示范村、浙江旅游总评榜年度人气旅游景区村等荣誉称号，更成为浙江深化"千万工程"建设新时代美丽乡村现场会和诗路文化带建设暨浙东唐诗之路启动大会等一批重量级现场会主要考察点。

2.3 以水兴业，建设共富塔后

一是亲水赋能民宿。为满足发展需求，塔后村依托水系治理及水美乡村建设，制定民宿发展规划，搭建民宿共享平台，成立旅游发展公司，建立规范化经营体系。通过二维码信息管理，依据装修、服务、特色统一对民宿进行综合评估定价，不同档次对应不同价位，村集体通过平台收取 15 元/间的管理费，为村民提供充足就业岗位和收入的同时，实现村、户双赢。台州学院民宿学院在这个小山村挂牌落户，成为台州市农业领军人才创业实训基地和台州农民学院教学实训基地，成为首批"浙江省职工疗休养基地"。

二是好水赋能康养。依托良好水生态环境，2016 年塔后村推出 60 多个品种的牡丹，举办牡丹花文化节，塔后村很快走红网络。2017 年起，村集体又把村口周围 30 多亩近水农田从村民手中流转回来，连通坡塘溪水系，引进经济合作社打造集荷花生态观光、采莲、水产套养于一体的全套荷塘产业链，每年为塔后村集体经济增收 30 多万元。同时，村内流转土地 100 多亩统一建成中草药样本园，种植乌药、艾草、洛神花等 11 种中草药，由村集体统一管理与销售，带动整个塔后片区中草药种植 1 200 亩，实现村民共富。

三是活水赋能新业态。水美乡村建设进一步赋能塔后发展，新建修复的坡塘溪水系，串起的每口村内水塘，激活了塔后村的发展业态。渠道两岸近 20 亩空间利用再生，打造轻奢帐篷基地、房车基地、漫行花径观赏带等，集约使用土地，延展经济价值和社会价值。打造村内源头活水自然漂流，集穿村观光、光幕夜游、亲水体验于一体的综合性乡村度假项目，激活水生态价值。连通恢复坡塘溪至赤城山脚五口连环塘水系，推出大地艺术、沉浸式体验、塔后印象演绎和下午茶、咖啡吧、书吧等休闲配套，打造年轻人喜欢的乡村新业态。

塔后村践行"两山理论"，深挖水生态产品价值，以高质量发展促进共同富裕。统计显示，2020 年塔后村接待游客 36 万人次，直接营业收入 2 324 万元，村集体净收入 166 万元。2020 年村民人均可支配收入 35 000 元，远高于当年天台全县农村常住居民人均可支配收入 26 370 元，与 2020 年全县城镇常住居民人均可支配收入倍差缩小到 1.5 以内。

3 经验启示

3.1 把创新作为实现水生态产品价值的重要驱动

创新是引领发展的第一动力。推动实现水生态产品价值，既要有理念和思路的创新，也要有制度和政策的创新。在"绿水青山就是金山银山"的科学理念指引下，塔后村以修复和保护良好水生态环境为切入点，创新发展外来资本注入、品牌连锁、村民自主运营等三种市场化经营模式发展民宿产业，打造了新时代美丽幸福乡村样板地。加快实现水生态产品价值，必须坚持创新发展，在水、土地、森林等自然资源联合开发与经营上下功夫，探索形成资源开发、资产经营、产业发展等多元生态产品价值实现机制。

3.2 把协调作为实现水生态产品价值的重要原则

协调发展强调发展的整体性。实现水生态产品价值，也需要坚持生态保护和经济社会发展两轮驱动，既要绿水青山，又要金山银山。塔后村坚持水美乡村和产业富民两翼共振，在建设美丽乡村的同时，也在富民上找出路，实现从美丽乡村到美丽经济的升级。加快实现水生态产品价值，要坚持"软实力"和"硬实力"两手抓，坚持发展与保护的协调统一。要持续提升水生态系统的质量和稳定性，提供更多的水生态产品，实现水生态产业化；要将从水生态产业发展中获得的经济优势反哺水生态系统的保护，持续提升水生态产品生产能力，促进水生态产品和水生态产业良性循环。

3.3 把绿色作为实现水生态产品价值的重要导向

绿色发展体现产业转型升级的目标导向。促进生态产品价值转换是推进我国产业转型升级、形成新的经济增长点的重要途径。塔后村坚持绿色循环低碳方向，走资源节约型、生态保护型的发展之路，打造康养品牌和民宿集群，实现经济社会发展的转型升级。加快实现水生态产品价值，就要强化对水生态产品价值的理解、形成、交换、实现等关系的认识,推动构建资源消耗低、环境污染少、科技含量高的绿色产业结构和绿色产业链,推动产业生态化。

3.4 把开放作为实现水生态产品价值的重要路径

开放发展是观念、是格局。塔后村深入实施科技进乡村、资金进乡村和青年回农村、乡贤回农村的"两进两回"政策,不仅引进先进技术和人才探索水生态产品价值实现路径,也推动塔后不断走出去,寻获新的发展契机和路径。开放的塔后村向社会敞开怀抱,在乡贤回归的同时,也吸引了一大批外地有识之士来塔后村创业;在助力经济发展的同时,也提升了小山村的文化品位。实现水生态产品价值,也要秉持开放的态度,在资金投入、人员投入上,在治水管水上,加大向社会开放的力度,有效整合各类资源和政策,推动形成社会共治。

3.5 把共享作为实现水生态产品价值的重要目标

共享是发展的出发点和落脚点。塔后村的乡贤带领全村探索致富之路,在深挖水生态产品价值,夯实集体经济后,又通过政策红利促进全村村民共同富裕。如在村集体每年的经济收入中,通过土地流转租金、分红形式"反哺"村民资金16余万元等。加快实现水生态产品价值,不仅要统筹流域上下游、左右岸、干支流实现水生态产品的共享,更要在发展上想办法,建立健全水质水量生态补偿机制,使流域发展成果更多更好地惠及人民群众。

4 结语

塔后村从贫穷到共富、从一个名不见经传的小村到明星村的蜕变,探索走出了一条依托水生态产品价值实现的致富之路。从塔后村的发展历程看,无论是文旅经济还是康养经济,无论是宜居塔后还是人文塔后,其发展和建设都离不开一个"水"字。"以水养村、以水育人、以水兴业",把水利在助力乡村振兴、促进共同富裕方面的作用表现得淋漓尽致。实践证明,有思路就会有出路,只要坚持新发展理念,坚持系统观念,就能找到方法和措施,推动实现水生态产品价值。当前,可借助水利部和财政部联合开展的"水系连通及水美乡村建设"试点项目的示范引领作用,让全社会更进一步认识水的资源价值、经济价值和生态价值,在享受"水"带来的幸福的同时,自觉参与到知水、爱水、节水、护水的行动中来,这是水的社会价值、人文价值的体现,也是推动实现水生态产品价值走向高端的重要标志。

湖泊管理保护制度研究

贺霄霞　郎劢贤　陈　健

（水利部发展研究中心，北京　100038）

摘　要：湖泊是江河水系的重要组成部分，是蓄洪储水的重要空间。与河流相比，湖泊自然属性复杂，管理保护难度更大。本文从湖泊管理保护角度出发，对其现状、问题作出深入分析，提出湖泊管理保护制度框架设计的思路，以期对湖泊管理保护立法建设提供参考。

关键词：湖泊；管理保护；制度框架

湖泊是江河水系的重要组成部分，是蓄洪储水的重要空间，在防洪、供水、航运、生态等方面具有不可替代的作用。对湖泊管理相关政策法规要求进行分析，研究提出湖泊管理相关制度框架，可为加强湖泊管理保护，确保全面推行湖长制落地生根、发挥实效，提供制度保障。

1　湖泊管理保护现状

1.1　我国湖泊基本情况

根据第一次全国水利普查（2011 年 12 月）成果，全国现有常年水面面积 1 km² 及以上的湖泊 2 865 个，总面积 7.8 万 km²；其中跨省湖泊有 43 个；常年水面面积 10 km² 及以上的湖泊 696 个，面积 7.1 万 km²；常年水面面积 100 km² 及以上的 129 个，面积 5.3 万 km²；1 000 km² 及以上的 10 个，面积约 2.2 万 km²。

1.2　湖泊管理保护的特点

湖泊是江河水系的重要组成部分，是蓄洪储水的重要空间。与河流相比，湖泊自然属性复杂，管理保护难度更大。长期以来，一些地方围垦湖泊、侵占水域、超标排污、违法养殖、非法采砂等现象时有发生，造成湖泊面积萎缩、水域空间减少、水质恶化、生物栖息地破坏等问题。

2　湖泊管理保护存在的主要问题

2.1　湖泊管理保护体制机制还需进一步理顺

湖泊管理保护涉及水资源、水域、岸线、生物、环境等诸多方面，依据我国现行行政管理体制，涉及水利、自然资源、生态环境、住房和城乡建设、林草等多个部门，是一项复杂的系统工程。但长期以来，部门之间尚未形成强有力的监管和保护合力，湖泊管理保护的地方政府主体责任落实不够。总体上看，湖泊管理关系纵横交错，管理部门之间缺乏有效地信息沟通和行动协调，容易引发流域管理条块分割、区域管理城乡分割、功能管理部门分割等弊端，造成个个都管、各管各的、个个又都管不好的现象。

2.2　针对湖泊特点的管理保护制度设计不足

目前，从立法上看，在国家层面，还没有一部专门针对湖泊的集中统一立法。我国湖泊管理保护主要适用于河道管理保护制度，湖泊被分割成水资源、航道资源、矿采资源、岸线资源等不同要素，相关管理保护制度散见于不同的法律、行政法规中。与河流相比，湖泊具有与入湖河流关系复杂、水

作者简介：贺霄霞（1983—），女，工程师，主要从事水利政策研究工作。

体连通、自我修复能力弱、生态功能明显等特点，管理保护的难度更大，要求更高，在相关立法设计上，应当充分考虑湖泊的特殊性，结合湖泊生态系统演变特点，制定出台针对性强、适应性强的管理保护制度。

2.3 湖泊管理保护标准规范建设不足

目前在湖泊管理方面的标准规范体系尚不完善，湖泊生态空间管控、岸线洲滩管理、水生生物保护及生态修复等方面缺乏系统的标准规范。部分标准规范时效性滞后于湖泊管理实际需要，与新时期生态优先、绿色发展的理念及最新的技术发展水平不相匹配。此外，标准规范实施机制不完善。湖泊管理标准规范涉及工程建设、生物保护、生态修复、公众感受等多个方面，十分复杂且事关群众生产和生活，一些湖泊生态保护标准规范严格执行可能和区域经济发展、群众生产收益之间有矛盾，制定后并未有效实施。

2.4 涉湖违法违规行为追责问责力度不够

湖泊问题归根结底可以归纳为经济发展粗放、资源环境代价大的问题。据统计，2016 年我国 GDP 总量居世界第二位，但万元 GDP 用水量为 81 m^3、万元工业增加值用水量为 52.8 m^3，远落后于国际先进水平。我国现行法律法规中明确了湖泊管理保护的具体制度，但是在相关法律责任追责问责方面却显得尤为疲软，有关涉河湖违法违规追责问责力度弱，多数表现为行政处罚且处罚额度低，2017 年修订的《中华人民共和国水污染防治法》提升了违法行为的行政处罚力度，最高上限达到 100 万元，但是相比于污染水体违法行为造成的危害后果，处罚结果是"九牛一毛"，违法成本低是我国生态环境领域存在的普遍现象。治水要从改变自然、征服自然转向调整人的行为、纠正人的错误行为，应当加大对有关涉湖违法行为追责问责力度，提高行政处罚额度。

3 湖泊管理保护制度框架设计

3.1 现有制度建设差距分析

3.1.1 管理体制方面

《中华人民共和国水法》《中华人民共和国防洪法》《中华人民共和国水污染防治法》等现行法律法规，已经明确了我国湖泊管理体制。《关于全面推行河长制的意见》与《指导意见》进一步明确了我国湖泊管理的责任主体。新修订的《中华人民共和国水污染防治法》已经将河长制相关内容纳入法律条文，《中华人民共和国水法》《中华人民共和国河道管理条例》有待尽快修订，将全面推行河长制、湖长制有关内容纳入。此外，地方层面，《安徽省湖泊管理保护条例》明确提出要求河长负责组织领导相应湖泊的管理和保护工作，但多数地区尚未专门立法，明确河湖长的湖泊管理主体责任。

3.1.2 管理机制方面

在流域协调和部门协调方面，有些流域不同省份之间建立了流域水环境保护联合协调机制、跨区域联防联控制度、联席会议制度等沟通协调制度，如《太湖流域管理条例》，但部分地区存在以上制度的缺失，需要进一步建立和完善。

地方出台的有关贯彻落实《指导意见》工作方案或实施方案中虽然明确了河长制成员单位的具体职责，并建立了联席会议制度、部门联动制度、联合执法制度，如《湖北省湖泊保护条例》《安徽省湖泊管理保护条例》《江西省湖泊管理保护条例》，但部分地区尚未建立或不完善，需尽快建立和完善。

在资金投入方面，一些地区建立了湖泊保护投入、生态补偿、鼓励社会资本投入等制度，如《湖北省湖泊保护条例》《安徽省湖泊管理保护条例》，但部分地区尚未建立或不完善，有待尽快建立或完善。

在激励奖励方面，一些地区建立了湖泊保护举报和奖励制度，如《湖北省湖泊保护条例》《安徽省湖泊管理保护条例》《江西省湖泊管理保护条例》，但部分地区尚未建立、有待建立。

在考核问责方面，目标责任制度、评估考核制度、责任追究制度，如《云南省滇池保护条例》《湖北省湖泊保护条例》，但部分地区尚未建立、有待建立。

3.1.3 管理任务方面

水域空间管控及岸线管理保护方面，涉及制度包括河道管理范围划定制度、河湖管理范围划定技术标准、湖泊生态空间管控技术标准、湖泊水域岸线划定技术标准、"清四乱"成效评估技术标准、涉河建设项目审批制度、河道采砂许可制度、规划及约束制度、环境影响评价制度、河道治理与防护制度、河道清障制度等。其中，河湖管理范围划定技术标准、湖泊水域岸线划定技术标准，部分地区尚未建立或不完善，有待进一步建立或完善。湖泊生态空间管控技术标准、"清四乱"成效评估技术标准存在缺失，亟须建立。其他各项制度相对完善，河道管理条例有待修订，采砂管理条例有待建立。

湖泊水资源保护及水污染防治方面，涉及制度包括最严格水资源管理制度、排污许可证制度、水功能区划制度（含水域纳污能力规定）、饮用水水源保护区制度、入河排污口监督管理制度、取水许可制度、生态水位制度、水污染物总量控制制度、排放监测制度、船舶水污染防治制度、渔业水域污染调查制度、饮用水水源保护区日常巡查制度、河道水质监测制度、湖泊保护区制度、湖泊控制区制度等。多数制度来源于法律法规，相对完善，但也有个别制度如水功能区划制度、入河排污口监督管理制度，由于国务院机构改革各部门职能发生调整，需要进一步修订完善。

水环境综合整治与生态修复治理方面，涉及制度包括湖泊健康现状评估制度、湖泊健康评估技术标准、水环境质量监测制度、渔业资源开发利用保护制度、航运许可管理制度、湖区矿产（盐类）开发管理制度、湖泊生态保护和修复制度、湖泊水量调度方案制度、湿地保护制度、湖泊清淤制度等。其中，湖泊健康现状评估制度多数地区尚未建立，有待建立或完善。湖泊健康评估技术标准存在缺失，有待建立或完善。

执法监管方面，涉及制度包括定期检查制度、多部门联合执法机制、湖泊监督制度、行政执法与刑事司法衔接制度、日常监管巡查制度、湖泊健康监管制度等。其中，多部门联合执法机制、湖泊监督制度、日常监管巡查制度等部分地区尚未建立，有待建立或完善；行政执法与刑事司法衔接制度、湖泊健康监管制度存在缺失，有待修订法律或建立。

另外，与《指导意见》的要求相比，"一湖一策"方案编制及实施制度，入湖河流及湖泊水质、水量、水生态监测制度，湖泊管理信息化应用及管理制度，湖泊动态监测制度，社会公众参与及监督制度等均需进一步建立和完善。

3.1.4 管理措施方面

基础工作方面，涉及制度包括湖泊保护名录制度、湖泊普查制度、湖泊档案制度、一湖一档（策）编制技术标准等；社会监督与公众参与方面，涉及制度包括湖泊监测信息协商共享制度、社会监督制度、信息监测与发布制度等；监测监控方面，涉及制度包括信息监测与发布制度、湖泊健康监测技术标准、湖泊无人机监管技术标准、卫星遥感监测技术标准、信息化应用及数据标准等。部分制度存在缺失，有待建立。

3.2 湖泊管理保护制度框架设计

法律层面，《中华人民共和国水法》需要尽快修订，纳入河长制、湖长制有关内容，增加湖泊管理保护相关规定；《中华人民共和国防洪法》需要修订，进一步明确河湖管理范围划定方法；《中华人民共和国水污染防治法》由于水利部和生态环境部的机构职能调整，因此需要修订入河排污口和水功能区监督管理主体责任等内容。

法规层面，《河湖管理条例》需要尽快修订，重新明确河湖管理范围划定办法，建议将《河道管理条例》改名为《河湖管理条例》，突出湖泊管理的重要性以及湖泊管理保护有关规定。《太湖流域管理条例》也需要进一步修订，纳入河长制、湖长制有关内容，明确建立跨区域联防联控制度。完善水污染物总量控制制度；制定《采砂管理管理条例》，明确非法采砂入刑办法，建立行政执法与刑事司法衔接制度。

部门规章及规范性文件层面，由于机构改革和职能调整，水利部出台的《水功能区管理办法》和《入河排污口监督管理办法》有必要修订或废止；此外，针对典型地区调研时发现的问题，水利部有必要制定出台《关于加强河湖管理保护及治理资金投入保障的指导意见》《关于落实湖泊管理单位的指导意见》《河湖健康评价管理办法》《关于加强河湖监管的指导意见》等部门规章或规范性文件，进一步加强湖泊管理保护的资金投入、监管措施等保障。

标准规范方面，需从河湖管理范围划定、河湖生态空间管控、河道清洁、河湖岸线保护与开发利用、入河排污口监管、河湖生态流量管控、水域纳污能力核算、河湖生态修复、河湖管理信息平台数据共享等方面分类制定出台或修订相关的标准规范。

4 结语

综上，为加强湖泊管理保护，应做好以下三方面工作。

一是加快湖泊管理保护立法建设。深入研究完善法律法规建设，加快《中华人民共和国水法》《河道管理条例》等法律法规修订，纳入河长制、湖长制有关内容。各地应结合区域实际，大力探索推进湖泊保护立法相关工作，并将全面推行湖长制中的各项要求、典型经验、成熟做法归纳提炼，纳入地方性法规，进一步提高湖泊管理保护工作的权威性和法制保障。

二是建立相关制度执行与评估机制。依法依规建立湖泊管理保护相关制度执行与评估机制，确保相关制度能有效落实。建立责任机制。以河长制、湖长制为平台，明确各级河长在执行湖泊管理保护方面的责任，切实督促做好相关制度的落实工作。建立制度落实情况评估机制。开展湖泊管理保护制度实施情况后评估，对制度落实不力或者明显违反相关制度的责任人予以追责。

三是加快完善河湖管理技术标准规范体系。标准规范建设是加强湖泊管理保护的重要抓手和基础工作。尽管目前出台了一些标准规范，但和最新要求相比，仍存在较大差距。因此，亟须加强对河湖管理保护相关技术标准规范的重视，尽快建立完善标准规范体系。

参考文献

[1] 刘小勇，郎劢贤，陈健，等．安徽省推进巢湖湖长制从"有名"到"有实"的经验启示 [J]．水利发展研究，2020，20（1）：22-25.

[2] 吴浓娣，刘小勇，陈健，等．河湖健康管理内涵与标准规范建设研究 [J]．水利发展研究，2019（8）：7-11.

[3] 薛滨．我国湖泊与湿地的现状和保护对策 [J]．科学，2021，73（3）：1-4，69.

[4] 夏娜．以全面彻底的整改强力推进"铁腕治湖" [N]．玉溪日报，2021-05-20（003）

[5] 张蕾蕾．湖泊（湿地）生态环境保护体制与机制 [M] //中国科学技术协会．湖泊湿地与绿色发展——第五届中国湖泊论坛．长春：吉林人民出版社，2015：428-431.

关于用水权初始分配的几点思考

王俊杰　王丽艳

（水利部发展研究中心 北京　100038）

摘　要：开展用水权初始分配，是水资源领域落实国家生态文明建设有关部署，建立健全水资源资产产权制度的重要内容，也是贯彻"四水四定"原则、政府市场两手发力、从严从细管好水资源的重要抓手。党的十八届五中全会首次明确提出要建立健全用水权初始分配制度，中共中央办公厅、国务院办公厅印发《关于深化生态保护补偿制度改革的意见》，提出要在合理科学控制总量的前提下，建立用水权初始分配制度。本文对用水权的内涵、用水权与取水权的关系、用水权初始分配现状及存在的问题、用水权初始分配的实现路径等进行了分析，并提出有关建议。

关键词：用水权；取水权；内涵；初始分配；实现路径

1　用水权相关内涵分析

1.1　用水权的内涵

关于用水权，目前尚没有形成明确定义。从字面意思看，用水权将权利的重点落在了"用水"上，即使用水资源的权利。通过对党的十八届三中全会之后党中央国务院关于生态文明建设部署及出台相关文件的研究后认为，用水权指的是用水单位或个人依照法律规定获得的水的使用和收益的权利，强调终端用水户的水资源使用权，范围主要包括工业企业等自备水源取用水户的用水权、公共供水系统（灌区、水库、城市供水管网）内用水户的用水权、农村集体经济组织及其成员对自有水塘水库水的用水权。

需要说明的是，目前一些政策文件中存在"区域用水权"的表述。研究认为，"区域用水权"是区域取用水权益的简称，是指省、市、县等行政区域对区域取用水总量的配置管理权和收益权，属于水资源所有权的范畴。从法理上看，"区域用水权"反映了区域政府进行水资源配置和监督管理的权利，以及通过征收水资源费（税）等享有的所有权人权益。"区域用水权"的边界体现为区域取用水总量，包括区域用水总量控制指标、江河水量分配指标、地下水取用水总量控制指标及调水工程分配水量等。

1.2　用水权与取水权的关系

目前，我国法律法规只对取水权进行了规定。用水权的提出，涉及与法规中已经明确的取水权之间的关系问题，这也是当前准确理解用水权内涵的一个关键问题。研究认为，用水权与取水权之间既有联系，也有区别。

二者的联系主要体现在[1]：第一，取水权与用水权都属于水资源使用权，都属于对水资源占有、使用、收益的权利。第二，对于"既取又用"的自备水源取用水户而言，其既直接从江河、湖泊或者地下取用水资源，又属于终端用水户，因而既属于《中华人民共和国水法》中规定的取水权，又属于十八届五中全会中提出的用水权。因此，对于自备水源的取用水户来说，取水权和用水权是重合的。第三，对于灌区而言，灌区管理单位在办理取水许可证后享有取水权，灌区内用水户则享有用水

作者简介：王俊杰（1986—），男，高级工程师，主要从事水利政策法制研究工作。

权，在这种情况下，可以将用水权视为取水权之下的概念。

二者的区别主要体现在[1]：第一，从权利内容上看，取水权是与取水管理相对应的概念，强调的是直接从江河、湖泊或者地下取用水资源的权利；而用水权则是与用水管理相对应的概念，强调的是终端用水户用水的权利。第二，从权利主体上看，取水权的主体是直接从江河、湖泊或者地下取用水资源的取用水户，既包括公共供水单位，也包括自备水源取用水户，但不包括灌区内用水户、使用自有水塘水库水的农村集体经济组织及其成员；而用水权的主体则是终端用水户，包括自备水源取用水户、灌区内用水户、使用自有水塘水库水的农村集体经济组织及其成员等终端用水户，但不包括灌区、水库管理单位及自来水公司等公共供水单位。第三，从管理上看，取水权全部纳入取水许可管理，但用水权则包括两部分：一部分是自备水源取用水户的权利，纳入取水许可管理范围；另一部分是灌区内用水户和使用自有水塘水库水的农村集体经济组织的权利，不属于取水许可管理范围。

1.3 用水权初始分配的内涵

研究认为，用水权初始分配，是政府通过一定方式将用水权配置给用水户，同时明晰用水户用水权益的活动。用水权初始分配，是在水资源为国家所有的前提下，实现所有权和使用权分离、落实用水户对水资源占有、使用、收益权利的重要步骤。而用水权初始分配制度，则是指与用水权初始分配有关的一系列法律制度的总称，即分配、确认、保护和监管用水权的一系列规则。从水资源配置利用角度看，用水权初始分配工作包括区域取用水权益的明晰和用水户用水权的初始分配两个层面。而开展用水权初始分配，不单单是为了开展用水权交易，初始分配本身就建立了一种倒逼机制，对转变经济社会发展方式、调整产业结构、促进节约用水、提高水资源利用效率效益等具有至关重要的作用。

2 用水权初始分配现状及存在的问题

2.1 用水权初始分配现状

党的十八届三中全会以来，水利部积极推进用水权改革，通过持续推进江河流域水量分配，开展水权试点、水流产权确权试点等工作，基本探明了开展用水权初始分配的途径和方式，初步建立了用水权初始分配体系。

区域层面，一是建立了覆盖省、市、县三级的用水总量控制指标体系，作为相应行政区域取用水数量的"天花板"。二是将区域取用水量通过江河流域水量分配、地下水管控指标确定、调水工程分配水量确定等工作，分解落实到当地地表水、地下水和外调水水源，作为该区域取用水的权利边界。三是通过实施最严格水资源管理制度考核、水资源用途管制、暂停水资源超载地区新增取水许可等工作，进行水资源开发利用的监督管理。

取用水户层面，一是对于纳入取水许可管理的自备水源取用水户，在明确取水许可审批权限和程序的基础上，通过发放取水许可证确认取水权，并开展监督管理。二是对于未实行取水许可管理的用水户，区分类别实施不同方式的用水权初始分配。其中，对于公共管网内的工业企业，现阶段往往是通过下达用水计划，实行阶梯式水价或水量等方式明晰其用水权益。在宁夏等缺水地区，有的是通过发放水资源使用权证的方式明晰其用水权益。对于灌区农户，一些水权试点地区，在明确确权单元、确权对象、核算水量的基础上，通过发放水资源使用权证，来明晰灌区农户的用水权益。对于使用农村集体经济组织山塘、水库中水的用水户，一些地区结合小型水利工程产权制度改革和用水权改革，通过发放水资源使用权证或在工程产权证上载明用水份额及其相应权利等方式，对相应用水权益予以确认。

2.2 存在的问题

水资源的流动性、流域性、多功能性及不同功能间的不完全排他性等特殊属性，客观上决定了用水权初始分配涉及的主体、环节多和建立健全相关制度的复杂性。总体上看，推进用水权初始分配还面临着以下问题。

2.2.1 认识仍有分歧

虽然我国用水权研究和探索已近 20 年，但关于用水权概念的内涵和外延、用水权初始分配的路径和方法等，在理论和实践上仍存在不少认识和分歧。以用水权概念为例，目前我国宪法和法律有水流、水资源所有权、取水权 3 个概念，中央文件使用了水权、水流产权、水资源使用权、用水权、用水权初始分配等多个概念，实践中还存在水资源确权、区域水权、工程水权等概念。对于这些概念，不同的部门和单位、不同的人有不同的理解。

2.2.2 实践做法合理性不一

目前，不同地区在区域层面和取用水户层面开展用水权初始分配的实践做法各异，有的难以满足用水权初始分配的内在要求，促进节水、提升水资源利用效率和效益的作用有限。如在区域取用水权益明晰方面，目前一些地区分得的用水总量控制指标要么偏大、要么偏小，存在"有指标没水用"或者"有水用但没指标"的情况；一些地区预留了用水总量控制指标或开展了区域用水总量指标的储备工作，但关于指标的性质、市场化方式交易等问题，仍需进一步研究。在取用水户用水权初始分配方面，目前取水许可管理中存在"应发未发"或者"层层发证"等情形，增加了用水权初始分配的复杂性；不少地区发放的取水许可证水量偏大，不利于区域水资源优化配置和高效利用；现阶段取水许可管理没有区分取用水户类型实行不同的权属管理，难以满足明晰取水权的需要。未纳入取水许可管理的用水户用水权初始分配方面，目前发放的权证包括水资源使用权证、水权使用证、用水权证等，亟须予以规范。

2.2.3 法律依据不充分

现有法律法规仅规定了水资源所有权和取水权两种权利，实践中开展用水权初始分配，尚缺乏明确的法律依据。从"物权的种类和内容由法律规定"的物权法定原则角度看，目前我国水权权利体系尚未完全定型，难以完全满足开展用水权初始分配工作的需要。主要体现在：一是对于区域用水总量控制指标，政府能够享有什么样的权利义务，缺乏相关法律规定，这给明晰区域取用水权益和开展交易带来了困难。二是取水权的权利义务内容尚不够明确。取水许可制度将公共供水单位和自备水源取用水户都纳入管辖范围，但对二者享有的权利义务内容没有加以区分和明确，给现实中开展用水权初始分配工作带来困难。三是灌区内用水户的用水权初始分配缺乏法律依据。关于用水权的类型、权利义务内容、主体、能否交易等，目前法律上没有规定，也给相应工作的推进带来了困难。

2.2.4 基础工作较薄弱

主要体现在水资源监控计量基础薄弱。水资源监控计量是用水权初始分配工作的基础。但总体上看，我国现阶段水资源管理信息化程度不高，水资源监测、用水计量等监控能力不足[2]，难以为用水权初始分配提供有效的硬件支撑。

3 用水权初始分配的实现路径分析

在充分考虑我国现阶段用水权初始分配工作开展情况及法规制度建设情况的基础上，研究认为，推进用水权初始分配工作，应当从区域和取用水户两个层面开展。其中，区域层面的重点是明确区域取用水总量和权益；取用水户层面的重点是区分不同类型取用水户，分别开展相应的用水权初始分配。

3.1 明晰区域取用水总量和权益

从江河流域水量分配、地下水取用水总量控制指标确定、调水工程水量分配等方面，健全流域和省、市、县行政区用水总量管控指标体系，明确区域可用水量和权益，作为对各流域、各行政区域取用水户开展用水权初始分配和区域水权交易的依据。

一是加快开展跨行政区江河流域水量分配。流域管理机构和县级以上地方人民政府水行政主管部门应当加快组织编制跨行政区江河流域水量分配方案，按程序报请批复实施。

二是明确地下水取用水总量控制指标。县级以上人民政府水行政主管部门应当根据上一级人民政府确定的地下水取用水总量控制指标和水位控制指标，逐级组织拟定地下水取用水总量控制指标和水位控制指标，经本级人民政府批准后下达。

三是开展调水工程水量分配。把已经建成、正在建设及规划期将开展建设的跨流域或跨区域调水工程可用水量，作为区域可用水量和权益的重要组成部分。对已经建成和正在建设的调水工程，省和地级以上人民政府水行政主管部门可以按照调水工程设计方案、受水区水资源供需情况等，制定所辖跨行政区域调水工程水量分配方案，经本级人民政府批准后实施。

四是探索开展区域用水总量指标储备。省和地级以上人民政府水行政主管部门可以根据需要探索开展用水总量指标储备。储备水量指标的来源包括预留用水指标、通过投资节水回购的用水指标、通过市场交易回购取水单位和个人投资节约的用水指标、收回的闲置取用水指标、通过区域水权交易购买的用水指标。为满足国家和区域重大发展战略用水需求，根据流域或者行政区域的水资源条件，省和地级以上市可以在分配江河流域水量或者向下一级行政区域分解下达用水总量控制指标时预留一定的水量指标。

3.2 开展取水权初始分配

区分自备水源取用水户、公共供水单位（含水库管理单位、灌区管理单位、调水工程管理单位、城镇公共供水单位等）、河道内取水单位等，结合取水许可规范管理，明晰不同类型取水权初始分配的途径和方式。

一是明晰自备水源取用水户的取水权。对自备水源取用水户，流域管理机构和县级以上地方人民政府水行政主管部门要在科学核定取用水量等规范取水许可管理的基础上，确认取水权。新办、补办取水许可证，要通过开展水资源论证等举措，并综合区域可用水量、行业用水定额、供水保证率等因素合理核定取水量，确认取水权。换发到期取水许可证，要评估现状用水合理性，有条件的要开展水平衡测试，合理核定取水量，确认取水权。

二是明晰公共供水单位的取水权。水库管理单位应当按照取水许可证载明的水量和用途取水和供水，不享有用水权。灌区管理单位可以代为持有供水范围内用水户的用水权或初始分配后剩余的用水权。对于通过节水措施节约出的水量，灌区管理单位与灌区内用水户或节水投资主体可以按照约定享有用水权。调水工程管理单位应当按照受水区水量分配方案和下达的水资源调度方案或年度调度计划，开展调水，不享有用水权。城镇公共供水单位应当在取水许可水量范围内，按照特许经营有关规定，向供水管网内用水户提供供水服务。

三是明晰河道内取水单位的取水权。河道内水力发电等取水单位，应当按照取水许可证载明的水量和用途取水，不享有用水权。

3.3 开展灌溉用水权初始分配

区分灌区内用水户、使用自有水塘水库的农民集体经济组织及其成员，分别明晰用水权初始分配的途径和方式。

一是明晰灌区内用水户用水权。县级以上地方人民政府或授权的水行政主管部门可采取发放用水权属凭证、下达用水指标或按照行业用水定额测算用水量等多种方式，确认农民用水合作组织、农户或其他用水户的用水权。其中，关于用水权属凭证的名称，可以采用用水权证或水资源使用权证。

二是明晰使用自有水塘水库的农民集体经济组织及其成员的用水权。在组织开展农村集体经济组织自有水塘水库的水资源及其利用情况调查等工作基础上，根据需要，可以由农民用水合作组织、村民小组或村民委员会代表村集体享有农村集体经济组织用水权，有条件的可进一步分配给农户。由县级人民政府或授权水行政主管部门发放农村集体经济组织用水权属凭证，也可以结合农村小型水利工程产权改革，在水利工程设施权属证书上记载用水份额及其权利。

3.4 探索开展供水管网内工业用水权初始分配

有条件的地区可以探索对供水管网内规模以上的工业用水户实行用水权有偿取得。对于新建、改建、扩建的项目，积极尝试通过与政府或者其他取用水户的水权交易取得用水权。权利人对有偿获得的用水权，拥有使用、转让和抵押等权利，用水权期限综合考虑区域经济社会发展、产业生命周期、水工程使用期限等合理确定。对于有偿取得的用水权，依法通过发放取水许可证或用水权属凭证明确用水权归属，并明确权利主体及期限、权利义务及转让抵押等他项权利设定等。有偿取得取水权的单位或个人，不免除其依法缴纳水资源费（税）的义务。

4 有关建议

一是近期看，要尽快出台用水权改革相关政策文件。目前，水利部水资源司正在起草关于用水权改革的政策文件，建议尽快出台该文件，为用水权初始分配工作提供指导。文件起草过程中，要针对区域取用水权益的明晰和不同取用水户的用水权初始分配，提出相应改革举措。同时，针对工作中存在的认识不统一、做法不规范等问题，要提出相应的指导举措。

二是远期看，要提前谋划相关法律法规的修订工作。现阶段推进用水权初始分配，面临着法律依据不充分的问题。要实现用水权改革举措的于法有据，夯实改革基础，迫切需要开展《中华人民共和国水法》《取水许可和水资源费征收管理条例》等涉水法律法规的修订工作。为此，建议及时跟踪了解用水权初始分配过程中的成熟经验做法，提前开展水权权利体系完善、用水权初始分配配套制度建设等的研究论证工作，提出相应立法条文建议，为推动相关立法工作提供支撑。

三是长期看，要持续夯实用水权初始分配工作基础。主要是要注重加强水资源监控计量体系建设，通过提升智慧化、信息化水平，全面提高水资源监控、预警和管理能力，为用水权初始分配工作的开展提供硬件支撑。

参考文献

[1] 李兴拼，汪贻飞，董延军，等. 水权制度建设实践中的取水权与用水权 [J]. 水利发展研究，2018，18（4）：14-17.

[2] 高士军，李铁男，董鹤. 黑龙江省水权市场化交易对策措施研究 [J]. 水利科学与寒区工程，2021，4（3）：180-182.

水资源供给保障要走高质量发展之路

刘 汗 吴 强

（水利部发展研究中心，北京 100038）

摘 要：水资源供给保障是国家水安全保障的重要组成，是推动新阶段水利高质量发展的关键领域，是关系我国经济社会高质量发展的重要保证。本文从树立创新、协调、绿色、开放、共享的新发展理念出发，对新阶段水资源供给保障高质量发展的内涵进行了初步探讨；从促进水利高质量发展、推动社会文明进步、满足人类发展新需求三个维度分析了新阶段推动水资源供给保障高质量发展的理论逻辑和实践意义，并提出了相关建议。

关键词：水资源供给；高质量发展；新阶段

党的十九届五中全会提出，"十四五"时期经济社会发展要以推动高质量发展为主题，这是根据我国发展阶段、发展环境、发展条件变化做出的科学判断。2021 年全国两会期间，习近平总书记再次对高质量发展作出重要论述，明确高质量发展不只是一个经济要求，而是对经济社会发展方方面面的总要求。这就为深入理解水资源供给保障"高质量发展"提出了要求、明确了方向、拓展了思路、开阔了视野。水资源供给保障是国家水安全保障的基本要求，是推动新阶段水利高质量发展的关键领域，是关系我国经济社会高质量发展的重要保证。

1 如何理解新阶段水资源供给保障高质量发展

水资源与人民群众的生命健康、生活品质、生产发展息息相关。推动水资源供给保障高质量发展，要从根本上把握新发展理念，牢牢把握我国社会主要矛盾的变化，准确理解人民群众对水的需求已从"有没有"转向了"好不好"，把水资源供给保障高质量发展同满足人民美好生活需要紧密结合起来，着力解决好水资源供给服务不平衡、保障不充分、水质不稳定等问题，进一步提升水资源供给的保障标准、保障能力、保障质量，让人民群众有更多、更直接、更实在的获得感、幸福感、安全感。

1.1 更安全的供水网络

随着我国经济的快速发展和城市化水平的提高，突发性环境污染事件发生的可能性也不断增大，

作者简介：刘汗（1981—），男，博士，主要从事水利投融资、水利发展战略、水利改革等方面的研究工作。
吴强（1967—），男，正高级工程师，博士生导师，中国水利学会理事，中国软科学研究会理事。多年来在水利规划、项目前期、投资计划、水利统计、水资源管理、水利立法、项目后评价、政府采购协议（GPA）等领域开展了大量理论研究和实践工作，形成了一批兼具理论性和影响力的成果，得到水利部等部委采纳，取得显著经济社会效益。

如松花江化工污染、无锡太湖蓝藻污染等，对公共供水安全造成严重威胁❶。由于饮用水水源地大多位于城市远郊，输水线路长，沿线环境复杂，天然河道、水库、明渠等部位较易发生突发污染事件，水源地至水厂输水过程受突发性水污染的风险相对更高。在持续做好饮用水水源保护、大力推进城镇应急备用水源建设的基础上，以国家水网建设为核心，统筹存量和增量，突出互联互通，加强多水源、既可单独运行又可相互调度的输水联网工程建设，遇到突发污染可随时截断供水，并具备与现有输水管网切换、直接并网运行的备用供水网络。

1.2 更优质的供给水源

生活饮用水水质的优劣与人类健康密切相关。随着生活水平的不断提高和公民健康意识的普及提升，人民群众对优质水资源的要求越来越高、需求也更加迫切，已经从低层次上的"有没有"问题转向高层次上的"好不好"问题。以南水北调中线工程为例，在极大缓解北方水资源严重紧缺局面的基础上，沿线受水省份居民用水水质明显改善，成为老百姓切身感受最深刻、最直接、最关心的利益问题❷。加强水资源用途管制，将保障城乡居民生活用水作为水资源用途管制的第一目标，尽可能将优质水资源优先用于城乡居民生活用水。在优质水源相对不足的地区，鼓励按照优水优用、分质供水、高效利用的原则，统筹生活、生产和生态用水，对不同水质水源实行差别化适配供水，进一步提高各种水资源的利用效率。

1.3 更公平的供水服务

清洁用水权是《联合国国家人权宣言》规定的公民应享有的基本权利之一。改革开放以来，与快速发展的城镇供水系统相比，我国农村供水整体水平滞后，存在较为严峻的城乡供水二元割裂问题。"十二五"期末，我国农村饮水安全问题虽然得到基本解决，但在水质达标率、水量稳定性等方面与城镇相比仍有较大差距。尤其是农村剩余劳动力和人口向城镇的大幅流动和转移，其用水习惯与城镇居民基本一致，实际用水定额也远高于农村生活标准，在流动人口春节假期集中返乡时，农村供水面临弹性需求大、应急保障难的问题。必须在推进城乡基本公共服务均等化上持续发力，积极打破行政区划和城乡二元供水格局，大力推进城乡供水一体化，力争实现城乡供水"同源、同质、同网、同服务"目标。

1.4 更绿色的供水体系

供水水源地的水质本底条件，与城乡居民生活用水水质情况密切相关，也决定了水厂供水处理的工艺、深度和成本。随着膜处理、紫外线消毒等现代水处理工艺的发展，尽管对于水质较差甚至未达标的水源地，也可以通过净水处理技术去除源水中的污染物，保障居民饮用水水质达标。但受标准、技术和成本等多方面因素影响，水质本底条件较差的自来水在硬度、水碱、口感等方面，与天然优质的水源相比仍然有相当的差距，而且水处理过程需要消耗大量的能耗与化学药剂，与绿色、低碳、健康、经济等要求不相符。在当前"碳达峰、碳中和"目标的引领下，要加大对优良供给水源的保护开发，优选更节能的输水方式，创新更健康的制水工艺，形成更绿色的供水体系。

1.5 更文明的供水理念

水资源供给保障是国家水安全的重要组成，与国计民生息息相关，更离不开社会公众的参与和支持。很长一段时间，水资源供给保障习惯性以开源的理念为主，主要通过加大水资源开发利用程度满足不断扩张的社会用水需求。随着水资源开发利用程度的不断提高和经济社会用水需求的逐步提升，可供开发利用水资源的稀缺性日益突显，跨区域、跨流域引调水工程日渐增多。新时代新阶段的水资

---

❶ 2005 年 11 月，吉林石化公司双苯厂发生爆炸，造成大量苯类污染物流入松花江水体，松花江部分江段受到污染，导致沿江居民用水发生困难，成为国内外各大媒体报道的焦点。2007 年太湖无锡流域大面积蓝藻暴发，导致该城区近百万市民家中自来水水质突然发生变化，并伴有难闻的气味，无法正常饮用，市民纷纷抢购纯净水。

❷ "南水"进京后，城区居民饮水水质有了明显改善，特别是以南水北调来水为单一水源的水厂供水范围内效果尤为突出，自来水硬度由以前的 380 mg/L 降为 120～130 mg/L，居民普遍反映自来水水碱减少、口感变甜。

源供给保障，必须贯彻高质量新发展理念，不能走传统的以需定供的老路，加快推进供水管理向需水管理转变，加强对水资源需求侧的管理，以水资源的最大刚性约束抑制不合理的用水需求，以深化水资源税价改革提高用水效率和效益，推动用水方式进一步向节约集约转变，实现水资源的供需平衡。

2 为什么要推动水资源供给保障高质量发展？

党的十八大以来，以习近平同志为核心的党中央强调，要正确认识和把握我国社会发展的阶段性特征。当前，我国社会主要矛盾已经转化为人民日益增长的美好生活需要和不平衡不充分的发展之间的矛盾。水资源供给保障关系千家万户用水安全和人民群众生命健康，是维护最广大人民群众根本利益的重要体现。新中国成立 70 多年来，水利部门高度重视水资源供给保障工作，供水思路不断创新，供水能力不断提高，供水领域不断扩大，供水体系不断完善。在我国已进入全面建成小康社会、加快推进社会主义现代化建设的新的发展阶段，从促进水利高质量发展、推动社会文明进步、满足人类发展需求等高度认识新阶段推动水资源供给保障高质量发展的重要意义。

2.1 是国家水安全保障螺旋式上升发展的必然要求

水资源供给保障关系到粮食安全、经济安全、社会安全、生态安全，是水安全保障的重中之重，而农村供水保障因点多、面广、量大、投入少、标准低等影响更是难上加难。进入 21 世纪以来，为着重解决水资源供给保障"最薄弱环节""最后一公里"等问题，先后实施了农村饮水解困、农村饮水安全和农村饮水安全巩固提升工程建设，农村供水安全保障水平稳步提升，水资源供给保障安全体系不断完善。当前，我国正处于从大国走向强国的关键时期，面对错综复杂的国际形势和艰巨繁重的国内改革发展稳定任务，水资源供给保障将面临内部能力要求高、提升难、瓶颈多等"老"问题，以及各种难以预测的外部安全风险新挑战。必须深刻认识错综复杂的国内外环境带来的新矛盾、新挑战，坚持以总体国家安全观为指导，筑牢国家水资源供给安全防线，时刻准备应对各种风险挑战和重大考验。

2.2 是新时代城乡公共服务均等化波浪式前进的发展趋势

新中国成立以来，由于计划经济体制和城乡分割的二元社会制度影响，我国形成了典型的城乡二元经济结构，造成了城乡基础设施建设的巨大差异。改革开放以后，围绕促进经济发展的目标和要求，农村交通、电力、通信等基础设施受发展带动性好、建设紧迫性强、地方积极性高等因素影响，得以在广大农村优先建设发展，农村供水基础设施建设相对滞后。进入 21 世纪以后，特别是 2000 年 9 月联合国千年发展目标提出后，经过长期不懈的努力，农村饮水安全作为脱贫攻坚"两不愁三保障"中的重要内容，"十三五"期末得以全面解决。在全面建成小康社会、加快推进社会主义现代化的新的发展阶段，农村供水要与交通、电力、网络等基础设施水平看齐，加快补上农村供水基础设施短板，推进城市供水管网向农村延伸，促进农村供水工程与城市管网互联互通，提升城乡供水公共服务均等化水平。

2.3 是人类需求从低级向高级阶梯式提升的客观规律

确保城乡居民饮用水不含病原微生物，不对人体健康产生危害，满足人们生理上的安全需求，是水资源供给保障的底线。从水资源供给保障人的需求看，人与动物的根本区别在于其社会性的强大，对生活的追求并不仅仅局限于最低层面的生存，而是一个从低级到高级发展的过程❶。可以预见，在水资源供给安全保障得到基本满足的前提下，未来人们对水资源供给是否经过精密过滤、活性炭吸附、紫外线灭菌、矿化活化等深度处理工艺，是否拥有令人满意的饮用水色度、浑浊度等感官性状，甚至是否含有有益矿物质、微量元素等促进人类生命健康层面，将会提出更高层次的享受需求、发展需求，不断满足人们对日益增长的美好生活的需要。水资源供给保障"高质量发展"，完全符合人们对美好生活向往的本能，符合人类文明和社会进步的发展规律。

---

❶ 美国心理学家亚伯拉罕·马斯洛 1943 年在《人类激励理论》首次提出马斯洛需求层次理论。人的需求是一个从低级到高级发展的过程，最基础的是生理上的需求，进一步会衍生出安全需求、社交需求、尊重需求和自我实现等更高层次的需求。

3 加快推动水资源供给保障高质量发展的几点建议

高质量发展是"十四五"乃至更长时期我国经济社会发展的主题，关系我国社会主义现代化建设全局。推动水资源供给保障高质量发展，就是要坚持以人民为中心的发展思想，全面贯彻新发展理念，积极践行"节水优先、空间均衡、系统治理、两手发力"的治水思路，把水资源供给保障质量和效益摆到更加突出的位置，为全面建设社会主义现代化国家提供有力的水资源供给安全保障。

3.1 开源和节流双向发力促进水资源供给保障高质量发展

水的承载空间决定了经济社会的发展空间。在水资源供需矛盾日益尖锐的形势下，水资源供给保障和经济社会发展的"高质量"耦合，必然是一个良性互动、双向互促的演化进程。既要发力"开源"，加快实施国家水网重大工程，优化水资源配置战略格局，增强我国水资源统筹调配能力、供水保障能力、战略储备能力，保障经济社会快速发展的用水需求；更要发力"节流"，深入实施国家节水行动，把节水作为水资源开发、利用、保护、配置、调度的前提，推动用水方式进一步向节约集约转变，倒逼经济发展方式不断转变、经济结构持续优化。

3.2 建立健全适应高质量发展要求的水价形成和调整机制

建立与我国高质量发展阶段相适应的水价形成和调整机制，是水资源供给保障高质量发展的改革目标和客观要求。建立健全有利于促进水资源节约和水利工程良性运行、与投融资体制相适应的水利工程水价形成机制。创新水利工程供水价格动态调整机制，鼓励有条件的地区实行供需双方协商定价。持续深化城镇供水价格改革，建立健全激励提升供水质量、促进节约用水的价格形成和动态调整机制。深入推进农业水价综合改革，切实保护农民利益和生产积极性，同时充分发挥市场机制作用，统筹推进精准补贴和农业节水奖励机制，提高节水积极性，促进水资源节约高效利用。

3.3 建立基于自然水循环过程的水资源生态圈保护观

水资源供给高质量发展，离不开优质的供水水源作为基础保障。江河湖泊作为人类可利用水资源的主要载体，其健康生态直接关系到自然水循环过程不同环节、不同形态水资源的环境优劣。受自然水循环过程影响，不同形态的水资源以地球为介质持续迁移输送和交换转化。实现水资源供给保障高质量发展目标，保护提升供水水源的水量、水质条件，不能片面、机械、直观地局限于加强水源地保护单一思维、单一环节。只有基于自然水循环过程，维护好江河、湖泊和地下水等健康水生态圈，才能保证现有水源地水资源的优质、稳定、足量供给，形成良性循环，真正实现水资源供给保障的高质量发展。

3.4 以推进城乡供水一体化促进城乡供水服务均等化

推进城乡供水一体化，是解决农村饮水安全、新一轮农村饮水提质增效发展到一定阶段的必然趋势，也是促进乡村振兴、城乡融合发展的客观要求。与城镇供水相比，农村供水是实现城乡供水服务均等化的短板、弱项和难点。必须坚持工业反哺农业、城市支持农村的方针，完善促进基本公共服务均等化的公共财政制度，鼓励社会资本积极投资推进城乡供水一体化，在税费、投资、用地等方面出台鼓励城乡供水一体化建设的支持政策，引导城镇供水管网基础设施向农村延伸、公共服务向农村覆盖，推进城乡供水"同水源""同管网""同水质""同服务"，稳步提高城乡供水基本公共服务均等化水平。

3.5 探索建立从水源地到水龙头全过程监管的智慧水网

由于目前城市二次供水设施建设和管理多元化，监管职责不明晰，运行维护责任不到位，导致供水设施跑冒滴漏严重、供水服务不规范、水质污染风险高等诸多问题，严重影响城镇供水安全。随着农村自来水普及率的不断提高，城镇自来水"二次污染"的风险隐患问题，对农村供水系统同样不容忽视。针对农村供水点多、面广，管理人员少、专业水平低等特点，加大物联网、大数据、人工智能等现代信息技术应用，采取无人、少人值守的数字化运行管理模式代替传统人工为主的水务管理模式，提升农村供水的智慧化管理水平，力争实现智慧水利的"弯道超车"。

参考文献

［1］田秋生．高质量发展的理论内涵和实践要求［J］．山东大学学报（哲学社会科学版），2018（6）：1-8.

［2］杨伟民．贯彻中央经济工作会议精神推动高质量发展［J］．宏观经济管理，2018（2）：13-17.

［3］陈鸿起．水安全及防汛减灾安全保障体系研究［D］．西安：西安理工大学，2007.

［4］许建玲．我国饮用水安全管理体系问题及对策研究［D］．哈尔滨：哈尔滨工业大学，2013.

［5］徐子春．加快城乡供水管网建设着力推进城乡供水一体化［J］．管理观察，2013(19)：118-119.

农业水价精准补贴经验研究及机制设计

王健宇[1]   姜 珊[2]   朱永楠[2]

（1. 水利部预算执行中心，北京 100038；
2. 中国水利水电科学研究院 流域水循环模拟与调控国家重点实验室，北京 100038）

摘 要：建立健全农业水价精准补贴机制对促进我国水资源可持续利用和农业可持续发展具有重要意义。本文在借鉴国内外相关经验基础上，结合我国农业水价综合改革实践探索，对农业水价精准补贴机制进行了初步分析论证。研究认为：可以由中央和地方财政共同参与，对种粮农户的定额内用水水费进行适当补贴，超定额用水实行累进加价。

关键词：两手发力；农业水价；农业用水；精准补贴

农业是用水大户，也是节水潜力所在。水利是农业的命脉。农业用水问题既关乎水资源可持续利用，又关乎农业可持续发展。建立健全农业水价精准补贴机制既要充分发挥市场优化资源配置作用，又要更好发挥政府作用，合理分担农业供水成本，保障合理用水。

1 国内农业补贴相关经验做法

为保障国家粮食安全和促进农民增收，我国出台了粮食直补、良种补贴、农机具购置补贴、农资综合直补等四项政策。

1.1 良种补贴

中央财政对水稻、小麦、玉米、大豆、油菜、棉花和国家确定的其他农作物品种进行补贴。

补贴对象：使用农作物良种的农民（含农场职工），以及种植大户、家庭农场、农民合作社或企业等。土地承包人出租土地或由他人代种农作物良种的，按"谁种谁享受补贴"的原则，补贴资金直接发放给承租人或代种人。

补贴资金来源：中央财政农作物良种补贴资金。

补贴标准：由财政部、农业部根据国家政策一年一定。如2014年，小麦、玉米、大豆、油菜、青稞每亩补贴10元（新疆小麦、水稻、棉花良种每亩补贴15元）；马铃薯一、二级种薯每亩补贴100元；花生良种繁育每亩补贴50元、大田生产每亩补贴10元。

补贴方式：由各地根据实际，按照"让农民得实惠、提高良种覆盖率"的原则自行确定。一些省（区）采取差价供种方式，按销售量对良种企业进行补贴，农民按补贴后的价格购买良种。一些省（区）良种按全价销售，按面积对农民进行补贴。

1.2 粮食直补

我国建立对农民的直接补贴制度，国家从粮食风险基金中拿出部分资金，用于主产区种粮农民的直接补贴。

补贴对象：从事粮食生产的农民。

补贴资金来源：粮食风险基金，包括中央补助款、地方财政预算安排和地方财政预算外资金。

基金项目：国家自然科学基金项目（51809282）。

作者简介：王健宇（1982—），男，高级工程师，主要从事资源环境经济工作。

补贴标准：按农民实际粮食播种面积直补，具体标准由各省（区）确定。

补贴方式：粮食主产区（河北、内蒙古、辽宁、吉林、黑龙江、江苏、安徽、江西、山东、河南、湖北、湖南、四川）原则上按种粮农户的实际种植面积补贴。其他地区结合当地实际选择切实可行的补贴方式，具体补贴方式由各省（区）确定。

1.3 农机具购置补贴

我国对农业机械购置实施财政补贴。

补贴对象：直接从事农业生产的个人和农业生产经营组织。农业生产经营组织包括农村集体经济组织、农民专业合作经济组织、农业企业和其他从事农业生产经营的组织。在申请补贴对象较多而补贴资金不足时，按照"公平、公正、公开"的原则确定，对已经报废老旧农机并取得拆解回收证明的补贴对象，可优先补贴。

补贴资金来源：中央财政农业机械购置补贴专项资金。

补贴标准：中央财政农机购置补贴资金实行定额补贴，即同一种类、同一档次农业机械原则上在省域内实行统一的补贴标准，不允许对省内外企业生产的同类产品实行差别对待。为防止出现同类机具在不同省（区、市）补贴额差距过大，通用类机具最高补贴额由农业部统一发布。各省（区、市）农机化主管部门结合本地农机产品市场售价情况进行测算，在不高于最高补贴额的基础上，负责确定本省（区、市）通用类农机产品的补贴额。一般农机每档次产品补贴额原则上按不超过该档产品上年平均销售价格的30%测算，单机补贴额不超过5万元；挤奶机械、烘干机单机补贴额不超过12万元；100马力（1马力=0.735 kW）以上的大型拖拉机、高性能青饲料收获机、大型免耕播种机、大型联合收割机、水稻大型浸种催芽程控设备单机补贴额不超过15万元；200马力以上拖拉机单机补贴额不超过25万元；大型甘蔗收获机单机补贴额不超过40万元；大型棉花采摘机单机补贴额不超过60万元。

补贴方式：原补贴方式为"农民差价购机、省级统一支付、企业结算补贴"，现实行"自主购机、定额补贴、县级结算、直补到卡（户）"。

1.4 农资综合直补

政府对农民购买农业生产资料（包括化肥、柴油、种子、农机）予以直接补贴。

补贴对象：受油料、化肥等农业生产资料价格变动影响，增加支出的种粮农民。

补贴资金来源：粮食风险基金。

补贴标准：实行动态调整，根据化肥、柴油等农资价格变动，遵循"价补统筹、动态调整、只增不减"的原则安排和增加补贴资金。农资价格上涨的年份，预算安排的增量资金直接拨付种粮农民，以弥补增加的种粮成本。在农资价格不涨或下降的年份，中央财政预算安排的增量资金，集中用于与种粮农民直接相关的粮食基础能力建设，不直接兑付到种粮农户。

补贴方式：与粮食直补合并发放，采取"一卡通"或"一折通"的形式，直接兑付到农户。

1.5 主要经验启示

一是补贴责任要与事权相匹配。粮食增产、农民增收是中央和地方的共同事权，从中央对"三农"工作定位看，中央事权为主。相应的，补贴由中央、地方共同承担，中央补贴为主。目前，粮食风险基金、良种补贴资金和农业机械购置补贴等四项补贴专项资金主要由中央财政承担。

二是补贴目标要与补贴对象相匹配。要实现补贴政策目标，首要的是明确补贴对象，提高补贴精准性、指向性。如为推广良种应用而补贴良种使用者，为鼓励种粮和农业适度规模化经营而补贴农民及新型农业经营主体，为推动引导使用先进农机设备而补贴农机购买者，为降低农业生产成本而补贴农资购买者。

三是补贴方式要灵活多样。在明确补贴对象的前提下，补贴资金不一定要直接发放给农民。应紧紧围绕实现政策目标，按照简便易行、经济高效原则确定具体补贴方式。如良种补贴，允许各地结合实际，既可以对良种生产者进行补贴，由地方政府有关部门与良种企业直接统一结算；也可以是对良种购买者进行补贴，通过"一卡通"或"一折通"将补贴资金发放到户。

2 典型国家和地区农业补贴有关做法与经验

国外对农业进行补贴扶持是普遍做法。发达国家农业收入的 40%来源于补贴。按照 WTO（世界贸易组织）《农业协议》，农业补贴作为国内支持措施分两类，一类是不引起贸易扭曲的"绿箱"措施；另一类是引起贸易扭曲的"黄箱"措施。"黄箱"措施是要加以限制和削弱的，按照规定其补贴额度发达国家限于农业总产值的 5%以内，发展中国家限于 10%以内，其中我国为 8.5%。国际上对农业水费补贴更多的采用"绿箱"政策，在供给环节进行补贴，即灌溉工程投入主要由政府承担，用水户承担全部或部分运行管理费用。

2.1 西班牙农业水费补贴

水费包括水资源费和水资源管理费（相当于工程水费）。水资源费征收标准与水资源用途有关。水资源管理费包括水量调节费（相当于基本水费）和用水费（相当于计量水费）两部分。地表水灌区和政府开发的灌区通常水价较低，缺水地区、地下水灌区、调水工程及经济效益好的作物水价较高。农业水价约占成本的 60%，其余由政府补助，补贴标准为成本水价与实际水价的差额。数据显示，实际水价都要低于成本水价，最低的仅达到成本的 15.6%，补贴最高占到成本的 84.4%。

2.2 美国农业水费补贴

美国联邦水价政策以补偿成本为原则，农业作为相对弱质的产业，水价有一定的优惠。1902 年《垦务法》（Reclamation Act）规定，联邦投资的灌溉供水工程建设费用（不含贷款利息）、工程运行维护费用由受益农户承担。随着灌溉工程建设投资费用的增加，偿还规定进一步放松。《1939 年垦务工程法》（Reclamation Project Act of 1939）确定了根据农户"支付能力"偿还工程投资的原则。农户"支付能力"由垦务局考虑灌区内作物种植面积、种类、产量，以及土壤、气候、作物生长条件和季节等因素决定。农户先承担工程运行维护费，剩余的"支付能力"用来偿还投资，超出农户支付能力的那部分投资，由投资人经营的水电、城市和工业供水收入弥补。

2.3 日本农业水费补贴

日本灌溉供水骨干工程建设和运行维护费用全部由政府承担，即政府（中央和都道府县）拥有的骨干农业供水工程不收水费。土地改良区的其他农田水利设施的运行维护和管理向农户征收"经常赋课金"（相当于水费）。"经常赋课金"按面积征收，一般从农户的银行账户中直接划转。全国土地改良区每年"经常赋课金"平均 14~184 元/亩（为稻米产值的 2%~3%），水田略高于旱田。为保护农业和稻米生产，根据不同地区的情况，由各级政府对土地改良区运行维护进行一定补贴。日本农林水产省资料显示，2005 年土地改良区支出工程管理维护费 1 771 亿日元，其中 226 亿日元（约占总支出的 13%）来自各级政府（其中中央补助 99 亿日元，约占总支出的 6%），其余由农户筹资或投劳承担。

2.4 主要经验启示

典型国家和地区农业补贴有关做法表明，政府对农业供水进行补贴是通行做法，补贴形式包括代缴水费、对成本水价与实际水价差额进行补贴、对工程运行维护费用补助、财政承担骨干工程建设和管护等。从趋势上看，政府补贴力度还有加大的倾向。

3 农业水价精准补贴方案设计

在借鉴国内外相关经验基础上，结合我国农业水价综合改革实践探索，对农业水价精准补贴机制进行了初步分析。

3.1 关于补贴的范围

补贴范围涉及作物和水源两个层面。对于作物范围，考虑保障粮食安全、水费承受力等因素，精准补贴范围应限定在粮食作物，包含小麦、水稻、玉米、燕麦、黑麦、大麦、谷子、高粱和青稞等。

同时，鉴于我国已将马铃薯作为"第四主粮"，可考虑将马铃薯纳入粮食作物范畴。对于水源范围，按照优化水资源配置的原则，特别是为了减少地下水开采量、避免或减缓地下水超采，应对地表水灌溉进行补贴。

3.2 关于补贴方式

为发挥农业水价精准补贴对节约用水的促进作用，建议将精准补贴与节水挂钩，按照定额内用水量进行补贴，定额内用水量的补贴，超定额累进加价。但按水量补贴对计量设施和用水管理要求高，用水计量设施不完备的地区，可暂按灌溉面积进行补贴。

汲取粮食直补、良种补贴等直接发放给农民补贴精准性不够的教训，可发放给农民用水合作组织，由其根据用水、水费收取情况向农民发放，定期公示，接受监督。具体操作为：在水价执行不到位、水费收不上来的时候，代农民缴水费，确保工程运行维护需要；在水价执行、水费收取到位的情况下，向农民发放补贴。

3.3 关于资金来源

对于补贴资金，根据事权划分应由中央和地方财政共同承担。中央财政主要对国有骨干工程和粮食主产区给予补贴，适当向中西部地区、贫困地区倾斜；地方财政主要对小型农田水利工程进行补贴。

综上分析，具体精准补贴方案如下：

补贴对象：种粮农民。

补贴范围：地表水灌溉的粮食作物。

补贴规模：超出农民承受能力范围的工程运行维护成本。

补贴方式：政府将补贴发放给农民用水合作组织，由合作组织根据定额内用水量进行补贴，计量设施不足的暂按亩补贴。

资金来源：中央财政主要对国有骨干工程和粮食主产区给予补贴，地方财政主要对小型农田水利工程给予补贴。

4 政策建议

为确保精准补贴机制落实，提出以下建议：

一是鉴于提高水价是实施精准补贴的前提条件，建议相关部门将调整农业水价纳入价格改革议程，同时加快《水利工程供水价格管理办法》修订工作，重点修改完善成本定价内容，全面反映供求关系、资源稀缺程度等因素，为调整水价提供依据。

二是建议协调财政部门将精准补贴明确为中央和地方共同支出责任，落实补贴资金。其中，中央财政通过安排部分增量资金、优化现有资金渠道等方式，用于粮食主产区、大中型灌区及老少边穷地区的精准补贴，同时指导地方财政落实相应资金。在补贴方式上，中央精准补贴资金实行"以奖代补"，与地方补贴资金挂钩，多补多奖、少补少奖、不补不奖。

三是把计量设施配套作为水利建设的重点，在灌区建设、末级渠系建设等农田水利建设过程中，充分考虑计量收费的需要，同比建设、重点倾斜、优先安排。

参考文献

[1] 王亚华. 水治理如何"两手发力"[J]. 前沿, 2014 (10)：4-6.

[2] 姜文来, 刘洋, 伊热鼓, 等. 农业水价合理分担研究进展 [J]. 水利水电科技进展, 2015 (9)：191-195.

[3] 王健宇, 余艳欢. 农业经营方式转变背景下的农田水利建设管护机制探索 [J]. 水利发展研究, 2012 (11)：15-18.

黄河保护立法中若干问题思考

张建民[1]　侍　恒[2]　岳瑜素[2]　王庆强[1]

（1. 水利部黄河水利委员会，河南郑州　450003；
2. 黄河水利委员会黄河水利科学研究院，河南郑州　450003）

摘　要：黄河是世界上最复杂难治的河流之一，无论是发生洪水灾害频次、流域水土流失面积和强度、年均输沙量，还是地上"悬河"高度、河道内居住人口数量等，均位居世界江河第一位，加之水资源十分短缺，水土资源不合理开发等影响，仍存一些突出困难和问题。围绕黄河流域水旱灾害防御、水资源管理、生态环境保护、滩区管理等四方面突出问题深入开展立法研究，并提出立法建议，为黄河保护立法打下基础。

关键词：黄河保护立法；水旱灾害防御；水资源管理；生态环境保护

黄河立法自 20 世纪 90 年代提出制定[1]，至今已经 30 多年。黄河流域生态保护和高质量发展确立为重大国家战略，黄河保护立法工作迎来重大历史机遇。2020 年 10 月国家全面启动黄河立法起草工作，2021 年 10 月 8 日，国务院常务会议通过草案，下一步将进入到全国人大常委会审议阶段。黄河保护立法围绕黄河流域突出困难和问题，将黄河治理保护成功经验和有效做法系统化、制度化，为黄河流域重大国家战略实施提供法治保障。

1　基本情况

黄河是中国第二大河，全长 5 464 km，流域面积 79.5 万 km²，流域人口 1.1 亿［流域九省（区）总人口 4.2 亿］[2]，治黄 70 多年来，黄河得到了空前规模的治理开发，为国家经济发展和社会稳定提供了重要支撑和保障。确保了黄河岁岁安澜，创造了伏秋大汛 70 多年不决口的历史奇迹；遏制了"悬河"淤积抬升步伐，打破了河淤堤高、人沙赛跑的恶性循环；以有限水资源支撑了经济社会发展，解决了 8 400 多万农村人口饮水安全问题，实施引黄济津、引黄济青、引黄入冀[3]，缓解了缺水地区的燃眉之急，向雄安新区供水支撑了新区建设；流域生态环境保护得到加强，坚持自然修复与人工治理相结合，建设水土保持重点工程，实施黄河水量统一管理和调度，改善黄河健康状况，实施最严格的水资源管理制度，促进水资源节约保护，以河湖长制为抓手，整治了河争地、侵占河湖的违法行为，初步遏制水质恶化趋势。

黄河法治建设是黄河治理的有力保障。1998 年《中华人民共和国水法》的颁布实施，建立了黄河流域水行政管理体制，黄河河政得到统一。2006 年我国关于黄河治理开发出台的第一部行政法规——《黄河水量调度条例》的出台建立起统一的黄河水量调度管理长效机制，用法治的手段彻底扭转了黄河长达 27 年的频繁断流局势，迄今实现了黄河连续 22 年实现不断流，极大地促进了有限黄河水资源的优化配置和高效利用，统筹协调沿黄地区经济社会发展与生态环境保护，保障了流域供

基金项目：2021 年部门预算项目：水利政策研究（黄河立法研究）。

作者简介：张建民（1964—），男，教授级高级工程师，主要从事水工结构工程、水利政策法规研究工作。

水安全。依照法律法规的规定，建立黄河水行政执法体系，有力地打击了涉河违法行为，维护了良好的水事秩序；携手检察院，发起"携手清四乱 保护母亲河"专项行动，河道"四乱"现象得到全面整治；建立与司法机关、检察机关、公安机关联合的生态环境司法、执法协作机制，构筑起保护母亲河的法治屏障。从"二五"普法开始，持续开展普法宣传教育工作，连续五届保持中宣部、司法部表彰的全国普法先进单位，沿黄人民群众的法治意识持续增强，依法治河管河取得明显成效。

《黄河流域生态保护和高质量发展规划纲要》[4] 明确提出：深入开展黄河保护治理立法基础性研究工作，将黄河保护治理中行之有效的普遍性政策、机制、制度等予以立法确认。因此，本文主要针对黄河流域水旱灾害防御、水资源管理、生态环境保护、滩区管理等四方面突出问题开展深入研究，并提出立法建议。

2 问题分析

黄河是世界上最复杂、难治的河流之一，无论是发生洪水灾害频次、流域水土流失面积和强度、年均输沙量，还是地上悬河高度、河道内居住人口数量等，均位居世界江河第一位，加之水资源十分短缺，水土资源不合理开发等影响，仍存一些突出困难和问题。

2.1 关于水沙调控与防洪安全

习近平总书记"9·18"讲话强调要紧紧抓住水沙关系调节这个"牛鼻子"。目前，规划的古贤等水利枢纽尚未建设，缺少控制性骨干工程分担大洪水库容，水沙调控体系整体合力无法充分发挥。建议黄河保护立法将水沙统一调度制度作为基本管控制度，建立水沙调控和防洪体系，加快古贤、碛口、黑山峡等水沙调控骨干工程建设，构建中下游骨干性水库群的联合调度机制，为小浪底调水调沙提供后续动力，确保河床不抬高[5]，保障黄河长治久安。

2.2 关于水资源刚性约束制度

总书记"9·18""1·3"讲话明确要求坚持以水定城、以水定地、以水定人、以水定产，把水资源作为最大的刚性约束，坚决抑制不合理用水需求，推动用水方式由粗放向节约集约转变。随着黄河水资源管理工作的深入开展，黄河流域基本建立起以《中华人民共和国水法》为核心、以《黄河水量调度条例》为代表的水事法规体现，但是在制度设计理念和原则上，与习近平生态文明思想、以水四定、水资源最大刚性约束等新要求仍有差距。建议针对流域水资源短缺这个最大矛盾，实施水资源刚性约束制度[6]，从配置、调度、利用、节约等环节，建立水资源刚性约束控制指标，实施统一调度、取水许可限批、用水定额、节水评价等制度措施，严格水资源考核。对涉及水资源开发利用的工业、农业、畜牧业、林草业、能源、交通、市政、旅游、自然资源开发等有关专项规划和开发区、新区规划，实行规划水资源论证制度。为从根本上破解黄河流域水资源短缺问题，建议科学规划和建设跨流域调水和重大水源工程，加快构建国家水网，优化水资源配置，提高水资源承载能力。

2.3 关于流域生态环境保护

总书记"9·18""1·3"讲话，强调"黄河流域生态脆弱，要顺应自然、尊重自然，从过度干预、过度利用向自然修复、修养生息转变，把经济活动限定在资源环境可承受范围内"。适应黄河流域生态环境脆弱的特点，建议流域生态环境保护以水土流失治理为重点，建立最严格的水土保持预防保护和监督管理制度[7]，实行以县域为单位的水土流失问题控制制度，促进相关地方政府和部门加强水土流失治理，强化监管责任，巩固和扩大治理成果。按照水土流失的规律和特点，对水土流失区域实施严格管控，实施小流域综合治理、淤地坝建设、坡耕地综合整治、黄土高原塬面治理保护等重点工程实施；扩大禁止陡坡开垦种植农作物的范围，保护水土保持和退耕还林成果。

2.4 关于滩区治理与管理

黄河下游河道内滩地总面积 3 154 km²，涉及河南、山东两省 15 个市 43 个县（区）1 928 个村庄，既是黄河滞洪沉沙的场所，也是滩区群众赖以生存的家园，河南、山东居民迁建规划实施后，仍有近百万人生活在洪水威胁中。同时，下游滩区划有自然保护区、湿地保护区、基本农田等多种保护区，行业管理要求不同，造成防洪工程无法发挥效益，影响防洪安全。为解决下游滩区防洪安全问题，建议明确黄河河道内土地和岸线的利用、基础设施建设和生态保护修复，要优先满足防洪治理和河道行洪的要求，发挥滩区滞洪沉沙功能，明确规定黄河滩区不得新规划城镇建设用地、新划定永久基本农田，不得设立新的村镇或新建生产堤。对行洪河道内的居民有计划的实施外迁，实施滩区综合提升治理工程。

3 立法建议

3.1 明确和完善黄河流域水旱灾害防御体制机制

（1）明确水沙调控体系和调控机制。明确水沙调控的工程体系、调度权责、实施主体、实施条件等，提升洪涝灾害防御工程标准，加强上游龙羊峡水库、刘家峡水库调度运用，充分发挥小浪底等工程联合调水调沙作用，增强径流调节和洪水泥沙控制能力，建设水沙监测预报和水工程联合调度平台，加强干支流水库群防洪、减淤、供水、发电等多目标联合统一调度。

（2）明确黄河水工程统一调度权限。明确流域管理机构和地方各级水行政主管部门对水工程的调度权责和调度机制，加强干支流水库群防洪、减淤、供水、发电等多目标联合统一调度。

（3）强化黄河防洪管理制度。明确国家统筹黄河干支流防洪工程体系建设和加强工程管理的要求，黄河流域管理机构和各级地方人民政府应当建立黄河流域防洪工程和设施隐患排查治理长效机制，加强安全运行管理，确保工程安全，明确防洪非工程体系建设的主要内容。

（4）健全防汛抗旱指挥管理体制。明确黄河流域管理机构的职责，强化流域管理机构对流域各省（区）抗旱工作的组织、指导、协调和监督水工程调度和监测预报预警等职责。

3.2 建立以水资源刚性约束制度为核心的流域水资源管理体系

（1）建立水资源刚性约束控制指标，包括生态流量、江河流域水量分配方案、地下水取水总量控制与水位控制指标、节水标准等，开展水资源考核和督查。

（2）以水定需，建立规划水资源论证制度，黄河流域县级以上地方人民政府根据水资源刚性约束控制指标，统筹本行政区域经济社会发展各行业需水，明确本行政区域内的农业、工业、城市等主要行业领域的用水量控制指标，结合节水标准和产业政策，合理确定本行政区域灌溉面积、城市规模、产业发展结构和布局。

（3）明确产业政策，制定产业准入政策、产业准入名录，对现有落后的高耗水产业，要限期予以淘汰，严禁开荒扩耕，严格限制灌溉面积增长。

（4）管住用水，完善取水许可制度，水资源超载地区暂停新增取水许可，完善水资源监测与统计等，充分发挥市场作用，开展水资源有偿使用和水权交易。

3.3 建立以水土保持为重点的流域生态保护制度

（1）水土流失总量控制制度。实施以县域为单位的水土流失总量控制，以水土流失动态监测成果数据为基础，结合每个县级行政区水土保持现状和目标，为其设定一个水土流失总量指标值，在一定时段内水土流失只能减少不能增加，对水土流失总量超过控制指标的，采取目标考核、责任追究、限批生产建设项目等措施进行惩戒，最终实现水土流失面积和强度逐年下降的目标。

（2）20°以上陡坡地禁垦制度。为了防止水土流失，制止陡坡开垦种植现象，禁止在 25°以上陡坡地开垦种植农作物。在 25°以上陡坡地种植经济林的，应当科学选择树种，合理确定规模，采取水土保持措施，防止造成水土流失。禁止开垦的陡坡地范围由县级以上地方人民政府组织划定并公告。

（3）水土保持综合治理制度。支持在黄河流域以整沟治理模式，实施综合治理，改善流域水沙关系。推进小流域综合治理、坡耕地综合整治、黄土高原塬面治理保护等水土保持重点工程，采取塬面、沟头、沟坡、沟道等防护措施，加强多沙粗沙区治理，开展生态清洁流域建设，加强适地植被建设。

（4）水土保持监督管理制度。通过立法明确施工及参建单位水土流失防治责任，明确生产建设项目以外的其他生产建设活动的水土保持要求，对生产建设活动人为水土流失实施严格、有效的监督管理。

3.4 多层次多角度对滩区开展综合开发治理

黄河下游滩区作为黄河行洪滞洪沉沙的场所、滩内群众赖以生存的家园、华北平原独特的生态空间的三大功能均是客观存在的，各项功能短时期内不可替代、不可偏废。

对于滩区行洪滞洪沉沙的防洪功能，在"保障黄河长治久安"的要求下，现有防洪工程体系坚持"宽河固堤"的总体格局，加强滩区土地利用管理，黄河下游滩区剩余人口应采取滩内安置与滩外迁建相结合措施开展滩区群众安全建设。对于滩区的百万群众赖以生存家园的经济社会发展功能，明确滩区经济社会可持续发展优惠补偿政策，对黄河下游予以扶持，建立扶持制度，制定扶持办法。对于滩区的生态功能，不但要长期保留，还要持续加强，更好地发挥出黄淮海平原生命线、生态廊道的核心功能。

4 结语

黄河流域不同于其他流域独特的水情、地情，需要尊重黄河流域的发展规律，从长远发展的视角出发，强调流域发展的可持续性，注重保护和治理的系统性、整体性、协同性，通过完善黄河流域的战略支撑，开创黄河流域生态保护和高质量发展新局面。围绕贯彻落实规划纲要，明确和完善黄河流域水旱灾害防御机制，建立以水资源刚性约束制度为核心的流域水资源管理体系，以水土保持为重点的流域生态保护制度，多层次、多角度对滩区开展综合开发治理。

参考文献

[1] 高志锴，晁根芳. 黄河法立法问题分析 [J]. 南水北调与水利科技，2014，12（2）：120-124.

[2] 水利部黄河水利委员会. 黄河流域综合规划（2012—2030 年）[M]. 郑州：黄河水利出版社，2010.

[3] 李原园，黄火键，李宗礼，等. 河湖水系连通实践经验与发展趋势 [J]. 南水北调与水利科技，2014，12（4）：81-85.

[4] 黄河流域生态保护和高质量发展规划纲要 [N]. 人民日报，2021-10-09（1）.

[5] 李国英. 黄河治理的终极目标是"维持黄河健康生命" [J]. 人民黄河，2004（1）：1-2，46.

[6] 杨得瑞. 建立水资源刚性约束制度 科学推进实施调水工程 [J]. 中国水利，2021（11）：1-2.

[7] 蒲朝勇. 贯彻落实十九大精神 做好新时代水土保持工作 [J]. 中国水土保持，2017（12）：1-6.

《黄河法》中流域水生态监测的立法建议

孙晓娟　韩艳利　毛予捷

（黄河水利委员会 黄河水资源保护科学研究院，河南郑州　450004）

摘　要：通过对黄河流域水生态监测现状、存在问题分析的基础上，提出《黄河法》中流域水生态监测立法建议。通过立法建立黄河流域水生态状况监测评估制度，完善黄河流域水生态监测站网布设，开展河湖水生态状况评估，推动黄河流域水生态监测工作的进展。

关键词：水生态监测；黄河法；立法建议

水生态监测（hydroecological monitoring）是进行水生态系统规划与保护的基础关键环节，是监测体系的重要组成部分[1]。水生态监测是指为了了解、分析、评价水生态而进行的监测工作[2]。它是指运用科学的方法对环境水因子进行监控、测量、分析、预警等的一个复杂而全面的系统工程，它通过对水文、水力、水质、水生生物等水生态要素的监测和数据收集，分析评价水生态的现状和变化，是合理开发利用和保护水土资源，提供系统水文水环境资料的一项重要的基础工作，它是水生态保护与修复工作的基础[3]。

水生态监测可以有效、准确地监测水生态系统的环境质量，总的来说是一种综合技术，能广泛收集水生态系统支持能力的数据，其优点是范围广、精度高、可预测，运用环境监测学和生态学原理，对水生态系统在环境压力下的变化、水生态系统的反馈效应，以及水生态系统的发展趋势进行监测；为了获得相关数据，水生态监测需要分析各类水生态系统的组成结构和功能，同时考虑时间和空间分布的影响，通过获得的数据来分析环境的运行状况并做出相应的分析。水生态监测的直接目的是获得能够反映生态系统的环境质量，并估计水环境状况变化趋势的数据，从而实现对水生态环境的保护及自然资源的合理分配与利用。

随着经济的发展和国家对河流保护理解的不断深入，水生态监测愈发引起研究领域的重视。《欧盟水框架指令手册》第二部分欧盟水政策领域的行动框架指令强调：可靠的信息是进行有效流域管理的关键[4]。正确进行相关信息收集和进行有效监测评价，才是水生态环境进行有效治理的前提和保障。

国外开展水体生态和生物状况的研究已经有30多年的历史，而对于水生态监测领域也经历了探索、论证、成熟和规范等几个阶段[5]。西欧国家的水生态、监测系统主要基于提供水生生物多样化和人类健康的服务，实现监测信息直接转化为管理措施。

我国生态监测起步较晚，尚未形成成熟的监测体系。我国尚未建立起有效的、完善的生态监测网络，生态研究站建设和生态监测工作仍处于分散、重复和不规范的初级阶段，尚未形成可直接应用于生态监测工作的完整和成熟的技术体系，还存在着诸多问题，必须通过法律来规范保障并推进黄河流域水生态监测工作。在《黄河法》立法层面，黄河流域应建立黄河流域水生态状况监测评估制度，完善黄河流域水生态监测站网布设，开展河湖水生态状况评估。

1　我国水生态监测现状

2013年，国务院以国函〔2013〕34号文批复了《黄河流域综合规划》（2012—2030年），规划

作者简介：孙晓娟（1987—），女，工程师，主要从事黄河流域水资源保护与水环境水生态研究工作。

建设水生态保护监测体系，开发水生态数据库，建立水生态信息管理系统。黄河流域水资源保护规划提出建立黄河流域水资源保护信息共享与网络环境支持平台，实现流域内水量水质水生态信息共享。2020年全国水利工作会议提出，做好水生态水环境监测评价，为合理分水、管住用水提供支撑；2019年全国水利工作会议提出，通过对水资源水生态水环境系统监管，确保水资源开发利用配置不造成生态环境问题。2016年8月23日，习近平考察青海省生态环境监测中心时指出，保护生态环境首先要摸清家底、掌握动态，要把建好、用好生态环境监测网络这项基础工作做好。黄河流域生态空间跨度大，生态系统类型多样，涉及森林、草地、农田、沙地等生态系统，不同生态系统的内部构成存在空间上的差异，因此全面掌控流域生态环境的变化动态需要有一套系统完善的生态监测系统，同时也能为科学研究工作提供基础支撑。

2015年7月26日，国务院办公厅印发《生态环境监测网络建设方案》，明确指出我国生态环境监测网络存在范围和要素覆盖不全、信息化水平和共享程度不高、监测与监管结合不紧密、监测数据质量有待提高等突出问题。这在很大程度上制约了水生态保护规划与科研相关工作，与新形势下履行水资源保护职能尚有较大差距。因此，迫切需要开展水生态监测指标、监测技术规范、监测标准等基础研究，建立黄河流域水生态监测体系，同时迫切需要以法律的形式给水生态监测以制度保障，为开展黄河水资源的配置与调度、黄河水生态系统的保护与修复及生态型水利开发利用模式的创建等提供重要的数据技术支持。

我国生态环境部目前已形成了国家、省、市、县四级生态环境监测架构，共有监测机构3 336个、监测人员约6万。生态环境监测市场蓬勃发展，当前社会监测机构超过3 500家，从业人员超过18万。2020年生态环境部审议并原则通过了《生态环境监测条例（草案）》。《生态环境监测条例（草案）》对完善生态环境监测顶层设计、推动监测工作依法开展、监测管理依法行政、监测数据合法有效具有重要作用，促进了主管部门、监测机构、监测人员、排污单位等相关主体的责任和义务的明确和规范。

黄河流域持续开展降水、蒸发、水位、流量、泥沙、水质及河道形态等水文要素的采集、传输、预测预报和分析等工作，积累系列水文基础资料，开展水情、洪水及水资源预测预报、测验资料整理汇编工作，长期积累水文资料和分析预测成果，掌握流域水文变化规律。截至目前，流域已建水文站145处（其中：基本水文站118处、渠道站18处、省界站7处、水沙因子实验站2处）、水位站93处、雨量站891处、蒸发站37处、重要水质站127个、悬移质监测断面9个、水量调度水质旬测断面14个、地下水水质监测井440眼，水环境监测中心5个，水库河道淤积测验断面724处，河口滨海区淤积测验断面面积14 000 km²，共设验潮站19处，负责全流域的雨、水、沙、河道、水库、滨海等水文水质要素测报工作，不断提高流域水文水质监测能力。

在监测体系建设方面，为及时反馈黄河生态调度效果，为黄河下游廊道及河口生态系统保护与修复提供科学依据和技术支持，黄河水利委员会自2008年实施生态调度以来，持续开展了黄河生态调度效果监测和评估工作。依托"黄河流域生态流量试点实施与评估""黄河河口三角洲水生态监测及评估体系建设""黄河河口三角洲水生态监测基础设施建设"等项目，以水文—生态过程响应关系为核心，以实现地表水—地下水—土壤—生态同步观测为目标，以沿黄水分梯度和沿海盐分梯度为主线，构建了黄河河口三角洲水生态监测及评估体系，包括22条样带80个陆生监测站网、20口地下水井、1台蒸渗仪和29个近海水生态监测站网。

2 水生态监测的法律法规制度现状

在生态监测方面，《中华人民共和国环境保护法》明确了国家建立跨行政区域的重点区域、流域环境污染和生态破坏联合防治协调机制，实行统一规划、统一标准、统一监测、统一防治的措施。《中华人民共和国水土保持法》明确了国务院水行政主管部门应当完善全国水土保持监测网络，对全国水土流失进行动态监测。《生态环境监测条例（草案）》《三江源国家公园条例（试行）》也对完善生态状况监测、构建国家生态状况监测网络提出指导意见，对生态系统的数量、质量、结构和服务功能等开展监测与评估的工作要求。

3 黄河流域水生态监测存在的问题

目前，流域生态监测基础薄弱，流域层面尚未建立完整的水生态监测站网，缺乏系统性、长期性的监测。生态调度的效益研究需要长期的生态监测和后评估工作做支撑，只有通过长期的对比分析，研究受水影响的生态系统长期变化规律，才能揭示生态调度的影响和效益。要进一步加强水生态调查监测和效果评估，为黄河水资源优化配置及生态调度效益充分发挥提出科学合理的意见与建议。并根据管理需要，建立健全河全生态流量监测体系及信息化平台，实现监测数据实时报送，提升生态流量监测的自动化与信息化水平。

黄河流域各类生产建设活动数量多、规模大、涉及范围广，发展与保护的矛盾依然较为突出，流域监管能力还存在监管方式不适应、监管信息化程度不高、监管机构能力不足、问责惩戒力度偏弱等不适应、不满足新形势、新要求的问题。地方政府、企业、民众主动保护生态的理念和共同保护生态的合力还没有形成，难以有效"调整人的行为，纠正人的错误行为"。另外，水生态保护执法存在宽、松、软现象，在落实相关法律法规和最严格生态环境保护制度方面仍有欠缺，没有做到全面、严格执行，对违法违规对象的震慑作用没有充分发挥。

水生态监测信息难以共享。虽然各相关部门都在进行不同方面的水生态监测，但由于缺乏统一管理部门和共享平台，监测信息难以共享，资源严重浪费。且由于航天遥感发展水平有限，监测力量薄弱、分散等原因，多数监测周期间隔过长，时效性较差，以至于制约了水生态监测整体水平的提高。

统一的监测、网络和评估体系没能形成。水生态监测不仅包括对水环境中非生物环境本底和污染状况的监测，还包括对水环境中生物系统的监测，如毒性、物质循环、生态功能、系统结构等，以及对生物与其所处的环境之间变化关系的跟踪监测。这就要求不同时间、不同空间尺度间形成统一的监测体系和评估指标体系，使监测信息具备可比性、连续性。然而，目前的水生态监测技术仍不规范，水生态监测指标和方法不统一，导致监测数据缺乏可比性。许多单项监测结果过于专业化，难以被群众接受，社会效益差。

水生态监测人员与装备水平参差不齐，监测与科研脱节。由于经费来源和数量不同，加上没有统一的技术要求和规划，导致不同的水生态监测站在人员能力和仪器设备方面差别较大，省、市级站点的能力和水平相对较高，县级站点的能力偏低，不利于统一管理。同时我国的现状是环境科学研究不能很好地为监测技术服务，导致监测中遇到的难题不能在科研中得以解决，而科研成果又不能及时应用到监测实践中，监测与科研严重脱节，造成了人力、物力的极大浪费，并阻碍了水生态监测水平的提高。并且由于水生态监测未能在国民经济评价考核中运用，与经济测评相对分离，因此无法适应生态文明建设的行政决策需要。我国制度层面缺乏一整套规范、完整的监测指标体系和评估体系，应当制定相关的水生态监测法律体系，有效推动监测方法及监测结果评价的标准化、促进水生态监测工作的健康发展。

4 黄河流域水生态监测对策措施及建议

（1）拓展监测内容，提高监测效率。

加大新技术的推广及应用，以提高监测效率。应当加大对新技术的应用研究力度，利用新技术来改造传统的技术，不断提高水生态监测的效率。黄河流域应当不断拓展监测内容，将蜉蝣动物、底栖动物、鱼类、生物综合毒性等参数纳入日常的监测范围，不断提高省、市级监测机构的水生态监测能力，加快生物综合毒性监测技术、遥感技术、流式细胞计数技术、鱼探仪技术等新技术在水生态监测中的应用及推广，利用物联网技术、人工智能技术来改造传统的监测技术，以提高监测的时效性。

（2）建立一整套规范化的监测和评估指标体系，推动监测方法和监测结果标准化，使我国的水生态环境质量评价体系更加统一和完善。

水生态监测指标体系设计的优劣直接到关系水生态监测本身能否揭示水生态环境质量的现状、变化和趋势。因此，从我国制度层面建立一整套规范、完整的监测指标体系和评估体系是顺利开展水生态监测的前提。应当制定相关的水生态监测技术标准，以推动监测方法及监测结果评价的标准化。由于黄河流域地域广阔，地方监测单位众多，在新技术的应用推广中，标准的制定便显得尤为重要。通过制定水生生物、生物综合毒性、遥感监测等技术标准，统一监测方法及评价标准，规范新技术在黄河流域的应用，以提高地方监测机构的检测能力，并使检测结果的可比性得到提高。同时由于水生态系统各要素之间相互作用、相互制约，水生态监测指标选择要充分考虑生态系统的功能及不同生态类型间相互作用的关系，从水生态监测指标体系这个庞大的系统中，遵循代表性、科学性、实用性、可行性等原则，根据监测目的和需要，选择一套切实可行的监测指标，从而达到经济、高效的目的。

（3）建立管理有序的信息共享平台及水生态监测信息库。

水生态监测是一个长期而复杂的过程，需要多个部门，大量的人力、物力和财力的支撑与配合，不是一个简单的环境要素的监测，而且各个生态因子之间的关系错综复杂，需要烦琐的数据处理和分析工作。"3S"技术等高科技手段为水生态监测的信息管理动态化、宏观化提供了新的技术措施。建立技术规范、管理有序的信息共享网络，可以使不同时空格局下的水生态监测形成一个统一的信息互联网络平台，使决策者可以迅速、准确地了解大范围的生态环境状况和发展变化趋势，从而为不同部门之间的统一规划布局和协调管理及决策提供便利。

（4）建立数据共享平台及共享机制。

黄河流域监测站网众多，不同监测部门之间存在着局部监测断面重复与偏远地区监测不足的问题，因此有必要对黄河流域的水生态监测断面进行优化，构建能够涵盖地方、流域机构在内的流域水生态监测站网，加强对流域水生态监测数据的整合，建立数据共享平台及共享机制，加大对水资源管理的支撑力度。

（5）加大对水生态监测的研究力度，加强监测人员的教育培训。

目前，科研成果不能及时应用到监测实践中，严重阻碍了水生态监测水平的提高，并造成人力、物力的极大浪费。因此，要加强水环境监测部门与科研机构的交流与合作，将科研成果有效地应用到实际监测中，同时将监测中遇到的问题及时反馈给科研机构。另外，还应加强专业技术人员的教育培训，使水生态监测工作由目前的劳动密集型向技术密集型方向发展。同时优化水环境监测网络，依靠科技创新和技术进步，提高水生态环境监测立体化、自动化、智能化水平。

5 立法建议

通过《黄河法》立法为黄河流域生态保护和高质量发展的各个方面提供系统和整体的法律制度保障，是破解黄河流域错综复杂问题的最根本措施和重要手段。通过对黄河流域水生态监测现状、存在问题分析的基础上，对《黄河法》中关于水生态监测的内容提出如下立法建议：

国务院水行政主管部门制定黄河流域水生态监测制度，根据生态调度、水沙调控、水生态保护等需求，在黄河干流和主要支流的生态流量控制断面、主要控制性水工程断面、湖泊、重要生态敏感区控制断面等布设水生态监测断面，建立健全黄河流域水生态监测站网。

水利部黄河水利委员会和黄河流域县级以上地方人民政府水行政主管部门，应当对黄河流域河湖健康状况实施监测，定期开展河湖健康评估并向社会公布。跨省级行政区域河湖由水利部黄河水利委员会组织所在地省级人民政府水行政主管部门进行评估，报国务院水行政主管部门同意后向社会公布。

参考文献

[1] 陈水松, 唐剑锋. 水生态监测方法介绍及研究进展评述 [J]. 人民长江, 2013, 2: 92-96.

［2］林祚顶．水生态监测探析［J］．水利水文自动化，2008（4）：1-4.

［3］朱中竹，冯平，谭璐．济南市水生态监测研究与探讨［J］．山东水利，2015，1：45-46.

［4］韩艳利．欧洲生态和生物监测方法及黄河实践［M］．郑州：黄河水利出版社，2012.

［5］马丁．欧盟水框架指令手册［M］．北京：中国水利水电出版社，2008.

河套灌区农业水价综合改革研究

吕　望[1,2,3]　王艳华[1,2,3]　张敬晓[4,5]　景　明[1,2,3]　张　晓[1,2,3]

（1. 黄河水利科学研究院，河南郑州　450003；

2. 河南省农村水环境治理工程技术研究中心，河南郑州　450003；

3. 河南省黄河流域生态环境保护与修复重点实验室，河南郑州　450003；

4. 河北水利电力学院，河北沧州　061000；

5. 中国水利水电科学研究院，北京 100038）

摘　要： 农业是用水大户，也是节水潜力所在，农业水价综合改革是农业节水的"牛鼻子"，在农业节水中起着牵引作用，事关农业可持续发展和国家水安全，当前全国各地持续强化组织领导，农业水价综合改革扎实推进，取得了显著成效，但是农业水价综合改革具有很强的地域特色，难以照搬一个模式。本文基于河套灌区农业水价综合改革开展情况，回顾了河套灌区农业水价综合改革发展历程，总结了改革成效，分析了存在的问题，并提出了河套灌区持续稳步推进农业水价综合改革的对策，以期为西北干旱地区农业水价综合改革提供参考。

关键词： 河套灌区；农业水价综合改革；农业用水

1　引言

水利是农业的命脉，水利者，农之本也，无水则无田矣。农业作为用水大户，用水量占总用水量的 60% 以上，但农业水资源利用始终处于低效状态，"十三五"期间，全国农田灌溉水有效利用系数由 0.536 提高到 0.565[1]，远低于发达国家水平（0.7~0.8），农业节水潜力巨大。目前，我国农业用水存在的主要问题有[2-3]：农田水利设施陈旧，运行维护经费不足，管理不到位；农业水价机制不健全，价格水平总体偏低，不能有效反映水资源稀缺程度和生态环境成本，价格杠杆对促进节水的作用未得到有效发挥；灌溉方式、设备和技术整体落后等。当前存在的农业用水问题不仅造成农业用水方式粗放，而且难以保障农田水利工程良性运行，不利于水资源可持续利用和农业绿色发展。

党中央、国务院历来高度重视农业水价问题。从 2004 年开始，国务院办公厅及水利、发展和改革委员会、财政、农业农村等部委从不同方面、不同阶段对农业水价改革做出了一系列的重要部署[4]。农业水价综合改革的实施和推进，是落实"节水优先、空间均衡、系统治理、两手发力"治水思路的必然要求，是提升水资源配置效率、提高水资源承载能力的有效途径，是利用价格杠杆促进绿色发展、将生态环境成本纳入经济运行成本的重要举措。

当前，各地持续强化组织领导，坚持"先建机制、后建工程"，因地制宜、典型引路，农业水价综合改革扎实推进，成效显著[5-11]。截至 2020 年底，各地改革实施面积累计达 4.3 亿亩以上，其中 2020 年新增 1.3 亿亩以上，改革正在从局部试点示范向面上整体推进，北京、上海、江苏、浙江已率先完成改革任务，天津、内蒙古、辽宁、山东、云南、陕西、甘肃、青海等省（区）改革进度超过 50%[12]。

基金项目： 中央级公益性科研院所基本科研业务费专项基金（HKY-JBYW-2021-08）。

作者简介： 吕望（1990—），男，工程师，从事水资源管理、节水灌溉研究工作。

国内众多学者围绕水权分配、水价测算、承受能力分析、基层用水组织建设、农业用水计量、验收办法等进行了大量的研究和实践工作[13-17]。但是农业水价综合改革具有很强的地域特色，难以照搬一个模式。本文基于河套灌区农业水价综合改革工作开展情况，回顾了河套灌区农业水价综合改革的发展历程，总结了改革成效，分析了存在的问题，并提出了持续稳步推进农业水价综合改革的对策，以期为西北干旱地区农业水价综合改革提供参考。

2 河套灌区基本情况

内蒙古河套灌区位于巴彦淖尔市，处于黄河内蒙古段北岸的"几"字弯上，北抵阴山山脉的狼山及乌拉山、南至黄河、东邻包头、西接乌兰布和沙漠，灌区东西长 250 km，南北宽 50 余 km，灌溉面积 73.3 万 hm²，是全国三个特大型灌区之一，也是亚洲最大的一首制自流引水灌区[18]。河套灌区又是我国四大古灌区之一，具有两千余年水利农耕历史，2019 年 9 月，被列入世界灌溉工程遗产名录。

2.1 灌排工程概况

新中国成立后，河套灌区经历了引水工程建设、排水工程畅通、世行项目配套、节水工程改造等四次大规模水利建设阶段，实现了从无坝引水到有坝引水、从有灌无排到灌排配套、从粗放灌溉到节水型社会建设三大历史跨越。

目前，河套灌区拥有七级灌排渠（沟）道 10.36 万条 6.4 万 km，各类建筑物 18.35 万座，形成了比较完善的七级灌排配套体系，其中骨干输配水渠道包括 1 条总干渠（总长 180.9 km）、12 条干渠（总长 871.8 km）、49 条分干渠（总长 919.4 km）和 339 条支渠（总长 2 522.9 km）[19]。河套灌区现年引黄用水量约 48 亿 m³（其中：农业用水 43.5 亿 m³，生态用水 4.5 亿 m³），通过红圪卜扬水站年排水量约 7 亿 m³，除乌梁素海自然消耗外，每年排入黄河的退水为 4 亿~5 亿 m³。

2.2 灌区管理体制

河套灌区渠系分为总干渠、干渠、分干渠、支渠、斗渠、农渠、毛渠七级，其中总干渠、干渠、分干渠渠道由国家一揽子承包，为国管水利工程；支渠、斗渠、农渠、毛渠四级为群管水利工程，灌区水利工程管理采取专管群管结合、分级管理的方式。

国管水利工程管理单位为内蒙古河套灌区水利发展中心（原内蒙古河套灌区管理总局），管理总干渠、总排干沟、干渠（沟）及跨旗（县）的分干沟等。内蒙古河套灌区水利发展中心下辖 5 个灌域分中心和 2 个工程分中心（辖 67 个所站 165 个段）、5 个国有公司。灌区实行四级管理（中心、分中心、所、段）、三级财务核算（中心、分中心、所）。

群管组织负责管理支渠和分干沟以下的灌排工程，并组织受益农户管理田间工程。目前，灌区共有农民用水户协会 261 个，成为基层农田水利建设和管用水的主导力量。

3 河套灌区农业水价综合改革历程

3.1 水价政策演变历程

我国农业水价大致经历了公益性无偿供水、政策性低价供水、部分成本供水、完全成本供水四个阶段，河套灌区农业水价历史演变与全国水价的演变阶段基本相同，也基本经历了从福利水价到商品定价的发展阶段[20]。

河套灌区的灌溉工程根据权属分为国管水利工程和群管水利工程，相应的水价也分为国管水价和群管水价。

3.1.1 国管水利工程水价

解放前，河套灌区水价以缴纳水费粮的形式，每年每亩收糜子 1.5 kg。解放后，灌区农业水价经历了几次重大调整，解放初期至 1953 年，河套灌区水价采取按亩计收水费粮的形式，每年每亩收糜子 2.5 kg；1954—1980 年，由于国家对粮食实行统购统销，所交水费粮与农业税合并收缴，采用

"实物计价，货币结算，按亩收取"方式，水费粮调至每年每亩地糜子 4 kg。整体上，在计划经济条件的 20 世纪 80 年代以前，河套灌区农业水价带有很强的福利色彩，基本属于无偿供水，水管单位的经费和工程运行维护费完全依赖于国家财政拨款维持[21]。

1980 年，河套灌区开始按照"所有水利工程的管理单位，凡有条件的要逐步实行企业管理，按制度收取水费，做到独立核算、自负盈亏"的精神，拟定水费标准。

1981 年以后，河套灌区水价开始实行按实际供水量计方收费（计量水价），期间经历了多次水价调整，以适应灌区不断变化的水利和农牧业发展需求，河套灌区国管工程农业水价演变历程见图 1。

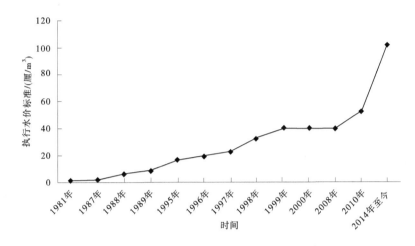

注：1981—1987 年，计量点在干渠口；1988 年以后，进一步细化了量水，计量点在斗渠口。

图 1　河套灌区国管工程农业水价演变历程

2017 年，灌区国管水价执行标准在 2015 年调整的基础上，又进行了调整，基本达到自治区批复的斗口水价水平：夏灌、秋灌计划内水价均为 103 厘/m³（1 厘＝1/10 分，下同），秋浇为 83 厘/m³。在此基础上，按照《内蒙古自治区人民政府关于印发〈自治区水资源费征收标准及相关规定的通知〉》（内政发〔2014〕127 号），对灌区超计划用水征收水资源费：超计划用水不足 20%部分，按 60 厘/m³ 征收；超计划用水 20%~40%部分，按 90 厘/m³ 征收；超计划用水 40%及以上部分，按 120 厘/m³ 征收。目前河套灌区国管水利工程水价，依然执行该标准。

3.1.2　群管水利工程水价

长时间以来，河套灌区只制定了国管工程水价，群管工程水价管理较为薄弱。为规范农业末级渠系水价秩序，切实减轻农民用水户不合理的水费支出，促进农业节水和农村水利事业的可持续发展，2006 年国家发展和改革委员会和水利部印发《关于加强农业末级渠系水价管理的通知》（发改价格〔2005〕2769 号）。2008 年，巴彦淖尔市人民政府办公厅出台了《关于印发河套灌区推行农业用水终端水价实施办法的通知》（巴政办发〔2008〕22 号）及《关于制定河套灌区农业用水终端水价的通知》（巴价费字〔2008〕50 号），在河套灌区推行农业用水终端水价并明确了群管水价，规定群管水费按直口渠实际引水量计算，考虑灌区经济发展实际和农民的承受能力，最终执行的群管斗口水价为：支渠 9.7 厘/m³，斗、农、毛渠 8.8 厘/m³。直至目前，河套灌区群管水利工程水价依然执行该标准。

3.2　水价综合改革进程

农业水价综合改革是一项系统工程，单一的调整水价难以实现改革的任务，要以完善农田水利工程体系为基础，以健全农业水价形成机制为核心，以创新体制机制为动力，逐步建立农业灌溉用水量控制和定额管理制度，提高农业用水效率，促进实现农业现代化。

3.2.1　我国农业水价改革进程

我国农业水价综合改革在探索中实践，在实践中探索。2007 年 5 月，水利部选择了黑龙江、吉林、山西、陕西、四川、新疆、江西、广西等 8 省（区）14 个灌区作为首批试点单位，开展了综合改革试点方案和农民用水户协会规范化建设规划、末级渠系节水改造规划、农业水价改革规划（简称"三项规划"）的编制工作，拉开了农业水价综合改革的试点序幕。2008—2014 年进一步扩大范围并深化试点，2015 年完成了试点验收工作。2016 年 1 月，国务院办公厅印发《国务院办公厅关于推进农业水价综合改革的意见》（国办发〔2016〕2 号），对今后一个时期农业水价综合改革作出全面部署，农业水价综合改革进入全面推进阶段。

3.2.2 河套灌区农业水价改革进程

河套灌区末级渠系（群管水利工程）的农业水价综合改革始于 2008 年，先后在临河区、磴口县、五原县和乌拉特前旗的部分项目区进行了试点、示范，通过试点、示范积累了大量经验，拓展了更加宽泛和综合的实践内容。

2015 年，在五原县和胜乡板桃支渠初步探索细化分配初始水权，实施了"国管水价+群管末级渠系水价"的农业用水终端水价制度和"总量控制、计划管理、超计划用水累进加价"的节水水价制度，出台相应的精准补贴和节水奖励政策，为逐步建立良性水价形成机制和水利工程良性运行机制奠定了基础。

2016 年，为规范河套灌区农业灌溉水费分摊到户与预收水费票据管理工作，杜绝水费计收中的乱加价、乱收费现象，切实减轻农民用水不合理负担，在临河区试点探索推进开票到户工作，临河区人民政府印发了《临河区农业灌溉水费分摊到户及预收水费票据管理办法》（临政办发〔2016〕29 号），开票到户政策取得了良好效果，受到了灌区农户的欢迎。

2017 年，由巴彦淖尔市水利局（原内蒙古河套灌区管理总局）牵头，在充分征询发改、财政、农牧业等参与部门和其他相关部门的意见后，起草并印发了《巴彦淖尔市农业水价综合改革实施方案》（内河总发〔2017〕81 号），制订了年度实施计划，明确了改革目标和任务，为河套灌区农业水价综合改革绘制了蓝图。

农业水价综合改革是一项长期综合性改革，为保障改革工作有力推进，改革热情不松懈，改革方向不动摇，改革措施不走样。2017 年 10 月，按照内蒙古自治区水利厅《关于成立农业水价综合改革领导小组的通知》（内水农〔2017〕46 号）要求，成立了由河套灌区管理总局（现河套灌区水利发展中心）办公室、供水处、水政水资源处、计划财务处组成的农业水价综合改革领导小组，加快推进河套灌区农业水价综合改革任务。2017 年 10 月 26 日，下发了《关于建立巴彦淖尔市农业水价综合改革工作督导检查工作制度的通知》（巴水发〔2017〕559 号）及《关于印发巴彦淖尔市农业水价综合改革工作绩效评价办法（试行）的通知》（巴水发〔2017〕560 号），切实加大对全市农业水价综合改革工作全过程和改革效果的监督检查。

2017 年之后，根据国办发〔2016〕2 号文件精神和《巴彦淖尔市农业水价综合改革实施方案》（内河总发〔2017〕81 号）具体部署要求，河套灌区各个旗（县、区）的末级渠系农业水价综合改革全面开展。

3.3 农业水权交易进展

2008 年，内蒙古大中矿业股份有限公司水权转换节水改造工程开启了河套灌区的水权交易（转让）的序幕[22]，该项目通过对义长灌域丰济干渠部分实施渠道衬砌及配套建筑物节水改造工程，将节约水量采用水权转换的方式供给内蒙古大中矿业股份有限公司四项铁矿采选工程建设项目用水。

2014 年，内蒙古自治区作为水利部确定为 7 个水权试点省（区）之一，在河套灌区沈乌灌域开展跨盟（市）水权转让试点[23]，取得了良好效果。

2016—2018 年，河套灌区以"归属清晰、权责明确、监管有效"为水权管理目标，开展沈乌干渠引黄用水水权确权登记与用水指标细化分配试点工作。结合乌兰布和灌域沈乌干渠节水工程建设，以直口渠为单元，对 461 个群管组织发放了引黄水资源管理权证，对 16 037 个终端用水户发放了引黄水资源使用权证，实现了直口渠一级的灌溉用水初始水权分配和计量设施体系的建设，并开发了水权确权登记管理应用软件系统，建立了用水确权登记数据库，基本具备了支撑"总干渠—干渠—分干渠—直口渠"水权交易的能力。

2021年开始在乌兰布和灌域沈乌干渠开展引黄水权到户管理及水权交易试点项目。

河套灌区的水权分配试点工作实现了水权制度改革和工程措施的结合、节水水量和转让水量的衔接，并将制度建设与实践探索相呼应，在国内水权管理方面取得了良好的引领效果，同时也为水权确权向终端用水户细化延伸提供了参考和支撑。

4 河套灌区农业水价综合改革成效

河套灌区农业水价综合改革自全面推进实施以来，取得了较为显著的成效，具体表现在以下方面。

4.1 农业用水效率和效益显著提升

农业水价综合改革是对农业用水全过程、全链条的改革，极大推动了灌区农业高效节水事业发展，调动了群众节水的积极性，提高了农户的节水意识，强化了农户的"水是商品"观念，农户的节水成为自觉、自发的行动。通过末级渠系防渗硬化工程建设，农业用水保障能力有了大幅度提升，"跑、冒、滴、漏"现象得到了根本扭转，彻底消除了无效水、低位水、漏失水，试点区亩均节水66 m³；农业用水效率逐年上升，研究表明[24]，2015—2019年河套灌区农田灌溉水有效利用系数分别提升了0.23%、0.79%、0.10%和0.32%。

4.2 群管用水组织焕发新活力

1999年以来，河套灌区大力推行用水户参与灌溉管理的群管水利工程管理体制改革，以农民用水户协会为主要形式的群管组织在灌区水利工程管理、维护、用水收费等方面发挥了重要作用。但是配套扶持政策滞后、运行机制不健全、监管不到位等，导致大部分群管组织运行困难，无法发挥其应有作用，名存实亡。农业水价综合改革全面实施以来，群管用水组织焕发新的活力，农民参与灌溉用水管理的热情高涨。试点的临河区在民政部门依法注册登记农民用水户协会61个，2017年安排资金84.9万元用于农民用水户协会标准化、规范化建设，并协调利用村部闲置房屋建设办公场所，配备必要硬件设施，满足协会正常办公所需。

4.3 农田水利基础设施得以改善

项目区实施的渠道节水衬砌和建筑物更新改造，进一步夯实了农业水价综合改革基础，强化了灌区末级渠系维修养护和田间工程配套，疏通了田间地头的"毛细血管"，配套了完善的测流量水设施，助推了精细化测流量水和精准水费计收。

4.4 农田水利工程良性运行得到保障

通过把工程产权移交给群管用水组织，确定了工程管护主体，明确了工程运行维护责任，使用水组织能够从切身利益出发更好地对农田水利工程进行管护，农民更加积极地参与到农田水利工程建设上，实现了农田水利工程"建得成、管得好、长受益"，保证了工程的良性运行。

5 河套灌区农业水价综合改革存在的问题

5.1 水价改革认识不到位

农业水价综合改革的目的是建立工程完好、配套齐全的灌溉工程体系，以及科学合理的管理体制和良性运行机制，内容涵盖工程运行维护、水权制度构建、用水组织良性运行、水价机制建立及落实精准补贴和节水奖励政策等。各个旗（县、区）水利局是河套灌区农业水价综合改革的牵头单位，但是各水利局对农业水价综合改革整体认识参差不齐，部分地区思路不清、定位不准，改革思想仍停留在以渠道工程维养、建筑物更新改造等工程建设为主的定位上，而农业水价综合改革是"先建机制、后建工程"，导致辖区内水价改革工作没有抓手、没有条理，整体进展缓慢。近年部分地区分管水价改革的主要领导变动较大，进一步影响了水价改革工作的全面推进。

5.2　部门联动机制不配套

农业水价综合改革是一项系统工程，需要发展和改革委员会、水利、财政、农业农村等部门分工协调工作机制，形成合力、齐抓共管稳步推进。发展和改革委员会部门制定供水价格、差别水价政策；财政部门负责研究落实农业水价财政奖补政策和资金管理；水利部门负责末级渠系和配套计量设施建设、工程产权制度改革、农业水权确权、用水组织建设等；农业农村部门负责土地确权划界、种植结构调整、节水技术推广等。而在实际的工作中，往往是水利部门在孤军奋战，其他部门对农业水价综合改革工作分工不明确、职责不清，部门间没有形成合力，导致让农业水价改革推进艰难。

5.3　水价形成机制不健全

（1）现行水价标准偏低。按照《巴彦淖尔市农业水价综合改革实施方案》（内河总发〔2017〕81号）制定的总体目标，计划利用 10 年左右时间，在河套灌区建立健全合理反映供水成本，有利于节水和农田水利管理体制和运行机制创新，能确保农田水利工程良性运行的农业终端水价形成机制，农业用水价格总体达到运行维护成本水平，乃至全成本水平。由图 1 可看出，目前河套灌区斗口现行农业水价（103 厘/m³）远低于实际供水成本（127 厘/m³）；根据河套灌区农业水价综合改革技术支撑单位初步测算成果，目前群管水利工程运行维护成本水价为 21.5~35.1 厘/(m³·斗口)，现状执行水价仅 9.7 厘/(m³·斗口)。综合看来，不管国管水价还是群管水价，河套灌区的价格杠杆作用发挥不明显。

（2）国管、群管水价改革不同步。河套灌区的农业水价综合改革只对群管水价进行改革，逐步提高运行维护成本水平，国管水利工程水价改革尚未启动。

（3）农业终端水价累进加价制度尚未建立。目前河套灌区只对国管水价建立了累进加价制度，对群管水价累进加价制度尚未建立，即未建立农业终端水价累进加价制度。

（4）分类水价制度尚需细化和完善。针对不同作物种类，上、中、下游的分区分类水价有待进一步探索和完善。

5.4　测流量水设施不完备

灌区测流量水设施是农业水价综合改革的基础，没有完善的计量设施，就无法实行农业用水总量控制、定额管理和计量收费，改革相关机制就无法发挥作用。由于体制和历史欠账等原因，河套灌区存在水量计量方式落后、测流量水机制不健全等问题，甚至一些渠口无用水计量设施，严重阻碍了精准计量收费的开展。

5.5　群管水权交易不成熟

整体上，河套灌区的水权交易处于试点阶段，且仅在国管水利工程进行试点，群管水权交易尚不具备条件[25]，也是下一步水权交易机制的难点所在。

限制河套灌区群管水权交易的因素有：①水权确权难以确权到户，水权确权是水权交易的前提和基础，群管水利工程计量不到户制约了灌区水权确权登记到户工作的有效落实；②现状超计划用水现象依然存在，节水尚难，何谈交易；③灌区农户土地流转程度不高，渠道分散，缺少跨区间农业用水传输设施；④农户间交易需求不大，河套灌区可调水范围内，当地的气候条件和农户的种植结构差别不大，用水需求差异不明显；⑤政府回购农业水权机制尚未建立试点。

5.6　水费计收机制不规范

河套灌区的农业终端水费由国管水费和群管水费组成，国管工程水费按照"斗口计量，按方收费"，依据用水指标内定额和指标外水费标准进行核算，水费计收按照"年初预算、年终决算、长退短补"的原则收取；群管水费受计量条件影响，采用"按亩均摊"核算，水费的收缴责任主体是农民用水户协会、渠长、村委等群管用水组织，"按亩均摊"难以体现水资源的商品属性，农户的节水观念不强。水费具体计收流程为：年初，灌区水管单位将水费预算任务（以计划用水量测算）下达到群管用水组织，群管用水组织按面积分摊到户，统一上缴水管单位。河套灌区部分区域存在分摊水费面积不实、不准，导致分摊水费不公平，造成局部亩均水费偏高，农户负担重，引发怨言，影响农业水价改革工作的推进。

5.7 水价奖补措施不配套

河套灌区农业水价综合改革精准补贴和节水奖励工作仅在临河区进行了试点，临河区出台了《临河区农业灌溉用水精准补贴和节水奖励办法（试行）》（临水财〔2019〕1 号），对奖补的对象、标准、方式及奖补资金的筹措与管理进行了细化要求，并对部分用水协会进行了奖补落实的探索，起到了很好的效果，调动了农户的节水积极性，但其他地区尚未出台相关政策及奖补措施。

6 河套灌区农业水价综合改革对策

农业水价综合改革是农业节水的"牛鼻子"，在农业节水中起着牵引作用，事关农业可持续发展和国家水安全，为进一步助推河套灌区农业水价综合改革，促进灌区良性可持续发展，现提出以下对策和建议。

6.1 加大宣传培训力度，提高改革认识

加大对河套灌区各旗（县、区）水利局及相关部门分管领导和具体业务骨干点对点、面对面、手把手培训的力度，使其精准掌握农业水价综合改革的背景、改革的意义、改革的内容、改革的措施、最终要达到的目标等，以确保参与者由改革的"生手"成为改革的"熟手"，以推动农业水价综合改革顺利、平稳开展，按时实现预期的改革目标。

6.2 健全水价形成机制

建立健全水价形成机制是农业水价综合改革的核心，在考虑农户承受能力和保障灌溉工程良性运行的基础上，加快推进水价成本核定工作。目前河套灌区群管工程水价已委托相关单位进行测算，建议灌区管理部门积极推进国管工程水价测算核定工作，确保国管、群管水价同步改革，完善农业终端水价形成机制，在总体不增加农户用水负担的前提下，按照国家和自治区农业水价综合改革的要求，将农业水价逐步提高到运行维护成本水平，并逐步调整到完全成本水平。针对不同用水主体（灌溉用水、生态用水、水产养殖等）、不同作物（粮食作物、经济作物、设施农业等）以及不同区域（上游、中游、下游）探索试行分类、分级、分档水价，积极探索群管水价的累进加价制度，提升农户节水意识。

6.3 完善测流量水设施

按照经济实用、稳定可靠、便于维护、适应不同作物灌溉的要求，因地制宜构建测流量水体系，实现河套灌区农业灌溉用水精细化管理。合理确定计量单元，配套完善计量表、流量计、量水槽等多种计量设施，在井灌区积极推广以电折水等计量方式。

对于灌区的新建和改扩建工程，要将测流量水设施作为工程建设的组成部分，实现与主体工程同时设计、同时施工、同时投入使用；对于尚未配备计量设施的已建工程，要抓紧更新改造，特别是结合现代化灌区提升改造工程建设，同步开展测流量水设施配套建设。有条件的区域，开展测控一体化、信息化、智能化测流量水设备试点示范，提升精细化量水水平，助推灌区的现代化。

6.4 推进水权制度建设

进一步探索河套灌区农业水权交易流转机制，持续推进水权管理的时效性和精细化程度。基于河套灌区供用水管理及信息化建设情况，充分利用已有水权确权登记试点成果，针对灌区灌溉信息的实时获取能力不足、直口渠以下水权行使情况监管困难等问题，引入遥感等现代化监测手段，与地面计量体系结合，建立水权到户的监管体系，探索水权精细化管理方法，为真正实现用水户之间水权交易打通技术上的"最后一公里"问题，为灌区水资源高效利用和精细化管理开拓新思路。

6.5 全面构建奖补机制

建立精准补贴和节水奖励机制可以更好地调动农民节水积极性。河套灌区各旗（县、区）应按照《内蒙古自治区农业灌溉用水精准补贴与节水奖励办法的通知》（内财农规〔2019〕10 号），结合当地实际，出台适用于本地的奖补实施方案，精准补贴和节水奖励应坚持因地制宜、量力而行、公开

公正相结合的原则，做到对象明确、标准清晰、程序规范、群众认可，补贴和奖励标准总体与水价调整幅度、节水成效、财力状况相匹配，并根据农业水价综合改革推进程度不断做动态调整。精准补贴的核心是把补贴资金额与农民用水量相挂钩，实行定额内用水补贴，鉴于河套灌区群管工程计量现状，可利用补贴和奖励资金进行末级渠系更新改造建设，在补齐末级渠系短板的基础上，再探索更细致的机制。

参考文献

[1] 许文海. 坚持和落实节水优先方针大力推动"十四五"节水高质量发展 [J]. 水利发展研究，2021，21（7）：15-18.

[2] 邹涛. 我国农业水价综合改革的进展、问题及对策 [J]. 价格理论与实践，2020（5）：41-44.

[3] 姜文来，冯欣，刘洋，等. 我国农业水价综合改革区域差异分析 [J]. 水利水电科技进展，2020，40（6）：1-5.

[4] 魏巍. 我国农业水价改革政策回顾分析 [J]. 经济研究导刊，2020（34）：15-16.

[5] 朱方和，庄大平. 对桃源县黄石灌区农业水价综合改革的思考 [J]. 湖南水利水电，2020（5）：124-127.

[6] 杜念. 广西融安县石门灌区农业水价综合改革探析 [J]. 广西水利水电，2020（5）：85-87.

[7] 杨星，张馨元，夏卫兵，等. 江苏省农业水价综合改革工作实践与思考 [J]. 江苏水利，2020（8）：24-28.

[8] 许伟健，刘国平，徐建平，等. 昆山市农业水价综合改革实践成效与评价 [J]. 中国水利，2021（8）：62-64.

[9] 耿琳，郭万城，王君勤，等. 四川省农业水价综合改革影响因素分析与建议 [J]. 四川水利，2021，42（1）：10-13.

[10] 王敏. 西安市农业水价综合改革现状与对策 [J]. 中国水利，2021（14）：56-58.

[11] 石建荣，邓卫平. 浙江省农业水价改革试点初探——以衢州市龙游县小南海镇试点为例 [J]. 浙江水利科技，2020，48（1）：28-29.

[12] 姜楠，张铁. 推进农业水价改革 切实提高农业节水效率 [N]. 中国城乡金融报，2021-7-28.

[13] 杨国栋，钱晖，戚荣婷，等. 江苏农业水价综合改革工作验收办法的诠释与探讨 [J]. 中国水利，2020（16）：60-62.

[14] 姜文来，冯欣，刘洋，等. 合理农业水价形成机制构建研究 [J]. 中国农业资源与区划，2019，40（10）：1-4.

[15] 张建斌，张雅丽，朱雪敏. 激励相容农业水价补贴：一个政策框架分析 [J]. 价格月刊，2020（7）：1-7.

[16] 常宝军，郭安强，鲁关立，等. 农业用水精准补贴机制的激励、约束作用探析——以一提一补制度为例 [J]. 中国农村水利水电，2020（9）：62-65.

[17] 张亚东，郑世宗，卢成. 浙江省农业水价综合改革计量模式研究 [J]. 中国农村水利水电，2020（11）：129-131.

[18] 李根东，关丽罡. 内蒙古河套灌区现代化存在的问题及建设策略研究 [J]. 内蒙古水利，2019（10）：72-74.

[19] 景明，张会敏，杨健，等. 宁蒙典型灌区深度节水控水措施研究 [J]. 人民黄河，2020，42（9）：155-160.

[20] 王建平，姜文来，王冬霓，等. 内蒙古农业水价改革研究 [J]. 安徽农业科学，2011，39（32）：19950-19953.

[21] 李晶，钟玉秀，梁新生，等. 内蒙古河套灌区水价及水费征管改革经验 [J]. 水利发展研究，2001（3）：9-12.

[22] 王鹏，王瑞萍. 内蒙古河套灌区水权转换的研究与实践 [J]. 海河水利，2016（5）：8-9.

[23] 马春霞，潘英华. 河套灌区跨盟市水权转让的探讨与实践 [J]. 内蒙古水利，2020（1）：19-20.

[24] 孙龙，于宇婷，杨秀花，等. 2015~2019 年巴彦淖尔市农田灌溉水有效利用系数年际变化趋势及影响因素分析 [J]. 内蒙古水利，2021（4）：66-68.

[25] 王丽珍，黄跃飞，王光谦，等. 巴彦淖尔市水市场水权交易模型研究 [J]. 水力发电学报，2015，34（6）：81-87.

贵州省水利工程供水价格管理对策研究

王艳华[1,2,3]　吕　望[1,2,3]　景　明[1,2,3]　张　晓[1,2,3]　贾　倩[1,2,3]

(1 黄河水利委员会黄河水利科学研究院，河南郑州　450003；
2. 河南省农村水环境治理工程技术研究中心，河南郑州　450003；
3. 河南省黄河流域生态环境保护与修复重点实验室，河南郑州　450003)

摘　要：为贯彻落实"节水优先、空间均衡、系统治理、两手发力"的治水思路，扎实做好水价管理工作，推动水利事业高质量发展，在对贵州省水利工程实地调研基础上，剖析了全省水利工程供水价格管理现状，查摆存在的主要问题，研究提出提升贵州省水利工程供水价格管理水平的对策和建议，对全省水利工程供水价格管理工作具有指导意义。

关键词：水利工程；供水价格；对策；贵州

1　总体情况

1.1　已建成水库供水价格管理情况

目前，贵州省已建成投运水库 2 198 座（设计年供水量 43.25 亿 m³），其中已定价水库 139 座，占比为 6.32%，供水价格在 0.02~1.10 元/m³。已定价水库实际供水量 5.36 亿 m³，应收水费 1.72 亿元，平均水价为 0.32 元/m³。实际收取水费的水库为 50 座，占已定价水库的 36%，年实际供水量 4.42 亿 m³，应收水费 1.67 亿元（按 0.32 元/m³ 计算），实际收取水费 0.286 亿元，为应收水费的 17%。

1.2　通过融资参与新建的水库供水价格管理情况

2011 年，为确保高效推进《贵州省水利建设生态建设石漠化治理综合规划》项目实施，保障骨干水源工程建设的省级资金筹措，加快解决贵州省工程性缺水步伐，贵州省委、省政府批准成立了贵州省水利投资（集团）有限责任公司（简称贵州省水投公司），负责贵州省骨干水源等项目的投融资、建设及经营管理。

2011 年以来，贵州省水投公司共筹资参与新建水库 445 座（含 2009 年开工的黔中水利枢纽工程）。截至目前，已下闸蓄水验收水库 156 座（其中大型 2 座、中型 57 座、小型 97 座），竣工验收水库 19 座（其中中型 2 座、小型 17 座），已供水水库 75 座，实际年供水量 20.67 亿 m³。目前，仅有大方盆河等 10 座水库已核定原水水价，核定水价项目占新建项目总数的 2%，供水价格在 0.269~1 元/m³。

近两年，贵州省发展和改革委员会（简称发改委）同水利厅在进一步推进水价改革方面进行了一些研究，取得了初步成果。近期，贵州省发改委以新投产的黔中水利枢纽为重点，按"准许成本、合理收益"的原则进行了"标杆水价"核算试点，但与水利部门、水管单位在一些核心问题上，仍存在一些不容忽视的分歧。

基金项目：中央级公益性科研院所基本业务费项目"灌溉渠系小型装配式建筑优化设计与示范"（HKY-JBYW-2021-08）。

作者简介：王艳华（1988—），男，工程师，主要从事节水灌溉、水利政策与技术研究工作。

2 存在的主要问题及原因分析

2.1 水利工程供水定价成本核算困难，水价长期偏低

贵州省目前水利工程供水价格普遍较低，根据初步统计，虽然全省水利工程非农业供水水价为 0.45 元/m³，与全国平均水平基本持平，但农业供水水价为 0.09 元/m³，仅为全国平均水平的 50%。其原因一是相当多水管单位为公益一类事业单位，水利工程的灌溉、防洪等公益性行为和供水、发电等经营性行为产生的成本均由财政补助，按照《水利工程管理体制改革实施意见的通知》（国办发〔2002〕45 号）中"由财政全额拨款的纯公益性水库管单位不得从事经营性活动"要求，人员工资无法计入成本，从而导致水价核算困难，价格偏低。二是已建成的水库多数由国家投资或群众投工投劳修建，按现行《政府制定价格成本监审办法》的有关规定，地方发展改革部门审批时难以将固定资产折旧纳入成本，可列入成本的费用不多，许多供水工程没有开展水价核算，免费提供给自来水公司使用。

2.2 水价定价、调整阻力大，水费征收困难

统计资料表明，贵州省已建成投运的 2 198 座水库，已定价水库仅 139 座。80%的水利工程近 3 年没有调整水价，部分工程 10 多年没有调整过水价。如黔西南州贞丰县纳山岗水库供给自来水公司原水，水价按贞水利字〔2004〕49 号文件执行，水费收取每吨 0.17 元（含上缴水资源费），15 年来未调整价格。其原因一是在定价时，地方政府通常强调水的公共产品和民生属性，会更多考虑居民的承受力和企业成本上涨等因素，对水利工程有偿供水推动积极性不高，甚至出现对政府定价人为压价、政府直接出面帮用水企业压低协商定价的情况，致使水价改革工作难以推进。二是随着我国粮食制度的改革和农业税的取消，水费收取方式由之前的依托农业税附加征收改为由水管单位逐户上门征收，同时为支持"三农"发展，国家不断给予农民良种、农机具、燃油等各项补贴。在此背景下，农业用水收费受到诸多质疑，"无偿用水"的声音从不同的角度提起，农民上缴水费的意识淡漠，不愿继续缴纳水费。供水企业定价低、收费少，促使水管单位更愿意"吃财政饭"，一方面增加了地方财政的压力，另一方面又反过来影响水价的定价和调整，"喝大锅水""用免费水"的局面就越发难以改变。

2.3 项目法人单位偿债压力大

贵州属于典型的"工程性缺水"地区，2011 年以来，贵州省新建的骨干水源工程大部分配套资金由各级投融资平台企业通过融资投入，均是企业债务，如贵州省水投公司，现年均需要 30 亿元以上资金偿还债务本息，需要通过收费来偿还贷款本金及利息，从而减轻地方政府债务压力。但如果按照地方发展改革部门试行的"准许成本、合理收益"的水价改革办法核定水价，这部分投入很难得到足额回收，项目法人单位偿债压力较大。

2.4 水利工程运行管护经费不足

贵州省已建成投运的骨干水源工程逐年增加，已达 2 000 余座，按定额测算，全省小（2）型以上水库每年需要维修养护经费及管护经费约 4.3 亿元，但多年来全省的维修养护资金一般在 7 500 万元，资金严重不足，加之大多数水库没有定价或定价偏低，水费收入除人员工资外也无力承担维修养护任务，导致相当部分水库大坝维修养护不及时从而变成病险水库。资金保障不到位，大坝安全鉴定也不能如期进行。2019 年，审计署昆明特派办审计指出贵州省有 1 068 座水库未按期进行大坝安全鉴定，水库管理存在安全隐患。

3 相关对策和建议

从贵州调研的情况来看，贵州水利工程供水总体处于不收费、低收费、有费难收的状态，传统事业性质供水单位主要靠各级财政维持低水平运行，水库普遍病险的状况没有显著改变；新建工程价格机制不健全，工程管理企业还本付息压力大，运行前景堪忧。更谈不上吸引社会资金参与地方水利建

设和利用价格杠杆优化资源配置、促进全社会节约保护水资源。这与贵州省严重"工程性缺水"的状况是极不相称的。贵州省水利厅组织研究形成的《贵州城市用水户水价承受能力分析研究报告》也对城市居民和工商业提价的空间进行了全面分析，得出了肯定的结论。

3.1 进一步完善水价形成机制，充分发挥价格的经济杠杆作用

借《水利工程供水价格管理办法》修订的契机，进一步研究完善水价形成机制，通过科学细化用水分类，实施精准用途管控，进一步明确、细化两部制水价、阶梯水价、超额累进加价、区域水价、优水优价等政策措施，创新更符合市场化要求的水价形成机制，确保水价机制能真正发挥保障供水合理收益、促进水资源优化配置和节约利用的作用。

3.2 实施水价动态调整，建立水价联动机制

实施水价动态调整，综合考虑物价上涨指数、用户承受能力等因素，按照水价调整程序，合理确定调价周期。建立水价联动机制，当供水成本、水资源费的标准调整时，政府相关部门同步启动联动机制，及时调整水利工程供水价格。

3.3 进一步完善与相关改革政策的衔接

在水价政策制定和推动过程中，进一步加强与国家财税体制改革、投融资体制改革、水利工程管理体制改革等的政策配套衔接，着力解决发现的问题。合理确定不同投融资模式和运行管理体制的水利工程供水成本和收益率。对于主要由国家财政投入、后期运行管理实行企业化管理的或维修养护费用无财政补助的准公益性水利工程，应足额计提折旧，将折旧费纳入水价成本。同时，将应开展而由于资金不到位而未开展的水质监测、大坝安全鉴定、防洪调度预案、供水调度方案、水源地保护等产生的费用纳入水价成本，实现以水养水。

4 结语

贵州省水价改革进程总体滞后，水价长期偏低，难以反映水资源稀缺程度、供求关系和环境治理成本，特别是农业水价、农村供水水价低于供水成本，水费收取率不高，导致用水效率不高、水利工程难以良性运行。充分利用市场机制和价格杠杆在水资源配置、水需求调节等方面的作用，促进传统水源的节约，提高用水效率，促进节水型社会建设和水资源的可持续利用，是实现水资源合理高效配置、缓解水资源短缺的重要途径。建立科学的水利工程供水价格体系，是发挥价格调节水供求市场作用最直接、最有效的手段。

参考文献

[1] 喻玉清，罗金耀. 可持续发展条件下的农业灌溉水价制定研究 [J]. 灌溉排水学报，2018 (2)：77-80.

[2] 王浩，阮本清，沈大军. 面向可持续发展的水价理论与实践 [M]. 北京：北京科学出版社，2009.

[3] 罗其友. 节水农业灌溉水价控制 [J]. 干旱区资源与环境，2017 (2)：1-6.

[4] 廖永松. 农业灌溉水价改革的问题与出路 [J]. 中国农村水利水电，2015 (3)：74-76.

[5] 郭善民，王荣. 农业灌溉水价政策作用的效果分析 [J]. 农业经济问题，2019 (7)：41-44.

京津两市生活节水现状及节水对策分析

韩云鹏　齐　静　刘江侠

（水利部海河水利委员会科技咨询中心，天津　300170）

摘　要： 在分析北京、天津两市未来用水形势的基础上，明确了生活节水在京津两市未来节水中的重要性。通过对京津两市生活节水现状的分析，提出了生活节水存在的问题，并且给出了针对具体问题的对策，相关成果可为京津两市后续生活节水工作的开展提供参考。

关键词： 水资源短缺；生活节水；漏损率；再生水利用

习近平总书记在 2021 年 5 月 14 日召开的推进南水北调后续工程高质量发展座谈会上强调，要深入分析南水北调工程面临的新形势、新任务，完整、准确、全面贯彻新发展理念，按照高质量发展要求，统筹发展和安全，坚持"节水优先、空间均衡、系统治理、两手发力"的治水思路，遵循确有需要、生态安全、可以持续的重大水利工程论证原则，立足流域整体和水资源空间均衡配置，科学推进工程规划建设，提高水资源集约节约利用水平；要重视节水治污，坚持先节水后调水、先治污后通水、先环保后用水。为落实习总书记指示精神，做好南水北调后续工程高质量发展工作，以北京、天津两座南水北调重要受水城市为研究对象，开展相关节水工作研究是十分必要的。

1　节水工作的紧迫性

京津两市是我国水资源最为匮乏的地区之一，2019 年，两市人均水资源量 91 m³，不足全国人均水资源量的 5%，远低于人均 1 000 m³ 的国际水资源紧缺标准。同时，两市作为我国的首都和直辖市，又是人口和产业高度聚集、经济社会发达地区，两市人口基数大且增长较快，城市用水给水资源承载造成了较大压力。得益于南水北调中线工程的外调水，2019 年，京津两市以不足全国 0.1% 的水资源量，负担了全国约 2.5% 的人口和近 5% 的 GDP，水资源供需呈紧平衡态势。

根据第三次水资源调查评价（1956—2016 年）成果，北京市地表水资源量较第二次水资源评价（1956—2000 年）衰减 45.6%，水资源总量衰减 26.7%；天津市地表水衰减 4.5%，水资源总量衰减 5.8%，两市水资源短缺程度进一步加剧，未来两市水安全保障形势将日益严峻。在新的外调水源启用之前，充分挖掘当地节水潜力，是解决未来缺水问题的重中之重。

2　生活节水的重要性

2010—2019 年间，北京市用水总量由 2010 年的 35.16 亿 m³ 增加至 2019 年的 41.68 亿 m³，增幅达 18.5%。从用水结构看，受城镇化率上升和居民生活水平提高的影响，生活用水量整体上保持增长趋势，生活用水量由 2010 年的 14.71 亿 m³ 增加至 2019 年的 18.70 亿 m³，年均增长 2.7%；农业用水量呈快速下降趋势，下降幅度超过 70%；工业用水呈波动下降趋势。生态环境用水量大幅度增

作者简介： 韩云鹏（1987—），男，高级工程师，主要从事水利规划工作。

长，由 2010 年的 3.97 亿 m³ 增加至 2019 年的 16.00 亿 m³，年增长率 16.8%。

2010—2019 年，天津市用水总量由 2010 年的 22.42 亿 m³ 增加至 2019 年的 28.45 亿 m³，增幅达 26.9%。从用水结构看，生活用水量由 2010 年的 5.25 亿 m³ 增加至 2019 年的 7.51 亿 m³；农业用水量呈先升后降趋势；工业用水量基本稳定在 5 亿 m³。生态环境用水量稳步增长，由 2010 年的 1.22 亿 m³ 增加至 2019 年的 6.23 亿 m³，年均增长率为 19.9%。京津两市 2010—2019 年用水量变化趋势见图 1 和图 2。

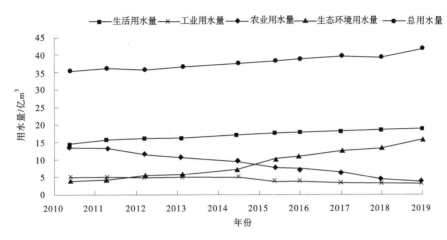

图 1　北京市 2010—2019 年用水量变化趋势

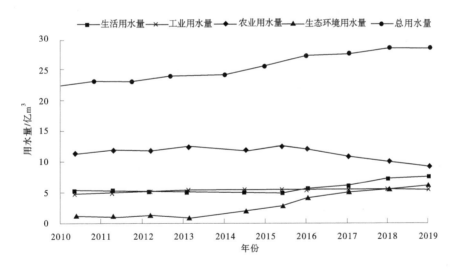

图 2　天津市 2010—2019 年用水量变化趋势

2020 年，北京市三大产业结构为 0.3∶16.2∶83.5，天津市三大产业结构为 1.3∶35.2∶63.5，第三产业所占比例均超过 60%，且增速较快，为未来京津两市主要经济增长点。

2019 年，京津两市万元工业增加值用水量分别为 7.8 m³ 和 12.5 m³，位居全国各省（市）指标的前两位，远低于全国平均水平 38.4 m³，工业用水重复利用率均超过 95%，工业节水水平处于全国领先水平。2020 年，京津两市农田灌溉水有效利用系数分别为 0.75 和 0.71，位居全国各省（市）指标的前三位，农业节水水平也处于全国领先水平。京津两市工业、农业用水量未来增长较小，且工业、农业节水水平较高，工业、农业节水潜力较小。未来随着城镇化进程的推进和人民生活水平的提高，京津两市生活、生态用水量将进一步增加，生活节水是未来两市的主要节水潜力所在。

3 生活节水现状

2019 年，北京市城镇居民定额 139 L/d，城镇公共用水定额 110 L/d，两项指标均高于全国平均水平；天津市城镇居民用水定额 92 L/d，城镇公共用水定额 57 L/d，两项指标均低于全国水平。京津两市位置紧邻，城镇化率相近，两市定额差距较大的原因主要有以下两个方面：一是北京市城镇公共用水较高，城镇公共用水占城镇生活用水比例约 45%，高于天津的 38%，同时北京市公共服务水平较高，导致城镇公共定额较高。二是北京市 2019 流动人口约 800 万，远大于天津市的 500 万，这部分流动人口的用水在统计时纳入常住人口中，导致了城镇用水定额的增加。

根据城市建设统计年鉴，2019 年京津两市城市公共供水管网漏损率分别为 0.149 和 0.144，均高于全国平均水平 0.141。主要原因有两点：一是两市城镇供水管网覆盖率均较高，供水管网庞大且复杂；二是两市部分城镇管网建设时间较早，且多为铸铁和钢管，腐蚀和阻塞情况较为严重。目前两市节水器具普及率均较高，已接近 100%。在污水处理率方面，2019 年，京津两市城镇污水处理率分别为 94.5% 和 93.5%，均高于全国平均水平，但再生水利用率不高，距离发达国家还有一定差距。

4 生活节水对策

针对京津两市在生活节水方面存在的城市公共供水管网漏损率较高、城镇公共用水量较大、再生水利用率较低的问题，提出以下几点对策：

一是推进现有供水管网的提升改造工作。结合已经开展的换装智能水表工作，建立分区计量供水管理系统，通过对各分区进行压力和流量分析，快速准确定量各区漏损水平及漏水的大致范围，指导修复工作，进而控制漏损。逐步开展现有供水管网的更新改造工作，采用新型 HDPE、不锈钢管等新型管材管件，运用更加先进的施工技术，不仅可以有效降低漏损，还能保证水质安全。

二是加强公共场所用水监督管理工作。技术方面，推动大型公共场所的节水器具升级改造工作，鼓励公共场所采用更为先进的节水器具；政策方面，在已经实施的非居民用水累进加价制度基础上，针对大型公共场所，建立更为具体的节水管理制度，确保节水工作落实到位、到人。结合当前流行的短视频、人脸识别等热点技术，创新节水宣传模式，提高公共场所节水宣传的到位率和有效性。

三是为再生水利用创造条件。在供给侧，加大技术创新力度，不断提高再生水出厂质量，既要产的多，又要产得好，为再生水的广泛利用提供条件。在用户侧，加快再生水供水管线等配套设施的修建，同时适当给予再生水使用企业价格优惠等政策，鼓励全社会积极使用再生水，确保再生水产得出、用得掉。

5 结论

未来，随着京津两市经济社会的高速发展，总用水量，尤其是生活用水量将进一步增加，水资源短缺程度进一步加剧，为缓解用水紧张局面，挖掘生活用水的节水潜力是十分必要的。

京津两市生活节水方面存在城市公共供水管网漏损率较高、城镇公共用水量较大、再生水利用率较低等问题。

针对现状京津两市存在的生活节水问题，可采取推进现有供水管网的提升改造、加强公共场所用水监督管理、为再生水利用创造条件等对策，充分挖掘节水潜力，进一步提高京津两市生活节水水平。

参考文献

[1] 蔡玉. 北京市节水型社会建设评价指标体系研究 [D]. 北京：北京建筑大学，2019.

［2］杨梅．北京市（高校）用水变化趋势及用水需求分析［D］．北京：清华大学，2017．

［3］张会艳，张丽荣，岳保华．北京市生活用水现状和节水对策分析［J］．北方环境，2004，29（3）：1-3．

［4］孙艳．怀柔区节水型社会建设研究［D］．北京：北京林业大学，2011．

［5］乔伟，李亚龙，付浩龙，等．长江流域高效节水灌溉发展状况［J］．水利水电快报，2019，40（4）：12-16．

［6］赫淑杰，陈燕明．山东省黄河流域水资源节约与保护初探［J］．资源节约与环保，2021（7）：81-82．

［7］刘联兵．关于创新长江流域水资源节约保护工作的思考［J］．长江技术经济，2021，5（2）：12-16．

［8］程普云．山西省城镇生活节水潜力分析［J］．水利水电科技进展，2004，24（6）：41-43．

［9］褚俊英，陈吉宁，王灿，等．城市公共用水的节水和污水再利用潜力分析［J］．给水排水，2007，33（3）：49-55．

新时代背景下水权交易制度发展探究

李兴拼[1,2]　李蔡明[1,2]　陈金木[3]　李　娟[1,2]　陈易偲[1,2]　杨一彬[1,2]

(1. 水利部珠江河口动力学及伴生过程调控重点实验室，广东广州　510611；

2. 珠江水利科学研究院，广东广州　510611；

3. 水利部发展研究中心，北京　100038)

摘　要： 水权水市场改革是我国水资源管理改革的重要内容。水利部在全国范围内积极推动开展水权交易试点，推进水权确权，建设水权交易平台，开展水权交易，取得了一定的成效。但法律法规、区域用水指标衔接、监管能力等因素的制约导致水权交易面临许多困难。通过分析推进水权交易过程中面临的困难及原因，研究提出相关建议，以期推动水权交易制度改革进展，全面推进水权交易，实现水资源的合理配置和利用。

关键词： 水市场；水权交易；水权交易制度

水权交易制度是现代水资源管理的有效制度，是市场经济条件下科学高效配置水资源的重要途径，也是建立政府与市场两手发力的现代水治理体系的重要内容。近年来，党中央国务院多次对建立和完善国家水权制度提出明确要求，建立健全水权制度，积极培育水市场，鼓励开展水权交易，运用市场机制合理配置水资源[1-2]。

2021 年 9 月，中共中央办公厅、国务院办公厅印发了《关于深化生态保护补偿制度改革的意见》，明确建立用水权初始分配制度，明确取用水户水资源使用权，鼓励取水权人在节约使用水资源的基础上有偿转让取水权，鼓励地区间通过水权交易解决新增用水需求。新时代背景下，深入贯彻落实党中央、国务院关于建立和完善水权交易制度的新指示、新要求，要结合水权交易试点经验，不断完善水权交易制度，合理配置利用水资源。

1　水权交易制度背景

开展水权交易的前提是明确水权的基本概念和交易类型。我国从法律法规和政策层面不断明晰水权的基本内容，现有法律法规关于水权的定义，既包括水资源所有权，也包括从所有权衍生出的水资源使用权。

我国法律对水资源所有权有明确规定，水流属于国家所有，即全民所有。关于水资源使用权，即从所有权中分离出使用权，由单位和个人依法占有、使用和获取收益。《中华人民共和国水法》规定，直接从江河、湖泊或者地下取用水资源的单位和个人，按照国家的有关规定，向水行政主管部门或者流域管理机构申请领取取水许可证，并缴纳水资源费，即取得取水权。同时，《取水许可和水资源费征收管理条例》对取水权的配置、行使、管理等做出了具体规定，依法获得取水权的单位或者个人，通过调整产品和产业结构、改革工艺、节水等措施节约水资源的，符合法定条件可以依法有偿转让其节约的水资源。由此可见，水权交易的是水资源的使用权。

2016 年 4 月，贯彻中央生态文明决策部署，根据有关法律法规，水利部印发了《水权交易管理

作者简介： 李兴拼（1983—），男，高级工程师，长期从事水文水资源研究工作。

暂行办法》，明确了水权及水权交易的基本内涵，对区域水权交易、取水权交易、灌溉用水户水权交易三种水权交易类型的交易主体、条件、程序等做了具体规定，标志着水权交易制度得以建立。

2 水权交易制度探索

我国水权水市场的探索和实践由来已久。党的十八届三中全会以来，水利部积极贯彻落实中央决策部署，深入探索水权制度建设，选择宁夏、江西、湖北、内蒙古、河南、甘肃、广东7个省（区）开展了全国水权试点工作。这些试点工作总体上取得了积极成效，积累了经验。

2.1 水权确权

水权确权是水权交易开展的前提[3-4]。根据《水权交易管理暂行办法》规定的水权交易类型，各省（区）积极组织开展水权确权工作。在用水总量控制指标方面，明确了各市用水总量控制指标，并将用水总量控制指标向下进行了分解。在江河水量分配指标方面，根据国务院授权，水利部已累计批复60条跨省江河流域水量分配方案，明确了水量分配指标。在取用水户水权确权方面，全面实施取水许可制度，规范取水许可审批，加强取水许可监督管理。在灌溉用水户水权确权方面，合理确定灌溉面积和灌溉定额，对灌区、行政村或灌溉用水户等用水主体进行确权登记并发放水资源使用权证。

2.2 水权交易平台建设

水权交易平台是运用市场配置水资源的有效载体，是水权交易活动的中介组织，对于积极培育水市场、推动水权交易、降低交易成本等方面具有重要作用。为促进水权交易的开展，各省（区）积极开展水权交易平台建设工作，如广东省以省产权交易集团全资子公司省环境权益交易所为平台，为试点期水权交易活动提供服务，并健全水权交易平台运行、监管等规则体系，为水权交易提供保障。内蒙古自治区成立专门从事水权收储和转让的机构——自治区水权收储转让中心，明确水权收储的主要类型，加强水权收储的制度化和规范化。河南省、宁夏回族自治区等也建立了水权收储转让平台。

2.3 水权交易实践

水权交易试点省份坚持以问题为导向，立足于本地实际，因地制宜，积极稳妥推进水权交易。空间上，主要分布在水资源严重短缺地区，包括宁夏、内蒙古、甘肃、新疆、河北、陕西、山东等地，同时水资源丰富地区也有案例，如浙江、广东、江西等地；类型上，水权交易主要是以农业用水向工业和城市用水转让。如广东省2014—2017年在东江流域开展了水权交易探索，已经完成了惠州市—广州市水权交易，正在积极推进河源市—广州市水权交易及珠江三角洲水资源配置工程中的水权交易等。

3 水权交易制度的困境

3.1 法律法规存在制约

关于水权的具体分类，目前《中华人民共和国民法典》和《中华人民共和国水法》仅规定了水资源所有权和取水权两种权利，未明确用水权的法律地位，实践中正在开展的用水权初始分配尚缺乏明确的法律依据。此外，水权交易的类型虽然已明确，但是作为水资源使用权的水权类型，其权利内容仍不完善，区域水权的法律依据尚不充分、取水权的权利义务内容尚不明确、灌区内用水户水权确权缺乏法律依据，难以完全满足水权交易市场建设的需要，亟待从法律层面完善区域水权、取水权、灌溉用水户水权的权力概念和基本内涵。

3.2 水权确权难度大

在区域水权确认方面，各级政府的认识存在分歧，特别是针对预留用水总量控制指标的法律性质、处置方式等存在较大争议。同时，多套区域指标也存在衔接问题，区域用水总量控制指标与江河水量分配指标之间，尚需要做好有效衔接。在取用水户水权确权方面，存在部分自备水源取用水户和自来水公司的许可水量核定困难的问题，缺乏明确的许可水量复核机制，对于用水总量已经超过或达到区域用水总量控制指标的地区，要增加许可水量，同时面临着缺乏总量指标额度的难题。在灌区水权确权方面，存在确权单元和确权对象难以确定，确权水量难以核定的问题。

3.3　水权交易推进困难

虽然在水权试点期间开展了水权交易探索，并促成了水权交易，但是，总体上看，水权交易工作尚处于起步阶段，交易推进过程中面临着很多困难。一是水权购买意愿不强和惜售现象并存，水权交易市场不活跃。从买方看，购买水权的意愿不强，存在"等、靠、要"观念，希望通过向上级政府申请用水总量指标解决缺水问题。从卖方看，水权交易收益不高，转让水权的意愿不强，普遍存在惜售现象。二是可交易水权的范围和类型尚不够清晰，特别是对政府预留指标能否作为交易指标的尚存在争议，而且政府预留指标的处置机制也没有形成，制约了水权交易的开展。三是水权交易价格形成机制尚未建立，水权交易因交易价格缺乏依据，影响了水权交易的开展。

3.4　水权监管存在不足

基于水资源的流动性、不确定性、利害双重性等特殊属性，水权水市场建设客观上要求加强监管，特别是在确权过程中，迫切要求加强水资源用途管制和计量监控。然而，从水权交易管理上看，水权监管仍显不足，一是水资源用途管制制度尚不健全，难以适应水权确权工作需要。特别是对于自来水公司，由于缺乏用途管制制度，自来水公司在办理取水许可证之后，容易随意扩大对工业园区和工业企业供水，进而导致监管处于缺失状态。二是计量设施滞后，难以为水权确权和交易提供支撑。特别是灌区用水方面，灌区渠系错综复杂、进水口和出水口众多，灌溉方式多样，灌区闭合性差，难以对农业用水实施精细监控，监控的灌溉用水量结果容易失真，给灌区农业水权确权工作带来困难。

4　完善水权交易制度的建议

4.1　推进相关法规制度建设

水权交易市场的建设与发展，需要加强法规制度建设予以保障，使水权交易市场建设和相关法规建设相向而行。一是根据《中华人民共和国民法典》《中华人民共和国水法》，组织开展对水权基本理论的研究，完善水权理论体系，为水权交易提供理论支撑。二是对《水权交易管理暂行办法》进行修订，以行政法规的形式颁布施行，同时拓展可交易水权的范围和类型，并将水权收储与处置、政府有偿出让水权、水资源用途管制等内容加以明确规定。三是出台配套制度性文件，完善水权交易制度体系，对政府预留指标、取水许可动态管理、自来水公司和工业园区水资源用途管制、水库功能调整等进行规定。

4.2　落实水权初始分配

建立健全水权初始分配制度，关键是在"算水账"的基础上，建立水权初始分配制度，发放水资源使用权证，确认取用水权益。水权初始分配制度的核心有两部分：一是区域水权初始分配；二是取用水户水权初始分配。一是"算水账"，即通过用水总量指标层层分解并最终落实到区域和取用水户，明确区域和取用水户的水权额度。二是建立健全相关制度，重点是按照物权法定原则，在法律法规中建立水权权利体系，明确权利内容和期限，保障水权的实现。

4.3　建立水权收储与处置制度

建立水权收储与处置制度，将闲置和节余的存量水资源集中起来并有效地释放到市场，形成"多对一"和"一对多"的交易格局，有利于盘活存量水资源，解决供需不匹配问题。一是通过政府投资节水形式回购水权，亦即政府投资实施的节水改造工程（如通过政府投资向灌区或者企业节水）节约出的取用水指标，可以进行收储。二是直接向取用水户回购的节水量，亦即对于取用水户投资节约的水权（含农民通过农艺节水、高效节水灌溉设施等新增的节水量），予以回购，形成储备水权。三是无偿收回的闲置取用水指标，亦即通过取水许可动态管理，将取水许可证量偏大的部分予以收回，并纳入储备水权。

4.4　建立有偿出让水权制度

有偿出让水权制度是指国家以水资源所有者的身份向水资源使用者有偿让渡一定期限的水资源使用权，并收取水资源出让金的制度。实行政府有偿出让水权，对于全社会树立水资源有价理念，改变以往水资源无价或者低价使用的理念，促进经济社会持续健康发展将产生积极和深远的影响。一方面，政府有偿出让水权实际上建立了水资源要素对转变经济发展方式的倒逼机制，将推动产业结构、生产方式、消费模式的改变。另一方面，企业在支付出让金后具有完整的使用权，可以将水资源使用权进行抵押和交易流转，充分发挥市场机制的激励作用，为企业真正节约和高效利用水资源提供重要的内生动力。

4.5　完善水权交易价格形成机制

完善的水权交易价格形成机制是推进水权交易的关键环节，是水权制度体系的重要内容，有必要建立健全水权交易价格形成机制。水权交易价格确定和测算机制是最关键的内容，政府相关部门要根据资源管理、水权交易市场的需要，明确水权交易价格的定价主体，研究提出价格定价和测算的方式方法，并根据市场化因素建立价格调控机制，为建立健全水权交易价格形成机制提供支撑，合理确定水权交易价格。

4.6　建立取水许可动态管理制度

建立取水许可动态管理制度，不仅是取水许可管理精细化的客观要求，也是建立健全水权确权制度的重要内容。通过安装取水计量设施，加强取用水户的跟踪动态监管，引入评估机制，对原批准的取水量、实际取水量、节水水平、用水工艺、退（排）水情况，以及当地水资源供需状况进行合理性评估，及时将取用水户因许可水量偏大而未能加以利用的闲置水量予以收回并重新利用，这其实也是盘活存量水资源的重要内容，对于扩大可交易水权具有重要意义。

参考文献

[1] 刘品，乔根平．两手协调发力提高水资源优化配置能力 [J]．水利发展研究，2021，21（5）：38-41．

[2] 王亚华，舒全峰，吴佳喆．水权市场研究述评与中国特色水权市场研究展望 [J]．中国人口·资源与环境，2017，27（6）：87-100．

[3] 张凯．市场导向下不同水权交易模式价格形成机制研究 [J]．水资源开发与管理，2021（4）：72-77．

[4] 张丹，张翔宇，刘姝芳，等．基于和谐目标优化的区域水权分配研究 [J]．节水灌溉，2021（6）：69-73．

水库移民后期扶持实施效益评价
——以广州市从化区为例

郑江丽[1,2]　李兴拼[1,2]　陈易偲[1,2]

（1. 水利部珠江河口治理与保护重点实验室，广东广州　510611；
2. 珠江水利科学研究院，广东广州　510611）

摘　要：选取水库移民较为集中的从化区为研究区域，建立涵盖管理效益、经济效益、社会效益和生态环境效益 4 大准则层总计 29 项指标层的水库移民后期扶持实施效益评价指标体系。采用模糊层次分析法对从化区 2010—2018 年水库移民后期扶持项目实施效果进行评价，结果表明：经济效益是制约从化区水库移民后期扶持实施效益的主要因子，主要是因为移民区人均收入水平改善情况、人均可支配收入改善情况、人均住房面积改善情况得分较低。因此，未来从化区后期扶持项目应着重以提高移民的经济收益为主。

关键词：水库移民；后期扶持；实施效益；评价

近年来，随着我国用电需求的不断扩大和治水要求的逐步提升，各地修建水库的投入力度也大幅提高。截至 2019 年底，我国兴建了 9.81 万余座水库，其中大中型水库 4 000 余座，产生了大中型水库移民 2 502 万[1]。作为水工程建设产生的非自愿移民，水库移民属于相对贫困的弱势群体，为帮助改善移民生产、生活条件，需要实施后期扶持[2-4]。党中央、国务院历来高度重视水库移民后期扶持工作，我国在不同发展阶段针对性地制定了相应政策，移民政策由新中国成立初期的"重工程、轻移民，重搬迁、轻安置"发展到现在的以"前期补偿补助与后期扶持相结合"的开发性移民方针，不仅体现了"以人民为中心"的发展理念，同时也适应着新时代水利高质量发展的要求[5]。

2006 年国务院下发了《关于完善大中型水库移民后期扶持政策意见》，其中明确指出要加强建设水库移民安置区的基础设施和环境，增加移民的收入，移民后期扶持政策至此上升到国家层面[6]。此后我国后期扶持全面开展，国内许多学者关于水库移民后期扶持项目开展了大量研究并提出了不同的观点[7-9]。如王洪亮等（2013 年）对广东省水库移民项目扶持模式的多元化进行了探讨，指出广东省项目扶持方式有待进一步完善，探讨了多元化项目扶持模式，提出人力资源综合开发模式、金融信贷模式、农业综合开发模式、第二产业开发模式及第三产业开发模式等[10]。高腾（2013 年）以江西省为例，对水库移民后期扶持路径进行了研究，总结了江西省自 2006 年以来后期扶持政策实施工作取得的成效，同时也指出了江西省现有后期扶持路径存在的问题[11]。陈枚（2013 年）对四川省蓬安县大中型水库库区移民后期扶持问题进行了深入研究，得出结论：库区移民后期扶持的方式应该以项目扶持为主，单纯通过后期扶持资金直接补贴移民无法真正解决库区后续发展问题[12]。

现阶段针对水库移民后期扶持政策效果评价主要是通过监测评估、绩效评价大中型水库移民后期扶持政策实施情况等手段来进行的。从 2008 年开始试点，对大中型水库移民后期扶持政策实施情况开展了监测评估工作，经过 10 多年的发展，评估体系逐步完善，覆盖范围稳步扩大，监测评估成效逐步突显[13]。2017 年 6 月水利部组织开展 2016 年度大中型水库移民后期扶持资金绩效评价试点工作。黄兴（2015 年）采用模糊物元法对移民可持续生计评价实证研究，分析了总体生计离生计可持

作者简介：郑江丽（1985—），女，高级工程师，主要从事水资源规划与农业灌溉研究工作。

续目标还存在较大的差距，原因主要集中在经济基础和政策保障两方面[14]。焦红波（2020 年）尝试运用 BSC 方法建立水库移民后期扶持政策绩效评价指标体系，同时运用云模型法解决指标转换和评价结果等级判定的问题[15]。曾帆（2020 年）通过构建综合指数法模型对官帽舟水库搬迁移民后期扶持可持续发展进行实证评价，可较为准确评价移民后期扶持实施效果[16]。

从化区水库移民人口众多，安置零散，身份复杂；移民后期扶持资金种类多样，限制条件多；移民后期扶持工程项目涉及专业广泛，规模较小，但受到关注较多，需要符合的各项政策规定繁多，种种原因导致从化区移民后期扶持工作面临较多复杂的现实困难。经过十几年的后期扶持管理，从化区水库移民管理机构逐步形成了一套适用于本地区多样性复杂类型移民的后期扶持管理模式。

为全面、科学、合理地评估从化区水库移民后期扶持政策实施效益，拟建立从化区后期扶持实施效益指标体系，采用模糊层次分析法进行综合评价，识别从化区水库移民后期扶持实施效益的关键因素，为水库移民后期扶持规划及建设提供决策依据与参考。

1 研究区概况

广州市从化区现有水库移民约 13 000，占从化区总人口的 2% 左右，分布在从化区 7 个镇（街道办事处）31 个行政村 85 个自然村。

从化区水库移民后期扶持项目主要分为移民增收项目及美丽家园建设项目两大类。移民增收项目又分为基本口粮田及农田水利配套设施项目、生产开发项目、技能培训等三类，美丽家园建设项目分为基础设施建设、社会事业设施、生态建设及环境保护项目等三类。从化区从 2010—2018 年以来一共实施 208 个项目，其中农田水利类项目 21 项、生产开发项目 35 项、技能培训项目 8 项、基础设施项目 74 项、社会事业项目 42 项、生态建设项目 28 项。各类项目年度分配情况如图 1 所示。

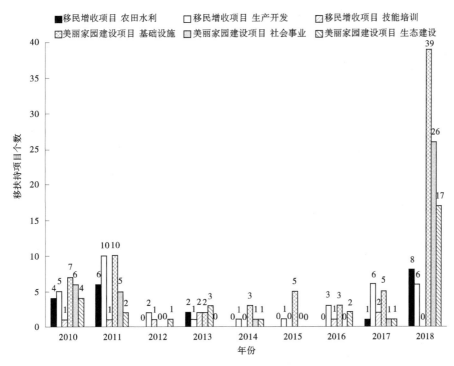

图 1 从化区 2010—2018 年后期扶持项目分类统计

2 研究方法

2.1 从化区移民后期扶持效益评价指标体系

水库移民后期扶持实施效益评价是一个多因素、多准则的复杂系统，各个因素反映后期扶持政策效益的角度各不相同，重要性和影响程度也不一样。但是由于各方面的制约，评价体系不可能涵盖所有的因素。因此，通常会依据系统性、有效性及可操作性的原则，选取具有典型代表性的指标组合成不同的部分，并根据各个部分相互关联影响及其隶属关系，将其按不同层次聚集组合，构成多层次、多目标的综合评价指标体系。基于以上分类设计与分析，结合从化区水库移民后期扶持工作实际，设计了后期扶持工作效益评价指标体系框架。该指标体系包含总目标层指标 1 个、准则层指标 4 个、指标层指标 29 个，见表 1。

表 1　从化区水库移民后期扶持效益评价指标体系

总目标	准则层	指 标 层	备注
水库移民后期扶持实施效益（A）	管理效益（B1）	项目规划合理性情况（C11）	
		工程前期工作质量（C12）	主要为工程设计能否达到移民预期
		工程施工质量（C13）	
		项目立项移民参与度（C14）	
		配套文件制定及执行情况（C15）	
		合同管理情况（C16）	
		资金使用率（C17）	
		资金到位率（C18）	
	经济效益（B2）	人均收入水平改善情况（C21）	
		人均可支配收入改善情况（C22）	
		恩格尔系数（C23）	粮食支出占比
		人均住房面积改善情况（C24）	
		人均拥有大家电数增加情况（C25）	
		人均机动车拥有数增加情况（C26）	
	社会效益（B3）	生产生活配套设施改善情况（C31）	
		饮水安全改善情况（C32）	
		交通配套设施改善情况（C33）	
		社会保障情况（C34）	医保、社保参保率情况
		职业技能培训情况（C35）	
		与当地居民融洽程度（C36）	
		移民上访回应情况（C37）	
		移民社会心理压力情况（C38）	
		移民村社治安状况（C39）	
	生态环境效益（B4）	空气质量改善情况（C41）	
		污水处理情况（C42）	
		生活垃圾处理情况（C43）	
		公园建设面积提升情况（C44）	改善村居生活环境情况
		水土保持情况（C45）	
		排水排涝能力提升情况（C46）	暴雨受淹改善情况

2.2　模糊层次分析法[17-19]

模糊层次分析法（FAHP）是 20 世纪 70 年代美国运筹学 T L Saaty 教授提出的一种定性与定量相

结合的系统分析方法。在指标体系建立后，根据指标（准则）重要性二元对比原理，建立二元对比矩阵，经过排序后，根据排序结果查找 10 个级别的语气算子级差，从而得到各个指标的权重赋值，最后归一化得到权重，见如下公式：

$$w_i = (w_{i1}, w_{i2}, \cdots, w_{in}) = [R_{i1}/(R_{i1} + R_{i2} + \cdots + R_{in}), R_{i2}/(R_{i1} + R_{i2} + \cdots + R_{in}), \cdots,$$
$$R_{in}/(R_{i1} + R_{i2} + \cdots + R_{in})] \tag{1}$$

式中：i 为准则层数；n 为第 i 个准则层指标个数；w_i 为第 i 个准则层的权重向量；R_{in} 为第 i 个准则层第 n 个指标的权重赋值。

同理可以得到准则层因素相对目标层的权重向量 $w_B = (w_{B1}, w_{B2}, \cdots, w_{Bm})$，由式（2）计算各项指标相对于目标层的权重：

$$C_j = w_{ij} \times w_{Bi} \tag{2}$$

式中：j 为第 i 个准则层第 j 个指标；w_{ij} 为第 j 个指标相对第 i 个准则层中的权重；w_{Bi} 为第 i 个准则层相对目标层的权重；C_j 为第 j 个指标相对目标层的权重。

2.3 指标评判等级

水库移民后期扶持实施效益各个指标设定 5 个评价等级，分别为"优""良""中""较差""差"，采取专家评判或调查问卷等方式，对各项指标进行评价。这种评价是一种模糊映射，即使对同一个指标，不同评价人员可以做出不同的评定，为了使评价结果能用定量的分值来表示，将评判的等级用百分制量化。通过头脑风暴法和德尔菲法，并借鉴其他效益评价度量标准，确定本次后期扶持实施效益评价的等级量化标准见表 2。

表 2　评判等级量化对照表

评价等级	优	良	中	较差	差
分数	100	85	75	65	55

各个效益指标平均得分计算方法如下：

$$F_j = 100 \times V_1 + 85 \times V_2 + 75 \times V_3 + 65 \times V_4 + 55 \times V_5 \tag{3}$$

式中：F_j 为第 j 个指标平均得分；V_1、V_2、V_3、V_4、V_5 分别为专家或调查问卷中选"优""良""中""较差""差"的比例。

将各指标平均得分与总权重作乘法后全部累加，即可得出效益定量结果 A：

$$A = \sum C_j \times F_j \tag{4}$$

式中：A 为后期扶持项目实施效益综合评分；其余指标同上。

3　评估结果分析

3.1　权重计算结果

准则层权重排序显示管理效益、经济效益、社会效益、生态环境效益四大准则层的权重分别为 0.107，0.426，0.284，0.183。经济效益权重第一，其次是社会效益。可能是因为经济效益直接关系到移民的生活水平，移民常常带来很多社会问题，因此其社会效益权重也较高。管理效益所占权重最低，可能因为移民后期扶持中对管理的要求并不高。

各准则层具体指标的权重分布见图 2，影响管理效益（B1）评价的主要指标是工程施工质量（C13，权重为 0.241）。影响经济效益（B2）评价的主要指标是人均可支配收入改善情况（C22，权重为 0.321）。影响社会效益（B3）评价的主要指标是社会保障情况（C34，权重为 0.238）。影响生态环境效益（B4）评价的主要指标是生活垃圾处理情况（C43，权重为 0.321）。将准则层权重与指标层权重相乘可以得出 29 项指标重要性排序，前 3 位分别是经济效益准则层的人均可支配收入改善情况（C22，权重为 0.136 5）、人均收入水平改善情况（C21，权重为 0.121 2）、人均住房面积改善情况（C24，权重为 0.073 5）。

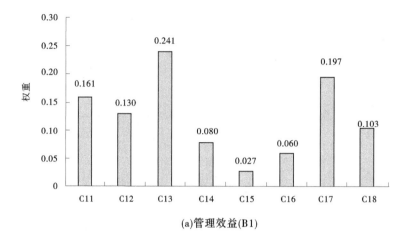

(a)管理效益(B1)

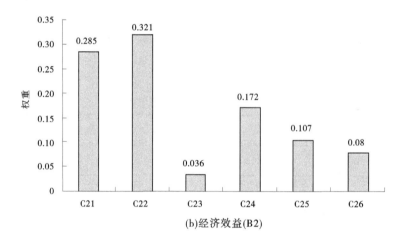

(b)经济效益(B2)

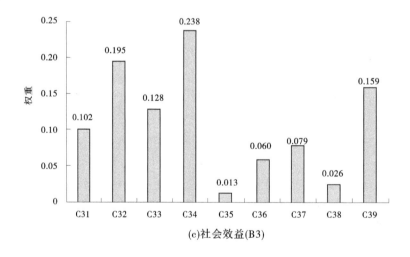

(c)社会效益(B3)

图 2　各指标权重分布

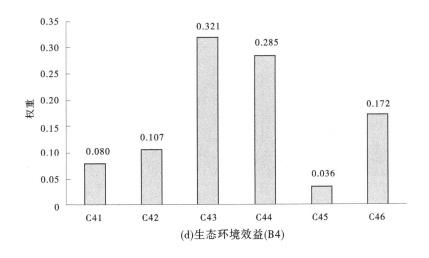

(d)生态环境效益(B4)

续图2

3.2 隶属度及分值计算结果

对从化区水库移民后期扶持项目管理效益的各项指标评价请9位移民专家在5个等级中进行选择判断。在经济效益、社会效益及生态环境效益各指标的评价中，根据700多份调查问卷确定各级评价指标隶属于各评语等级的比例。

由评价结果（见表3）可知：

（1）从化区水库移民后期扶持项目实施效益综合评分为81.4分，根据评分，可判断该规划实施效益总体为"良"，评价结果与实地观察得出的主观判断一致。

（2）制约管理效益的指标主要为配套文件制定及执行情况（C15）、资金使用率（C17），这两个指标得分较低，均低于80分；制约经济效益的指标主要有人均收入水平改善情况（C21）、人均可支配收入改善情况（C22）、人均住房面积改善情况（C24），这三个指标权重得分均低于75分；制约社会效益的指标主要有职业技能培训情况（C35）、移民社会心理压力情况（C38），这两个指标权重得分均低于75分；生态环境效益各指标权重得分高于85分，说明各指标效益较好。

（3）经济效益评分最低，仅74分，接近等级"中"，主要是因为人均可支配收入改善情况、人均住房面积改善情况得分较低，说明移民对收入改善和住房改善的满意度不高；生态环境效益评分最高，为90.9分，移民对区域空气质量的改善情况、污水处理情况、生活垃圾处理情况、公园建设面积提升情况、水土保持和排水排涝能力提升的满意度均较高，这与从化区后期扶持项目中28项生态建设项目的投入是分不开的；社会效益评分85.8分，介于等级"优"和"良"之间，得益于74项基础设施项目、42项社会事业项目，移民对生产生活配套设施改善情况、饮水安全改善情况、交通配套设施改善情况、社会保障情况满意度较高，职业技能培训情况和移民社会心理压力满意度较低，主要是技能培训项目较少，仅有8项，而心理培训类项目几乎没有；管理效益评分83分，介于等级"良"和"中"之间，从化区水库移民扶持了208个项目，通过专家打分认为工程规划、施工质量、移民参与度、资金到位率均较好，但配套文件制定及执行情况和资金使用率有待加强。总体而言，从化区水库移民后期扶持政策带来了较好的生态环境和社会效益，但经济效益有待加强。水库移民后期扶持实施效益评价结果见图3。

表 3　隶属度计算及指标层评价结果

总目标	准则层	评价指标和权重分配 指标层	评判等级和评语比例 优（V_1）	良（V_2）	中（V_3）	较差（V_4）	差（V_5）	平均得分（F_j）	权重分
水库移民后期扶持实施效益（A）	管理效益（B1）	项目规划合理性情况（C11）	0.111	0.667	0.222	0	0	84.44	83.0
		工程前期工作质量（C12）	0.222	0.556	0.222	0	0	86.11	
		工程施工质量（C13）	0.111	0.556	0.333	0	0	83.33	
		项目立项移民参与度（C14）	0.444	0.444	0.111	0	0	90.56	
		配套文件制定及执行情况（C15）	0	0.556	0.333	0.111	0	79.44	
		合同管理情况（C16）	0.111	0.444	0.444	0	0	82.22	
		资金使用率（C17）	0	0.111	0.556	0.333	0	72.78	
		资金到位率（C18）	0.444	0.556	0	0	0	91.67	
	经济效益（B2）	人均收入水平改善情况（C21）	0.010	0.123	0.553	0.307	0.007	73.27	74.0
		人均可支配收入改善情况（C22）	0.008	0.101	0.413	0.458	0.019	71.26	
		恩格尔系数（C23）	0.010	0.198	0.712	0.064	0.017	76.26	
		人均住房面积改善情况（C24）	0	0.082	0.675	0.209	0.033	73.06	
		人均拥有大家电数增加情况（C25）	0.065	0.570	0.300	0.058	0.007	81.61	
		人均机动车拥有数增加情况（C26）	0.029	0.273	0.563	0.135	0	77.12	
	社会效益（B3）	生产生活配套设施改善情况（C31）	0.326	0.505	0.161	0.008	0	88.11	85.8
		饮水安全改善情况（C32）	0.096	0.649	0.201	0.054	0	83.34	
		交通配套设施改善情况（C33）	0.301	0.537	0.105	0.057	0	87.32	
		社会保障情况（C34）	0.184	0.580	0.236	0	0	85.41	
		职业技能培训情况（C35）	0	0.205	0.570	0.201	0.024	74.57	
		与当地居民融洽程度（C36）	0.051	0.295	0.538	0.105	0.010	77.99	
		移民上访回应情况（C37）	0.337	0.477	0.148	0.037	0	87.82	
		移民社会心理压力情况（C38）	0	0.026	0.710	0.245	0.018	72.45	
		移民村社治安状况（C39）	0.578	0.244	0.165	0.012	0	91.78	
	生态环境效益（B4）	空气质量改善情况（C41）	0.323	0.467	0.105	0.100	0.004	86.67	90.9
		污水处理情况（C42）	0.523	0.341	0.047	0.086	0.003	90.57	
		生活垃圾处理情况（C43）	0.454	0.494	0.053	0	0	91.28	
		公园建设面积提升情况（C44）	0.394	0.510	0.058	0.037	0	89.58	
		水土保持情况（C45）	0.276	0.438	0.216	0.069	0	85.59	
		排水排涝能力提升情况（C46）	0.712	0.245	0.043	0	0	95.24	
合计									81.4

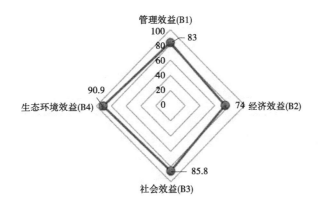

图3 水库移民后期扶持实施效益评价结果

4 结论

本文以从化区为研究区域，结合研究区水库移民后期扶持项目实施情况，建立了涵盖管理效益、经济效益、社会效益、生态环境效益四大准则层，总计29项指标的从化区水库移民后期扶持实施效益评价体系，基于模糊层次分析法，对2010—2018年的实施效益情况进行了评价，主要结论如下：

（1）从化区2010—2018年以来一共实施208个项目，包括21项农田水利项目、35项生产开发项目、8项技能培训项目、28项生态建设项目、74项基础设施项目、42项社会事业项目。这些项目很好地改善了移民区的生态环境、基础设施，具有较好地管理效益、生态环境效益和社会效益。

（2）评价结果表明，经济效益是制约从化区水库移民后期扶持实施效益的主要因子，在四个准则层中权重最高。经济效益得分最低，主要是因为移民对人均收入水平改善情况、人均可支配收入改善情况、人均住房面积改善情况的满意度较低。因此，未来从化区后期扶持项目应着重提高移民的经济收益。

参考文献

［1］谭文，张旺，田晚荣，等．新发展阶段水库移民稳定与发展战略思考［J］．水利发展研究，2021，21（3）：21-24.

［2］云露，宋广生，赵焕娥，等．浅谈小浪底移民后期扶持［J］．人民黄河，2001（12）：49-50.

［3］何铁生．水库移民后期扶持政策研究［J］．水利经济，2004（5）：52-54.

［4］化世太．改革开放以来水库移民研究述评［J］．郑州航空工业管理学院学报（社会科学版），2020，39（2）：41-48.

［5］姜小红，陆非．大中型水库移民后期扶持"十四五"规划研究［J］．水利规划与设计，2020（12）：5-8，79.

［6］吴天昊．水库移民后期扶持项目应用全过程工程咨询模式的探讨［D］．长春：长春工程学院，2020.

［7］文岩．水库移民后期扶持管理存在问题与加强管理的措施［J］．农业科技与信息，2020（20）：123-124.

［8］李彦强，金明良，冯秋生．水库移民精准脱贫扶持方式研究［J］．人民长江，2020，51（10）：201-204.

［9］方家祥．浅谈基于乡村振兴战略背景下的水库移民安置［J］．浙江水利科技，2020，48（4）：61-62，75.

［10］王洪亮，屈维意，彭文桢．对广东省水库移民项目扶持模式多元化的探讨［J］．人民珠江，2013，34（5）：75-78.

［11］高腾．水库移民后期扶持路径研究［D］．南昌：江西农业大学，2013.

［12］陈枚．蓬安县大中型水库库区移民后期扶持研究［D］．衡阳：南华大学，2013.

［13］左萍，蔡萌生．大中型水库移民后期扶持政策实施情况监测评估［J］．人民长江，2014，45（17）：104-107.

［14］黄兴，蒲春玲，马旭，等．基于模糊物元的新疆伊犁河谷水库移民可持续生计评价研究［J］．浙江农业学报，2015，27（3）：477-483.

［15］焦红波，张浩，牛茵茵．基于 BSC 和云模型的水库移民后期扶持绩效评价［J］．人民黄河，2020，42（4）：128-134.

［16］曾帆，黄祖兵，戈春华．官帽舟水库移民后期扶持可持续发展评价［J］．人民珠江，2020，41（3）：116-121.

［17］张吉军．模糊层次分析法（FAHP）［J］．模糊系统与数学，2000，6：80-88.

［18］陈守煜．工程模糊集理论与应用［M］．北京：国防工业出版社，1998.

［19］杨芳，郑江丽，李兴拼．省级灌溉水有效利用系数测算工作评估方法探讨［J］．节水灌溉，2016，9：129-134.

节水型社会创建实践对节水"三同时"制度实施的启示与思考

周宏伟　　姚　俊　　陆沈钧

（太湖流域管理局水利发展研究中心，上海　200434）

摘　要： 本文阐述了节水"三同时"制度的提出及重要意义，并结合节水型社会创建过程中节水"三同时"指标得分情况，评估该项制度的实施成效。目前此项指标得分普遍偏低，主要是由法律规章不健全、制度管理不规范、建设单位执行不积极等原因造成的，为有效发挥节水"三同时"制度从源头控制节水的作用，建议开展节水"三同时"专门立法、构建节水"三同时"制度体系、把好节水"三同时"设计审批、建设和验收关，确保制度落实，提高水资源集约节约利用水平，使有限的水资源更好地支撑经济社会高质量发展和生态文明建设。

关键词： 节水"三同时"；节水型社会创建；节水优先

水是人类赖以生存和发展的重要资源之一，是不可缺少、不可代替的特殊资源。人多水少、水资源时空分布极不均衡是我国的基本水情。当前和今后一个时期，我国全面建设社会主义现代化国家进程中面临着水资源重大制约，为了使有限的水资源更好地支撑经济社会高质量发展和生态文明建设，必须提高水资源集约节约利用水平，实施有效的节水制度[1]。

1 节水"三同时"制度的实践及重要意义

1.1 节水"三同时"制度的提出及实践

早在 2002 年实施的《中华人民共和国水法》，第五十三条提出：新建、扩建、改建建设项目，应当制订节水措施方案，配套建设节水设施。节水设施应当与主体工程同时设计、同时施工、同时投产。节水"三同时"制度是从源头控制的节水手段，这一制度的有效实施将有力促进节水工作的开展。

党的十八大以来，习近平总书记多次就节水工作发表重要讲话、做出重要指示，特别是在 2014 年 3 月 14 日讲话中提出的"节水优先、空间均衡、系统治理、两手发力"的治水思路，将"节水优先"放在首要位置。为深入贯彻节水优先方针，2017 年 1 月，国家发展改革委、水利部、住房和城乡建设部三部委联合印发《节水型社会建设"十三五"规划》，提出到 2020 年，全国北方 40% 以上、南方 20% 以上的县级行政区达到节水型社会标准的建设目标要求。水利部决定在全国范围内开展县域节水型社会达标建设工作，并为此制订了《节水型社会评价标准（试行）》，用于县域节水型社会达标建设评价工作，设定了用水定额管理、计划用水管理、用水计量、水价机制、节水"三同时"管理、节水载体建设等 11 类 20 项评价指标。总分 110 分，得分 85 分以上认定为达到节水型社会标准要求。其中节水"三同时"管理指标分数为 6 分，评分标准为"新（改、扩）建建设项目全部执行节水'三同时'管理制度，得 6 分；在近两年上级部门水资源管理监督检查中，发现 1 例未落实节水'三同时'制度的，扣 1 分，扣完为止。"这项指标的设计对促进我国节水"三同时"制度实施

作者简介：周宏伟（1973—），男，高级工程师，主要从事水资源规划评价方面的研究工作。

起到积极作用。

1.2 "三同时"制度的由来

"三同时"制度为我国首创。它最先出现在环境保护领域，是指新建、改建、扩建项目和技术改造项目，以及区域性开发建设项目的污染治理设施必须与主体工程同时设计、同时施工、同时投产的制度。

随着我国经济社会的不断发展进步，基建项目管理日臻完善，"三同时"制度被赋予了越来越多的新内容，涉及安全监督、地质灾害防治、水土保持、消防等诸多领域。

"三同时"制度的推广，是在总结我国环境保护的实践经验之上，逐步在节能、节水、安全等领域推广的一种行之有效的管理制度。它确立和完善了"源头控制"战略指导下的预防优先、防治结合的制度功能，依据防与治的共生互动与平衡互补关系及实现条件，将"末端控制"战略指导下的事后补救式的被动性制度，转化为体现"源头控制"战略的事先抑制式主动性制度，实践证明是一种事半功倍且十分有效地制度创新[2]。

1.3 节水"三同时"制度的重要性

建设项目节水"三同时"制度，是加强节约用水工作的源头措施，是建设项目节水措施能否全面落实到位的重要保证，对于促进建设项目合理用水、节约用水，提高水资源利用效率和效益，促使经济结构调整和产业结构升级，保护生态环境，发挥了积极高效的作用。其积极作用体现在：为节约用水提供了源头技术保障；为控制用水需求缓解用水矛盾提供了有效路径；为合理利用水资源，促进经济社会发展方式转变提供了制度保障。这一制度对建设节水型社会与提高水资源利用率，实施最严格水资源管理工作具有积极意义[3]。

2 节水"三同时"制度实施中存在的问题及原因分析

目前，水利部已发布了三批节水型社会建设达标县（区）名单，达标县（区）已达到 616 个。在节水型社会评估过程中，部分县域得分较高，但也普遍存在部分指标得分偏低的现象，其中尤以节水"三同时"管理指标存在扣分普遍的现象[4]。浙江省是国内节水工作走在前列的省（市），2019—2021 年分别有 24、16、13 个县（市）申报全国县域节水型社会，节水"三同时"这项指标平均得分分别为 5.3 分、3.8 分、5.5 分，个别县（市）得分仅 1 分，相较其他指标，得分明显偏低。

从项目审批部门提供的新改建项目清单看，许多项目没有执行节水"三同时"制度，总体实施比例严重偏低。在节水型社会创建申报材料准备过程中，此项工作涉及多个部门，资料收集整理工作量大，且往往所需要的资料不全，更多的项目在项目设计文件中提到节水有关要求，但没有做专门的节水验收，仅仅在节能部分提到有关内容。许多县（市）为了达到节水型社会创建要求，专门出台节水"三同时"地方实施办法，有的县（市）提供的新建、改建、扩建项目数量明显偏少。

从节水型社会创建过程中发现的问题看，节水"三同时"制度实施不规范，主要是由以下原因造成的。

2.1 法律规章不健全

《中华人民共和国水法》对建设项目节水"三同时"管理制度进行了原则性规定，但在行政法规层级缺乏配套规章制度，适用范围立法不够具体，管理机构缺乏明确规定。节水"三同时"制度缺乏可操作性、可实施性和可评估性的实体规则和程序条款。在部门规章层级缺乏对建设项目各阶段节水管理措施、节水措施方案管理办法、建设项目节水设施技术标准的规定。

2.2 制度管理不规范

节水"三同时"管理是城市节水管理工作的重要内容，但因其所涉及的政府职能部门较多，且存在地方性法规制度不健全、工作机制不健全、考核机制不健全、没有具体的技术参数依据等突出的问题。管理部门所具备的管理制约手段有限，在具体实施上存在很大难度，难以统一管理[5]。

2.3 建设单位执行不积极

多年来在一些地区这项工作一直没有得到应有的重视，节水验收未能全面实施。加上建设单位对节水设施建设的意识不强，没有真正形成水资源短缺的紧迫感、责任感。尤其是城投公司代建、经济开发区建设、行政事业单位自建的项目未能带头建设雨水收集利用等节水设施，导致节水"三同时"制度执行变形走样。

3　节水"三同时"制度完善建议

3.1　开展节水"三同时"专门立法

结合我国节水型社会建设需要，应该在我国节水管理条例或相关立法中明确节水"三同时"制度的法律地位、职权分工、主要制度、工作程序、技术标准和法律责任，并由主管机构通过政府规章的形式制定具体实施细则，保障节水"三同时"制度落到实处，保障节水型社会建设取得实际成效[6]。目前，部分省（市）在地方立法过程中对节水"三同时"制度进行了进一步明确规定，如《广东省节约用水管理办法》《河南省节约用水管理条例》《上海市节约用水管理办法》中要求水行政主管部门应参加节水设施的竣工验收。

3.2　构建节水"三同时"制度体系

建设项目从立项、设计、施工到竣工验收都有一套严格的程序，实行建设项目环境保护和安全设施的规范化管理，是以与建设项目的基本建设程序结合执行为前提的。实行建设项目节水"三同时"管理，也需要按照建设程序制定具体管理办法，明确关键环节和控制手段，将节水设施管理纳入基本建设程序。建立一套包括法律地位、实施机关、审批条件、资质机构与节水评估报告、监督管理与法律责任等基本内容的法律制度体系。我国部分地区已对创建节水"三同时"制度体系进行了有益探索，如广州市制定了节水设施"三同时"管理暂行办法，汕头市出台了节水设施"三同时"实施细则，宁波市、舟山市出台了节水设施"三同时"管理办法。

3.3　把好节水"三同时"设计审批、建设和验收关

在项目设计审批环节，要求建设单位在项目设计各阶段的设计文件中必须有节水设计篇章，且应符合节水"三同时"的要求，否则不予审批（如规划许可、施工许可的发放，施工图审查，施工临时用水等）。

在项目建设环节，要求建设项目施工、监理单位在项目建设过程中应当严格按照经审查合格的施工图设计文件进行节水设施的施工监理。节水管理部门应对节水设施的实际建设情况进行监督检查。

在项目验收环节，要求建设项目竣工后，建设单位做好节水设施的运行记录，填写相关资料，向节水管理部门申请验收。验收合格的，由节水管理部门通知供水部门供水；不合格的，供水部门不予供水，其他部门不予发相关证件，建设项目不得擅自投入使用[7]。

同时，各级水行政主管部门在最严格水资源管理制度监督检查中增加节水"三同时"制度的检查力度。

4　结语

节约用水是提高水的利用效率，协调水资源与社会、经济、环境关系的行动。节水"三同时"制度的落实过程牵涉到规划、建设、土地、执法、供水等部门，必须理清权责界限，联合执法，多渠道促进城市节水"三同时"制度的落实，使节水贯穿到经济社会发展和生产、生活全过程。促进节水与社会、经济、环境的总体平衡，保障水资源与社会、经济、环境的可持续发展。

参考文献

[1] 邢西刚，汪党献，李原园，等. 新时期节水概念与内涵辨析［J］. 水利规划与设计，2021（3）：1-3.

［2］陈瑛．浅谈环境保护中"三同时"制度［J］．资源节约与环保，2015（6）：192.

［3］《水法》实施后评估课题组，刑鸿飞，徐金海．《水法》实施后评估——水资源论证制度、节水设施"三同时"制度、建设项目占用河道管理制度实施情况评估［J］．水利发展研究，2012（9）：54-60.

［4］于琪洋，孙淑云，刘静．我国县域节水型社会达标建设实践与探索［J］．中国水利，2020（7）：14-16.

［5］周剑武．加强节水"三同时"管理促进城市节水发展［J］．山西建筑，2009，35（17）：149-150.

［6］王海锋，谭林山，罗琳．相关行业"三同时"管理对建设项目节水设施管理的启示［J］．水利发展研究，2016（8）：39-44.

［7］韩建秀，包文亭．节水设施"三同时"制度的管理机制［J］．河南水利，2006（8）：13.

泰州市开展取水权交易探索

崔冬梅[1]　周　华[1]　徐秀丽[2]　陈春梅[3]

(1. 泰州市水资源管理处，江苏泰州　225300；
2. 江苏省水文水资源勘测局泰州分局，江苏泰州　225300；
3. 泰州市水工程管理处，江苏泰州　225300)

摘　要：随着社会经济的快速发展，水权交易已经是水资源配置的重要手段之一。水权改革是落实最严格水资源管理制度的主要载体，是当前水利改革的重要内容。本文围绕泰州市情和水情，分析开展取水权交易的可能性，研究存在的现实困境，从完善水权交易的实施条件、培育水权交易主体、保障水权交易市场运作三方面，探索性地提出开展取水权交易的建议和对策，为推进泰州市水权工作提供思路和参考。

关键词：泰州市；水权交易；现实困境；推进对策

1　水权交易研究背景

开展水权交易可转变传统用水模式和用水理念，提高全社会的用水效率、控制用水总量、减少入河污染物排放量，是实行最严格水资源管理制度的内在要求，是新形势下适应市场经济体制、深化经济体制改革的根本途径。2013 年党的十八届三中全会明确提出要推行水权交易制度；2014 年习近平总书记在水安全保障讲话中明确要求推动建立水权制度，明确水权归属，培育水权交易市场；2015年中央一号文件提出建立健全水权制度，开展水权确权登记试点，探索多种形式的水权流转方式。从 2014 年启动水权交易试点至今，水利部主导全国各地开展试点，2016 年，正式出台《水权交易管理暂行办法》，按照确权类型、交易主体和范围划分，水权交易主要包括以下形式：区域水权交易、取水权交易、灌溉用水户水权交易。同年，中国水权交易所正式成立，交易平台发布交易信息，指导交易规则，组织签约等业务[1-3]。目前，我国水权交易尚处于试点阶段，水权交易量还不是很大，水权市场体量也相对较小[4]。

江苏省自 2014 年起将水权制度建设纳入水利改革发展重要内容，2016 年出台了《江苏省用水总量控制管理办法》，鼓励开展多种形式的水权交易；2020 年印发了《关于加快推进水权改革工作的意见》，提出了开展水权改革的指导思想、基本原则、主要目标等。截至目前，江苏省已开展南京汤山地热水水权交易、宿迁市洋河新区地下水水权交易、江苏华电句容发电有限公司和建华建材（中国）有限公司水权交易等较为成熟、可广泛复制推广的取水权交易典型案例。

随着人口和经济的增长，泰州用水需求日益增加，发展与用水的矛盾日益凸显。在用行政手段落实最严格水资源管理制度的同时，亟须利用市场手段优化配置水资源。泰州市为南方丰水地区，农业灌溉取水和区域间水权交易的需求不明显，但存在部分开展节水减排的企业的实际用水量远小于许可水量的"水有余"、部分企业有产能扩大有取水需求但"水不足"的水量分配不平衡现象。江苏省已有企业间取水权转让的典型案例，泰州市也有排污权转让的成功经验，推行取水权交易的参考经验比较充足。本文结合泰州市水资源节约利用，提出泰州市开展取水权交易探索的建议和对策。

作者简介：崔冬梅（1990—），女，工程师，主要从事水文学及水资源等方面的研究工作。

2 泰州市基本情况

泰州市位于江苏省中部，下辖靖江、泰兴、兴化 3 个县级市，以及海陵、姜堰和泰州医药高新区（高港区），市域面积 5 787 km^2。地处长江和淮河交汇处，以新通扬运河为界，分属长江、淮河两大水系。泰州市为平原水网地区，各类河道 24 168 条，湖泊湖荡 23 个，水系发达但无大型湖泊、水库调蓄水量。多年平均降水量为 1 027 mm，多年平均水资源量仅 17.4 亿 m^3，本地水资源少且时空分布不均，全年降水量约 65% 集中在汛期[5]。

泰州市 2014 年创成全国节水型社会建设示范区，2019 年创成全国水生态文明建设试点，2020 年创成国家级节水型城市；姜堰区、靖江市、泰州医药高新区（高港区）、泰兴市、兴化市均创成江苏省节水型社会示范区；兴化市、泰兴市、姜堰区、泰州医药高新区（高港区）先后创成国家型节水达标县。2020 年，泰州市用水总量为 27.29 亿 m^3，其中地下水 356 万 m^3，工业用水量 2.83 亿 m^3，万元国内生产总值用水量较 2015 年下降约 34%，万元工业增加值用水量较 2015 年下降约 23%，水功能区水质达标率为 85.7%。姜堰中来光电能源有限公司开展了合同节水试点工作，是全市第一家企业合同节水项目，预计每年节水量 50 万 m^3。江苏兴达钢帘线股份有限公司被评为省级水效领跑者。截至 2020 年累计创成省级节水型企业 81 家。

3 开展取水权交易的可能性

取水权交易是指获得取水权的单位或者个人（包括除城镇公共供水企业外的工业、农业、服务业取水权人），通过调整产品和产业结构、改革工艺、节水等措施节约水资源的，在取水许可有效期和取水限额内向符合条件的其他单位或者个人有偿转让相应取水权的水权交易[6]。

3.1 具有较好的水资源开发和利用的管理体系

一是强化取用水监管。泰州市认真落实节水"三同时"和超总量限批、禁批等规定，严把论证审查、取水工程验收、许可审批三个"关口"。全面启动取水许可确权复核登记，取水许可电子证照转换、取水工程（设施）规范化整治和管理等工作，已完成全部非农取水许可信息录入和取水工程（设施）核查登记整改提升工作，建立了取水许可台账系统。二是规范计划用水和定额管理。泰州市将自备水源用水户全部纳入计划用水管理，督促用水户加强节水技术改造，对可能超计划、超许可、超定额的用水户及时下达通知，限时整改，对超计划用水行为严格加价收费。三是推进水量分配和生态水位确定。泰州市积极开展可用水量分配工作，每年都给各市（区）下达用水计划，2020 年，泰州市完成了可用水量分配，完成了周山河、宣堡港等 8 个河（湖）的生态流量（水位）确定。四是全面完成了地下水压采和封井工作。泰州市在全面完成省定 173 个封井工作任务且无置换井的基础上，超额完成 36 个封井工程，压减地下水量 2 219 万 m^3。较好的水资源开发和利用的管理体系，为开展水权确权登记工作提供了先决条件，为水权交易的水量置换提供了可能性。

3.2 开展了水资源配置和调控的市场化改革

一是水资源费和水利工程水费应收尽收。泰州市全面征收水资源费和水利工程水费，对取用水实行计量收费，超计划或超定额取水部分实行累进收取水资源费。二是水价调节上，制定了"差别水价"的水资源费政策，地下水水资源费高于地表水，鼓励引导使用地表水，限制开采地下水，并号召部分行业使用再生水。水资源配置和调控的市场化改革，为开展取水权交易提供了经济数据指引。

3.3 具有系统的水资源计量和监控的工程体系

一是加强计量用水管理。全市非农取水户计量设施安装率达 100%。二是实行水资源智能化管理。2013 年建成江苏省水资源管理信息系统泰州分工程，2014 年建成泰州市城市水资源实时监控与管理系统，通过两个水资源监控系统可随时随地获取取水户的水量、水位等信息，年均在线率高于90%。系统的水资源计量和监控的工程体系，为取水权交易及后续监管提供了计量和监控等基础支撑。

3.4 具有江苏省排污权交易试点

泰州市排污权有偿使用和交易工作为江苏省试点，自2014年4月1日贯彻落实《泰州市排污权有偿使用和交易暂行办法》以来，创新性地开展了主要污染物排污权有偿使用和交易及总量控制刷卡排污试点工作，在泰州市公共资源交易中心增设了排污权交易中心，建立了建设项目总量预算管理系统。泰州市排污权交易的开展，为开展水权交易提供了参考借鉴，也为推进取水权交易提供优质的用水户选择。

4 开展水权交易的现实困境

4.1 相关法规制度不完善

虽然水利部出台了《水权交易管理暂行办法》、江苏省水利厅印发了《关于加快推进水权改革工作的意见》，但相关政策性、规范性的配套文件还未建立，相关涉水行政法规缺乏可操作性，一定程度上制约了水权交易的开展和交易市场的形成[7-8]。

4.2 丰水地区水权交易内生动力不足

泰州市属南方丰水地区，水资源相对丰沛，有一定开发余量，暂时不会出现缺水的局面，行业、用水户间自发开展水权交易现实需求不足、迫切性不强、积极性不高，难以形成有效的水权交易市场。

4.3 水资源管理市场调节空间较小

泰州市现行的水资源管理体质和运行机制以政府调控为主，水资源供给首先确保的是社会效益，行政主导色彩较浓，市场调节机制作用发挥不够，不利于水权交易市场的建立和健康发展[3]。

4.4 社会监督与公共参与不够

泰州市的水资源监督管理基本局限于相关行政部门与个别企业之间，存在社会监督与公众参与不足的问题，相关利益主体保护机制不健全，尚未形成公众与社会监督的局面。

5 开展取水权交易的推进对策

5.1 抓好基础工作，完善水权交易的实施条件

一是完成初始水权分配。通过取水许可确权登记，建立取水许可登记台账、结合用水定额进行用水需求核定，确定初使水权，将水资源的使用、收益的权利落实到用水户。二是落实水资源论证制度。通过水资源论证及取水许可延续评估等方式，对取水户的许可水量进行合理评估，使许可水量真正符合实际需求[8]。三是推进取水计量监控规范化，进一步完善取水、排水计量监测系统，定期对监控系统进行维护，全面提高水资源监控、预警和管理能力，保证在线率。四是完善水资源有偿使用制度。加强水资源费、水利工程水费的征收管理，继续执行"差别水价"和"超计划（定额）累进加价"，为水权交易的发生创造市场可能。

5.2 培育水权交易主体，形成水权交易市场

一是开展水权交易潜力评估。收集整理企业用水管理台账，根据年度用水总结、水平衡测试报告、用水审计等信息，分析重点取用水户用水的合理性，弄清用水户的取用水现状，分析实际用水量、用水结构和节水潜力，挖掘潜在参与水权交易对象。二是推动水权买方的形成。以用水总量控制为前提，在取用水接近总量控制的地区，暂停审批新建、改建和扩建项目等需要新增的取水量，用水户必须通过水权交易的方式获取所需用水指标，重点号召高耗水行业成为水权买方[9]。三是培育水权卖方。结合先进的用水定额标准，对节水型企业、水效领跑者等用水户进行节水水平评估，通过合同节水等方式培育水权卖方，鼓励产生专业的节水公司，使得水资源节约产业化发展，增加卖方市场供给。四是搭建水权交易平台。目前水权交易系统有专门成立水权交易系统和依托现有交易平台开展水权交易两种形式。泰州市水权交易工作刚刚起步，水权交易需求较小，可以选择以现有的水资源监控系统为基础建立水权交易系统，利用取水许可、已使用的水量、可转让的水量等信息，建立水权交

易信息系统。也可选择泰州市公共资源交易中心设立水权交易平台，利用排污权交易的成熟做法，参照建立水权交易系统。利用水权交易平台及时公布相关信息，提供水权交易、资金结算、信息公开、争端处理等服务。五是加强宣传，营造氛围。通过电视、广播、网络、报刊等多种媒体，加大水权交易的宣传力度，使潜在水权买卖双方充分了解和掌握水权交易制度政策和水权交易平台的规则，营造良好的水权交易环境和氛围。

5.3 稳步推进制度建设，保障水权交易运作

一是加强组织领导，成立水权交易工作小组。加强调查研究、政策指导和工作协调，及时掌握和研究解决存在的问题。落实目标任务分解和责任分工，明确水权试点的市（区）、行业、企业及技术支撑单位的工作任务，制订相应工作方案，形成政府主导、分级负责、层层抓落实的工作格局。二是加强培训，学习经验。采取"走出去，请进来"的模式，积极开展市内外的调研，邀请相关领导和专家进行专题培训，加强学习培训，掌握水权交易需求和社会关心的问题所在。三是出台相关规范性文件。建立水权交易法规体系、水权确权机制、水权交易监管体系、水权交易技术论证体系和水权交易市场体系等配套制度，明确水权交易主体、范围及水权交易的方式、价格、程序、监管等内容，做到因地制宜，寻求符合泰州实际的水权交易模式和方法。四是坚持政府调控和市场机制相结合。积极发挥市场在水资源配置中的作用，做到政府调控和市场机制相结合，实现水资源使用权的有效转让，提高水资源的利用效率。五是建立水权交易的监督机制。建立政府主管和社会参与的监管体系，政府部门通过相关法律法规进行水权交易监督，对水权交易的信息进行充分披露，激发社会公众的参与意识，畅通公众监督渠道。逐步规范水权交易行为，切实保障用水户用水权益[8,10]。

6 结语

泰州市在水权交易方面，仍处于实践探索阶段，考虑到目前水权交易基础依然薄弱，以探索取水权交易为重点，推动水权确权工作，利用市场手段优化配置水资源，逐步建立起符合泰州市情、水情的水权交易制度。企业间取水权交易可以促进水权转让方通过节水措施获得合理回报，提高水资源利用效率，同时满足受让方的用水需求，有利于节约和优化配置水资源，实现水资源的可持续利用，为深入推进节水型社会建设和生态文明建设奠定基础，为提高水资源供给能力和满足生态基本用水提供保障，为"强富美高"新泰州的高质量发展营造节水环境。

参考文献

[1] 李兴拼，汪贻飞，董延军，等. 水权制度建设实践中的取水权与用水权 [J]. 水利发展研究，2018，18（4）：14-17.

[2] 刘毅，张志伟. 中国水权市场的可持续发展组合条件研究 [J]. 河海大学学报（哲学社会科学版），2020，22（1）：44-52，106-107.

[3] 王俊杰，郑国楠，马超，等. 水权交易价格形成机制现状、不足及对策 [J]. 河北水利，2019（6）：14-15.

[4] 田贵良，盛雨，卢曦. 水权交易市场运行对试点地区水资源利用效率影响研究 [J]. 中国人口·资源与环境，2020，30（6）：146-155.

[5] 崔冬梅. 基于环境压力控制模型的泰州市节水型社会建设研究 [J]. 治淮，2015（11）：53-54.

[6] 水利部政策法规司. 《水权交易管理暂行办法》解析 [J]. 中国水利，2018（19）：3，7.

[7] 刘峰，段艳，马妍. 典型区域水权交易水市场案例研究 [J]. 水利经济，2016，34（1）：23-27，83.

[8] 周瑾，李洪任. 江西省水权交易制度体系构建初探 [J]. 中国水利，2017（10）：30-32.

[9] 求解水权水市场 [J]. 中国水利，2014（19）：1-11.

[10] 余淑红. 疏勒河流域水权交易探索与对策 [J]. 水利规划与设计，2017（8）：50-53.

高质量发展背景下龙港市水利发展路径思考

周加鸿　　刘立军　　金倩楠

[浙江省水利河口研究院（浙江省海洋规划设计研究院），浙江杭州　310020]

摘　要：推动高质量发展，是适应我国社会主要矛盾变化和全面建成小康社会、全面建设社会主义现代化国家的必然要求。水利发展中的矛盾和问题集中体现在发展质量上。这就要求我们把发展质量问题摆在更为突出的位置，全面提高水安全、水资源、水生态、水环境治理和管理能力。按照高质量发展要求，分析龙港市现状和面临的形势，重点从城市防洪潮、水资源利用、水生态环境和水管理等方面探讨了高质量发展背景下龙港市水利发展路径，提出相应的对策和建议。

关键词：高质量发展；龙港；"十四五"；水利

1　前言

高质量发展是党的十九大首次提出的新表述，表明中国经济由高速增长阶段转向高质量发展阶段。党的十九大报告中提出的"建立健全绿色低碳循环发展的经济体系"为新时代下高质量发展指明了方向，同时也提出了一个极为重要的时代课题[1]。

2019年，龙港撤镇建市，作为全国第一个"镇改市"，龙港承担了探索国家新型城镇化道路的重要使命，打造全国新型城镇化建设和行政体制改革的新标杆，特别是要在"大部制+扁平化+整体智治"的改革驱动下实现相对高速度增长，保持经济运行在富有竞争力的区间，为现代化建设开好新局。本文通过深入调研，提出"十四五"时期龙港市水利高质量发展的总体思路和对策措施，为龙港市撤镇设市后水利工作开展提供借鉴和参考。

2　龙港市现状与形势

2.1　基本概况

龙港地处浙江省南部，南北毗邻苍南县和平阳县。2019年8月，经国务院批准，撤销苍南县龙港镇，设立县级龙港市。龙港市是全国首个镇改市及全国首个不设乡（镇、街道）的县级行政区域。龙港航运发达，是苍南、平阳、泰顺三县唯一的万吨级以上出海通道；陆地交通便利，将与温州市区形成半小时生活圈。龙港地处冲积平原，滨江滨海临山，水网田园、城、乡融合，良好的地理环境资源组合，为龙港从滨江城市起步、向滨海城市发展、形成融合不同时代特征的滨江滨海城市特色奠定了基础。河网密布，网状联通，并呈发散状延伸排入江海。山城相映、山水交融的景观特征构成了龙港生态格局的重要支撑。

2.2　面临形势

水利是经济社会发展不可替代的基础支撑，党的十九大把水利摆在九大基础设施网络建设之首，要求水利建设既要发挥好基础性安全保障作用，又要充分发挥稳投资增长作用[2]。龙港市也面临更高质量、更高效益发展的关键期和决胜期，长三角区域一体化发展、乡村振兴、"四大建设"战略部署等带来新的历史机遇和挑战，龙港水利的保障和服务对象在升级，要求提供更牢固的水安全屏障；

作者简介：周加鸿（1988—），男，高级工程师，主要从事水利规划及政策研究工作。

加上龙港特殊的自然地理条件，水安全保障面临着新老压力，仍需在防洪安全、供水安全、生态安全、水事务管理等方面提供更优质均衡的基础性保障。

党的十九大提出"我国经济已由高速增长阶段转向高质量发展阶段"的战略判断，此后，以质量变革、效率变革、动力变革为核心的高质量发展成为发展方向[3]。龙港市作为温州大都市区重要节点，也是沿海大通道的重要节点，要结合"一区五城"建设，以"节水优先、空间均衡、系统治理、两手发力"的治水思路为引领，全面提高水资源利用效率，保护好河湖水域空间，规范水事行为与活动，构建生态文明体系，引导和约束经济社会发展全面绿色转型，建设人与自然和谐共生的现代化。

2.3 问题挑战

（1）区域防洪潮及排涝能力不足与高标准城乡安澜需求的矛盾。

龙港地处江南垟平原，除肥艚南部和云岩南部局部低山外，地势低平，所处区域台风暴雨雨量集中，雨强大，洪峰流量大，洪水来势凶猛，暴涨暴落，内涝问题突出。

（2）河湖生态环境与人民美好生活向往之间的矛盾。

水资源要素保障不足，河湖水体污染较为严重，水体流动性较差，生态用水无法得到保证，河道堤岸生态性不足，缺少沿河绿化带、滨水公园等亲水设施，河湖治理与全域美丽全面富裕大花园建设的融合有待加强。

（3）行业监管基础薄弱与"整体智治"愿景之间的矛盾。

现有水文测站预测预报能力不足，水文测站分布密度不够，存在布局结构性问题，不能有效支撑对全市江河湖和水生态的监管及保护。信息化和智慧化基础设施较为薄弱，原有水利类平台尚需进一步整合。龙港市大部制和扁平化改革精简机构，有助于效率的提高，但是大部制导致水利专业技术人员力量严重不足，无法满足水利监管工作的要求。

（4）水利发展需求与资源要素不足之间的矛盾。

土地要素制约，城市建筑和基础设施建设与水务设施建设和保护的拓展空间及水生态环境保护空间存在一定竞争和约束关系，部分水利建设项目因政策限制等原因难以落地；资金缺口较大，一批重大项目的加快推进，项目建设资金保障压力不断增大，凭借现有龙港财力难以有效支撑。

3 龙港高质量发展总体思路

坚持目标导向、问题导向、需求导向，以建设城市洪涝立体防控、水资源集约高效利用、高品质幸福河湖、创新性水事务管理"四大体系"为目标，助力龙港市平安善治城、幸福宜居城、现代智慧城、活力创新城、高端产业城"五城"建设为目的，积极打造领先于全省现代化进程的水安全、水资源、水生态环境、水管理"四位一体"的水利高质量发展体系，提供具有龙港辨识度的创新经验。

龙港市实现水利高质量发展的总体思路和实现路径可概括为 1443 战略，即"基于一个愿景，立足四个目标，构建四大体系，通过三个阶段"，实现具有龙港辨识度的水利高质量发展样板。一个愿景为打造"江河海共生、人水城互融"的魅丽新龙港；四个目标为打造安全美丽江海风景线、多源互济高效用水网、健康宜居乐业幸福河、活力高效改革创新城；四大体系分别为城市洪涝立体防控、水资源集约高效利用、高品质幸福河湖、创新性水事务管理；三个阶段分别为 2025 年实现水安全全面提升，2030 年水事务管理全面夯实，2035 年居民幸福感得到满足。

4 龙港水利高质量发展对策

4.1 建设多功能、多层次的城市洪涝潮立体防控体系

基于整个江南垟流域视野，与龙港市开发建设有机结合，建立以"超级海塘、江河堤防、地下洞库、排水隧道等工程为骨架，河网水系、下凹式绿地、雨水公园等调蓄空间为血肉，数字化预警决

策调度支持系统为神经"的"工程超前、调度智能、应对迅速"的城市洪涝潮立体防控体系，能灵活应对不同级别降雨，并具备应对极端洪涝潮灾害的能力，将对人民生活和经济社会发展的影响降低至最小。

研究建设超级海塘，在满足安全的前提下，结合城市建设对土地综合利用需求，充分考虑沿江沿塘安全带、生态带、产业带、交通带的共建共享，将城市生活和休闲等功能融入海塘建设，在超级海塘上一定范围内允许建设滨海滨江公园、特定商业设施、沿海公路和休闲慢行系统，发展"夜经济"，拓宽龙港沿江沿海城市发展新空间。对现有城市内河水系进行系统梳理，在维持水域调蓄功能的同时，采用空间置换的方式，改变现状水系过于繁密、水流不畅的局面，重构河网水系，提升骨干河道规模，构建"四横三纵+隧洞强排"的行洪排涝格局，实现行洪通畅，涝水快排畅排。

4.2 构建多源优配与节流并举的水资源集约高效利用体系

积极对接温州市，研究大都市区发展需求和城市圈发展规律，统筹城乡和区域之间，系统谋划水资源优化配置格局，研究全市域范围内水库优质供水联网联调，将龙港市水资源保障纳入到温州市高水平水资源保障网中。直面龙港境内无优质水水源的现状，按照预测的龙港市需水规模，在满足苍南县用水前提下，一次性买断苍南县平原引水工程供给龙港的水权，巩固优质水保障的基本盘。引入市场机制，综合运用水权、水价和水市场提高调水工程的效益。

与苍南县协同建设江南垟水系大循环体系。以地下水库和适当的域外补水为水源，合理布置动力体系和节制体系，依托河湖库水网，构建以内循环为主的水体流动自净体系，打造平原河网的"流水不腐"特色名片。近期以珊溪引水一期工程、苍南平原引水工程水量，经中水回用后，作生态用水水源，远期考虑引入横阳支江或鳌江水进入平原河网，并利用非常规水、中水回用、洞库蓄水作为补充，提升生态水量保证率。

4.3 打造滨海田园水乡风情的高品质幸福河湖体系

基于山水林田湖草共同体的理念，建设水城共融的城市生命共同体，并将城市生命共同体的建设理念贯穿幸福河湖体系打造全过程。结合龙港市河流水系特点和城市发展格局，构建"一心一环六廊多点"具有滨海田园水乡风情的幸福河湖格局。以内循环促进水体流动为主，自然人工相结合、生态补水为辅提升河道水生态环境；通过调查挖掘和融合创新，建设水文化载体，促进水经济产业和发展。

基于现状骨干行洪排涝河道，打造四横两纵六条幸福河湖展示带，展示不同片区特色，提升河道品质，带动周边区域发展。建设若干条区域级、城市级绿道，串联滨水公园、海滨公园、片区公园、口袋公园以及主要人文景点，成为具有景观游憩功能的线性开敞空间。

4.4 创新与基层社会治理改革相适应的水管理体系

推行事项清单、流程清单、购买服务清单3张清单，促进政府职能优化和机构改革，把龙港特殊治理体系下的水事务管理体系进行标准化，将制度优势转变为治理效能。梳理水旱灾害防御、水资源论证、水资源管理和保护、用水管理、河道管理、水利工程建设、管理、监管等水治理事项，制订管理事项清单；梳理管理事项，修改完善相关管理制度和标准，规范管理流程，制订流程清单；培育和发展水利公共服务市场，规范政府购买水利公共服务管理，列明各项目具体购买主体、购买方式、实施时间、部门联系方式，梳理购买服务清单。

在水利领域推行网格化治水。形成以流域为体系、以网格为单元，横向到边、纵向到底，全覆盖、无盲区的治水网络体系。打造流域河长—市级河长—县级河长—社区河长—网格长的多级河长体系。网格长主要行使"发现问题"的职责，每日对网格范围全面巡查，对农业违法养殖、违法建设、两岸未贯通、河面河岸垃圾、水质黑臭、入河排污口、农污设施未运行、涉水设施损坏等问题进行排查。

5 结语

水利高质量发展是经济社会高质量发展的基础和重要保障，本文从龙港市现状和面临形势出发，从城市防洪潮、水资源利用、幸福河湖打造、水利管理等方面研究分析龙港市高质量发展的路径。龙港市要准确把握市域经济社会高质量发展和水利高质量发展之间的辩证关系，探索新时期水利高质量发展助推经济社会高质量发展的新路径和新经验，力争为温州市和浙江省水利高质量发展提供龙港经验。

参考文献

［1］王克．牢记绿色发展使命 推动经济高质量发展［EB/OL］．（2019-09-20）［2019-09-20］．http://www.rmlt.com.cn/2019/0920/557345.shtml.

［2］李国英．推动新阶段水利高质量发展 为全面建设社会主义现代化国家提供水安全保障［J］．中国水利,2021(16)：1-5.

［3］朱法君．科学谋划"十四五"浙江水利发展的若干思考［J］．水利规划与计划,2020(23)：27-29.

加快湖北水网建设——构筑全省水安全保障体系

徐少军

（湖北省水利厅，湖北武汉 430064）

摘　要：基于湖北省水系发达、湖泊众多的基础条件，综合考虑新发展阶段治水新思路、新目标，从水安全保障建设方面，明确了构建湖北水网体系的总体思路、主要任务和保障措施。对于确定湖北省水网总体布局，实现湖北省高质量发展具有重要意义。

关键词：水网；水资源配置；水安全保障；高质量发展

1　湖北水网基础条件

湖北省位于长江中游、洞庭湖以北，故谓"湖北"。湖北省境内河流纵横，湖泊众多、水网密布。省内中小河流长度在 5 km 以上的共 4 228 条，河长 10 km 以上河流 1 707 条；湖泊总数 755 个，水面总面积 2 707 km²。湖北省地表水与地下水资源丰富，具有较好的水资源优势。

湖北省在拥有较好水资源禀赋、优于水的同时，又忧于水。近年来，湖北省境内水旱灾害频发，特别是经济发展的中南部江汉平原，区内江河纵横，湖泊密布，在洪涝灾害经常发生的同时也常伴有干旱发生。亟须通过顶层设计，改善防洪排涝、水资源供需、水生态环境以及智慧水利建设等方面存在的问题，以保障湖北省水安全。

水网是以江河湖泊水系为基础、输排水工程为通道、枢纽控制工程为节点、智慧化调控为手段，集防洪、水资源调配等功能于一体的水流网体系。湖北省内长江、汉江穿行而过，拥有我国重要的江河水系，是南水北调中线工程的水源地，涉及京津冀协同发展战略、长江经济带发展战略、汉江生态经济带发展战略的实施，以及雄安新区建设、中原城市群建设的推进，是贯彻落实"美丽中国"建设和"南北两利"的重要抓手，具有较好的水网建设条件。

2　立足新发展阶段，科学确定湖北水网建设目标

2.1　新发展阶段的治水新思路

习总书记在"3·14"讲话中，提出要"通盘考虑重大水利工程建设"的要求，党的十九大报告将水利摆在加快基础设施网络建设的首要位置。新时期，全面贯彻党的十九大和十九届五中全会精神，深入落实总书记"十六字"治水思路，特别是"空间均衡"要求，迫切需要贯彻新发展理念，构架新发展格局，以水要素为突破口和着力点，在更高水平上统筹水环境、水生态、水资源、水安全、水文化和岸线等有机联系，建设更加系统、更加安全、更加可靠、更高质量的现代水网体系，为经济社会高质量发展和生态文明建设提供坚实技术支撑。

湖北水网工程的建设，也是落实习近平总书记对湖北省提出"四个着力""四个切实"要求的具体体现，是促进国家骨干水网建设的基础。

2.2　新发展阶段的湖北水网建设目标

虽然湖北省水资源禀赋条件较好，但受降水时空分布不均和人为影响等，存在北旱南涝、湖泊围

作者简介：徐少军（1962—），男，高级工程师，主要从事水利工程运行管理工作。

垦、水系割裂、江湖关系恶化、水系连通性差，水资源保障能力不足、水生态系统退化等问题，为此，湖北省在 2014 年就提出了到 2049 年实现让"千湖之省碧水长流"的宏伟目标。

湖北省水网建设立足全省经济社会发展战略和国土空间开发保护格局，按照人口经济与资源环境相均衡的原则，推进现代水网与国土空间布局中的城镇、农业、生态三大格局相协调，与全省现代化进程相匹配，实现水流网与城镇网、农业网、生态网的空间均衡。构建集防洪排涝、水资源配置与综合利用、水生态保护与修复、水环境治理、水文化景观建设等多种功能为一体，互联互通、丰枯调剂、城乡一体的水流网络，是实现湖北省"千湖之省碧水长流"和"幸福河湖"的目标，构筑"水利+文化+生态+旅游"的发展格局，引领区域绿色发展的"水经济"的重要途径。

3 加强顶层设计，系统谋划湖北水网建设内容

3.1 补齐水网短板

湖北作为水利大省，水利建设任务繁重，经过多年建设，目前水资源配置、防洪排涝和水生态保护与修复体系等仍存在众多的短板和弱项。已谋划、关系全省水资源配置格局的引江补汉太平溪自引流工程、鄂北水资源配置二期工程、一江三河水系综合治理工程、引隆补水等工程尚未实施，鄂中丘陵区干旱缺水问题依然突出，江汉平原水生态环境改善难度大，鄂西与鄂东山丘区局部城市、农业存在缺水，全省城市应急备用水源工程建设滞后。湖北省作为中部崛起的重要战略支点，作为长江经济带承东启西的重要区域，在"确有需要、生态安全、可以持续"的原则下实现水的空间均衡，妥善解决水安全问题是当前最迫切的任务。

湖北省大江大河与控制性枢纽组成的骨干防洪体系基本完备，但防洪保护圈局部有短板，与经济社会新时期发展的要求以及人民群众建设幸福河的期盼仍有距离；与沿海发达地区的防洪体系相比，湖北省防洪薄弱环节更多体现在建设标准偏低、工程调度"智慧"不足、应急保障能力有待提高等。

水网具有系统化、协同化、生态化和智能化等特征，必须要系统谋划，梳理当前湖北省水网短板，提出水网建设任务，科学编制湖北省水网工程规划，保障湖北省水安全。

3.2 推进水网智能化

"十三五"时期，湖北省水利信息化取得一定的发展，服务防汛抗旱减灾、水工程规划建设运行、水资源开发利用管理、水生态环境保护等方面的能力有了一定程度的提高，但是距离水利智能化的要求还有差距。

新时代国家水网规划对智能化建设提出了新的要求："十四五"期间要完善水利信息化基础设施，推进水利工程和新型基础设施建设相融合，加快水利工程智慧化建设。湖北省水网智能化建设紧跟国家水网步伐，加快推进水利信息化基础建设，尤其针对监测感知、数据资源、应用支撑、业务应用、公共服务、性能和安全、新技术应用等方面发展提出了更高、更新的需求。

4 立足三新一高，建设水网高质量发展先行区

4.1 保障河湖水安全

湖北省是国家骨干水网关键"一纵"——南水北调中线水源地，并建有三峡、丹江口、葛洲坝等重大水利枢纽，在长江流域乃至在国家水资源开发、利用、保护战略格局中具有特殊重要的地位和作用。保护长江母亲河，让千湖之省碧水长流，是中央领导对湖北的深情嘱托，也是荆楚人民对水利工作的殷切期盼。湖北水利基础设施与推进高质量发展的要求和实现社会主义现代化目标相比，仍存在不少短板和薄弱环节，与国家水网建设要求相比还有明显不足。

通过开展水网建设，统筹山水林田湖草城系统治理，按照自然保护和恢复为主、适当人工修复的原则，以河湖生态空间布局及管控、江河湖库生态连通格局构建、河流水系生态廊道建设、湖泊湿地生态保护与修复等为抓手，协调河湖关系，维护河湖生态系统最终达到保障河湖水安全的目标。

4.2 促进流域协同治理

湖北水网是从省级层面统筹全省水资源情势和地区需求，引领全省水利事业改革发展，谋划水利布局，规划水利项目，建设水利设施，优化水资源配置，推动全省水利联动发展。

湖北省河流密集，水资源条件复杂，具有较好的水网建设条件。同时，湖北省不少流域不仅涉及范围广，且跨省、市行政区划，给流域治理增加了不小的难度。通过建设湖北水网，统筹考虑省内大中小流域水资源格局、水资源承载能力、旱涝灾害防御能力和水生态环境条件，开展水资源、水灾害及水生态环境等方面的综合治理，顶层设计合理的水网框架，开展湖北水网流域协同治理。

4.3 推进湖北高质量发展

湖北省作为南水北调中线的水源区，长江、汉江、三峡水库、丹江口水库及洪湖等是国家骨干水网重要的"线和点"，是国家水网的重要组成部分。湖北水网与国家水网和五大国家战略密切相关，对国家骨干水网的建设影响大。作为南水北调中线工程核心水源区和重要影响区，对京津冀协同发展有着重大作用，湖北省是长江经济带发展的关键节点，位于长江中游流域，对长三角一体化发展也有着较大辐射作用。加快湖北省水网规划工作，保持与国家水网工程密切衔接，对湖北全省水利发展是难得的机遇，对湖北省高质量发展意义重大。

5 建设水网保障措施

经过多年努力，湖北省目前已基本形成集水资源配置、防洪、排涝、灌溉、供水、河湖保护与修复等于一体的综合水利工程及非工程体系，在改善水问题方面发挥了重大作用。但是在社会快速发展、极端天气频发的影响下，湖北省在水资源供给方面仍存在短板，防洪除涝仍面临较大风险，水环境恶化情况依然没有完全遏制，与高质量发展、区域战略及产业布局的快速调整仍不相适应。结合水网建设必须把工程措施及非工程措施相结合，达到改善湖北新老水问题的目的。

5.1 工程措施

5.1.1 水资源配置工程

依托长江、汉江及三峡、丹江口两个国家级水源地的资源优势，按照"总量控制、节水优先、协调发展、多源互补"原则，加快推进一批引调水和水源工程，逐步完善与经济社会发展需求相适应的水资源配置格局。

5.1.2 防洪减灾工程

江河湖库是湖北省最大的资源禀赋，也是最大的灾害隐患。紧抓灾后补短板和薄弱环节建设机遇，重点推进长江干流和重要支流系统治理、蓄滞洪区建设、重点湖泊及城市易涝区治理，逐步构筑"要素齐全、功能完善、蓄泄兼筹、风险可控"的防洪排涝减灾基础设施网络，消除各类病险水利工程隐患。

5.1.3 水生态修复与保护工程

按照全面保护、系统治理的思路，通过重大水生态修复工程、水功能区水质安全保障、库滨带生态治理、生态环境需水保障、生态保护与修复等重点治理等措施，稳步提高区域水质，改善区域生态环境，维护区域生态系统健康。

5.2 非工程措施

建设湖北水网的非工程措施，主要从法制、体制、机制等方面入手，通过建立务实、高效、有效的水利基础设施网络监管体系，为构建水资源配置、防洪排涝及水生态环境监测网络体系，实现湖北省水安全提供可靠的保障。

5.2.1 法制

从法制入手，建立完善的水利基础设施网络监管体系，明确监管措施，使监管工作有法可依、有章可循，在条件成熟时启动立法程序，使监管实践中行之有效的经验及时上升为法律。

5.2.2 体制

从体制入手，明确水利基础设施网络监管的职责机构和人员编制，建立统一领导、全面覆盖、分级负责、协调联动的监管队伍。各级水利部门成立专门的督查工作领导小组，组建督查队伍，形成完整统一、上下联动的督查体系。

5.2.3 机制

从机制入手，建立内部运行规章制度，确保监管队伍能够认真履职尽责，顺利开展工作。搭建水利基础设施信息互通平台，为监管部门提供必要的办公条件和设备、经费保障。

6 湖北水网展望

水是湖北省最大的资源禀赋，最大的发展优势，同时也是最大的安全隐患。在"水多"的背后，"水脏""水浑""水少"等水污染和水资源时空分布不均等问题依然存在。在我国社会主要矛盾已经转化为人民日益增长的美好生活需要和不平衡不充分的发展之间的矛盾的情况下，这就要求我们必须把发展质量问题摆在更为突出的位置。

水网建设具有系统化、协同化、生态化和智能化等特征，开展湖北水网建设，通过顶层设计、统筹谋划，宏观把握水利问题，是防洪排涝安全、水资源供需安全及水生态水环境安全等方面的重要保障措施，对完善水利基础设施体系、提升湖北省水安全保障能力，助力湖北"幸福河湖"建设，实现"千湖之省实现碧水长流"具有重要意义。

引江补汉沿线供水区水资源配置初步构想

年夫喜　陈　雷　常景坤　张　兵

（湖北省水利水电规划勘测设计院，湖北武汉　430064）

摘　要： 引江补汉工程作为南水北调中线工程的后续水源，是我国水资源配置的一项战略工程，在解决北方受水区远期用水的前提下，也可兼顾解决湖北省汉江中下游及江汉平原周边丘陵地区的用水需求。本文从多方面阐述了沿线供水工程区域水资源存在的主要问题和工程建设的必要性，并提出了初步的沿线补水工程配置初步思路。

关键词： 引江补汉沿线供水区；必要性；水资源配置

1　引江补汉工程湖北省受水区基本情况

引江补汉工程作为南水北调中线工程的后续水源，是我国水资源配置的一项战略工程，在解决北方受水区远期用水的前提下，也可兼顾解决湖北省汉江中下游及江汉平原周边丘陵地区的用水需求，是湖北省整个水资源配置格局的"龙头"工程和江汉平原水安全保障的"生命线"，对实现湖北省经济社会可持续发展意义重大。

引江补汉工程从三峡水库引水入汉江丹江口河段，提高汉江水资源调配能力。丹江口水库涉及湖北省清泉沟引水工程和汉江中下游，湖北省受益范围可涉及清泉沟供水区和汉江中下游干流供水区。引江补汉坝下引水方案，可兼顾解决输水沿线供水区的干旱缺水问题，因此引江补汉工程湖北省内可能的受益范围包括清泉沟供水区、输水沿线供水区和汉江中下游干流供水区等。

其中引江补汉工程输水线路沿线供水区主要涉及湖北省汉江右岸的宜昌、荆门、襄阳的 13 个县（市、区），国土面积 1.37 万 km²，现状人口共计 431 万，耕地面积共计 726 万亩。区域属鄂中丘陵区，分属汉江流域和长江流域。多年平均降水量 900~1 100 mm，降水主要集中在 5~10 月，约占年降水量的 80%，年径流深在 200~450 mm，是湖北省降水、径流相对低值区。同时区域内主要河流水资源开发利用程度高，水资源相对短缺，随着近年来城镇化和工业化进程的加快，城市用水需求不断增加，现有水源难以满足用水需求，生活、生产用水挤占生态用水现象严重，水资源供需矛盾突出，造成区域水环境恶化。引江补汉工程输水线路沿线工程主要解决输水线路沿线供水区城乡生活和工业用水、汉江中下游枯水期生产、生活和生态等基本需求。

2　沿线供水工程建设的必要性

2.1　区域水资源存在的主要问题

（1）区域降水不均衡，干旱时有发生。

输水沿线供水区大部分位于鄂中丘陵区，为湖北省降水、径流相对低值区，是仅次于鄂北的"旱包子"地区。据统计，该区域年降水量 900~1 200 mm，降水年际变化大，极值比 5 左右，变差系数达 0.25；汛期 4—10 月降水量占全年的 85% 左右，降水年内分配极为不均。地表水资源主要由降水形成，该区年径流深 350~500 mm，其年际、年内变化趋势与降水量的变化趋势相似，4—10 月

作者简介：年夫喜（1983—），男，高级工程师，主要从事工程设计工作。

径流约占全年径流的 80%。区域内人均水资源量 1 270 m³，仅为湖北省平均水平的 73.1%，约为全国平均水平的一半；农业亩均水资源量 750 m³，仅为湖北省平均水平的 37.6%，也仅为全国平均水平的一半。由于降水时间分布不均，人均、亩均占有水资源量偏低，每年春夏作物生长需水高峰期往往用水不足，导致局部性、季节性的旱情时有发生。据统计，该区域 50 万~100 万亩局部性干旱几乎年年发生，300 万亩以上的大范围干旱 5 年发生一次。2018—2019 年，湖北省遭遇大范围的秋春连旱，其中沿线供水区所处的鄂中丘陵区更是遭遇了特大干旱，该区域三道河、西北口等大型水库库水位均低于正常蓄水位近 20 m，严重影响灌溉和供水任务，宜昌等城市制定了应急调度方案，压减生态水量和工业用水，全力确保生活用水，各水文站多年平均月径流统计见图 1。

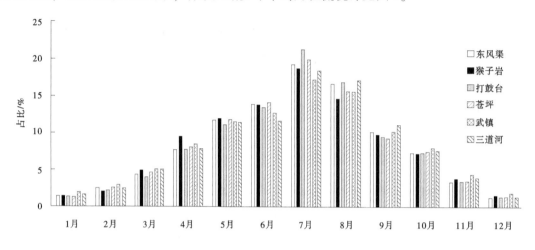

图 1　各水文站多年平均月径流统计

（2）沿线供水区水资源供需矛盾突出。

沿线供水区中东风渠灌区范围内主要涉及宜昌城区、夷陵区、枝江市的城区、乡（镇）近 180 万人的供水任务，以及东风渠灌区 107 万亩的灌溉任务，年供水量达 9.5 亿 m³，水资源开发利用率达 86%；漳河灌区范围内主要涉及荆门城区、周边乡（镇）近 120 万人和荆门热电厂、荆门石化等诸多企业的供水任务，以及漳河灌区 182 万亩的灌溉任务，年供水量达 12.9 亿 m³，水资源开发利用率达 59%；三道河灌区范围内主要涉及南漳县城、周边乡（镇）近 30 万人的供水任务，以及三道河灌区 21 万亩的灌溉任务，年供水量达 1.8 亿 m³，水资源开发利用率达 40%。该区域内主要水源水资源开发利用率均高于国际公认的警戒线 40%，属于水资源紧缺的地区。由于水资源紧缺，导致当地生活、生产用水严重挤占农业和生态用水，农业灌溉保证率仅 50.0%，部分河道生态基流泄放率不足 60.0%，区域供水矛盾十分突出。另外，水资源紧缺，部分区域灌溉工程建设成本高，工程建设动力不足，整个沿线供水区农田有效灌溉面积率仅为 56.3%，还有 43.7%的农田属于"望天收"。根据《湖北省抗旱规划》，沿线供水区因旱年均粮食损失 4 500 万 kg。由于生态基流不足，水动力条件变差，水环境容量降低，区域内黄柏河下游、竹皮河等水生态环境恶化，水质变差。

（3）汉江中下游供水保障不足。

汉江中下游干流供水区是省内人口最为集中、经济最为发达的区域，是湖北省经济社会的核心区，也是全国重要的商品粮棉生产基地，水资源对该地区的生活、生产和生态具有重要支撑作用。原中线规划确定的丹江口最小下泄流量 490 m³/s，在实际运行中暴露出了水资源短缺、水生态受损、水环境恶化等诸多问题，已不能适应新时期生态绿色发展的新要求。

受北调水影响，中下游水文情势、河势发生变化，汉江中下游还呈现出了水动力条件不足、水环境容量降低，"水华"频率增加、范围扩大、时间延长，水生生境减少、生物多样性明显下降等诸多问题，急需通过采取引水活源、生态调度等措施加以解决；而引江补汉工程，仅维持了《中线规划》规划的丹江口下泄水量不变，未考虑工程引水自身带来的污染负荷增加的问题，工程实施后将进一步加剧汉江中下游的水生态环境问题。

（4）区域内的水资源条件无法支撑未来的用水需求。

近年来，输水沿线城市发展迅速，高附加值的虾稻连作大面积推广，城市生产、生活和灌溉用水需求增长迅速。经分析预测，到2035年，在考虑节水的前提下，各项用水水平在中部地区领先基础上，输水沿线供水区需水总量将达到37.7亿 m³，约占当地地表水资源量的68.7%，仅靠当地地表水资源已无法满足未来的用水需求。据测算，依托现有的工程体系和当地的水资源条件（本地水+支流过境水），年均可供水量为30.1亿 m³，缺水达7.6亿 m³，缺水率达20.2%，如果不采取措施解决，势必制约当地经济社会的发展。

2.2 工程建设的必要性

（1）是湖北省经济社会高质量发展的重要支撑。

引江补汉工程输水沿线供水区涉及宜昌、荆门和襄阳三个地市，是湖北省内人口集中、经济较发达的区域。当前，区域水资源量开发利用程度较高，当地水资源承载能力已到极限，已无潜力可挖，实施输水沿线补水工程显得尤为迫切和必要。按规划的供水量9.71亿 m³ 计，可支撑区域内1/5的人口、耕地、3 380亿元工业增加值的需水量，通过辐射带动作用，可以使鄂西北、鄂中、鄂西南更多的人口、耕地受益，撬动更大规模的经济发展，是当地乃至湖北省经济社会高质量发展的重要支撑。

（2）是保障供水区粮食安全的必然选择。

沿线供水区是湖北省重要的粮食生产基地，以湖北省1/14的国土面积贡献了1/7的耕地面积和粮食产量，其粮食安全事关湖北省的粮食安全。但现状由于自产水资源不足，时空分布不均，当地生活、生产用水严重挤占农业和生态用水，农业灌溉保证率仅50.0%，经统计，区域内年均受灾面积200万亩，年均因灾粮食减产4 500万 kg以上，水资源供给不足已成为制约粮食增产和威胁粮食安全的主要因素之一。到规划水平年，区域内经济发展将再上一个台阶，加之越来越趋紧的河湖生态保护要求，农业用水被挤占的风险将越来越大；而与此同时，高附加值的虾稻连作、稻鱼共作模式正在大范围推广，农业需水越来越大，保障程度要求越来越高。据测算，实施输水沿线补水工程，在保障生活、生态、工业用水的基础上，考虑农业结构调整后的用水保证率可以达到80%以上。因此，实施输水沿线补水工程，是供水区降低农业用水风险、促进农业结构调整、保障粮食安全的必然选择。

（3）是落实国家生态安全战略的重要抓手。

为全面推动长江、汉江沿岸高质量发展，坚持走生态优先、绿色发展之路，近年来相继出台了《长江经济带发展规划》《汉江生态经济带发展规划》等重要战略规划，为修复长江、汉江沿线水生态环境创造了新机遇。

输水沿线供水区是长江经济带和汉江生态经济带的重要组成部分，区域水资源开发利用程度高，水资源供需矛盾突出。现状该区域多条河流如黄柏河、柏临河、竹皮河、蛮河、漳河等河流基本生态用水不足，水生态环境恶化，不仅影响河流健康和当地居民生产生活环境，汇入长江、汉江后也会对干流水质和沿线生态环境造成较大影响。实施沿线补水工程，可以在满足河湖生态环境用水需求的前提下，满足区域经济社会高质量发展和保障粮食安全的用水需求，确保生态环境用水不被挤占，维护和修复河湖健康，是落实《长江经济带发展规划》《汉江生态经济带发展规划》生态发展战略的重要抓手。

3 水资源配置初步思路

3.1 工程布局

输水沿线补水工程进水口与引江补汉工程总干线进水口并行单设进水塔从三峡库区取水，工程从三峡左岸太平溪引水，线路途经宜昌市夷陵区、远安县、当阳市，荆门市东宝区，襄阳市宜城市、南漳县，终点至三道河水库坝下蛮河。沿程设汤渡河、东风渠、巩河、漳河、胡集、云台山、三道河共7 个分水口。

3.2 分水口工程布局

为合理布局分水干线，根据总干渠线路走向和沿程水位，分片对可能的补水点和分水干线配置方案进行拟定。

3.2.1 东风渠供水区

东风渠供水区受益范围主要为东风渠灌区，其主水源为黄柏河的尚家河水库，通过与上游西北口、天福庙、玄妙观等水库联合调度向灌区和城区供水，由于尚家河水库地势较高（正常蓄水位243.8 m），坝下东风渠渠首水位也较高，向尚家河水库和东风渠渠首补水均需新建近 100 m 高扬程的泵站提水，工程不经济。

灌区内部现有中型水库 10 座，根据水库特征水位、分布位置和控制面积，选择泉河水库和白河水库一起作为东风渠供水区补水点。

3.2.2 沮漳河供水区

沮漳河供水区受益范围主要包含漳河灌区、巩河灌区两个片。沿线补水工程总干渠紧邻巩河、漳河水库大坝，具备向巩河坝下渠道、漳河水库自流补水条件，且可覆盖全灌区，因此巩河坝下渠道、漳河水库即为沮漳河供水区最优补水点。为避免对漳河水库城市供水的水质产生影响，本次一方面考虑补水入漳河水库坝下提供河流生态水量；另一方面将来水引入漳河水库坝前，尽量减小对水库水质的影响。

3.2.3 荆襄胡集供水区

荆襄胡集供水区受益范围主要包含胡集工业园区和峡卡河灌区、龙峪湖灌区、仙居河灌区、小南河灌区。峡卡河、龙峪湖和湾河 3 座中型水库可作为本供水片的补水点。

3.2.4 三道河供水区

三道河供水区受益范围主要为三道河灌区（大型）、云台山灌区（中型）和石门集灌区（中型）等大中型灌区。云台山坝下渠道可作为云台山灌区补水点；三道河水库坝下蛮河河道作为三道河灌区的补水点；石门集灌区本阶段暂不作为补水对象，远期可从三道河灌区北干渠新建小型泵站和连通渠提水入石门集干渠，解决石门集灌区缺水问题。

三道河灌区由隧道出口直接引水至三道河坝下蛮河，通过蛮河干流自流入百里长渠补充三道河灌区灌溉需水。

4 结语

（1）建设引江补汉沿线补水工程是十分必要和迫切的。

引江补汉工程输水沿线供水区是省内人口集中、经济发达的区域，是湖北省也是全国重要的商品粮棉生产基地，水资源对该地区的生活、生产和生态具有重要支撑作用。随着经济社会的发展和人们对生态文明建设的重视，近 20 年来，汉江中下游用水过程较中线规划发生了巨大变化，枯水期工业、生活、虾稻共作、河湖生态等用水需求持续增加，水资源供需矛盾突出。

引江补汉工程建设为解决沿线供水区水资源不足问题和汉江中下游枯水期基本用水需求带来了有利条件。沿线补水工程建设是湖北省经济社会高质量发展的重要支撑，是保障供水区粮食安全的必然选择，是落实国家生态安全战略的重要抓手。

（2）输水沿线补水工程初步思路。

输水沿线补水工程进水口与引江补汉工程总干线进水口并行单设进水塔从三峡库区取水，工程从三峡左岸太平溪引水，线路途经宜昌市夷陵区、远安县、当阳市，荆门市东宝区，襄阳市宜城市、南漳县，终点至三道河水库坝下蛮河，全长 185 km。沿程设汤渡河、东风渠、巩河、漳河、胡集、云台山、三道河共 7 个分水口。

参考文献

[1] 中华人民共和国水利部. 南水北调工程总体规划（2001 年修订）［R］. 北京：中华人民共和国水利部，2001.

江汉平原水网水生态治理对策探讨

李天生　　邹朝望

（湖北省水利水电规划勘测设计院，湖北武汉　430072）

摘　要： 平原水网区水生态治理是生态文明建设中重要的环节，江汉平原作为我国典型的平原水网区，积极探索并推进该区水生态治理，对区域乃至国家的生态文明建设都具有重要意义。基于江汉平原水网的基本特征，总结分析了江汉平原当前面临的主要水生态问题，以此为基础，提出包括加强水生态空间管控、推进河湖水系连通、推广水生态修复技术、升级水生态监测体系四个方面的水生态治理对策，以期为江汉平原水网水生态恢复和治理提供参考。

关键词： 江汉平原；平原水网；河湖生态治理；对策建议

平原水网区通常为社会经济较为发达的地区，区域内自然水系和人工改造或建设的水系密度较大，相互联系形成巨大且复杂的水网系统。江汉平原作为我国典型的平原水网区，长江、汉江穿行而过，自然和人工河流水系纵横交错，湖泊星罗棋布，自古兼具"千湖蓝水千湖月，江汉处处涌碧波"的水资源和生态资源优势。近年来，随着社会经济的高速发展，一系列针对江汉平原水网的不合理开发活动持续开展，使得该区的水生态环境不断恶化，如湿地面积减少、生态功能衰退、生物多样性降低等，这严重影响和制约了该区的水生态文明建设。如何采取有效措施对江汉平原水网进行综合修复与治理，以及如何应对治理实施过程中的难题已经成为该区生态文明建设进程中亟待解决的问题。本文在总结江汉平原水网基本特征的基础上，甄别了该区河湖水系当前存在的水生态问题，并结合实际问题提出了相应的治理措施，藉此为江汉平原水网区生态综合治理提供参考。

1　江汉平原水网特征

江汉平原是在古湖盆基础上由长江和汉水共同冲积而成的平原，在现代地貌上由三个河间洼地组成，这三个洼地自北向南依次为汈汊湖（天门河与汉水之间）、排湖洼地（汉水与东荆河之间）及四湖洼地（东荆河与长江之间）。整体而言，江汉平原河流纵横交错，湖泊星罗棋布，水生态环境类型多样，生物资源丰富，是我国重要的生态湿地。

江汉平原水系见图1。

相较于其他类型的河湖水网（山区型水网、高原型水网等），江汉平原水网具有诸多不同之处，这些独特的河湖水系特征也是研究该区域河湖水系水生态演变规律、现状问题及治理修复措施的基础和前提。本文通过对比分析平原水网与其他类型水网的不同，以及结合江汉平原河湖水系的实际特点，总结概括了该区域水网的基本特征：

（1）水系边界模糊，结构复杂。

江汉平原地区大小河流、湖泊及人工河渠成网，形成"水网"。这种网状水系，不同于丘陵山区分枝状水系泾渭分明，其河流、湖泊、人工河渠相互连通，河道纵横交错，又因平原水网地区河道分汊较多，湖泊星罗棋布，因此江汉平原河湖水系边界模糊，整体呈现结构复杂的特征。

（2）水流流态不定，流速平缓。

作者简介： 李天生（1994—），男，工程师，主要从事生态基础理论研究及应用工作。

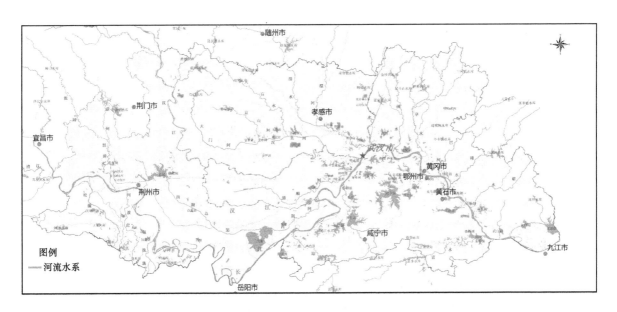

图1 江汉平原水系

与自然流域的河湖水系相比，社会经济高度发展的江汉平原河湖水系与人类活动的交互影响更为明显和强烈，该区域的产汇流受人工干扰强烈，水流流向、流态极不稳定。此外，由于江汉平原地势平坦，河道比降平缓是该区域自然河流或人工河渠最大的特点。该区域河流虽多但其流速较小、泄水能力低、排水困难，从而造成了河流水体的自净能力差，易形成污水积集的特征。就江汉平原的湖泊而言，由于其与区域内的其他水系连通不畅，水量交换效应不明显，同样也存在水体自净能力差，易形成污水积集的特点。

（3）受人类活动影响显著。

由于江汉平原土地肥沃，水生态等自然资源丰富，所以该区域长期都是我国社会经济发达、人口集中的区域之一。整体而言，江汉平原呈现出了"城镇居水网，水网穿城镇"的格局。由于长期受人类社会发展的影响，该区域的自然格局被打破，逐渐形成了自然水网、人工水网与人工改造水网并存的全新格局。在此背景下，江汉平原几乎没有自然集水区域，河湖岸线大多都建有堤坝，形成各自的包围圈，河湖水域内通常也会建设坝、闸、泵等水工建筑物。这使得自然形态的河湖水系被分割成多个独立的水域，其流速、流量、水深等水文因素受人工调控的影响较大。

2 江汉平原水网面临的水生态问题

受制于地势低洼、降水和地表径流不稳定、极端气候频发等自然条件，江汉平原水生态环境存在自我调节能力差、易受气候条件影响等天然缺陷。此外，在区域社会经济快速发展的大背景下，江湖阻隔、滩地围垦、不合理工程运行等人类活动也对江汉平原水生态环境造成严重的影响和破坏。综合江汉平原水网自然演变效应和受人类活动影响，可以将当前该区域面临的水生态环境问题概括为以下三个方面[1]：

（1）水系割裂，水体自净能力受限。

河湖水系本身水动力条件不足，连通性差，人为阻隔导致的水系割裂问题是江汉平原当前面临的首要水生态环境问题。就河流而言，受地形条件限制，江汉平原河流大多河底坡降较小，河道内水体流速较缓。特别是中小型河流，其水深较浅、流速缓慢、流向与流态随机性较大、水量交换关系较为紊乱。此外，人为在河道内修建闸、坝、泵站等拦水建筑物，人为阻隔了河流的连通性，使得河流连通性受阻，水动力条件恶化，严重削弱了河流的自我净化能力。就湖泊而言，江汉平原大部分湖泊与外江等水系的连通性较差，相对独立，水体流动大多主要依靠潮汐、风等动力，其本身的水动力条件相对较差，加之人为修堤建闸、围湖造田与城镇建设等活动进一步破坏了河湖连通通道，致使该区域水体循环不畅，生态环境承载能力下降，水体自净能力普遍较差。整体而言，当前江汉平原水网连通受阻一方面导致了河湖水系割裂，水流不畅，碎片化程度日益加剧，整体结构从多元向单一、复杂向简单的退化；另一方面也会干扰区域水网水体中物质、能量和生物的迁移交换过程，进而造成区域水网自净能力弱化、生态环境脆弱等一系列水生态环境问题[2,3]。

（2）河湖萎缩，水生态空间挤占严重。

随着江汉平原地区社会经济的持续发展，人为原因导致的河湖水系萎缩，水生态空间遭挤占是该区域水生态环境面临的重要问题。社会经济发展，特别是大规模城镇化往往伴随着河湖水域资源向土地资源单向转化，在此过程中，诸如河流"四乱"（乱采、乱占、乱堆、乱建）、填湖造地、围湖开发、河湖滨岸带硬质化改造等都不同程度地侵占了江汉平原河湖水生态空间。近年来，随着江汉平原社会经济的不断发展，特别是城镇化的快速推进，河湖水生态空间不断萎缩，这直接导致了江汉平原河湖水系的自我净化能力不断减弱甚至丧失，最终导致了城市河湖水系的生态环境恶化，制约了城市的健康发展。

（3）水生态环境退化，水生态功能萎缩。

江汉平原水网水生态环境退化，生态功能萎缩是区域河湖水体污染、水系割裂、连通受阻、自净能力弱化、水体萎缩及水生态空间挤占等一系列问题导致的必然结果。具体而言，随着社会经济的发展，大量工业、生活废污水排入江汉平原河湖水系，污水排放量远超出了区域水环境容量，导致水体污染严重。与此同时，由于区域水系的结构退化、连通性下降、水体流动性与自净功能减弱，进一步加剧了区域河湖水质的恶化。江汉平原河湖水系的水质恶化直接导致了水生态动植物种类和数量锐减，生物多样性下降，最终导致了水生态环境退化，生态功能萎缩。此外，不合理的河湖开发利用导致的河湖萎缩和水生态空间挤占，使得江汉平原河湖水系大多出现了由滨水动植物急剧减少甚至灭绝引起的生态系统退化现象。总之，江汉平原整个水生态系统退化，自我修复能力减弱，使得水生态环境退化和功能萎缩成为该区域面临的重要问题。

3 江汉平原水网生态修复及治理对策

在全面理清江汉平原水网水生态突出问题的基础上，总结众多工程实践经验，系统整理并提出针对当前江汉平原河湖水系结构趋于单一、连通不畅、水生态空间遭侵占、水生态环境退化、水生态功能萎缩等问题的水生态修复与治理对策，对江汉平原水网水生态修复与治理具有现实意义。具体对策主要包括以下四个方面：

（1）加强水生态空间管控。

水生态空间管控应以改善水环境质量、促进水生态系统良性循环为核心，划定并严守水资源利用上限、水环境质量底线、水生态保护红线，强化水资源水环境和水生态红线指标约束，将与水有关的各类经济社会活动限定在管控范围内，并为水资源开发利用预留空间[4]。科学合理地划定江汉平原水生态空间，加强水生态空间管控，对处理好江汉平原水网区水与其他自然要素的协同关系具有重要作用。具体而言，以江汉平原水网当前面临的突出水生态问题（如围湖造地、"四乱"、河道渠化等）为导向，进一步精细开展水生态空间范围划定和确权，为严格推进水生态空间用途管制提供基础。首先，水生态空间范围应主动衔接区域空间规划，按照适度超前的原则，融入区域空间规划划定的生态空间和生态保护红线体系，并针对不同类型的水生态空间，进行精细化、差异化管理；其次，应科学确定河湖生态流量，将生态用水纳入区域水资源规划管理，建立完善江汉平原重要河湖生态用水保障目标责任制；最后，应继续强化水功能区限制排污总量管理，统筹水体、岸线污染治理，将限制排污总量逐层分解，达到精细化、制度化管理，进一步完善制度机制，增强水生态空间管理能力。

（2）推进河湖水系连通。

不透水堤防、护岸、闸坝等的修建人为破坏了江汉平原河湖水系的垂向、横向、纵向连通，导致了包括河湖水系阻隔、水生动物迁徙、水体营养物质交换等一系列水生态问题。保障江汉平原河湖水系连通是区域水生态系统完整和健康运行的必要条件，也是区域水生态功能正常发挥的重要基础，因此大力推进江汉平原河湖水系连通对于改善区域水生态持续恶化、提升河湖水生态功能具有重要意义。结合江汉平原水网的特性，该区域的水系连通需要重点关注以下两个方面：一方面是充分认识自然变迁及人为对区域水系连通的具体影响过程，评价水系连通现状问题，科学合理制定水系连通顶层设计；另一方面是水系连通工程应与区域国土空间规划等顶层规划相协调，并与当地的生态环境、人文历史、经济发展等相融合，突出区域综合治理。

（3）推广水生态修复技术。

针对江汉平原河湖水系普遍存在滨岸带硬质化、生态功能丧失、水生动植物栖息地遭破坏等问题，推广针对河湖滨岸带、水生动植物栖息地等的生态修复技术非常必要。一方面，水生态修复应注重源头治理，如完善排污管控、河湖污染底泥处理、河湖滨岸带生态功能恢复、水生动植物栖息地修复等，从源头修复河湖水系生态环境，最终达到水生态功能恢复；另一方面，水生态修复应强调原位生态修复技术，如利用特定的植物、微生物就地吸收、转化、清除、降解水体污染物[5]，从而达到净化水体的目的。此外，水生态修复应该遵循循环利用原则，避免污染物外移，如清除的污染底泥经过处理进行二次利用，作为修建生态岸线、生态岛的材料等。

（4）升级水生态监测体系。

河湖水系生态监测是水生态恢复治理并长期保持健康的基础保障措施，目前江汉平原地区水生态健康监测体系尚不完善，这给水生态治理、恢复和保持造成了一定阻碍，全面升级区域水生态监测体系意义重大。传统的水生态监测指标主要以水量、水质、水生生物、物理结构与滨岸带等要素为主，随着包括物理、化学、生物、遥感和信息技术的发展，现有水生态监测体系应充分利用新技术，本着从简单到复杂、循序渐进的原则，全面收集江汉平原河湖水系水生态的各个水生态要素，更加清晰、智能、成体系地反映区域水生态系统的现状及动态变化。通过升级水生态监测体系，推进河湖水生态健康评价向更加科学合理的方向迈进，进而全面推动江汉平原水网水生态治理。

4 结语

随着社会的发展，人们对水生态环境的要求不断提高，我国的水生态环境管理已由之前的污染控制转向维护水生态平衡的生态管理阶段。江汉平原作为我国典型的平原水网区，其水生态的健康恢复对于长江经济带及湖北省生态文明建设具有重要意义。针对江汉平原当前面临的水生态问题，总结并提出平原水网区水生态修复及治理对策和建议，对于该地区推进水生态环境改善、生态文明建设具有现实意义。本文提出的平原水网水生态修复技术可能存在不完善之处，希望能起到抛砖引玉的作用，吸引更多同仁共同探讨和完善江汉平原水网生态修复治理对策体系，助力区域乃至国家的生态文明建设。

参考文献

[1] 李瑞清，许明祥，宾洪祥，等．江汉平原水安全战略研究［M］．武汉：长江出版社，2019.

[2] 崔保山，蔡燕子，谢湉，等．湿地水文连通的生态效应研究进展及发展趋势［J］．北京师范大学学报（自然科学版），2016，52（6）：738-746.

[3] 刘丹，王烜，李春晖，等．水文连通性对湖泊生态环境影响的研究进展［J］．长江流域资源与环境，2019，28（7）：1702-1715.

[4] 朱党生，张建永，王晓红，等．推进我国水生态空间管控工作思路［J］．中国水利，2017（16）：1-5.

[5] 汪义杰，黄伟杰．南方水系连通及水美乡村建设技术要点［J］．中国水利，2021（12）：23-25.

基于经济学理论分析水权交易
对水资源利用效率的影响机理

高 磊[1] 李 昂[2] 盛 雨[3] 田贵良[3]

(1. 中国水权交易所，北京 100053；
2. 中国水利水电科学研究院，北京 100038；
3. 河海大学，江苏南京 211100)

摘 要：基于资源市场配置理论、产权理论及经济发展理论等有关经济学理论，分析了水权交易市场的运行对水资源利用效率的作用机理，论证了发展水权交易市场的必要性和必然性，提出了有关政策和建议。

关键词：经济学；产权；市场机制；水权交易

我国是一个水资源短缺的国家，水资源利用方式比较粗放，用水浪费严重，经济社会发展的水资源约束正在不断强化。随着工业化、信息化、城镇化、农业现代化的快速发展，水资源供需矛盾将更加凸显。不断提高用水效率和效益，以有限的水资源创造更多的物质财富，支撑国民经济的不断壮大和发展，是解决我国水资源短缺问题的根本出路，也是必由之路。水权制度是现代水资源管理制度的重要组成，水权交易是水资源管理和资源要素市场建设领域的一项重大变革，是利用市场机制提高水资源利用效率和效益的重要途径。通过经济学有关理论，研究水权交易市场的运行对水资源利用效率的影响效应，可为我国水资源管理改革提供理论基础，有助于推动水权交易和水市场的发展及完善。

1 资源市场配置理论及影响机理分析

1.1 资源市场配置理论

亚当·斯密作为"现代经济学之父"，主张"有限政府"理论[1]。该理论学说的核心思想是自由放任市场，提倡政府尽可能地减少对经济的干预，认为市场具有完备的均衡调整机制，可以推动经济长期均衡运行，从而最有效地配置资源。亚当·斯密从财富增长的视角指出财富是居民生活涉及的一切消费品，人们通过劳动分工和商品交换满足自身利益。在完全竞争市场中，由于资本都是逐利的，生产主体会受到市场这只"看不见的手"的引导，根据市场讯息主动寻求最利己的途径支配拥有的资本，迎合市场需求进行社会生产，在满足自身利益最大化的同时又间接地促进了社会整体利益的提高，也就是说，市场可以利用机制引导利己主义合理配置社会资源并通过社会生产来增加社会利益，此时，政府过多地进行经济干预则显得不必要。

在完全竞争市场中，市场能够有效率地配置社会资源，但现实中资本主义经济呈现出周期性危机，特别是1929年爆发了资本主义世界经济大危机，这让经济学家们发现了自由放任市场的代价[2]。"有限政府"的市场经济会存在市场无效率配置资源的问题，即市场失灵，而主要有如下几点现象的存在是导致市场失灵的重要原因。

（1）公共产品。居民的消费品一般分为通过市场进行交易购得的产品、社会或政府提供的并且

作者简介：高磊（1981—），男，高级工程师，主要从事水权交易工作。

对社会整体有益的公共产品这两大类。公共产品是不用通过市场交易就可以消费的，因此部分社会主体会出现"搭便车"的心态，只想不劳而获地获取别人付出代价后取得的集体利益。同时，追求个人利润最大化的生产主体放弃生产，导致市场不能有效供给公共产品。

（2）经济外部性。人的经济活动可能会在无形中对他人产生有益影响，也有可能对他人产生无益影响，例如生态修复会让他人受益，破坏环境会让他人利益受损，但是市场机制无法约束生产者去顾及他人的利益损失，从而构成了社会成本，导致社会整体利益受损。

（3）非完全竞争。市场机制配置资源作用是在构建完全竞争市场的基础上，但是当市场结构发生改变，特别是出现垄断市场，垄断者为追求个人利益，减少商品供给，导致消费者以更高的价格进行购买，市场机制无法有效配置社会资源，妨碍了经济效率的提高。

（4）信息不对称或不完全。信息不对称或不完全导致卖方无法像在完全竞争市场中一样充分了解消费者偏好、工作效率、要素价格等，而买方也会因为信息不对称而无法辨别商品质量。信息不对称或不完全扭曲市场机制，市场对生产者行为的引导受到阻碍，从而使市场无法发挥调节作用。

1.2 基于资源市场配置理论的影响机理分析

水权包括水资源的所有权和使用权，我国实行水资源国家所有，由国务院代表国家行使所有权，水资源使用权是取水单位和个人所能享有的水资源资产产权，可以在市场中进行交易，因此水资源使用权被赋予商品属性。而当水资源未被赋予商品属性时，水资源相当于公共产品，此时，居民在使用水资源时无须进行市场交易，在没有经济成本的情况下将会没有顾虑地消耗水资源，并且居民也不会为了水资源的可持续发展进行投资，例如发展节水技术以提高水资源利用效率等。可以看出，当水资源未被赋予商品属性时，不需要经过市场交易获得，经济活动主体不会考虑到用水成本，也不会考虑到社会整体利益为公共产品买单。

当水资源被赋予商品属性并且国家允许水权在市场上交易时，经济活动主体一方面会考虑到用水存在经济成本，如果过度消耗水资源，需要从市场中进行交易才能弥补对水资源的需求；另一方面，当水权交易价格符合经济活动主体的预期，拥有水权的经济活动主体受到市场机制的引导，主动提高水资源利用效率以节约用水，并将富余的水权通过市场进行转让，从而间接地改善了水资源的配置。由此，从生产方面来看，水权市场刺激了水权拥有者进行交易，有利于提高水资源利用效率，从而产生富余水权；从消费方面来看，转让方通过交易将富余水权转变为个人利益，受让方通过交易缓解了急需水资源的问题，市场经济提高了水权交易双方的福利水平，最终提高了社会整体福利水平[3]。

水权市场利用机制对水资源的可持续发展和优化配置是有积极作用的，但是如果水权市场发展成古典经济学派主张的自由竞争的市场经济，也将可能陷入市场失灵的困境。从生产方面来看，一些经济活动主体在水权市场中发现富余的水资源是有利可图的，利用资金优势进入水权市场，购入大量的富余水权，形成一定的垄断，以便抬高交易价格获得垄断利润，从而破坏了市场机制作用；从消费方面来看，水权交易双方没有进行等价交换，水权受让方因为对水资源的需求只能牺牲消费者利益进行交易，水权转让方对消费者利益进行掠夺，不利于社会整体利益最大化；从分配方面来看，由于市场垄断，依靠市场机制改变原本水资源分配不均的问题是无效率的，并且市场机制对用水主体提高水资源利用效率形成富余水资源的激励机制也会受到一定的打击。因此，自由放任水权市场显然是不可取的，探索符合中国国情的水权市场是当前需要着重解决的问题。

2 产权理论及影响机理分析

2.1 产权理论

古典经济学派认为自由竞争的市场下，市场机制可以优化配置资源，然而在经济发展的过程中，却发现市场会存在失灵现象，导致社会不能有效率地生产，市场机制不再能够使资源配置达到良好状态。以1991年诺贝尔经济学奖的获得者——罗纳德·科斯为创始者和主要代表的现代产权学派基于产权界定和交易费用理论，通过研究市场经济运行背后的产权结构来解决经济外部性的问题，从而使市场机制能够正常发挥配置资源的作用。1937 年，罗纳德·科斯创造性地提出"交易费用"概念来论证市场上企业存在的原因，企业的存在是用于减少市场上的交易费用，利用费用较少的内部交易取代市场交易，而当内部交易产生的费用和市场上的交易费用相差无几时，企业就会停止扩展[4]。后来，罗纳德·科斯又提出明确产权可以解决外部性的问题，只要产权明晰，如果经济活动主体的行为对他人造成外部性影响，那么双方可以通过市场交易得到解决[5]。在此基础上，科斯将产权思想逐步理论化，形成了科斯产权理论，主要阐述了产权制度能够克服经济外部性，降低社会成本，保证资源得到有效率的配置[6]，最终成为产权学派的理论始源。

科斯定理及相关推论构成了该理论，其中科斯第一定理的基本内涵是：无论产权清晰地界定给哪一方，只要交易费用小到可以忽略不计，市场机制就能够有效率地解决外部性的问题。科斯第二定理的基本内涵是：现实情况下交易费用是大于 0 的，在这种情况下，资源配置效率取决于不同形式的产权界定。科斯第三定理的基本内涵是：降低交易费用能够提高经济效率，而前提条件是产权得到清晰的界定。也就是说，如果交易费用为正，没有产权制度，那么产权交易和资源配置的改进可能将无法进行。

科斯产权理论的重要前提条件是明确产权和交易费用，而产权界定有如下几点积极作用：第一，产权包括了权益和义务。任何经济活动主体享有私人权利时，会受到激励作用保护自身权益，并履行相应的义务。第二，产权的界定可以消除外部性问题。明确产权使外部性问题变成经济活动主体的私人成本，该主体会根据自身利益寻求解决问题的办法。第三，产权安排直接影响了资源的配置和交易。兼顾公平和效率的产权安排可以使资源得到合理的初始分配。此外，产权界定是交易发生的基础，明晰的产权使交易对象易于识别，政府也无须介入交易，减少了因水权模糊而产生的交易费用，有利于市场交易再分配资源，提高了经济效率。

2.2 基于产权理论的影响机理分析

水权交易开展的基础是明晰水权，并且根据科斯定理，政府应该完善水权产权制度，如果水权没有被清楚地界定，将会出现以下几点问题：第一，水资源的使用存在效率低下的问题。由于水权主体的空缺，人们在使用水资源时，无须考虑水资源的所属问题，就会导致水资源被过度消耗，不利于水资源的可持续利用。此外，还会因为产权不清晰引发水事纠纷。第二，水资源的使用存在经济外部性问题。以流域用水为例，上游地区的用水主体在使用水资源时，不会有节水意识、污水处理后再排放的意识等，导致下游地区的用水主体会受到负外部性影响。此时，水权界定的不清晰会导致责任主体不明确，外部性问题无法通过市场机制内在化，从而损害社会整体利益。第三，水资源无法通过市场交易再分配。由于水权没有被明确界定，交易主体不易识别，水资源再配置时各潜在利益相关者的相继出现会使交易谈判不断变更，政府提供技术支持等引导交易，将导致交易费用随之增加，水资源配置不合理的问题就无法通过市场机制进行优化[7]。可以看出，在交易费用不高的条件下，明确水权并且允许自由交易对于解决经济主体滥用水资源、水资源外部性及水资源不合理配置等问题发挥着重要作用，同时为水权交易市场的运行提供基础性条件。

在水权交易市场运行前，有如下两点问题需要政府加以解决：第一，通常情况下，交易费用的存在是不可避免的，根据科斯产权理论，此时资源配置效率的高低会受到产权界定形式的影响，因此政府需要考虑到人们的基本用水需求、经济发展、公平和效率等诸多因素去合理分配初始水权，这对于政府来说界定水权时就会存在难度；第二，在实际交易过程中，虽然产权明晰在一定程度上减少了交易费用，但交易过程中的信息不对称或不完全等现象仍然会增加交易费用。如果交易费用过高，会导致市场交易无法进行，只有当水权交易收益高于交易费用时，经济活动主体才会完成市场交易，外部性问题才会转化为私人成本问题，水资源才能经过市场再分配。由此，政府需要推进初始水权分配，通过建立水权交易平台、制定交易规则等来减少交易过程中的费用。

3 经济发展理论及影响机理分析

3.1 经济发展理论

经济发展理论是以发展中国家经济发展为研究对象，解决如何改变发展中国家经济落后状态的理论。该理论认为发展中国家要想发展经济必须先实现工业化，并且工业化不仅局限于工业行业，而是涵盖了整个国民经济。推动工业化的因素并不是适宜每一个国家或地区，但也不是无章可循的，张培刚教授指出对工业化进程起到决定性作用的因素可以大致分为发动因素（例如：技术变迁或创新等）和限制因素（例如：资源不足等）两大类，各因素之间的强弱程度影响着工业化进程[8]。

在资本缺乏和技术不先进的情况下，工业化进程迟滞不前，部分发展中国家采取极端方式，不惜以大量使用资源、破坏生态环境为代价以推动工业化进程。这样的做法只会导致资源越来越缺乏、生态环境不断恶化，社会经济增长也是有极限的[9]。资源缺乏、生态环境污染是工业化进程的限制因素，一种物质是否为资源取决于它是否可以被用于生产或者满足社会需要，以水为例，水可以被用于农业、工业等各行业进行生产，因此水可以被视为一种资源，而水资源的数量、质量、种类等会影响工业化进程。此外，水环境污染使得人类可获得的水资源数量减少的同时，也意味着资源的浪费。中国虽然拥有丰富的水资源，但人均水资源占有量却很少，水资源面临贫乏的困境。而在生产过程中，又存在水资源污染和浪费现象。如果水资源短缺和水污染问题不加以遏制，中国的经济发展也会受到严重影响。

在经济发展的过程中，一些发展中国家也逐渐意识到水资源短缺和污染的问题，开始采用技术进步、基础设施建设等手段来解决。技术进步是经济发展的主要动力和源泉，能够促进资源的开发和利用，通过提高资源的利用效率和利用程度来弥补稀缺资源的不足。但是从总体上来看，对于发展中国家来说，技术是相对落后的。想要从根本上改变技术落后的状态，除了可以引进技术，还需要创造良好的制度环境[10]。因此，要想缓解或解决水资源短缺和水环境污染问题，发展中国家需要在技术进步的基础上，探索更加科学有效的途径。

3.2 基于经济发展理论的影响机理分析

技术创新在工业化进程中能够起到提高水资源利用效率，节约水资源的重要作用，并且技术的进步可以从内部和外部两方面切入。从内部来看，可以营造促进技术进步的氛围环境，例如：加强基础教育和技术教育、鼓励技术发明和革新等。这就需要制度的支持，建立知识产权保护、技术研究基金资助等，以创造良好的创新环境。从外部来看，主要是引入外资、技术转让等。而外部直接引入技术，需要足够的激励和约束。在计划经济下，技术引入由政府直接决定，在没有激励和约束的情况下，技术会在引入中浪费。而在市场经济下，市场竞争可以促进厂商对技术创新负责任，此时，技术才有可能被充分利用。利用科学技术确实可以提高水资源利用效率，但是如果不建立水权市场，那么企业就不会受到激励和约束，自然也就不会进行技术发明和革新，技术的落后就会导致水资源利用效率低下。可以看出，建立水权市场有利于促进技术进步，从而间接地提高水资源利用效率。

利用先进技术来提高水资源利用效率的方法已经在我国取得了一些进展，如农业上利用喷灌、滴灌等取代先前粗放型的灌溉方式。但是，水资源的情况除了会影响到农业，也会影响到工业等各行业的工业化进程。要想使中国经济发展，需要实现整个国民经济或是各行业的工业化和现代化，因此水资源作为重要的生产要素，不可避免地要在各行业之间流转。当前，农田灌溉水利用系统仍有很大提升空间，农业是节水潜力最大的行业，如果单纯依靠政府强制手段去压缩农业用水量，就会导致跨行业用水冲突。只有通过建立水权市场，利用市场激励的方式，让水资源从农业用水有偿流转到工业、服务业等各行业，从而促进经济协调发展。

4 政策建议

水市场是一个准市场，不是完全意义上的商品市场，必须在政府主导下有效发挥市场机制作用，通过政府的宏观调控和监管，推动市场健康有序发展。为加快培育水权交易市场，提高水资源利用效率和效益，结合上述经济学的有关理论，提出相关政策和建议。

（1）以产权理论为核心，推进水资源使用权确权登记。健全省、市、县三级行政区用水总量管控指标体系，加快完成跨行政区江河流域水量分配，明确各区域在不同河湖及外调水地表水可用水量，以县级行政区为单元确定地下水可用水量。开展水资源使用权确权登记，明确权利人作为水资源使用权人的主体地位，实现水资源使用权与所有权分离，将水资源使用权的各项权能落实到取水单位或个人。工业、服务业等行业生产经营用水按照取水许可管理要求开展确权，以取水许可证作为确权凭证，农业用水确权到农村集体经济组织、农民用水合作组织、农户等用水主体及最适宜的计量单元，以核发用水权证作为确权凭证。

（2）充分发挥市场机制作用，培育和发展水权交易市场。按照市场经济的理念，以准市场的模式优化配置水资源，建立水资源市场化配置的市场规则、市场价格、市场竞争模式，努力实现效益最大化和效率最大化。在用水总量管控指标体系下，通过水权交易盘活存量，满足新增用水需求，交易双方通过市场撮合达成交易，既可以提高水资源利用效率和效益，又可以增加交易双方的节水动力，促进节约用水；探索在政府配置新增水权时引入市场机制。

（3）强化政府监管和服务，降低交易成本。政府应通过制定水权交易规则、搭建水权交易平台、推进计量监测设施建设等，降低交易成本，活跃交易市场。同时，应加强水权交易事前、事中、事后监管，包括对交易主体准入、交易用途、交易价格等实施监管，对水权交易予以登记等，维护市场秩序，弥补市场失灵。

（4）加强制度建设，营造良好政策环境。加快《中华人民共和国水法》《取水许可和水资源费征收管理条例》修订，按照"物权的种类和内容由法律规定"的物权法定原则，在法律上明确用水权的种类和内容，建立健全用水权初始分配制度。建立水资源刚性约束制度，对水资源超载地区暂停新增取水许可，倒逼已超过或接近用水总量控制指标的地区通过水权交易满足新增用水需求。建立健全节约水量评估认定、闲置水权认定和收储处置等配套制度。

参考文献

［1］Adam Smith. An Inquiry into the Nature and Causes of the Wealth of Nations［M］. London：Methuen & Co.，Ltd, 1776.

［2］杨玉泉. 西方市场失灵理论评析［J］. 武警学院学报，2002（1）：76-77.

［3］宋圭武. 浅论市场经济问题［J］. 甘肃农业，2019（1）：67-69.

［4］Coase R H. The Nature of the Firm［J］. Ecnonmica, 1937, 4（16）：386-405.

［5］Coase R H. The Federal Communications Commission［J］. The Journal of Law and Economics, 1959（2）：1-40.

［6］Coase R H. The Problem of Social Cost［J］. The Journal of Law & Economics, 2013, 56（4）：837-877.

［7］叶锐. 水资源再配置模式研究——基于典型案例分析［D］. 西安：西北大学，2012.

［8］Pei-kang Chang. Agriculture and Industrialization［M］. Greenwood Press, 1969.

［9］Donella H. Meadows. Limits to Growth［M］. Chelsea Green Publishing, 2004.

［10］张培刚. 新发展经济学［M］. 郑州：河南人民出版社，1992.

水利工程综合开发利用功能分类探索

韩妮妮[1,2]　郭　川[1,2]　彭　湘[1,2]

(1. 中水珠江规划勘测设计有限公司，广东广州　510610；
2. 水利部珠江水利委员会水生态工程中心，广东广州　510610)

摘　要：随着人口的增长、人民生活水平和城镇化水平的持续提高，广大居民在供水、生态环境、休闲娱乐等方面对水的需求愈来愈强烈，水库水利工程在提供稳定水源、营造生态空间等方面综合效益突出，文中提出水库综合开发利用使用功能分类方法，可以为地方水利工程保护和开发利用提供方向。

关键词：水利工程；开发利用；功能分类

1　引言

在当前持续推进生态文明建设及区域高质量发展要求的背景下，水利部、生态环境部都明确指出要聚焦管好"盛水的盆"和"盆里的水"，给当前地方治水工作提供重要指导及具体抓手。其中，水库作为水利工程"盆"的重要组成，在调节局地气候、防洪保安、山间蓄水并提供稳定水源、营造生态空间等诸多方面起到不可替代的作用[1]，但随着生态水利发展进程的不断推进，地方对其充分发挥综合效益的需求愈发紧迫，给地方水库、山塘等生态水利开发利用都提出了新的命题。

近年来，随着人口的增长、人民生活水平和城镇化水平的持续提高，人民在供水、生态环境、休闲娱乐等方面对水的需求愈来愈强烈。但现有的小型水库和山塘都属于"小水缸"，数量较多且分散不均衡，地方管护压力大且管理成效不佳，同时开发利用活动时缺乏针对性的规章指导，其生态景观内在价值也未能得到深层次的挖掘，无法满足人民群众日益增长的美好生活需要，与推行新时代生态水利发展理念和实现人水和谐发展目标也不相适应。积极探索适应地区发展的生态水利开发利用创新模式意义重大。

2　形势与挑战

近年来，地方政府非常重视水利工作，加大了水利基础设施的投资力度，多方筹集资金，对病险水库进行除险加固，正在逐步解决现有水库存在的安全问题。但是如何护好"盛水的盆"用好"盆里的水"仍是各地区面临的一个难题。

（1）水库管理手段整体相对落后，应进一步创新水利工程管理体制机制。

20 世纪 50—90 年代，小型水库和山塘建设数量众多，兴建时受当时的经济条件及技术水平的局限，工程设计标准偏低，建设质量不高，加之工程管理不善，病险山塘水库存在坝坡过陡、溢洪道不标准等问题，以及先天不足所带来的安全隐患，并且部分水库无渗漏、沉降等观测设施，无管理房或

作者简介：韩妮妮（1987—），女，工程师，主要从事水利工程开发保护工作。

启闭机房等配套设施，给水库的正常运行管理、维修养护带来不便[2]。并且，由于小型水库数量较多，工程质量先天不足，每年需要用于管护而投入的人力和资金较多，而水库自身收入又较少，在管养资金的筹措上，镇及村组织仍严重依赖市、区财政，致使配套资金落实较为困难，造成现状水库整体管理成效不佳。水利部深化水利改革领导小组 2021 年工作要点中指出应深化小型水库管理体制，积极探索区域集中管护、政府购买服务、"以大带小"等管护模式，因此地区亟须探索实践新型水库管理模式，以缓解水库管护压力。

（2）水库尚不能满足生态水利人水和谐的发展要求，应充分发挥多样化综合功能。

中国水利工程发展战略随着国情和水情条件的变化适应性不断调整，水库已历经工程水利、资源水利、环境水利到生态水利的发展演变。生态水利要求从生态的角度出发进行水利工程建设，建立满足良性循环和可持续利用的水利开发体系，从而达到可持续发展及人与自然和谐相处；要求正确处理水资源开发、利用、保护、管理、经营和生态环境之间的相互关系[3]。然而，水库仍是以防洪、灌溉、人饮等水利功能为主，使用功能较单一[4]。随着人民生活水平的不断提高，居民对生活品质的要求越来越高，迫切需要更多生态空间来丰富日常的文化生活，而现状水库的生态价值未得到充分的开发利用，无法有效满足人民群众对美好生活日益增长的需求。

因此，如何定义水库使用功能十分重要，通过确定水库的使用功能，可为地方探索实践新型水库管理模式、满足居民生态空间的需求提供支撑。

3 使用功能分类方法

水库使用功能分类，既要考虑水库水源保护要求，又要考虑有序开发利用，应将保护和开发作为一个整体进行考虑[5]。

（1）水库综合开发利用功能分类要明确重点保护对象。通过分析现状水库的功能，明确现状水库的供水格局，对于现状饮用水水源地应严格保护；通过分析相关规划，包括水资源综合规划、供水安全保障规划等，明确规划水平年供水格局，对于参与规划水资源配置具有饮用功能的水库应限制开发予以保护。因此，现状为饮用水水源地的水库考虑纳入优先保护类；对于规划作为储备饮用水水源地的水库，考虑纳入限制开发类。

（2）水库综合开发利用功能分类要重视防洪功能、工程失事影响的重要性。防洪安全重要性主要考虑水库下游是否有重要保护对象，如城乡人口密集区、文教区及重要公共基础设施等，坝高超过30 m 的水库工程失事对周边影响较大。本研究分类应充分考虑防洪安全的重要性，对于有重要防洪功能、工程失事影响重大的水库不适宜过度开发。符合以上定位的无人饮功能的水库考虑纳入限制开发类。

（3）水库综合开发利用功能分类要充分考虑规划开发需求和地方开发利用需求。通过分析地区城市总体规划、产业布局、相关旅游规划，明确具有商业开发定位的水库；通过了解地方开发利用需求，在不影响水库防洪安全、供水安全的前提下，将地方需求作为本次分类的重要因素，还水于民。符合以上需求的水库考虑纳入开发利用类。

4 分类方案

在满足水库供水安全的前提下，探索水库水安全、水环境和城市发展的结合点。结合水库及山塘现状功能和相关规划要求，分析水库现状及规划供水格局，进而对各水库进行使用功能分类。在以上分类原则的基础上，研究提出三类水库使用功能，见图 1。

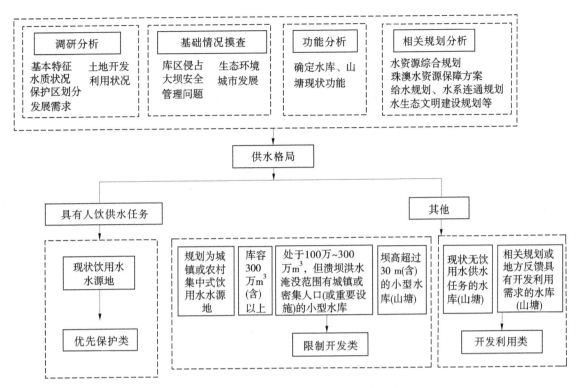

图 1 水库综合开发利用使用功能分类思路

4.1 优先保护类

优先保护类指对现状承担饮用功能的水库，该类以保护水源为主，严禁进行其他开发活动。该类主要指现状承担城镇或农村饮用水供水功能的水库，含已划水源保护区但未供水的水库。

4.2 限制开发类

限制开发类指现状或规划作为储备水源地的水库、现状无饮用水供水功能或非储备水源地的重要小型水库，可考虑开展以社会效益为主、公益性较强的低影响开发利用项目，如森林公园、湿地公园、水利风景区、绿道、碧道等。该类主要指现状或规划作为城镇或农村储备饮用水水源地的水库，库容 300 万 m³（含）以上或者库容虽然小于 300 万 m³，但溃坝洪水淹没范围有城镇或密集人口（或重要设施）的小型水库，以及坝高超过 30 m（含）的小型水库。

4.3 开发利用类

开发利用类指主要为满足商业开发建设、景观娱乐等需求，进行综合开发利用的水库，既可以开展森林公园、湿地公园、水利风景区、绿道、碧道等以社会效益为主、公益性较强的低影响开发利用项目，也可以开展旅游休闲、疗养、度假、水上运动等以经济效益为主、兼有一定社会效益的商业开发利用项目。除优先保护类和限制开发类外的水库均纳入开发利用类。该类主要指现状无饮用水供水功能或非储备水源地的其他水库，以及相关规划或地方反馈具有开发利用需求的水库。

5 结语

对水库进行综合开发利用，需要先开展基础情况摸查，在全面掌握水库的基础条件和规划需求的基础上，方能对水库使用功能、定位进行进一步科学合理的分类。本研究提出了水库优先保护类、限制开发类、开发利用类三种开发利用功能分类，一方面可通过功能分类，加强水资源安全储备，实现供水格局的进一步优化；另一方面可为类似地区水库综合开发利用和保护分类提供参考，以便释放更多生态空间给广大市民，对维持地区社会稳定和经济可持续发展提供有力保障。

参考文献

[1] 邓铭江，黄强，畅建霞，等．广义生态水利的内涵及其过程与维度 [J]．水科学进展，2020，31 (5)：775-792．

[2] 刘海燕．山塘水库建设管理中存在的问题分析 [J]．陕西水利，2017 (S1)：230-231．

[3] 晏欣，王东旭．生态水利工程在水资源保护与综合利用中的实践 [J]．工程建设与设计，2021 (12)：57-59．

[4] 王京晶，蒋之宇，吴川东．中国水资源开发利用现状的问题及解决对策 [J]．居舍，2018 (13)：197-198．

[5] 冯淼．水资源开发利用状况分析及保护策略研究 [J]．珠江水运，2019 (2)：58-59．

浅析强化河湖长制的长效化发展

赵雨迪

（东南大学法学院，江苏南京　211102）

摘　要： 河湖长制是我国近年来在河湖管理与治理方面的重要创新举措，因其可行性强，在全国范围内得到广泛的应用与实践，故由短期性应急方案逐渐转化为长效化制度。然而，河湖长制的强化不能仅停留在制度和政策的层面，只有紧跟我国法治化进程，完善河湖长制国家立法，才能使该制度真正实现长效化运行。因此，在国家层面应当对河湖长制进行分散式立法，从而对河湖长制的运行机制起到框架性、指引性作用；在地方层面应当对河湖长制进行专项式立法，对该制度细节落实进行体系性规定，两种立法模式相结合，共同强化河湖长制长效化发展。

关键词： 河湖长制；长效化；分散式立法；专项式立法

随着我国经济社会的快速发展和城镇化进程的加快，水资源短缺、水生态环境问题日益突出。江苏省无锡市于 2007 年暴发了太湖蓝藻事件，政府和民众进一步认识到了水生态系统破坏的严重程度，为解决当地河湖水生态问题，作为应急性、地方性手段而首创的河长制应运而生。经过近年的发展和实践，这一手段已从最初的特殊急救策略逐渐上升为国家层面的普遍性举措。面对我国各个地区层出不穷的复杂河湖生态问题，国民关注度日益提升的生态文明建设，河长制的长效化发展和立法化趋势逐渐显现。然而，在河湖长制由应急手段向长效制度转变的进程中不可避免地存在阻碍和困境，因此河湖长制的强化需要坚实的制度保障和立法基础。

1　河湖长制的实践发展及目前取得的成效

1.1　实践发展

短期内解决水生态问题是河长制创设的初衷，该制度的实行需要在党和政府主要负责人的领导下，开展对特定河流的治理和管理，以此提高河流治理的效率，责任具体到人的制度，缩小了水生态问题问责的范围。此后正式提出的河长制，针对的是省、市、县、乡四级河流水环境，以建立河流综合治理体系和河流保护管理机制为主要目的，力求达到职责分明、组织协作、监督管控、有效治理的标准。湖泊和河流作为并列的水生态组成部分，湖长制则是对河长制的补充和发展。部分地区在实行河湖长制的同时进一步实施了"一河一策"的制度，其亦是基于最初的河长制衍生而来的，从而推动以河流和湖泊为代表的水生态可持续发展。党的十九届五中全会通过了《中共中央关于制定国民经济和社会发展第十四个五年规划和二〇三五年远景目标的建议》（简称《第十四个五年规划》），其中明确了要"强化河湖长制"这一我国生态文明的重要决策，并且要"加强大江大河和重要湖泊湿地生态保护治理"。

1.1.1　河湖长制的地方性实践

安徽省蚌埠市根据河湖长制，推行了"河（湖）长+检察长"的工作模式，深化城市信息共享，在主要河湖分配"河湖检察长"进行联合巡湖，通过撰写检察诉讼书、提起公益诉讼和检察建议等手段推进河湖治理[1]。安徽省六安市则推动"一河一策"的模式，构建了市、县、乡镇三级河长制

作者简介： 赵雨迪（1999—），女，硕士研究生，研究方向为宪法和行政法。

组织体系，形成级级递进、层层落实的集中长效管理机制。

湖北省荆门市在六安市分级组织体系的基础上，推行河湖长制提档升级实践[2]，对主要河湖进行划界确权，强调相关地区政府责任，注重相关人员技术培训，明确水利部门和自然资源部门的分工。

山东省临沂市则通过摸清底数及加大水污染排查力度等方式，来强化河湖长制管理，力求加强治理涉水问题。将排查发现的问题进行精准分类，制定问题、目标、措施清单和时间、责任、任务列表，对相关清单和列表进行联合审核，争取充分落实涉水问题的排查计划。此外，临沂市重视对采砂问题的规范和管理，按照"政府主导、部门联动、分级管理、属地负责"的原则[3]，从源头严格把控采砂审批。

青海省因地制宜，针对本省特殊的地理环境，对河湖长制进行了高效的本土创新。针对不同地区、不同种类和不同功能的水源采取不同的管理保护方式，例如对三江源地区、适宜的饮用水水源地、重要水源涵养区和生态敏感区进行分类管理，重点突出预防和整治措施[4]。

1.1.2 河湖长制对"清四乱"工作的促进

清理"乱占、乱采、乱堆、乱建"等问题，是河湖长制在不断发展过程中需要开展的重要行动。针对"乱占"问题，集中处理未依法经批准围垦河湖，清理河道内阻碍行洪的植物和废弃的围网及船只；针对"乱采"问题，从严把控采砂审核，严厉打击未经许可或不按许可要求在河道管理范围内采砂、取土，以及在禁采区、禁采期采砂等现象；针对"乱堆"问题，及时清理河流堤岸和湖泊沿线倾倒、填埋、弃置、储存、堆放的固体废物，包括建筑垃圾、生活垃圾及阻碍行洪的物体；针对"乱建"问题，禁止规定水域内未经许可和不按许可要求进行的建设项目，拆除影响河道管理、阻碍行洪的建筑物。

在河湖长制实行的过程中，"清四乱"工作有序开展，不仅扩大河湖水域、恢复了水体功能，达到了修复相关河道湖泊的生态环境的目的，还通过植树造林、保护湿地、生态养殖，使得河湖周边环境也得到进一步改善。

1.2 推行河湖长制目前取得的成效

河湖长制的推行不仅对解决上述"四乱"这类河道顽疾有显著的效果，更将河湖水生态管理和治理逐渐推向常态化阶段。

目前，我国河湖长制作为一项政策，已经在全国范围内构建了层级相对分明且具有强制力的工作体系，各级政府设立了河长办，几乎实现了河湖长全覆盖，并适时进行巡河督查暗访。建立了党、各级政府、人民检察院、水利部、生态环境部、农业农村部各方协同工作的有效机制，各部门将联合暗访、联防联控与社会监督机制相结合，依据"一河（湖）一策"方案，及时排查河湖重点河段的突出问题，整治恢复河湖健康。

此外，在互联网迅速发展的社会，建立河湖长制信息系统势在必行。例如江苏、安徽等启用的"智慧河长"信息化系统和河长制智慧平台建设，该信息系统可以使相关联的平台和系统相衔接，达到信息互通的功能，不仅可以促进河湖长制高效运行，同时还可以推动信息化宣传。

2 推进河湖长制长效化发展的必要性和可行性

2.1 推进河湖长制长效化发展的必要性

虽然河长制的正式应用源于 2007 年突然暴发的太湖蓝藻事件，但这一制度的设想和构建并非一朝一夕，而是基于长时间的思考与探索，不可否认的是其功能并不仅限于解决应急性水生态问题，其对近十几年来党和政府一直提倡的生态文明建设同样有着极为重要的作用。因此，河湖长制的长效化发展理应被提上日程。

由于重视水生态功能和河湖价值，河湖长制颠覆了以往"发生污染后采取治理"的方式，从预防和修复两个角度出发，充分平衡绿色理念和经济效益的追求，长期实行河湖长制，将其逐渐发展成上层建筑，对于我国水生态建设，乃至"建设美丽中国"远大目标都有着重大意义。同时，水生态环境的管理、修复和保护对于公民的生命健康和生态需求同样至关重要。

2.2 推进河湖长制长效化发展的可行性

经过十几年的发展和检验，河湖长制兼具丰富的理论基础和实践经验。首先，由于"河长"这一概念的提出，势必需要有具体责任人出现，水生态环境作为公共利益，党政机关理应承担起主要责任。河湖长制是行政首长制在我国水环境的基础和政治建设大环境下的创新和升级，其理论基础与行政首长制相似，即责任政府理论。

自河湖长制被首次应用以来，因其可操作性强、成效显著，迅速由江苏省无锡市推广至江苏省全省，后安徽省、山东省、青海省等多河流省份在此基础上积极进行实践上的探索和发展，使河湖长制逐渐发展成为独具中国特色的创新举措。河湖长制在实践中愈发完善，越有利于我国水生态问题的解决，解决河湖管理问题的效果愈加显著，推进河湖长制长效化落实可行性便越强，逐渐形成了长此以往的良性循环。

3 强化河湖长制长效化发展的对策——完善河湖长制国家立法

党的十九届五中全会通过的《第十四个五年规划》中提出要"强化河湖长制"，笔者认为，只有完善河湖长制度建设，弥补国家层面和地方层面的立法空白，使其从政策方针上升为法律法规，才能从根本上强化河湖长制的长效化运行。

3.1 国家层面

就国家层面而言，河湖长制尚未被完全纳入我国法治化进程中。有学者提出河湖长制立法有专项和分散式两种模式可供选择[5]，目前我国现存的、尚未完善的河湖长制立法勉强可以认为是分散式立法。笔者认为，制度的不断变化和行政规章的不断增加会影响法律的稳定性，想要在全国范围内制定具体的、完善的专项立法绝非易事，因此在国家层面，分散式立法的确更加符合我国河长制运行的现状。

我国现行的涉及河湖水生态环境的法律主要包括《中华人民共和国水法》《中华人民共和国水污染防治法》《中华人民共和国防洪法》《中华人民共和国水土保持法》等，然而其中涉及"河长制"字眼的条文屈指可数且较为分散，目前仅在《中华人民共和国水污染防治法》（2021年修订）第五条中出现，也未在《中华人民共和国河道管理条例》等地方性法规中频繁出现，可见河湖长制缺乏相配套的立法层面的实施依据。必须加强河长制立法，做到制度实施中的立法先行。

《中华人民共和国水污染防治法》专门调整水生态破坏和水环境污染的修复、防治、管理和治理，其调整范围相比综合性的《中华人民共和国水法》较为狭窄，《中华人民共和国水污染防治法》第五条规定了"省、市、县、乡建立河长制，分级分段组织领导本行政区域内江河、湖泊的水资源保护、水域岸线管理、水污染防治、水环境治理等工作"，但水污染防治无法囊括其中河湖水资源的保护和水域岸线的管理，只有《中华人民共和国水法》这种综合性的法律才能完全涵盖，然而河湖长制并未在《中华人民共和国水法》中被提及，因此很有必要在其中增加河湖长制规定，如此一来，河湖长制便可以以法律的形式对水资源和水域岸线进行明确的管理和保护。《中华人民共和国水法》作为涉水领域的基础法律，起到总领性的作用，《中华人民共和国河道管理条例》这类法规才能切实规定河长制的具体运行机制，然而，目前其中对河湖长制的规定散落在几个单独的法条中，严重缺乏整体性和体系性，甚至尚未达到分散式立法的标准。因此，笔者建议可以将现有的、散落在几部法律之中的河湖长制相关条款先进行整合，理清其逻辑关系，并结合长期的实践对制度规定中存在的缺失和空白进行补充和调整，之后纳入《中华人民共和国河道管理条例》的相应部分，其中理应涉及河湖长制的实施范围、组织架构、河湖长主体身份及职责、相关部门职责及协调权限，以及河湖长问责监督制度和激励措施等内容，作为全国性的法律和行政法规，上述内容均属于框架性内容，为进一步制定详细的地方层面法规提供法律依据。

3.2 地方层面

根据国家层面上位法的指导性法律法规，结合前期河湖长制在地方的制度设计和实践积累，地方和基层制定的地方性、专项式法规是推行河湖长制最具体、最切实、最直接的法律依据。《中华人民共和国水污染防治法》第五条中强调了在地方分级建立、运行河湖长制，其根本原因是不同地理位置、不同水域具有不同的地方特色，河湖长制也需要根据不同情况因地制宜，适时进行细化和变更。国家层面的分散性立法是从宏观的角度对河湖长制的运行机制进行严格的规定，地方层面的专项性立法则是由不同层级的政府对机制的具体落实进行细节把控。

河湖长制在省、市、县、乡四级政府的运行方式应该在法规中进行具体的立法规定，各级河湖长的具体职责也应根据不同水域的具体条件进行细化。省与设区的市，设区的市与地级市、地级市与县、乡之间工作机制的组织构建、工作内容的协调分配、河湖长职责的权限划分，都需要考虑从宏观到微观，从管理领导到细化落实的良好衔接。如此一来，河湖长制地方性专项立法既不会与上位法的法律价值相抵牾，又拥有缜密的逻辑性、整体性、体系性，可以大大提高河湖长制的运行效率，促进党政机关对水生态环境的管理和保护。

4 结语

强化河湖长制长效化发展对我国在河湖领域的管理与治理有着极为重要的作用。作为可行性强的创新举措，经过不同省（市）的实践和发展，河湖长制已经具备了被纳入我国法治化进程的条件，通过分散式立法与专项式立法相结合的方式，能够完善河湖长制国家立法，真正实现该制度长效化运行的目标。

不过需要深思的是，河湖长制目前仍在不断地经历实践和创新，专项式立法作为整体性、体系性法律无法将所有河湖长制的制度完全涵盖，能否经受住实践和时间的检验有待考证，一旦社会环境出现较大的变化，地方性专项立法也许就会失去其原本的意义。

参考文献

［1］郭霁靓，刘雨苇，马佳明. 浅谈全面落实河湖长制的实践与思考——以安徽省蚌埠市为例［J］. 地方经济，2021（3）：195-196.

［2］宋书亭. 荆门市推行河湖长制提档升级实践［J］. 中国水利，2021（10）：21-22，46.

［3］丛榕. 临沂市河湖长制管理存在的问题及对策［J］. 山东水利，2020（2）：48-49.

［4］陈雷. 全面推行河长制努力开创河湖管理新局面［J］. 河北水利，2016（12）：5-7.

［5］李昂，刘定湘. 河湖长制立法完善思考［J］. 水利发展研究，2020，20（6）：9-11，31.

期 刊

2010—2019 年中国水利工程类核心期刊学术影响及发展建议

王立群 冯中华 贺瑞敏 郑 皓

（南京水利科学研究院科技期刊与信息中心，江苏南京 210024）

摘 要： 统计分析 2010—2019 年中国水利工程类核心期刊的发展现状，并与其他领域中国科技核心期刊及世界范围内其他科技期刊进行对比，了解中国水利工程类核心期刊在科技期刊中所处的地位，找出差距和不足，提出发展建议，以期为中国水利科技期刊的发展提供借鉴和指导。以 2019 版《中国科技期刊引证报告（核心版）》收录的 18 种水利工程类核心期刊为研究对象，通过单因子统计分析和综合评价相结合的方法，多层次、多角度分析中国水利工程类核心期刊的学术影响力指标。

2010—2019 年，整体来看，期刊的平均影响因子和平均总被引频次都呈上升趋势，平均影响因子上升了 58.9%，平均总被引频次上升了 70.2%；在中国科技期刊中，水利工程类核心期刊 Top 值≤50 的期刊仅有 2 种，50<Top 值≤100 区间内，期刊样本数分布最多，占样本总数的 52.2%，说明水利工程类核心期刊在中国科技排名中，总体还是处于比较靠后的水平，学术影响力还有待提升；通过计算 WAJCI 指数，与国际期刊在同一引文数据库上比较，中国水利工程类核心期刊在世界范围内排名领先，2018 年和 2019 年前 3 名都是中国期刊。总体来说，高水平的水利工程类核心期刊数量较少，与其他具有较高影响力的学科相比，差距巨大。建议在同类学科领域内跨部门、跨单位组织品牌水利科技学术期刊集团，"抱团出海"扩大国际学术交流与合作，进一步提升水利工程类学术期刊的国际学术影响力。

关键词 核心期刊；学术影响；水利工程；水利科技期刊

随着我国水利科技的发展，生态文明背景下国家对水资源可持续开发、水资源管理现代化建设的战略需求愈加迫切，对水利科技期刊的发展也提出了更高的要求和目标，中国水利科技期刊的发展现状亟待梳理。黄翠芳[1] 以水利工程类科技期刊为研究对象，对其 2006—2010 年的总被引频次、影响因子及 2009—2010 年 Web 即年下载率和总下载量进行了统计分析；徐丽娜等[2] 分析了 2011—2015 年中国水利科技期刊建设的成果与不足，为中国水利科技期刊未来的发展提供了建议和规划；刘越男等[3] 通过筛选若干期刊文献计量指标，采用指标数值依次排序法，推算了两种属性不同类型的中国水利科技期刊的学术影响力排名榜；张松波等[4] 回顾了新中国水利科技期刊的发展历程，总结其出版现状和特点，揭示其学术影响，并提出了中国水利科技期刊的未来总体发展建设思路；刘洋[5] 将被 SCI 收录的国外水利科技期刊和国内水利科技期刊进行比较分析，探索差异形成的原因，并对我国水利科技期刊发展提出发展建议。上述研究对中国水利科技期刊进行了一定统计和分析，但主要存在三方面问题：有些统计时间较早，已无法反映当前水利科技期刊的发展状况；统计类型过于笼统，未区分核心和非核心期刊，只能反映期刊的平均水平，无法反映水利科技期刊发展的最高水平；都是在本行业内进行的比较分析，看不出水利科技期刊与其他领域科技期刊的差距，更无法反映中国水利科

作者简介： 王立群（1980—），女，高级工程师，主要从事期刊编辑工作。

技期刊在世界范围内所处的位置。

水利工程是自然科学领域工程技术分支中的一个重要组成部分，据 2019 版《中国学术期刊影响因子年报（自然科学与工程技术）》[6] 统计，中国科技期刊共计 5 969 种，自然科学与工程技术期刊 3 900 种，其中水利工程类期刊 75 种；据中国科学技术信息研究所 2019 年版《中国科技期刊引证报告（扩刊版）》[7] 统计中国科技期刊中英文共 6 718 种，自然科学类期刊 4 327 种，水利工程类期刊 70 种，《中国科技期刊引证报告（核心版）》[8] 收录了 2 049 种科技期刊，水利工程类核心期刊 18 种。这 18 种核心期刊大致可以代表中国水利工程类期刊发展的最高水平。因此，本文以《中国科技期刊引证报告（核心版）》收录的 18 种水利工程类核心期刊为研究对象，选择最新的数据范围，统计分析 2010—2019 年中国水利科技核心期刊的发展现状，并与其他领域中国科技核心期刊进行比较，最后在世界范围内，在同一引文数据库的平台与其他国家水利科技期刊进行对比，了解中国水利科技核心期刊在世界上所处的地位，找出差距和不足，以期为中国水利科技期刊的发展提供借鉴和指导。

1 水利工程类核心期刊概况

本文统计的水利工程类核心期刊范围基于中国科学技术信息研究所每年发布的《中国科技期刊引证报告（核心版）》（简称《引证报告》），选取的期刊统计年份为 2010—2019 年。在 2010—2019 年 10 年间水利工程类核心期刊数量存在一定变化，有些期刊开始在核心期刊数据库内，近几年已经没有统计数据，如《水电自动化与大坝监测》《水利与建筑工程学报》；还有些是近几年才进入核心期刊数据库，之前没有数据，如《WATER SCIENCE AND ENGINEERING》《人民黄河》《水电能源科学》《中国水利科学研究院学报》；还有的是断断续续存在于核心期刊数据库中的，数据年份不连续，如《中国农村水利水电》；另外，《人民长江》2019 年新入选中国科技核心期刊目录，暂时没有数据。因此，去除这些数据不完整的期刊，本文中统计的 2010—2019 年水利工程类核心期刊一共 18 种，见表 1。

表 1 水利工程类核心期刊主办单位分布情况

序号	刊名	主办单位	期刊类型
1	《水科学进展》	南京水利科学研究院，中国水利学会	学术类
2	《JOURNAL OF HYDRODYNAMICS SERIES B》	中国船舶科学研究中心	学术类
3	《水利学报》	中国水利学会，中国水利水电科学研究院	学术类
4	《水动力学研究与进展 A》	中国船舶科学研究中心	学术类
5	《水资源保护》	河海大学	学术类
6	《水力发电学报》	中国水力发电工程学会，清华大学	学术类
7	《河海大学学报（自然科学版）》	河海大学	学术类
8	《水利水电科技进展》	河海大学	学术类
9	《泥沙研究》	中国水利学会	学术类
10	《净水技术》	上海市净水技术学会，上海城市水资源开发利用国家工程中心有限公司	技术类
11	《南水北调与水利科技》	河北省水利科学研究院	学术类
12	《长江科学院院报》	长江科学院	学术类
13	《水资源与水工程学报》	西北农林科技大学	学术类
14	《水利水运工程学报》	南京水利科学研究院	学术类

续表 1

序号	刊名	主办单位	期刊类型
15	《水利经济》	河海大学	学术类
16	《三峡大学学报（自然科学版）》	三峡大学	学术类
17	《水利水电技术》	水利部发展研究中心	技术类
18	《水力发电》	水电水利规划设计总院	技术类

从期刊主办单位分布来看，期刊数量较多的为河海大学、南京水利科学研究院和中国水利学会，可见，主办单位的科研实力和期刊的学术水平具有正相关性，高校和科研机构科研力量较强，主办期刊数量较多，期刊整体学术水平也较高；从期刊类别来看，18 种期刊中，有 3 种为技术类期刊，主要侧重报道技术应用，其他均为学术类期刊，学术类期刊中，《JOURNAL OF HYDRODYNAMICS SERIES B》《水动力学研究与进展 A》《泥沙研究》《水利经济》4 种期刊专业性较强，其他期刊均为综合类期刊，报道范围相对宽泛。

2 水利工程类核心期刊学术影响力统计

2.1 影响因子和总被引频次分析

基于引证报告数据统计分析 2010—2019 年水利工程类 18 种期刊的影响因子（见表 2）和总被引频次（见表 3），从期刊个刊来看，10 年平均影响因子大于 1 的期刊只有 2 种，占全部期刊的 11.1%；10 年平均影响因子小于 0.5 的期刊有 10 种，占全部期刊的 55.5%，可见，大部分期刊的影响因子还处于较低的水平。从时间来看，2010—2019 年，整体来看，期刊的平均影响因子和平均总被引频次（见表 2、表 3、图 1）都呈上升趋势，平均影响因子从 2010 年的 0.465 上升到 2019 年的 0.739，平均总被引频次从 2010 年的 719 上升到 2019 年的 1 224；平均影响因子 10 年间有一点小波动，但总体上升，上升了 58.9%；平均总被引频次则是逐年增长，一直呈上升趋势，上升了 70.2%。总体来说，水利工程类核心期刊的办刊水平和影响力正在逐步提升，得到越来越多作者和学者的关注和引用。

表 2　2010—2019 年水利工程类核心期刊影响因子统计

序号	刊名	2010 年	2011 年	2012 年	2013 年	2014 年	2015 年	2016 年	2017 年	2018 年	2019 年	10 年平均
1	《水利学报》	1.194	0.996	0.907	0.971	1.068	1.150	1.230	1.353	1.460	1.582	1.191
2	《水科学进展》	1.141	1.333	1.504	1.350	1.436	1.370	1.667	1.934	1.621	1.818	1.517
3	《JOURNAL OF HYDRODYNAMICS SERIES B》	0.689	1.442	1.477	0.880	0.423	0.435	0.580	0.654	0.619	0.697	0.790
4	《动力学研究与进展 A》	0.912	1.194	1.136	0.762	0.489	0.436	0.422	0.553	0.641	0.532	0.708
5	《水资源保护》	0.513	0.562	0.534	0.631	0.551	0.481	0.511	0.510	0.734	1.395	0.642
6	《水力发电学报》	0.417	0.349	0.399	0.497	0.509	0.641	0.644	0.602	0.776	1.025	0.586
7	《河海大学学报（自然科学版）》	0.493	0.371	0.533	0.604	0.549	0.475	0.585	0.543	0.656	0.741	0.555
8	《水利水电科技进展》	0.345	0.340	0.485	0.512	0.402	0.466	0.467	0.557	0.697	0.898	0.517
9	《泥沙研究》	0.377	0.385	0.308	0.363	0.377	0.483	0.521	0.724	0.446	0.646	0.463
10	《净水技术》	0.310	0.284	0.453	0.751	0.602	0.347	0.269	0.519	0.439	0.388	0.436

续表 2

序号	刊名	2010 年	2011 年	2012 年	2013 年	2014 年	2015 年	2016 年	2017 年	2018 年	2019 年	10 年平均
11	《南水北调与水利科技》	0.383	0.253	0.332	0.372	0.512	0.444	0.404	0.372	0.487	0.615	0.417
12	《长江科学院院报》	0.228	0.299	0.286	0.296	0.327	0.320	0.361	0.413	0.486	0.494	0.351
13	《水资源与水工程学报》	0.256	0.267	0.283	0.316	0.283	0.344	0.304	0.384	0.473	0.589	0.350
14	《水利水运工程学报》	0.155	0.288	0.289	0.343	0.333	0.390	0.439	0.337	0.365	0.470	0.341
15	《水利经济》	0.368	0.273	0.336	0.243	0.227	0.201	0.256	0.384	0.407	0.373	0.307
16	《三峡大学学报（自然科学版）》	0.212	0.268	0.176	0.191	0.319	0.239	0.223	0.166	0.178	0.272	0.224
17	《水利水电技术》	0.196	0.179	0.145	0.146	0.163	0.137	0.165	0.151	0.337	0.560	0.218
18	《水力发电》	0.185	0.166	0.149	0.127	0.119	0.165	0.228	0.175	0.176	0.214	0.170
	平均	0.465	0.514	0.541	0.520	0.483	0.474	0.515	0.574	0.611	0.739	

表 3 2010—2019 年水利工程类核心期刊总被引频次统计

序号	刊名	2010 年	2011 年	2012 年	2013 年	2014 年	2015 年	2016 年	2017 年	2018 年	2019 年	10 年平均
1	《水利学报》	3 494	3 588	3 836	3 559	3 906	3 913	4 165	4 475	4 485	4 768	4 019
2	《水科学进展》	1 806	1 979	1 980	2 107	2 259	2 435	2 573	2 779	2 894	2 851	2 366
3	《JOURNAL OF HYDRODYNAMICS SERIES B》	357	600	615	515	481	465	541	605	603	589	537
4	《水动力学研究与进展 A》	783	918	922	799	775	763	834	785	878	823	828
5	《水资源保护》	556	618	614	726	705	702	747	744	857	1 112	738
6	《水力发电学报》	625	709	741	928	1 169	1 548	1 734	1 572	1 789	1 875	1 269
7	《河海大学学报（自然科学版）》	1 048	1 043	1 055	1 104	1 110	1 020	1 170	1 145	1187	1 060	1 094
8	《水利水电科技进展》	437	454	528	548	556	538	612	708	743	914	604
9	《泥沙研究》	584	593	580	612	701	778	819	950	845	872	733
10	《净水技术》	257	280	504	654	595	456	409	567	551	521	479
11	《南水北调与水利科技》	364	382	452	462	524	548	684	788	831	885	592
12	《长江科学院院报》	465	548	687	651	710	938	943	1 160	1 397	1 480	898
13	《水资源与水工程学报》	301	357	441	496	601	731	748	922	1 023	1 129	675
14	《水利水运工程学报》	256	293	283	334	394	383	477	481	485	520	391
15	《水利经济》	233	219	238	183	222	235	253	253	246	271	235
16	《三峡大学学报（自然科学版）》	212	275	225	263	297	263	291	301	293	329	275
17	《水利水电技术》	637	648	566	629	679	753	839	839	923	1 260	777
18	《水力发电》	521	541	573	540	604	651	846	761	651	771	646
	平均	719	780	824	839	905	951	1 038	1 102	1 049	1 224	

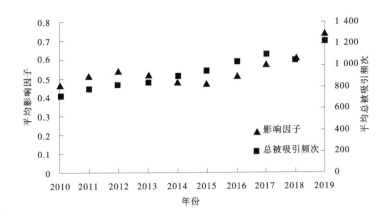

图1　水利工程类核心期刊不同年份平均影响因子和总被引频次

2.2　综合评价

2.2.1　综合评价总分计算

影响因子和总被引频次是期刊评价中最为常用的2种定量评价指标，但相对来看，对一个期刊的学术影响力来说，仅用2个指标评价还是有些片面，因此期刊评价中引入了综合评价[3]，根据中国科学技术信息研究所研制的中国科技期刊综合评价指标体系，通过对多项科学计量指标（总被引频次、影响因子、他引率、基金论文比、引文率等）进行计算，采用层次分析法确定重要指标的权重，对每种期刊进行综合评定，计算出每种期刊的综合评价总分，综合评价总分是对期刊整体状况的一个综合描述，相对来说，更加全面、客观。综合评价总分在0~100，数值越大，说明该刊的综合学术质量和影响力越高。

综合评价总分的算法如下：

$$综合评价总分 = \sum_{i=1}^{n}(\mu_i k_i) \tag{1}$$

式中：μ_i 为各指标的权重系数；k_i 为影响力指标的相对位置的得分，$k_i = (x - x_{min}) / (x_{max} - x_{min})$，其中 x 为影响力指标的得分，x_{max} 为该刊所在学科的影响力指标最大值，x_{min} 为该刊所在学科影响力指标最小值。比如，对于影响因子指标来说，x 就是该刊的影响因子，x_{max} 为该刊所在学科的影响因子最大值，x_{min} 为该刊所在学科影响因子最小值。

2.2.2　水利工程类核心期刊综合评价总分统计

根据引证报告数据，统计2010—2019年水利工程类核心期刊综合评价总分（见图2）和10年平均综合评价总分（见图3），从期刊种类来看，综合评价总分和10年平均综合评价总分60分以上期刊只有2种，占全部期刊的11.1%；60分以下期刊占比较大，接近90%；从年份来看，每个期刊综合评价总分的变化并不大，10年中都保持在一个基本稳定的水平线范围内，发展缓慢。单因子评价中，10年间影响因子、总被引频次2个指标虽然都呈现明显的上升趋势，但对考虑了更多指标因素的综合评价来说，综合评价总分变化并不大，可见，提升期刊的影响力不能仅靠提升其中某一项或两项评价指标，需要长期的坚持、积累和沉淀，全方位打造期刊，才能真正提升期刊的综合影响力。

2.3　在中国科技期刊中排名

根据引证报告，2010—2019年统计评价的中国科技期刊评价总数见表4，10年间，每年统计期刊总数平均约2 000种。在约2 000种科技期刊中，水利工程类核心期刊的综合评价总分排名统计见图4。从图4可以看出，水利工程类核心期刊在中国科技期刊中排名差别较大，排名最前的为2010年的《水利学报》（排名第8），排名最后的为2019年的《水力发电》（排名第10）。

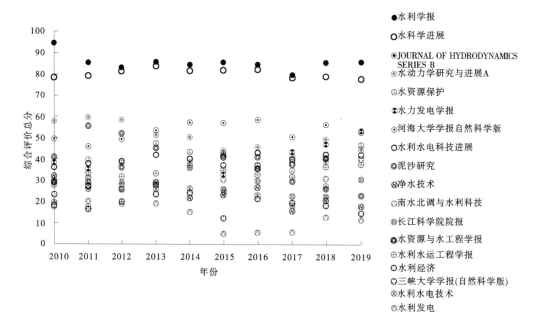

图 2　2010—2019 年水利工程类核心期刊综合评价总分

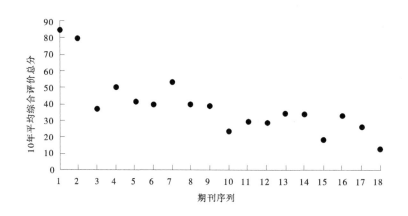

图 3　2010—2019 年水利工程类核心期刊平均综合评价总分

表 4　2010—2019 年中国科技期刊评价总数

年份	2010	2011	2012	2013	2014	2015	2016	2017	2018	2019
期刊评价总数/种	1 946	1 998	1 998	1 994	1 989	1 989	1 985	2 008	2 029	2 049

　　表 5 分析统计了水利工程类核心期刊在中国科技核心期刊中的具体分布情况，将每种期刊在每年中的排名进行标准化，可以更加直观、准确地看出水利工程类核心期刊在全国科技期刊中的排名分布。

$$期刊排名 \text{ Top } 值 = t_i / N_j \tag{2}$$

式中：t_i 为 i 种期刊的综合评价得分，$i = 1,\ 2,\ \cdots,\ 18$；N_j 为每年的期刊评价总数，$j = 1,\ 2,\ \cdots,\ 10$。期刊排名的 Top 值越小，期刊排名越靠前；Top 值越大，期刊排名越靠后。

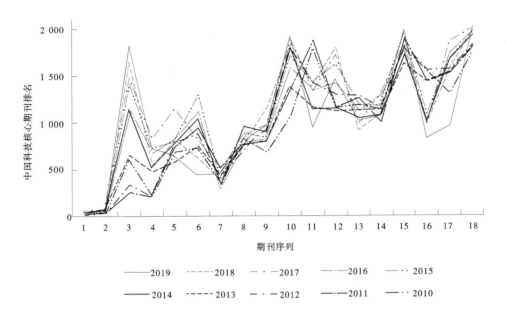

图4　2010—2019年水利工程类核心期刊在中国科技核心期刊中排名

表5　2010—2019年水利工程类核心期刊在中国科技期刊中排名分布统计

Top 值/%	样本数/个	占总统计数比例/%	期刊种数（年数）
Top 值≤5	20	11.10	2（10，10）
5<Top 值≤10	1	0.56	1（1）
10<Top 值≤20	10	5.56	3（2，1，6）
20<Top 值≤50	55	30.60	11（2，7，9，7，4，10，9，1，3，2，1）
50<Top 值≤100	94	52.20	13（6，1，3，1，10，9，10，7，10，10，8，9，10）

　　表5的计算统计中，总样本数为10年18种期刊的期刊样本总数，为180。期刊种数（年数）中，期刊种数为18种水利工程类核心期刊中处于该 Top 值区间的期刊数，年数为对应于期刊种数，10年中在该 Top 值区间每种期刊分别统计到的年数。可以看出，Top 值≤5 的样本数为20，期刊2种，年数分别为10、10，代表有2种期刊连续10年 Top 值都≤5，处于比较稳定的、靠前的排名地位，在中国科技期刊中处于顶尖位置；5<Top 值≤10 区间内，仅有1种期刊1年处于此位置，这种属于比较偶然的数据，在整体分布中没有什么代表意义；10<Top 值≤20 区间内，期刊分布也比较少，仅有3种期刊共9年处于该区间，也没有明显的统计价值；20<Top 值≤50 区间内，期刊分布较多，占总统计样本数比例为30.60%，有11种期刊共55年处于此区间，这说明有相当一部分水利工程类核心期刊在中国科技期刊中处于中等偏上水平；50<Top 值≤100 区间内，期刊样本数分布最多，占样本总数52.20%，共有13种期刊94年处于该区间，说明大部分水利工程类核心期刊在中国科技排名中，总体还是处于比较靠后的水平，学术影响力还有待提升。

2.4　世界学术期刊学术影响力指数（WAJCI）分析

　　《中国学术期刊（光盘版）》电子杂志社有限公司从2018年开始，连续发布《世界学术期刊学术影响力指数（WAJCI）年报》（简称《世界 WAJCI 指数年报》），不仅统计国外期刊引用中国期刊的引用频次，也统计了中国期刊引用国外期刊的引用频次，实现了国内、国际期刊在同一引文数据库的同台竞技，打破了过去国际期刊评价与国内期刊评价两套独立体系的壁垒。《世界 WAJCI 指数年报》采用期刊综合评价指标 WAJCI 算法，并对同学科期刊降序排列，根据数量等分为 4 个区域，并遴选 Q1（前 25%）区内的期刊为"世界学术影响力 Q1 期刊"（简称"WAJCI-Q1 期刊"），遴选 Q2（前 25%~50%）区内的期刊为"世界学术影响力 Q2 期刊"（简称"WAJCI-Q2 期刊"）。需要说明的是，中国科学技术信息研究所和《中国学术期刊（光盘版）》两个统计源刊存在差别，《中国学术期刊（光盘版）》中水利工程类期刊包括《INTERNATIONAL JOURNAL OF SEDIMENT RESEARCH》，而在《引证报告》中，该期刊统计在扩刊版中，且归类学科为地理学，因此前文中统计的水利工程类核心期刊未包括该期刊。《世界 WAJCI 指数年报》统计的中国大陆水利工程类科技期刊数据见表 6[9-10]。

表 6　WAJCI 水利工程类科技期刊数及 Q1、Q2 区中国大陆期刊数统计

年份	世界期刊数	中国大陆期刊数		刊名	影响力指数 CI	WAJCI 指数	总被引频次 TC	影响因子 IF	学科内 WAJCI 世界排名百分位	学科内 WAJCI 世界排名
		Q1	Q2							
2018	15	3	2	《水利学报》	1 047.771	5.371	4 116	1.308	93.33	1/15
				《水科学进展》	935.955	4.798	2 659	1.473	86.67	2/15
				《INTERNATIONAL JOURNAL OF SEDIMENT RESEARCH》	534.325	2.739	944	1.854	80.00	3/15
				《WATER SCIENCE AND ENGINEERING》	411.492	2.109	511	1.744	73.33	4/15
				《水力发电学报》	304.431	1.561	1 426	0.630	60.00	6/15
2019	20	4	4	《水利学报》	1 180.210	3.292	4 884	1.676	95.00	1/20
				《水科学进展》	977.277	2.726	3 000	1.739	90.00	2/20
				《INTERNATIONAL JOURNAL OF SEDIMENT RESEARCH》	651.314	1.817	1 158	2.188	85.00	3/20
				《水力发电学报》	569.661	1.589	1 840	0.941	75.00	5/20
				《水资源保护》	490.041	1.367	975	1.177	70.00	6/20
				《WATER SCIENCE AND ENGINEERING》	488.200	1.362	615	1.159	65.00	7/20
				《人民长江》	384.819	1.073	1 950	0.359	55.00	9/20
				《河海大学学报（自然科学版）》	373.081	1.041	1 061	0.686	50.00	10/20

2019 年，《世界 WAJCI 指数年报》评价期刊共有 13 088 种，中国大陆学术期刊 1 429 种，我国共有 10 种期刊 WAJCI 指数进入全球前 5%（科技 5 种），我国期刊 WAJCI 指数进入全球 Q1 区期刊 126 种（科技 89 种、社科 37 种），WAJCI 指数位列全球 Q2 区期刊 289 种（科技 193 种、社科 96 种）。水利工程类期刊进入 Q1 区和 Q2 区的共 20 种，中国期刊 8 种，占 40%，其中 4 种位于 Q1 区，4 种位于 Q2 区，前三名都为中国期刊。

2018 年，水利工程类 "WAJCI-Q1 期刊" 共 13 828 种，1 602 种中国期刊为 WAJCI 统计源期刊。WAJCI-Q1 中，中国科技期刊 127 种（科技 80 种、社科 47 种）；WAJCI-Q2 中，中国科技期刊 315 种（科技 197 种、社科 118 种）。水利工程类期刊进入 Q1 区和 Q2 区的共 15 种，中国期刊 5 种，占 33.3%，其中 3 种位于 Q1 区，2 种位于 Q2 区，前三名都为中国期刊。

从以上分析可以看出，在水利工程类期刊中，中国期刊在世界范围内排名也是领先的，2018 年和 2019 年前三名都是中国期刊，2019 年进入 Q1 区和 Q2 区的期刊又有所增加，说明中国水利工程类核心期刊在世界范围内同领域中也占有重要的地位，彰显了中国水利工程类核心期刊的学术影响力。

同时我们也看到，虽然中国水利工程类核心期刊在世界范围内具有很好的排名，但是连续多年表现比较稳定、有较高影响力的只有两三本，数量较少，大多数期刊发展较慢，近几年虽然有一两种期刊在国内排名上升较快，有较好的发展趋势，但还没有达到能在世界上拥有一席之地的水平。

3　水利工程类核心期刊中代表性期刊分析

在水利工程类核心期刊中，《水利学报》和《水科学进展》2 种期刊一直发展比较稳定，无论是学术影响力指标，还是世界范围内 WAJCI 指数排名，均处于长期领先的地位。因此，本文以该 2 种刊物作为代表，分析中国水利工程类核心期刊的发展问题。

3.1　刊载论文专业方向

图 5~图 8 统计了《水科学进展》和《水利学报》的刊文学科状况，可以看出：①从期刊刊载论文的学科方向来看，《水科学进展》近 10 年刊登的论文主要集中在地球物理学和水利水电工程两个方向，共占 59.9%，其中地球物理学方面占比 32.8%，可以看出，《水科学进展》期刊论文偏重基础研究，着重报道地球物理自然科学领域的新发现、新规律、新结论，在工程及技术应用方面报道较少；与《水科学进展》相比，《水利学报》多了电力工业、无机化学、水产和渔业、机械工程、动力工程几个方向，少了自然地理学和测绘学、海洋学等方向，近 10 年刊登的论文在水利水电工程、地球物理学、建筑科学与工程、地质学四个方向超过 70%，其中水利水电工程方向占 40.3%，《水利学报》的报道范围相对宽泛，不仅有自然科学方面，更有工程技术、机械工业、动力工程等方面，且更侧重水利工程方面，基础研究相对较少。②从期刊刊载论文的关键词来看，《水科学进展》刊载的论文主题主要集中在气候变化、水资源、降水、径流等方面的数值模拟，对黄河、长江等大江大河的水文水资源问题关注较多；而《水利学报》论文关键词主要集中在混凝土、泥石流、气候变化、水资源、水库、坝、水工等方面的数值模拟和数学模型，从关键词方面也可以看出，《水利学报》报道范围更偏重于水利工程领域，报道范围较广。③从发文数量来看，《水科学进展》为双月刊，《水利学报》为月刊，发文数量《水科学进展》相对偏少，从 2.1 节的统计中也可以看出，《水利学报》总被引频次相对较高，而《水科学进展》影响因子相对较高，这也与发文量有一定关系。

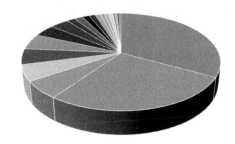

■ 地球物理学(32.9%)　　　　■ 水利水电工程(27.1%)
■ 气象学(5.7%)　　　　　　　■ 农业基础科学(5.3%)
■ 农艺学(5.2%)　　　　　　　■ 环境科学与资源利用(5.2%)
■ 地质学(4.0%)　　　　　　　■ 海洋学(3.6%)
■ 农业工程(1.7%)　　　　　　■ 建筑科学与工程(1.6%)
■ 资源科学(1.4%)　　　　　　■ 公路与水路运输(1.2%)
■ 自然地理学和测绘学(1.0%)　■ 力学(0.9%)
■ 人物传记(0.8%)　　　　　　■ 工业通用技术及设备(0.8%)
■ 林业(0.4%)　　　　　　　　■ 农作物(0.4%)
■ 工业经济(0.4%)　　　　　　■ 生物学(0.4%)

图 5　《水科学进展》期刊近 10 年文献的学科分布

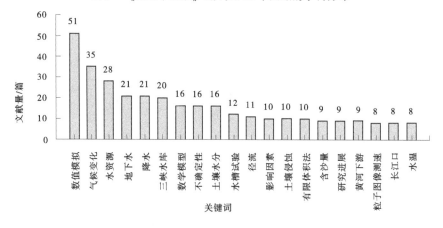

图 6　《水科学进展》期刊近 10 年文献的关键词分布

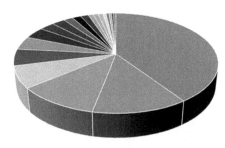

■ 水利水电工程(40.4%)　　　■ 地球物理学(12.8%)
■ 建筑科学与工程(11%)　　　 ■ 地质学(7.0%)
■ 环境科学与资源利用(5.5%)　■ 农业基础科学(4.3%)
■ 农艺学(3.7%)　　　　　　　■ 农业工程(2.7%)
■ 电力工业(2.5%)　　　　　　■ 无机化学(1.8%)
■ 资源科学(1.7%)　　　　　　■ 气象学(1.4%)
■ 公路与水路运输(0.9%)　　　■ 工业通用技术及设备(0.9%)
■ 农作物(0.9%)　　　　　　　■ 生物学(0.6%)
■ 水产和渔业(0.5%)　　　　　■ 机械工业(0.5%)
■ 力学(0.5%)　　　　　　　　■ 动力工程(0.4%)

图 7　《水利学报》期刊近 10 年文献的学科分布

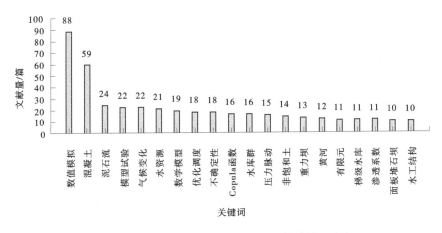

图 8 《水利学报》期刊近 10 年文献的关键词分布

3.2 WAJCI-Q1 区高水平科技期刊学术影响力对比

《水利学报》《水科学进展》连续多年荣获中国国际影响力优秀学术期刊，《水利学报》还多次荣获"百种中国杰出学术期刊"称号，代表了中国水利科技期刊的最高水平。表 7 列出了国际上其他专业领域学术影响力前两名的期刊 WAJCI 评价指标[9]，可以看出，与数学、物理学、化学、材料学、环境科学、生命科学、计算机人工智能等具有较高影响力的学科相比，无论是发文量、影响因子、被引频次，还是 WAJCI 指数等指标，水利工程类期刊都无法比及，差距巨大。分析差距原因，客观上，由于水利工程是一个比较古老的学科，学科范围窄，基础研究较多，学术成果产出慢，发展创新周期长；另外，从办刊模式方面对比，国外科技期刊主要由几个大的出版集团经营运作[11]，如英国的自然出版集团、荷兰的爱思唯尔集团、德国的施普林格等，国际化的合作出版、规模化的运作经营、数字化的出版建设、平台化的资源管理、专业化的办刊分工、多元化的产品服务、精品化的品牌推广等成就了专业化的办刊之路。与其相比，水利工程类期刊建设中整体创新意识弱，办刊模式传统，国际宣传及合作都十分欠缺，这是水利工程类期刊建设中亟待加强的方面。可以考虑借鉴国外品牌期刊的经验，在同类学科领域内跨部门、跨单位组织品牌水利科技学术期刊集团，"抱团出海"打造国际宣传与合作平台，扩大学术交流与影响，提升水利学术期刊的自主经营权，这不仅是水利工程类期刊建设中应该考虑的问题，也是很多国内期刊的共性问题，通过集团化、品牌化建设，最终打造属于我国自身的学术期刊出版集团。

表 7 2019 年 WAJCI-Q1 区高水平科技期刊学术影响力统计

学科	国别和地区	刊名	影响力指数 CI	WAJCI 指数	总被引频次 TC	影响因子 IF	学科内 WAJCI 世界排名百分位	学科内 WAJCI 世界排名
水利工程	中国大陆	《水利学报》	1 180.210	3.292	4 884	1.676	95.00	1/20
		《水科学进展》	977.277	2.726	3 000	1.739	90.00	2/20
数学	美国	《ANNALS OF MATHEMATICS》	772.073	7.349	12 459	4.165	99.69	1/319
	美国	《APPLIED MATHEMATICAL MODELLING》	757.151	7.207	17 565	2.915	99.37	2/319

续表 7

学科	国别和地区	刊名	影响力指数 CI	WAJCI 指数	总被引频次 TC	影响因子 IF	学科内 WAJCI 世界排名百分位	学科内 WAJCI 世界排名
物理学综合	美国	《PHYSICAL REVIEW LETTERS》	655.261	17.424	450 246	9.249	98.77	1/81
	美国	《REVIEWS OF MODERN PHYSICS》	526.119	13.990	50 385	38.370	97.53	2/81
化学综合	美国	《CHEMICAL REVIEWS》	757.048	21.579	189 685	54.506	99.43	1/175
	美国	《JOURNAL OF THE AMERICAN CHEMICAL SOCIETY》	684.606	19.514	553 285	14.738	98.86	2/175
环境科学	英国	《ENERGY& ENVIRONMENTAL SCIENCE》	870.677	13.915	81 917	33.437	99.62	1/260
	美国	《ENVIRONMENTAL SCIENCE & TECHNOLOGY》	633.701	10.128	179 460	7.339	99.23	2/260
材料科学综合	德国	《ADVANCED MATERIALS》	658.220	21.628	230 981	25.963	99.67	1/304
	英国	《NATURE MATERIALS》	536.760	17.637	98 473	39.084	99.34	2/304

4 结论

（1）从期刊主办单位分布来看，水利工程类核心期刊数量较多的主要为河海大学、南京水利科学研究院和中国水利学会，可见，主办单位的科研实力和期刊的学术水平具有正相关性，高校和科研机构科研力量较强，主办期刊数量较多，期刊整体学术水平也较高。

（2）2010—2019 年，整体来看，期刊的平均影响因子和平均总被引频次都呈上升趋势，平均影响因子从 2010 年的 0.465 上升到 2019 年的 0.739，平均总被引频次从 2010 年的 719 上升到 2019 年的 1 224；平均影响因子 10 年间有一点小波动，但总体上升（上升了 58.9%）；平均总被引频次则是逐年增长，一直呈上升趋势（上升了 70.2%）。总体来说，水利工程类核心期刊的办刊水平和影响力正在逐步提升，得到越来越多作者和学者的关注和引用。

（3）通过计算综合评价分数，并在中国科技期刊中排名，可以看出，水利工程类核心期刊 Top 值≤5 的期刊仅有 2 种，50<Top 值≤100 区间内，期刊样本数分布最多，占样本总数的 52.2%，说明水利工程类核心期刊在中国科技期刊排名中，总体还是处于比较靠后的水平，学术影响力还有待提升。

（4）通过计算 WAJCI 指数，与国际期刊在同一引文数据库同台上比较，在水利工程领域，中国水利工程类核心期刊在世界范围内排名是领先的，2018 年和 2019 年前三名都是中国期刊，2019 年进入 Q1 区和 Q2 区的期刊又有所增加，说明中国水利工程类核心期刊在世界范围内同领域中占有重要的地位，彰显了中国水利工程类核心期刊的学术影响力。

（5）总体来说，高水平的水利工程类核心期刊数量较少，发展较慢，另外，与数学、物理学、化学、材料学、环境科学、生命科学、计算机人工智能等具有较高影响力的学科相比，无论是影响因子、被引频次，还是 WAJCI 指数等指标，水利工程类期刊都无法比及，差距巨大。分析差距原因，客观上由于水利工程是一个比较古老的学科，学科范围窄，基础研究较多，学术成果产出慢，发展创新周期长；另外，水利工程类期刊建设中整体创新意识弱，办刊模式传统，国际宣传及合作都十分欠缺，这是水利工程类期刊建设中亟待加强的方面。建议在同类学科领域内跨部门、跨单位组织品牌水利科技学术期刊集团，"抱团出海"扩大国际学术交流与合作，提升水利工程学术期刊的国际学术影响力。

（6）影响因子和总被引频次是在一个采样范围（引文库）内被引用次数计算值，因此影响因子上升并不一定是影响力扩大，也可能是引文数据库总体规模造成的。由表 4 可以看出，10 年间《引证报告》中评价的中国科技期刊总数增加了约 100 种，因此本文影响因子和总被引频次的上升不一定完全等同于办刊水平和影响力上升，数据库规模增加可能会影响部分评价结果。

参考文献

[1] 黄翠芳. 水利工程类科技期刊学术影响力分析：以总被引频次、影响因子、Web 即年下载率和总下载量为分析源 [J]. 中国科技期刊研究, 2012, 23 (6)：999-1004.

[2] 徐丽娜，陈锋，王宏伟，等. 中国水利科技期刊发展现状分析 [J]. 西南民族大学学报（人文社会科学版），2017 (12)：234-240.

[3] 刘越男，季山，李晓琦. 中国水利科技期刊学术影响力分析 [J]. 水利科技与经济, 2003, 13 (10)：779-786.

[4] 张松波，王红星，季山，等. 中国水利科技期刊的发展和学术影响 [J]. 中国科技期刊研究, 2010, 21 (6)：746-752.

[5] 刘洋. 国内外水利科技期刊比较研究 [J]. 山西水利, 2016 (8)：48-49.

[6] 中国科学文献计量评价研究中心，清华大学图书馆. 中国学术期刊影响因子年报（自然科学与工程技术）(2019 年第 17 卷) [M]. 北京：中国学术期刊（光盘版）电子杂志社有限公司, 2019.

[7] 北京万方数据股份有限公司. 中国科技期刊引证报告（扩刊版）(2019 年版) [M]. 北京：科学技术文献出版社, 2019.

[8] 北京万方数据股份有限公司. 中国科技期刊引证报告（核心版）(2019 年版) [M]. 北京：科学技术文献出版社, 2019.

[9] 中国科学文献计量评价研究中心，清华大学图书馆. 世界学术期刊学术影响力指数（WAJCI）年报研制说明 (2019) [R]. 北京：中国学术期刊（光盘版）电子杂志社有限公司, 2019.

[10] 中国科学文献计量评价研究中心，清华大学图书馆. 世界学术期刊学术影响力指数（WAJCI）年报研制说明 (2018) [R]. 北京：中国学术期刊（光盘版）电子杂志社有限公司, 2018.

[11] 向飒. 国外科技期刊出版集团的经营特色和盈利模式分析 [J]. 出版广角, 2017 (288)：12-14.

关于加强科技期刊集群资源整合的思考

冯中华 孙高霞 丁绿芳 邓宁宁

（南京水利科学研究院科技期刊与信息中心，江苏南京 210029）

摘 要： 2021 年 6 月，中宣部、教育部、科技部联合印发的《关于推动学术期刊繁荣发展的意见》指出：要加快推进期刊集群化建设，提升期刊的质量和影响力、国际传播力。期刊集群建设的思路已得到业界的普遍关注，但是我国期刊集群建设起步较晚，与国外期刊集群差距明显，为了促进我国期刊集群建设走上快速发展之路，整合资源是重中之重。在我国期刊集群建设相关研究中，对如何整合多种办刊资源涉及较少。本文通过梳理科技期刊出版发行所涉及的主要资源，分析期刊集群在整合这些资源时面临的问题，提出期刊集群在整合体制机制、稿源、经费、出版平台、编委会、审稿专家方面的思考，供拟开展期刊集群建设的机构借鉴。

关键词： 期刊集群；体制机制；稿源；经费；出版平台；编委会；审稿专家

1 引言

科技期刊是传承人类文明、荟萃科学发现、引领科技发展的重要载体，是国家科技竞争力和文化软实力的重要组成部分。我国实行改革开放以来，随着科研投入的不断加大，科研成果也越来越多，作为传播和交流科研成果的科技期刊得到了长足的进步和发展，科技期刊总量已经突破 5 000 种，成为仅次于美国的期刊大国，但同国际先进水平相比，我国科技期刊在发表论文的质量、发表论文的能力、期刊发行方式、期刊市场化程度、期刊规模化集群化、高素质期刊人才等方面处于相对落后的状态[1]。为了推动我国科技期刊的改革发展，2011 年《新闻出版业"十二五"时期发展规划》中明确指出："要建设专业学科领域内具有国际影响力的品牌学术期刊群，即要推动期刊产业向规模化、集约化、专业化转变。" 2019 年 8 月，中国科协、中宣部、教育部、科技部联合印发《关于深化改革培育世界一流科技期刊的意见》，2021 年 6 月，中宣部、教育部、科技部联合印发《关于推动学术期刊繁荣发展的意见》，指出，要加快推进期刊集群化建设，提升期刊的质量和影响力、国际传播能力。目前，期刊建设的集群化发展思路已得到业界的普遍关注。在近 20 年的科技期刊集群化发展的探索实践中，也出现了一些成功典范，如中国科学出版集团、卓众出版有限公司与中华医学会杂志社在期刊集约化经营与集团化管理方面进行了有益的探索，《中国激光》杂志社、中国科学院上海生命科学研究院生命科学期刊社、海洋学科技期刊刊群的建设在科技期刊的管理与创新上进行了有益探索[2]，但这些刊群与国际大型出版集团相比，因起步较晚，目前还处于初级阶段，如聚合力不强、国际化程度低、数字出版水平不高、出版平台不统一等问题还需改进[3]。本文将根据期刊集群在出版中涉及的主要资源，分析期刊集群在整合这些资源时面临的问题，提出整合这些资源的思考，供科技期刊集群化建设参考。

2 期刊集群出版的主要资源

单个科技期刊的出版发行传播涉及人、财、物等方方面面的资源，期刊集群要做大、做强，同样

作者简介： 冯中华（1969—），男，高级工程师，主要从事信息化建设、期刊出版、文献咨询服务等工作。

需要理清有哪些资源，进而有效整合这些资源。

2.1　体制机制

没有规矩不成方圆，每个科技期刊都是在相应的体制机制下运行的。集群内各个期刊除国家层面、行业层面或协会学会层面的政策法规与管理办法基本相同外，不同单位之间、同一单位内不同部门之间的制度与管理办法或多或少也有差异，这些差异性要素有的是针对期刊的，有的是针对人的，这是科技期刊在集群化建设与发展中需要关注的要素。

2.2　稿源

期刊作为传播和交流最新科技成果的前沿阵地，稿源是其重要的资源。稿源质量是决定期刊质量的首要因素，争取高质量的稿源是每个期刊提高影响力、竞争力的重要手段。

2.3　经费

科技期刊要正常出版需要经费支持。不同的期刊各不相同，有上级拨款、文章版面费、广告费、期刊经销费等多种来源；经费的支出有人员费、出版费、排版费、审稿费、稿费、其他等。在期刊集群化过程中如何整合是需要考虑的要素。

2.4　出版平台

我国科技期刊发展到现在，每个期刊都有自己的出版平台，有自建的，有购买的，简单的只有投稿功能。一般单个期刊的出版平台都难以满足期刊集群化发展的需要，必须通过详细分析、设计，建立既有利于单刊数字化发展的需要，又有利于期刊集群发展需要的平台。使其成为该学科领域学术信息传播的重要载体和窗口，对提升集群内各期刊影响力具有重要作用[4]。

2.5　编委会

编委会是期刊核心竞争力的重要组成部分。编委会具有审稿、撰稿、宣传、制定规划、组织约稿、指导办刊等作用。集群内部各个期刊的编委会建设的原则、编委规模、编委年龄结构、内外人员比例、整体学术水平、考核办法、约束机制各不相同，在期刊集群整合过程中如何平衡如何统一需要多加关注[5]。

2.6　审稿专家

同行评议是保证科技期刊学术质量的关键环节，要保证科技期刊以最快的速度传播最新的科技信息，审稿是一个非常重要的环节，其中审稿专家的评审意见是评判论文学术水平和确定能否发表的主要依据。对期刊来说，有效审稿专家应为学术水平高、愿意审稿、审稿效率和质量高、研究方向对口、与待审稿件不存在利益冲突并且身份真实可靠的评审专家。目前绝大多数科技期刊编辑部都建立了自己的审稿专家数据库，但是，在专业越分越细、交叉学科越来越多的今天，每位专家都有自己的专业特长和研究方向，这个数据库中存储的审稿专家的审稿方向不一定准确，是否为有效审稿专家还需要编辑部进行评价。在这样的情况下，期刊集群在整合审稿专家的时候还有很多细致的工作需要完成[6-7]。

3　期刊集群资源整合面临的问题和思考

随着新闻出版行业体制机制改革的不断深化，我国科技期刊推进集群化建设的步伐不断加快，出现了一些集群化建设发展较快的行业，如医学、光学和航天期刊集群。但是，目前真正实施或参与期刊集群化的科技期刊总量300余种，只占科技期刊总量的6%，要快速推进集群化建设步伐，迫切需要做好期刊集群各种资源的整合，真正实现集群化发展，提高科技期刊的影响力和竞争力。

3.1　体制机制问题与思考

在科技期刊集群化建设中，尝试较多的模式是行业内期刊集群，这种集群名义上可以由行业学会或协会作为归口管理单位，但是，非法人身份导致集群内期刊的人、财、物无法整合，仍然由原单位进行管理，一些政策、措施、制度在执行过程中打折扣现象比较严重。因此，制定切实可行的规章制度是确保期刊集群各项政策、措施落地实施的关键所在。

制定切实可行的规章制度，理顺制约期刊集群化发展的思路，需要厘清集群内各期刊发展中现有哪些规章制度，特别是对期刊和人员管理的规章制度，哪些是适用的，哪些是不适用的，要根据期刊发展和激励办刊人员干事创业的方面制定切实可行的政策和管理办法，才能真正实现期刊的集群化发展。在期刊管理方面，多数单位没有具体的管理细则，针对这种情况，需要制定提升影响因子、下载频次、被引频次等有利于提高期刊影响力和竞争力的管理办法。在人员管理方面，由于期刊在各单位长期不受重视，多数期刊也没有相应的提升人员能力的办法，在绩效分配方面，多数单位基本实行低档大锅饭，在编辑部内干多干少一个样，干好干坏一个样，针对这种情况，在集群化建设中，需要制定绩效激励机制，制定可量化的绩效考核办法，从而激发编辑人员工作的积极性和主动性。为此，期刊集群管理机构需要充分调研、研讨制定内容涵盖管理机构及职责、办刊条件要求、广告管理要求、质量管理要求、考核管理要求、保障与奖惩的《集群期刊管理办法》；制定内容涵盖编校质量、工作完成时效、工作完成量等可量化指标的《编辑绩效考核管理办法》；制定专业对口涵盖当前热点、难点及国家、行业重大需求的《选题策划管理办法》等系列规章制度，使期刊的管控效能和执行力大大提升[8]。

3.2 稿源问题与思考

在科技期刊发展过程中，充足的稿源是期刊能够按时连续出版的基本保障，优质稿源更是期刊的生命之源，是决定期刊质量的基础和保障。多数科技期刊由于重视程度不够，稿件主要是自由投稿，基本没有组稿约稿，导致稿源无法保障，更谈不上足够的优质稿源。对于科技期刊而言，维持稿源的稳定是期刊赖以生存和高质量发展的基本保障，期刊稿件主要来源于自由投稿和组稿约稿。自由投稿体现了作者对期刊的认同，是多数期刊稿件的主要来源，这种情况稿源的质量难以保证；组稿约稿体现了主编、编委会和编辑部对办好期刊的主观意愿，由于需要期刊主编、编委、编辑部主动出击，根据当前热点、难点，结合期刊刊登主题与特色通过专题、专刊形式进行组稿约稿，虽然稿源量较少，但质量容易保证。

期刊集群，其主要稿件同样来自自由来稿和组稿约稿。自由来稿的使用对单刊来说比较简单，能录用的就录用，不能录用的直接退稿，对期刊集群来说可以在集群内部根据各单刊情况互相流转（由影响相对高的刊流转到相对低的刊），直到集群内各单刊都不录用时才退稿（前提是作者同意推荐其他刊），这样既提高自由来稿的利用率和作者投稿的效率，又提高了作者对刊群的认可度，反过来也会提高期刊的影响力。

然而，科技期刊要高质量发展，光靠自由投稿远远不够，必须加大组稿约稿力度，才能获得更多优质的稿源。组稿、约稿不是简单地跟专家联系一下，需要进行选题策划、约稿准备、实施约稿、稿件宣传、作者反馈等工作，才能确保以后约稿的可持续性。

选题策划。集群期刊要形成整体优势，就要做到神聚而不是形聚，各期刊要走特色化、差异化发展之路。要实现特色化、差异化发展，各期刊在选题策划时就要充分考虑。首先，集群期刊要梳理内部各刊载文的方向，其次，根据各刊所在领域的技术难点和热点，开展仔细调研和科学论证。最后，根据论证结果，合理设置各刊的选题与栏目。如果集群内期刊之间在某些专业方面有交叉，还应再细分，可以一个侧重理论研究，另一个侧重工程技术等。选题确定之后，也不是一成不变的，要根据各领域前沿热点研究的变化适时进行优化调整，努力实现各刊栏目的特色化、差异化，用特色鲜明的栏目体现各刊的报道重点。

约稿准备。选题策划确定后，就要按照各刊的选题，有序开展约稿工作，为了提高约稿成功率，需要做好约稿前的准备工作。首先，通过网络收集相关信息，分析各科技期刊对应专业学科的发展动态；其次，关注追踪本领域重要学者的科研成果，积极与专家、研究生在线下进行面对面交流或者在线上开展交流，关注领域内相关专家、学生在学术会议上展示的研究成果；再次，期刊编辑积极参加国内外重要学术会议，与相关高校、科研院所进行交流合作，与相关专家进行密切联系，了解他们对期刊的需求和建议；最后，按照选题策划有选择性地拜访专家并走访相关高校和科研机构，了解他们正在开展的科研工作，为约稿打下基础。

约稿实施。在约稿过程中，编辑不仅要投入智慧和真诚的情感，还要恪守职业道德，以智取稿，但不可急于求成或采用不正当手段约稿。可以通过互联网对约稿作者进行多方面的了解：第一，约稿函应体现编辑对约稿对象学术思想和研究方向的了解、对约稿对象的兴趣以及其科研成果的关注；第二，结合约稿对象的专长及在研项目，重点进行选题的推介；第三，约稿函必须专人专函，在约稿前期工作准备充分的基础上，可采用多种约稿方式，如电话、电子邮件、微信、QQ、短信等方式；第四，针对科研院所科研人员忙于搞试验做项目，科研工作结束后不是很积极总结成果和撰写论文的情况，编辑需要主动进行沟通，促使科研人员完成约稿论文的写作；第五，上门与专家商谈约稿事宜时，除对稿件的要求外，还可以承诺稿件在多少时间内处理完成，稿件刊出后进行多方面宣传等，从而提高约稿的质量和成功率。

稿件宣传。针对约稿录用的稿件，一旦定稿，可以采取期刊网站首发、微信公众号、微博，以及利用QQ或微信建立的审稿专家群、读者群、作者群、编委群、朋友圈等多种方式进行宣传，既可以快速推广作者的最新研究成果，也可以提高期刊的影响力。

作者反馈。通过对稿件一定时间的宣传推广后，对稿件刊发后的相关数据指标进行追踪，通过数据库了解稿件的引用情况，对首次引用时间、点击频次、下载频次、被引频次等数据指标进行统计，将结果反馈给作者，为其日后试验研究及论文写作提供支撑。同时，定期回访约稿对象，让约稿对象对期刊多一些动态的了解，为长期约稿及吸引自由来稿做好铺垫工作[9-11]。

3.3　经费问题与思考

每种期刊都有自己办刊经费的来源和出处，期刊集群在整合经费过程中，不能简单地把集群内单个期刊的经费加加减减，应该分析各个期刊经费来源与使用的相似性和差异性，挖掘新的来源点，减少不必要的支出，提高经费的使用效率。

经费的来源除上级拨款外，广告费、期刊经营费影响因素很多，在此不多描述。版面费来源可以利用集群建设进行整合或者统一，可能各刊收费标准不一，有的偏高有的偏低，这种情况需要进行规范。先将集群内各刊根据影响力和在领域内排位划分为不同档次，如按SCI收录、EI收录、双核心、单核心、非核心等进行分档，再根据不同印张及开本大小制定页面收费系数，从而制定每个档次不同大小的版面费收取标准，这样就将集群内各刊版面费的收取进行了规范，达到整合收费的目标。

各个期刊的开支既有相似的地方也有不同的地方，可以通过整合减少总开支或不减少开支而扩充功能。期刊的排版工作，有的是编辑部在编职工，有的是聘用人员，有的是外包委托，不管哪种方式都会产生费用，在期刊集群建设中，可以通过评估不同方式所需费用、排版质量等因素，根据评估结果选择较好的方式，实现集群期刊统一排版要求；期刊的出版工作，基本都是委托给具有资质的公司，但单个期刊在集群前可能是委托不同的机构，所以在集群建设过程中，可以先调研评估这些出版公司的出版质量、出版时效、服务方式、服务态度等方面的情况，从而整合期刊集群的出版服务商；期刊的出版平台，自己开发较少，多数都是引进的平台，集群内各刊使用的平台可能相同，可能不同，功能差异可能较大，因此打造期刊集群统一平台非常必要，但需要先深入细致地调研分析，开发既能满足期刊集群发展的需要又能满足单刊特色发展的需要，这样，各个期刊使用统一平台，经费也变为集群各期刊一起承担，不用单个支付各自使用的平台费用，从而节省开支，提升平台功能，更好地发挥平台的作用；期刊的审稿费标准可能相同，也可能不同，需要分析，制定统一标准，实现期刊集群的审稿费统一管理，有利于审稿专家的维护；期刊的查重工作，每个期刊都要使用论文查重工具，费用与客户端数量有关，可以分析比较各查重工具的性价比和查重的准度，整合使用相同的查重工具，通过整合既可以减少客户端数量，也能确保查重标准的统一，从而减少开支[12]。

3.4　出版平台问题与思考

科技期刊发展到现在，基本完成了由邮件、信件投稿的方式向网络投审稿系统投稿方式的转变。但是，目前多数期刊的投审稿系统，功能还很简单，不能满足作者、读者与编辑的交流互动。同时，由于我国科技期刊由传统出版模式向数字化出版转型起步较晚，多数期刊仅仅购买了投审稿系统，在利用新媒体进行稿件宣传方面更是明显不足。多数期刊建有网站，但功能不多，文献服务和运用期刊论文相关元数据进行统计分析更少，由于没有专门维护人员，网站更是难得维护一次，对读者基本没有吸引力。

优质的数字化出版平台是国际一流科技期刊的"标配"，已日益成为科技期刊出版机构重点关注及发展的领域。国际知名出版机构已建设并运营在线出版平台多年，这些平台集期刊投审稿、文章在线发布、全文数据库等知识服务于一体，功能全面，技术领先，发展趋向成熟。我国科技期刊出版平台经过多年发展，已有一些优秀的出版平台被国内科技界和出版界认可，部分出版平台已实现从"借船出海"到"造船出海"的转变，但与国际出版平台相比差距还比较大，功能尚不完善，技术基本处于跟跑状态，整体发展水平参差不齐[13]。

为做好科技期刊集群建设，必须建设好集群自己的出版平台。出版平台需要集数字化采编、数字化出版、数字化发布、数字化服务于一体，满足新型出版模式下期刊的优先出版、快速发布、知识挖掘、深度交流、互联互通，满足作者、审者、读者、编者交互的需求，能以集群所涉学科领域为导向为读者提供论文的导读或全文的下载，将分散在网上本领域的科技期刊整合、集成到该平台上，为读者、作者、审者、编者提供知识服务，使其成为该领域学术信息传播的重要载体和窗口，促进作者最新成果的快速传播，提升期刊集群在服务行业科学研究的影响力和话语权。

在期刊集群出版平台建设中，做好平台的整体设计是关键。第一，分析各期刊现在的采编系统，找出各系统的优点进行平台采编功能优化设计。第二，分析已有数字化出版平台，找出各自优点进行数字化出版功能设计，如增强出版、虚拟专辑专刊、文章首发等。第三，分析各刊已有网站的栏目设置和功能模块，根据集群建设需要进行网站功能设计，让作者、读者、编者、审者一次注册、一次登录能够在集群和各刊之间随意切换，不用多次注册、分别登录。第四，平台需要建设审稿专家库、作者库、编委库、读者库。可通过查重清洗整合各刊现有审稿专家、编委信息到审稿专家库、编委库，为了确保专家或编委信息准确和及时更新，可由平台定期通过推送方式推送给专家或编委由他们自己维护或确认是否有变化，对于多次推送没有回应的专家或编委由集群安排专人统一维护；整合各刊发文作者到作者库，作者库与审稿专家库中数据可以相互转化；所有注册用户都归入读者库。第五，平台需要设计建设集群知识管理数据库，该库具有查询、浏览、下载、统计分析等功能，建立各刊发表文章的元数据库（可以通过同方知网、万方、维普等大型期刊数据库导出元数据），同时将相关领域期刊发表的文章也归入该元数据库，为集群专业读者提供专门的 OA（开放获取）知识服务，也可以通过邮件向专家精准推送相关领域最新成果。

3.5 编委会问题与思考

科技期刊编委会虽然不是国家规定必须设立的期刊内部机构，但在科技期刊发展过程中顶尖科技期刊编委会的作用大家都是有目共睹的。编委会是科技期刊核心竞争力的重要组成部分，是期刊发展的决策机构，是期刊报道方向的指引者，学术质量的把关者、守门人，肩负着指导编辑部业务工作、把握学术水平、引导学术方向、承担组稿审稿定稿任务、收集读者和作者意见、参与解决重大问题等任务，充分发挥编委会的作用是办好期刊的重要保障。我国大部分科技期刊都设有编委会，普遍采用"编辑部+编委会"的运行模式，但编委会作用的发挥存在很大差异：有的正常开展活动，对科技期刊编辑出版起着学术领导或指导作用；有的对期刊的编辑出版问题虽有讨论，但只是偶尔为之，平时多是销声匿迹；有的建立之后从未开展过活动，实际上形同虚设[14-15]。在我国科技期刊体量大、整体办刊水平相对较弱、编委会成员绝大多数都兼职的现实背景下，如何做好期刊集群内各刊编委会的优化调整，对调动编委会编委的办刊积极性，发挥编委会对期刊建设的作用意义重大。

集群内各个期刊编委会组建方式可能不尽相同，编委会岗位设置也多种多样。要把编委会作用发挥出来，编委的选择是关键，既要选出专业水平高的，又要选出对办刊有热情的专家，针对这种情况可以采用优化专业结构、分析学术活跃度、优化年龄结构、考量对期刊发展的热情程度、调整单位内外人员比例等方式进行编委会的优化调整。

优化编委会成员专业结构。通过百度学术、谷歌学术、机构网站学者简介等渠道，获取期刊所在领域有影响力的专家学者的基本信息、近年的研究方向、研究成果等信息，与期刊刊载范围、学科方向进行对照分析，并与期刊的来稿专业、方向进行匹配，能够匹配上，就将该专家学者作为待定的编委成员。

分析待定成员的学术活跃度。可以从定性和定量两个方面进行考量，其中定量分析可以以学者在近几年总的科技文献产出作为指标，考虑到有些学者在某一时期发表的文献数量不能完全代表其在该时期学术贡献和影响力的大小，有些德高望重的老年学者，虽然不再直接参与学术文献的撰写，但仍活跃在重大科研专项的活动中，在所从事的学科仍具有广泛影响力，有些学者由于研究周期长，文献产出周期相对较长，定量分析时这些情形需要加以考虑。对纳入待定的编委成员，由主编、主办单位对其进行同行评议，将有才能、有影响、学术活跃度高的待定成员选为编委候选人。

优化编委年龄结构。编委会的组成中，既要有少量的学术影响力大且还活跃在科研工作中的老专家，更要有大量的年龄在30~50岁的中青年专家，这些中青年专家正处于学术生涯的上升期，对相关领域的最新研究进展和成果更为敏感，同时他们直接承担的项目多，参与国际学术会议、与国外专家交流更为频繁。

考量编委的热情程度。编委既要有较高的专业学术水平，又要有乐于为期刊工作做出贡献的热情。可以通过是否愿意为期刊组约稿、审稿、撰稿、宣传，是否积极参加编委会会议，是否为期刊发展建言献策等方面进行考量，如果没有这些主观意愿，那么这些学者就不适合担任编委，否则就会出现挂名不干活的现象。

调整单位内外人员比例。编委会组成人员，既要考虑学者的学术把关和组稿方面的潜能，又要兼顾学科、机构、地域（包括国别）人员的代表性；既要有主办单位的学者，又要有外单位的学者，可以避免本单位人员过多，容易形成"一家之言"，还可避免人情稿、关系稿，推动编委会成员组成的多元化。

制定编委会管理办法。组建编委会需要制定相应的管理办法，确保编委会高效运转。管理办法涉及多个方面，但以下几个方面需要加以明确：第一，制定主编聘任办法，明确主编职责。主编是期刊的第一责任人，起着凝聚编委会集体智慧、形成编委合力的作用，发挥好主编的管理作用对期刊的发展至关重要。第二，制定以业绩为先的量化考核办法。在办法中明确编委会会议召开频次、内容，以及编委为期刊组约稿、撰稿、审稿、组织专刊等方面的具体数量，将量化考核作为编委对期刊实际贡献的依据，实行末位替换制。第三，编委会任期制与动态调整制。为了既保持编委会的权威性和连续性，又保持其旺盛活力，定期对编委会实行改选，任期内履职好的编委可以连任，任期内表现不好、只挂名不履职的实行动态调整，编委会成员的定期改选和动态调整有助于编委会的结构始终处在优化的过程中，利于调动编委的积极性[5,14,16]。

3.6 审稿专家问题与思考

科技期刊的编辑出版必须遵守"三审三校"的编审制度，三审是确保论文质量的重要环节。对科技期刊来说，由于学科的发展以及交叉学科的不断出现，给编辑部的审稿工作带来了不小的压力，因此多数科技期刊由于编辑部内编辑、主编或副主编的专业领域都有一定的局限性，在保证初审、复审、终审三个环节不变的情况下，一般在复审前还会增加审稿专家外审来确保论文的质量。在这样的情况下，科技期刊除了需要高水平的作者和编辑队伍外，更需要高素质、高水平的审稿专家队伍来保证期刊的学术水平，专家选择准确与否直接影响对论文质量的评判，而编辑选择审稿专家的效率、准确性又依赖于审稿专家队伍的建设。

对科技期刊集群来说，内部各个期刊一般都有自己的审稿专家队伍，但单个期刊的审稿专家队伍来源简单、人员规模较小，主要以各期刊长期积累的专家为主。随着各个专业学科的迅速发展，学科细分、学科交叉日益增多，编辑选择合适的审稿专家变得越来越困难。在期刊集群建设过程中，通过整合集群内各期刊的审稿专家队伍，将有效解决单刊编辑选择合适审稿人面临的困境[17-18]。

如何做好期刊集群审稿专家库建设，以下几方面需要加以考虑：第一，梳理各刊现有审稿专家信息，经过查重整合形成总的审稿专家清单表。第二，理清标识专家需要哪些信息，如专家姓名、所学专业、学历、工作单位、研究方向、职称、办公电话、手机号码、通信地址、邮箱、QQ 号、微信号、审稿专业、所属期刊、评价等级、完成审稿数量、审稿评价、在审情况、审稿历史等，确保标识专家的信息项尽可能完整，利于专家库系统开发检索、分析、统计等功能。第三，根据审稿专家库需要实现的功能进行数据库设计与建设，确保数据库具有强大的检索功能、统计分析功能，让编辑送审时能够快速查询到相关专家的完成审稿量、审稿质量、正在审稿数量、审稿历史等信息，便于快速选择合适的评审专家。第四，在数据库运行过程中不断收集需要完善的功能，并及时进行专家库功能的完善。

期刊集群审稿专家需要建立评价机制。评价机制可以考虑专家的职称、学历、审稿数量、审稿质量等因素，重点根据审稿专家的审稿情况如审稿数量、审稿速度、审稿质量进行评分，按照各专家所得评分划分优秀、良好、合格与不合格等不同档次，不合格档次的专家纳入专家更新库。

期刊集群审稿专家库的维护。要发挥审稿专家的作用，就需要做好专家库的维护，特别是联系方式、最新研究方向、研究课题、研究成果等信息，如何做好专家信息的维护，可以采用：①设置专人负责；②不设专人，编辑部编辑谁先知道专家信息发生变化谁就及时更新；③定期整理专家信息推送给专家本人确认或修改等多种方式维护专家信息。专家库维护除已有专家信息的维护外，还需随时补充年轻的审稿专家，随着老一代专家的退出，中青年专家不断涌现，他们精力充沛，富有创新精神，拥有较高的学术水平，了解最新学术前沿动态，需要及时补充进审稿专家队伍，为审稿专家队伍带来活力，对提高期刊稿件质量起到护航作用。

审稿专家数据库的建设和利用，将缩短稿件审稿周期、提升稿件判断水平，促进期刊高质量发展。

4 结语

在我国已经开始大力推进期刊集群建设，前期试行的集群有的已经取得成功，并获得了集群建设大量有益的经验，但总体来说，我国已建的期刊集群离顶级期刊集群还有不小差距，还需不断探索，努力实践。已有的集群建设经验要与集群内部实际情况有机结合，不能照搬照套，同时，要下大力气整合好办刊资源，这将极大地促进期刊集群建设，本文对期刊集群建设涉及的体制机制、稿源、经费、出版平台、编委会、审稿专家等资源在整合过程中面临的问题进行了分析，并进行了相应的思考，在具体实践中还需进一步细化。在期刊集群建设过程中，除做好体制机制、稿源、经费、出版平台、编委会、审稿专家等资源的整合外，还需要对编者、作者、读者等资源进行有效整合，从而推动期刊集群向高质量发展，提升期刊集群的影响力和国际话语权。

参考文献

[1] 汪继祥. 中国科技期刊集团化发展——中国科学出版集团科技期刊发展实践 [C] //2008 年第四届中国科技期刊发展论坛论文集. 2008.

[2] 朱拴成，许升阳，代艳玲，等. 煤炭类科技期刊集团化管理模式与路径 [J]. 中国科技期刊研究，2017，28 (9)：799-804.

[3] 王锦秀，李莉. 科技期刊集群化发展研究 [J]. 科技传播，2019，11 (6)：4-6.

[4] 赵庆来. 期刊集群建设与发展的要素分析 [J]. 通化师范学院学报，2018，39 (2)：136-139.

[5] 亢列梅，荆树蓉，杜秀杰，等. 一流期刊建设背景下高校科技学术期刊编委会建设的对策与实践 [J]. 编辑学报，2021，33 (3)：301-304.

[6] 聂兰英，王钢，金丹，等. 论科技期刊审稿专家队伍的建设 [J]. 编辑学报，2008，20 (3)：241-242.

［7］贾建敏，吴爱民，赵翠翠，等．医学高校学报通过文献数据库扩增有效审稿专家的实践和成效［J］．编辑学报，
　　　2021，33（3）：309-312.

［8］朱拴成．科技期刊集团化发展路径探索——以煤炭科学研究总院出版传媒集团为例［J］．编辑学报，2020，32
　　　（5）：476-480.

［9］孙喜佳，李盈，武斌，等．媒体融合模式下科技期刊如何获取优秀稿件——以《中国肿瘤临床》约稿实践为例
　　　［J］．科技与出版，2016（12）：59-61.

［10］程宁．对专业科技期刊稿源的再思考［J］．中国传媒科技，2014（2）：67-69.

［11］朱岚．论新媒体时代教育期刊的选题策划与组稿［J］．黑龙江教师发展学院学报，2021，40（4）：154-156.

［12］王映红，仇顺海，甘辉亮．新形势下国内医学科技期刊经费支持模式的研究［J］．医学信息（上旬刊），2010，
　　　23（6）：1546-1549.

［13］喻菁．借鉴淘宝模式的科技期刊集群平台构想［J］．中国科技期刊研究，2016，27（10）：1023-1027.

［14］闫群，初景利，孔金昕．我国科技学术期刊编委会运行现状与对策建议——基于中国科学院主管主办科技学术
　　　期刊问卷调查［J］．中国科技期刊研究，2021，32（7）：821-831.

［15］王锋．关于科技期刊编委会地位和作用问题的讨论［J］．编辑学报，2003（1）：53-54.

［16］单超，王淑华，胡悦，等．大数据时代编委会结构优化及作用提升［J］．编辑学报，2019，31（3）：293-296.

［17］李海兰，吴岩，毕淑娟，等．科技期刊审稿专家共享数据库的建立与维护——以中国科学院金属研究所学报信
　　　息部审稿专家库为例［J］．中国科技期刊研究，2012，23（3）：436-438.

［18］高佳．高校学报审稿专家库的建设［J］．技术与创新管理，2015，36（4）：409-412.

融媒体时代水利专业学术期刊的创新发展模式探讨
——以《海河水利》期刊为例

张俊霞

（水利部海河水利委员会水利信息网络中心，天津 300170）

摘 要： 期刊是国家文化软实力的主要组成部分，是重要的宣传舆论工作阵地，在弘扬社会主义正能量、繁荣学术研究、推动文化创新、促进经济社会发展等方面发挥着不可替代的作用。《海河水利》是水利部主管、水利部海河水利委员会主办的公开发行的水利专业学术期刊，研究其发展具有一定的代表性和启发性。本文阐释了数字化的本质，介绍了《海河水利》期刊的发展历程，并从探索多种协同办刊形式、切实发挥编委会的作用、建立健全规章制度、建立微信公众号、举办作者分享会、启动云实习编辑项目6个方面指出了融媒体时代《海河水利》期刊的创新发展思路。

关键词： 融媒体；数字化；水利；学术期刊；创新发展；探讨

万物互联是未来重要的关键词。今天的中国互联网发展已走在世界的前列，数字中国已经成为我们追逐梦想的强大引擎。随着互联网对人们日常生活的影响越来越深远，传统媒体纷纷转型，融媒体概念日渐兴起。目前各类期刊还处于融媒体发展初期，面对日益复杂化的新媒体传播环境，各期刊的发展机遇与挑战并存。本文将聚焦于期刊创新发展模式，讨论在融媒体环境下水利专业学术期刊如何打破桎梏创新发展。

1 数字化的本质

数字化不仅是一个技术层面的专业术语，更表明了一个时代的开启，最大的特点是通过连接实现各种技术创新，利用各种新技术包括大数据、人工智能、云计算等在虚拟世界中重建现实世界，而且将两者融合在一起，呈现出一个全新的世界。数字化的本质，首先是连接大于拥有，最大的特点就是随身而动，随时随地都在我们身边，物理距离解决不了的问题，数字技术都能解决，这就是连接。其次是共生，是现实世界与数字世界的融合，这里有一个很重要的来源就是数字孪生，是指充分利用物理模型、传感器更新、运行历史等数据，集成多学科、多物理量、多尺度、多概率的仿真过程，在虚拟空间中完成映射，从而反映相对应的实体装备的全生命周期过程。现实世界与数字世界融合在一起，会带来新的无限的可能性，这种融合就称为共生。再次是当下，这也是数字化时代与工业时代完全不一样的地方，在工业时代我们会有一个历史叙事的习惯，也就是我们会从过去看现在再看未来，有脉络可循，可以预测，经验可以帮助我们获得现在和未来的优势和成功。但数字化时代把过去和未来都压缩在当下，我们理解现实世界的时候，不再是过去、现在、未来这样一个历史叙事的逻辑，它更像电子游戏，从现在到变化再到加速度变化。如果以数字化的逻辑来做，今天的很多行业并不需要历史，即使完全没有在这个行业做过，也完全可以做得很好。在很多行业，很多产品很多新的物种并不需要经验和历史，并不需要过去的学习体现，完全可以创造一种新的可能性。在数字化时代，所有

作者简介： 张俊霞（1975—），女，主要从事期刊编辑工作。

的行业几乎都可以重新做一遍，原因就是当下这个特征。

2 水利专业学术期刊简介

2.1 水利

《事物纪原·利源调度部·水利》载："沿革曰：井田废，沟浍（kuai）堙（yin，堵塞），水利所以作也，本起于魏李悝（kui）。"通典曰："魏文侯使李悝（kui）作水利。"我国的水利事业有着悠久的历史，历代文献记载十分丰富，现存的水利文献总数可以与数量最多的农学、医学、天文、历算等学科媲美。早期的史书都把《河渠志》《沟洫（xu）志》列为专篇，《史记》《汉书》《宋史》《金史》《元史》《明史》和《清史稿》都有水利专篇。此外，《新唐书·地理志》也按地域记录了唐代主要的水利工程。上述史书中的水利内容，基本概括了我国长达2 000年水利建设的重要史实，对于历史、地理、农业、经济、水利研究工作者都是必读的基础资料，有着特别重要的史料价值。

2.2 水利专业学术期刊

期刊是国家文化软实力的主要组成部分，是重要的宣传舆论工作阵地，是建设文化强国的一支重要力量，在弘扬社会主义正能量、繁荣学术研究、推动文化创新、促进经济社会发展等方面发挥着不可替代的作用。水利专业学术期刊是传播水利科技信息的重要途径，同时也是水利部门领导、科技人员、水利工作者和与水利相关的工矿企业了解、交流、沟通与合作的桥梁[1]。

3 《海河水利》期刊的发展历程

3.1 萌芽发展期（1982—1992年）

1982年6月，《海河水利》创刊，为季刊，属内部发行期刊。1985年改为双月刊。《海河水利》按照党的治水方针，宣传水利不仅是农业的命脉，也是国民经济发展的命脉，增强全社会的水资源意识和水患意识，唤起民众爱水、惜水、节水；交流建设与管理经验，传递科技信息，为基层，为生产不断探索耕耘，推动水利事业不断发展。自创刊以来，《海河水利》受到海河流域广大科技人员的欢迎，水利部海河水利委员会（以下简称海委）也决心办好《海河水利》为四化服务。

3.2 枝繁叶茂期（1992—2002年）

随着改革开放的深入发展，海河流域的外事活动日渐增多，已与德国、美国、朝鲜、马里、几内亚、日本、巴基斯坦、罗马尼亚、苏联、亚洲银行、世界银行等国家或国际组织建立了联系，彼此往来。不少国家的学者、专家或官员来海河流域考察、合作或学术交流，有的已建立了定期交流关系。海河流域的水文地理环境与美国加利福尼亚相近，海委曾几次派员去美国加州等地考察学习。这些国家希望能与《海河水利》建立长期的资料交流关系；国外选送留学生来天津学习，有些外国留学生自愿出钱订阅《海河水利》；海委系统乃至流域内不乏港、澳、台及外籍华人亲友来华探亲，他们很想深入了解家乡水利事业的发展情况，天津市侨联曾与我们联系，是否可以赠阅或办理订阅《海河水利》。天津市科委及水利部有关领导也曾提出《海河水利》要创造条件争取国际发行。经过多方努力，从1992年5月30日起，《海河水利》有了自己的刊号，开始国内外公开发行，完成了从内部印刷到公开发行的飞跃。经过《海河水利》编辑部及全体编辑人员的持续努力，1996年《海河水利》被评为全国水利系统优秀科技期刊，1998年和2000年被评为天津市优秀期刊，2001年入选为中国期刊方阵双效期刊。同时，先后入选中国学术期刊（光盘版）、万方数字化期刊群、维普中文科技期刊数据库、超星期刊域出版平台。2000年以来连续被评为天津市一级期刊。

3.3 高质量发展期（2002年至今）

2002年至今，《海河水利》所设栏目与时俱进，几经调整，目前主要有水资源、水生态、规划设计、防汛抗旱、工程建设与管理、农村水利、城市水利、技术与应用、水利信息化、水利经济等。读者对象为水利及相关行业科研人员、教学人员、施工及管理人员，以及关心海河流域治理与开发的各级领导和社会各界人士。截至2021年7月，《海河水利》连续出版229期，共刊登论文5 000余篇，在海河水利事业可持续发展中发挥着十分重要的作用。2009 年被评为天津市第九届优秀期刊提名奖，2014 年被国家新闻出版广电总局认定为学术期刊，2020 年入选中国核心期刊（遴选）数据库收录期刊和《中国学术期刊影响因子年报》统计源期刊。为了缩短出版周期，增强刊发论文的时效性，《海河水利》自 2021 年第 1 期起增加页码，由 72 页调整到 128 页。2020 年 12 月 28 日正式上线腾云期刊协同采编系统（http：//hhsl.cbpt.cnki.net），2021 年上半年绝大部分作者都开始使用采编系统投稿。编辑部繁冗复杂的工作环节和重复低效的工作大幅削减，出错率大大降低，工作效率大幅提高。我国开放获取运动自 2001 年开始，国家科技期刊开放平台由中国科学技术信息研究所创办，2020 年底上线，目前已有 1 200 多家期刊加入该平台，《海河水利》也已加入其中。

4 融媒体时代的创新发展模式探讨

融媒体时代，期刊向信息化、网络化、国际化纵深发展，与时代接轨、与年轻人接轨是期刊创新发展的必经之路。

4.1 探索多种协同办刊形式

逐步增加学校和科研机构论文的占比，提升《海河水利》作为学术期刊的形象；借助高校强大的师资力量，将关口前移，组好稿，约好稿，把好审稿关，减少后期稿件编辑的工作量。既可以为高校和科研院所人员提供发表论文的平台，又能改善《海河水利》期刊同行评议的现状，提升期刊稿件质量、扩大并稳定期刊稿源。

4.2 切实发挥编委会的作用

为进一步增强期刊的专业性、学术性和实用性，扩大期刊的社会影响力，决定《海河水利》编委会增补特约编委 30 名，共襄期刊的高质量发展。2022 年是《海河水利》创刊 40 周年，编辑部计划邀请业界知名专家学者共商期刊发展，并借此机会对学术水平高、热心办刊的专家进行调查，向主办单位推荐一批想干事、水平高的专家进入编委队伍。每年至少召开一次编委会，对推荐稿件、组稿约稿和审稿数量相对多的编委会成员予以表扬和奖励，并建立退出机制，及时更换零推荐、零组稿、零审稿的僵尸编委会成员，盘活《海河水利》的编委资源，提升稿源质量和期刊影响力。

4.3 建立健全规章制度

加强与相关编辑部的交流和联系，认真汲取好的办刊经验，建立健全组稿、约稿、审稿等规章制度。鼓励编辑部编辑走出去，到流域高校和科研院所组稿约稿，好的稿子基本不需要太多的编辑加工就能发表，减少论文发表时滞，提升期刊论文首发能力。绩效考核依据应由编校文章数量向组稿约稿质量和数量转变。加强编辑部自身建设和规范管理，对编辑部常规性工作要领及时总结整理，建章立制，确保出版流程规范，每一个环节都有据可查。同时，加强内部管理，强化责任落实，严格执行各项规章制度，使期刊管理向专业化、精细化和科学化转变，保障期刊可持续健康发展。

4.4 建立微信公众号

主动应对传播环境变化，推动传统媒体和新兴媒体融合发展，构建水利专业学术社区，建立微信公众号，开展线上线下的运营。这方面《金属加工》杂志社全媒体融合发展做得特别好，2019 年仅新媒体收入就超过 600 万元[2]。在传播层面，通过二维码嵌入多媒体内容提升传播价值，依托数字平台策划选题等途径改造纸媒，为纸媒价值赋能；在业态层面，通过承担部分重要展会的会刊、快讯、参展指南等纸质或电子出版物的组织、编辑出版等工作，在水利行业与其他媒体区隔开来，提升行业影响力，以推动期刊数字化转型升级。

4.5 举办作者分享会

构建期刊"作者+读者"的高质量交流平台，适时举办作者分享会，由作者通过线上直播讲解发表在期刊上的高质量论文；整理该研究方向论文，进行文章打包宣传；直播视频可以无限次回放观看。作者分享会可以为广大科研人员提供与一线高水平团队近距离直接交流的机会；可以为科研人员提供与论文作者直接提问的机会；可以为该研究方向的科研人员提供深度交流的机会，有效帮助解决科研问题；可以使期刊与该篇主题论文快速被大批科研人员了解，与一线科研人员产生粘连，瞬时提高该篇论文与作者团队的曝光度及期刊整体的知名度。期刊也可以通过作者分享会，在该刊载方向得到大量的投稿咨询，从而获得大量投稿；可以通过这个活动，深入扎根大牛团队，与该团队成员产生紧密联系；可以利用这个机会，将该研究方向的文章打包精准推送给研究人员，实现批量精准推广。

4.6　启动云实习编辑项目

为缓解编辑部人员不足的情况，在聘用多名专兼职编辑的基础上，适时启动云实习编辑项目，深入高校和科研院所，招募云实习编辑，组建云实习团队。云实习团队可以全面参与期刊的项目申报、数据分析和数据库管理、期刊宣传、会议组织等工作，促进期刊学术社区中科研人员向协同工作人员的角色转变，实现用户价值共创。此举可以为对科研和期刊工作感兴趣的学生提供锻炼的舞台，项目提供内部培训，致力于为期刊发展培养未来人才；可以使期刊在科研机构中拥有长期稳定的宣传小喇叭和期刊联系人，为期刊进一步深入科研一线带来新的发展点；可以有效缓解编辑部人员不足的情况，承担多个微信交流群的日常管理工作，维护学术社区的秩序，对科研人员的知识分享、学术交流起到积极促进作用；也可以使更多期刊囿于精力而得不到实施的想法得以实施，比如可以承担每次会议结束后的报告总结工作，使会议更加圆满；云实习团队还会带来很多新鲜的想法，使期刊工作更接地气，比如开通 bilibili 账号，集结发布每期的作者分享会视频，比较符合时下年轻科研人员获取信息的习惯。

5　结语

光阴荏苒，在历届海委党组的关怀指导下，在广大读者的呵护下，伴随着海河流域波澜壮阔的治水实践，《海河水利》一路成长，见证并记录了海河水利事业走过的精彩历程和取得的巨大成就。岁月如歌，今天的《海河水利》将在新的征程上扬帆再启，奋力续写新的辉煌。

参考文献

［1］徐丽娜、陈锋、王宏伟，等 . 中国水利科技期刊发展现状分析［J］. 西南民族大学学报（人文社会科学版），
　　　2017（12）：234-240.
［2］中国科学技术协会 . 中国科技期刊发展蓝皮书（2020）［M］. 北京：科学出版社，2020.

新形势下水利类中文科技期刊影响力分析

孙高霞　冯中华　丁绿芳　邓宁宁

（南京水利科学研究院 科技期刊与信息中心《水利水运工程学报》编辑部，江苏南京　210029）

摘　要： 面对出版理念和技术的持续变革，以及国外出版机构对中国优质科研成果吸收力度的不断加大，为推进我国水利类中文科技期刊影响力的稳步提升，本文概述了中国水利类中文科技期刊的整体数量及其国内外影响，分析了近几年期刊影响力的增长情况；通过案例调查展示了组稿、约稿在提升影响力方面的显著成效。新形势下，水利类中文科技期刊应继续坚持内容为主，围绕新阶段水利发展规划，提升编辑策划能力、突出各刊优势领域；增强出版服务能力，提升传播时效、扩大传播范围；同时注重提升作者的写作素养，提高其对参考文献的重视程度。期望通过本研究，增强对水利类中文科技期刊的整体认识，为行业期刊整体影响力的提升提供有益参考。

关键词： 中文科技期刊；水利类；期刊影响力；期刊质量；宣传；参考文献

1　引言

"十三五"以来，中国推动世界一流科技期刊建设、实现期刊高质量发展的政策、资助项目和规范等不断推陈出新，办刊环境和条件有了前所未有的改善。随着"中国科技期刊国际影响力提升计划""中国科技期刊登峰计划""中国科技期刊卓越计划"的相继实施，一批优秀的科技期刊挤入世界一流期刊行列，一大批瞄准国际一流的期刊先后创办，卓越期刊梯队建设逐步发展。中国科技期刊的整体影响力加速提升。

我国水利类科技期刊在前所未有的机遇下也迎来了巨大发展。2021年9月，《世界期刊影响力指数（WJCI）报告》（2020科技版）发布，中国水利类多家期刊名列前茅，《水利学报》《水科学进展》《岩土工程学报》《灌溉排水学报》等期刊位列 Q1 区[1]。

办刊成绩显著，令人欣慰，但我们也看到我国期刊对高质量稿源的竞争力仍显不足[2]。与此同时，国际期刊出版机构在中国加快布局，加大对我国高水平研究成果的吸收力度[3]。面对新的国际形势，在"把论文写在祖国的大地上"的号召和关于破除"唯论文""SCI至上"的政策影响下，水利类中文科技期刊如何吸引优质稿源、提高整体影响力，需要进一步研究和探索。

2　水利类中文科技期刊的现状分析

2.1　期刊数量情况

水利期刊伴随着中国治水事业的发展不断创办和成长。辛亥革命后的20年间，中国江河失治，洪水肆虐。1913年全国水利局成立；之后，河海工程专门学校及扬子江水道整理委员会、华北水利委员会等水利机构，以及中国水利工程学会等相继成立。为研究学术、推进水利事业发展，这些单位纷纷创办水利学术期刊[4]。1917年，第一本可追溯的近现代水利期刊《河海月刊》创刊。随后，

资助项目： 第五届江苏省科技期刊研究基金项目资助（项目编号：JSRFSTP2019C10）。

作者简介： 孙高霞（1984—），女，高级工程师，主要从事期刊出版研究工作。

《江苏水利协会杂志》《华北水利月刊》《扬子江水道季刊》《水利》等相继创办[4]。

历经百余年的发展，中国水利期刊已发展成一个数量众多、学科齐全的科技学术阵营。由于学科的交叉融合性，水利类期刊的数量界定不一。据相关统计[5]，中国水利期刊有 176 种，其中有刊号的 112 种，无刊号的 52 种，其余社科、年鉴、报纸、著作类 12 种；无评价数据的期刊和英文期刊 5 种，可进行客观评价的中文水利期刊约有 80 种。

2.2 国内外影响情况

国际影响力方面，参考 2020 年中国知网《世界影响力指数报告 2020 科技版》[6] 统计数据，全球水利工程学科期刊进入世界影响力分区的有 87 种（含水资源保护学科 34 种），其中中国大陆中文期刊 25 种，分别为：Q1 区 3 种，Q2 区 5 种，Q3 区 12 种，Q4 区 5 种，各区占比分别为 3/21≈14.3%，5/22≈22.7%，12/21≈57.1%，5/23≈21.7%。

国内影响力方面，相关分析以中国知网统计数据为基础，得到水利类 80 种期刊的部分评价指标见表1[5]。由表 1 可见，水利类中文科技期刊的总被引频次和 5 年影响因子的中位数远低于平均值。这说明中文水利类期刊多数期刊的论文被引用情况较差，主要靠少数高影响力期刊拉升指标平均值。部分水利期刊对参考文献的重视程度严重不足。

表 1　中文水利期刊评价指标综合统计[5]（2019 年）

统计参数	总被引频次	即年指标	他引率	引用刊数	被引半衰期	H指标	5年影响因子	影响力指数CI值	web即年下载率	总下载量/万次	篇均引文数
最大值	12 209	0.589	1.00	935	10.4	16	3.458	1 414.214	101	43.03	28
最小值	215	0.031	0.62	89	2.4	3	0.055	3.722	6	1.03	1
平均值	1 453	0.133	0.90	320	6.0	6	0.632	181.795	31	6.07	11
中位数	825	0.110	0.92	247	6.0	5	0.346	70.825	26	4.02	8

3　水利类中文科技期刊的影响力分析

3.1　影响力增长情况分析

为分析近几年期刊的影响力变化情况，以中国知网相关统计数据，选取 2014 年和 2019 年有连续统计数据的 65 种水利类科技期刊（学科分类为水利工程类）进行分析[7-8]。各刊复合影响因子（JIF）分布情况见图 1、图 2。经计算，2019 年水利类科技期刊的复合影响因子较 2014 年平均增加 0.329。由图 1 可见，2019 年 4 种期刊的 JIF 处于 2.0~3.0；3 种期刊 JIF 处于 1.5~2.0；8 种期刊 JIF 处于 1.0~1.5；50 种期刊 JIF 仍在 1.0 以下。

为对比复合影响因子变化幅度，分析 65 种水利科技期刊的 JIF 增长率情况为：2019 年较 2014 年平均增长率为 130.5%，增长率高于 400% 的期刊有 4 种，200%~400% 的有 5 种，100%~200% 的有 20 种，0~100% 的有 32 种，负增长的有 4 种。可见，复合影响因子增长率低于 200% 的期刊占比为 80%，这表明大部分期刊影响力提升速度不是很快。

3.2　组稿约稿在提高影响力方面的积极作用

在 2019 年复合影响因子超过 1.0 的 15 种期刊中，有 7 种期刊 2019 年的复合影响因子较 2014 年增长超过 100%（见表 2）。复合影响因子的数值高低不能完全代表期刊质量的优劣，但却是期刊文章总体影响大小的重要表征之一。

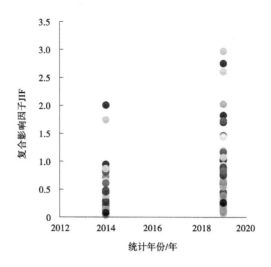

图 1　65 种水利期刊的复合影响因子变化情况

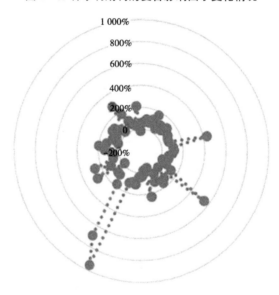

图 2　65 种水利科技期刊 2019 年 JIF 较 2014 年增长率分布雷达图

表 2　7 种期刊复合影响因子变化情况统计

序号	刊名	2019 年复合影响因子 a	2014 年复合影响因子 b	复合影响因子增长率 $[(a-b)/b]/\%$
1	《水利规划与设计》	1.196	0.114	949.12
2	《华北水利水电大学学报（自然科学版）》	2.028	0.379	435.09
3	《水利水电技术》	1.169	0.309	278.32
4	《水资源保护》	2.609	0.876	197.83
5	《人民长江》	1.026	0.439	133.71
6	《水资源与水工程学报》	1.441	0.635	126.93
7	《水利水电科技进展》	1.732	0.830	108.67

在 7 种复合影响因子表现良好的期刊中，选取在栏目设计上明显体现出组稿约稿行为的《华北水利水电大学学报（自然科学版）》《水资源保护》和《人民长江》进行案例分析。调查发现 3 种期刊均通过设立专题、专辑或特约论文等形式开展组稿约稿，其发文量不完全统计见表 3。可见，持续开展组稿工作是确保论文质量、提高被引概率的最有效手段。

表 3　3 种期刊的组稿约稿情况的不完全统计

单位：篇

刊名	2020 年	2019 年	2018 年	2017 年	2016 年
《华北水利水电大学学报（自然科学版）》	20	41	64	47	51
《水资源保护》	32	27	22	19	20
《人民长江》	10	31	35	4	—

3.3　其他影响力提升的有利因素

水利类中文科技期刊影响力的整体提升，除了期刊出版单位在组稿约稿方面的努力，还依赖于国内期刊发展政策的积极引领、科研和人才评价导向的不断完善和广大作者发表理念的逐步转变。同时，预出版和文章首发等出版形式和流程的改变，提前了文章发表时间，增加了文章被发现和引用的概率，也在一定程度上促进了影响因子数值的提高。

4　新形势下影响力提升策略的新认识

出版时代日新月异。2021 年 7 月 6 日，Springer Nature 与中国科学技术信息研究所正式宣布成立 ISTIC-Springer Nature 开放科学联合实验室。开放原则将不再局限于出版阶段，而扩展到整个研究周期。5G、云计算、人工智能等信息技术已经并将继续使出版工作方式、工作内容和生产流程发生巨变[9]。Springer-Nature、Elsevier、Wiley、Taylor & Francis、MDPI 等国际出版集团不断扩大中国市场。

面对新的形势，水利类中文科技期刊需要顺势而为，方能保持影响力的持续提升、推进期刊长远高质量发展。结合宣传部、教育部、科技部联合印发的《关于推动学术期刊繁荣发展的意见》，提出以下几方面的认识和举措。

4.1　内容为主、服务至上，提升编辑策划能力

期刊影响力的大小从根本上取决于文章内容质量的高低。科技期刊应围绕创新型国家和科技强国的建设任务，聚焦国家重大战略需求，服务经济社会发展主战场。水利类科技期刊，应联系水利行业新阶段的发展规划，围绕国家水安全保障能力目标，紧扣水旱灾害防御能力、水资源集约节约利用能力、水资源优化配置能力、大江大河大湖生态保护治理能力的提升，跟踪流域防洪工程体系、国家水网重大工程、河湖生态环境复苏和智慧水利建设的实施，关注节水制度政策、体制机制法制管理的建立和强化；并从以上方面策划专辑或专题，助推水利高质量发展。

同时，每本期刊应结合自身实际、合理调整办刊定位、突出优势领域，向"专、精、特、新"方向发展，开展差异化服务，合力打造水利行业学术共同体。

4.2　留住一流学者、培养优秀作者，持续做好人才资源建设

随着国内评价机制的改革完善，以科学价值、实际贡献、实际效果为核心的新评价标准[10] 逐步树立。广大学者在"把论文写在祖国的大地上"的伟大号召下，纷纷把论文优先投往国内期刊。但长久以来形成的投稿习惯及对国内期刊缺乏足够了解或是存在误解，很多学者依然把国外期刊作为发表首选。针对这种情况，需要国内期刊积极主动创造机会展示自身形象，改变他们对国内期刊发表难、周期长、服务差等原有印象。

对于新生代年轻作者，国内科技期刊尤其是中文期刊，更应当充分利用语言优势和地理优势，着

重增强他们对中文期刊的信任度、做好其学术研究的铺路石，并将培养青年学者作为期刊的使命担当。

人才资源是期刊发展的核心保障。广大学者和科研人员具有作者、审者和读者的多重身份，加强人才资源建设刻不容缓。

4.3 增强出版能力，提升传播效果，扩大影响范围

《关于推动学术期刊繁荣发展的意见》（简称《意见》）中指出，国内期刊应"优化出版流程，提高投审稿和出版的时效性，为有重大创新观点的高质量论文设立快速审稿发稿通道"。出版周期太长一直是国内期刊被诟病的原因之一。近年来，随着出版技术的改进，很多国外或国内优秀期刊，尤其是部分开放获取期刊，从接受投稿到录用出版控制在 1 个月之内。相比之下，水利类中文科技期刊，审稿周期控制在 1 个月之内的，已经属于"佼佼者"。巨大的差距，影响了论文的时效性和传播力，尤其是热点事件相关文章。这就需要期刊单位"自我革命"，借鉴国内外先进办刊经验和技术手段，从初审、专家评审、作者反馈、编校、发布等各环节加以调整。

文章传播是出版的重要环节，而在国内的重视程度仍显不足。《意见》指出应"通过编辑评论、会议推介、新媒体推送等手段提升优秀文章传播效果"。此外，还应该通过搭建或加入国际传播平台、借助精准推送服务，在国际学术界进一步发出中国的"水利之声"。

4.4 注重学风建设，规范文献引用，持续提升整体写作素养

参考文献是一篇文章的重要组成。对参考文献的引用，体现了作者吸引外部信息量能力的大小，反映作者的研究水平、严谨性和延续性，可以辅助评价论文在同学科中的位置。所以，重视参考文献的数量、将所参考文献列入文后是作者写作素养和写作态度的重要体现[11]。

据统计[11]，SCI 收录的期刊中，2019 年水利学科论文篇数 2 852，引文总数 127 482，篇均引文数 44.70；中国科技论文与引文数据库中，2019 年水利学科论文篇数 3 300，引文总数 61 729，篇均引文数 18.71。而对比表 1 参考中国知网对 80 种水利期刊的数据分析，2019 年度平均引文数只有 11。同时，结合以往工作中的学术不端检测，不少查重出来的引文未在参考文献之列。这充分说明，需要进一步引导广大作者重视参考文献的正确引用。

5 结语

基于以上对我国水利类中文科技期刊的总体情况和影响力现状的分析，得出：通过组稿约稿保障文章的内容质量，是提高期刊影响力的核心举措；国内推进期刊繁荣发展政策实施和人才评价机制的转变，激发了作者将优质文章发表在国内期刊的热情；论文首发等优先出版形式的采用，增强了文章的发表时效，增加了论文被发现和引用的概率。

在出版理念和技术持续更新，以及国际出版机构对优质稿源竞争不断加剧的新形势下，水利类中文科技期刊，应积极响应《关于推动学术期刊繁荣发展的意见》，围绕新阶段水利行业发展规划，强化自身优势领域、积极开展策划和组稿约稿工作；提升服务意识，做好作者–审者–读者复合人才资源建设；增强出版能力，搭建或加入国际传播平台，提升传播效果；另外，还应提高作者对参考文献引用的重视程度。

建设世界一流科技期刊群体任重道远，期望水利类科技期刊能合力打造学术出版共同体，努力成为世界水利学术交流和科学文化传播的重要枢纽，为水利行业高质量发展和科技强国建设做出更大贡献。

参考文献

[1] 中国水利学会. 两项第一！中国水利学会主办期刊再创佳绩！［EB/OL］［2021-10-09］http：//www. ches. org. cn/ches/rdxw/202109/t20210902_ 1542289. html.

［2］任胜利，马峥，严谨，等．机遇前所未有，挑战更加严峻：中国科技期刊"十三五"发展简述［J］．科技与出版，2020（9）：26-33.

［3］任胜利，高洋，程维红．巨型 OA 期刊的发展现状及相关思考［J］．中国科技期刊研究，2020，31（10）：1171-1180.

［4］季山，马敏峰，刘越男，等．中国水利学术期刊百年之路［J］．河海大学学报（自然科学版），2017，45（6）：562-564.

［5］中国水利学会，中国水利水电科学研究院，河海大学．水利领域发布我国高质量科技期刊分级目录项目报告［R］．2020.

［6］《中国学术期刊（光盘版）》电子杂志社有限公司．世界期刊影响力指数（2020科技版）［EB/OL］．［2021-10-08］https：//wjci. cnki. net/Home/JournalList？code＝004.

［7］《中国学术期刊（光盘版）》电子杂志社有限公司，中国科学文献计量评价研究中心，清华大学图书馆．中国学术期刊影响因子年报（自然科学与工程技术）（2020 年第 18 卷）［M］．山西：山西同方知网印刷有限公司，2020.

［8］《中国学术期刊（光盘版）》电子杂志社有限公司，中国科学技术文献评价研究中心，清华大学图书馆．中国学术期刊影响因子年报（自然科学与工程技术）（2015 年第 13 卷）［M］．山西：山西同方知网印刷有限公司，2015.

［9］张艳洁．国际学术期刊发展趋势和策略——兼论《全球健康杂志（英文）》的创刊实践［J］．出版广角，2020（18）：19-21.

［10］教育透镜．"SCI 论文至上"走下神坛，科技能量必将爆发！　［EB/OL］．［2021-10-08］https：//baijiahao. baidu. com/s？id＝1659385475315250551&wfr＝spider&for＝pc

［11］中国科学技术信息研究所．中国科技论文统计与分析年度研究报告（2019 年度）［M］．北京：科学技术文献出版社，2021.